养分资源管理

崔振岭　陈新平　主编

中国农业大学出版社
·北京·

内容简介

植物和动物生产中来自土壤、肥料和环境中的养分统称为养分资源，养分资源综合管理会对作物、资源和生态环境产生重要影响。本书主要介绍了养分资源管理的基本理论与原理，氮、磷、钾、中微量元素的资源管理，大田作物、蔬菜生产体系、果树生产体系养分资源管理理论与技术，养分资源管理与农业可持续发展，养分资源管理与作物品质及人类健康，区域养分资源管理理论与策略等内容。

本书可用作全国农业院校农业资源与环境专业、农学、园艺、草业科学等农业种植类专业的本科生教材，也可用作农业资源与环境等专业研究生的参考书，可供农业资源与环境领域的科研及管理人员使用。

图书在版编目(CIP)数据

养分资源管理/崔振岭，陈新平主编. --北京：中国农业大学出版社，2024.6

ISBN 978-7-5655-2854-5

Ⅰ.①养…　Ⅱ.①崔…②陈…　Ⅲ.①土壤有效养分-综合管理-教材　Ⅳ.①S158.3

中国版本图书馆 CIP 数据核字(2022)第 147236 号

书　　名　养分资源管理

作　　者　崔振岭　陈新平　主编

策划编辑　刘　聪　潘博闻　　**责任编辑**　潘博闻　刘　聪

封面设计　李尘工作室

出版发行　中国农业大学出版社

社　　址　北京市海淀区圆明园西路 2 号　　**邮政编码**　100193

电　　话　发行部 010-62733489,1190　　读者服务部 010-62732336

编辑部 010-62732617,2618　　出　版　部 010-62733440

网　　址　http://www.caupress.cn　　**E-mail**　cbsszs@cau.edu.cn

经　　销　新华书店

印　　刷　河北朗祥印刷有限公司

版　　次　2024 年 6 月第 1 版　　2024 年 6 月第 1 次印刷

规　　格　185 mm×260 mm　　16 开本　　22.75 印张　　568 千字

定　　价　69.00 元

编写人员名单

主　　编　崔振岭（中国农业大学）
　　　　　陈新平（西南大学）
副 主 编　赵荣芳（仲恺农业工程学院）
　　　　　曹　宁（吉林大学）
参　　编　（按姓氏拼音排序）
　　　　　陈　杨（内蒙古农业大学）
　　　　　陈永亮（中国农业大学）
　　　　　丛汶峰（中国农业大学）
　　　　　樊明寿（内蒙古农业大学）
　　　　　冯国忠（吉林农业大学）
　　　　　高　强（吉林农业大学）
　　　　　葛顺峰（山东农业大学）
　　　　　郭俊杰（中山大学）
　　　　　郭世伟（南京农业大学）
　　　　　何　刚（西北农林科技大学）
　　　　　侯利园（吉林大学）
　　　　　黄成东（中国农业大学）
　　　　　江丽华（山东省农业科学院农业资源与环境研究所）
　　　　　姜远茂（山东农业大学）
　　　　　李文超（河北农业大学）
　　　　　李小坤（华中农业大学）
　　　　　梁　斌（青岛农业大学）
　　　　　刘敦一（西南大学）
　　　　　刘学军（中国农业大学）
　　　　　鲁剑巍（华中农业大学）

陆志峰(华中农业大学)
吕世华(四川省农业科学院农业资源与环境研究所)
马文奇(河北农业大学)
孟庆锋(中国农业大学)
石　磊(华中农业大学)
司东霞(聊城大学)
孙志梅(河北农业大学)
田　静(中国农业大学)
汪　洋(河南农业大学)
王　敏(南京农业大学)
王孝忠(西南大学)
王　寅(吉林农业大学)
吴良泉(福建农林大学)
徐　钰(山东省农业科学院农业资源与环境研究所)
许　稳(中国农业大学)
薛　澄(河北农业大学)
杨晓光(中国农业大学)
叶优良(河南农业大学)
尹宇龙(中国农业大学)
营　浩(中国农业大学)
张朝春(中国农业大学)
张宏彦(中国农业大学)
张江周(福建农林大学)
张青松(中国农业大学)
张　怡(吉林大学)
张跃强(西南大学)
赵　锦(中国农业大学)
赵亚南(河南农业大学)
邹春琴(中国农业大学)

主　　审　沈其荣(南京农业大学)
张福锁(中国农业大学)

前　言

党的二十大报告提出:“必须牢固树立和践行绿水青山就是金山银山的理念,站在人与自然和谐共生的高度谋划发展”,要坚决贯彻落实党的二十大部署和要求,推动绿色发展,加快发展方式绿色转型,推进各类资源节约集约利用。农业是国民经济的基础,党的二十大报告强调:“加快建设农业强国”,农业资源则是农业乃至人类社会得以生存和发展的物质基础和根本保证。广义的养分资源概念是指植物和动物生产中来自土壤、肥料和环境中的养分。近年来,随着植物营养科学的发展,人们对养分的认识发生了质的飞跃。第一,对植物养分的认识已经由简单的营养物质发展到信号物质,由向植物供应养分发展到利用植物遗传特性挖掘养分潜力的高度;第二,从土壤养分角度认识到了养分空间变异性,指出了不同营养元素土壤和肥料效应的时空变异特点及其综合利用途径;第三,从植物一土壤相互作用方面对土壤养分生物有效性有了新的认识;第四,从生态环境角度加深了对养分作用双重性的认识;第五,从资源管理角度认识到了养分的资源特点和可循环性,充分认识到养分作为维持植物生长的重要物质,也具有资源的属性。

养分资源特征决定养分管理理论与技术,从传统推荐施肥技术发展到全新概念的养分资源综合管理,不仅是一个个简单累积的量变过程,更重要的是思路上的更新和思想上的飞跃。《养分资源管理》有以下 3 个特别值得提及的动因:

(1)中国社会经济的迅猛发展给人们带来前所未有的福祉,然而农业生产中养分的大量活化与施用在大幅度提高作物产量水平的同时,也对生态环境和人类生活产生了空前的负面影响。优化养分循环,提高养分资源利用效率,已成为关乎农业乃至社会发展和人民生活,尤其是生态环境可持续发展的重大问题。本教材可以让读者体会到这种机遇与挑战,责任与压力并存的时代特征。

(2)中国经济迅猛增长的巨大成就使得中国政府乃至全社会都渴望更加快速的发展,综合技术创新成了社会发展的迫切需要,养分资源综合管理的理念与技术应运而生。国内外学者对养分资源综合管理理论与技术开展了系统深入的研究和大量卓有成效的示范推广,本教材正是这一大协作的成果结晶。

(3)随着我国社会经济的快速发展和人民生活水平的不断提高,养分资源综合管理必将成为协调作物高产、资源高效和生态环境保护目标的理论指导和技术手段。如何通过调控作物根层养分供应强度,实现在整个生育期根层土壤有效养分供应与作物对养分的需求在数量上相匹配、在空间上相一致、在时间上相同步的目标是养分资源综合管理的核心,也是实现生产和生态双赢的重要抓手。我们深信,本教材所体现的这些思想必将为未来我国农业和社会的可持续发展起到重要的指导作用。

本教材全面系统地介绍了养分资源管理的基本理论与原理，阐述了主要作物体系养分资源管理的原则与技术，简要分析了养分资源管理与农业可持续发展的关系。教材分为3个部分，第一部分是养分资源管理的基本原理，主要包括养分资源管理发展绪论、原理与准则、基本方法、氮素资源管理、磷素资源管理、钾素资源管理、中量元素资源特征与管理、微量元素资源特征与管理；第二部分是主要作物体系养分资源管理理论与技术，包括小麦、玉米、水稻、马铃薯、油菜、蔬菜、果树等作物养分资源管理理论与技术；第三部分包括养分资源管理与农业可持续发展，养分资源管理与作物品质及人类健康，区域养分资源管理理论与策略。

本教材编写工作分工如下：前言（崔振岭）；第一章（崔振岭、营浩、陈永亮）；第二章（崔振岭、张青松、田静）；第三章第一、二、三节（崔振岭、尹宇龙），第四节（李小坤）；第四章（赵荣芳、崔振岭、陈新平）；第五章（曹宁、侯利园、张怡、陈新平）；第六章（司东霞、张朝春）；第七章第一节（黄成东），第二节（吴良泉），第三节（薛澄）；第八章第一、二节（石磊），第三、四节（刘敦一、邹春琴），第五节（吕世华、刘学军）；第九章第一、二节（汪洋、叶优良、赵亚南、何刚），第三节（冯国忠、王寅、高强、郭世伟、王敏、郭俊杰），第四节（樊明寿、陈杨），第五节（鲁剑巍、陆志峰）；第十章第一节（王孝忠、陈新平），第二节（梁斌），第三节（孙志梅），第四节（江丽华、徐钰）；第十一章第一节（姜远茂、葛顺峰），第二节（张跃强）；第十二章第一节（孟庆锋），第二节（张江周），第三、四节（许稳），第五节（赵锦、杨晓光）；第十三章（张宏彦、丛汶峰）；第十四章（马文奇、李文超）。在部分编写人员修改的基础上，崔振岭、何刚、张青松等在本次出版中从组织、协调到统稿起到了重要作用。

为了编好这本教材，编者以多年来研究成果、实践经验和讲课内容为主，又收集和精编了国内外大量的最新成果，参编人员慎重取材和认真推敲后达成共识，形成了一本较为全面系统、理论联系实际、总论与各论布局合理、适应全国农业院校农业资源与环境专业以及农学、园艺、草业科学等农业种植类专业学生学习之用的教材。本教材引用了大量国内外重要文献资料，限于篇幅，有些列出，有些未能列出，在此一并表示感谢！近年来养分资源管理技术发展很快，由于编写时间仓促和编者水平所限，书中难免有错漏和不足之处，希望阅读本教材的同学、教师以及同行们提出宝贵意见。

编者

2024年1月

目　录

第一章
绪　论

◇ 教学目标

1. 掌握养分与养分资源的概念与特征。
2. 了解养分来源与去向。
3. 了解养分资源管理的形成与发展历史。
4. 了解养分资源管理的基本原理、技术及其与传统施肥的关系。

第一节　养分与养分资源的概念与特征

一、养分的概念

养分是生命活动所必需的营养元素，是植物、动物和微生物生长、发育和演化的物质基础。植物生长、发育，进而完成生命周期，不可或缺地从环境中获取必需的营养元素，植物营养学称其为植物养分。植物通过光合作用固定二氧化碳合成的有机质，是异养生物(包括人类)赖以生存的物质和能量基础。植物通过食物链进入异养生物体内，矿物养分在生命活动中发挥着一系列的生理、生化作用，其中植物体内所含有的大部分元素已经被证明是异养生物动物和微生物的必需元素。这些元素一方面是生命体的组成部分，另一方面又在生命体完成生活周期进行演化的过程中起着不可替代的作用，因此，这些元素常被称作动物、植物和微生物的养分。养分就是指生命的必需元素。在不同的学科中，名称有所不同。植物营养学中，称这些必需元素为养分，而动物营养学中，则将它们及由它们组成的某些有机物一起称作营养素。

二、养分资源的概念

养分作为生命活动的物质基础，是一种资源。一般来说，人们把一定条件下的植物和动物生长过程看作一个系统，将土壤、肥料和环境所提供的各种矿质养分都视作养分资源。王敬国主编的《资源与环境概论》中对植物养分资源的定义为：能用于植物生长的各种来源养分的总和，包括土壤养分、肥料养分以及制造肥料所需的矿产品。张福锁、王兴仁等在《提高作物养分资源利用效率的生物学途径》一文中提出了养分资源的新概念，即作物养分资源包括土壤养分以及肥料和环境提供的所有养分，其意义在于，不仅要重视合理施肥，以最少的投入取得最大的效益，而且要充分利用生物学途径提高作物对养分资源的利用效率。土壤是作物的养分资源库，作物所需要的各种矿质养分能或多或少地从土壤中得到；以各种方式进入土壤的养分，也会成为土壤养分的一部分。肥料是人工给作物补充养分的物质，包括来源于生物体的农家肥料和用天然的矿物、盐类或空气中的物质制成的化学肥料。环境中一些能通过干湿沉降、灌溉水、生物固氮等形式进入土壤的养分都是养分资源，在某些特定情况下，该部分养分的数量较大，不容忽视。

总之，养分资源是指能用于作物生产的各种来源的养分，包括土壤养分以及肥料和环境提供的养分。在作物生产中，不仅要重视土壤和肥料养分，还要重视环境来源的养分；不仅要重视合理施肥，还要充分利用生物学途径提高作物对养分资源的利用效率，这样才能以最少的投入取得最大的农业、环境与社会效益。

三、养分来源与去向

(一)农田生态系统养分来源

农田生态系统养分来源包括肥料养分、其他养分(大气沉降、生物固氮和植物残茬等)。由于土壤养分来自农田生态系统内部，不能计算为农田生态系统养分来源，在此不进行论述。肥料又可分成有机肥料(organic fertilizer)和化学肥料(chemical fertilizer)。前者养分释放速度较慢，但肥效较长且兼有提高土壤肥力的作用；而后者养分释放速度快，但肥效时间短，植物可直接吸收。肥料以土壤施用为主，也可直接施用于植物体，如叶面喷施等(图 1-1)。

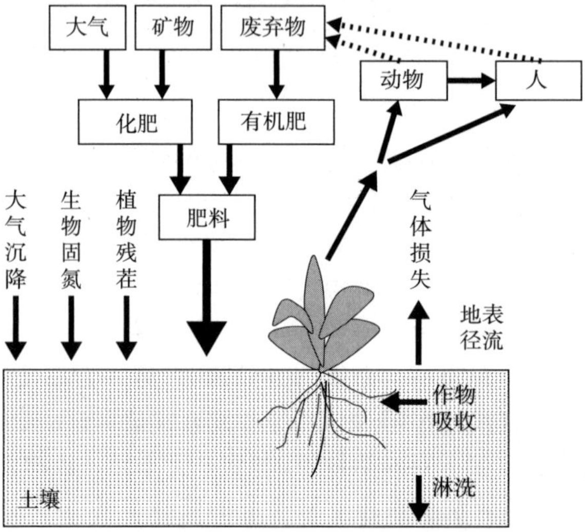

图 1-1　农田生态系统养分资源的来源与去向

1. 化学肥料来源与作用

(1)化学肥料的主要来源。化学肥料，简称化肥。其主要来源于矿物质或其他非生命物质，是用化学和(或)物理方法制成的含有一种或几种农作物生长需要的营养元素的肥料；也称无机肥料，包括氮肥、磷肥、钾肥、微肥、复合肥料等。

(2)化学肥料在现代农业中的重要性。在现代农业中，土壤养分是土壤肥力最重要的物质基础，化学肥料则是土壤养分的主要来源，因而也是农业可持续发展的重要物质基础。合理施用有机肥料和化学肥料，不仅为作物提供养分，而且能改善土壤理化性状，提高土壤肥力，增加作物单位面积产量。

①肥料的增产作用。农业生产中,作物增产的措施主要有肥料的施用、水利灌溉、新品种的应用、机械化和其他措施,在各种增产措施中,肥料施用对增产的贡献率高达32%。著名的育种学家,诺贝尔奖获得者 Norman E. Borlaug 全面分析了20世纪全球农业发展的各相关因素,称全世界作物产量增加的一半是来自肥料的施用。联合国粮农组织的统计也表明,在提高单产方面,肥料对增产的贡献额为40%~60%。我国农业部门认为中国的这一比例在40%左右,从现代科学储备和生产条件出发可以预见,未来农业中,肥料在提高作物产量方面仍会继续发挥积极作用。

②肥料施用与土壤肥力。在我国,占所有耕地60%以上的中低产田中,普遍存在着养分贫瘠问题。绝大多数耕地都缺氮,1/2的耕地缺磷,1/2~2/3的耕地缺钾,还有相当大比例的耕地同时存在中微量元素缺乏问题。有限的耕地与沉重的人口压力,决定了在今后相当长的时期内,施用化学肥料仍是我国农业可持续发展的重要措施。

③肥料施用与作物品质。作物产量和品质的形成,需要生长环境中有适量的养分供应,而农业生产中不可能始终保证作物生长处于理想环境,同时获得高产和优质的农产品的养分供应量的范围相对狭窄,作物产量和品质对氮素的反应非常敏感。只有通过施用肥料来调节作物养分供应速率和时期,才能使作物产量和品质得以改善。施肥与产量和品质的关系可以归纳为:养分缺乏时,合理施肥可增产和改善品质(增产增质);养分适宜时,施肥可使作物高产并保持和改善品质(高产优质);施肥使养分超过最佳范围时,作物可能高产,但会降低品质(高产低质);过量偏施某种养分达毒害范围时,作物减产,同时明显降低品质(低产劣质)。

④肥料施用与环境。养分资源在作物高产稳产中起重要的作用,但施肥过量带来的环境污染问题也越来越突出,导致人体健康受到威胁。

过量施用氮肥是引起环境污染的重要因素之一。氮素肥料可能引起的环境污染有:氨的挥发和反硝化脱氮对大气环境的污染;氮素的淋失对地表水和地下水环境的污染;氮素引起农产品尤其是食品中硝酸盐的富集等。

长期过量施用磷肥,常导致农田耕层土壤处于富磷状态,进而污染环境。磷素肥料可能引起的环境污染有:磷素随地表径流造成地表水的富营养化;磷肥生产过程中引起的大气氟污染,而施用时可能带来重金属镉等的污染,放射性核素污染。

总之,肥料投入不合理引起水环境、大气环境、土壤环境问题越来越严重。因此,对肥料投入后产生的环境污染问题要给予高度重视。

2.有机肥料来源与作用

(1)有机肥料的来源。有机肥料是指含有较多有机质和多种营养元素、来源于动植物残体及人畜粪便等废弃物的肥料,包括人粪尿、厩肥、堆肥、绿肥、饼肥、沼气肥等。有机肥料具有种类多、来源广、肥效较长等特点。有机肥料以有机质为主,如纤维素、半纤维素、脂肪、蛋白质、氨基酸、激素及腐殖酸等,同时含有氮、磷、钾、硫、钙、镁以及微量元素等各种矿质养分,是一种完全肥料。

(2)有机肥料的作用。

①提供作物所需的各种矿质养分和有机养分,增加作物产量,改善农产品品质。有机肥料含有植物所需要的大量营养成分、微量元素、糖类和脂肪。有机肥可为作物提供全面的营养,增加作物产量,改善农产品品质。同时,有机肥在土壤中分解,能够转化形成各种腐殖酸,腐殖酸是一种高分子物质,具有很好的络合吸附性能,对重金属离子有很好的络合吸附作用,能有

效地减轻重金属离子对作物的毒害，并阻止其进入植株中，并且保护植物的根茎。

②培肥土壤地力，提高土壤质量。有机肥料施用增加了土壤中的有机质含量，降低土壤黏结度，提高土壤保水保肥性能，使土壤形成稳定的团粒结构。有机肥料可以使土壤中的微生物大量繁殖，特别是许多有益的微生物，如固氮菌、氨化菌、纤维素分解菌等。同时，有机肥料中有动物消化道分泌的各种活性酶，以及微生物产生的各种酶。这些物质施到土壤后，可提高土壤的酶活性。长期施用有机肥可以改善土壤的质量，从根本上提高土壤的质量。

③增强农作物抗病、抗旱、耐涝能力。有机肥料含有维生素、抗生素等营养物，可增强农作物抗性，减轻或防止病害发生。有机肥料施入土壤后，可增强土壤的蓄水保水能力，在干旱情况下，能增强作物的抗旱能力。同时，有机肥料还可使土壤变得疏松，改善作物根系的生态环境，促进根系的生长，增强根系活力，增强作物耐涝能力，减少作物的死亡率，提高农产品的生存率。

施用有机肥料也会带来一定的风险，主要表现在以下几点：①过量有机肥料的施用会直接导致硝态氮和磷在土壤中的积累，并且随着施肥年限的增加而积累加剧，增加向水体的淋失。②单次过量施用有机肥料，可发生反渗透现象，常绿果树如柑橘在施冬肥时过量施用有机肥料可导致大量落叶，甚至死树。③由于不少有机肥料以畜禽粪便为原料，这就可能造成铜、锌、铬、铅、镉等在土壤中过度累积，从而影响作物生长，造成土壤环境的恶化。如果施用未腐熟有机肥料，可能会造成烧苗烧根、种子不发芽、地下虫害增多、土传病害加重等。

专栏 1-1　我国古代施肥历史

长期以来，我国劳动人民在农业生产活动中积累了相当丰富的认土、评土、用土、改土和对肥料积造、保护与施用的经验。早在夏代以前（约公元前 2100 年前）人们就意识到未开垦的处女地一般是很肥沃的，再加上杂草、荆棘、小树等烧后的草木灰，土壤就更肥了，所以一旦地力衰退现象出现，他们便放弃旧地，另选新地。夏、商、西周（约公元前 2100—前 771 年）前后将近 1 500 年，农业生产上放任自然方式的经营中开始出现了人工干预，人们回到多年以前的“撂荒”地上再行生产。通过这一行为，人们体会到土壤经过一段时期“休闲”之后，仍然可以照常生产。人们还逐步发现，在地里施入某些物质（灰、粪之类）后，可以不必通过“休闲”阶段而在原地上连续种植下去。《诗经》里的“菑”（开垦一年的土地）、“新”（开垦后第二年的土地）和“畲”（开垦后第三年的过度开垦土地）正是其遗迹的反映。

春秋战国（公元前 770—前 222 年）时期铁制农具的出现，使黄河流域的开拓发展迅速，并出现了灌溉农业，可以做到深耕、多耕、多锄，及时因地生产，重视粪灌，生产力明显提高。《管子·地员篇》是我国最早的土壤分类文献。它将平原地区土壤分为五种（渎田悉徒、赤垆、黄堂、斥埴、黑埴），将平原以外的土壤分为三等十八级，并分别记述了各种土壤所适宜生长的植物、草木等。《尚书·禹贡篇》记述了九州土壤，并根据其肥沃度定赋税、分为三等九级。《周礼·职方氏》之《地官·司徒下》还记述了以各种不同的动物粪肥施于不同土壤的“土化之法”，以恢复和提高地力。

秦、汉、魏、晋、南北朝（公元前 221—581 年）的七八百年之间，出现了西汉的《氾胜之书》、东汉的《四民月令》和北魏的《齐民要术》等农书。尤其是贾思勰撰写的《齐民要术》，全书约十一二万字，正文部分有十卷九十二篇，内容丰富多彩，可谓我国古代的农业百科全书。

隋、唐、五代、宋、元、明、清(公元581—1911年)以来,对于农业生产的技术措施,有了更明确的分类和更详细的归纳总结,出现了诸如《四时纂要》《耒耜经》《陈农书》《农政全书》、沈氏《农书》、张氏《补农书》以及《农桑经》《马首农言》《农言著实》《山居琐言》《农说》《知本提纲》等一大批农书,我国劳动人民对土壤肥料学乃至大农学的实践思想、理论的发展作出了伟大的贡献。

3. 其他养分资源

(1)大气沉降。大气氮沉降是指含氮化合物从大气中移出并降落到地表(土壤、水体和植物冠层)的过程,分为干、湿沉降两种形式。氮素干沉降是指含氮粒子或溶胶态化合物通过重力作用降落到地表,通过干沉降到达地表的主要氮素形态有气态 NO、NO_2、NH_3、$(NH_4)_2SO_4$、NH_4NO_3,颗粒态 NH_4^+、NO_3^-、有机氮和过氧乙酰硝酸酯;氮素湿沉降主要指含氮化合物通过降水(雨、雪、冰雹)返回到陆地及水生生态系统的过程,湿沉降中氮素主要存在形态是 NH_4^+-N 和 NO_3^--N 以及少量的可溶性有机氮形态。这些含氮化合物以活性氮的形式沉降至地面,改变了生态系统结构和生态过程,并且在大气环流的作用下,从污染严重地区迅速扩展到全球,对全球的氮循环产生了严重干扰。

(2)生物固氮。生物固氮是指固氮微生物将大气中的氮还原成氨的过程,可以分为共生固氮和自生固氮两大类。共生固氮微生物的特点是与一些绿色植物互利共生,如根瘤菌;自生固氮微生物的特点是在土壤中能够独立进行固氮的微生物,如圆褐固氮菌。

(3)植物残茬。植物残茬主要包括秸秆和根茬;在土壤微生物分解作用下,能够为植物生长提供必需的营养元素,影响土壤中碳、氮养分的循环。作物残体分解是土壤有机质的重要来源,能够改善土壤结构,提高土壤微生物的数量和活性。

(二)农田生态系统养分去向

农田生态系统养分去向主要包括植物带走、气体损失、地表径流和淋洗损失。

1. 植物带走

植物带走养分为作物收获时植株体内养分随收获物一起被移出农田,即作物收获养分移出量。但氮、磷、钾在不同作物上的表现也略有不同,对于磷和钾,作物收获的磷和钾的量等同于土壤磷和钾的移出量。对于氮,大豆收获时植株体内含氮量的 2/3 来自共生固氮,因此收获时大豆移出氮量约为大豆收获氮量的 1/3。

2. 气体损失

农田氮素气态损失主要通过硝化—反硝化和氨挥发损失。硝化过程是指在硝化细菌的作用下,把 NH_3 或 NH_4^+ 氧化成 NO_2^- 和 NO_3^- 产生 N_2O 的过程。反硝化过程是指反硝化菌在无氧的条件下将硝酸盐(NO_3^- 和 NO_2^-)中的氮逐步被还原为 NO、N_2O 和 N_2 的过程。

氨(NH_3)挥发损失是指 NH_4^+-N 的转化在土—水—气界面中的动力学过程,NH_4^+-N 水解产生氨进入大气。进入大气后,NH_3 的一部分又以干、湿沉降的途径返回地表。沉降到地面的 NH_3 虽然可增加土壤有效态氮,被作物吸收利用,但同时也成了 N_2O 的二次源,增加了 N_2O 的排放量。

3. 地表径流

地表径流是农田系统养分在降水或灌溉水驱动下随着地表径流向湖泊、河流中迁移,是农田养分进入水体最直接、最快速的方式。农田养分通常以两种形态进入径流：一种是溶解态，通常情况下，养分溶解于土壤溶液中，通过水分交换等作用进入地表径流；另一种是吸附态，这部分养分被吸附在土壤颗粒表面，通过解吸或伴随侵蚀泥沙进入地表径流。养分从土壤进入地表径流的过程受到多种因素的影响，如降水特征、土壤特性、坡面特征、化学物质特征、耕作与施肥方式、地表覆盖及管理控制措施等。

4.淋洗损失

淋洗损失是指农田养分随降水或灌溉水迁移至作物根区以下，不能被作物根系吸收利用导致的损失，对地下水造成污染。淋洗损失速率主要由水渗漏的速率决定，而渗漏速率主要取决于土壤特性和降水、灌溉程度。

四、养分资源的特征

养分是一种重要的资源，来源于自然界的土壤、大气、矿产等，具有自然资源的属性；也有来自人工生产的化学肥料产品，具有社会资源的属性。此外，养分还具有其鲜明的特征，主要有以下几个方面。

1.养分资源的共生性

作为自然资源的一部分，土壤养分资源和养分的矿产资源与其他自然资源相互联系，相互制约，形成了一个整体。

2.养分资源的地域性

受各种成土因素和人类活动的影响，养分具有一定的空间范围和分布规律，表现在垂直空间和水平空间分布上的不均匀性。养分资源同时具有时空变异性的特征。养分资源在时间和空间上均表现出较大的变异性，主要反映在养分形态、转化速率和数量等指标的差异上。如不同区域养分资源的数量存在很大差别，而不同地块之间和垂直剖面上养分资源的数量也存在明显空间变异。

3.养分资源的多样性

养分资源是一类资源的总称，包括氮、磷等多种养分资源。同时，每种养分根据来源区分，既有土壤养分、化学肥料养分和有机肥料养分，也有从环境中来的养分等，而且每种养分资源还以多种形态在矿产、化学肥料、土壤、畜牧、家庭及环境等多个单元中存在。因此，养分资源具有多样性的特征。

4.养分资源的有限性

养分资源数量相对有限，如制造肥料的天然矿物储量有限，又是不可再生资源，随着人们对矿产资源的开发利用，资源不断被耗竭，而通过地球化学循环返还的比例却很低，会逐渐表现出稀缺性。在植物生产中，土壤养分资源不断被利用，如果不补充，也会逐渐被耗竭，导致土壤养分供应不足。化学肥料养分虽然能补充土壤养分的耗竭，但又会带来矿产养分资源的耗竭。可见，养分资源的有限性是十分明显的。

5.养分资源的可循环性

植物养分可部分归还土壤，被植物循环利用，归还的数量与人类的影响程度有关。自然生态系统是一个开放系统，在没有人类干预的条件下，尽管自然生态系统内土壤—植物—大气系统中养分生物小循环受养分物质地球化学大循环制约，养分物质仍然能够维持相对平衡。在以动植物生产为特征的农业生态系统中，养分物质的平衡状况主要与人们从系统内移走的养分物质数量和以有机废弃物形式归还的比例有关。由于人类活动的干扰作用，特别是随着城市化进程的加快，养分再循环和再利用的比例下降，系统内养分物质严重失衡。为了维持土地生产力，需要通过人工制造化学肥料，补充植物耗竭的土壤养分。

养分作为基本化学元素，很少以元素形态进行流动，主要通过化学肥料、饲料、食品等物质，不但在农田生态系统内部流动、转化和循环，而且还在区域的单元内和单元间进行流动、转化和循环。养分资源的流动包含 3 种模式(图 1-2)。

(1) 纵向流动。纵向流动是指养分围绕食物生产与消费沿“矿产资源—化学肥料生产—种植业—畜牧业—家庭—环境”的纵向流动，期间也伴随着与大气水体环境的养分交换，人类食物需求是纵向流动的主要驱动力。

(2)横向流动。横向流动是指养分在区域间的横向流动，这种流动有些是人为的，有些则是自然作用的结果。如化学肥料产品和食品的跨区域消费就属于人类社会经济活动带来的区域流动；而大气 N_2O 的跨国迁移等则属于自然流动。

(3)循环流动。循环流动是指养分在多个单元间的循环流动，其典型的例子就是养分在生物圈中的生物小循环及生物地球化学大循环，生态系统中各种养分均沿着一些独特的路径进行着循环流动。这些循环将各种养分引入有机体，继而又从有机体释放到环境。生物生生死死，养分循环不已，构成了大自然不断发展的基础，也构成了生态系统长期生存、繁衍和进化的基础。在农业生态系统中，这种循环受到人类的强烈干预，许多农业措施都能调节或影响养分循环的数量和方向。这奠定了养分资源的循环性。

养分的 3 种流动模式不是独立存在的，在一个系统内往往同时存在。

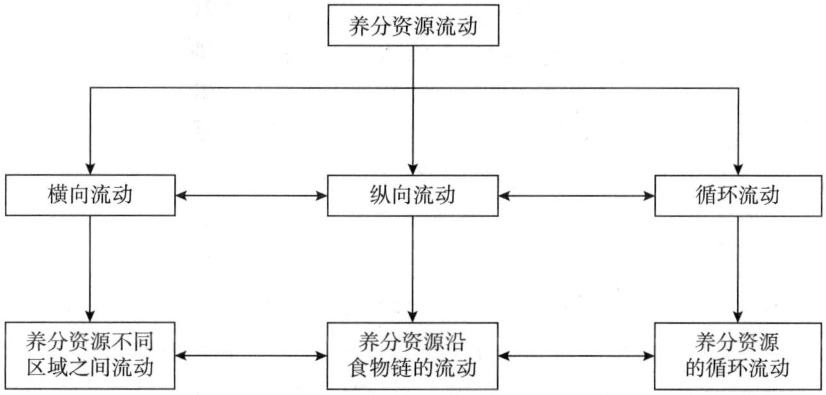

图 1-2　养分资源流动模式示意图

6.养分资源的多用性

植物所需要的养分物质，同时也是人类、动物和微生物的营养物质。这些养分物质可以被陆地植物所利用，也可以通过摄取食物而被人类和动物利用。而且养分物质从土壤流入水体后，能够被水生植物和微生物所利用，并引起水体的富营养化，从而导致水生生态系统平衡被破坏和水环境污染。

7.养分资源的多向性

养分资源对于人类具有正负两方面的作用：一方面，养分不仅是植物的生命元素，而且也是人类、动物和微生物的必需营养物质，具有自然资源的多重性；另一方面，它又是潜在的环境污染因子，会给人类生活带来不利影响。因此，养分虽然是生命元素，本身不是污染物质，养分若利用得好是有益的，若利用得不好则会带来危害，当它以不适当的数量和形态出现在某个地方，就会带来环境问题。

综上所述，养分来源多样，资源构成复杂。了解养分的资源属性和特征，确定植物养分的资源观点，可以有目的地采取相应的生物和农艺措施，高效地利用养分资源，减少养分资源浪费和环境污染。

第二节　养分资源管理理论的产生与发展

一、养分资源管理形成的背景

（一）国际背景

1. 化学肥料的出现及其显著效果

早在三千年前，人类就知道了用动物和植物的残体或废弃物肥田可以获得更多更好的作物产品；1840 年，德国化学家李比希（Liebig）提出的矿质营养学说，为化学肥料的生产和施用奠定了理论基础；1842 年，英国学者鲁茨（Lawes）用硫酸和骨粉制造出过磷酸钙，创立了世界上第一个商品肥料工厂，开始了化学肥料的生产和施用。商品化学肥料的使用，补充了原始农业单靠有机物质矿化及生物固氮对作物供应养分的不足，大幅度提高了作物产量，为人类的生存和发展作出了巨大的贡献。

2. 化学肥料大量施用带来环境污染

随着化学肥料的大量投入，在作物产量大幅度提高的同时，环境污染问题日益突出。过多施用化学肥料的副作用引起了人们的普遍关注，科学施肥的效益目标及其相关技术也发生了相应的变化。施肥的目标经历了“产量→产量＋经济→产量＋经济＋品质→产量＋经济＋品质＋环境”的发展过程，环境问题逐渐受到重视，相应的养分管理技术也由重视化肥转向重视有机肥回田，进一步发展为养分资源综合管理。

3. 植物养分综合管理系统的出现

为了实现施肥的产量、经济、品质和环境目标的协调，联合国粮食及农业组织（FAO）提出了综合植物营养系统（IPNS）的概念，他们分析了现代施肥中普遍存在的缺点，包括：①过高或过强依赖化学肥料，特别是氮这个“强有力工具”经常过量，因为人们总期望通过增加投入获得比实际产量潜力更高的产量。②施肥中不能充分利用诊断养分状态的方法，仍然依靠估计或单凭经验，这在中国很普遍。③可避免的养分损失仍很高，总有一种浪费肥料的倾向存在，特别是在肥料与产品价格相比较便宜时，增加施肥量的成本往往被忽视，大棚蔬菜等经济作物施肥正是如此。④不平衡施肥降低作物品种的抗性。一些粗放的无机养分高投入导致了严重的环境污染，人们不得不反思现代施肥观念的问题并研究农业可持续发展原理指导下的施肥概念的内涵。

4. 养分管理法规的建立和应用

为了规范农民这个施肥决策群体的施肥行为，除了加强宣传普及科技知识以及加大科技推广力度，还应通过立法等手段进行必要的限制。20 世纪 80 年代，荷兰为了加强牲畜粪尿的管理，出台了粪肥养分管理的相应法规。1991 年，欧盟为了减少水体硝酸盐污染，制定了《硝酸盐法令》,要求成员国划定硝酸盐污染敏感区,在敏感区内实行最佳农业措施,有机氮肥用量限制在 170 kg/hm^2之下。之后,欧盟还陆续出台了与养分气体损失和水体迁移有关的养分管理政策法规,促进了养分管理技术的发展,也有效地遏制了养分污染。

综上所述,西方发达国家的施肥目标经历了从单纯追求产量,到产量与经济协调,产量、经济与品质协调,再到注重产量、经济、品质和环境多目标的发展过程,环境问题逐渐受到重视。相应的施肥技术也经历了从单施氮肥,到氮磷配合、氮磷钾配合,再到氮磷钾中微量元素配合,最终到养分资源管理的发展过程。

(二)国内背景

1901 年,氮肥从日本输入我国台湾,开创了我国施用化学肥料的新纪元。1950 年,中央人民政府在北京召开全国土壤肥料工作会议,重点推广了氮肥,加强了施用有机肥料的指导工作。1957 年,国家成立全国化学肥料试验网,开展了氮肥、磷肥肥效试验研究。1959—1962 年,国家组织开展了第一次全国土壤普查和第二次全国氮、磷、钾三要素肥效试验。1979 年,国家开展了第二次全国土壤普查,摸清了我国耕地基本情况。1981—1983 年,国家组织开展了第三次大规模的化学肥料肥效试验,随后开展缺素补施、配方施肥和平衡施肥技术推广,提出了"测、配、产、供、施"一条龙的施肥技术服务模式,初步建立了全国测土配方施肥技术体系。到 2019 年,全国化学肥料施用量由 1949 年的 1.3 万 t 增加到 5 250 万 t,截至 2023 年,全国测土配方施肥技术推广面积达到 19.3 亿亩次,技术覆盖率达到 89.3%,绿色防控面积超过 8 亿亩(1 亩≈667 m^2)。

随着化学肥料用量的增加,有机肥料的施用比例逐年下降。20 世纪 40—50 年代,农田养分投入以有机肥料为主,1949 年,全国有机肥料投入纯养分约 480 万 t,占总肥料投入量的 99%,到 20 世纪 90 年代下降到 50%左右。

与此同时,我国农田施肥目标进行了相应调整。第一次是 20 世纪初到 20 世纪 80 年代中期,以单纯追求作物高产为目标,氮、磷、钾肥相继得到大面积推广应用,施肥效益不断增长。第二次是 20 世纪 80 年代中期到 20 世纪末,以"两高一优"(即高产、高效、优质)为目标,广泛开展复混肥示范推广,单质肥料由低浓度向高浓度方向发展,复混(合)肥料开始大面积推广应用,化学肥料施用总量迅速增加,但由于大部分地区忽视土壤测试和田间肥效试验,盲目施肥现象普遍,施肥效益开始下降。第三次是进入 21 世纪以后,以优质、高产、高效、生态、安全协同实现为目标,全面进入生产与生态并重的施肥阶段。人们更加重视生活质量和环境健康,"高产+高效+优质+环境友好"成为农业生产的效益目标。

二、我国养分资源管理理论的形成与发展

(一)初期的研究进展

1992 年,张福锁等提出了植物营养科学的概念和研究领域,把植物营养科学概括为研究植物与环境之间营养物质、能量交换,以及植物体营养物质运输、能量转化过程及其调控方法的科学,重点应研究其生长发育过程中新陈代谢所必需营养元素的供应、吸收、转化和利用,目的在于提高产量、改善品质和保护生态环境。20 多年来,植物营养与肥料科技工作者围绕我国农业生产中亟待解决的问题,进行了深入研究,不但研究开发了大量的应用技术,而且加深了对植物营养机制的认识,同时也促进了养分资源管理理论的形成和完善。

1. 养分资源概念的形成

随着植物营养科学的发展，人们对养分在认识上的飞跃是养分资源管理理论形成的主要动力。第一，对植物养分的认识已经由营养物质发展到遗传性状、信号物质等高度，指出了不同营养元素土壤和肥料效应的时空变异特点，以及挖掘作物高效利用养分基因潜力的重要性；第二，从土壤养分角度认识到了养分空间变异性；第三，从植物土壤相互作用方面对土壤养分生物有效性有了新的认识；第四，从生态环境角度加深了对养分作用双重性的认识；第五，从资源管理角度认识到了养分的资源特点和可循环性，充分认识到养分作为维持植物生长的重要物质，也具有资源的属性。对此，张福锁等明确提出了"养分资源"的概念，即强调植物生产中养分具有的资源属性，把植物和动物生产中来自土壤、肥料和环境中的养分统称为养分资源。

2. 农田养分资源管理理念的形成与技术发展

1994—2003 年，我国科学家先后在北京、河北、河南、陕西、四川、内蒙古和云南等地，以小麦、玉米、蔬菜等旱地灌溉作物为主，先后共完成了 200 多个田间小区试验和校验试验。内容包括：①机制研究，主要是通过盆栽、根箱模拟等试验，结合田间试验研究根系和根际养分动态，探讨氮在土壤中的转化运移规律、根系生长规律和养分吸收规律等。②优化推荐施肥原理与技术研究，重点研究作物需肥、土壤供肥和环境养分输入的规律，探讨施肥的环境效应。确定了土壤、植株合理的取样时间、取样部位和样品处理方法，确定了田间试验以氮肥为主要对象，兼顾磷、钾肥的效应。在对土壤磷、钾供应状况及施肥规律比较清楚的地区，以适宜用量的磷、钾肥为"肥底"，对磷、钾养分的施肥推荐必须与当地的长期施肥反应或肥料长期定位试验相结合。对土壤磷、钾供应及施肥规律不清楚的地区，主要试验对象必须包括氮、磷、钾 3 种元素。在不同生态区，根据农业生产具体情况进行了不同磷、钾水平、有机肥料、秸秆还田、灌水效果等辅助试验，找出了适合一些地区农业生产实际的优化推荐施肥技术方案。③长期定位试验研究，试验点设在北京，种植制度为冬小麦/夏玉米→春玉米轮作，方案为氮、磷、钾长期定位试验，通过该试验监测了我国北方小麦/夏玉米→春玉米轮作条件下养分资源的动态、施肥的长期环境效应、磷、钾养分的长期施肥效应和在土壤中的运移动态。④技术成果示范推广，在北京、河北、河南、山西、陕西、四川、云南等地布置了小麦、玉米、油菜、蔬菜等农作物养分资源管理田间对比示范。

10 多年的研究表明，氮素养分资源具有来源多样、转化复杂、去向多、作物产量和品质效应敏感、环境效应有害等多重特征，因此氮素资源的优化管理应以精确的、实时的土壤和作物氮素监测为主，强调氮素的分期动态调控。相比而言，磷、钾养分在土壤中容易保持，一定范围的过量也不会造成产量和品质效应的明显下降，具有较长时期的后效等特征，应在养分平衡的前提下，依据土壤有效养分的监测和作物施肥的反应采用恒量监控的方式进行管理。微量元素肥料应主要采用"补缺"的方式。

2003 年初，张福锁主编、中国农业大学出版社出版了《养分资源管理》一书，书中提出了养分资源管理的理论体系，把来自化学肥料、有机肥料、灌溉水、土壤和环境中其他来源的养分都视为养分资源，把传统的施肥问题提升到养分资源管理的水平，对养分资源进行统筹考虑，以提高养分资源的利用效率、减少养分对环境的污染。该书的研究成果对于节肥、增效、提高产量、改善品质和保护环境具有重要理论和实践意义。

(二)我国养分资源管理理论的发展与拓展

1. 土壤—作物系统综合管理

同时实现作物高产与资源高效的目标需要农业技术的综合与集成创新,而这必须要多学科的合作。因此,开展植物营养、土壤学与作物栽培等多学科交叉创新,创新土壤—作物系统综合管理。土壤—作物系统综合管理的科学原理是最大程度地利用地上资源(光温资源)和地下资源(根层水肥),实现土壤、肥料和环境的氮素供应与作物生长的动态需求同步。充分发挥现有品种产量潜力、不断提高作物产量的关键在于应用新技术重新设计高产作物生产体系,通过根层水肥调控实现水分养分供应与高产作物群体需求在数量上匹配、时间上同步、空间上耦合,保证高产高效;而以提高土壤基础生产力为核心的土壤质量提高则是稳定实现大面积作物高产高效的基础。

2. 养分资源管理由农田扩展到食物链

Howarth 等计算了美国采用不同饮食方式对未来无机氮肥施用的影响,结果表明,如果美国将其肉类消费量减少 50%而接近于瑞典的消费水平,无机氮肥需求量将减少 37%。人类消费更多动物性食物的愿望是世界性的,如果都去追求北美的饮食模式,全球 50 年后若有 90 亿人,就需要 30 亿头牛,而现在只有 13 亿头。德国的 Isermann 博士首次考虑作物生产与消费整个营养体系,建立了农田－畜牧－加工－家庭－废物处理－环境体系氮素循环与平衡模型,同时分析了未来不同营养模式下欧洲国家营养体系中氮素平衡的前景。结果表明,从人类实际营养需要的角度分析,欧洲国家动物生产和消费过高,欧盟的动物蛋白质消费量高出需要量的 2 倍,德国高出 1.7 倍。由于营养过剩,德国体重过高的人群比例达到了 61%、欧盟达到了 50%～60%、美国达到了 55%,而世界平均为 10%。如果按照人们合理营养需求和可持续发展的要求,德国畜牧业生产应减少 43%。在农业部"948"重大项目"养分资源综合管理技术引进与中国技术体系的建立和应用"资助下,我国也初步构建了食物生产和消费中氮、磷流动的模型,开始从食物链角度探索养分的管理策略。

3. 农业绿色发展

农业绿色发展是以绿色发展理念为引领优化农业全产业链,以资源环境承载力为基准,以生态环境质量为约束,以提质增效产业融合为路径,以优质、安全、充足农产品供给和人类营养健康为目标,逐步形成产业兴旺、生态宜居发展格局的农业发展方式。

资源节约高效是农业绿色发展的基本特征。农业绿色发展将实现经济社会和环境的可持续发展以及营养健康的食物供应作为绿色发展的目标。在复杂的系统内如何节约分配并循环利用有限的资源,实现资源效益的最大化,降低向生态环境的排放是农业绿色发展研究的根本问题。环境友好是农业绿色发展的内在属性。农业绿色发展需要从山水林田湖草生命共同体的角度系统考虑农业绿色生产,大力推广绿色生产技术,降低环境压力;同时加快农业环境突出问题治理,提升环境质量。

多目标协调是农业绿色发展的必然要求。农业绿色发展涉及自然生态系统、食物系统以及社会经济系统,强调生产、生活与生态的协调,不同利益主体协同,其核心问题是实现社会效益、经济效益、生态效益的最大化。学科交叉是农业绿色发展的内在动力。农业绿色发展的内涵决定了农业绿色发展的复杂性和综合性,农业绿色发展包含种养系统、食物加工消费系统、人类社会经济系统以及生态环境系统等多个子系统。提出区域农业绿色发展的实现途径,重点突破土壤—植物界面、种植—养殖界面、生产—消费界面、膳食—营养界面和生产—生态界面五个交叉界面上的前沿科学问题和关键技术。全产业链提升是农业绿色发展的实现途径。种植系统作为初级生产系统与养殖系统的结合，向运输、贮藏加工等产业延伸组成了整个食物系统，供给了几乎人类社会所必需的全部食物，同时也是生态环境的重要污染物排放来源。

三、养分资源管理的概念与目标

（一）概念

养分资源综合管理就是从农田生态系统的观点出发，利用所有自然和人工的植物养分资源，通过有机肥料与化学肥料的投入、土壤培肥与土壤保护、生物固氮、植物品种改良和农艺措施改进等有关技术和措施的综合运用，协调农业生态系统中养分的投入产出平衡、调节养分循环与利用强度，实现养分资源高效利用，使生产生态、环境和经济效益协调发展。

（二）养分资源管理的目标

随着人口增长和经济发展，我国的粮食需求仍将呈现持续刚性增长。在此背景下，养分资源管理目标将是同步实现作物高产、农产品品质优良、养分资源高效、环境保护及生态服务等多目标协同。

（三）农田养分资源管理与传统施肥的关系

1. 农田养分资源管理是施肥科学与技术的进一步发展

养分资源管理理论是对传统科学施肥原理的发展：①施肥目的从单一满足作物对养分的需要发展为同时关注养分资源的合理利用。②施肥经济效益从单一关注当年的养分增产效果发展为同时关注肥料的残效，也关注生态环境对未利用养分的负担能力。③施肥生态效益从保持和提高土壤肥力发展为同时重视多余养分或毒害元素对生态环境破坏的风险及其限制。④养分管理目标从静态地保持养分平衡发展为动态地保持养分循环。⑤养分利用方式从创造适宜作物成长的养分环境（即作物为本）发展为同时充分利用优良品种对各种环境条件的适应性提高养分资源利用效率（即兼顾资源利用）。

2. 施肥是农田养分资源管理的重要措施

施肥仍是农业生产的主要手段，但不是唯一手段，通过对农田乃至一定条件下农业生态系统养分投入与产出平衡、养分循环与利用强度的综合管理和动态调控，可充分发挥作物高效利用养分和增产的潜力，使养分资源利用符合农业可持续发展的要求。

3. 农田养分资源管理拓宽了施肥的思维空间和技术领域

农田养分资源管理进一步拓宽了科学施肥决策的思维空间和技术领域。此处的“综合”包括三个基本含义：①养分资源本身就是综合的，其来源和循环涉及不同层次的农业生态系统。②养分资源的管理措施是综合的，除施肥外，还涉及土壤养分活化、作物营养遗传潜力的发挥、农田生态系统养分收支平衡及一切与此有关的农业措施。③养分资源管理的目标是综合的，即要综合实现作物优质、高产、高效，又要保护食品和环境安全，培肥土壤，达到农业可持续发展的要求。

4. 施肥的原理和技术一般也适用于养分资源管理

根据养分资源管理理论，现代施肥除了遵循传统的科学施肥原理中“两个学说”和“四个规律”外，还应遵循下述基本原则：①以地域特征确定养分资源的管理策略（即养分资源的宏观管理）。②选用养分高效的作物种类或品种以提高养分资源的利用效率。③以定量土壤、水、空气、秸秆等各种自然资源的养分状况为基础补充肥料养分。④以生态环境可承受的养分数量为界限定量施肥量。⑤以综合农艺措施和其他技术手段调节养分投入产出平衡和循环利用强度。⑥以生产单位中养分资源参数的测试和估算结果为依据,制定并实施地块、农场(户)等不同层次的养分利用方案。

5. 农田养分资源管理与施肥的区别

农田养分资源管理与施肥的区别主要包括以下三个方面:①基本依据。施肥依据的是土壤—植物营养关系。农田养分资源管理依据的是农田生态系统养分循环状况。②研究范围。施肥只限于田间过程。农田养分资源管理不仅贯穿于作物整个生产过程,而且延伸至人类生活和资源环境领域。施肥只重视肥料养分,而农田养分资源管理除了肥料养分外,还强调用好其他养分资源,强调农学和非农学技术和经验、政策等手段的应用。③调控目标。农田养分资源管理更强调经济、环境目标,重视养分作用的双重性。

四、养分资源管理在社会发展中的作用

(一)养分资源管理在农业可持续发展中的作用

养分资源管理可以从挖掘作物遗传潜力、提高农田生态系统稳定性和可持续性、减少面源污染等方面保证农业的可持续发展(图 1-3),它的实施不仅有利于保障国家粮食安全,而且也有利于提高资源利用效率,减少环境污染,是一套可实现农业生产与生态环境双赢的技术体系。

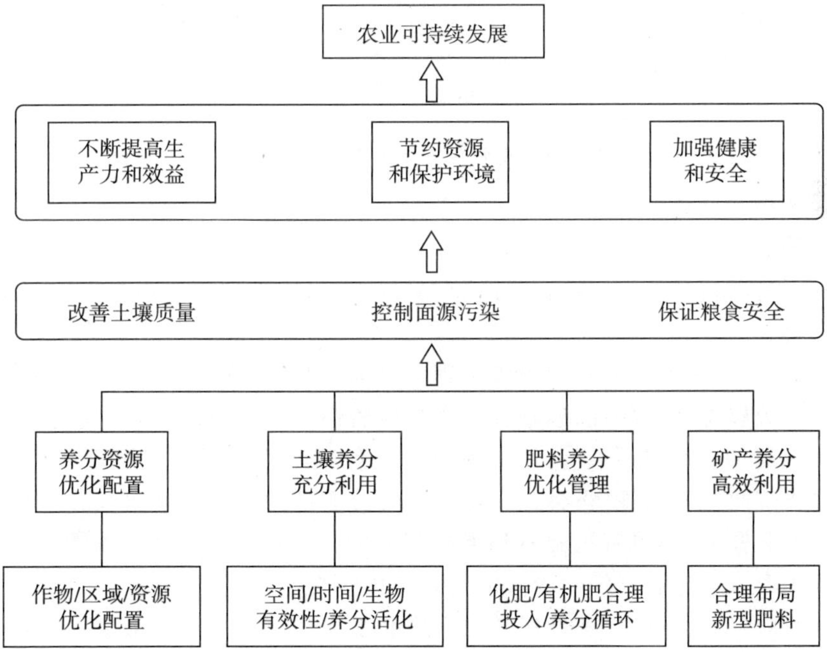

图 1-3 养分资源管理与农业可持续发展的关系

1. 养分资源管理是改善土壤肥力质量的关键技术

农田生态系统与自然生态系统的最大区别在于,农田生态系统可以通过人为的物质投入和技术进步,使系统资源被充分利用系统生产力能最大发挥、系统稳定性和可持续性得以改

善。而物质(特别是养分)投入产出平衡状况(图 1-4)决定了土壤肥力质量的走向,其深受养分管理、轮作等生产措施的影响。由于农田生态系统物质循环的开放性,提高农田生态系统生产力所依赖的外部水分养分资源投入必然会对系统内部及其环境产生显著的影响。这种影响既可能是正面的,也可能是负面的,前者如农田生态系统生产力提高将驱动土壤有机碳氮库的增加,而后者如农田生态系统碳的排放以及过量氮的淋洗和气体损失等都将对大气和水体环境产生不良影响。因此,如何通过养分资源管理技术避害兴利已经成为改善土壤肥力质量、实现高产和资源高效协调的关键。

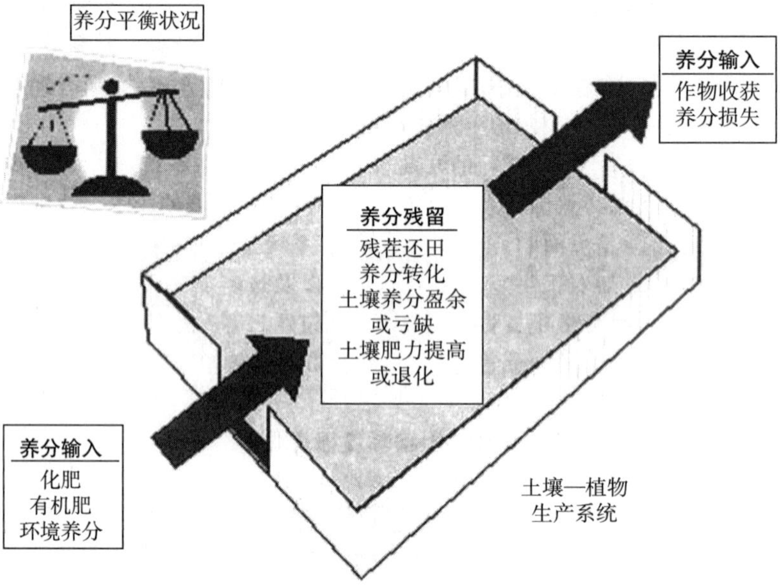

图 1-4 养分资源管理与土壤肥力质量的关系

2. 养分资源管理与粮食安全

养分资源管理是保证粮食增产、实现农业可持续发展的有效措施。粮食生产仍有很大潜力有待挖掘,具体措施包括国家政策调控、对农民的技术推广和养分资源高效利用的技术研究三个层次的内容。

(1)国家政策调控下的养分资源宏观管理。目前,国家层次的养分资源宏观管理的重点是对全国范围的养分资源优化配置,鼓励养分资源向着高效地区流动,尽可能地改变养分资源分配的区域性不平衡和农户间不平衡,使有限的养分资源得到合理的利用。尽早制定并出台我国的养分资源管理政策与法规,将会进一步加强养分资源的宏观管理研究,综合利用所有的自然和人造植物养分资源,通过有机肥料和无机肥料的投入、土壤保护、生物固氮和农学措施等综合运用协调国家农业生态系统中养分的投入产出平衡。

(2)养分资源高效利用的技术推广和企业农化服务。做好养分资源高效利用技术的推广工作,主要靠政府农业推广机构。由于我国基层农业推广机构的技术力量薄弱,指导众多农户的科学施肥有一定难度,因此,基层农技推广站应采取灵活的形式对农民进行养分资源高效利用技术的宣传和指导。目前正在开展的全国测土配方施肥项目已经发挥了良好的节肥增产的作用,化肥企业的农化服务在养分资源宏观管理中也担当了重要角色,企业向农民销售肥料养分的同时,往往也把肥料养分施用技术带给了农民。国家也应出台一些政策鼓励化肥企业做好农化服务。

(3)加强养分资源高效利用的技术研究。目前,我国正在大规模推广测土配方施肥技术,虽然起到了一定的节肥增产效果,但由于过去的技术积累不够,要进一步提高化肥利用率,仍然需要进行节肥增效技术的研究创新。进一步开展养分资源综合管理技术的研究,不但可以使我国养分资源管理技术跟上国际先进水平,同时可以将小规模经营农户的养分资源管理与作物优质高产、资源高效和环境保护,以及国家养分管理策略多个层次的理论和技术进行综合,这对挖掘我国养分资源潜力、提高养分资源利用效率保证粮食安全、实现农业可持续发展,具有重要的现实意义和广阔的应用前景。

3. 养分资源管理是控制面源污染的有效途径

针对我国面源污染的现状和形成原因,在宏观和微观两个层面探讨养分资源管理的策略和技术已经成为控制面源污染的有效途径。为此,特提出如下建议。

(1)大幅度提高养分资源利用效率以减轻面源污染。在农业面源污染的源头控制和防治方面,应主要采用下列策略和措施:①大幅度提高化肥、农药等农业资源的利用效率。②尽可能地减少化肥和农药的使用量。③提高畜禽的饲料利用效率,同时增加畜禽粪便的还田率,以减少粪便进入水体、大气等环境体系的数量。

(2)加强养分资源综合管理技术的研究创新和推广。提高农业生产者——农民的生产管理技术水平是走出农业生产方式粗放、资源利用效率低困境的根本出路。应大力加强对养分资源综合管理技术、农药高效利用技术、水土保持技术、畜禽养殖技术、畜禽粪便处理处置技术的研究和创新,还应该加强资源高效动植物品种繁育技术的研究和创新,以发展适合中国国情的农业高新技术。在技术研究和创新的同时还要深化农业技术推广体制改革加强对农业技术推广网络的资金投入,建立有效的监督与考核机制,使新技术信息能够传授给农民并支持农民使用这些新技术。

(3)建立健全有关养分管理和农药管理方面的法律法规。现行的法律法规和激励措施都没有明确提出反对过量使用化学物质的条款,需要修改完善。控制面源污染的法律法规应该包括以下几个方面:①因地制宜地制定和执行限定性农业生产技术标准。②减少和逐步取消对化肥和农药生产企业的各种隐性补贴。③采取一些配套措施来支持法律法规。④在农村加强教育并提供延伸服务,使农民意识并体会到减少化学物质的投入不仅能够为他们节约开支,而且可以改善环境。

(4)鼓励发展资源节约型和环境友好型农业生产模式。鼓励发展资源节约型和环境友好型农业生产模式主要包括以下四个方面:①建立不同地区种植业和养殖业的清洁生产技术规程和发展模式,加大示范推广力度。②像给予化肥生产企业优惠政策一样,给予有机肥生产企业优惠政策待遇,适当补贴有机肥生产和施用,促进高速发展的畜禽养殖业粪尿还田,鼓励发展种养结合的农业生产模式,使氮磷等养分在种植业和养殖业系统内部循环利用,以减少养分向系统外环境的排放。③建立化肥和农药的清洁生产技术规程,对生产高效、长效、低残留的化肥和农药企业适当补贴。④仿效欧美国家征收化肥和农药使用税,使得农民在其支付的代价中更多地考虑环境成本。

(二)养分资源管理在社会发展中的作用

1. 养分资源管理与经济发展

随着社会经济发展,家庭营养水平和生活方式将得到进一步改善,食物需求将进一步增加，进而影响动植物生产和养分流动。如果不能很好地协调生产与环境的关系，必将增加外部养分投入和环境排放，加大资源与环境压力。因此，今后重点应解决：①协调农业、牧业和家庭消费关系，优化食物结构和家庭消费结构，选择环境友好的生活方式和经济发展模式。②从食物链角度进行养分资源综合管理以协调经济发展与环境保护的矛盾。③加强养分管理政策和法规的研究与建设。

2. 养分资源管理与人民生活水平提高

随着人民生活水平的提高，食物需求将增加，食物结构将改变，进而影响动物和植物生产消费及养分流动。因此，应重点抓好以下工作：①合理规划营养需求，优化食物链系统养分流量，减少不必要的养分浪费。加强营养教育，鼓励人民追求合理的膳食结构，不要盲目追求欧美发达国家过去的生活方式而食用过多的动物食品，以免增加食物需求压力，影响身体健康并带来更严重的环境压力。②加强食物链养分管理技术的研究和推广，特别是针对中微量元素的管理，鼓励开展生物防御工程（也称生物强化工程）的研究和应用，增强人体养分的植物性食品来源。

3. 养分资源管理与城镇化

城镇化水平的提高将改变养分流动模式，加快养分流动，减少养分循环和还田数量，增加食物需求和改变食物结构。这必将增加外部养分投入和向环境的排放，加大资源与环境压力。因此，应重点抓好以下工作：

第一，营养需求增多将驱动食物生产和养分资源管理。城镇化导致养分需求增多，动物生产量和植物生产量增加，这将使如何加强养分资源管理并提高养分生产效率成为重点研究课题。同时，优化食物结构、减少养分过量摄入，以期有利于自身健康，进而减轻养分输入压力和改善生态环境，将成为人们的普遍追求。

第二，家庭食物消费中的养分资源综合处置将成为养分资源管理的重要任务。不同类型家庭的食物消费方式和消费强度直接关系到整个食物生产和家庭“废物”排放，如果对家庭排放的“废物”处置不当，不但会造成氮、磷养分的浪费，还会对环境造成危害。站在食物链角度，从家庭营养体系出发，阐述家庭中养分资源利用去向问题的研究还非常有限。城镇化的发展将使家庭消费的养分数量剧增，因此解决家庭食物消费中养分资源的综合处置问题和回田就成为养分资源管理中的重要任务，需要抓好垃圾处理、污水处理等几个关键问题。

复习思考题

1. 养分、养分资源的定义是什么？
2. 养分的来源与去向主要包括哪些途径？
3. 简述养分资源管理的概念与目标。
4. 简述养分资源管理与传统施肥的关系与异同。
5. 简述养分资源管理与粮食安全之间的关系。
6. 简述养分资源管理与人民生活水平提高的关系。

第二章

养分资源管理的原理与准则

◇ **教学目标**

1. 掌握养分资源管理的基本原理与准则。
2. 了解养分资源管理的主要措施。
3. 了解养分资源管理的控制指标、计算方法及其适用性。

在养分资源管理科学的发展史中，科学家们先后提出了养分资源管理基本原理，揭示了养分资源管理与作物生产中存在的客观规律，如养分归还学说、最小养分律、报酬递减律等。随着科学的不断进步，一些新的理论不断形成，使养分资源管理理论体系日趋完善。

第一节　养分资源管理的基本原理

一、养分归还学说

(一)养分归还学说的定义

养分归还学说(Theory of Nutrient Returns)是李比希(J. V. Liebig)于19世纪提出的。1840年，李比希在《化学在农业及生理上的应用》中论述了植物、土壤和肥料中营养物质的变化及其相互关系，较为系统地阐述了元素平衡理论和补偿学说。李比希的养分归还学说定义为："由于人类在土地上种植作物并把这些产物拿走，这就必然会使地力逐渐下降，从而土壤所含的养分将会越来越少。因此，要恢复地力，就必须归还从土壤中拿走的全部东西，不然就难以指望再获得过去那样高的产量，为了增加产量，就应该向土地施加灰分。"

(二)养分归还学说的要点

1. 作物的每次收获(包括籽粒和茎秆)必然要从土壤中带走大量养分

研究表明，植物体内的营养物质主要包括无机营养和有机营养。这些营养多数是首先吸收土壤中的矿物质，各种作物形成的任何产量，无论是生物产量还是经济产量，都要从土壤中吸收和带走一定数量的养分，且作物产量越高，种植时间越长，带走的养分数量就越多。部分作物养分收获带走氮、磷、钾养分见表2-1。

表 2-1 部分作物养分吸收量

作物	产量/(t/hm²)	带走的养分/(kg/hm²)		
		N	P	K
水稻	7	129	34	149
小麦	6	146	27	126
玉米	8	133	24	121
马铃薯	20	95	10	113
棉花	3	42	7	28
苹果	42	126	25	105
香蕉	41	497	63	1 496
白菜	57	127	16	148
辣椒	26	135	12	141
番茄	83	264	27	341
烟叶	3	101	14	154
油菜	2	100	28	169

2. 如果不正确地归还养分于土壤，地力必然会逐渐下降

我国农业生产实践中土壤钾素肥力的演变充分证明了李比希养分归还学说的内涵。据谢建昌等的研究，我国土壤钾素肥力的演变经历了一个由不缺乏到缺乏，由南方到北方，从经济作物到禾谷类、果树、蔬菜等作物，从高产田到中产田逐渐缺乏的过程，部分原因是由连年种植而不施用钾肥所致。研究发现，在不施钾肥条件下种植 6 季后，土壤速效钾由种植前的 78.8 mg/kg 下降至 61.2 mg/kg，而土壤缓效钾由 558.0 mg/kg 下降至526.4 mg/kg。这些研究进一步证实了李比希认为的“如果不补充有效养分，地力总有一天会枯竭”。

3. 要想恢复地力，就必须归还从土壤中取走的全部物质

养分归还学说的中心思想就是归还作物从土壤中取走的全部物质，以恢复土壤肥力，保持元素平衡。土壤肥力的恢复和保持的根本在于养分管理。通过养分管理，归还从土壤中带走的营养物质，特别是那些土壤中相对含量少而消耗量大的营养物质。

4. 为了增加产量，就应该向土壤施加灰分元素

施用肥料使作物增产，全球范围内增施氮肥、磷肥和钾肥提高产量的实例不胜枚举。据联合国粮食及农业组织(FAO)统计，化肥在作物增产中的作用为 50%；我国化肥联网试验统计表明，施用化肥对粮食产量的贡献率为 40.8%。

(三)养分归还学说的实质

养分归还学说的实质是：为了增产必须以施肥的方式补充植物从土壤中取走的养分。这就突破了过去局限于生物循环的范畴，通过施加肥料，扩大这种物质循环，从而为作物稳产高产和均衡增产开辟广阔前景(图 2-1)。

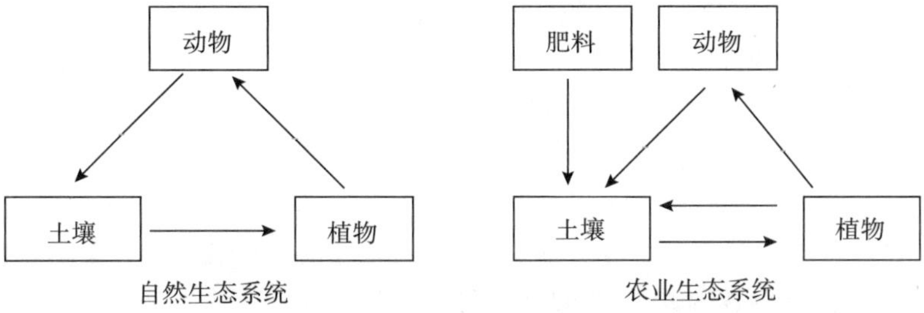

图 2-1 养分归还学说的实质

(四)养分归还学说的局限性

养分归还学说是指在生物循环基础上积极恢复地力、保证作物稳定增产,作为养分资源管理的基本理论,原则上它是正确的,全球范围内的施肥实践正是在这一理论的指导下进行的。施肥的目的就是要归还作物收获从土壤中带走的养分。然而,由于受当时科学技术的局限和李比希在学术上的偏见,一些论断不免有其片面性和不足之处。

1. 对养分消耗的估计只局限于磷、钾上

李比希认为大气中的碳酸铵是植物氮素营养的直接来源,土壤从大气和降水中可以获得足够数量的氮素来满足植物的需要,不必向土壤归还氮素。所以他对土壤养分的消耗估计只着眼于磷、钾等矿质元素上,只强调向土壤补充磷、钾等矿质元素,而忽略了其他营养元素。

2. 反对豆科植物能丰富土壤氮素的说法

李比希认为植物仅从土壤中摄取其生活所必需的矿物质,每次收获必从土壤中带走某种物质而使之贫化,任何植物也不能为土壤多增加养料。片面地认为作物轮换只能减缓土壤贫瘠和更加协调地利用土壤中现存的养料源泉。而事实上,根瘤菌的固氮作用可以丰富土壤耕层氮素含量,是植物氮素营养的重要来源之一。

3. 归还是正确的,但绝对的全部归还是不必要的、不经济的

养分归还学说中归还的观点是正确的,但绝对的全部归还是不必要的、不经济的。要归还作物带出的全部营养也难以实施。我们主张:归还与作物产量和品质关系密切、数量较大的养分,并根据生产需要,逐渐扩大归还数量和种类。

李比希的养分归还学说解决了农业生产中施肥的必要性问题,养分归还的主要方式是合理施用化肥。因此,在应用这一学说进行养分资源管理实践时,应加以注意其局限性,这不仅是农业可持续发展的需要,而且也是提高养分资源利用效率、减少环境污染和提高环境质量的需要。

二、最小养分律

(一)最小养分律的定义

最小养分律也是李比希提出的。养分归还学说的问世,特别是磷肥的成功生产,促使西方国家大量施用磷肥,但在长期、大量施用磷肥的过程中,出现了施用磷肥不增产的现象,于是,李比希在试验的基础上提出了应该把土壤中所最缺乏的养分首先归还于土壤。这就是当时的“最低因子律”,也有人译成最小养分律(Law of the Minimum Nutrient)。李比希对最小养分律的定义是:“植物为了生长发育需要吸收各种养分,但是决定植物产量的,却是土壤中那个相

对含量最小的有效植物生长因素，产量也在一定限度内随着这个因素的增减而相对地变化，无视这个限制因素的存在，即使继续增加其他营养成分也难以再提高植物的产量。”

最小养分律提出后，为了使这一施肥理论更加通俗易懂，有人用贮水木桶进行图解(图 2-2)。图中长短不同的木板代表土壤中不同含量的养分，木桶的水面高度代表作物产量的水平。木桶的水面高度由组成木桶最低的木板的高度决定，也就是说，作物产量的高低取决于最短木板的高度。最小养分律反映了在土壤贫瘠和作物产量很低的情况下，只要有针对性地增施最小养分的肥料，往往就可以获得极显著的增产效果。

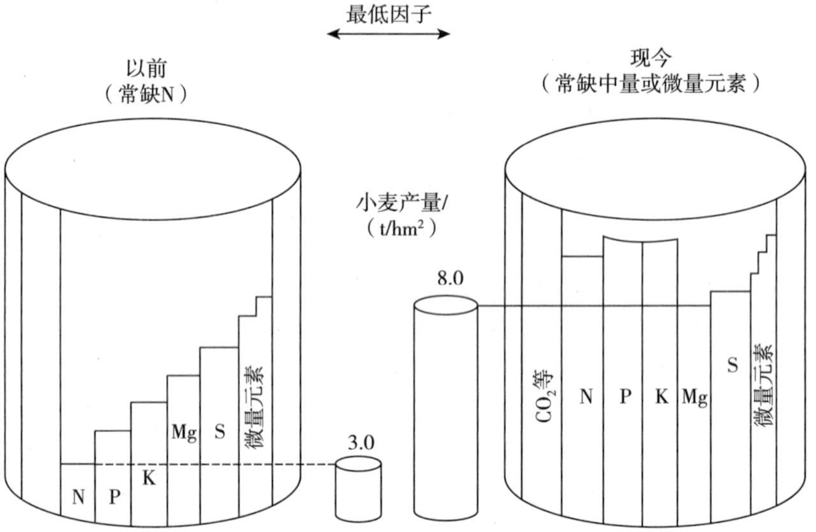

图 2-2 最小养分律的木桶图解

这一学说几经修改，后归纳为：“农作物产量受土壤中最小养分制约”。直到 1855 年，李比希又这样描述：“某种元素的完全缺少或含量不足可能阻碍其他养分的功效，甚至减少其他养分的营养作用。”因此，最小养分律的内涵是：最小养分律是植物营养元素间不可代替性的结果，即钾不能代替磷或钙，氮不能代替钾等。

(二)最小养分律的要点

1.决定作物产量的是土壤中某种对作物需要来说相对含量最小而非绝对含量最少的养分

作物的正常生长发育需要多种营养元素充足而协调的供应，而这些元素大多数要从土壤中吸收，这就要求土壤中的各种营养元素应该是充足而成比例的。如果一种元素相对不足，这就破坏了元素间的平衡，必然影响作物的产量。最早出现的最小养分应该是作物需要量大而归还土壤中少的大量营养元素，如氮、磷、钾等。当然，在一定的土壤和作物条件下，作物需要量很少的某种微量元素也可能成为新的最小养分。例如，棉花“蕾而不花”是由于缺硼而引起的，则硼就成为最小养分。

2.最小养分不是固定不变的，而是随条件变化而变化的

土壤养分受施肥影响而处于动态变化之中，最小养分也受施肥影响而变化。当土壤中的最小养分得到补充，满足作物生长对该养分的需求后，作物产量便会明显提高，之后，原来的最小养分则让位于其他养分，后者则成为新的最小养分而限制作物产量的再提高。最小养分随施肥情况而变化的过程，提醒人们在制订施肥方案时，注意补充现在的最小养分和施肥调整后

可能出现的新的最小养分。最小养分不是固定不变的，而是随作物种类、需肥特点、气候条件、种植制度、土壤特性等条件变化而变化的。

3. 继续增加最小养分以外的其他养分，不但难以提高产量，而且还会降低施肥的经济效益

最小养分是限制作物产量提高的关键因素，合理施肥就必须强调针对性。如果找不准最小养分而盲目增加其他养分，其结果是最小养分未得到补充，影响作物产量的限制因子依然存在，导致元素间的不平衡成分增大，产量降低，肥料利用率下降，从而影响施肥的经济效益，并引发生理病害和产生环境污染。

(三)最小养分律的意义和扩展

李比希的最小养分律是正确选择肥料种类的基本原理，忽视这条规律常使土壤与植株养分失去平衡，造成物质上和经济上的损失。正确对待最小养分律，就可以因地制宜根据土壤条件和植物生长的需要来选择肥料品种和养分比例，提高施肥针对性，较好地满足作物对养分的需要，从而收到增产、节肥、提高经济效益的效果。

限制因子律：英国学者布莱克曼(F. F. Blackman)把最小养分律进行了扩大和延伸，认为作物生长养分仅是生态因子之一，而产量受许多生态因子影响。生态因子中任何一种处于最低都会限制产量的提高，这些生态因子包括土壤的通气状况、水分、有害物质，气候因素中的光照、温度、湿度、降水量等。1905 年，布莱克曼把限制因子律描述为增加一个因子的供应，可以使作物生长增加，但是遇到另一生长因子不足时，即使增加前一因子也不能使作物生长增加，直到缺少的因子得到补足，作物才能继续增长(图 2-3)。

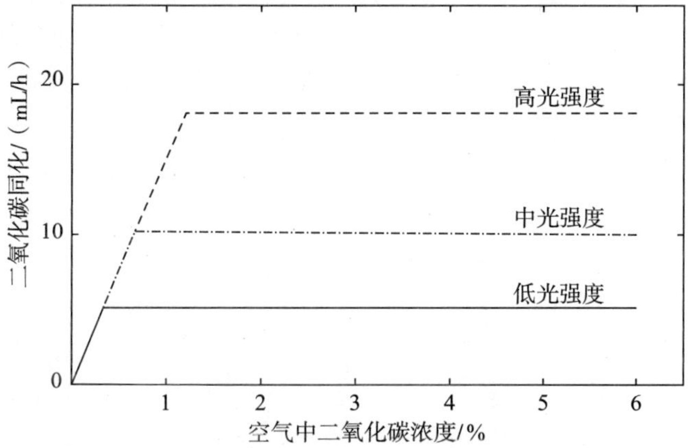

图 2-3　植物对限制因子的反应(以光强度为例)

最适因子律：1837 年，德国土壤学家施普林盖尔(Sprengel)就指出，养分太少植物不能生长，养分太多对植物有害，即养分应该处在最适范围。李比希提出最小养分律之后，1895 年，德国学者李勃夏(Lieber Cher)把最小养分律进行扩展，提出了最适因子律，其全文意思为“植物生长受许多条件的影响，生长条件变化的范围很广，植物适应的能力有限，只有影响生产的因子处于最适地位，才有利于植物生长，产量才能达到最高。因子处于最高或最低的时候，不适于植物生长，产量可能等于零”(图 2-4)。

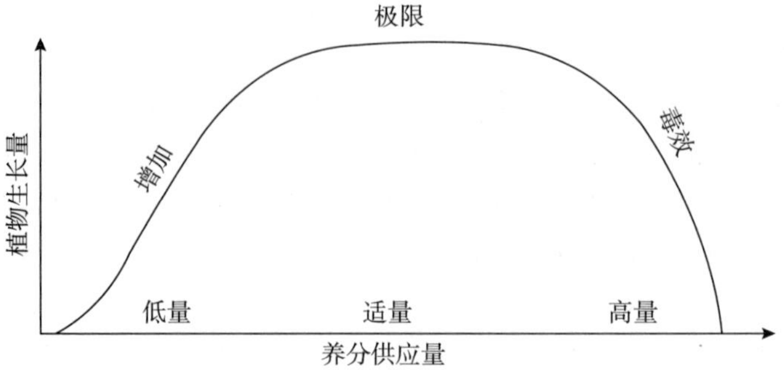

图 2-4　养分供应量与植物生长量之间的一般关系

三、报酬递减律与米氏学说

(一)报酬递减律与米氏学说的基本内容

报酬递减律(Law of Diminishing Returns)是在18世纪后期,由欧洲经济学家 A. R. J. Turgot 和 J. Anderson 同时提出的。其定义是:从一定土地上所得到的报酬随着向该土地投入的劳动和资本量的增大而有所增加,但随着投入的单位劳动和资本的增加,报酬的增加却在减少。这个定律反映了在技术条件不变的情况下投入与产出的关系,它作为经济学上的一个基本原则,广泛应用于工业、农业以及畜牧业等各个领域。

20世纪初,德国著名化学家米采利希(E. A. Mitscherlich)成功地把报酬递减律移植到农业上,他进行了著名的燕麦磷肥砂培试验,利用数学原理深入地探讨了施磷量与产量的关系(表2-2)。他发现:①在其他技术条件相对稳定前提下,随着施磷量的渐次增加,作物产量也随之增加,但作物的增产量随施磷量的增加而呈递减趋势,因而与报酬递减律相吻合。②如果一切条件都符合理想的话,作物将会产生出某种最高产量;相反,只要任何某种主要因素缺乏时,产量便会相应地减少。

表 2-2　燕麦磷肥砂培试验

施磷量(以 P_2O_5 计)/(g/盆)	干物质产量/(g/盆)		每0.05 g P_2O_5 增产量边际产量/g
	实测值	计算值	
0	9.8±0.50	9.80	—
0.05	19.3±0.52	18.91	9.11
0.10	27.2±2.00	26.64	7.73
0.20	41.0±0.85	38.63	5.99
0.30	43.9±1.12	47.12	4.25
0.50	54.9±3.66	57.39	2.57
2.00	61.0±2.24	67.64	0.34

(二)米氏学说的作用

米氏学说第一个用严格的数学方程式表达了作物产量与养分供应量之间的关系,作为计算施肥量的依据,开创了施肥实践由过去的经验施肥发展到定量施肥的新纪元。由于米采利希方程揭示了一定条件下作物产量与施肥量之间的数量关系,曾广泛被用于确定经济最佳施肥量、预测产量、估算土壤有效养分含量。国内外几十年的生产实践结果表明,作物产量与施肥量间无不遵循这一规律,并且在此基础上发展形成了肥料效应函数施肥法。

因此,米采利希方程最重要之处在于:某种养分在土壤中越不足时效果越大,若逐渐增加该养分的施用量,增产效果就将逐渐减少。米氏学说使肥料的施用由经验性进入定量化境界,在农业生产上起到了重要作用,使有限的肥料发挥了最大的增产效益,目前在国际上仍作为一个重要的施肥理论加以运用。

报酬递减律在施肥实践中是客观存在的,应正确对待。苏联土壤学家威廉斯通过生物实验发现,在不断克服产量限制因子的条件下,作物产量会持续上升,如图 2-5 中的虚线所示,并据此对米氏学说进行了批判,这就是威廉斯学说。其实这两个学说都是正确的,威廉斯学说告诉我们,造成报酬递减的限制因子一旦得到解决,产量水平就会有新的提高,因此人类粮食生产有着光明的前景。

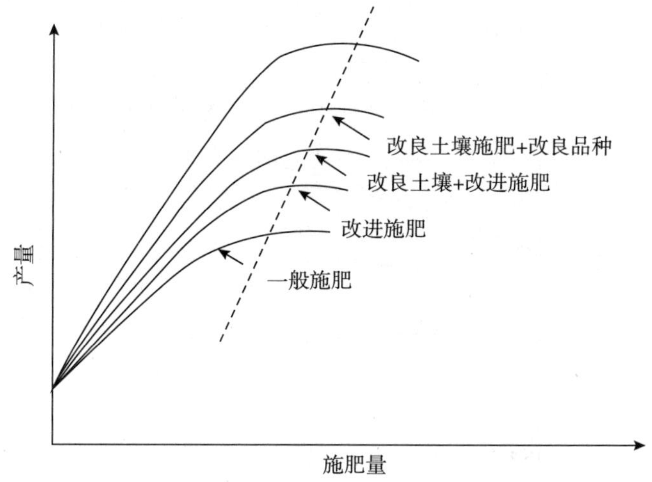

图 2-5　其他因素的改善使肥料产量效应不断提高

四、因子综合作用律

(一)因子综合作用律的基本内容

作物丰产是影响作物生长发育的各种因子(如水分、养分、光照、温度、空气、品种以及耕作条件等)综合作用的结果,其中必然有一个起主导作用的限制因子,产量也在一定程度上受该种限制因子的制约。因此,为了充分发挥施肥的增产作用和提高肥料的经济效益,一方面,施肥措施必须与其他农业技术措施密切配合;另一方面,各种肥料养分之间的配合施用,也应该因地制宜地加以综合运用。

（二）因子综合作用律的内涵与作用

1. 作物丰产是诸多因子综合作用的结果

只有各种因子保持一定的均衡性，才能充分发挥各因子的增产效果，各个因素之间遵循乘法法则，共同决定作物的产量。可以用 $y=f(N,W,T,G,L)$ 表示，式中，y 为产量，f 为函数符号，N 为养分，W 为水分，T 为温度，G 为空气，L 为光照。假如，每个因素都能百分之百地满足农作物的需要，则可获得最高产量，如果各因素只能满足农作物所要求的 80%，则只能获得最高产量的 32.8%，即，$y=(80/100)^5=32.8\%$，其中 y 为相对产量；$(80/100)^5$ 为 5 个因素 80% 的乘积。因而，综合因子作用的基础应该是力争每一个组成因子都能最大限度地满足作物每个生长期的需要，为提高产量和品质作贡献。

2. 因子的作用效果受因子间交互作用的影响

因子综合作用律是一个因子的作用发挥要靠另外因子的综合作用。

(1)水分与施肥效果。水分与肥料的影响是相互的。一方面，适宜的土壤水分可以提高所施肥料养分的有效性，也可促进植物生长以吸收更多的养分；另一方面，某些肥料可促进根系生长吸水，并提高植物的水分利用效率。表现在产量上，施肥与灌溉配合的增产作用大于灌溉和施肥单一措施增产效果的总和。

Bauer 等研究了禾谷类作物播种时土壤有效水储量对产量及氮肥用量的反应(图 2-6)。

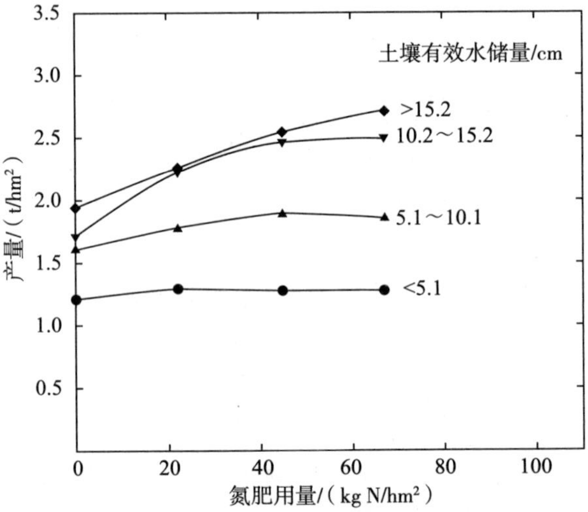

图 2-6　土壤有效水储量对产量及氮肥用量的反应

在土壤有效水储量低的条件下，肥料的增产效益不明显。在相同的施肥量的条件下，产量随土壤含水量的增加而不断提高，含水量越高，最高产量的施肥量越高。

(2)作物品种与施肥效果。作物品种可与肥料发生交互作用，提高肥料的增产效果。例如硝酸钙对甜菜、大麦、燕麦、亚麻有良好的肥效，硝酸钠对于喜钠作物(如糖用甜菜)有显著的增产效果。研究冬小麦不同品种的吸氮量和氮肥利用率发现，农大 95 和 92117 两个品种在不同施氮量下，氮吸收与氮肥利用率均不同(表 2-3)。进一步研究得知，农大 95 的最佳施氮量为 176 kg N/hm²，而 92177 最佳施氮量则为 87 kg N/hm²。

表 2-3 冬小麦不同品种的吸氮量和氮肥利用率

品种	施氮量/(kg N/hm²)	吸氮量/(kg N/hm²)	氮肥利用率/%
农大 95	0	107	—
	180	178	39.7
	270	196	32.8
92117	0	141	—
	180	193	29.2
	270	204	23.2

(3)养分之间的相互作用效应。养分之间的相互作用效应可以分为三种情况：

①正的相互作用效应　　(A+B)>(A)+(B)

②没有相互作用效应　　(A+B)=(A)+(B)

③负的相互作用效应　　(A+B)<(A)+(B)

其中(A+B)表示两种养分同时施用的增产效果;(A)(B)表示 A、B 养分单独施用时的增产效果。

养分之间的相互作用不仅存在于大量元素之间,在大量元素与微量元素以及微量元素之间也存在,在生产上应利用养分之间的相互作用,在不增加施肥量的前提下,提高肥料利用率和获取肥料最大经济效益。例如,作物严重缺硼则不利于氮的吸收,增加硼则能促进作物钾的吸收。南非田间试验表明,不施氮条件下,增施磷肥玉米基本不增产,随着氮肥用量和磷肥用量的提高,玉米产量水平得到提升(图 2-7)。

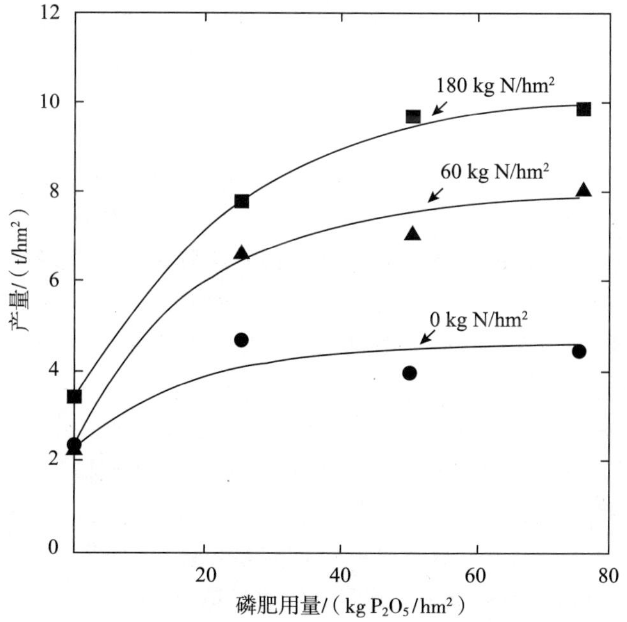

图 2-7 不同氮水平下玉米产量对磷肥的反应

第二节　农田系统养分资源管理的准则

一、农田系统养分资源管理的基本准则

(一)根据不同养分资源的特征确定不同的管理策略(图 2-8)

1. 氮素资源特征与管理策略

氮素资源具有来源的多源性、转化的复杂性、去向的多向性及其环境危害性、作物产量和品质对其反应的敏感性等特征,因此氮素资源的管理应是养分资源管理的核心,氮的管理必须进行实时、实地精确监控。土壤无机氮极易移动,比如硝态氮在土壤中极易随水移动,有利于向根系的迁移,但在过量灌溉或降水量较大的情况下,硝态氮也很容易与根系分布发生空间位置上的错位,淋出根层而降低其空间有效性。^{15}N 微注射方法研究表明,当硝态氮淋至 75 cm 土层后,作物对其利用能力大幅度下降。因此,利用养分空间有效性原理,调控土壤氮素的空间分布与作物根系分布相对应,是进行氮素管理的重要原则。

土壤氮素具有总体稳定性和局部变异的双重特点,因此氮的管理应采取"总量控制、分期调控"的管理策略。根据区域土壤氮素供应的总体稳定的特点,即在一定土壤条件、气候条件和空间范围内,土壤潜在氮素供应水平从较长时段内看是相对稳定的,这是由土壤有机氮矿化决定的。因此,可将一定区域内作物全生育期氮肥施用总量控制在一个合理的范围内。对于前茬土壤氮素残留较少的区域,如东北旱区、南方稻田,可以利用现有的田间试验直接通过肥料效应模型求得最佳推荐施氮量,并将多年多点的最佳产量所对应的施氮量进行平均,从而获得一定区域内作物平均施氮量。对于前茬土壤氮素残留比较高的北方旱作地区,区域氮素总量控制应与作物吸收带走的氮素相当。根据局部变异性,可以在这个合理范围的基础上,根据作物氮素吸收规律,对不同生育期的氮肥用量进行分配,同时根据气候条件、作物长势、土壤测试及植株营养诊断结果对氮肥基、追用量进行微调。

2. 磷钾资源特征与管理策略

与氮肥不同,磷钾肥施入土壤以后,大部分都累积在上层土壤中,不易随水淋出根系密集的土层,也不易发生气态损失,更容易在土壤中保持和固定,其有效性主要取决于根系的活化利用能力。这是因为作物根系可以通过其生理作用及根际过程使化学方法难以提取的难溶性磷转化为作物可以吸收利用的生物有效性磷,从而增加磷的后效,显著提高磷肥的累积利用率。由此可见,对于磷钾养分而言,不需要像氮那样在作物生长的各个阶段进行实时监控,而应采取相对简便的恒量监控策略,在养分平衡的前提下每 3～5 年进行一次监测调整,将土壤有效磷钾控制在适宜浓度范围。对于钾而言,管理策略和磷相似。然而,由于我国钾素资源严重不足,当前大约有 50%的钾素依靠进口,因此应优先考虑将矿物钾肥施到增产效应明显的区域和作物上。矿物钾肥推荐应采取"钾肥肥效反应"的技术模式,以田间试验为基础,通过施肥量与作物产量反应的数学关系计算最佳经济施肥量,这既能保证作物产量,同时又能有效地将肥料用量控制在合理的范围内,达到节肥、稳产的目的,并强调通过秸秆还田或施用有机肥的方式以保持和提高土壤地力。

3. 中微量元素资源特征与管理策略

对于中微量元素而言,缺则造成作物减产,丰则贮于根层并依赖作物的生物学潜力发挥而

被活化利用，而过量的微量元素会导致作物毒害，降低产量。由于需求量少，是否需要施用微量元素主要取决于土壤特性、作物种类和产量水平。因此，中微量元素的管理应采取“因缺补缺、矫正施肥”的技术模式，以土壤、植株监测为主要手段，对于缺素土壤或作物，通过施用适量肥料进行矫正，使其成为非产量限制因子。

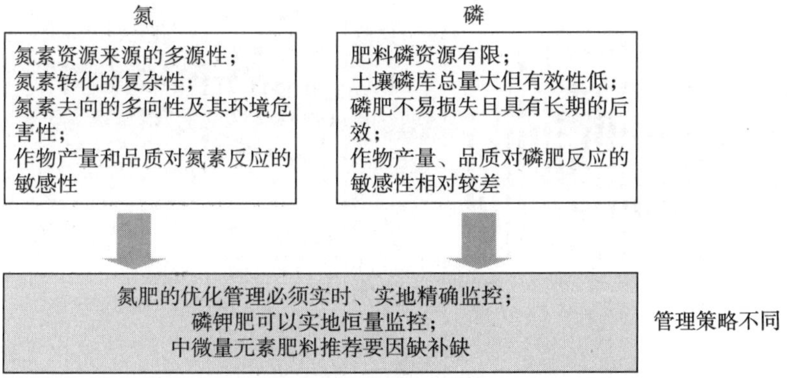

图 2-8　不同养分资源的特征差异与管理策略

(二)必须将土壤、肥料和环境养分资源统筹考虑

1. 环境养分资源

环境养分是指来自大气圈、水圈和岩石圈，通过物理、化学或生物学过程进入陆地和水生生态系统各种养分的统称，与土壤养分、肥料养分一起构成了植物养分的三大来源。从元素组成上看，环境养分包括氮、磷、钾和各种微量元素，但从数量和影响来看，氮和硫是两种最为重要的环境养分，大气干湿沉降是这两种环境养分的主要来源。

专栏 2-1　我国大气氮沉降

大气氮素沉降是全球氮循环的重要部分，因其与大气活性氮污染、酸雨、生物多样性下降、温室气体排放之间的重要关系，其通量和环境效应一直受到人们的高度关注。作为全球三大酸沉降热点地区之一，21 世纪初期，我国在区域大尺度上开展人为活性氮排放与沉降的长期系统研究仍非常有限，缺乏氮素沉降动态、效应及其与人为活性氮排放关系的直接证据。中国农业大学刘学军、张福锁教授团队在该领域取得重大进展，依托其组建的全国性氮沉降监测网和构建的中国氮素沉降通量及相关参数的大样本数据库，系统分析了 1980—2010 年我国氮沉降动态变化及其与人为活性氮排放的关系，相关成果以论文形式发表于 2013 年 2 月 28 日出版的 *Nature* 杂志。该研究的主要成果为：①发现从 1980 年至 2010 年中国氮素混合沉降显著升高，从 20 世纪 80 年代的每公顷年均 13.2 kg 氮增至 21 世纪初的 21.1 kg 氮，增幅约 60%(图 2-9a)，雨水氮浓度增加(图 2-9b)和雨水铵态氮与硝态氮比例下降(图 2-9c)是造成氮素沉降升高和氮组分变化的直接原因；②系统揭示了我国氮沉降升高与 NH_3 和 NO_x 两种人为活性氮排放增加(图 2-9d)之间的定量关系，明确了农业源氮肥和养殖业的线性增长(图 2-9e)和化石能源(总化石能源消耗和机动车数)的非线性加速增长(图 2-9f)对 NH_3 和 NO_x 排放及其比例变化的影响；③发现氮沉降升高引起长期不施肥小区作物吸氮量和非农田植物叶氮的显著增加，证明氮沉降对我国陆地氮循环产生显著影响。研究成果还表明，实现农业源氨减排是当前中国控制氮素沉降的主要立足点，同时，大幅度减少各种化石能源等非农业源活性氮的排放已越来越迫切。论文发表之后引起国内外同行的高度关注。同期 *Nature* 杂志发表题为“环境科学：氮素研究未来”(Environmental Science: The Shape of Nitrogen to Come)的专题评述。

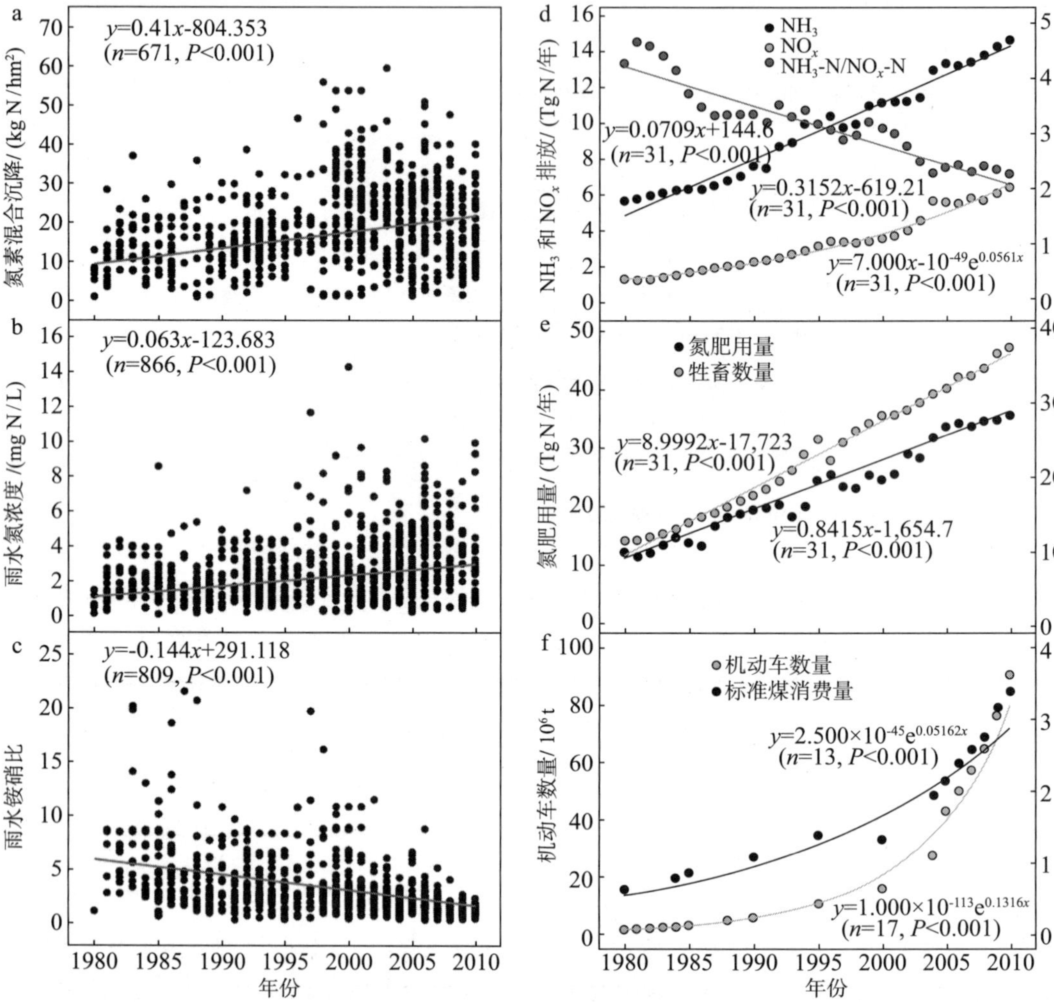

图 2-9 我国 1980—2010 年氮素混合沉降(a)、雨水氮浓度(b)和铵硝比(c)动态与同期我国大气 NH_3 和 NO_x 排放(d)、氮肥用量和畜牧养殖当量(e)以及机动车和标准煤消费量(f)动态

2. 土壤养分资源

土壤是最大的植物养分资源库。土壤中能直接或经转化后被植物根系吸收的矿质营养成分，包括氮、磷、钾、钙、镁、硫、铁、硼、钼、锌、锰、铜和氯等多种元素。土壤养分的来源包括成土母质、肥料、大气沉降、土壤调理剂、生物固氮和灌溉水等途径。

3. 养分供需时空匹配

农田养分管理必须改变以往只重视肥料养分的做法，将来自土壤、肥料和环境的养分资源统筹考虑，使根层养分供应与高产作物养分需求在数量上匹配、时间上同步、空间上耦合，协调高产与环境保护目标。养分供需时空匹配的基本原则是将根层土壤养分浓度控制在"既能满足作物的养分需求，又不至于造成养分大量损失"的合理范围内。我们在长期系统研究养分资源特征基础上，提出了以"根层养分调控"为核心的养分资源综合管理技术新途径。这一技术原理为大幅度提高养分效率奠定了基础。

(三)根据不同作物特点确定不同的管理策略

1.根据作物生长发育特点确定养分管理策略

大田作物一般为深根系作物，对土壤养分和环境养分供应的依赖性较大。因此，大田作物推荐施肥应同时考虑作物养分需求和土壤、环境养分的供应(表 2-4)。

与大田作物相比，大多数蔬菜养分需求强度大、根系较浅、养分吸收能力较差，相应地对水肥的依赖程度高。因此，对于蔬菜，应在土壤培肥的基础上，重点依据养分吸收规律进行区域配肥(表 2-4)。由于蔬菜种类繁多，为了便于操作，可以根据蔬菜养分吸收特点进行蔬菜分类管理。例如，将蔬菜分为果菜类和叶菜类进行区域配肥。

对于果树而言，大多数果树为多年生作物，在不同树势、不同营养阶段对养分需求有较大区别。由于多年生果树具有贮藏营养的特点，其生长状况和产量不仅受当年施肥和土壤养分供应状况的影响，同时也受上季施肥和养分状况的影响，所以，土壤测试结果与当年的果树生长状况的相关性不如大田作物好。因此，果树应根据不同树势和不同营养阶段对养分的需求特点进行配肥。

表 2-4 不同作物的特性与养分调控策略

作物	大田作物	蔬菜	果树
养分需求特征	平缓、氮素前轻后重	需要高强度养分供应	贮藏营养、不同时期对养分需求不同
作物生物学特征	根系逐渐向深层发育	浅根系、高水分需求	深根系、多年生
环境养分供应	一般较低	较高	一般较低
有机肥养分供应	一般较低	非常高	非常高
土壤养分供应	较高	相对较低	相对较低
养分调控策略	同步高产作物养分需求与土壤、环境、肥料氮素供应	在土壤培肥的基础上，按照作物养分需求供应肥料	根据不同时期养分需求特征和作用配施适宜比例的氮、磷、钾肥

2.根据作物养分需求规律确定养分管理策略

养分资源管理必须依据养分吸收规律进行。传统施肥技术强调重施基肥，基肥用量常占总施肥量的 50%以上，有些地方甚至采用 100%作基肥的"一炮轰"策略。最新研究表明，经过 20 多年的高投入实践，目前我国农田土壤肥力普遍提高，而作物生育早期不需要过多养分就能满足生长发育的需要。此外，现代高产品种的籽粒库容显著增强，客观上要求在生育后期碳、氮供应要充足，后期的根系活力强，通过增加后期吸氮量延缓叶片缓老，延长叶片功能持续期。这些新认识，从植物营养学的角度为合理降低基肥施肥量以及"前氮后移"奠定了理论基础。因此，应充分考虑不同作物生长发育规律、品质形成规律和氮素需求规律的不同，通过综合管理，实现作物氮素需求与氮素资源供应的同步(图 2-10)。

1蒲式耳/英亩≈0.0627 t/hm^2

图 2-10　根据不同作物的氮素需求规律确定不同的管理策略

（四）发挥根际调控作用，提高养分利用效率

根际是作物—土壤相互作用最剧烈的区域，是养分和水分从土壤进入作物系统的瓶颈。根际的物理、化学及生物学过程深刻影响着植物的生长并最终对生态系统的生产力、生物多样性及稳定性产生影响。在农田生态系统中，根际各组分间的相互作用制约着作物—土壤系统中物质和能量的流动，并在较大程度上决定着整个作物体系的生产力和资源利用效率。

1. 调控根系

根系的调控主要包括对根系形态和生理的调控两个方面。对根系形态的调控在作物建成的前期具有重要作用，主要原因是环境温度低导致土壤养分的有效性较低，植物需要扩展根系的生长范围来获取足够的养分。局部养分的调控及启动肥的施用能显著促进根系的生长，特别是促进根系的分支和增生，提高作物苗期抵御低温及养分胁迫的能力。采用植物生长物质及调节剂对根系的生长发育进行调控，能显著提高作物苗期的抗逆能力。对根系生理过程的调控，可以通过肥料形态的选择如铵态氮、硝态氮及尿素来诱导根际 pH 的变化，从而提高土壤中养分的生物有效性。养分的供应强度对根系的生长也有重要影响，高强度的养分供应抑制根系的生长，通过适度胁迫，促进植物根系生长和根分泌物的释放来活化环境中的养分，提高土壤养分的生物有效性。

2. 调控根系主导的根际环境

局部养分调控的基本原理是利用根系对局部养分供应的响应，局部供应不同的养分，与背景土壤形成较大的浓度梯度，诱导根系的生长。一方面可以增加根系的吸收面积；另一方面通过改变局部调控区养分的组成比例强化根际的化学过程，提高土壤养分的空间和生物有效性。已有的研究结果表明局部氮磷施用在前期显著促进了玉米根系的生长（图 2-11a），调控区域的根长密度与对照相比有显著提高，扩大了根系的吸收面积。同时作物对铵态氮的吸收可以降低根际 pH（图 2-11b），强化根际过程。研究表明，局部氮磷施用显著提高了玉米对氮磷养分的吸收（图 2-12a，b），且播种时的一次调控可延续到玉米生长的中期。通过对局部养分施用区域的土壤进行分析，发现铵态氮占无机氮总量的百分比与玉米氮磷养分吸收之间存在显著正相关关系（图 2-12c，d）。

图 2-11　局部养分调控在石灰性土壤上促进了根系的大量增生（a）
（Zhang 等，2010）**并降低根际 pH（b）**（Jing 等，2010）

3. 调控根际互作过程

根际互作过程的调控是通过接种菌根和有益微生物来改善根际营养环境，利用物种间根系的相互作用来提高作物对养分的活化和利用效率。土壤微生物是土壤有机质和土壤养分转化和循环的动力，数量适中、种群结构合理的土壤微生物是促进土壤养分有效化和良性循环的基础。菌根是由真菌与植物根系建立的一种互惠共生体，在自然界中分布广泛，可与地球上 90％的维管植物形成菌根，农业生产和生态意义潜力巨大。通过根际互作过程的调控，优化根系与微生物之间的互作关系，强化微生物对根际过程的修饰作用，可以起到“四两拨千斤”的功

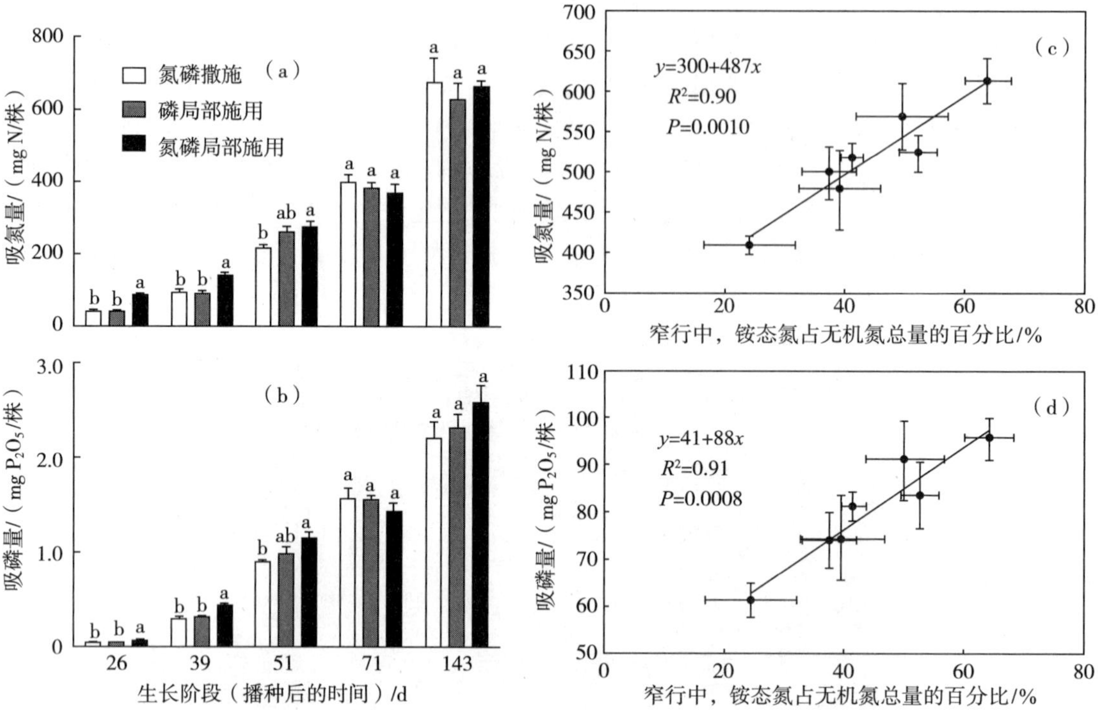

图 2-12　局部氮磷施用对玉米养分吸收的影响(Jing 等，2010；Jing 等，2012)

效，推动农业可持续发展。

(五)强调与土壤改良、高产优质栽培等技术融合

1. 改善土壤质量

土壤是作物生产的基础，作物产量潜力和水肥调控作用的持续稳定发挥依赖于良好的土壤条件。在全球范围内，作物系统对氮和磷利用效率不高的原因之一在于土壤碳与氮、磷的循环过程没有有效耦合。同时，以土壤碳管理为核心的土壤资源高效利用机制研究引起了广泛关注。在集约种植条件下，秸秆还田、有机无机配合、轮作、保护性耕作和增加生物多样性等措施已被证明是实现作物持续高产、增强农田生态系统稳定性的有效技术。当前，生物质能源发展中对秸秆的大量利用引起了人们对土壤质量的忧虑，对此展开了一系列的实证和模拟研究，强调秸秆还田对稳定和提高土壤有机质的重要性。

2. 高产栽培措施

高产优质不仅是国家需求和应用需求，也是提高养分资源利用效率的科学需求。大量研究工作已经证明，通过综合措施提高产量可以提高养分资源的利用效率(图 2-13)。

经过长期探索和积累，农田系统养分资源管理基本准则逐渐形成：①将以往对整个土体土壤养分的管理调整为对作物根层养分供应的定向调控；②各种养分由于具有不同的生物有效性和时空变异特征，应采取不同的管理策略；③根层养分适宜供应范围的确定，既要考虑高产作物根系生长发育的特点、不同生育期养分需求和利用特征，还要充分挖掘、利用作物对根层养分的活化和竞争吸收能力，提高养分利用率并降低养分在转化和迁移过程中损失的强度；④实时定量根层来自土壤和环境的养分供应，明确高产作物关键时期适宜的根层养分供应范

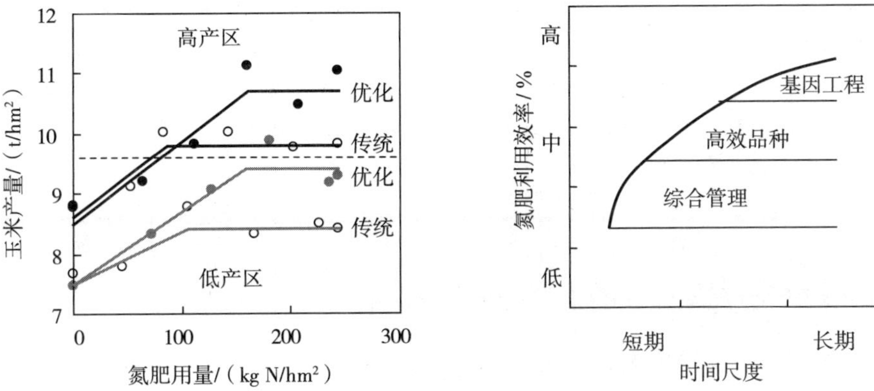

图 2-13　通过综合生产措施提高产量将提高养分资源利用效率

围，针对不同土壤和气候条件下养分的主要损失途径，确定肥料养分投入的数量、时期和方法；⑤养分管理必须与高产栽培、水分管理等技术有机集成，消除影响作物生长的障碍因素，发挥品种的增产潜力。

专栏 2-2　农业八字宪法

“农业八字宪法”是党中央和毛主席在 1958 年提出的搞好农作物生产必须执行的八项措施，也就是“土、肥、水、种、密、保、工、管”。它的产生和应用，推动了我国农业生产快速发展。具体内涵包括：

“土”主要是指土地和土壤，它是作物生产的物质基础。贯彻“土”字，就必须坚持土地用养结合，因地因土种植，进行合理耕作，不断培肥和改良土壤等，以达到既高产又稳产，实现对土壤资源的高效、可持续利用。

“肥”主要是指合理施肥，要贯彻“肥”字，就必须了解肥料特点并合理选用，掌握作物施肥原理和施肥技术。

“水”主要是指合理灌溉、水土保持和高效用水等。水分是光合作用的原料，是作物体内的主要成分和物质代谢的介质，帮助养分吸收和运输；通过蒸腾作用调节作物的体温；通过自身热容量较大的特点以及土壤空隙中水与气的消长关系，调节土壤中水、肥、气、热的矛盾，从而直接或间接地影响作物的生长发育，因此水是作物生产的命脉。

“种”主要是指培育和推广的优良作物品种。作物品种是人类在一定的生态和经济条件下，根据自身需要所选育的某种栽培作物群体。

“密”主要是指种植密度和合理密植。贯彻“密”字就需要了解为什么要合理密植以及常见作物的适宜种植密度是多少，如何通过合理密植科学利用有限的空间资源等。此外，为充分利用适于作物生长的有限农时和该时段的空间资源，还需要了解作物适宜的种植方式。

“保”主要是指植物保护，即对病、虫、杂草等危害的防治。据统计，在我国，危害农作物的病、虫、草、鼠害种类多达 1 350 多种。如果不及时防治，将给作物生产造成严重损失甚至绝收，其中损失率，粮食为 10%～15%，棉花为 12%～15%，蔬菜和水果达 20%～30%，所以植物保护是实现作物栽培目标的基本保证。

“工”主要是指改良工具，发展工艺与农艺相结合的机具，实现农业生产机械化。我国当时是一个农业机械化水平不高的农业大国，实现农业机械化有着非常重要的意义。

“管”主要是指田间管理，即综合管理。作物生产是一个复杂的系统工程，从播种到收获，一般要经历种子的选择和处理，播前整地，苗期、中期和后期的中耕锄草、施肥、灌水、病虫草害防治，以及收获前准备、及时收获和收获物的晾晒、仓储等。

二、农田系统养分资源管理的主要措施

养分资源管理的主要措施包括以下三个方面。

(一)施肥调控

在养分资源管理中，需要采取一定的措施对作物肥料用量以及肥料施用时期进行施肥调控。一般采用肥料效应函数法和土壤测试法(见第三章)，在农作物播种前确定一个合理施肥量，并在作物生长期间进行肥料的合理分配。同时，因为农作物生长期间受气候、水分等因素影响，作物生长状况和土壤养分供应均会适时地发生变化，还需要在作物生育期内根据作物营养状况调整施肥量，从而建立适合当地作物的推荐施肥体系。

1. 施肥量

施肥量不仅受土壤、作物、气候、栽培条件等多种肥效影响因素的制约，也受到肥料价格、产品价格、产量目标等经济因素及施肥方式等技术因素的影响。估算施肥量的方法很多，诸如养分平衡施肥法、肥料效应函数法、土壤肥力指标法等。

2. 施肥时期

确定田间施肥时期需考虑以下几个方面：①植物需要时有养分及时供应；②防止主要吸收期过后出现养分过量供应，特别是氮；③对长季节或多年生植物在其生长旺盛期而不是微弱期提供养分；④仅在田间状况适宜操作和可以进行操作时才进行。

3. 养分形态与产品

肥料的种类很多，性质各异。它们之中有的是固体的，有的是液体的；有的是易溶于水的，有的是难溶于水的；有的易分解挥发，有的易淋失；有的呈生理酸性，有的呈生理碱性；有的肥效迅速，有的肥效缓慢。只有根据肥料性质施用，才能达到预期的肥效。

铵态氮肥易挥发损失，强调深施覆土。硝态氮肥易淋失，宜作追肥，一般不作基肥和种肥施用。尿素因其含氮量高并含有少量缩二脲，一般不宜作种肥和在秧田上大量施用。普通过磷酸钙和重过磷酸钙是水溶性磷肥易被土壤固定，集中施用效果较好。钾肥在土壤中的移动性小，宜作基肥施于根系密集的土壤中，微量元素临界范围很窄，稍有缺乏或过量就可导致对作物造成严重的危害，有时过量还会造成土壤污染。

4. 施肥方式

施肥方式就是将肥料施于土壤和植株的途径与方法。前者称为土壤施肥，后者称为植株施肥。

(1)土壤施肥。最常用的土壤施肥方式有撒施、条施、穴施、水冲施、环施和放射状施等。在多种情况下，肥料是均匀分布在整个田块或需要肥料的那一部分，这种施肥方法称撒施。撒施的肥料常常是通过耕作将其与耕层土壤混合，在某些情况下，留在土壤表面的肥料，将随降

水或灌溉水入渗进入根区。如果需要施入大量肥料以便在较长的时段内提高土壤养分供应能力，可进行撒施。当大面积土地需要大量施肥时，撒施是最经济的选择。撒施具有省工简便的特点，但对于挥发性氮肥来说，撒施易于引起氮的挥发损失，因此不提倡。在土壤水分不足，地面干燥或作物种植密度稀，又无其他措施使肥料与土壤充分混合时，不能用撒施方式，否则会增加肥料的损失，降低肥效。

与肥料完全和根区土壤混合相比，当肥料集中放置在某个部位并出现局部的高浓度养分时，植物能够吸收更多养分。条施是开沟将肥料成条地施用于作物行间或行内土壤的方式。条施既可以作为基肥施用方式也可以作为种肥或追肥的施用方式，通常适用于条播作物。在作物预定种植的位置或种植穴内或在作物生长期内按株或在两株间开穴施肥的方式称穴施。穴施常适用于穴播或稀植作物，是一种比条施更能使肥料集中施用的方法。穴施是一些直播作物将肥料与种子一起施入播种穴（种肥）的好方法，生育期单株打孔作追肥也是非常有效的，也可以作为基肥的施用方法，施肥后要覆土。水冲施是指作物浇水时把水溶性好的肥料定量撒在水沟内溶化，随浇水渗入土壤内被作物吸收。其优点是简单方便、省工省时、施肥均匀，避免开沟施肥对根系的损伤。但水冲施有可能形成较多的肥料浪费，包括在渠道内的渗漏流失，灌溉量偏低时不易到达根系吸收的深度，灌溉量大时会随重力水下渗造成肥料损失。环施或放射状施是指以作物主茎为中心将肥料做环状或放射状施用的方式，一般用于多年生木本作物，尤其是果树。环施的基本方法是以树干为圆心在地上部的田面开挖环状施肥沟，一般挖在树冠垂直边线与圆心的中间或靠近边线的部位。

(2)植株施肥。植株施肥包括叶面施肥、注射施肥、打洞填埋、涂抹施肥和种子施肥等方式。叶面施肥是指将肥料配成一定浓度的溶液喷洒在作物体上的施肥方式。它是用肥少、收效快的一种追肥方式。在作物的快速生长期，根系吸收的养分难以满足作物生长发育的需求，叶面施肥是有效的；在作物生长后期，根系吸收能力减弱，叶面施肥可补充根系吸收养分的不足。豆科作物叶面施氮不会对根瘤固氮产生抑制作用，是有效的施肥手段。对微量元素来说，叶面施肥是常用而有效的方法。叶面施肥也是有效的救灾措施，当作物缺乏某种元素，遭受气象灾害时，叶面施肥可迅速矫正症状，促进受害植株恢复生长。

注射施肥是在树体根、茎部打孔，在一定的压力下，把营养液通过树体的导管，输送到植株的各个部位，使树体在短时间内积聚和储藏足量的养分，从而改善和提高植株的营养结构水平和生理调节机能，同时也会使根系活性增强，扩大吸收面，有利于对土壤中矿质营养的吸收利用。打洞填埋法是在果树主干上打洞，将固体肥料填埋于洞中，然后封闭洞口。适合于果树等木本作物施用微量元素肥料。

涂抹法是将液体肥料涂抹在农作物的嫩茎、果实、刮去树皮的树干、枝条上，通过作物茎叶和果实吸收传导、改善营养状况、消除营养缺乏的一种施肥方法。蘸秧根是指将肥料配成一定浓度的溶液或与有机肥、干细土等调成糊状后浸蘸秧根然后定植的施肥方法。这种方法适用于水稻、甘薯等移栽作物。种子施肥是指肥料与种子混合的一种施肥方式，包括拌种法、浸种法和盖种肥法。

其他施肥方式还包括灌溉施肥、免耕施肥、机械施肥、精准施肥等。

(二)综合生产措施

在养分资源管理中，结合肥料深施、适宜的施用时期、水肥的综合管理技术以及其他一些综合的高产栽培措施，有利于促进作物生长，提高作物对养分资源的利用效率，这也是养分资源管理中不应忽视的一个重要方面。

1.高产群体调控

协调生态因子，构建理想群体，协调花后物质生产和分配，实现作物高产，提高农田单位面积作物产量，关键在于充分利用当地生态条件，建立合理的群体结构，协调个体与群体以及源与库之间的矛盾，使群体光合物质生产发挥最大效能。大量研究表明，高产粮食作物籽粒灌浆物质的80%～90%来自抽穗后的光合生产，经济产量与抽穗后的干物质生产呈极显著的线性相关。因此，在光温条件允许的前提下，延长绿叶面积持续时间以增加结实期的光合生产、提高光合速率和物质运转与分配效率，是提高作物产量的关键途径。

2.水肥调控

从水分和养分（肥料）之间的关系来看，水分和养分（肥料）又是一对联因互补、互相作用的因子，水、肥之间存在较大的交互作用。水肥调控的核心是综合考虑水、肥两个因子，以"合理施肥，培肥地力，以肥调水，以水促肥，充分发挥水肥的协同效应"。水肥调控技术就是在土壤肥力指标测定的基础上，建立以肥、水、作物产量为核心的耦合模型和技术，从而提高作物水、肥利用效率，可在不增加施肥量和灌水量的条件下，获得较大的经济效益，并改善生态环境。

3.病虫草害综合防治

病虫草害综合防治是指对有害生物进行科学管理的体系。总体思路是坚持"预防为主、综合防治"的方针，树立"科学植保、公共植保、绿色植保"的理念，依靠科技进步，依托新型农业经营主体、病虫防治专业服务组织，集中连片整体推进。病虫草害综合防治技术不再单纯依赖化学农药，而是采取综合措施，包括植物检疫、农业防治法、物理防治法、生物防治法和化学防治法等。

4.土壤基础地力提升

我国土壤的基础地力仍然较低，通过对2000年以来我国主要粮食作物大田试验无肥区处理以及产量的总结发现，我国冬小麦生产体系不施肥条件下，小麦产量低于3 t/hm^2的占50%，3～5 t/hm^2的占30%，大于5 t/hm^2的占20%，表明中低产田的面积仍然占大多数；对于水稻，中产田（5～7 t/hm^2）约占54%，低产田（<5 t/hm^2）和高产田分别占25%和21%；春玉米、夏玉米与水稻表现出类似的趋势，中产田占一半以上，低产与高产农田分别占20%～30%。因此，提高土壤的基础地力是实现我国高产高效的基本保障条件，也是作物实现增产潜力的主要途径之一。

(三)生物学途径

在养分资源管理中，通过生物学途径发掘植物高效利用养分资源的生物学潜力。不同植物在营养性状方面存在着基因型差异。养分效率的定义包括两个方面的含义：一是当植物生长的介质，如土壤中养分元素的有效性较低，不能满足一般植物正常发育的需要时，某一高效基因型植物能正常生长的能力；二是当植物生长介质中养分元素有效浓度较高，或不断提高时，某一高效基因型植物的产量随养分浓度的增加而不断提高的基因潜力。前者对于选择利用适应于高产、优质的高效基因型植物，改良中、低产田有重要意义；后者对高产田的稳产和高效有广阔的应用前景。

1.品种/基因型

植物对矿质养分的吸收与利用能力受基因控制。原则上讲，当前作物育种的各项技术均可以借用到作物营养高效性状的改良中，这主要包括传统田间育种方法和借助细胞和分子生物学技术的现代育种方法。然而，不论是哪种途径，都必须从筛选营养高效种质资源着手，然后选择最佳的育种方法，将这些优良性状转移到目标作物上。世界各国均十分重视各种遗传资源的保存工作，在不同国家和地区建立了百余个作物种质保存库，这些种质库收集了大量野生与栽培种质。由于世界各地的生态土壤条件有很大不同，在长期自然进化过程中，总有一些具有特殊营养性状的植物或品种存活下来，直接在某些特定逆境土壤中利用，或在适宜的选择压力下将其中具有优良营养性状的材料纳入育种程序，将该优良性状转移到综合农艺性状较好的品种中。

基因工程是改良作物矿质营养性状的又一条可行的途径，虽然目前克隆的多数与矿质营养高效吸收利用相关的基因是在模式植物拟南芥中完成的，随着水稻基因组测序的完成以及其他主要农作物基因组测序计划的进行，在农作物中必将克隆越来越多的相关基因。在认识这些基因功能的基础上通过转基因技术及其与传统杂交育种技术的有效结合，可以创造出大量的新的营养高效品种或种质资源。分子标记辅助育种技术是提高数量性状遗传改良效率的重要手段之一。通过这种技术，可以在庞大的植物种质资源库中筛选具有营养高效基因的育种材料，或者评价育种中间材料，或用于将难以直接利用的育种材料中的优良基因向其他育种材料中转移。

2.根际微生物调控

根际微生物不仅受根际微环境影响，微生物相互之间的作用同样对其成活、定植等产生影响。因此应该把根际微生物的研究纳入植物—微生物—环境系统作为综合系统进行分析和研究。

植物—菌根真菌—根瘤菌三位一体的共生体系是一种高效的、优势互补的共生体系。这一共生体系对豆科植物的氮、磷营养都具有重要作用。豆科植物与根瘤菌共生，能够固定大气中的氨，从而改善豆科植物的氮营养状况；豆科植物与丛枝菌根真菌共生，能够增加磷的吸收，从而改善豆科植物的磷营养状况。根瘤固氮效率的高低在很大程度上取决于植物的磷素营养状况，在缺磷的状态下豆科植物一般不能结瘤或正常固氮，而菌根真菌的侵染则可为植物提供大量磷素，保证根瘤固氮作用对磷素的需求，维持固氮酶的较高活性，从而为植物生长提供充足的氮素。

3.生物调节物质

优良的微生物制剂具有生产成本低、应用效果好、不污染环境等优点，施用后不仅增产，而且能提高农产品质量和减少化肥使用量。优良微生物制剂的研究与开发要遵循一定的规则，要有比较坚实的科学基础，但目前国内微生物制剂研究、开发与应用上还存在多方面的问题，如基础研究落后和生产应用的后劲问题、菌种不适宜性和退化问题、产品质量标准问题、生产条件和工艺问题等。

三、农田系统养分资源管理常用的控制指标

针对每个生产单位或地块的具体情况制订并实施优化方案和管理策略是区域农田养分资源综合管理的核心，做到这一点的前提是获取目标区域各种养分资源数据，在查清养分资源的数量、特征和利用状况基础上，制订养分管理的控制指标和相应的管理策略。

(一)养分平衡

养分平衡是基于"物质守恒"定律而发展起来的评价养分资源的方法,是一种既可以科学总结农业生态系统养分循环又能让人感到通俗易懂的区域养分资源综合管理指标与工具。通过计算养分平衡就可以找到农业生态环境中薄弱的环节,成为评价养分资源利用状况是否符合可持续农业要求的可量化的重要指标,从而指导农业政策的调整。常用的养分平衡计算模型主要可以分为以下三种(图 2-14)。

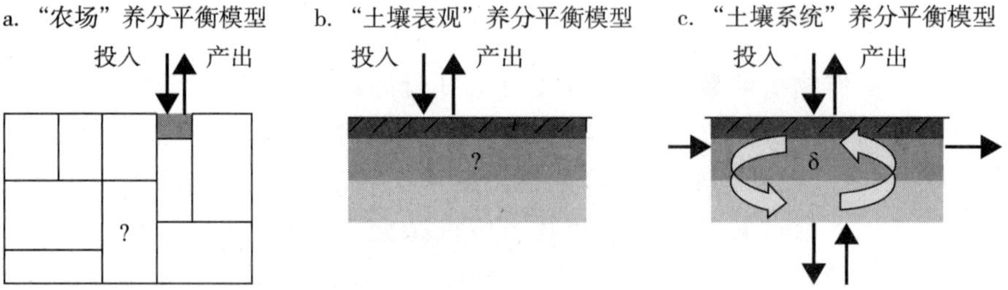

图 2-14 养分平衡的三种常见模型(Oenema 等,2003)

("?"和"δ"表示各系统内养分平衡随养分投入和产出而发生的变化)

1. "农场"养分平衡模型

这种模型将农场里所有的养分的输入和输出都通过"农场门"这个假定的输入和输出端口进行养分流动。

2. "土壤表观"养分平衡模型

这种模型对数据的要求更加精确,主要用来计算土壤根层深度的养分平衡。输入量包括化肥和有机肥投入量、生物固氮量、大气沉降养分量等,输出量主要是作物收获后带走的养分量。

3. "土壤系统"养分平衡模型

相对于"土壤表观"养分平衡模型,它对土壤中养分的输入和输出划分更为仔细,这种模型多用来确定盈余养分的去向。

这三种模型可以用于不同目的的养分计算,"农场"养分平衡模型更适合农场体系,"土壤表观"养分平衡模型相对"土壤系统"养分平衡模型来说有计算量较小、所需参数量少等优点,但"土壤系统"养分平衡模型能更清楚地说明养分的具体去向。

(二)养分限量

养分限量是指将养分用量控制在合理范围内以保障过量养分输入不会对生态环境与人类健康造成影响,常见的养分限量方法包括养分投入限量和土壤养分残留限量。

1. 养分投入限量

养分投入是农田生态系统重要的管理措施,养分投入量的多少决定了农田生态系统的生产力及其对环境的影响。许多发达国家为了控制农田养分投入过多导致的环境问题,都制定了农田养分投入的限量标准,以此限制一定区域内农田养分的投入,期望保持比较好的环境。表 2-5 是欧盟为了防止硝酸盐污染而制定的水体、土壤以及养分投入的控制指标。欧盟《硝酸盐法令》规定,施入农田的牲畜粪尿中氮的数量不能超过 170 kg N/hm^2。

2. 土壤养分残留限量

土壤养分如硝态氮向水体迁移的前提是作物收获之后土壤仍然残留了大量的硝态氮。因此,作物收获后土壤养分残留量也就成为区域农田养分资源综合管理的控制指标之一。

表 2-5　欧盟评价氮素淋洗的指标层次和空间尺度

指标	空间尺度			
	区域	农场	农田	单位
环境指标	地下水 NO_3-N	地下水 NO_3-N	地下水 NO_3-N	mg N/L
	浅层地下水 NO_3-N	浅层地下水 NO_3-N	浅层地下水 NO_3-N	mg N/L
控制指标		上土层 NO_3-N 残留	上土层 NO_3-N 残留	kg N/hm^2
		N 盈余	N 盈余	kg N/hm^2
		N 输入	N 输入	kg N/hm^2
		有机肥 N		kg N/hm^2
		畜牧密度		no/hm^2

(三)养分利用效率

养分利用效率是表征养分吸收利用情况的重要指标，例如，氮肥利用率已被提议作为评估实现联合国 193 个成员国接受的可持续发展目标的重要指标。国内外有许多表征肥料利用效率的参数，如作物的生产系数(PI)或边际产量、作物的偏生产率、作物的生产效率等，由于这些参数是为不同目的而设定的，因此很难统一。目前，国内比较通用的是肥料利用率，即肥料养分回收率，如氮肥利用率（apparent recovery efficiency of applied N，REN）、氮肥偏生产力（partial factor productivity from applied N，PFPN）、氮肥农学效率（agronomic efficiency of applied N，AEN）、氮肥生理利用率（physiological efficiency of applied N，PEN）。

1. 氮肥利用率

目前国内比较通用的是肥料利用率，即肥料养分回收率，如氮肥利用率反映了作物对施入土壤中的肥料氮的回收效率，即：

$$\mathrm{REN}=(U-U_0)/F$$

式中，U 为施肥后作物收获时地上部的吸氮总量，U_0 为未施肥时作物收获期地上部的吸氮总量，F 为化肥氮的投入量。

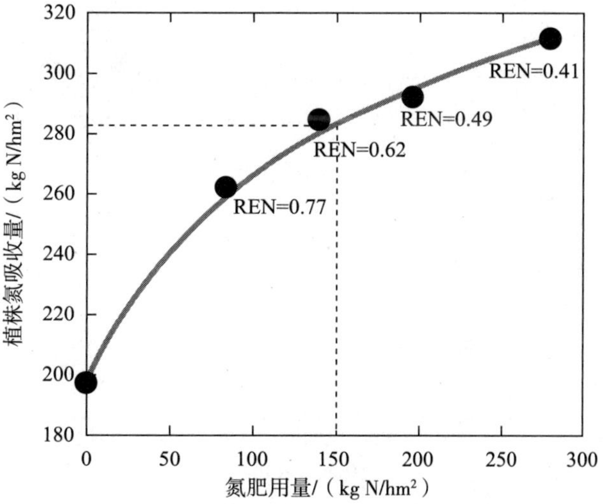

图 2-15　氮肥利用率

2. 氮肥偏生产力

氮肥偏生产力是指单位投入的肥料氮所能生产的作物籽粒产量，即：

$$PFPN = Y/F$$

式中，Y 为施肥后所获得的作物产量；F 为化肥的投入量。

3. 氮肥农学效率

氮肥农学效率是指单位施氮量所增加的作物籽粒产量，即：

$$AEN = (Y - Y_0)/F$$

式中，Y 为施肥后所获得的作物产量；Y_0 为不施肥条件下作物的产量；F 为化肥的投入量。

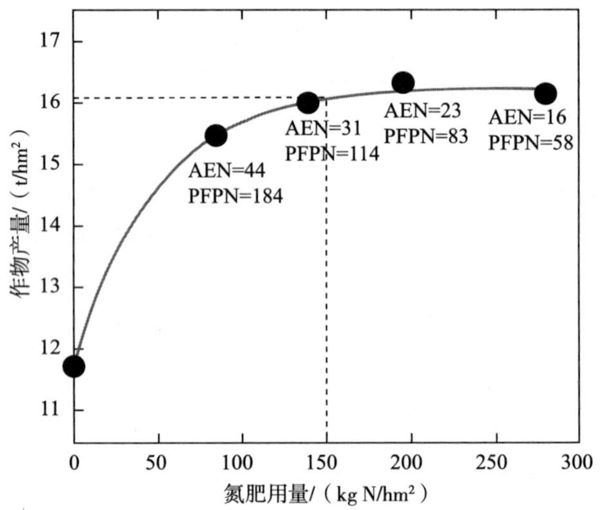

图 2-16　偏生产力与农学效率

4. 氮肥生理利用率

氮肥生理利用率是作物地上部每吸收单位肥料中的氮所获得的籽粒产量的增加量，即：

$$PEN = (Y - Y_0)/(U - U_0)$$

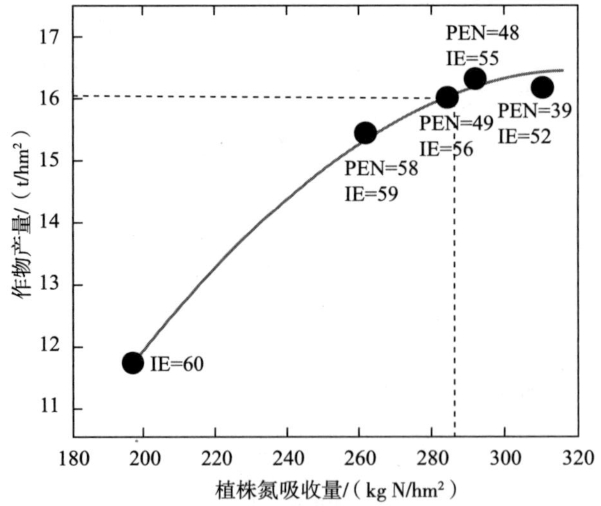

图 2-17　氮肥生理利用率

以上四个参数从不同的角度描述作物对肥料养分的利用效率，其内涵及应用对象常常不同。例如，我国习惯用 REN，一方面是由于过去我国当时化肥资源紧缺，节约化肥非常重要；另一方面由于我国当时土壤肥力普遍低下，土壤和环境来源养分少，化肥的增产效应很显著，REN 能很好地反映作物对化肥养分的吸收状况。目前，上述两方面的情况均发生了很大的变化，单纯应用 REN 就值得商榷。

国际农学界常用 PFPN，原因是它不需要空白区产量和养分吸收量的测定，简单明了，易为农民所掌握。我国农业工作者也认为这是比较适合我国目前土壤和环境养分供应量大、化肥增产效益下降的现实，是评价肥料效应的适宜指标。AEN 是评价肥料增产效应较为准确的指标，但由于必须测无肥区产量，应用起来较为不便。PEN 说明的是植物体内养分的利用效率，而不是肥料的增产效应，因此其应用范围相对有限。

复习思考题

1. 简述养分资源管理的基本原理。
2. 简述农田系统养分资源管理的基本准则。
3. 简述农田系统养分资源管理的主要措施。
4. 简述养分平衡的定义及适用性。
5. 简述养分限量的定义及案例分析。
6. 简述养分利用效率的类型、计算方法及其优适用性。

第三章

养分资源管理的基本方法

◇ 教学目标

1. 熟悉常见的肥料效应函数的特征。
2. 了解土壤测试的基本工作流程及其应用。
3. 充分理解植株测试的基本原理，了解植株测试的工作流程及常见的方法和技术。

第一节　肥料效应函数在养分资源管理中的应用

肥料效应函数是建立在田间试验和生物统计基础上计量施肥量的方法。它不用化学或物理手段去揭示农田土壤的养分供应量、农作物需肥量和肥料利用率等参数，而是借助于施肥量田间试验，通过施肥量与产量之间的数学关系，配制出一元、二元或多元肥料效应回归方程式，所得的肥料效应回归方程式可计算出代表性地块的最高施肥量、最佳施肥量和最大利润施肥量等施肥参数。肥料效应函数法可以确切地反映不同种植条件下产量与施肥量的数量关系，并客观地反映肥料的增产效果，可以用来计算各种要求的最佳施肥参数，提供区域施肥建议，对于控制地区性施肥量有重要意义。

一、肥料效应函数的概念与操作流程

(一)主要概念

作物产量对施肥的反应称为肥料效应(fertilizer response)。肥料效应函数(fertilizer response function)也称肥料效应方程、施肥模型，指表达作物产量对施肥反应的数学函数。肥料效应函数可以判断肥料养分效应的大小和特征，进行肥料新品种的评价，确定最佳经济施肥量和最高产量施肥量等。肥料效应函数的代数式及其系数值取决于土壤、作物、肥料种类及栽培技术条件等多种因素。

(二)主要流程

肥料效应函数一般流程主要包括：①试验设计；②试验管理与信息采集；③肥料效应函数的选择；④肥料效应函数的配置与判别；⑤优化施肥量(图 3-1)。试验设计、试验管理与信息采集是完成肥料效应函数的基础，往往决定肥料效应函数拟合的成败。肥料效应函数的选择、配置与判别和优化施肥量是关键，直接决定施肥量是否合理。

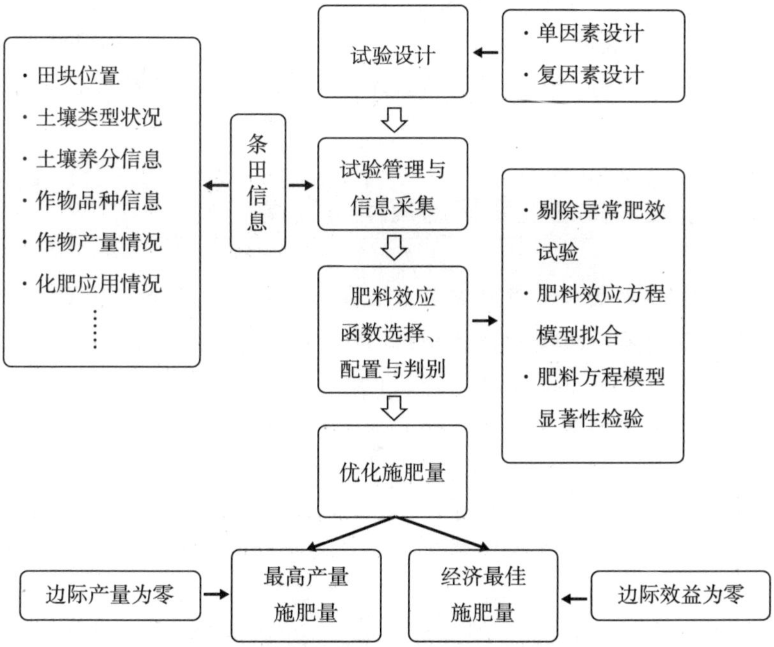

图 3-1　肥料效应函数推荐施肥流程图

二、田间试验设计、管理与信息采集

肥料效应试验一般是指在田间自然的土壤和气候条件下，以作物生长发育的各种性状、产量等作为指标，研究作物与肥料效应关系的生物试验。为了最大限度地降低田间肥料效应试验的误差，田间布置试验时还需注意：试验地肥力水平均匀一致、平坦，试验地的位置、小区面积和形状等。一般田间肥料试验每个处理重复 3～4 次，面积较大的区域试验可不设重复，但各处理须年间重复，一般重复 3 年以上。试验设计是获取肥料效应数据以及指导合理施肥的重要环节。试验设计应针对研究目的，一般包括单因素试验设计和复因素试验设计。

①单因素试验设计。单因素试验设计是指研究单一养分因素的效应，试验方案需把养分因素分成若干水平，每个水平为 1 个处理。

②复因素试验设计。复因素试验设计是指研究多养分因素的效应。各养分因素相对独立，处理的效应包括试验因素的效应和因素间的交互效应。当两种肥料同时施用时的增产效应大于单独施用的增产效应总和时，则养分间具有正交互作用；反之，则为负交互作用。如果养分间不发生相互影响，则养分间无交互作用。

由于试验具有生产性和试验性双重特点，试验生产管理必须掌握以下两条基本原则：①除试验因素外，不同处理的各项管理措施要力求一致，使处理之间具有可比性；②按大田生产条件和作物生长发育要求及时进行管理。

三、肥料效应函数的选择、配置与判别

在肥料效应函数的应用中，效应函数的选择十分重要。早在李比希时代，瓦格诺尔（Wagner）和麦耶（Mayer）创立了施肥量与产量的直线数学模式，即 $y=b_0+b_1x$，可以说这是肥料效

应函数的萌芽，之后农业化学、土壤和经济学专家们总结出了很多施肥量与产量之间的肥料效应函数。目前，肥料效应函数从自变量数上分为一元、二元、多元等，从数学形式上分为直线、指数、多项式、相交直线函数等。随着计算机技术的飞速发展，施肥模型的研究也得到了进一步的发展。

专栏 3-1 肥料效应函数法在我国的应用与发展

毛达如(1934—2016)先生针对多点肥料效应函数区域应用如何科学聚类在国际上没有一个公认客观且行之有效的处理方法的情况，通过多年生产一线中开展的深入系统的研究，率先应用多元数理统计理论和计算机模拟技术，提出了一种新的肥料效应函数动态聚类的方法，突破了施肥效应函数模型应用的时空范围。研究成果在我国华北三省二市的应用中取得了显著效益。毛达如先生也对 2 次、1.5 次和 0.5 次肥料效应函数进行了研究，特别是在肥料效应函数区域应用方面有着突出贡献。王兴仁等对二元二次肥料效应曲线的多样性、二次曲线极值的判别方法及边际分析方法进行了深入研究。除此之外，在大面积试验方面，我国著名土壤肥料奠基人张乃凤(1904—2007)在 1935—1940 年组织我国首次地力测定和化肥肥效试验，新中国成立后组织开展了全国化肥试验网第二次(1958—1962 年)和第三次(1980—1983 年)全国化肥肥效试验。这些开创性的化肥肥效试验取得了丰硕成果，明确了我国土壤对氮、磷、钾肥的需要程度和肥效，总结出了合理施肥技术，制定了我国化肥区划，为我国肥料科学施用和化肥工业发展作出了重大的贡献。

在配置肥料效应方程式时，必须先根据有关肥料效应的基本知识、各种方程式的特征以及运用方程式的经验进行分析判断。配置方程的显著性、决定系数、推荐施肥量、施肥经济和环境效益等是肥料效应函数选择过程中应先后注意的因素。在对施肥模型的评价上，应该从模型统计检验的拟合程度和推荐施肥量的节省程度来考虑。美国 Iowa 州立大学研究人员经过多年研究认为线性加平台(linear plus plateau)和二次型加平台(quadratic plus plateau)模型为拟合作物产量和施肥量中经济效益最优的模型。陈新平等研究发现，在对土壤残留无机氮(涉及地下水污染)、氮肥利用率及秸秆含氮量(涉及大气 NO_x 污染)的影响方面，均以线性加平台模型拟合出最佳的环境效益，二次型加平台模型次之，二次型模型最差。研究也发现，对马铃薯、蔬菜、小麦等作物而言，也以二次型加平台或线性加平台模型拟合作物对氮肥的反应较好。在这些研究中，采用线性加平台模型或二次型加平台模型不仅拟合程度较好，而且可以在产量不减的前提下有效地减少氮肥用量，提高氮肥的经济效益。

肥料效应函数的判别主要根据所得肥料效应函数的各个系数来进行判别。

典型的肥料效应曲线，当用一元二次多项式时，$y=b_0+b_1x+b_2x^2$，$b_1>0$，$b_2<0$，$dy/dx=0$ 时得最高产量，即 $b_1+2b_2x=0$，$x=-b_1/2b_2$ 此为最高产量的施肥量。将上式再次微分得 $d^2y/dx^2=2b_2$，它反映了边际产量曲线的情况，因而反映了肥料效应方程曲率的程度及方向：$b_2>0$ 时，$d^2y/dx^2>0$，边际产量不断增加，曲线是报酬递增型，产量随施肥量的增加而不断提高，不出现最高产量点；$b_2<0$ 时，$d^2y/dx^2<0$，曲线是报酬递减型，产量的增加有一个最高产量点；$b_2=0$ 时，曲线是直线型。

(一)一元肥料效应回归方程式类型与特征

1. 直线方程式

直线方程式的数学表达式为：

$$y=b_0+b_1x$$

式中，y 为产量，b_0 为施肥前产量水平，b_1 为系数。

直线方程式主要在较低生产水平、较低肥力、施用少量肥料时，可能符合直线方程。直线方程式的特征为固定报酬，因而该式不能反映当施肥量递增时表现出的肥效递减现象以及过量施肥，特别是过量施用氮肥时的总产量下降现象。

2. 指数(或对数)方程式

常见指数(或对数)方程式可分为三种：

(1)米采利希方程式(米氏方程)。由米采利希于 1909 年提出，指数式为：$y=A(1-e^{-cx})$

对数式为：$\ln(A-y)=\ln A-cx$

式中，A 为增施某一养分可以达到的最高产量，y 为养分供应量为 x 时的实际产量。c 为效应系数，c 值越大，达到一定产量需要的施肥量越少，肥料的增产效应越高(图 3-2)。

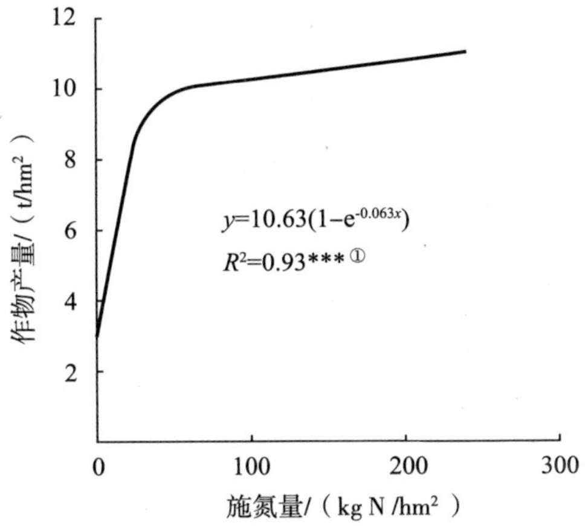

图 3-2 米采利希方程模式图

(2)典型指数方程式。米氏方程中 x 为养分供应量，包括了土壤养分，不能直观表达施肥量的影响，为此，克劳斯等提出了修正式，并称之为典型的指数方程式。

$$y=y_0+\mathrm{d}(1-10^{-cx})$$

式中，y_0 为不施肥产量，d 为最大增产量。

(3)斯皮尔曼(Spillman)方程式。斯皮尔曼方程式的数学表达式为：

$$y=A(1-R^x)$$

式中，y 为产量，A 为最高产量，R 为每增加一个单位养分(x_i)引起的增产量与前一个增施单位养分(x_{i-1})所引起的增产量之比(图 3-3)。

当 x 表示施肥量，b 表示土壤的养分效应量时，

$$y=A(1-R^{x+b})$$

$$\text{或 } y=M-\mathrm{A}\mathrm{R}^x$$

式中，M 为最高产量，A 为施肥能得到的最大增产量。

指数方程式特征：①报酬递减；②反映最高产量以前的效应。

上述指数方程式都存在一个共同的缺点，即肥料用量没有超过最高产量施肥量，它们不能反映总产量因施肥量增加而下降的那部分效应关系。

3. 多项式

肥料效应也可按照多项式回归进行回归计算。在肥料效应函数中应用多项式的优点是：①可用最小二乘法对它的参数进行方便的检验；②可以反映出最高产量及其以后的产量下降；③可以直接反映施肥量与产量的关系，而不像多数指数式只适于表示养分供应量与产量的关系。

在肥料效应的多项式中有二次式及其多种变换式之分。

(1)二次方程式。Niklas 和 Miller 根据肥料报酬递减律导出二次多项式：

$$y=b_0+b_1x+b_2x^2$$

式中，b_0、b_1、b_2 为参数，b_0 表示不施肥时的产量，b_1 表示开始阶段的产量增长趋势，b_2 表示肥料效应的曲率程度及方向。

(2)变换式。平方根变换式(图 3-4)：

$$y=b_0+b_1x^{0.5}+b_2x$$

1.5 次方变换式：

$$y=b_0+b_1x+b_2x^{1.5}$$

式中，b_0、b_1、b_2 为参数，b_0 表示不施肥时的产量，b_1 表示开始阶段的产量增长趋势，b_2 表示肥料效应的曲率程度及方向。

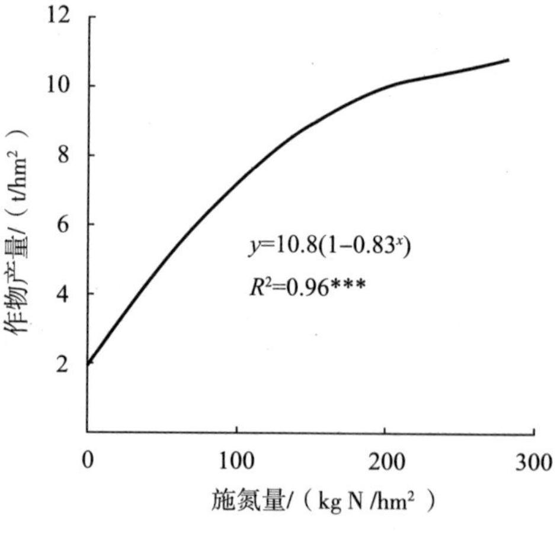

图 3-3　斯皮尔曼方程式模式图

（*** 表示相关性很高）

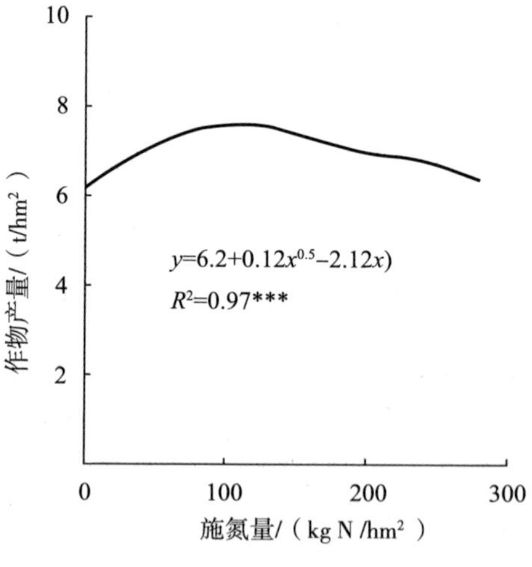

图 3-4　平方根式模式图

（*** 表示相关性很高）

4. 两条或三条相交直线的效应方程式

以下是目前生产中采用的一些模型。

(1)线性加平台(linear plus plateau)模型：

$$y=b_0+b_1x \quad (x<C)$$

$$y=P \quad (x\geqslant C)$$

其中，y 为产量，x 为氮肥用量，b_0 为施肥前产量水平；b_1 为系数，C 为直线与平台的交点，P 为平台产量。

(2)二次加平台(Quadratic plus plateau)模型(图 3-5)：

$$y=b_0+b_1x+b_2x^2 (x<C)$$
$$y=P \quad (x\geqslant C)$$

其中，y 为产量，x 为氮肥用量，b_0 为截距；b_1 为直线回归系数，b_2 为二次回归系数，C 为二次型曲线与平台的交点，P 为平台产量。

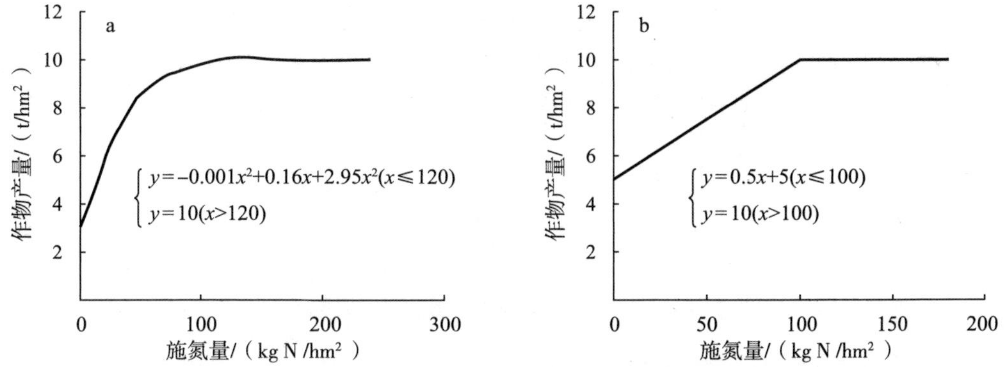

图 3-5　二次曲线加平台模式图(a)和线性加平台模式图(b)

(二)两种及两种以上元素的肥料效应回归方程式

1. 米采利希方程式

米采利希方程式如下：

$$y=A(1-10^{-cx})(1-10^{-c'x'})(1-10^{-c''x''})$$

式中，x、x'、x''表示不同养分的量，C、C'、C''表示有关养分的效应系数，A 为同时满足 x、x'及 x''诸养分的最高产量。

2. 斯皮尔曼方程式

斯皮尔曼方程式表明作物产量随施肥量的增加，按一定的渐减率增加，而趋向于最高产量，最高产量为其极限。

$$y=A(1-R^{n+a})(1-R^{p+b})(1-R^{k+c})$$

式中，A、R 的含义均与单元效应式相同；a、b、c 为施入的各种养分量；n、p、k 为土壤中相应养分的效应量。

3. 二次多项式

(1)两元素的肥料效应二次方程式。当有两元素 x、z 时，可有 2 种肥料效应，即 x 的主效应，z 的主效应及 x、z 的交互效应(图 3-6)。

其数学模式一般写作：

$$y=b_0+b_1x+b_2x^2+b_3z+b_4z^2+b_5xz$$

式中，b_1～b_9 为偏回归系数，其中 b_1 和 b_3 为一次项主效应；b_2 和 b_4 为二次项主效应，代表过量施肥产量下降的趋势；b_5 为交互效应。

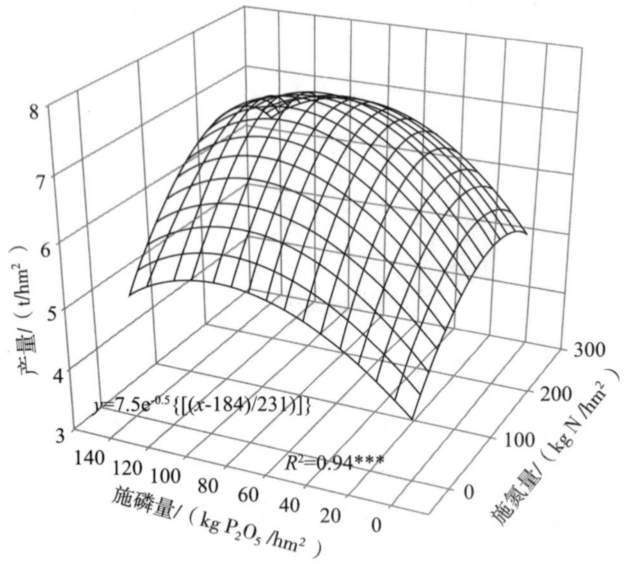

图 3-6　氮磷两元素的肥料效应曲面模式图

(2)三元素的肥料效应二次方程式。当有三元素 x、z、u 时，可有三种肥料效应，即 x 的主效应，z 的主效应，u 的主效应及 x、z、u 的交互效应。

$$y=b_0+b_1x+b_2x^2+b_3z+b_4z^2+b_5u+b_6u^2+b_7xz+b_8xu+b_9zu$$

式中，$b_1\sim b_9$ 为偏回归系数，其中 b_1、b_3、b_5 为一次项主效应；b_2、b_4、b_6 为二次项主效应，代表过量施肥产量下降的趋势；b_7、b_8、b_9 为交互效应。

(3)二次多项式的各种变换。常用的变换式也是平方根变换式和 1.5 次方变换式，如下：

$$y=b_0+b_1z^{0.5}+b_2x+b_3z^{0.5}+b_4z+b_5x^{0.5}z^{0.5}$$

$$y=b_0+b_1x+b_2x^{1.5}+b_3z+b_4z^{1.5}+b_5xz$$

$$y=b_0+b_1x^{0.5}+b_2x+b_3z^{0.5}+b_4z+b_5u^{0.5}+b_6u+b_7(xz)^{0.5}+b_8(xu)^{0.5}+b_9(zu)^{0.5}$$

$$y=b_0+b_1x+b_2x^{1.5}+b_3z+b_4z^{1.5}+b_5u+b_6u^{1.5}+b_7xz+b_8xu+b_9zu$$

式中，$b_1\sim b_5$ 为偏回归系数，其中 b_1 和 b_3 为一次项主效应；b_2 和 b_4 为二次项主效应，代表过量施肥产量下降的趋势；b_5 为交互效应。

四、计算最大施肥量与最优施肥量

在一定生产条件下，开始施用限制因子肥料时，作物产量随施肥量的增加而递增，而单位肥料的增产量逐渐减少，施肥的经济效益逐渐下降，当施肥的经济效益等于零，即养分投入增加的粮食价格与养分价格相当，施肥量达到最佳经济施肥量(图 3-7 中竖线 A)；继续增加施肥量，产量继续增加，直至最高产量，此时施肥量定义为最高产量施肥量(图 3-7 中竖线 B)；若继续增加施肥量，作物产量维持不变，甚至下降。

图中竖线 A 为经济最佳施肥量(192 kg/hm²)，籽粒的价格为 2 元/kg；肥料的价格为 5 元/kg。

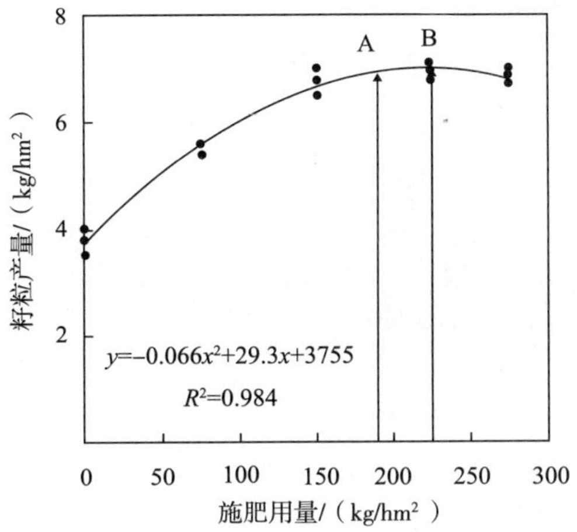

图 3-7 肥料效应函数技术原理示意图

(一)最大施肥量(最高产量施肥量)

最大施肥量(最高产量施肥量)是指获得单位面积最高产量的施肥量。

确定原则是 $dy/dx=0$。

(1)一元肥料应函数。一元二次方程：$y=b_0+b_1x+b_2x^2$

$$dy/dx=b_1+2b_2x=0$$

$$x_{max}=-b_1/2b_2$$

最高产量为最佳施肥量对应产量 $y=b_0+b_1x_{max}+b_2(x_{max})^2$

最高产量时的施肥利润 $\pi_{max}=(y_{max}-b_0).p_y-x_{max}.p_x$

平方根式：$y=b_0+b_1x^{0.5}+b_2x$

此式可以反映超过最高产量后总产量递减的效应。当 $b_1>0, b_2<0$ 时，作物产量随施肥量增加而按递减率增加，但起始阶段的肥料效应比较明显，总产量随施肥量的增加而递减。

对 $y=b_0+b_1x^{0.5}+b_2x$ 求一阶导数，则 $dy/dx=1/2b_1x^{-0.5}+b_2=0$

$$x_{max}=1/4(-b_1/b_2)^2$$

最高产量为最佳施肥量对应产量 $y=b_0+b_1{x_{max}}^{0.5}+b_2x_{max}$

最高产量时的施肥利润 $\pi_{max}=(y_{max}-b_0).p_y-x_{max}.p_x$

二次方程的 1.5 次变换时：$y=b_0+b_1x+b_2x^{1.5}$

对 $y=b_0+b_1x+b_2x^{1.5}$ 求一阶导数，则 $dy/dx=b_1+1.5b_2x^{0.5}=0$

$$x_{max}=(-b_1/1.5b_2)^2$$

最高产量为最佳施肥量对应产量 $y=b_0+b_1x_{max}+b_2(x_{max})^{1.5}$

最高产量时的施肥利润 $\pi_{max}=(y_{max}-b_0).p_y-x_{max}.p_x$

(2)二元肥料效应函数。仍以多项式方程式为例：$y=b_0+b_1x+b_2x^2+b_3z+b_4z^2+b_5xz$

$$\{dy/dx=b_1+2b_2x+b_5z=0$$

$$dy/dz=b_3+2b_4z+b_5x=0$$

$$x_{max}=(-b_1-b_5z)/2b_2 \qquad z_{max}=(-b_3-b_5x)/2b_4$$

最高产量为最佳施肥量对应产量 $y=b_0+b_1x_{max}+b_2(x_{max})^2+b_3(z_{max})+b_4(z_{max})^2+b_5x(z_{max})$

最高产量时的施肥利润 $\pi_{max}=(y_{max}-b_0).p_y-x_{max}.p_x-z_{max}.p_z$

(二)最佳施肥量(经济最佳施肥量)

最佳施肥量(经济最佳施肥量)是指单位面积土地获得最大经济效益的施肥量。

确定原则是 $dy/dx=p_x/p_y$,p_x/p_y 为肥料与作物产量价格比。

1.一元肥料效应函数

多项式方程:$y=b_0+b_1x+b_2x^2$

$$dy/dx=b_1+2b_2x=p_x/p_y$$

$$x_{opt}=(p_x/p_y-b_1)/2b_2$$

经济最佳施肥量产量 $y=b_0+b_1x_{opt}+b_2(x_{opt})^2$

经济最佳施肥量利润 $\pi_{opt}=(y_{opt}-b_0).p_y-x_{opt}.p_x$

显然,经济最佳施肥量是随着 p_x/p_y 变化而变化,并非一成不变,经济最佳施氮量会随着肥料与粮食价格比的增加而逐渐降低(图 3-8)。

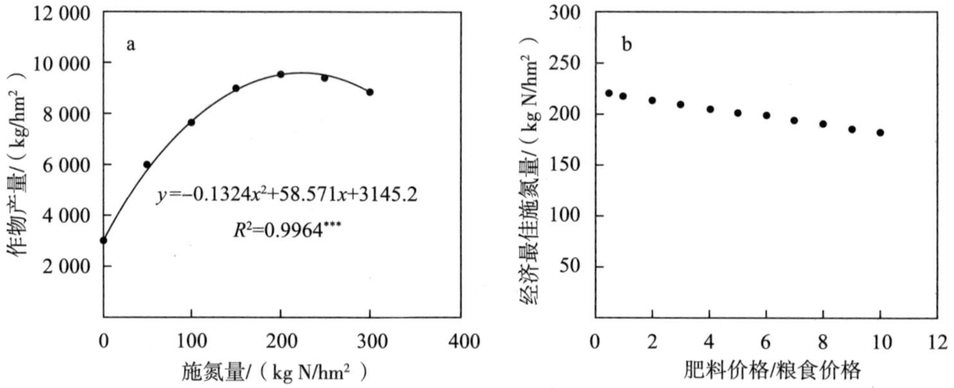

图 3-8 肥料效应曲线(a)、经济最佳施肥量随肥料和粮食价格比变化(b)

(*** 表示相关性很高)

1.5 次方多项式方程:$y=b_0+b_1x+b_2x^{1.5}$

$$dy/dx=b_1+1.5b_2x^{0.5}=p_x/p_y$$

$$x_{opt}=((p_x/p_y-b_1)/1.5b_2)^2$$

经济最佳施肥量产量 $y=b_0+b_1x_{opt}+b_2(x_{opt})^{1.5}$

经济最佳施肥量利润 $\pi_{opt}=(y_{opt}-b_0).p_y-x_{opt}.p_x$

2.二元肥料效应函数

仍以多项式方程式为例:$y=b_0+b_1x+b_2x^2+b_3z+b_4z^2+b_5xz$

$$dy/dx=b_1+2b_2x+b_5z=p_x/p_y$$

$$dy/dz=b_3+2b_4z+b_5x=p_z/p_y=>$$

$$x_{opt}=(p_x/p_y-b_1-b_5z)/2b_2 \quad z_{opt}=(p_x/p_y-b_3-2b_4z)/b_5$$

经济最佳施肥量产量 $y=b_0+b_1x_{opt}+b_2(x_{opt})^2+b_3(z_{opt})+b_4(z_{opt})^2+b_5x(z_{opt})$

经济最佳施肥利润 $\pi_m=(y_{opt}-b_0).p_y-x_{opt}.p_x-z_{opt}.p_z$

专栏 3-2 "3414"简介

"3414"试验最先是由我国著名土壤与植物营养学家李仁岗先生(1931—2016)在国外"3411"多点肥料试验方案的基础上加了 12～14 三个处理后提出的方案。"3414"试验由氮、磷、钾 3 个因素、4 个水平、14 个处理组成。4 个水平的含义:0 水平指不施肥,2 水平指当地最佳施肥量的近似值,1 水平＝2 水平×0.5,3 水平＝2 水平×1.5(该水平为过量施肥水平)。方案设计吸收了回归最优设计处理少、效率高的优点,是全国测土配方施肥行动推荐使用的田间试验方案。由于"3414"试验设计的独特优势,其试验结果不仅可以用三元二次肥料效应函数拟合,而且可以用二元或一元肥料效应函数拟合。当三元二次模型不能对其进行拟合时,如采用一元或二元施肥模型可挖掘其更多的信息,从而使结果更完整和全面。李仁岗先生同时将肥效试验与投入产出经济分析有机结合,建立了作物经济施肥模式,提出了一定土壤、气候和栽培技术条件下土壤养分管理的技术体系,推动了我国基于肥料—产量效应的农田施肥技术创新。李仁岗曾先后主编《中国农业百科全书:农业化学卷》"施肥分支",《肥料效应函数》,合作主编《农田施肥原理与实践》,参编全国高等农业院校土化专业教材《作物营养与施肥》。这些著作在我国土壤农化教学与科研领域发挥了重要作用,推动了我国植物营养与施肥学科的发展。

五、应用肥料效应函数法进行养分资源管理的方法评价

肥料效应函数法以田间试验为基础,通过施肥量与作物产量的数据关系式计算最佳经济施肥量和最高产量施肥量,因而能客观地反映具体条件下的肥料效应,并具有较好的反馈性,可以在保证作物产量的同时,有效地将肥料用量控制在合理的范围内,达到节肥、稳产的目的。该方法可用于一定区域范围肥料的宏观管理、分配。

由于以田间试验为基础,肥料效应函数只反映一定生产条件下的肥料效应,具有严格的地域性,且田间试验费时费钱。产前定肥,难以克服气候等条件变化的影响。在多点试验和在区域上应用肥料效应函数时,必须要从模型拟合程度、经济效益和环境效益等多方面进行综合考虑,寻找最佳的效应函数类型,并计算经济最佳产量、经济最佳施肥量,技术难度大,不易掌握。常由于高产耐肥品种的推广应用,在一定的施肥量范围内,即使过量施肥产量也不下降的效应趋势,常导致二次项方程拟合中推荐施肥量偏高,不但造成施肥的经济效益下降,同时极有可能引起环境问题。

第二节　土壤测试在养分资源管理中的应用

定量土壤养分元素丰缺是养分管理的重点。土壤养分测试是国内外应用最广泛的一种推荐施肥方法,主要依据土壤速效养分含量与作物产量之间的相关性原理。针对特定作物种类,在某一地区特定类型土壤上的不同速效养分含量的田块进行田间试验,构建土壤速效养分含量与作物相对产量或经济效益、品质、环境因子等之间的关系,进而确定肥料推荐用量。

一、土壤养分测试的概念与主要工作流程

(一)土壤养分测试的主要概念

土壤养分测试是指从土壤中提取并分析与植物的养分吸收有正相关的养分量的过程。土壤中的营养元素的含量难以说明其实际供应能力如何,因而通常取部分形态的养分进行土壤测试更有意义。

(二)土壤养分测试的主要工作流程

土壤养分测试工作流程主要包括四部分:①田间土壤样品采集;②实验室土壤养分测试与质量控制;③土壤测试结果的解释说明;④肥料用量推荐(图 3-9)。

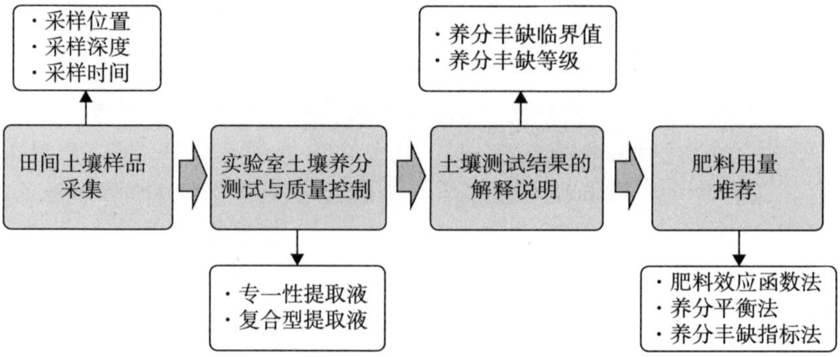

图 3-9　土壤养分测试工作流程

二、田间土壤样品采集的方法

土壤养分测试工作是从田间土壤样品采集开始的,合理的土壤采样策略是精确获取区域土壤肥力测试结果并用于推荐施肥的前提。关于区域土壤采样方法有很多种,在确定采样方法前主要考虑如下几方面因素:①采样区域土壤养分的可能变异情况;②采样区域有哪些辅助信息;③推荐施肥需要的管理单元大小;④各种采样设计方案的可能性;⑤采样时间、劳动力和费用等限制因素。

土壤取样的原则是所取样品能够代表该田块的真实情况。通常情况下,根据田块大小、所处位置、地形、管理措施差异等划分采样单元后分别取样,一般需要进行多点取样后再混合。而从单个土样采集的精度来说,重点是要关注田间养分水平空间变异、垂直空间变异和时间变异,这就需要从采样位置、采样深度和采样时间三个方面提高采样的精度。

(一)采样位置

田间的各项操作措施,如耕作、施肥和灌水降雨等因素均能造成土壤养分空间分布的不均匀。如图 3-10 所示,这张图显示了一块 1.905 m×1.905 m 面积农田耕层土壤硝态氮含量水平空间的变异情况。以 0.127 m×0.127 m 为取样单元的测试结果表明,该地块的硝态氮含量变异系数达到 40%。因此,常规方法是在一定区域范围内多点取样并混合,通过混合土样养分含量的测试值确定整个区域的土壤养分含量。在土壤有效养分含量较低的前提下,混合土样养分测试值基本能代表整个区域土壤养分状况,但对于土壤养分含量存在较大空间变异

的区域，一个混合样品的测试值不能代表整个区域土壤养分状况。因此，必须针对不同的采样目标，确定不同的采样点位置。养分管理上常用的采样位置方法有混合采样、网格采样和固定监测点采样。

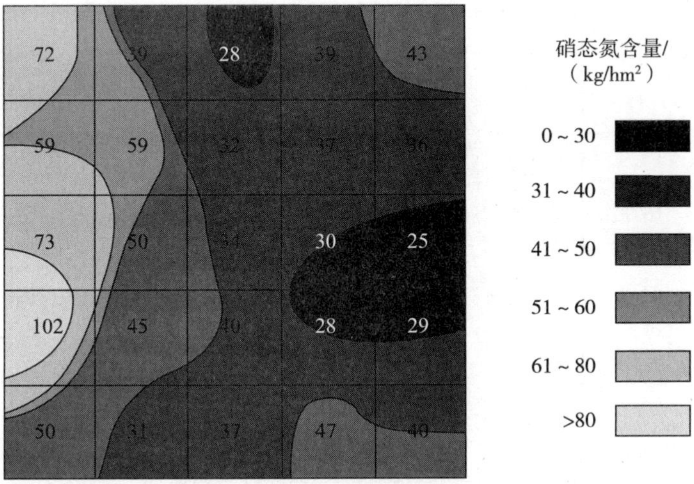

图 3-10　1.905 m×1.905 m 田间土壤硝态氮水平空间变异

1. 混合采样

样点选择需要遵从“随机”性原则和“信息”性原则。基于此，通常用混合土壤样品的方式进行采样，每个混合土样一般要求有 15～20 个取样点，在整个取样地块散开分布(图 3-11，a、b 为不适当的采样点选择方式，c 为正确的采样点选择方式)。另外，还需要将一块地分成尽可能多的小单元，从每个小单元取混合土样。显然，每个小单元的面积越小，样品的代表性越可靠，但与此同时成本也越大。除不同土壤类型必须分开采样外，一般采样单元可以从 0.25 公顷到几公顷，应具体问题具体分析。此外，样点不能分布在土壤侵蚀区、旧居民区、肥料和干草堆放区、动物粪便周围、公路和沟渠附近、施肥带等特殊区域。混合土样法确定整个区域土壤养分状况的优点是土壤取样量少、速度快、费用低、田间操作较容易，大部分情况下结果重现性较好，并且容易重复采样；缺点是这种采样方法无法揭示土壤的空间变异情况，如果区域中养分含量空间变异较大，该方法的可靠性会降低。

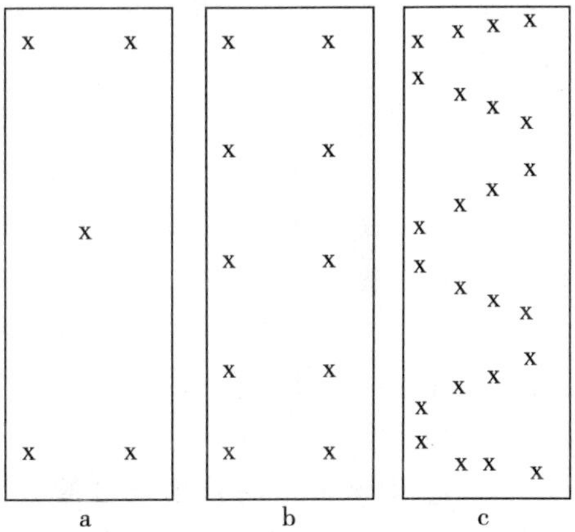

图 3-11　土壤采样点布置方式示意图

2. 网格采样

网格采样是把一张网格叠加在采样区域的地图上，选择每个网格为采样单元，在采样点周围一定半径范围内采样。网格的大小是变化的，取决于所评价区域地形地貌情况、土壤养分变异程度和推荐肥料品种等一些因素。网格采样法又分为在网格面确定采样点(grid-cell)和网格点确定采样点(grid-point)两种方式。网格面取样即在网格范围内随机取混合土样(图 3-12，深色标记点)，网格点取样指在网格交点周围取混合土壤(图 3-12，浅色标记点)。根据网格形状的不同，可以分为正方形、菱形和长方形网格采样。网格采样的优点是能更好地与 GPS、GIS 技术结合，全面地了解土壤养分的空间变异情况；缺点是由于化肥或有机肥的施用或其他农事操作的习惯，该方法采样容易产生一定的系统偏差，且高密度的采样需要高的成本。

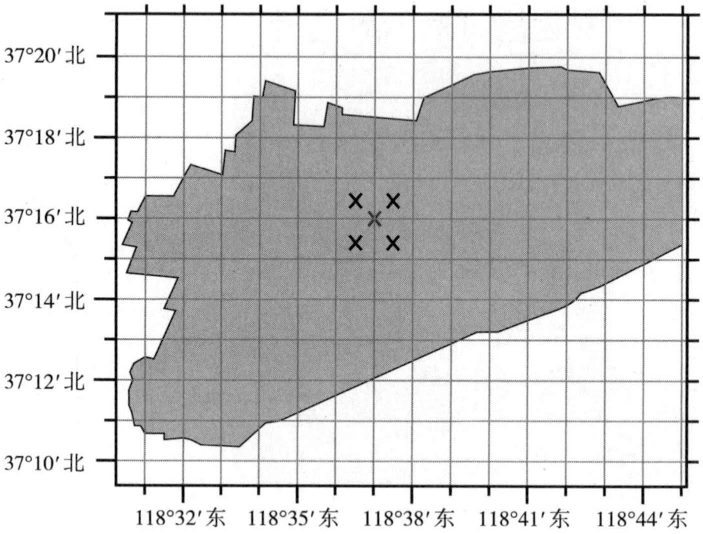

图 3-12　网格采样法示意图

3. 固定监测点采样

固定监测点采样是指在一定区域内的同一位置连续多年进行土壤采样。首先在区域内选取基准点，在基准监测点内随机取 15～20 个土壤样品，充分混合成一个样品。由于基准点的面积较小，其变异程度要比整个区域的变异程度要小。另外，经过多年重复采样后，采样误差会逐渐降低。如区域内土壤类型较多、地形复杂，可以选择多个基准点进行监测。该方法的关键是基准点的选取，可根据对作物长势的调查、多年种植经验、产量图、土壤属性图或遥感影像图等确定。固定监测点采样法的优点是成本比网格化采样低；多年的测定，可以了解土壤养分年度间的动态变化情况；选择代表不同操作单元的多个基准点测试值可以直接用于变量施肥；缺点是没有充分揭示整个区域或操作单元的养分变异情况，把未采样的其他地区的养分含量视为与基准点具有相似的值进行施肥推荐，这势必造成一定的误差。

(二)采样深度

施肥、水分和养分的运移特征等因素对养分在土壤垂直空间分布影响很大。如图 3-13 所示，同一样点农田土壤有效磷(Olsen-P)含量垂直空间的变异情况，可以看出有效磷浓度在0～60 cm 土层中随着深度增加而大幅降低。从养分管理角度来说，大多数土壤采样深度是耕层土壤的厚度，一般为 0～15 cm 或 0～20 cm。但有时也会采取其他采样深度，如土壤无机氮含量测定，采样深度应根据不同作物、不同生育期主要根系分布深度确定。

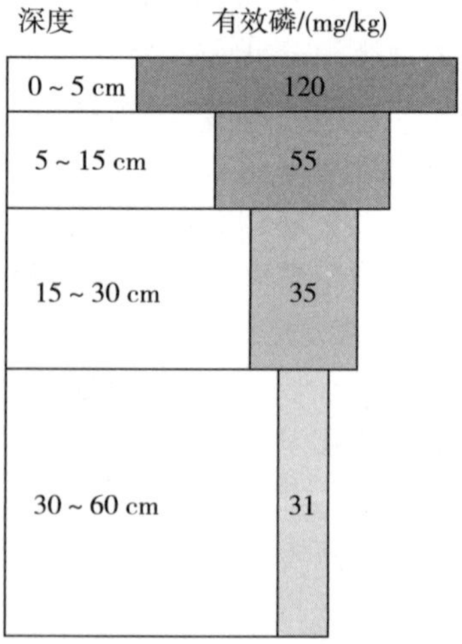

图 3-13　田间土壤有效磷垂直空间变异

(三)采样时间

土壤养分和作物生长都随季节和田间操作措施而变化，如耕作、施肥和灌水降水等因素均能造成土壤养分空间分布的不均匀。如图 3-14 所示，同一样点农田土壤硝态氮含量受施肥和灌水等措施的影响，在时间和空间上变异很大。当然，采样时间对不同土壤养分元素的影响程度并不一样。一般来说，对于土壤 pH、盐分含量、微量元素锌和大量元素磷等可以在一年四季中的任何时间采样，采样时间对这些元素的测试结果不造成显著影响。硫和氯离子在土壤中有很大的移动性，推荐在春季或秋季进行采样，最好的采样时间是秋季。在对同一区域进行多年长期土壤采样分析时，关键是每年的采样时间相对一致。

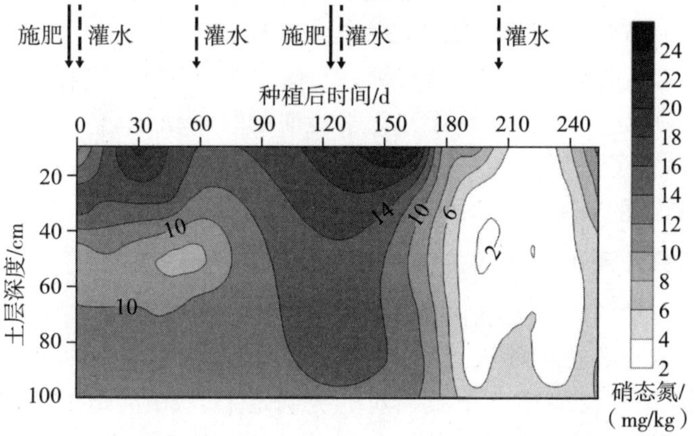

图 3-14　田间土壤硝态氮含量在时间和空间上随着管理措施变化时的变异情况

三、土壤养分测试

分析测定速效养分含量的关键是选择标准的分析测试方法和遵从规范的操作流程。根据各地气候、土壤母质、土壤化学性质和作物种类的特点，土壤和作物体系相类似地区联合起来建立适合本地区的标准测试方法和操作规程。

(一)土壤养分测试方法的早期探索阶段

从李比希时代起(1840 年)直至 20 世纪 20 年代末期，土壤测试一直处于不断探索阶段，土壤测试并没有明显的进展。

这其中包括：

1840 年，李比希试图用化学方法分析土壤中养分的含量；

1896—1897 年，Gerlach 和 Schloessing 先后提出用饱和 CO_2 的水来提取速效钾；

1899 年，Hofmeister 提出用腐殖酸提取速效钾；

1899 年，Maxwell 应用 1%天冬氨酸提取速效磷与钾；

1894—1901 年，Dyer 提出用 1%柠檬酸提取速效磷与钾；

1929 年，Von Sigmond 提出用 0.1 mol/L HNO_3 提取速效磷法等。

(二)土壤养分测试方法的快速发展阶段

20 世纪 30—70 年代，土壤有效养分测试技术进入快速发展阶段。许多著名的科学家在应用土壤化学原理和手段进行系统研究的基础上提出了一系列土壤有效养分测定的原理和方法。美国科学家 Bray 是这时期对土壤测试贡献最大的科学家之一。Bray 对速效养分的正确的化学提取测定法提出了三个原则:①提取剂应能按不同性质的土壤,从中提出植物能吸收的一定比例的养分,而不可能是全部,首次确认了提取测定结果的相对值意义;②所提取出来的那部分养分应该能得到准确而迅速的分析测定;③所提取出来的那部分养分应与植物生长状况(首先是相对产量,然后是吸收量)有很好的统计学相关性。这些原则为土壤有效养分测试方法的发展奠定了基础。Bray 于 1945 年提出用于酸性及中性土壤的两种速效磷提取方法,至今仍为重要方法。

20 世纪 60 年代,随着光谱在测试技术上的快速发展,尤其是原子吸收光谱仪(AAS)和等离子发射光谱仪(ICP)的出现,联合浸提、多元素同时测定替代单元素浸提和测定的方法应运而生。联合浸提法大大节省了操作步骤,实现了土壤测试的批量化、快速化,能够一次性从土壤中提取出多种植物有效养分,包括磷、钾、钙、镁、锰、铁、锌、铜等多种元素。这一阶段土壤测试的主要发展特点:①奠定了对速效养分和化学提取的科学认识,包括相关研究与校验研究的科学方法;②第一次建立了土壤速效养分与作物相对产量的关系曲线;③研发了多种联合浸提剂,提高了土壤养分测试的效率,推动了土壤养分测试的快速发展。

(三)新时期土壤养分测试方法的发展

新时期土壤测定方法的特点是新方法总是伴随着新技术的诞生而发展起来,同时更加注重建立与作物体系相结合的技术体系,且朝着更经济、环保和高效的方向发展。遥感技术作为一门先进的实用技术,被广泛应用于土壤相对养分确定上。20 世纪 80 年代以来,高光谱遥感技术在土壤研究中应用以后,基于高光谱对土壤光谱特性的研究得到较快发展,这为土壤养分遥感监测提供了可能。土壤养分遥感监测是以土壤反射率光谱的形状和吸收特征为依据的,研究表明土壤理化参数与土壤光谱特征均有明显联系,土壤光谱特征是对土壤特性的一种反映。与传统的实验分析方法相比,遥感技术在很大程度上解决了实验室分析方法费时、费力、高成本的缺点,能够实现土壤养分信息的快速更新。虽然土壤养分的遥感反演取得了一定的研究进展,但是总体上都注重于某个时间点的研究,未能开发成动态监测模型;另外,当前遥感数据的获取途径不畅和使用人员的专业素养总体不高限制着其在农业领域的进一步推广。

专栏 3-3　我国土壤养分测试发展主要历程

土壤速效氮的测试研究一直是我国土壤科学家重点关注的问题。土壤碱水解氮法是朱兆良于 1962 年提出的适宜于我国土壤速效氮的测试方法,该法需要蒸馏测定,故较为复杂。1976 年,周鸣铮等提出碱解扩散法。这个改进后的方法由于测试过程相对简单且结果与水稻土氮肥力的几个参比标准均高度相关,所以迅速在南方各省快速推广。1982 年,李酉开和周祖澄分别对还原碱解法作了系统研究,提出适用于北方旱地的土壤还原碱解法,使得碱解扩散法在北方各省也得到了广泛应用。土壤碱解氮测试方法至今仍然在我国被广泛应用于土壤速效氮的测定。

我国土壤有效磷的测定方法主要围绕国外引进方法适宜性开展研究。20 世纪 60—90 年代,国内诸多学者围绕 Olsen 法、Bray Ⅰ法和 Mehlich Ⅰ法三种提取方法在我国不同土壤类型测定有效磷的适宜性进行研究。研究结果表明,Olsen 法广泛应用于较高盐基饱和度的高阳离子交换量土壤,对于我国新疆、甘肃、陕西、宁夏等西北地区以及东北三省、内蒙古、河北、河南、四川等省区的大部分土壤，该法均行之有效；Bray Ⅰ法适用于土壤阳离子交换量低到中等的土壤，我国地处暖温带酸性土壤，包括浙江丘陵红壤区、广西红壤、四川黄壤和中部沿海的棕壤等均适用此法；Mehlich Ⅰ法适用于高度风化的低阳离子交换量土壤，我国热带、亚热带酸性较强的砖红壤、赤红壤发育的耕地土壤，浙江和广西的红壤上有很好的提取效果。

土壤有效钾的提取方法主要有两类，土壤交换性钾的测定和作物有效的包括非交换性在内的土壤钾的测定。对于交换性钾的测定，国内外相关科研人员对以 1 mol/L NH_4Ac 提取测定交换性钾的方法比较认可。我国科学家主要围绕测定作物有效的非交换性钾测定方法开展研究。比如，鲍士旦在 1990 年提出用 0.2 mol/L HNO_3 提取土壤钾，能够很好反映土壤钾含量与水稻钾营养间的关系；谢利昌在 1985 年提出用 3 mol/L H_2SO_4 静置 30 min 提取土壤钾，能够很好反映出广东水稻土供钾能力；20 世纪 90 年代，史瑞和、李酉开和周鸣铮等开始研究电超滤提取钾法(EUF-K)，在北京、江苏和浙江等地取得了很好的结果。

专栏 3-4　新时期我国开展的大规模土壤测试行动

我国开展的大规模土壤测试工作可以追溯到 1958—1960 年，我国开展第一次土壤普查，以土壤农业性状为基础，提出了全国第一个农业土壤分类系统。第一次土壤普查完成了土壤图、土地利用现状图、土壤改良分区图、土壤养分图等，基本摸清了耕地资源分布与土壤基本性状，为后来的农田建设和农业生产提供了支持。

1979 年，我国开始历史上第二次土壤普查，形成了《中国土壤》《中国土壤普查技术》《中国土壤普查数据》等成果。这次土壤普查全面查清了我国土壤资源的类型、数量、分布、基本性状等，推动了科学施肥在我国的研究和推广工作。

2005 年开始，国家层面组织实施了测土配方施肥行动。测土配方施肥以土壤测试以及肥料田间试验结果为基础，根据作物需肥规律、土壤供肥性能和肥料效应，合理提出肥料的施用量、施用时期和施用方法的技术。该技术最大限度地发挥肥料的增产效益，对提高农田综合生产能力和建设资源节约型社会有重要作用。

四、土壤测试结果的解释说明

土壤养分测试值是表示土壤养分供应能力的指数，是一个相对值。因此，土壤养分测试值必须与相关研究和校验研究相结合才具有意义。土壤测试结果的解释与实验室测试所采用的方法和种植作物种类紧密相关。土壤分析结果解释的关键是确定养分丰缺临界值(Critical value)。临界值是指在某一地区使作物能达到最大产量的最小土壤测试值。在确定土壤养分临界值的基础上，国际上通常将土壤养分丰缺状况划分为极低、低、中、高、极高 5 个等级，也有地区划分为低、中、高、极高 4 个等级。每个等级是根据施肥后作物可能增产的幅度来确定的。

1. 相关研究

相关研究是指采用某一土壤测试方法得到的测试值与参比标准之间的相关性研究，实质上是筛选土壤测试标准方法。因此，该方法要适用任何土壤、任何作物，甚至任何营养元素。目前国际植物营养学科公认的相关研究的方法有四种：①田间试验法；②温室或网室盆栽试验法；③同位素标记肥料吸收法；④植物吸收法。在选定土壤测试方法时应当选用与土壤测试标准方法有最好统计学相关性的那一种测定方法。

2. 校验研究

校验研究是指选定提取测定方法之后，再以作物产量反应为依据，确定测定值的"高""中""低"等各级指标。校验研究需要注意的是：①土壤有效养分测定值是一个相对值，不同方法间相差数倍；②指标等级的划分必须针对具体土壤与具体作物。

校验研究的主要步骤为：①布置20点以上不同肥力水平田间试验；②用相关研究确定的土壤测试方法测定试验田土壤；③绘制土壤测试值与相对产量的回归曲线图；④确定各等级指标。一般来说，我国农田土壤大量元素养分提取测定值的划分级别可以采用：＞95%为高，75%～95%为中，50%～75%为低，＜50%为极低。

校验研究中的相对产量指针对某种特定植物营养元素，田间试验中其余营养元素均充足施用条件下，不施该种元素处理产量与足量施用该元素处理产量的比值，以百分数形式表示。一般情况下，相对产量≤100%，但当出现不施用该元素时的产量高于足量施用产量时，相对产量会大于100%。例如，利用多点多年"3414"田间试验结果，绘制土壤Olsen-P测试值与小麦相对产量的回归曲线图，建立土壤有效养分丰缺指标（图3-15）。选取相对产量与土壤Olsen-P测试值间的最佳数学关系，并绘制出趋势线，然后以相对产量50%、75%和95%为标准，利用数学关系求得土壤养分丰缺指标。

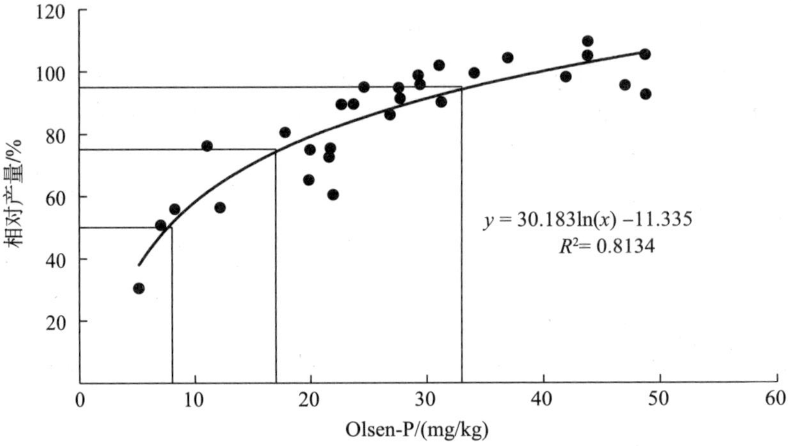

图3-15　土壤Olsen-P与小麦相对产量的关系

相关研究与校验研究是养分管理的基础性工作，只有在当地土壤上针对具体作物做好相关研究与校验研究，才能确定正确的测试方法，并对测试值进行解释。我国过去推广土壤速测法未能取得成效的主要原因是相关研究与校验研究做得不够。

五、肥料用量推荐

土壤养分丰缺程度可以直观地反映施肥的效果，当土壤某一养分的测定值达到"高"水平时，施用含该养分的肥料效果通常不显著，可暂时不施含该种养分的肥料。当测定值在"中"水平时，施肥有一定效果，可以根据具体情况施用一定数量的含该养分的肥料。当测定值在"低"或"极低"水平时，施肥效果通常很显著，应增加肥料施用量。确定推荐施肥量方法主要有三种：①肥料效应函数法。该方法是以田间试验为基础而不是测定土壤，虽然计算出的施肥量精确度高、反馈性好，但由于需要大量的田间试验、室内测试分析和数据统计分析才能获得肥料效应函数，而对应函数也仅对做过验证的地区适宜，因此该方法在推广应用上受到限制。②养分平衡法。该方法由于概念清楚，容易理解、掌握和推广而被国内外学术界所公认，但由于计算公式中的“土壤养分供应量”要通过相同条件下田间不施肥区的作物产量进行推算，而土壤、作物和气候等因子都会影响该参数，因而使此方法的精确度受到影响。③养分丰缺指标法。该方法简单易行、快速、廉价并具有针对性，在国内有较为广泛的应用。但其也存在缺点，土壤有效养分丰缺因养分测定方法不同而异，区域、作物和土壤的不同也会有很大的差别，致使提出的施肥量推荐值较多依赖于经验，很难做到准确和定量化。

六、土壤养分测试方法应用于养分资源管理的评价

土壤养分测试是养分资源管理最经典的方法，该方法是在大量田间试验研究基础之上，依据土壤速效养分含量与作物产量之间的相关性原理发展而来，主要根据土壤养分含量的高低进行作物肥料用量的推荐，具有直感性强、简捷方便、快速和价廉等优点，因而在不同地区和各类作物的养分管理中均得到应用。但是该方法也存在不足之处，一是土壤某些养分与作物产量之间的相关性差；二是该方法采用的是产前定肥料总量的办法，不能考虑到气候的变化，并且大多数情况下在制订养分丰缺指标时，试验设计只用了一个水平的施肥量，因而推荐结果属于定性或半定量的，精确度有待提升；三是土壤有效养分测定指标因测定方法不同而异，土壤类型间、作物种类间的肥力指标无可比性，因而不具备宏观调控的功能。

第三节　植株测试在养分资源管理中的应用

作物体内的养分状况可以直接反映作物的营养状况，通过对植物体内的养分状况进行分析来了解植物当时的营养状况，从而可以通过施肥进行调控，推荐施肥量。大田作物上测土施肥和效应函数法都是产前定肥，难以解决因气候等其他条件变化而引起的植物营养状况的变化，植株测试可以解决这一问题；多年生园艺作物不宜采用测土施肥等方法，应用植株测试是一个非常有效的途径。

一、植株测试的概念与作用

植株测试是通过一定的技术手段对作物植株或其器官（叶片、籽粒、秸秆等）中与生长发育相关的氮、磷、钾及微量元素养分浓度进行测定，以诊断植株的营养状况并据此确定施肥方案的方法。

应用植株测试可以达到以下目的：①对已察觉的症状进行诊断或证实诊断；②检出潜伏缺素期；③研究植物生长过程中营养动态和规律；④研究作物品种的营养特点，作为施肥的依据；⑤应用于推荐施肥。

二、植株测试的主要工作流程

植株测试技术的工作流程主要包括四部分（图 3-16）：①植株样品的采集；②植株养分提取及测定；③解释说明分析结果；④提出施肥建议。

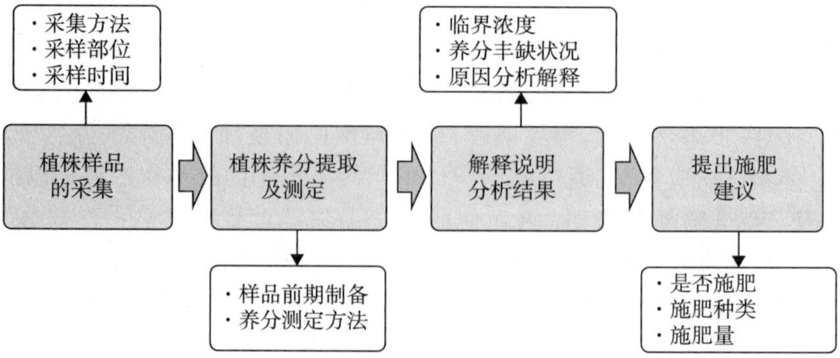

图 3-16　植株测试的主要工作流程

三、植株测试的原理

(一)养分浓度与养分供应量之间的关系

在一定条件下,植株养分浓度(养分的质量分数)、产量与土壤养分供应量之间存在一定的相关性,但只有在第二阶段(缺乏调节区)三者呈明显的正相关。所以植株营养的化学诊断关键要解决的问题之一是确定作物体内养分的临界浓度。由图 3-17 可以看出,产量随养分供应量变化呈抛物线型。但植株体内养分浓度与养分供应之间的关系,与上述曲线稍有不同,其变化程度较小。将植株体内养分浓度曲线划分为 3 个阶段。第一阶段,随着养分供应量的增加,作物产量上升,但作物体内养分浓度基本不变,属于养分极缺乏区;第二阶段,从植物体内养分变化点到产量最高点,随着养分供应量的增加,作物体内养分浓度与作物产量同步增加,日产量的增加幅度比植株体内养分浓度增加幅度大,属于养分缺乏调节区;第三阶段,产量最高点以后,随着养分供应量的增加,产量逐渐下降,而植株体内养分浓度却以更快的速率增加,属于养分奢侈吸收区。

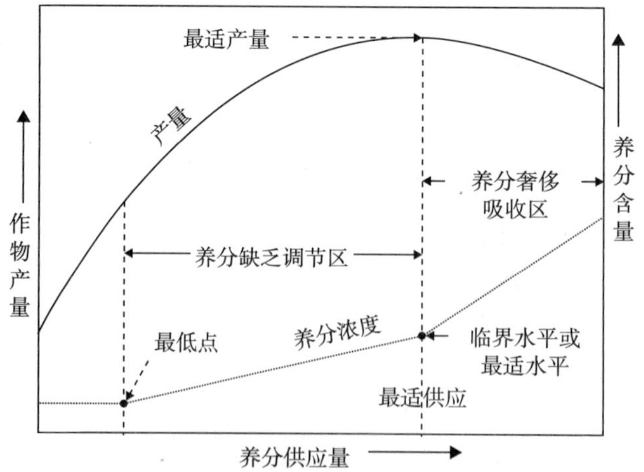

图 3-17　作物产量与养分浓度随养分供应量的变化

(二)养分浓度与作物产量或生长量之间的关系

植株养分的临界浓度(critical level)是指当植株体内养分低于某浓度,作物的生长量、产量或质量显著下降或出现缺乏症状时的浓度，也称临界值(水平)。临界浓度的确定一般要进行田间试验和植株分析，并将两者的关系有机结合在一起，Ulrich 和 Hills 提出图解(图 3-18)，把最高产量减少 5%～10%时的养分含量作为临界浓度，把在最高产量的养分含量作为最适浓度，因此，最适浓度以后的养分含量的提高就是奢侈吸收。在临界浓度以前则为缺乏区，这一区范围比较大，又可以分为缺乏区和低区，缺乏区是指产量占最高产量的 70%～80%的养分含量区域，低区是指产量占最高产量的 80%～90%的区域。

在田间条件下可以出现图 3-19 中的各种情形。图 3-19 中所指的充足区的范围适于作物栽培的范围，曲线的前部表示由于作物生长所引起的稀释效应，往往使植株体内养分浓度减少而生长量增加或生长量增加而植株体内养分浓度却变化不大，甚至在严重缺乏的情况下，养分浓度也不下降(图 3-19)。在这种情况下，植株养分浓度不能正确反映作物生长状况。但在养分奢侈吸收区作物对养分的吸收在体内积累，而生长量却下降；若再进一步积累某种养分，就会导致营养失调以致产生毒害而使生长受抑制。

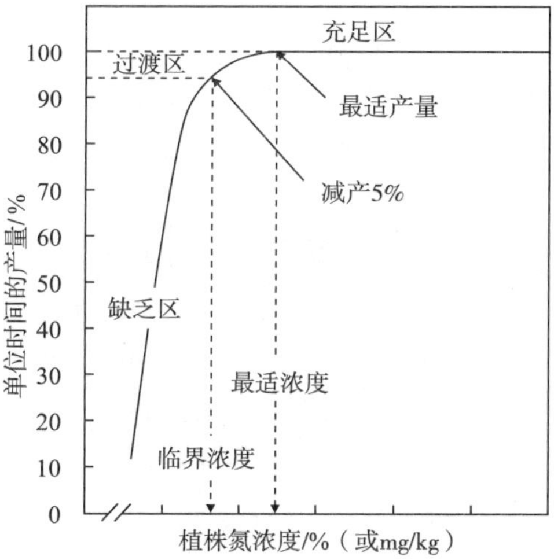

图 3-18　作物不同生育期的养分浓度变化

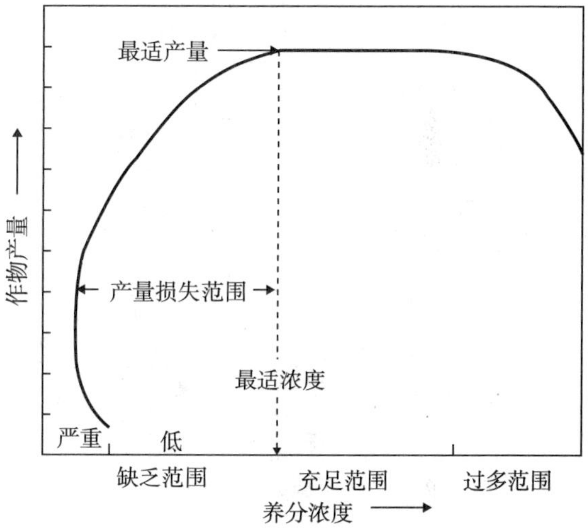

图 3-19　作物产量或生长量与养分浓度的关系

(三)养分浓度与作物的生理成熟度

作物养分浓度往往在随生育期的进行而变化。对于不同的器官以及不同的养分，养分浓度的变化随着生理成熟度的不同而有着巨大变异。通常而言，对于一年生作物(如玉米和大豆)地上部分，干物质量和氮、磷、钾养分累积量往往随着生理成熟度的提高而增加，但是在地上部氮、磷、钾养分浓度却随着生理成熟度的提高呈下降趋势(图 3-20)。

(四)养分浓度与植株部位

许多研究表明，多数作物在不同生育期，其氮、钾浓度变化较大，而磷的浓度则变化较小。因此，不同生育期植株营养诊断的标准有所区别。通常情况下，营养器官养分含量随养分供应的变化较生殖器官(果实、籽粒等)更加敏感(图 3-21)。

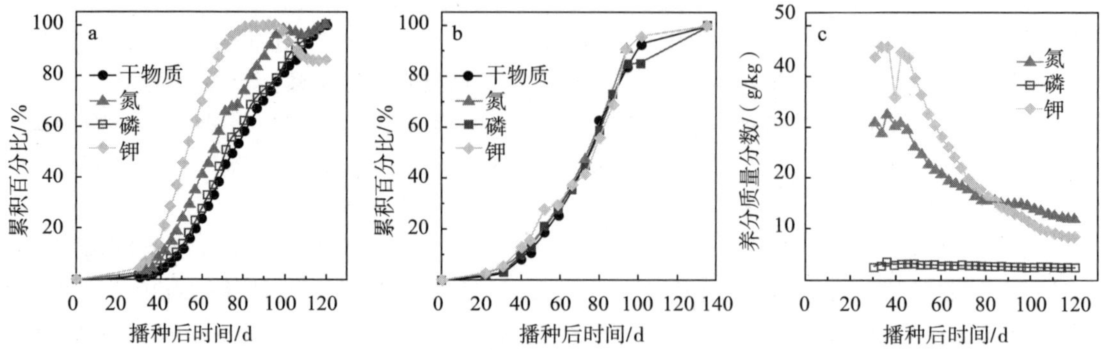

图 3-20 养分累积量及养分浓度在作物不同生理时期的变化特征

a. 玉米播种后不同时期的植株地上部氮、磷、钾和干物质量占最大累积量的百分比

b. 大豆播种后不同时期的植株地上部氮、磷、钾和干物质量占最大累积量的百分比

c. 玉米播种后不同时期的植株地上部氮、磷、钾在干物质中的质量分数

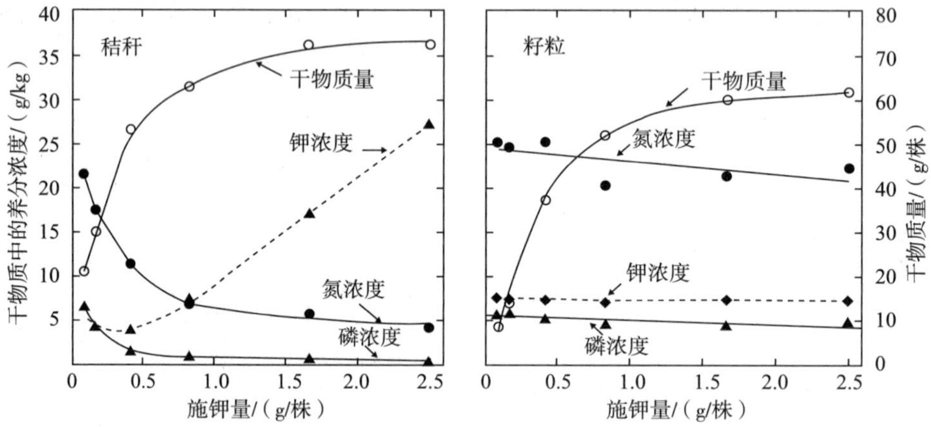

图 3-21 麦秸秆和籽粒中养分浓度的相对敏感性

作物的硝态氮和无机磷在植株中的分布因器官、部位而不同。一般硝态氮多集中在下部茎秆上(豆科例外),其次为叶鞘,叶片含量较少,老叶比新叶含量高。通常茎的生长点或新叶、幼芽及花蕾不含硝态氮。无机磷的分布与硝态氮相反,一般叶片中含量多于叶鞘和茎,幼叶多于老叶。钾主要存在于茎秆中,一般幼嫩部分多于老化组织。

(五)养分浓度与作物品种

作物品种对作物植株及其各器官的养分浓度的大小具有显著影响。养分浓度在作物不同品种间的差异会体现出其在各组织器官的养分分配策略,这种差异进而会导致作物的产量和品质有所区别。

(六)与其他因子之间的相互关系

植株养分浓度同样受到土壤水分、温度和其他因子的影响。土壤水分是影响植株养分浓度的重要因素之一。土壤水分状况在作物的生育期内经常变化,这也导致了作物植株养分浓度的变化,但是植株养分浓度的变化对土壤水分的响应因植株器官或养分的不同而呈现不同变化特征。温度也会影响作物养分吸收。多年多点的大样本数据表明,中国北方水稻的籽粒和秸秆氮浓度要明显小于南方水稻氮浓度，其中温度是关键影响因素之一，增温能够使水稻氮浓度平均增加 21%，由 12.6 g/kg 增至 15.4 g/kg。养分浓度大小同样受到其他养分供应的影响。如锌肥的施用不仅能显著提高水稻叶片、茎、籽粒等部位的锌浓度和籽粒锌累积量，而且能提高水稻籽粒的氮浓度和粗蛋白含量。

四、植株测试的方法

（一）植株测试的方法概述

植株测试的方法主要包括化学分析法、酶学方法、物理方法、遥感诊断法等。

1. 化学分析法

化学分析法是通过化学分析测定植株内营养元素的含量，与正常植株体内养分含量标准直接比较而作出丰缺判断的一种营养诊断方法。化学分析法是最常用、最有效的植株测试方法，按分析技术的不同，又将其分为植株全量分析（又称为常规分析）和组织速测。全量分析是同时测定已结合在植物组织中的元素以及还剩在植物汁液中的可溶性组分的元素；组织速测则是用来测定尚未被植物同化的留在植物汁液中的可溶性成分，实际上它代表的是已进入植物而尚未到达被利用部位的途中含量。

2. 酶学方法

酶学方法（生物化学方法）是利用作物体内酶活性或数量变化来判断作物营养丰缺的方法。植物必需营养元素中不少是酶的组成成分或活化剂，当缺乏某种元素时，与该元素有关的酶活性或数量就会发生变化。如碳酸酐酶的活性与含锌量曲线几乎是一致的，能通过测定其活性判断植物是否缺锌。酶学方法的主要优点是灵敏度高，酶促反应与元素含量相关性好，且酶促反应的变化早于外表形态的变化，可以诊断早期的潜在营养缺乏或过量。其缺点主要是测定值不稳定，不少酶的测定方法较烦琐，有关测定技术还不完善等。

3. 物理方法

物理方法（形态学方法）是指通过观察植物外部形态的某些异常特征以判断其体内营养元素不足或过剩的方法。由于植物在生长发育过程中的外部形态是其内在代谢过程和外界环境条件的综合作用的反映，当植物吸收某种养分处于正常、不足或过多状态时，都会在作物的外部形态如茎的生长速度、叶片形状和大小、植株和叶片颜色以及成熟期的早晚等方面表现出来。借助物理学的方法，如叶色测定（叶片颜色〈＝〉叶绿素〈＝〉N）间接反映作物营养状况（图 3-22）。该方法简便、快速，具有实际应用价值，但建立在大量前期研究（相关研究）的基础之上。

图 3-22　利用水稻叶色卡进行氮营养诊断

4. 遥感诊断法

遥感诊断法主要是利用冠层传感器或遥感卫星获得作物反射的不同光谱波段信息，通过分析建立光谱参数与作物产量及相关营养指标的关系进行判断作物营养状况的方法。冠层传感器遥感与卫星遥感中常用的光谱植被指数有 NDVI、GNDVI、RVI 和 DVI 等。

(二)植株测定部位

植株测定部位选择的基本原则是能敏感地反映土壤养分供应变化,测试结果与作物生长状况或产量相关。对于氮素来说,叶和根中氮浓度对氮素供应的变化更敏感。对于钾素,钾的移动性强,老叶是指示缺钾的更敏感部位。如不同供钾情况下烟草低位和高位叶片具有明显不同的反应,在钾供应较低时,上部叶片钾浓度的增长更快;当钾供应较高时,下部叶片增长更快。但是对于钙和硼,果实比叶片对缺素更敏感。一般而言,容易移动的元素如氮、磷、钾、镁等采下位的老叶,而不易移动的元素如钙、铁、钼等应采上位的新叶。

(三)测试养分形态

一般来说,植株体内养分的无机形态比有机形态对养分状况更敏感。如与植株体内全氮含量相比,植株硝酸盐含量能更快、更准确地指示作物的氮营养状况,特别是作物缺氮的指示。作物体内的硝酸盐浓度和氮肥施用量、作物产量之间存在明显的数据关系式,即随着氮肥施用量的增加,作物产量增加,体内硝酸盐相应增加;当氮肥用量达到最佳时,作物产量趋于平衡,继续增加氮肥用量,作物产量不再增加,而植株硝酸盐含量增加。

五、植株测试指标的确定

(一)诊断指标的表示方法

1. 临界值

所谓植株养分的临界值是指当植株体内养分低于某浓度,作物的产量(或生长量)显著下降或出现缺乏症状时的浓度。有人也称这一浓度叫临界值(水平)等。图 3-23 描述了甜菜叶柄硝态氮浓度与产量间的关系,甜菜产量随硝态氮浓度的升高呈现先增加后趋于不变的“线性加平台”模式(图 3-23)。当叶柄硝态氮浓度低于 6 g/kg 时,甜菜因氮素供应不足会出现减产;叶柄硝态氮浓度达到 6 g/kg 时,甜菜刚刚达到最高产量,此时的叶柄硝态氮浓度即为临界浓度;当叶柄硝态氮浓度超过 6 g/kg 时,作物产量不再增加,氮素因奢侈吸收而在植株体内积累,若进一步积累,可能导致作物营养失调造成毒害或减产。

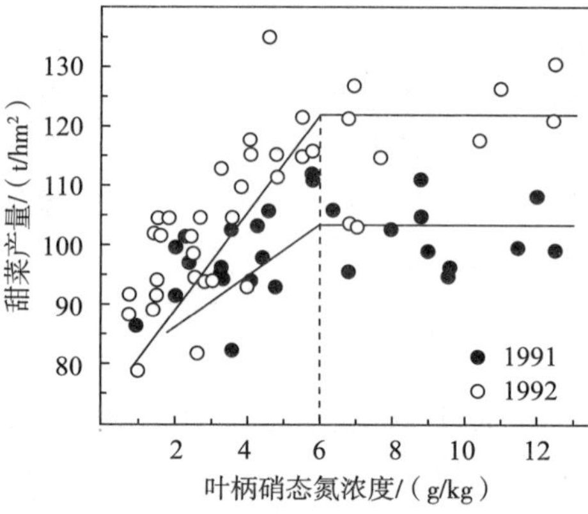

图 3-23 甜菜叶柄硝态氮浓度与产量的关系

2. 养分比值

由于营养元素之间的相互影响,往往一种元素浓度的变化常引起其他元素的改变,因此,用养分的比值作为诊断指标,要比用一种元素的临界值能更好地反映养分的丰缺关系。养分比值可以是两种元素比,也可以是三种或更多种元素比。

3. 相对产量

相对产量是指不施某种养分的产量占施足该养分产量(最高产量)的百分率,其计算公式为:

$$相对产量 = \frac{不施某养分平均产量}{施足养分平均产量} \times 100\%$$

该法由美国 Bray 于 1945 年提出，其目的是消除待测元素以外的其他因素对产量的影响。

4. DRIS 法

DRIS 法也称诊断施肥综合系统（diagnosis and recommendation intergated system），由 Beaufils 提出。DRIS 法基于养分平衡的原理，用叶片诊断技术，综合考虑营养元素之间的平衡情况和影响作物产量的诸因素，研究土壤、植株与环境条件的相互关系，以及它们与产量的关系。

(二)诊断指标的确定方法

诊断指标应通过生产试验获得大量试验数据的情况下才能确定，通常采用以下方法。

1. 大田调查诊断

在一个地区选代表性地块，在播前或生育期进行化学诊断，并结合当地经验，搜集各种数据，统计整理，从中找出不同条件下产量、养分等变化幅度的规律，划分成不同等级作为诊断标准。

2. 田间校验

即养分丰缺指标的划分研究。田间校验是利用田间多点试验，找出养分测定值与相对产量之间的曲线，一般把指标划分为“高、中、低、极低”几个等级。田间校验的优点是能全面反映当地的自然条件，把影响养分供应量的诸因素都表现在分级指标中，所得指标准确性高，但需时间及重复。

3. 对比法

在品种、土壤类型相同条件下，选正常、不正常的健壮植株，多点测定土壤植物养分含量。二者比较确定指标。诊断指标的确定应是营养诊断、大田生产和肥料试验三者结合，并进行多次诊断找出规律。

六、主要植株测试方法介绍

(一)成熟期籽粒和秸秆氮临界浓度

作物体内的养分状况可以直接反映作物的营养状况，Macy 提出了临界养分浓度的概念：即可获得最大地上部生物量所需要的最低氮浓度。对于收获期籽粒和秸秆中氮浓度，同样也存在着临界浓度（N_c），即可获得最大产量的最低籽粒氮浓度和秸秆氮浓度，可以用于作物氮营养状况的诊断。多年多点的田间试验表明华北平原冬小麦成熟期秸秆和籽粒的氮临界浓度分别为 0.68%（范围为 0.65%～0.71%）和 2.19%（范围为 2.08%～2.30%）。

(二)生育期内临界氮浓度稀释曲线

氮临界浓度（N_c）可以用于作物氮营养状况的诊断。在作物生育期内，氮浓度随着地上部生物量（W）的增加而降低，二者的关系可以通过稀释曲线 $N = aW^{-b}$ 来描述。Justes 等做出了法国冬小麦的临界氮浓度稀释曲线：$N_c = 5.35\ W^{-0.442}$，这一临界稀释曲线在小麦氮诊断中得到广泛应用。但是，一些研究表明生态区、物种间，甚至是同物种间基因型的差异都会影响到临界氮浓度稀释曲线。Yue 等通过验证发现法国的冬小麦氮临界稀释曲线并不适用于华北平原的冬小麦的氮营养诊断。通过多年多点的氮水平试验，Yue 等得到了华北平原冬小麦生育期内的临界浓度点(图 3-24)以及华北平原的临界氮浓度稀释曲线：当冬小麦地上部生物量为 1～10 t/hm² 时，$N_c = 4.15\ W^{-0.38}$；当冬小麦地上部生物量小于 1 t/hm² 时，氮临界浓度是常量，$N_c = 4.15\%$。和法国的曲线相比较，华北冬小麦的曲线位于其下方。这主要是华北平原和法国的气候条件差异以及冬小麦品种差异造成的。

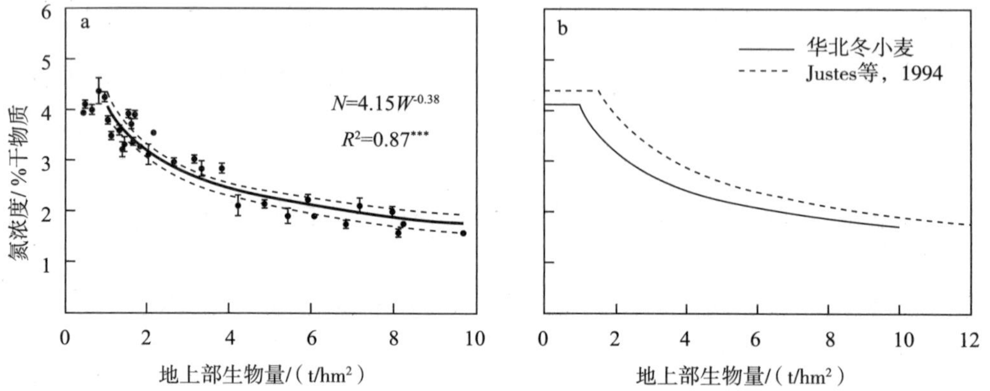

图 3-24　华北平原冬小麦氮浓度临界点(a)以及临界氮浓度稀释曲线(b)

(*** 表示相关性很高)

(三)植株硝酸盐诊断技术

植株硝酸盐诊断技术是指通过作物生育期间植株体内硝酸盐含量的测定反映作物氮营养状况的方法。应用该技术进行推荐施肥，首先通过田间试验建立植株硝酸盐含量与氮素供应量、作物产量的数学关系，建立诊断指标和追肥指标，以此指标推荐氮肥用量。与植株体内全氮含量相比，植株硝酸盐含量能更快、更准确地指示作物的氮营养状况，特别是作物缺氮的指示。作物体内的硝酸盐浓度和氮肥施用量、作物产量之间存在明显的数据关系式，即随着氮肥施用量的增加，作物产量及其体内硝酸盐均相应增加；当氮肥用量达到最佳时，作物产量趋于平衡，继续增加氮肥用量，作物产量不再增加，而植株硝酸盐含量增加。

通过大量田间试验和文献数据总结，建立了蔬菜和大田粮食作物特定部位植株硝酸盐诊断指标，具体见表 3-1。

表 3-1　我国主要旱地作物植株硝酸盐诊断的采样测试部位、时期与临界值

作物	采样测试部位	采样测试时间	临界值(以 NO_3^- 计)/(mg/L)
小麦	茎基部	拔节期	1 300～1 500
玉米	最新展开叶中脉	大喇叭口期	1 000～1 240
番茄	最新展开叶中脉	第一穗果膨大期	4 500～5 200
		第一二穗果膨大期之后	3 800～4 500
黄瓜	最新展开叶中脉	初瓜期	3 800～4 500
白菜	最新展开叶中脉	包心前期	2 500～3 000
棉花	蕾期	倒四叶叶柄	8 000～9 000
马铃薯	倒四叶叶柄	块茎形成期(出苗后 20 d)	6 000～7 000
		块茎增大期(出苗后 45 d)	4 000～5 000

续表 3-1

作物	采样测试部位	采样测试时间	临界值(以 NO_3^- 计)/(mg/L)
啤酒大麦	茎基部	拔节期	1 500～2 000
烟草	最新展开叶脉基部	移栽后至打顶前	2 000～3 000

(四)便携式叶绿素仪(SPAD)

SPAD 植株快速测试氮素诊断是利用便携式叶绿素仪在田间快速无损的测定植株叶片叶绿素含量,诊断植株氮素营养状况。植株叶片的叶绿素含量同叶片氮浓度存在显著相关关系,不同生长时期不同施肥量的植株叶片 SPAD 值存在着差异。在作物需肥的关键期,合理施肥的作物叶片 SPAD 值高于氮供应不足的作物叶片 SPAD 值,利用 SPAD 值可以判断当前叶片氮营养状况。该方法不需要破坏植株叶片就可以得到与作物氮营养含量相关的叶绿素含量指数(即 SPAD 值),可以比较准确地诊断氮营养状况并推荐追施氮肥用量,从经济和环境因素上使得氮肥合理优化施用。

该方法比较简单,易操作。只需要告诉农民叶绿素仪如何使用和注意事项,农民就可根据不同时期的读数来判断氮营养的丰缺状况,进而合理追肥。但是,深入的研究也发现叶绿素仪应用于田间作物氮素营养诊断存在一些缺陷,主要是:①每次测定的是叶片上的一个点,因此要通过多点(至少 30 个)的随机测试才能降低测定的变异;②其测定结果受品种、耕作、环境等因子影响很大;③在小麦、玉米等禾本科作物上,SPAD 读数在一定施氮量范围内随着施氮量的增加而增加,但当施氮量超出一定范围后,SPAD 读数则相对稳定,不再增加,这意味着它不能反映过量施氮问题,在推广应用上带来不便。

(五)基于作物冠层传感器的氮营养诊断

此方法以多年多点田间试验为基础,建立光谱参数和作物产量以及氮营养指标的关系模型,然后通过相应的算法计算出特定年份和特定田块的作物氮肥追施数量。

1. 基于作物传感器 GreenSeeker 的作物氮肥

GreenSeeker 传感器采用主动光源发射红光和近红外光并获取相应的光谱反射率,监测作物长势和氮营养状况,利用归一化植被指数(NDVI)和相应的算法计算作物的氮肥追施数量(图 3-25)。具体为:①首先建立一个高氮区(N-rich strip),目的是测定作物对氮肥的反应;②在作物施肥的关键生育时期(如冬小麦:返青—拔节;玉米:V8-V12)利用 GreenSeeker 测定归一化植被指数(NDVI);③把测得的归一化植被指数 NDVI 代入生育前期产量预测方程 YP(产量潜力)= f(INSEY)(INSEY 等于作物追肥关键时期测得的 NDVI 除以从播种到追肥时活动积温(GDD)大于一定度数的时间)估算追氮区不追肥将会获得的产量 YP_0;④计算反应指数 RI $= NDVI_{高N}/NDVI_{追N}$,反应指数可以估测追

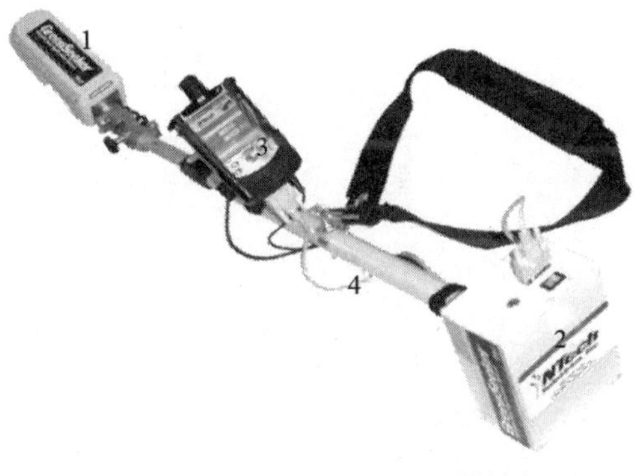

图 3-25　GreenSeeker 主动作物冠层传感器

1. 扫描传感器　2. 里面是由可以充电的干电池和进行模/数转换的主板　3. 便携式掌上电脑　4. 可拉伸的连接杆

施氮肥后的增产潜力；如反应指数为 1.3，说明通过追施氮肥可以有 30%的增产潜力。⑤预测高氮区的作物产量：YPN=（YP_0 * RI）；⑥氮肥推荐量=（高氮区产量－追氮区产量）×籽粒含氮量 N%/肥料利用率。

2. 基于冠层传感器 N-Sensor 的作物氮肥推荐

N-sensor 是德国 Yara 公司 1990 年研制的，主要是由两个二极管阵列的光谱仪、纤维光学元件和一个固定在车辆驾驶室顶上的微处理器组成。其工作原理是一个光谱仪从四个定位点收集波长为 450～900 nm 的作物反射光，同时另一个光谱仪收集同样波长的太阳入射光（图 3-26），从而计算出作物的光谱反射率，然后通过一定的算法得到一个光谱参数，再由相应的软件转换成施肥量。

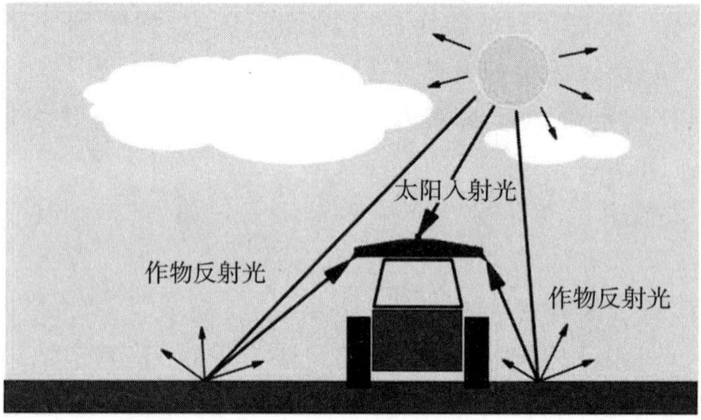

图 3-26　N-Sensor 的测量原理（http//www. sensoroffice. com）

N-Sensor 的施氮原理是从传感器读数比较大和小的区域向中间值读数的区域转移氮肥（图 3-27），由于传感器读数与作物生物量的相关关系显著，所以其原理就是在生物量比较适中的田块区域施用较多氮肥，而在生物量最多和最少的极端地方施得比较少，目的是提高作物产量和吸氮量，缩小田间变异。

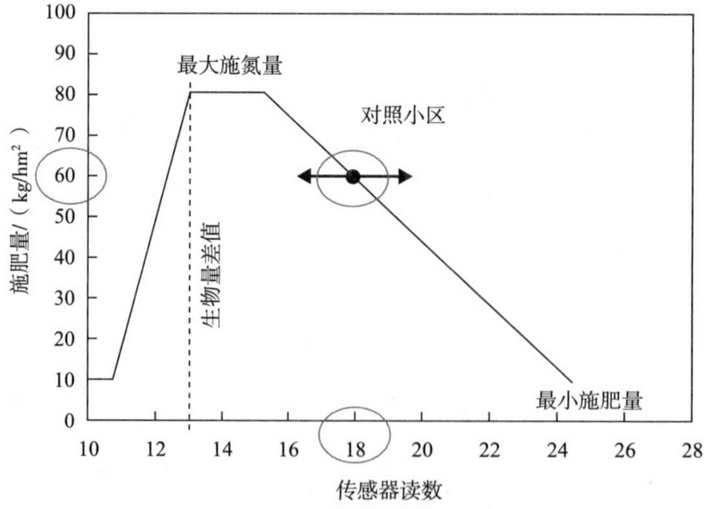

图 3-27　N-Sensor 读数转换成施氮量的原理

3.基于卫星遥感的氮营养诊断

卫星遥感技术进行植物营养诊断是近年逐渐发展起来的,这主要得益于高精度商用卫星的成功发射,如IKNOS、SPOT5、QuickBird等。卫星遥感有多个光谱波段的信息可以选择,与多光谱遥感相类似,卫星遥感主要是利用卫星图像获得的不同光谱波段信息,通过分析建立相应的植被指数与作物营养状况的关系来评估作物营养状况。

卫星遥感可以覆盖较大面积,国际上已经有研究者利用这些卫星获取的数据进行作物的营养管理。如Wright等将QuickBird卫星影像应用于小麦籽粒蛋白质含量的管理,发现从QuickBird卫星影像中提取的植被指数GNDVI、近红外波段的反射NIR都与植株全氮含量有很好的相关关系。在国内有研究者利用QuickBird等卫星数据用于冬小麦等作物的氮营养监测。

七、植株测试在养分资源管理中的应用评价

植株测试是养分资源管理中基础核心技术之一,与土壤测试相比,重点关注作物植株内部养分状况,测试结果更加直接反映作物植株及各器官的营养状况。针对不同的气候、区域、作物类型、品种等条件,植株测试方法能够实时、实地、及时准确地确定植株的养分丰缺状况,结合土壤测试等技术制订出更加合理的作物养分管理方案,精确地指导作物施肥。

植株测试在养分资源管理及推荐施肥中具有很多优点:大田作物的测土施肥和效应函数法的产前定肥难以解决因温度、降水等气候以及其他条件改变导致植物营养状况的变化,而植株测试解决这一难题,可根据气候等生长条件的变化进行实时测定和调控。某些技术如SPAD叶绿素仪直感性强,简捷方便,能够简易、快速地获得测试结果。多年生园艺作物如树等多年生木本植物,大多数果树具有贮藏营养的特点,其长势和产量不仅受当年施肥和土壤养分供应状况的影响,同时也受上季施肥和土壤养分状况的影响。因此,多年生园艺作物不适宜采用测土配方施肥,而植株测试则可立即摸清其营养状况,从而定量调控与推荐施肥。因此植株测试对多年生园艺作物尤为适用。

植株测试的缺点主要有以下几个方面:样品的采集、前处理要求较高;化学诊断法需要破坏性取样及实验室化验分析耗费劳力,成本高,时效性差,难以实时获取作物根层养分信息,尤其是在实际生产中的农民,往往没有完备的实验条件来处理和分析样品;测试结果有时不能指明症状的发生原因;对分析结果作出解释说明往往比较困难。植株测试结果仅反映了作物器官养分浓度的大小,但是由于养分供应、水热条件、品种等其他因素都可能影响到养分浓度变化,仅靠植株测试结果无法明确说明原因,还需要结合其他相关条件进行综合判断才能给出施肥建议。

第四节　养分平衡法在养分资源管理中的应用

养分平衡,反映土壤中养分的消耗和投入之间的关系,通常用特定时间内单位面积土壤养分的收支状况来表示,也指植物最大生长速率和产量必需的各种养分浓度间的最佳比例关系,用养分平衡指数来表征。作物在生长过程中所需要的养分仅靠土壤提供远远不够,通过施肥补足土壤供应不能满足农作物的养分需求。达到养分供需平衡,作物才能达到理想产量。

一、养分平衡法的概念与主要工作流程

养分平衡法又称目标产量法，是以“养分归还学说”为理论依据，以作物与土壤之间养分供求平衡为目的，根据作物目标产量需肥量与土壤供肥量之差估算施肥量的方法，是产前确定需肥量的常用方法。

养分平衡法的工作流程主要包括四部分：①选择适宜的测定方法；②确定参数；③根据参数计算结果；④确定推荐施肥量。

二、养分平衡法的发展过程

养分平衡法由美国著名土壤化学家、测土施肥科学的创始人之一 Truog 于 1960 年在第七次国际土壤学会上首次提出，后由印度学者 Stanford 发展并应用于生产实践。该法在印度小麦种植上被广泛推行，并取得一定成果。第二次全国土壤普查前后，该方法被引入我国使用。国内众多研究者根据养分平衡法的原理，通过设置田间试验建立各种作物推荐施肥量等式。

三、养分平衡法的原理及常用方法

养分平衡法以实现作物目标产量所需养分量与土壤供应养分量之差作为确定施肥量的依据。其计算公式为：

$$\text{施肥量}=\frac{\text{目标产量所需养分总量}-\text{土壤供肥量}}{\text{肥料中养分含量}\times\text{肥料中该养分利用率}}\text{（Stanford 公式）}$$

其中，土壤供肥量参数的确定是基于农作物营养元素的土壤化学原理，用相关分析选择最适浸提剂，测定土壤有效养分，计算土壤供肥量。由于土壤养分常处于动态变化中，因此，土壤养分测定值是相对量，不能直接计算出“土壤供肥量”，需要通过试验获得“校正系数”加以调整，即土壤有效养分校正系数法。利用土壤有效养分校正系数计算养分平衡法的施肥量公式为：

$$\text{施肥量}=\frac{\text{目标产量所需养分总量}-\text{土测值}\times 2.25\times\text{有效养分校正系数}}{\text{肥料养分含量}\times\text{肥料利用率}}$$

地力差减法是养分平衡法中计算土壤供肥量的另一种方法，以作物生长养分供求平衡为依据，省去土壤测试的环节，通过测定作物基础产量，根据作物目标产量与基础产量之差，求得实现作物目标产量所需肥料量。不施肥的作物产量为基础产量（空白产量），构成基础产量的养分全部来自土壤，反映土壤能够提供的该种养分的数量。其计算公式为：

$$\text{施肥量}=\frac{\text{单位经济产量所需养分量}\times(\text{目标产量}-\text{基础产量})}{\text{肥料养分含量}\times\text{肥料利用率}}$$

四、基本参数的确定方法

（一）目标产量

目标产量是实际生产中预计达到的作物产量，即计划产量，是确定施肥量最基本的依据。目标产量是非常客观的重要参数，既不能以丰年为依据，也不能以欠年为基础，需根据一定的气候、品种、栽培技术和土壤肥力来确定，不能盲目追求高产。产量指标若过高，可能会过度增

加肥料投入量，即使产量有可能在一时得到保证，但也可能造成肥料浪费和环境破坏，经济效益下降甚至亏损。产量指标若过低，则会导致土壤的增产潜力无法充分激发，导致农业生产低水平运作，不利于时代发展进步。确定目标产量最基本的三个方法是：以地定产法、以水定产法和前 3 年平均单产法。

1. 以地定产法

该方法根据土壤的肥力水平确定目标产量。该方法的理论依据是农作物产量形成主要依靠土壤养分，即使在施肥和栽培管理处在最佳状态下，农作物吸收的全部养分中有 55%～75%是来自土壤提供的养分，而肥料养分的贡献仅占 25%～45%。作物对土壤养分的依赖程度称作依存率，其计算公式为：

$$依存率=\frac{无肥区农作物产量}{完全肥区农作物产量}\times 100\%$$

以地定产法的基本原理是通过计算某一生态条件下某种农作物对土壤养分的依存率，并根据基础产量推算目标产量。其方法步骤为：①布置多点田间试验（至少 20 个点）；②设置无肥、完全施肥区两个处理；③作物成熟后分小区计产；④计算每个试验点的依存率；⑤统计依存率（Dr）与无肥区产量（x）的关系得 $Dr=f(x)$；⑥建立产量方程 $y=f(x)$；⑦推算该地区下一季该作物目标产量。

该方法只适用于土壤无障碍因子以及气候、雨量正常的地区，否则需考虑其他因子对产量的影响。

2. 以水定产法

在降水量少且无灌溉条件的旱作区，限制农作物产量的首要因子是水分而不是土壤养分，在这些地区需要根据生育期降水量和播前耕层土壤含水量来确定目标产量，即为“以水定产法”。该方法的关键是事先确定当地水量效能指数，以每 10 mm 降水量生产作物的经济产量千克数来表征。

适用范围：降水量少，且无灌溉条件，农作物产量的主要限制因子为水分的旱作地区。该方法只能用接近生育期降水量的水量效应指数估算目标产量。

3. 前 3 年平均单产法

利用施肥区前 3 年平均单产和年递增率为基础，确定目标产量的方法，其计算公式为：

$$目标产量 = 前3年平均单产 + 前3年平均单产 \times 年递增率$$

选择前 3 年的平均单产是因为在实际生产中，很少出现连续 3 年丰收或歉收的情况。而若增加年数，选择前 5 年或前 7 年平均单产则会出现年平均单产偏低的情况，因为在农业生产不断发展的进程中，随着科学技术的提高、作物品种的优化、栽培技术的改良等诸多原因，作物产量也在不断提升。而单产平均年递增率，可以用年代长一些的统计数字，农业部肥料司在 1989 年下达的《关于配方施肥的工作要点》中指出，粮食作物的年递增率在 10%～15%，露地蔬菜一般为 20%左右，设施蔬菜 30%为宜。

（二）作物需肥量

形成 100 kg 经济产量所需养分量（即养分系数）是指农作物在其生育周期中，形成 100 kg 经济产量需要从介质中吸收各种养分的数量。养分系数常因作物产量水平、气候因素、土壤肥力和肥料种类的差异而发生较大变化。通过对正常成熟的农作物全株养分的化学分析，测定各种作物 100 kg 经济产量所需养分量，即可获得作物需肥量。

形成 100 kg 经济产量所需养分量的测定步骤为：①布置多点田间试验或利用现有田块；②作物成熟后计产，另取一定数量的整株样品粉碎测其养分含量，折算出单位面积植株的养分吸收量；③计算该作物生产一定经济产量所需养分量。

除开展田间试验测定形成 100 kg 经济产量所需养分量的方法外，还可查阅施肥手册、规程或文献获取常见作物形成 100 kg 经济产量所需养分量。但由于农作物品种不同、施肥水平不同、产量不同以及耕作栽培和环境条件的差异，形成的养分系数有很大的差异。在使用数据时还需参考当地实际情况及近期研究数据，结果更为可靠。

根据 100 kg 经济产量所需养分量，可按下列公式计算实现目标产量所需养分量、土壤供肥量和达到目标产量施肥补充养分量。

$$\text{目标产量所需养分量} = \frac{\text{目标产量}}{100} \times \text{百千克经济产量所需养分量}$$

(三)土壤供肥量

土壤供肥量是表征土壤肥力高低的指标，可以通过测定作物的基础产量和土壤有效养分校正系数两种方法估算。

1. 基础产量

基础产量又称空白产量，指不施肥土壤可获得的作物产量。构成作物基础产量的养分全部来自土壤，反映土壤的供肥能力，但基础产量仅是构成产量诸因素的综合反映，无法分析各种养分的具体丰缺状况，针对性不强。基础产量需要通过田间试验预先获得，且所能代表的具体土地面积难以确定。确定基础产量的常用方法有：空白法、田间试验法、用单位肥料的增产量推算基础产量。

(1)空白法。在种植周期中，每隔 2～3 年，在有代表性的田块中留出一小块或几块田地，作为不施肥小区，实际测定不施肥时的作物基础产量(特点是接近农业生产实际，操作容易，但周期长，测得的作物基础产量偏低)。

(2)田间试验法。选取有代表性的土壤设置肥料三要素五项处理的田间试验，分别测得不施氮、磷和钾时的基础产量(特点是符合土壤的实际状况，准确度高，但测定周期长，费工费时)。以表 3-2 某地小麦肥料三要素五项处理产量结果进行举例说明。

表 3-2　某地小麦肥料三要素五项处理产量结果　　kg/hm^2

处理	CK(对照)	+PK	+NK	+NP	+NPK
产量	4 300	5 065	6 115	5 875	7 335

由于农田土壤养分存在空间变异性，且养分供应不均衡，不同养分的缺乏程度不同。同时土壤中的三要素彼此间相互影响，任何一个要素不足都会影响其他养分作用的发挥，限制作物生长。因此，完全不施肥处理的作物基础产量不能很好地表达某种养分缺乏时的基础产量。例如，要测小麦不施氮肥时的基础产量，由于磷、钾因子的限制，土壤中的氮不能得到充分利用，导致不施氮肥时的基础产量偏低。因此，需要消除可能存在的磷、钾因子的影响，即用施足磷、钾肥处理的产量作为不施氮肥的基础产量——5 065 kg/hm^2。同理，以氮、钾处理的产量作为不施磷肥的基础产量 6 115 kg/hm^2，以氮、磷处理的产量作为不施钾肥的基础产量 5 875 kg/hm^2。

(3)用单位肥料的增产量推算基础产量。在一定的生产区域内，进行肥料增产效应的研究，计算单位肥料的增产量，实际产量与施肥增产量的差值即为基础产量(特点是方法快捷、结果可变、粗放)。表 3-3 是冬小麦单位氮肥增产量的实例，某农户施用了 60 kg/hm^2 的氮肥，冬小麦产量为 3 000 kg/hm^2。

表 3-3　冬小麦氮肥增产量

施氮量/(kg/hm^2)	土壤速效氮水平/(mg/kg)	每公顷增产/kg	千克氮增产/kg	平均千克氮增产/kg
45	>40	527	9.6	12.2
	20～40	862	13.3	
	<20	855	13.6	
90	>40	739	7.0	8.7
	20～40	1 458	11.2	
	<20	998	7.9	
135	>40	1 343	5.7	6.2
	20～40	1 455	7.5	
	<20	1 043	5.5	

根据此表，氮肥用量 60 kg 时，施肥增产量为 12.2×60=732 kg 到 8.7×60=522 kg，基础产量为实际产量减去施肥增产量为 2 268～2 478 kg。表明用此方法计算的基础产量是个产量范围，原因在于该方法中，单位肥料的增产量是变量，会随土壤肥力的提高及施肥量的增加逐渐减小。

2. 土壤有效养分校正系数

土壤有效养分校正系数是指作物吸收的养分量占土壤有效养分测定值的比率，即指土壤有效养分利用率，与肥料利用率相似，为避免两者在概念上出现混淆，又称作土壤有效养分校正系数。而两者不同的地方在于肥料在实际农业生产中会以淋失、挥发或被土壤固定等诸多形式损失，不能被作物完全吸收利用，故肥料利用率不会超过 100%；而土壤有效养分校正系数由于受作物根系生长状况和测定的浸提方式影响，可能会大于 100%。

土壤有效养分校正系数的测定步骤：①多点田间试验；②测定土壤养分；③计算土壤有效养分系数；④进行回归统计；⑤编制土壤有效养分校正系数换算表。

(四)肥料利用率

肥料利用率，指当季作物从所施肥料中吸收的养分占施入肥料养分总量的百分数。肥料利用率因作物种类、土壤肥力、气候条件和农艺措施等因素影响，在很大程度上取决于产量水平、肥料种类及施用时期。目前，测定肥料利用率的方法有示踪法和田间差减法。

(1)示踪法。将一定丰度的同位素标记肥料(常用^{15}N 化学氮肥、^{32}P 化学磷肥、^{86}Rb 化合物代替钾肥)施入土壤，到成熟期分析农作物所吸收利用的标记元素量，从而计算肥料利用率的方法。

特点：可排除激发作用的干扰，结果具有可靠性、真实性。但花费较高，且一些同位素具有放射性。

(2)田间差减法。其计算公式为：

$$肥料利用率=\frac{施肥区农作物吸收的养分量-不施肥区农作物吸收的养分量}{肥料施用量\times肥料中养分含量}\times100\%$$

特点：适用度高，一般农户均可以进行，选好地块和作物，设置无肥区和施肥区两个处理，重复一次，播种管理等措施同一般大田，成熟后测产和测定养分含量，便可计算出肥料利用率。但田间差减法测得的肥料利用率一般比示踪法测得的肥料利用率高，主要是因为施肥激发了土壤中该种养分的释放以及与其他养分的交互作用。

(五)肥料中有效养分含量

肥料中的有效养分含量是一个基础参数，比以上其他参数容易得到。因为目前供试肥料主要包括无机化肥与有机肥料，现在各种成品化肥的有效成分均是按化学工业部颁布标准生产的，都有定值，并且标明在肥料的包装物上。对于不明养分含量的有机肥料，其养分含量可参照当地不同类型有机肥养分平均含量获得。

五、养分平衡法在养分资源管理中的应用评价

养分平衡法具有概念清楚、原理简单、容易掌握、测定时间短、实用性强等优点。

缺点：由于土壤具有缓冲性能，土壤养分常处在动态变化中，故土壤养分测定值是个相对量，不能直接换算出绝对的土壤供肥量，需用校正系数进行调整，但校正系数变异大(土壤有效养分校正系数法)(图 3-28)。

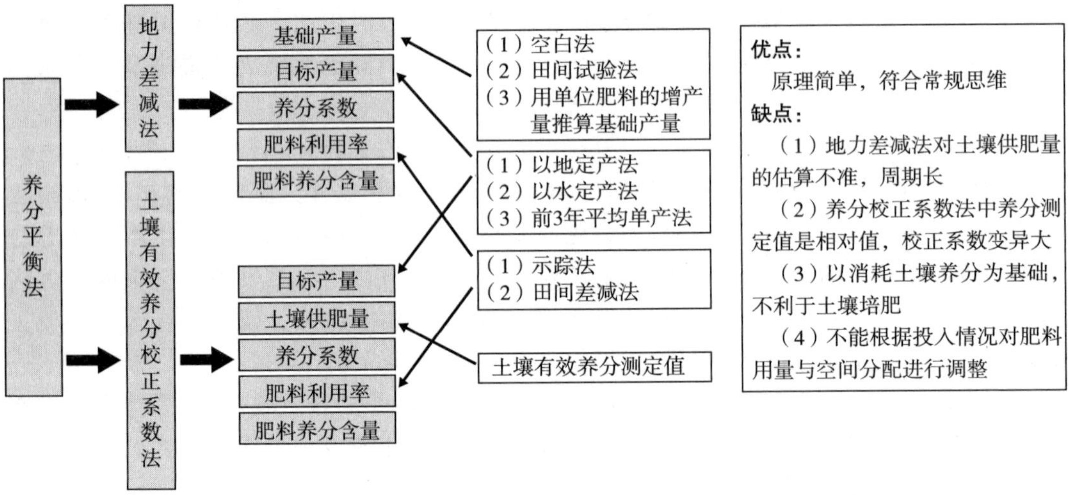

图 3-28 养分平衡法结构导图

地力差减法计算施肥量的优点是根据地力基础产量便能确定施肥量，不需要进行土壤测试，避免了养分平衡法的缺点，适用于无测土条件用户的需要，便于推广。但基础产量不能预先获得，测定周期长，且测定的基础产量仅是构成产量诸因素的综合反映，无法代表若干营养元素的盈亏状况，只能以作物吸收量计算需肥量，长期可能会出现剥削地力的情况。

复习思考题

1. 肥料效应函数有哪些类型？在选择时应注意什么问题？
2. 土壤测试推荐施肥的主要流程是什么？各流程分别要注意哪些问题？
3. 土壤取样注意事项有哪些？
4. 如何确定土壤养分临界值？
5. 推荐施肥量确定方法有哪些？各有什么优缺点？
6. 植株测试的主要原理和方法分别有哪些？
7. 不同类型作物在进行植株测试时应注意哪些问题？
8. 如何评价临界浓度在植株测试中的作用？
9. 遥感诊断的主要应用价值及限制条件有哪些？
10. 比较植株测试和土壤测试在养分管理中的作用及主要优缺点。
11. 什么是养分平衡法配方施肥？不同方法的形成依据是什么？
12. 简述目标产量的主要测定方法及各方法的优缺点。
13. 简述土壤有效养分校正系数的测定步骤，它与肥料利用率有何不同？
14. 简述比较地力差减法和土壤有效养分校正系数法的优缺点。

第四章

氮素资源管理

◈ 教学目标

1. 掌握农田生产系统中氮素输入、输出与平衡特征及其对氮素养分管理的重要性。
2. 掌握农田土壤氮转化与循环特点及其对氮素养分管理的意义。
3. 掌握农田氮素资源的主要特征及其环境危害。
4. 掌握以养分平衡为核心，多种优化作物氮肥用量的方法，比较不同方法的优缺点。
5. 掌握提高氮素利用效率的生物学途径及氮素资源综合管理方法。

第一节　农田系统氮素输入、输出与平衡

一、农田系统氮素输入

输入农田的氮素主要是肥料氮(化肥、有机肥)、生物固氮、大气氮素沉降、灌溉水和种子(播种)。

(一)化肥氮

1. 我国化肥氮生产和消费情况

目前我国化学氮肥生产和消费量均位于世界之首(图 4-1)。我国的氮肥工业发展起步较晚，1961 年，我国氮肥生产量只有 48 万 t(纯 N)，占世界生产量的 3.5%，无法满足国内需求，氮肥需要大量进口。20 世纪 90 年代以后，我国氮肥工业快速发展。1991 年，我国氮肥生产量达到 1 510 万 t，跃居世界第一，占世界的 21.3%；根据中国氮肥工业协会统计，2018 年，我国合成氨产能达到 6 689 万 t(采用先进煤气化技术的占 37.2%)，产量 5 207 万 t，位居世界第一。从 1980 年到 2018 年，我国氮肥用量从 934 万 t 增加到 2 965 万 t，现在已成为世界上最大的氮肥生产国和消费国。

我国化学氮肥的生产量和消费量在不同时期增幅差异较大。20 世纪 90 年代，我国氮肥生产量还处于相对较低水平，需要通过进口来满足国内生产需要。随着表观消费量和生产能力的不断提升，我国氮肥的生产量在不断增长，2001—2005 年已经实现了满足国内生产所需，2011—2015 年生产量和表观消费量均达到历史最高，而 2016—2020 年氮肥年生产量和表观消费量均出现了下降趋势。与此同时，对进口的依赖程度不断减小，出口量逐渐增加；与之相反，在相同时间段内出口量所占份额不断增加(表 4-1)。

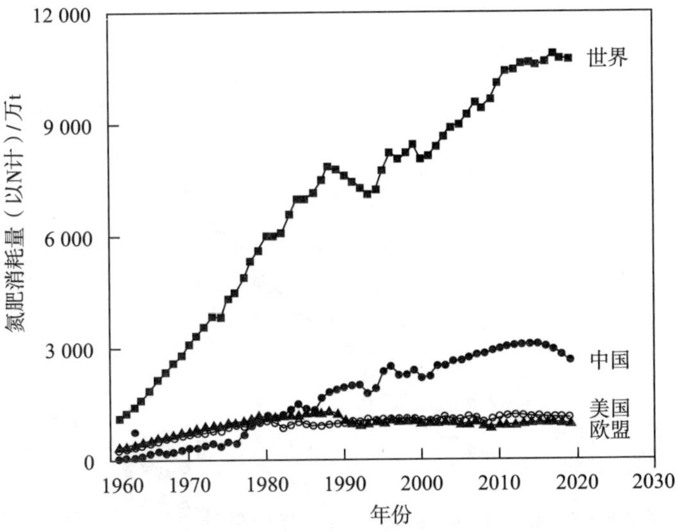

图 4-1　中国、美国、欧盟及世界氮肥消费量变化（根据 FAO 数据绘制）

表 4-1　近 25 年中国氮肥消费总量变化(以 N 计)　　万 t

时期	生产量	进口量	出口量	表观消费量
1996—2000 年	2 144±85	230±123	23±16	2 348±110
2001—2005 年	2 515±211	115±48	121±64	2 511±147
2006—2010 年	3 096±197	33±18	287±119	2 842±79
2011—2015 年	3 706±255	25±4	664±233	3 067±29
2016—2020 年	3 433±203	27±6	589±89	2 870±139

注：数据为各个时期的平均值±标准差。数据来源：联合国粮食及农业组织(FAO)。

2. 化肥氮的产品种类和作物施用情况

以合成氨为基础产品，衍生出丰富的氮肥产品类型，化肥氮肥一般分为铵(氨)态氮肥、硝态氮肥、酰胺态氮肥和长效氮肥四大类。随着氮肥工业的发展，我国氮肥产品结构发生了显著变化，从最初的大量使用碳酸氢铵(51.4%)逐渐演变成以尿素(71.7%)为主。目前，我国生产的氮肥品种主要有尿素、碳酸氢铵、氯化铵、硝酸铵、硫酸铵等，其中，尿素是我国主要的氮肥品种，无论是生产量还是消费量所占的比例都最高。根据中国氮肥工业协会统计，2018 年，我国氮肥产量 3 794 万 t，其中尿素氮肥 63.5%、氯化铵 7.6%、硫酸铵 5.3%、硝酸铵 4.7%、碳酸氢铵 2.3%、石灰氮 0.8%、磷酸二铵 7.2%、磷酸一铵 4.1%，其他占 4.5%(图 4-2)。而根据国际肥料工业协会(International Fertilizer Association，IFA)数据显示，2016 年，全球氮肥农业消费量 1.07 亿 t(以 N 计)，其中，尿素氮肥 50%、硝态氮肥(硝酸铵/硝酸铵钙)9%、尿素硝铵溶液 5%、磷铵(磷酸一铵/磷酸二铵)氮 7%、复合肥氮 15%、液氨 4%，其他氮肥 10%。由此可见，我国的各种氮肥产品类型所占比例与国际上基本一致。

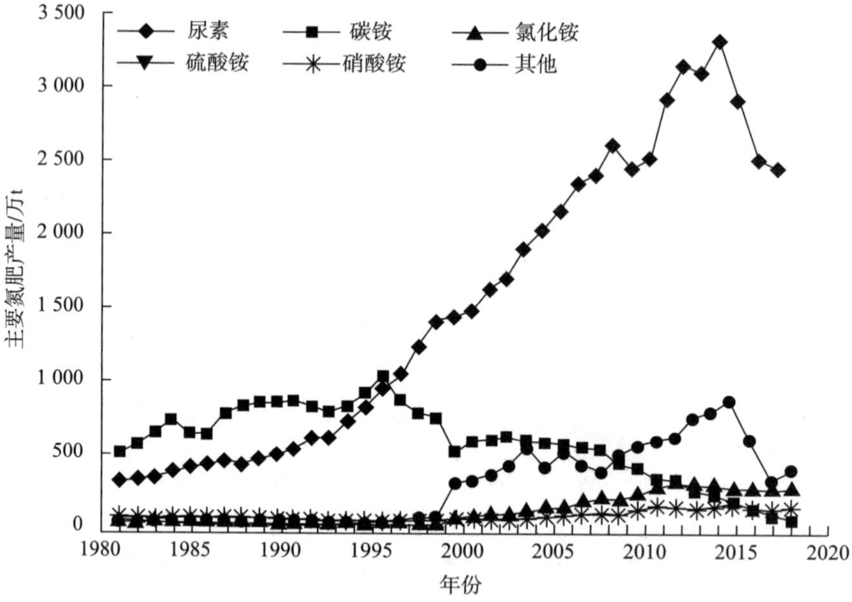

图 4-2 1981—2018 年我国氮肥种类和产量

专栏 4-1 合成氨的工业生产

1918 年诺贝尔化学奖获得者——德国物理化学家哈伯(F. Fritz Haber,1868—1934 年)于 1909 年 7 月 2 日,在 17.5～20 MPa 和 500～600 ℃条件下进行合成氨的实验,得到 6%氨。其后,在博施(C. Bosch)的协助下,他成功地解决了工业生产中的技术问题(如氢对钢材的腐蚀、高压反应器的结构、制取氢氮原料气的方法)。1914 年哈伯和博施实现了工厂规模生产合成氨(化肥中的有效成分),从此开创了哈博法(Harber-Bosch 法)合成氨工业。以合成氨为原料生产硫酸铵、氯化铵和尿素等化学氮肥,把化学氮肥的生产推到了一个新的高峰。在接下来的几十年里,新兴工厂利用工业合成氨为原料,生产了大量的氮肥。

哈博法合成氨技术作为在人类发展史上对公共健康贡献极大的发明之一备受尊重。作为绿色革命的支撑技术之一,使农民可以通过施用氮肥把贫瘠的土壤变成沃土,并在同一块土地上连续种植作物,而无须再像过去一样,等地力进行漫长的自然恢复过程。由此,世界粮食生产能力剧增,20 世纪,世界人口由 16 亿人激增到 60 亿人。

(二)有机肥氮

1. 有机肥种类及营养元素

有机肥氮根据其来源和特性,可以分为粪尿肥氮、堆沤肥氮、绿肥氮和杂肥氮四大类。施用有机肥能供应作物氮素养分,有利于作物的正常生长发育。但是,与化肥氮素含量相比,有机肥所含的氮素元素浓度较低,故难以满足作物需肥高峰期对养分的要求,需要化学氮肥与有机肥配合施用。

2. 我国有机肥资源及使用情况

我国有机氮肥资源丰富，以植物残体和动物排泄物为主体。据估算，全国有机肥料年产总量为 57 亿 t(实物)。其中，人畜禽粪尿占 8 亿 t(鲜)，秸秆年产量约为 10 亿 t(风干)，绿肥年产量为 1.0 亿 t(鲜)，饼肥年产量约为 0.2 亿 t(风干)。全国有机肥资源每年可提供氮，其中，人畜粪尿占 80.7%，秸秆占 17.5%，饼肥占 0.4%，绿肥占 1.8%。可见，我国有机肥资源相当丰富，但是实际生产中有机肥投入量远低于资源总量，且地区之间不均衡。

(三)生物固氮

1. 生物固氮的概念

生物固氮是指自然界中一类能固氮的微生物，在固氮酶的作用下，利用能量将空气中分子态氮转化为氨的生物学过程。不管是由什么生物参与，生物固氮的关键在于固氮酶，它可以催化氮气还原成氨。氮气还原过程就发生在固氮酶里，它是一个含有两个蛋白质分子的复合体，其中较小的蛋白质分子含有铁，而较大的含有钼和铁。

2. 生物固氮种类及数量

土壤中广泛分布着具有固氮能力的微生物，固氮微生物分为共生固氮菌、自生固氮菌和联合固氮菌，由固氮微生物与一些植物组成了各种类型的生物固氮体系，可分为共生固氮、自生固氮和联合固氮三大体系(表 4-2)。这些生物固氮体系形成了一个庞大的生物固氮网，与农业生产关系密切。

(1)共生固氮

①豆科植物—根瘤菌共生固氮体系。豆科植物—根瘤菌共生(互利关系)固氮体系是农田土壤生物固氮的主要来源。这一共生固氮体系不但包括的豆科植物种类多，而且固氮量也高。据估计，全球这一体系的共生固氮量占整个生物固氮量的 50%。就农业生态系统而言，它占整个体系固氮量的 70%。可见，豆科植物的共生固氮作用在农业生产上具有极为重要的地位，这一体系的固氮量因作物种类、土壤和气候条件等不同而异。在一般情况下，多年生牧草年固氮量为 130～300 kg N/hm^2，一年生豆科作物年固氮量为 50～90 kg N/hm^2。

②非豆科植物—放线菌共生固氮体系。自然界有些非豆科植物也能结根瘤，已发现有 138 个种能结根瘤，其中 54 个种的根瘤已确定能固氮。与放线菌共生结瘤的多数植物为野生林木，适宜于瘠薄环境，对提高森林土壤和干旱地区土壤的氮素营养具有重要意义。

③萍—藻共生固氮体系。藻类植物与绿萍(红萍)共生在一起，构成萍—藻共生体，且具有固氮作用。红萍是鱼腥藻与一种小的水生蕨类植物组成的藻蕨共生固氮体系。红萍的固氮量因品种的不同而有很大差异，有的萍种固氮量可达 10 kg N/(hm^2 · d)，固氮活性与某些豆科植物相当。

(2)自生固氮。自生固氮一般是指自然界中一类微生物不需要同其他生物共生，而能独立进行固氮作用。土壤中自生固氮的细菌有 19 个属，它们广泛分布于我国各主要类型的土壤中。在这些需氧性自生固氮菌中，圆褐固氮菌最为常见，几乎在我国各地的耕地土壤中都可找到。自生固氮细菌年固氮量为 15～45 kg N/hm^2。

(3)联合固氮。联合固氮由一群有固氮能力的细菌集居于植物的根际、根表，甚至部分进入植物的根表细胞。集居的细菌利用植物的根系分泌物，而植物则利用细菌固定的氮素或某些生理活性物质。植物与根际的细菌虽有某种形式的联合，但不能形成共生结构。

联合固氮作用广泛存在于自然界。在许多禾本科植物(如玉米、甘蔗、高粱、水稻、小麦等)

的根际都检测到了联合固氮细菌和联合固氮作用，它们在提供土壤和作物的氮素方面起着一定的作用。能进行联合固氮的细菌有：拜叶林克氏菌、固氮菌、产碱菌、固氮螺菌、克氏杆菌和芽孢杆菌等。

表 4-2　不同生态系统的固氮水平

植物	固氮微生物	典型固氮水平 kg N/(hm^2・年)
共生		
豆科植物(结瘤)		
Ipil-ipil 树	细菌	100～500
槐树		75～200
紫花苜蓿		150～250
三叶草		100～150
羽扇豆		50～100
野豌豆		50～150
大豆		30～50
豇豆	细菌	50～100
花生		40～80
大豆		50～150
木豆		150～280
葛藤		100～140
非豆科植物(结瘤)		
红桤木	放线菌	50～150
根乃拉草	蓝藻细菌[a]	10～20
非豆科植物(不结瘤)		
俯仰马唐草	细菌	5～30
百喜草	细菌	5～30
红萍	蓝藻细菌[a]	150～300
非共生	细菌	5～20
	蓝藻细菌[a]	10～50

注：[a]有时也称为蓝绿藻细菌。

从全球范围来看，每年有大量的氮被生物固定，全球生物固氮总量每年达 1.75 亿 t，单是陆地系统一年的固氮量就有大约 1.39 亿 t。生物固氮是氮素资源的重要组成部分，在全世界农田土壤氮素平衡及农业生产中起着极其重要的作用。如果能够充分利用好这些生物固定的氮，不仅可以提高作物产量，还可以降低化学氮肥的需求、减少 N_2O 排放等。

专栏 4-2　生物固氮的发现

虽然中国早在 2 000 多年前的春秋战国时期就已经知道种植豆科植物能肥田，但并不知道豆科植物为什么能肥田。1838年,法国科学家 J. B. Boussingault 在豆科植物与其他作物的轮作中,也观察到有豆科植物——三叶草的处理,作物产量高于无三叶草的处理。他进行了豆科植物在轮作制中作用的试验,发现有豆科植物(三叶草、豌豆、苜蓿)的处理中收获作物含氮量和轮作中土壤氮盈余量都超过了非豆科植物,甚至超过施用厩肥的处理。但当时并未揭示种植豆科植物增加土壤供氮和作物增产的原因,因此未能引起人们的重视。1880—1890年,法国科学家 H. Hellrigel 和 H. Wilfarth 确定了豆科植物形成的根瘤能固定大气中的 N_2,开创了生物固氮的新纪元。与此同时,荷兰科学家 M. W. Beijerinck 在1888年首次从根瘤中分离获得了根瘤菌的纯培养,奠定了豆科植物固氮的科学基础。豆科植物的根瘤及与之共生的根瘤菌能把空气中的 N_2 还原为 NH_3 的发现,为生物固氮机制特别是固氮酶的研究打开了大门,并引发人们将豆科植物的固氮基因转移到非豆科植物的探讨。也有学者从化学角度出发,试图通过模拟固氮酶,在常温常压下把 N_2 转变为 NH_3。这些探索,目前虽然还未取得实质性突破,但对这一研究方向,科学家追梦依旧。

(四)其他来源的氮

1. 大气沉降氮素

大气沉降氮(环境养分)是农田生态系统氮素输入中一项重要来源。通常所说的氮沉降是指大气中的氮化合物通过雨、雪、尘埃及气态吸收等方式进入土壤的过程。根据大气氮素沉降的形式不同,分为湿沉降和干沉降两种。

大气沉降氮的数量相当可观。随着人类活动尤其农业生产活动的加剧,大气中活性氮化合物的浓度不断提高,大气氮素沉降向地表和水体输入的数量也在不断提高。我国农田每年由降雨降雪等湿沉降带入的氮量为0～30 kg N/hm^2,干沉降带入的氮量与湿沉降相当。在我国农业比较发达地区,大气沉降氮的量更可观。例如,华北平原氮素湿沉降和干沉降年通量平均为35 kg N/hm^{2}和55 kg N/hm^2,二者合计达90 kg N/hm^2,而当季作物可直接利用的沉降氮为52 kg N/hm^2。按平均每年农田土壤输入的环境氮养分为30 kg N/hm^{2}计,全国农田(1.3亿 hm^2)环境氮养分总量约含400万 t 纯氮,相当于870万 t 尿素。我国的长江流域、黄河流域和珠江流域的湿沉降氮分别为3.75百万 t/年、0.64百万 t/年和1.29百万 t/年,全国按960万 hm^2 计算,湿沉降氮为10.96百万 t/年。

2. 灌溉水带入的氮素

硝酸盐含量高的灌溉水也会给作物提供一定的氮素养分。灌溉水带入农田的氮素数量取决于灌水量和灌溉水含氮量。由于灌溉水的来源(江、河、湖、地下水)中的含氮量不同,不同地区灌溉方式不同,由灌溉水输入到农田生态系统的氮素养分量存在很大差异。我国南方稻田灌溉面积大且灌水量多,而北方相对有效灌溉面积和灌水量都要少得多(主要是麦季灌溉),北方的水田仅占耕地的5.5%,其中有灌溉条件的耕地只占35.6%,因此从整体上看,南方灌溉水带入农田的氮素数量要高于北方。例如,全国稻田生态系统中,灌溉水带入的氮量变幅在7～32 kg N/(hm^2·年),而华北地区小麦—玉米轮作体系中约为15 kg N/(hm^2·年),果园灌水、大棚蔬菜灌水携入氮量分别是5.9 kg N/(hm^2·年)、402.4 kg N/(hm^2·年),大棚蔬菜因大量灌水为蔬菜补充了大量氮素,比一般粮田每季氮肥用量还高。

3. 种子带入的氮素

在作物播种过程中,种子也带入少量的氮素养分,这部分氮素养分在养分管理过程中也应予以考虑。作物播种时种子带入的氮量可以直接根据该种作物播种量和籽粒含氮量计算。一般种子带入氮量在 5 kg N/hm^{2}以下，花生较高，可达 10～20 kg N/hm^2。

二、农田系统氮素输出

农田土壤氮素以各种形式离开土壤—作物系统。作物吸收移走是农田土壤氮素重要输出方式之一，而硝酸盐淋失、氨挥发和反硝化等被认为是农田土壤氮素向环境迁移的重要途径，导致水体和大气污染。

（一）作物吸收与移走

农田生态系统中，最大的氮输出是随收获物移走。常用的估算方法是基于统计产量，依据收获指数和收获物平均氮含量进行估算。作物产量越高，种植时间越长，移走的氮素数量就越多。移走的作物秸秆中含有大量的氮素，是重要的有机肥源之一。作物秸秆还田作肥料，可以将作物吸收的大部分营养元素归还给土壤，对于维持土壤养分平衡起到积极的作用。

（二）农田氨挥发损失

农田土壤氮素氨挥发损失是土壤氮素的一个重要去向。土壤胶体吸附的 NH_4^+ 可转化为土壤溶液中的游离态，进而转化为 NH_3，通过土壤表面挥发到空气中。通常当铵态氮肥施用于 pH 大于 7 的石灰性土壤表面时，相当数量的氮以 NH_3的形式损失。不同的环境条件，氨挥发的损失变异很大。农田生态系统中，水田氨的挥发量大于旱田，占氮肥施用量的 3%～47%，高的挥发量往往与水中溶解的铵态氮以及生长的藻类吸收了水中的 CO_2，导致水面 pH 升高有关。肥料的种类、施用方式和时期影响水中铵态氮的浓度，并影响氨的挥发。旱地氨的挥发损失一般占化肥施用量的 1%～17%。

（三）农田反硝化损失

农田土壤氮素通过反硝化作用造成的氮损失量很难准确地预测，因为这与农田管理措施和土壤环境有关。大多数农业土壤田间监测结果表明，反硝化氮素损失的时空变异非常大，大部分的氮损失一般发生在一年中夏季的某一时段，因为这期间降水量较大，导致土壤通气不良。根据国外的资料，反硝化损失的氮肥占施用量的 5%～50%。我国在水田测定的表观反硝化损失占氮肥施用量的 30%～40%。

（四）农田硝酸盐的淋失

土壤溶液的氮化合物会随水迁移，包括下渗和侧渗两种途径，在农业研究中一般认为氮素移动出作物根系活动层以外则视为淋洗。发生下渗时，如果这些含氮化合物下迁至根系接触不到，毛管上升水也无法将此处的氮再运移至根层的深度，就视为这些氮已经发生了淋洗。下界面的深度一般认为在 1.5～2.0 m，但常取 1.0 m。

（五）农田径流和风蚀损失

氮素的径流损失包括地表径流，以及稻田排水所带走的氮素。农田土壤氮素以径流形式损失的氮素包括无机氮和有机氮，运输的方式可以是溶质，也可以是溶胶或悬浮物。其中，以溶质形式的径流损失，是我国水田氮素损失的一个重要途径。在我国水稻田地区和黄土高原，径流损失的氮素较多，其中，在太湖地区每年径流损失的氮为 2～4 kg N/hm^2，在黄土高原地区，由于土壤侵蚀严重，每年径流带走的氮素总量可达 16.5 kg N/hm^2。对风蚀带走土壤氮素的量，目前没有确切的估计，这种途径的损失主要发生在干旱地区。

三、农田生态系统氮素平衡

农田生态系统的氮平衡也就是农田氮收支（常用 N balance 或 N budget 表示），农田氮平衡的理论基础是德国科学家 Justus von Liebig 的植物营养归还学说，即为了满足作物增产对营养物质的需求，必须把作物带走的营养物质归还给农田土壤。研究农田土壤氮素平衡，目的是保持土壤肥力稳定和增加作物产量。

对于某些特定气候与农作制度下的土壤类型，会有一个假定的氮的正常或平衡含量。因此，在常规的种植与施肥制度下，氮含量高于这个平衡点时会通过淋失、挥发等途径损失。农业系统的特点主要在于：①氮素主要是以肥料的形式输入。②作物产品的收获会带走氮素。农业生产中，通过增施氮肥来补偿土壤中氮的损失，很少考虑到大气氮沉降、土壤有机质矿化、豆科植物固氮和新施有机物料的分解释放等因素，氮肥施用量并没有相应减少。因此，当氮素以各种方式输入农田生态系统的量超出作物生长所需要的量时，多余的氮素很容易损失并危害环境。

第二节　农田土壤氮素转化、循环及氮素资源特征

一、土壤氮素资源

土壤氮素资源是作物吸收氮素的主要来源之一，在氮素资源中占有非常重要的地位。土壤氮素资源的数量、分布以及形态等知识是进行氮素资源管理的基础。

（一）土壤氮素形态

土壤氮素的形态可分为无机氮和有机氮两种。

1. 无机氮

无机氮也称矿质态氮，包括铵态氮（NH_4^+）、硝态氮（NO_3^-）、亚硝态氮（NO_2^-）和游离态氮（N_2O 等）。其中铵态氮包括固定态铵、交换态铵（包括土壤溶液中的铵）。无机氮占表土中全氮量的比例最低的仅为 1%左右，最高可达 40%。

交换态铵和硝态氮最易被植物吸收，具有重大的农业意义。在农业生产中，氮肥用量低于作物最佳或最高产量施氮量时，不会造成土壤 NO_3^--N 的大量累积，但超过此值则 NO_3^--N 残留量急剧增加。我国农业发达地区，各种作物的施氮量已超过了作物的吸氮量。因此，当季施入的氮肥有很大部分累积在土壤中，这些残留的氮素进入不同的土壤氮库。正常旱作土壤具有很强的硝化潜力，残留的氮素在土壤中主要以 NO_3^--N 的形式累积。例如，我国华北地区由于经过长期的高量施氮导致的土壤 NO_3^--N 过量累积，土壤中的氮素可能已基本处于饱和状态，土壤-作物体系失去了对外源氮的缓冲能力。土壤剖面中过量累积的无机氮（硝态氮和铵态氮）像“定时炸弹”，随时都有向环境中迁移的危险。

2. 有机氮

有机氮是土壤氮素的主要存在形态，在绝大多数表层土壤中，有机氮含量占全氮的 93%～98%。无机形态的氮素只是处于一种过渡状态，残留在土壤中的肥料氮也被转化为有机形态的氮。

土壤有机氮分为铵态氮、氨基糖态氮、氨基酸态氮、酸解性未知态氮和非酸解性未知态氮等形态。各有机氮组分的相对含量随土壤类型、土壤剖面层次、施肥等农业措施而发生变化，总的趋势是在水田、土壤表层和在肥料氮转化后的有机质部分中铵态氮、氨基糖态氮、氨基酸态氮，以及水解性总氮的相对含量增加。

土壤有机氮的植物有效性取决于其微生物有效性，易于被微生物利用的组分，植物有效性较高。肥料氮转化后的有机氮，主要是氨基酸态氮和氨基糖态氮，有效性较高。

(二)农田土壤氮素的含量与分布

土壤中的氮素绝大部分以有机态氮存在，主要含量和分布与土壤有机质密切相关。一般农业耕层土壤全氮含量在 0.5～3.0 g/kg。极少数肥沃的耕地、草地、林地及一些未扰动的表层土壤全氮含量可达到 5.0～6.0 g/kg，而冲刷严重、贫瘠地的表层土壤全氮含量可低至 0.5 g/kg 以下。以土壤容重 1.33 g/cm^3、全氮含量 1.0 g/kg 计算，0～20 cm 耕层土壤全氮量高达 2 660 kg N/hm^2，土壤氮素储量较大。

我国土壤全氮含量空间分布不均。各地区耕地的耕层土壤中全氮含量的变化趋势是：以东北黑土地区为最高，旱地(2.63±1.04) g/kg，水田(2.58±0.77) g/kg。以黄土高原(0.70±0.28) g/kg 和黄淮海平原旱地(0.63±0.29) g/kg 及水田(0.93±0.29) g/kg 为最低。

农田耕层土壤中的氮素含量，除受各种自然因素的制约外，受人为耕作施肥等的影响则更为强烈。20 世纪 80 年代，我国农田土壤氮素普遍缺乏，依据第二次土壤普查结果，我国 40% 的旱地土壤全氮含量低于 0.7 g/kg。经过 30 多年的氮肥施用和土壤培肥，特别是部分地区高量施用氮肥，我国农田土壤全氮含量稳步上升。

二、土壤氮素转化

土壤氮素转化的过程极其复杂。从氮素转化的过程来看，氮素转化过程主要包括矿化与生物固持、铵的黏土矿物固定与释放、硝化作用、反硝化作用、氨挥发、硝酸盐的淋洗、氮素的径流损失等(图 4-3)。

(一)矿化与生物固持

土壤中氮素的转化是个互逆的过程，即有机氮向无机氮的转化和无机氮向有机氮的转化。这些转化过程互相影响互相联系，转化的方向和强度决定土壤的供氮能力，它是农业生产中有效利用氮素的理论基础。

1. 有机氮的矿化

(1)有机氮矿化的概念。有机氮的矿化作用是指土壤有机氮在土壤微生物的参与下分解形成铵或氨的过程。矿化过程通常分为两个阶段：第一阶段是复杂含氮化合物，如蛋白质、核酸、核糖等在微生物和酶的作用下，逐级降解为简单氨基化合物，称为氨基化作用；第二阶段是简单氨基化合物在微生物作用下分解产生氨，称为氨化作用。

(2)农田有机氮矿化数量(矿化量和矿化率)。土壤氮素矿化量是一个容量概念，反映土壤氮素矿化能力的相对高低。它是土壤有机氮的含量和生物分解性、矿化的水热条件和时间等的函数。

土壤氮素矿化率是土壤有机氮的生物分解性的一个相对指标，以矿化量占土壤有机氮的百分率表示。氮素矿化率可以在田间测定，每年大约有 2% 的有机氮矿化为无机氮。但由于

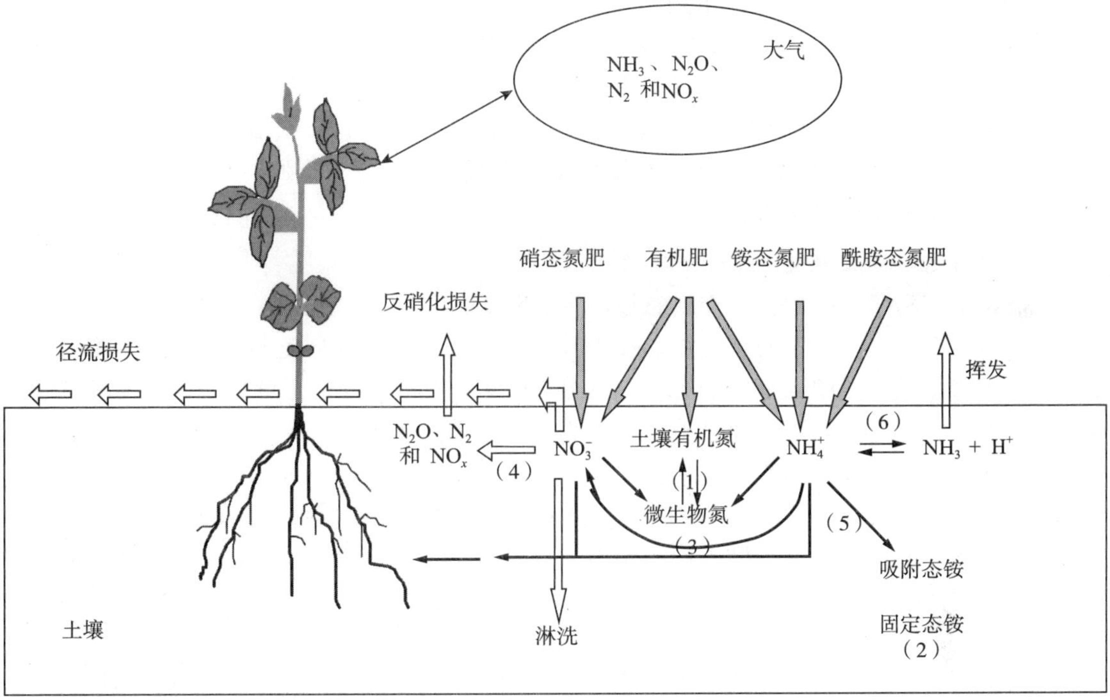

图 4-3　土壤氮素转化过程示意图

一般研究工作中，很少测定黏土矿物固定态铵的含量，因此无法计算出土壤有机氮的含量，而仅以土壤全氮量作为计算矿化率的基数，因而所得结果并不是严格意义上的矿化率。

(3)影响土壤有机氮矿化的因素。影响土壤有机氮矿化量、矿化率和矿化速率的因素主要包括土壤有机物质的 C/N 值、植物根系、肥料氮的施用、土壤生物的类型和活性、土壤水分和干湿交替、土壤温度和冻融交替、土壤 pH 等。因此，农业生产中协调影响土壤有机氮矿化的各种因素，使其有利于土壤有机氮的矿化，从而提高土壤有效氮含量，供作物吸收利用。

2. 无机氮生物固持

(1)无机氮生物固持。土壤无机氮的生物固持(无机氮同化过程)是指进入土壤的或土壤中原有的铵(或硝态氮)被微生物转化成微生物体的有机氮。因此，它既不同于土壤铵的矿物固定，也不同于铵和硝态氮被高等植物的同化。一般情况下，微生物对无机氮的固持利用以铵态氮为主。但当土壤铵态氮含量不足以满足微生物需求时，硝态氮的微生物同化作用也有可能发生。

(2)无机氮生物固持的影响因素。无机氮生物固定作用的强度取决于土壤有机质的 C/N 值。一般 C/N 值越高，意味着微生物有更多碳源，对土壤氮素的固定作用越强烈，严重时会导致土壤中无机氮含量降低，形成与植物竞争氮源的结果。

无机氮生物固持所形成的微生物态氮的生物分解性很高，但是随着时间的推移，这种氮逐步转化形成更为复杂的有机氮，其分解性则显著降低，并逐渐接近于土壤中原有有机质的生物分解性。生物固持是土壤中的无机氮转化为有机氮的过程，是土壤氮素的无效化过程。

3. 有机氮矿化和无机氮生物固持在氮素资源管理中的意义

有机氮的矿化和无机氮的生物固持是土壤中同时进行的两个相反方向的过程，它们的相对强弱受许多因素特别是可供微生物利用的有机碳化合物(即能源物质)的种类和数量的影响。当易分解的能源物质过量存在时,无机氮的生物固持作用就大于有机氮的矿化作用,从而表现为无机氮的净生物固持。微生物生物量氮是土壤氮素的重要储备库和最为活跃的有机氮组分,其含量是土壤微生物对氮素矿化与固持作用的反映。据估算,土壤中这种微生物生物量氮一般不超过土壤全氮的3%,但对土壤氮转化过程有重要的调节作用。

(二)铵的黏土矿物固定与释放

1. 铵的固定与释放概念

铵被黏土矿物所吸持后呈非交换态铵的过程称为固定。土壤黏土矿物所吸收的非交换态铵向交换态铵甚至水溶态铵的转化过程称为释放。铵的黏土矿物固定与释放是两个相反的过程。固定态铵是无机氮中数量上最主要的成分,铵的固定和释放是土壤氮素转化中不可忽视的过程之一,土壤不但固定铵,而且不同土壤固定铵的能力不同。

2. 影响铵的固定与释放的因素

影响铵的固定与释放的因子很多,包括黏土矿物类型、土壤质地、土壤pH、铵的浓度、其他阳离子和有机质等。表层土壤中固定态铵占土壤全氮的1%~10%,有机质含量很低的土壤表层可达30%~50%,在心土层可达40%~50%,因而铵的固定在保持土壤氮素方面具有重要意义。

固定态铵的植物有效化过程受水溶态、交换态和固定态铵平衡过程的影响,因此,影响黏土矿物铵的固定均会影响其植物有效性。其中,K^+在固定态铵的生物有效性方面具有特殊的意义,有效钾水平较高时不利于铵的固定。如果钾肥在铵态氮之前施用,有利于固定态铵的释放;反之,则不利于铵的有效化。此外,铵在黏土矿物中的位置直接影响其有效性。然而,土壤有效钾水平高时,不利于土壤原有固定态铵的植物有效性。此外,固定态铵的植物有效性还与黏土矿物的类型以及固定态NH_4^+的饱和程度有关,固定铵能力强的黏土矿物含量较高的土壤中,固定态铵的有效性低;固定态铵饱和度高的土壤,有效性较高。

3. 黏土矿物固定态铵在氮素资源管理中的意义

固定态铵具有一定的植物有效性,在植物生长初期,表层土壤固定态铵发生亏缺,在植物生长后期,心土层中固定态铵也会发生亏缺。其中,土壤原有的固定态铵有效性较低,新固定的铵有效性较高,甚至可达到100%。在铵固定能力较强的土壤中,肥料铵的迅速固定,可以有效减少肥料氮损失,因为与水溶态铵和交换态铵相比,黏土矿物固定态铵的微生物有效性较低,硝化和反硝化作用减弱,淋失和气态损失的可能性较小。

(三)硝化作用

1. 硝化作用的概念

硝化作用包括自养和异养硝化过程,以自养硝化过程为主,在某些酸性土壤,异养的硝化过程占有相当的比重,或者成为主要过程。此外,在某些特定条件下,化学的硝化过程也可能发生。硝化作用一般是指自养硝化作用,即由自养微生物将NH_4^+氧化为NO_2^-和NO_3^-的过程,在硝化过程中,自养微生物获得能量,用于固定CO_2和其他代谢活动。由于NO_2^-氧化成NO_3^-的过程比NH_4^+氧化为NO_2^-的过程释放的能量低得多,因而硝化细菌对NO_2^-的氧化过程进行得很快,土壤中一般没有NO_2^-的积累。

2. 影响硝化作用的因素

影响硝化作用的因素很多,其中最主要的有土壤中的水、气、热、pH、施入肥料的种类和数量、耕作制度和植物根系等。在这些影响因素中，化学氮肥和有机肥的施入与作物氮素管理关系最为密切。施用氮肥会改变土壤溶液中 NH_4^+ 和 NO_3^- 的浓度，从而影响硝化作用。因为 NH_4^+ 既可以促进硝化微生物的活性，也可以抑制硝化过程的进行，与溶液中的 NH_4^+ 浓度和 pH 有关。氨对硝化过程的抑制作用主要发生在施肥点附近。土壤溶液中 NO_3^- 过高时，在反馈调节作用下，硝化过程受到抑制。

(四)反硝化作用

1. 反硝化作用的概念

反硝化作用是指细菌将硝酸盐(NO_3^-)中的氮(N)通过一系列中间产物(NO_2^-、NO、N_2O)还原为氮气(N_2)的生物化学过程。反硝化过程分为生物反硝化和化学反硝化两种过程。生物反硝化过程是微生物在无氧或者微量氧供应条件下的硝酸呼吸过程。在这个过程中，反硝化微生物将 NO_3^-、NO_2^- 或者 N_2O 作为呼吸过程电子传递的末端电子受体，并将其还原为 N_2^-、NO、N_2O 或者 N_2。化学反硝化是指亚硝酸盐在一定条件下的化学分解作用，其主要产物是分子态氮和 NO 等。

2. 影响土壤反硝化的因素

影响反硝化的因素包括土壤中水、气、热、pH、土壤活性有机质含量、植物根系、耕作、硝态氮浓度、氮肥种类与施用量等。反硝化作用进行的前提是存在硝态氮，土壤中硝态氮的浓度以及氮肥施用情况会影响反硝化过程，因此，氮肥的施入会改变土壤中硝态氮的浓度，促进反硝化作用的进行。有机物质为反硝化微生物提供能源和碳源，并促进了氧的消耗，因此，有机肥的施用，特别是液态有机肥的施用，既为反硝化微生物提供了氮源又提供了能源，对反硝化过程的进行有促进作用。

3. 反硝化过程与温室气体的释放

农田土壤氮素硝化作用和反硝化作用均有 N_2O 的释放，硝化作用释放 N_2O 需要好氧环境，主要发生在土壤最表层；与此相反，反硝化作用释放 N_2O/N_2 需要低氧高湿环境。土壤硝态氮浓度增加，反硝化作用增强，N_2O 释放量增加。因此，无论是施用化学氮肥还是有机肥，往往伴随着 N_2O 释放。中国农业土壤 N_2O 的年排放总量约为 0.31 百万 t N_2O-N，其中来自氮肥的 N_2O 的排放量为 0.13 百万 t N_2O-N，占我国氮肥总投入的 0.8%。

专栏 4-3 温室气体 N_2O

温室气体(GHG)：温室气体是指大气中自然或人为产生的的气体成分，它们能够吸收地球表面、大气和云发出的热红外辐射光谱内特定波长的辐射，并重新释放。该特性导致温室效应。水汽(H_2O)、二氧化碳(CO_2)、氧化亚氮(N_2O)、甲烷(CH_4)和臭氧(O_3)是地球大气中主要的温室气体。

温室效应：温室气体有效地吸收地球表面、大气自身(由于相同的气体)和云散射的热红外辐射。大气辐射朝所有方向散射，包括向地球表面的散射。温室气体将热量俘获在地表—对流层系统内，这称为“温室效应”。

人为排放的温室气体是指与人类活动有关的温室气体、温室气体前体物以及气溶胶的排放，包括化石燃料的燃烧、毁林、土地利用变化、牲畜、施肥等。自 1750 年以来，由于人类活动，

全球大气 CO_2、CH_4 和 N_2O 浓度已明显增加。全球 CO_2 浓度的增加主要是由于化石燃料的使用，N_2O 浓度的增加主要是由于农业活动。

N_2O 是重要的温室气体之一。它在大气层中的存在寿命是 150 年左右，尽管在对流层中是化学惰性的，但是可以利用太阳辐射的光解作用在同温层中将其中的 90%分解，剩下的 10%可以和活跃的原子氧反应而消耗掉。即使如此，大气层中的 N_2O 仍以每年 0.5 百万～3 百万 t 的速度净增。

N_2O 排放减量：N_2O 人为排放源多为农业或畜牧的相关活动，工业程序的排放则以需用氮元素相关化工原料制程为主。可以通过以下途径减少 N_2O 排放。(1)农业或畜牧业。①有机堆肥管理及其臭气的妥善处理或回收能源；②避免燃烧农作废弃物或以焚烧大区域农作地作为农耕/开发方式。(2)工业。①提高相关化学品反应主产品生成率(程序替代或设备改良方式均可达成)；②相关化学品化学反应后端设置 De-NO_x 设施；③焚化炉(特别是生物污泥焚化炉)设置 De-NO_x 设施；④生活污水妥善处理。

(五)氨挥发

1. 氨挥发的概念

氨的挥发是土壤空气与大气间，以扩散形式进行的分子态氨交换过程。铵态氮在土壤各相之间的平衡过程，控制着土壤空气中氨的分压，以及土壤空气与大气间氨交换的强度。对旱地土壤而言，液相指土壤溶液，气相指土壤空气，氨挥发直接通过土表进行。对淹水稻田而言，液相指田面水，气相指紧接田面水表面的空气，氨挥发发生在田面水与大气的交界面处。

2. 影响氨挥发的土壤和环境因素

以氨挥发形式损失氮素的数量，与影响铵态氮在土壤各相之间平衡的土壤和环境因素有关。影响氨挥发的因素主要包括 pH、pH 缓冲能力、温度、土壤水分含量、水分蒸发速率、阳离子交换量、土壤有机质、植物、藻类、铵态氮肥、氮素转化过程、风速等。这些因素的提高或增强对氨挥发的影响很大。

(六)硝酸盐的淋洗

土壤氮素中的硝酸根离子不能被土壤胶体和黏土矿物所吸附，硝酸盐(硝酸根离子)移动性较强，不易在土壤中驻留，极易淋洗损失。

1. 硝酸盐淋洗的物质基础

硝酸盐淋洗必须具备两个条件：一是土壤中有硝酸盐的积累；二是有下渗的水流。土壤硝酸盐淋洗的首要条件是溶液中硝酸根浓度较高，因为硝酸根淋洗量与溶液中的硝酸盐浓度成正比。溶液中硝酸根积累与许多过程有关，包括植物根系氮的吸收、硝化和反硝化过程强度、土壤生物对硝酸盐的同化作用等。除此之外，为硝化过程提供底物的土壤有机氮矿化过程也起着关键作用。

2. 硝酸盐淋洗的影响因素

影响硝酸盐淋洗的因素主要通过影响土壤溶液中硝酸盐活度、通过土体的水量及流速等，影响硝酸盐的淋洗损失量。这些因素包括降水量和温度、土壤质地、土壤有机质含量、植被类型和轮作方式、施肥，包括有机肥和氮肥的种类、数量和时间等。

施肥对硝酸盐淋洗的影响主要取决于施氮量、时期和品种。氮肥的合理施肥量及其与植物需肥相一致的施肥时期，可以有效地降低硝酸盐的淋洗。施氮量超过作物最高产量施氮量时，土壤硝态氮残留量与渗漏量急剧增加，略小于最高产量(95%)施氮量或经济最佳施氮量时，不仅氮肥利用率高，而且土壤硝态氮残留少，向下淋洗的量也减少。无论是当季进入地下水或是残留在土体中，施氮量高最终必然导致向下淋洗量的增加，尤其是在常年连续高量施氮和地下水埋深较浅的情况下，这种趋势可能更为严重。有机肥的过量施用也将引起硝酸盐淋洗。

3. 硝酸盐淋洗与水体污染

在灌区和多雨地区，土壤残留硝态氮的淋洗是造成地下水污染的重要原因。我国部分发达地区，特别是大中城市周围，地下水中硝酸盐的浓度严重超标，除了生活污水引起地下水污染之外，城郊菜田和农田氮肥和有机肥施用量过高，超出植物的需要量，过量的硝态氮淋洗造成地下水污染。

三、土壤—作物系统氮素循环

(一)土壤—作物系统氮素循环特点

相对于自然界的氮素循环来说，土壤—作物系统氮素循环更加复杂(图 4-4)。土壤—作物系统氮素循环是陆地生态系统氮循环的一个重要组分，包括植物对氮的吸收与释放(氮淀积作用、残体脱落)、土壤氮的内循环过程以及植物与土壤、大气间的氮交换。其中土壤氮的内循环是指有机氮的矿化、无机氮的生物固持和硝化等过程构成的循环。土壤微生物驱动的有机、无机氮库周转过程是土壤氮内循环的核心，它不同于氮素地球化学循环，但在界面上与之交接。

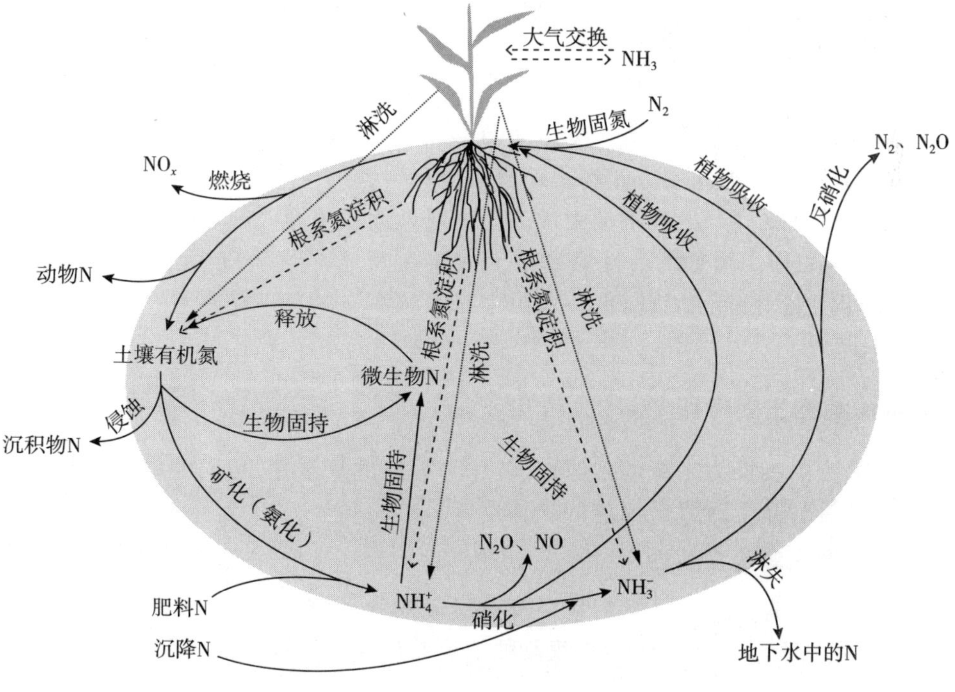

图 4-4　土壤—作物系统氮素循环示意图

(王敬国,2017 年)

土壤氮素转化是土壤与环境间氮素交换的基础，各个过程进行的方向和强度，直接影响土壤一作物系统与环境间氮交换的强度。在所有氮素转化过程中，以氮同化、异化、氧化和还原为中心的生物转化过程占有重要地位，也有一些重要的化学过程和物理过程，包括铵的固定、释放、吸附与解吸、挥发和硝酸盐淋洗等。土壤有机质对无机氮（NH_3、NO_3^-）和土壤矿物对NH_4^+的固定对土壤氮内循环有重要作用，是一种化学反应过程，不易释放。这一反应机制操控土壤无机氮的挥发、淋洗和反硝化损失，有利于保护环境。

（二）土壤一作物系统氮素循环过程

土壤一作物系统氮素在循环移动过程中会呈现多种不同的化学形态，每种形态都有其独特的属性、行为和生态环境效应。氮素循环过程也解释了为什么植物长年累月从土壤中吸收并移走氮素，却没有导致土壤氮素耗竭。氮素之所以不会被耗尽，是因为氮素在生物圈中被循环利用。了解氮素的迁移和转化是解决许多环境、农业和自然资源相关问题的基础。因此，土壤一作物系统氮素循环一直以来都是科学研究关注的焦点领域。图 4-4 显示了土壤一作物系统氮的主要分布和存在形态，以及它们之间的相互作用过程。

土壤一作物系统氮素循环的基本过程包括生物固氮、矿化与生物固持、铵的黏土矿物固定、硝化作用、氨挥发、反硝化作用、硝酸盐的淋洗、氮素的径流损失等。铵态氮和硝态氮是氮素循环过程中两种非常重要的无机氮。除了可能随径流和侵蚀损失之外，铵态氮还有以下五种转化途径：①被微生物同化固定；②被植物吸收；③被 2∶1 型黏土矿物层间固定；④转化成氨气挥发；⑤被微生物氧化形成亚硝酸盐，随后形成硝酸盐。类似地，硝态氮也有以下四种可能的转化途径：①被微生物同化固定；②被植物吸收；③随渗漏液淋洗进入地下水；④通过反硝化作用转化成含氮气体挥发进入大气。因此，铵态氮和硝态氮离开农田土壤迁移到水体和大气所产生的环境效应引起人们的广泛重视。

（三）土壤一作物系统氮素循环影响因素

土壤一作物系统的氮素循环受人类活动的影响最大，这种影响包括工业固氨、氮在化石燃料燃烧过程中的转化、土地利用方式和土地覆被变化引起的生物固氮数量和空间格局的变化，以及含氮污染物的排放等。尽管耕地面积占全球陆地面积不足 11%，但农业用地占陆地的面积则多于 1/3。人为作用增加的活性氮基本上发生在陆地，受影响较大的也主要是陆地生态系统，尤其是农田生态系统。因此，保持农田生态系统氮素的良性循环对农业生产和环境保护起着重要作用。

四、氮素资源的主要特征

氮素资源的主要特征为来源的多源性、转化与循环的复杂性、去向的多向性及其对环境的危害性及作物产量和品质对氮素反应的敏感性等。

（一）氮素资源来源的多源性

氮素资源来源具有多源性。从氮素资源的组成来看，氮素资源主要由土壤氮素资源、肥料氮素资源、生物固氮、大气干湿沉降、灌溉及种子等其他氮素资源组成。

（二）氮素转化与循环的复杂性

氮素转化与循环过程极其复杂。从氮素转化与循环的过程来看，氮素转化过程主要包括矿化与生物固持、硝化作用、铵的黏土矿物固定、氨挥发、反硝化作用、硝酸盐的淋洗、氮素的径流损失等。在所有氮素转化过程中,以氮素同化、异化、氧化和还原为中心的生物转化过程占有重要地位,包括铵的固定、释放、吸附和解吸、氨挥发、硝酸盐淋洗等,这些过程及其与氮素在土壤和环境间交换的关系极其复杂。

(三)氮素去向的多向性及其对环境的危害性

土壤中的氮素去向具有多向性特点。土壤中的氮素除了作物吸收外,主要去向是通过氨挥发、反硝化、淋洗、径流等途径进入水体(地下水和湖泊)和大气。各种来源的氮素在土壤中进行转化,在转化过程中又会以各种形式离开土壤而进入环境,主要途径有氨挥发、反硝化、淋洗、径流。硝酸盐淋洗、氨挥发和反硝化被认为是氮素从土壤中流失的三个最重要的途径。另外,在南方多雨地区,径流也是重要的氮素流失途径之一。

从土壤中损失的氮素对环境具有很大的危害性,常常导致地下水和大气环境污染,土壤中氮素损失以及因此而引起的环境污染的问题越来越引起人们的关注。从土壤中损失的氮素主要引发的环境污染问题有地下水硝酸盐污染、温室气体排放、对水体环境的污染和对大气的污染等。

(四)作物产量和品质对氮素反应的敏感性

作物产量和品质对氮素反应非常敏感,氮素是影响作物产量和品质的重要因素之一。因此,氮素在生产高产和优质的农产品以满足人类的需要方面起着重要的作用。

在施氮与作物产量和品质的关系中,根据氮肥对产量和品质的综合影响,可以把施氮水平分为“增产不增质区”(低氮阶段)、“产质同增区”(中氮阶段)、“增质减产区”(高氮阶段)和“氮素奢侈区”(过量氮阶段),施用适宜的氮素以获取最高利益和产量兼具较好品质为宜(图 4-5)。

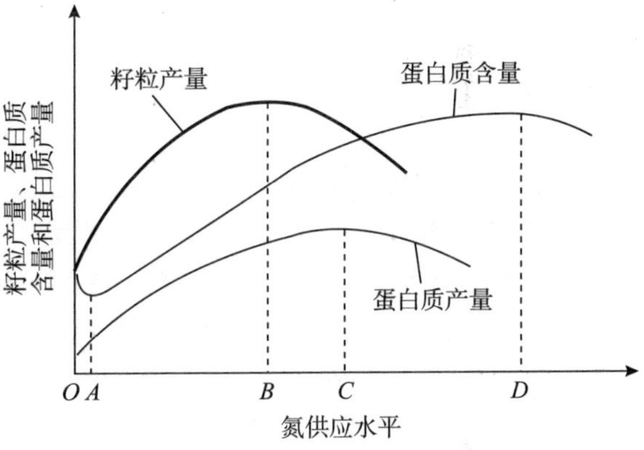

图 4-5　施氮量与籽粒产量蛋白质含量和蛋白质产量的关系

同一氮素供应状况对作物不同品质指标影响不同步,这包括两种类型:一是改变氮素养分供应数量在改善农作物某些品质性状的同时,不利于另外一些品种性状的改善;二是改变氮素养分供应数量虽然对不同品质性状均有改善作用,但改善的程度却不同,在某些品质性状最优的氮素养分供应量下,另一些品质性状往往并不是最优。

第三节　优化氮肥用量与施用技术

一、农田氮素用量影响因素

1. 作物产量

氮肥施用量是影响氮素效率的直接因素。在我国,部分地区和农田作物产量不高,氮肥施用量远远超过目前作物产量的吸收量,过量施氮导致了主要粮食作物氮素效率的下降,还带来了严重的环境污染问题(表 4-3)。

表 4-3　水稻、小麦和玉米氮肥用量、产量和氮肥利用率

氮肥用量/(kg/hm²)	水稻		小麦		玉米	
	氮肥利用率/%	产量/(kg/hm²)	氮肥利用率/%	产量/(kg/hm²)	氮肥利用率/%	产量/(kg/hm²)
≤60	49.0	6 239	55.4	5 736	40.2	6 210
61～120	37.3	6 487	40.3	5 452	31.2	6 564
121～180	27.4	6 843	33.2	5 677	29.8	7 069
181～240	23.0	7 112	22.4	6 183	24.1	8 180
>240	15.0	6 901	11.3	5 665	14.4	5 517

2. 土壤和环境来源的氮素

土壤养分作为作物生长重要的营养来源，是养分管理的重点之一。环境中的一些养分进入作物生产系统，它们也是作物生长需要的养分资源的重要组成部分。以往的施肥技术是从作物生产的角度出发，主要考虑肥料养分的优化管理，而对土壤养分供应的定量化研究远远不够，对环境养分(如大气沉降等)的贡献未加考虑，导致施肥过量和氮素效率低。因此，在当前的生产条件下，必须在综合考虑土壤和环境养分来源的基础上，重新制订肥料用量推荐指标。

3. 氮肥施用方法

我国农民普遍采用氮肥撒施的施肥方法，未采用“深施覆土”的施肥技术。农民习惯把氮肥撒在地表，受土壤水分影响，氮肥很快分解，容易造成氮素的氨挥发损失。气温越高，氨挥发量越多，损失越大，尤其是在石灰性和碱性土壤的表面，其氨挥发损失更为严重，这是我国农田氮素效率低下的主要原因。因此，需要改变氮肥施用方法，以减少氨挥发损失，从而提高氮肥利用率。

4. 施氮时期和位置(地上一地下不匹配)

高产作物氮素养分需求的显著特征是“开花后氮素需求量增加”，这是“前氮后移”的理论依据。近年来大量研究表明：一方面，经过 20 多年的高投入实践，我国农田土壤肥力普遍提高，作物生育早期不需要那么多肥料就能满足生长发育的需要；另一方面，现代高产品种的籽粒库容显著增强，客观上要求在生育后期碳、氮供应要充足，后期的根系活力强，通过增加后期吸氮量延缓叶片缓老，延长叶片功能持续期(图 4-6)。

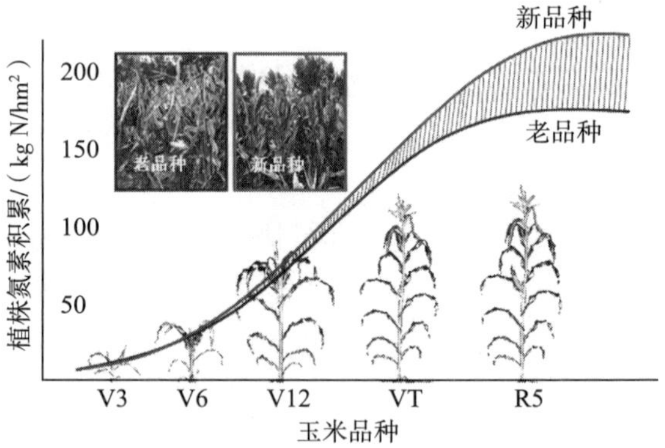

图 4-6　新老玉米品种的氮素需求规律比较

5. 养分平衡供应

养分平衡供应主要包括氮肥与磷肥、钾肥、中微量营养元素肥料以及有机肥的配合施用。氮肥、磷肥和钾肥以及必要的中微量元素配合，可以调节土壤养分的比例，满足作物对多种养分的营养需求，实现均衡营养，不仅作物产量提高，而且氮肥利用率也大幅度提高。

二、确定氮肥施用量的方法

掌握氮肥适宜施用量是充分发挥作物生产潜力达到高产和环保的基础，氮肥适宜施用量的推荐(确定)方法一直是土壤氮素研究中的重要问题。

(一)平均适宜施氮量法

平均适宜施氮量的确定是以土壤供氮量预测为基础的供需平衡法。朱兆良建立了以^{15}N标记土壤矿化释出的铵态氮的^{15}N丰度作为参比值的方法,并用该法测得水稻全生育期所吸收的总氮量中,约有20%是来自生长期间的非共生固氮作用。经过多年、多点氮肥施用量的田间试验和论证,结合我国农村生产和测试的实际情况,朱兆良提出了以“平均适宜施氮量”为基础的“区域总量控制与田块微调相结合”的氮肥适宜施用量的推荐方法。

平均适宜施氮量法虽然由于一些因素是易变或难以准确预测的,只能给出一个粗略的施氮量范围,但由于不需要预测土壤供氮量,符合我国农村缺乏测试条件和田块小而多的实际,因而易于在大面积上采用而又不误农时。

专栏 4-4 朱兆良院士——立足土壤氮素研究保障我国粮食安全

朱兆良先生(1932—2022)是一位土壤—植物营养化学家,1932年8月出生于浙江奉化,于1953年山东大学理学院化学系毕业后进入中国科学院南京土壤研究所工作。朱兆良院士从事土壤与植物营养研究60多年,始终秉持严谨、认真的治学态度,潜心研究,解决农业实际问题,并不遗余力促进国际合作,同时又高瞻远瞩,带动我国土壤氮素研究向纵深发展,开辟新领域。1988年被授予“国家级有突出贡献的中青年专家”称号,1990年起任博士生导师,同年任国际土壤学会水稻土肥力组主席。1991年任江苏省土壤学会理事长。1993年获陈嘉庚农业科学奖,当选中国科学院生物学部委员(院士)。1999年任中国土壤学会理事长。

作为土壤氮素转化与综合管理研究方面的拓荒者和学术带头人之一,他在近70年的科学研究生涯中,在土壤供氮能力与熟制改革研究、水稻适宜施氮量推荐方法研究、农田中氮肥去向和氮肥施用原则及技术研究、农业面源污染研究等方面均取得了卓越成绩,并在推动学科发展平台建设、出谋划策保障粮食安全方面作出了突出贡献。其中,20世纪50年代,他主要从事土壤和植物中钾、钙和镁的分析方法,养分速测和土壤微量元素研究;60年代赴古巴协助建立古巴科学院土壤研究所,负责土壤化学分析和土壤农业化学工作;70年代主要从事“双三制”下土壤养分状况和水稻对肥料响应研究;80年代末开展稻田土壤氮素的矿化和供应及农田土壤中氮肥去向研究;90年代开始关注农田氮肥合理用量及推荐施肥研究;2000年以来就农业面源污染及国家粮食安全问题开展了大量研究。其研究成果中有8项获得国家、中国科学院和江苏省的奖励。“稻田土壤的供氮能力和氮肥施用量的推荐”“太湖地区高产水稻土的培育和合理施肥的研究”均获国家科技进步二等奖和中国科学院科技进步二等奖;“稻田中化肥氮的损失”获中国科学院科技进步二等奖。他先后发表论文200多篇,主编《中国土壤氮素》《中国农业面源污染控制对策》《主要农田生态系统氮素行为与氮肥高效利用的基础研究》等专著。

（二）氮肥总量控制

作物对施入氮肥的反应（氮肥肥效）取决于作物氮素需求与土壤和环境氮素供应，土壤和环境氮素供应过低，施入氮素对作物增产作用明显；反之，作物对施入氮肥反应不敏感。对于一定区域范围来说，土壤氮素供应受根层土壤剖面无机氮量（包括铵态氮和硝态氮）和作物生育期内有机氮矿化量的影响。一定区域范围内，土壤、气候条件相对均一，作物生育期内土壤潜在供氮能力的相对稳定性决定了区域土壤氮素供应的总体稳定性，而土壤剖面无机氮的空间变异决定了区域氮素供应的局部变异性。据此可将一定区域范围内作物全生育期氮肥施用总量控制在一个合理的范围内。

（三）肥料效应函数法

在氮肥合理用量的确定中，肥料效应函数法是经常采用的一种方法。该方法可以在保证作物产量的同时，将氮肥用量控制在合理的范围内，减少因过量施氮造成的环境问题。影响作物产量的因素很多，一种数学模型不可能对所有氮肥对产量的反应作出准确的拟合，因此应用肥料效应函数法确定氮肥合理用量时，氮肥模型的选择非常重要。由于以田间试验为基础，肥料效应函数只反映一定生产条件下氮肥效应，具有严格的地域性，而且产前定氮，难以克服气候等条件变化的影响。另外，在多点试验和在区域上应用肥料效应函数时，必须要从模型拟合程度、经济效益和环境效益等多方面进行综合考虑，寻找经济最佳产量、经济最佳施氮量。

（四）土壤测试法

土壤测试是基于农作物营养元素的土壤化学原理，用相关分析选择最佳浸提剂，测定氮素的有效养分，然后以生物相对指标校验土壤有效养分肥力指标，确定相应的分级范围值，用以确定氮肥优化用量。土壤测试在氮素资源管理中的应用已有多年的历史。一般土壤氮素测试是用化学方法测试，包括碱解氮和无机氮的测试。

1. 土壤碱解氮测试

20 世纪 50 年代开始，土壤水解氮被作为土壤有效氮的测定目标。朱兆良（1962）提出的碱解氮法在周鸣铮等（1976）运用扩散代替蒸馏后，广泛地运用到了农业生产实践中，直到现在很多研究部门，特别是农技推广部门仍然使用这一方法（表 4-4）。但该方法忽略了环境条件和耕作施肥对氮素矿化所产生的强烈影响以及耕层以下土壤供氮的差异。另外，非土壤来源部分氮，如生物固氮、种子、降水、灌溉等的差异也会对测试结果造成一定的影响。

表 4-4　土壤碱解氮肥力指标（曹志洪，周建民，2008）

地区	土壤类型	作物	碱解氮肥力指标（mg/kg）				
			极低	低	中	高	极高
辽宁	棕壤、草甸土	玉米		≤70	71～120	121～240	＞240
北京	潮土	小麦	≤60	61～80	81～130	131～160	＞160
北京	潮土	玉米	≤30	31～90	91～160	161～280	＞280
甘肃	黑垆土	小麦		≤62	63～180	＞180	
甘肃	灌漠土	小麦	≤45	46～74	75～116	＞116	
四川	紫色土	水稻	≤60	61～90	91～120	＞120	
浙江	水稻土	水稻	≤100	101～175	176～280	＞280	
广西	水稻土	水稻	≤70	71～160	161～200	＞200	

2. 土壤无机氮测试

土壤无机氮(N_{min})方法的理论基础是基于不同作物需求的不同氮量均来自土壤供应或肥料，计算作物的需氮量与土壤可提供的无机氮量的差值就可以确定氮肥的推荐量。目前主流的土壤 N_{min} 测试方法有三种：

(1)播前土壤 N_{min} 测试(pre-plant nitrate test，PPNT)。播前土壤无机氮测试是基于播前土壤无机氮测试进行推荐施氮的方法。推荐施氮量的确定：

氮肥的推荐用量＝施肥目标值－播前土壤无机氮测定值

其中 N 的施肥目标值的确定是可以根据目标产量氮素吸收量、肥料效应函数等方法进行确定，同时需要考虑前茬作物、有机肥施用量、施肥历史记录等。该方法比较简单，易操作，仅需告知农户氮素目标值，农户根据播前土壤无机氮测试的结果就可以进行氮肥推荐。该方法在应用的时候有两个限制：①在高降水量的地区作物生育期内存在硝酸盐的淋洗，应用该方法会导致施肥量的低估；②该方法没有考虑到作物生育期内的土壤矿化量。

(2)作物生育期 N_{min} 测试(pre-sidegress nitrate test，PSNT)。作物生育期无机氮测试是在作物生育期内通过对追肥前根层土壤硝态氮(NO_3^--N)含量的测定来判断是否需要追施氮肥技术。该方法以田间试验为基础，通过在不同土壤性质、不同肥力水平上的多点氮素梯度试验，确定根层土壤 NO_3^--N 含量达到多少时产量就不会随着氮素用量的增加而升高，从而确定该种作物的 PSNT 临界值。采用 PSNT 方法进行推荐施肥，即若土壤中 NO_3^--N 含量低于 PSNT 临界值，则通过追肥将其补充到 PSNT 临界水平。该方法具有反应快速、操作简单的特点，在保证作物产量的同时，又能很好地控制肥料的施用量，达到减少肥料投入，降低环境风险的目的。但是，由于每种作物的氮素供应目标值不一样，必须要经过大量的田间试验获得。

(3)土壤剖面硝态氮(NO_3^--N)快速测试。在我国北方旱地土壤上，尤其在以小麦－玉米轮作为主的华北平原地区，土壤 NH_4^+-N 含量相对较低，多在 5 mg/kg 以下，N_{min} 中主要为 NO_3^--N，可以将 N_{min} 的测试简化为土壤硝态氮(NO_3^--N)的测试，即基于田间快速测试的土壤剖面硝态氮快速测试方法。这种方法以蒸馏水为浸提溶液，条件不允许时甚至可以用自来水作为浸提溶液，以 1∶1 水土比进行浸提，在田间条件下以塑料袋或三角瓶振荡浸提出 NO_3^-，滤液直接用反射仪进行测试。同时，以酒精灼烧法在田间直接测定土壤水分。Merck 反射仪与相关试纸的测试精度可以达到 1 mg/L，足以满足田间测试的精度，而酒精灼烧法也被证明能够满足田间测试的精度。与传统的实验室常规测定方法相比，反射仪法进行田间快速测试硝态氮的方法的最大优点在于简便快速，分析费用低廉，不需要专门的技术人员，且在田间完成分析测定，更容易使农民接受，具有较高的展示度，可有效地提高技术示范推广的效率和可信度，田间快速测定土壤硝态氮含量的方法可应用于华北平原大田作物的氮肥推荐中。

(五)植株测试法

不论是测土施肥法还是肥料效应函数法，它们只能在农作物播种前决定一个总的施肥量，即所谓产前定肥，而难以确定农作物生长期间肥料的合理分配。农作物生长期间受气候、水分等因素的影响，作物生长状况和土壤养分供应均会适时地发生变化，产前定肥往往失准。因此，需要在作物生育期内采用植株测试技术，根据作物营养状况调整施肥量。

1. 植株全氮含量测试

作物体内的氮素养分状况可以直接反映作物的营养状况，作物氮素缺乏或者过量的形态症状只在严重缺乏或过量才比较明显，这时再采取补救措施往往为时已晚。为了及时准确地诊断作物的营养状况，除了形态诊断，更多的是采用化学诊断的方法。如与正常供氮植株比较，缺氮的植株往往体内氮素含量降低，通过制定丰缺指标可帮助准确判断作物氮素营养是否正常（表 4-5）。根据植株氮素含量判断植物氮素营养水平，要注意作物种类、生育期、诊断部位具有可比性。

表 4-5 作物体内全氮丰缺诊断指标 %

作物	采样部位	采样时间	氮素营养状况			
			低	中	高	过
水稻（农垦 58）	功能叶	分蘖期	2.72	2.83	3.99	4.95
水稻（广陆矮）	功能叶	分蘖期	3.15	4.04	4.88	5.00
	第二、三叶	幼穗分化期	2.02	3.15	3.82	4.80
水稻（杂交稻）	植株	分蘖期	＜2.5	3.0～3.5	—	—
	植株	幼穗分化期	＜2.5	＞2.5	—	
	植株	抽穗期	＜1.2	1.2～1.3	—	—
冬小麦（鄂麦 6 号）	植株	拔节期	1.68	＜2.00	＞2.00	3.1
冬小麦	叶片	起身	＜3.1	3.2～3.5	＞3.80	—
	叶片	拔节期	＜3.5	3.6～3.9	＞4.20	—
	叶片	孕穗期	＜4.0	4.0～4.5	＞4.80	—
棉花	叶片	蕾期	3.23	3.68	4.23	—
	叶片	初花期	2.15	3.69	4.03	—
	叶片	花铃期	2.49	2.85	3.13	—
玉米	穗部下第一片叶	开花初	2.0～2.5	2.6～4.0	＞4.0	—
糖用甜菜	中部才发育完全的叶片	6 月末至 7 月初	2.5～3.5	3.6～4.0	＞4.0	—
马铃薯	地上部	60 d	—	3.76	6.33	—
	地上部	73 d	—	3.43	4.89	—
	地上部	88 d	—	2.87	3.00	—
黄瓜	叶片	营养生长	2.9～3.7	4.3～5.0	＞5.0	—
	叶片	花期	2.7	4.0～4.4	＞5.0	—
番茄	叶片	孕蕾	—	4.5～5.1	—	—
	中部叶	结果期	2.0～2.1	3.0～3.3	—	—
甘蓝	第四片叶	结球初期	3.9～4.4	4.5～5.3	5.5～6.0	—
	球叶	收获期	—	3.3	—	—
苹果	新梢基部叶片	6.15～8.15	＜1.8	1.8～2.4	＞2.4	—
桃	新梢中部或近基部完全发育的叶片	开花后 12～14 周	＜2.67	2.67～3.36	＞3.36	—
柑橘	叶片	春末结果顶枝	＜2.2	2.2～2.4	2.5～2.6	＞2.6

2. 植株硝酸盐含量测试

植株硝态氮含量能灵敏地反映作物对氮的需求状况，当全氮含量超过某一阈值时，植物开始累积硝态氮，并且在根、茎和叶中有类似的趋势。因此，可以用硝态氮代替全氮作为氮营养诊断指标来估计植株氮营养状况和进行追肥推荐。

由于植株硝酸盐含量的测试快速简单的特点，使之越来越广泛地应用到了推荐施肥中。但植株硝酸盐含量反映的仅仅是植株体内养分的情况，不能完全说明土壤氮素的供应能力；而且，不同作物，甚至同一作物不同品种之间其推荐施肥指标的临界值存在着很大的差异。因此，在以植株硝酸盐测试指标大面积应用到农业生产中之前，要针对不同地区的气候特征，土壤质地和作物不同基因型对指标作出调整。

3. 叶绿素仪(SPAD)法

由于叶绿素含量和作物氮营养状况具有密切的关系，便携式叶绿素仪(SPAD)对植株的叶绿素含量的测试也可以作为氮素的营养诊断方法。虽然不同的研究者获得的临界值不尽相同，但大多数研究者选用的测定部位大体相同。在作物生长前期，一般选取最上部完全展开叶作为测定部位，而在生长后期，通常采用旗叶(小麦)和穗叶(玉米)作为测定部位。

鉴于叶绿素仪测定值随作物发育阶段、品种和生长环境等发生变化。因此，有些研究者推荐在田间种植一块供氮量对于作物来讲处于奢侈吸收状态的对照区，作物的需氮量通过对比大田和对照区作物叶绿素仪读数来确定，这样可以避免一些因素的影响。一般认为，95%的相对叶绿素仪读数可以区分供氮充足与否，当某一块地作物叶绿素仪测定值与对照区相比大于95%时，可以不追肥。反之，则需要补充氮肥。

4. 肥料窗口法

为监控作物的养分状况，在生产实践中，一种原理最为简单、操作也比较方便的营养诊断方法是“肥料窗口法”。其要点是在大田中留出一块或几块微区，微区中的施氮水平比大田整体稍少，这样在作物生长过程中，当微区中出现缺氮、叶色变浅时，表明大田中的作物正处于缺氮的边缘，此时应及时追施氮肥。这种方法可以对下一次追肥作出有效的判断，使施肥及时恰当地满足作物生长的需要。如果“肥料窗口”中的施氮量也可以比大田中多，当大田中作物与微区窗口中作物相比出现缺氮、叶色变浅时，也可以判断大田整体需要氮肥。这种方法简单易行，易于为农民所接受，对下一次追肥时期的判断也较准。缺点是对追肥量的推荐能力不强，推荐追肥量还需要由常规测试或个人经验来决定。另外，在土壤变异较大的地区这种方法应用的准确性不够。

5. 叶色卡片法

许多大田作物在缺氮时会表现出一些肉眼可见的症状，通过观测叶片颜色变化来评价作物氮营养状况已经在生产中获得应用。利用叶色作为推荐施肥指标最初是在水稻上开始应用的，因为许多应用于旱地作物的土壤和植株诊断方法不适合于水稻，而且，叶色也是水稻氮营养比较敏感的指标。叶色与叶片含氮量呈正相关，当植株缺氮时，由于蛋白质合成受阻，叶片中酶和叶绿素合成减少，细胞分裂减缓，叶色变黄。水稻种植者经常用肉眼观测叶色变化来判断是否缺肥，但是用目视方法来判断绿色深浅受光线影响，属于非定量的方法。

叶色卡片推荐施肥法因为其简单、方便，同时营养诊断半定量化、易于看到实效的特点得到了农民的广泛接受。但该方法对叶色的判读有一定人为因素及基因型差异的存在，使之不可避免地存在一些误差。同时，叶色卡片法还不能区分作物失绿是因为缺氮引起还是由其他因素引起。

三、氮肥施用技术

(一)氮肥深施

将氮肥施于深层土壤,铵态氮从土壤下层向表层扩散时,能被土壤阳离子交换复合体所吸附,使液相中 NH_4^+ 浓度逐渐降低,从而减少氨挥发损失。显然,这种效果随施肥深度的增加而增大。因此,氮肥深施能减少氨挥发的损失,提高氮素资源利用率。

适宜的施肥深度和施肥位置,既要考虑尽量减少氮素损失,又要能及时供给作物吸收利用,且要省时省工。在生产中,应采用适当的施肥深度,一般来说 5~10 cm 是较为适宜的施肥深度。

(二)氮素实时监控技术

近年来,我国科学家对土壤 N_{min} 方法进行了大量的研究和实践,建立了以根层氮素调控为核心的氮素实时监控技术(in-season root zone N management)。以根层氮素调控为核心的氮素实时监控技术的要点是:①根据高产作物不同生育阶段的氮素需求量确定根层土壤氮素供应强度的目标值(范围);②根层土壤深度随作物生育进程中根系吸收层次的变化而变化,并受到施肥调控措施的影响;③通过土壤和植株速测技术对根层土壤氮素供应强度进行实时动态监测;④通过外部的氮肥投入将根层土壤的氮素供应强度始终调控在合理的范围内。以此实现土壤、环境氮素供应和氮肥投入与作物氮素吸收在时间上的同步和空间上的耦合,最大限度地协调作物高产与环境保护的关系(图 4-7 左)。

以根层氮素调控为核心的氮素实时监控技术是根据作物不同生育阶段氮素需求确定根层氮素供应目标值,根据根层土壤氮素供应的实时监测确定不同阶段的氮肥用量。根层氮素调控很好地满足了作物的氮素需求,在保障高产的同时大幅度降低了氮肥用量,减少了氮素向环境的迁移。与农民传统施肥技术相比,根层氮素调控可以节省氮肥用量,提高作物产量,减少氮素损失,大幅度提高肥料效率。同时,可将作物收获后 0~90 cm 土壤硝态氮控制在 100 kg/hm^2 以内,以进一步减少氮素淋洗损失的风险,这一指标与欧盟大田作物收获后土壤硝态氮残留控制标准相当(图 4-7 右)。

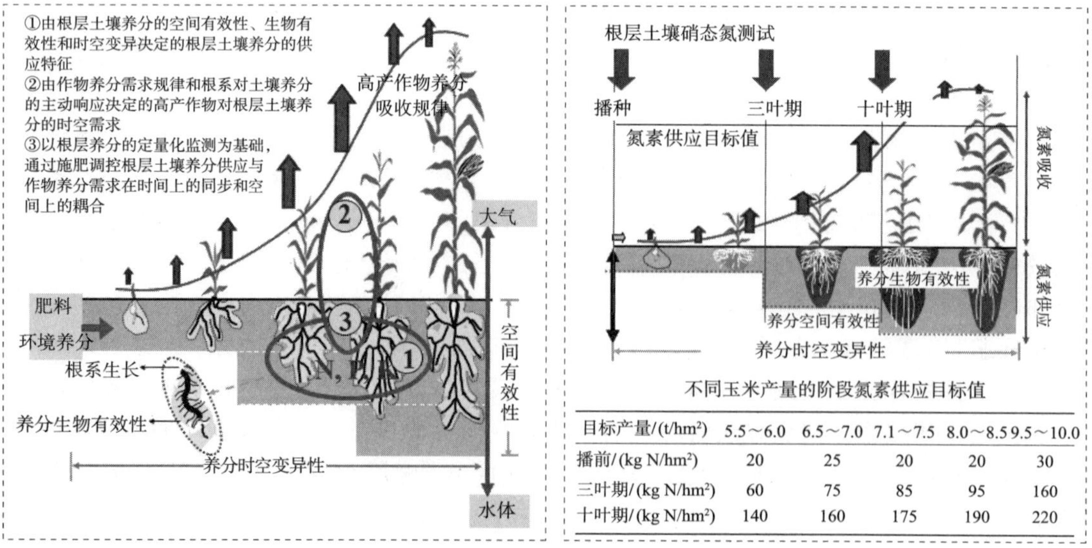

目标产量/(t/hm^2)	5.5~6.0	6.5~7.0	7.1~7.5	8.0~8.5	9.5~10.0
播前/(kg N/hm^2)	20	25	20	20	30
三叶期/(kg N/hm^2)	60	75	85	95	160
十叶期/(kg N/hm^2)	140	160	175	190	220

图 4-7　根层养分调控的理论思路

第四节　综合管理措施提高氮素资源利用效率

一、氮素高效作物品种的筛选

(一)植物氮高效的遗传特性

植物对氮素的利用主要分为几个阶段,包括吸收、转运、同化和再转移利用等,源与库的关系在协调整个氮素利用的过程中起着决定性作用。植物氮效率的遗传,可以分解为氮素吸收效率和氮素利用效率两个重要的过程。植物氮高效率的遗传基础有以下四个方面:①氮吸收遗传基础。植物根系通过特异性转运蛋白从土壤中吸收无机氮和有机氮,主要包括硝态氮(NO_3^-)、铵态氮(NH_4^+)、氨基酸等。②氮素同化利用的遗传基础。硝酸还原酶(NR)是负责将硝酸盐还原为铵盐的重要限速酶,很久以来,人们一直想通过对NR的遗传改良来提高氮效率。③氮素转运遗传基础。植物进入生殖生长后,营养器官(茎叶)开始衰老,籽粒成为氮素利用的主要库,其茎叶所储存的氮素向籽粒再转移,其中叶片是向籽粒进行氮素转移的主要源。④作物对氮素响应的遗传基础。"绿色革命"是近代育种的一个重要成果,其通过降低株高提高了植株的抗倒伏性,从而更能发挥化肥的增产作用;实际上提高了品种对氮肥的响应度,即高氮投入条件下的增产能力和氮效率。

(二)不同作物品种的氮效率差异

氮营养效率的差异不仅存在于不同植物种类之间,而且在同一种类植物的不同品种之间也同样存在。不同种类植物间和植物不同品种间,氮效率的差异受基因控制。遗传学、细胞学和分子生物学的最新进展为提高作物对环境胁迫的适应性和培育高效品种提供了可能性。近年来,玉米中有关编码氮代谢酶活性的基因已经被鉴定和克隆出来,为通过基因工程的方法提高玉米氮效率提供了可能的途径。

(三)氮高效品种的筛选

作物品种(基因型)在矿质营养的吸收和利用上,存在着明显的遗传多样性现象,选育高效吸收利用氮素的农作物新品种已成为提高氮素利用效率的新型有效途径,也使在优化肥料管理技术的基础上,进一步提高系统生产力和氮效率成为可能。

养分高效品种是充分挖掘作物的遗传潜力,提高养分效率的生物学方法。养分高效品种可以分为两种,一种是对养分投入敏感的高养分投入高产品种;另一种是对养分投入不敏感的节肥高产品种。在实际应用中要根据其品种特性,合理施肥,最终达到高产、高效、节肥的目标(图4-8)。

作物品种间的养分效率存在广泛的遗传多样性,根据田间筛选试验可以确定品种养分效率的特点。通过养分胁迫及正常养分投入条件下的筛选试验,一方面筛选相对当地主栽品种增产幅度大,即肥料生理利用效率高的高养分投入高产品种;另一方面选择养分胁迫条件下减产幅度小的品种,产量与对照品种相当,即肥料吸收效率高的节肥高产品种。双高效型品种是兼顾前两种基因型养分利用效率特点的高产高效品种。研究表明,不同基因型小麦和玉米,高效基因型和常规品种相比,二者籽粒产量和氮效率均存在着显著差异(图4-9和表4-6)。

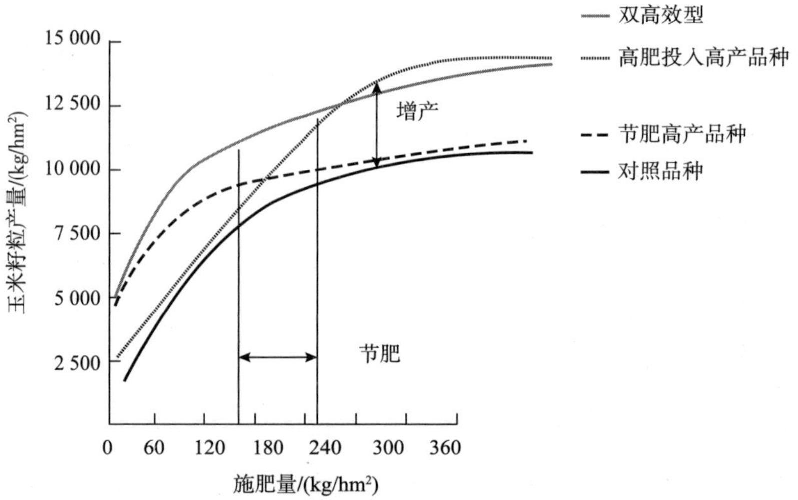

图 4-8　养分高效品种技术原理示意图

（朱兆良，张福锁，2010）

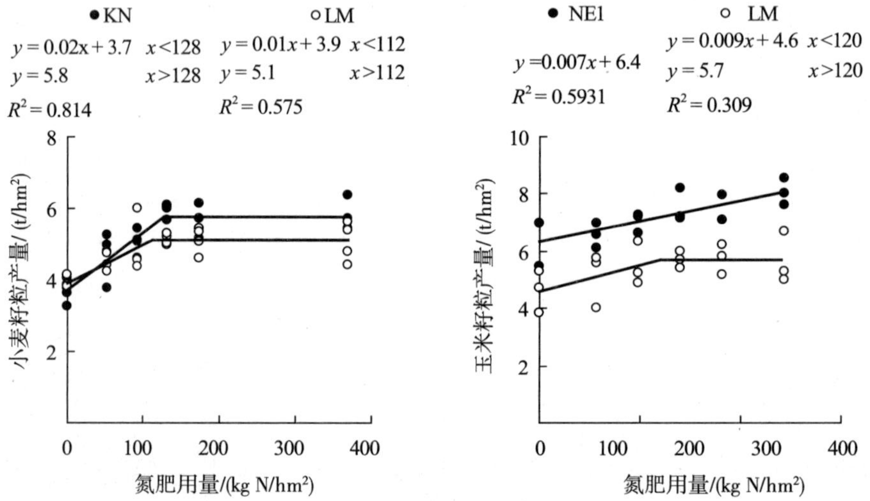

图 4-9　不同氮效率小麦(左)和玉米(右)品种籽粒产量随施氮量的变化

（注：KN-小麦高效品种)，LM-小麦常规品种；ND-玉米常规品种，NE1-玉米高效品种）

表 4-6　不同氮肥管理条件下不同冬小麦、夏玉米品种氮效率　kg/hm²

氮效率	处理	冬小麦 2004/2005		夏玉米 2005		冬小麦 2005/2006	
		KN9204	LM23	KN9204	LM23	KN9204	LM23
RE/%	优化	17	43	48	51	18	21
	对照	10	14	25	22	13	13
PE/(kg/kg)	优化	32	23	36	18	16	29
	对照	23	23	23	14	54	88

续表 4-6

氮效率	处理	冬小麦 2004/2005		夏玉米 2005		冬小麦 2005/2006	
		KN9204	LM23	KN9204	LM23	KN9204	LM23
AE/(kg/kg)	优化	5	10	17	9	8	7
	对照	2	3	6	3	6	4
PFP/(kg/kg)	优化	91	47	39	37	51	41
	对照	18	13	15	14	33	23

注:RE——氮肥回收利用率,PE——氮肥生理利用率,AE——农学利用效率,PFP——氮肥偏生产力。

二、利用豆科作物生物固氮提高氮素资源利用效率

豆科作物/非豆科作物间作,由于豆科作物生物固氮作用的存在而使间作优势较为明显,特别是氮营养方面,两种作物的组合互利互惠,使间作系统作物的含氮量和产量提高。例如,在豆科/禾本科间作体系中,禾本科植物吸收利用更多的土壤氮,降低了土壤中的氮素浓度。一方面使禾本科作物获得充分的氮素营养,具有显著的增产作用;另一方面,土壤氮素浓度的降低,促进了豆科作物的结瘤固氮作用,从而实现了禾本科作物和豆科作物在氮素利用上的生态位分离,降低种间竞争,两种作物均获得高产。

农业生产上利用豆科作物/非豆科作物间作,非豆科作物利用豆科作物固定的氮,同样可以减少化学氮肥用量,提高氮素资源利用效率,这也是农业可持续农业发展的一个重要手段。李隆等研究发现,玉米/蚕豆间作互惠现象,间作玉米和蚕豆各增产 20%以上(图 4-10)。这是因为玉米吸氮多解除蚕豆"氮阻遏"促进固氮,促进玉米生长。这一互惠机制的发现揭示了我国传统间套作体系增产增效的奥秘。

小麦/玉米　　玉米/蚕豆　　玉米碱化　　蚕豆酸

图 4-10　豆科作物与非豆科作物间作的作物长势与根际变化图

三、水肥综合管理提高氮素资源利用率

水肥的综合管理技术是提高氮肥利用率和增产效果的又一途径。我国农业生产多以水肥的大量投入、提高土壤水分含量和养分浓度的方式保证作物生产。这种水肥管理方式忽视了土壤—作物—环境过程的精确调控,对保证当季作物产量是有效的,但造成了当前农田水分、养分的大量残留,增加了水分浪费、养分损失的危险性。作物生产中,水、肥两因素直接影响着

作物的产量、品质和效益，同时两因素之间也存在着密切的相互关联、相互制约关系，改善作物营养即科学施肥是提高农田水分利用效率的重要途径之一。通过建立以肥、水、作物产量为核心的耦合模型和技术，实现合理施肥、培肥地力，以肥调水、以水促肥，充分发挥水肥协同效应和激励机制，提高作物抗旱能力和水分利用效率。

植物根系是吸收养分的最主要的器官，根系对土壤养分的吸收量很大程度上取决于根系的发育特点。总体上来看，与大田作物相比，蔬菜作物的根系普遍分布浅，根长密度低，养分吸收能力相对较弱，因而需要土壤提供相对较高的养分浓度和强度。为了保证蔬菜作物生长良好，获得较高的蔬菜产量，我国蔬菜生产体系中，养分投入量最大且频繁灌溉，水肥投入过量，在施肥方式上多以大水漫灌和随水施肥撒施为主，这导致了氮素养分损失严重。硝酸盐淋洗是菜田氮素损失的主要途径，蔬菜地氮素淋洗损失量可占总氮投入量的32%～77%。此外，菜田土壤一般都重视有机肥的施用，这无疑增加了硝酸盐淋洗的风险，因为有机氮在适宜条件下能快速的矿化和硝化，最终转换成移动性强的 NO_3^-，在大量灌溉或强降雨条件下很容易发生淋洗，这可能会造成蔬菜作物根系有效吸收层内的氮素养分供应不足。因此，蔬菜生产体系中水肥综合管理尤为重要，通过水肥综合管理减少水肥投入，提高氮肥利用率，减少氮素损失。

四、土壤—作物系统综合管理提高作物产量和氮素利用率

作物育种、高产栽培、资源高效利用和环境保护间的协调，是实现作物高产、资源高效、环境优化的关键。针对当前农业生产与科学研究中作物高产与资源高效难于协调的现状，在充分分析我国在高产栽培、优化水分管理、病虫害防治等相关研究现状和发展趋势的基础上，张福锁等(2007)提出了土壤—作物系统综合管理同时提高作物产量与资源利用效率的设想。通过土肥、栽培、灌溉等多学科结合，挖掘作物产量潜力，以土壤、根系和作物栽培调控构建健康群体，同时实现作物高产与资源高效；进一步提高土壤生产力，简化栽培技术、提高水肥资源利用效率。同时指出在当前农业生产中同时实现作物高产与资源高效的两步战略目标：第一步，在现有产量和资源效率的基础上，实现产量增加15%～20%，资源利用效率提高20%以上；第二步，产量增加30%～50%，资源利用效率增加30%以上。第一步的目标主要通过现有栽培、水肥管理、病虫害等技术组合与优化，重点突破高产群体与高效养分水分根层调控相匹配的最佳养分水分管理等共性关键技术；第二步的目标应在更高的产量和效率目标下，围绕作物高产高效的栽培调控和资源配置的三个关键过程，即作物高产群体结构与功能的调控过程、高产作物水肥高效利用的根—土互作过程和作物高产高效的土壤条件与关键过程，深入开展高产高效的基础理论研究，为进一步大幅度提高产量和资源利用效率提供理论依据(图4-11)。

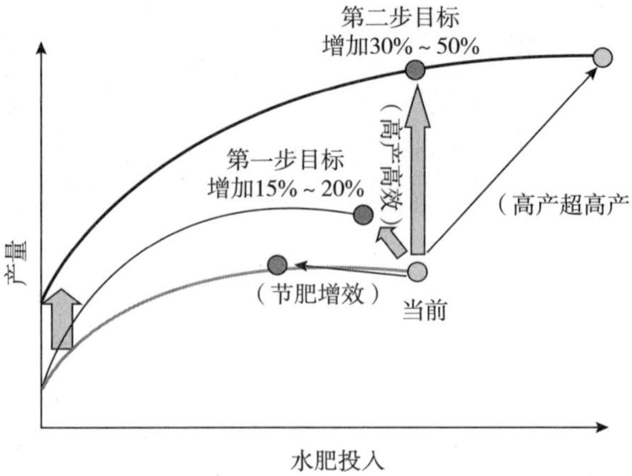

图 4-11　高产与水肥高效利用发展目标

(张福锁等，2012)

复习思考题

1. 农田土壤-作物系统氮素输入和输出分别包括哪些？
2. 农田土壤氮素形态和转化过程有哪些？
3. 氮素资源的特征是什么？
4. 影响农田氮素效率的主要因素有哪些？
5. 优化氮肥用量的方法有哪些？简单评价这些方法。
6. 提高氮素资源利用效率的主要技术措施有哪些？
7. 简述我国农田土壤—作物系统氮素的平衡与循环状况并对其进行评价。
8. 简述氮素对环境的影响及降低氮素对环境的影响的措施。
9. 简述目前我国农业生产氮肥用量状况并对其进行评价。
10. 简述农业生产中，提高氮肥利用率的意义及其措施。

第五章

磷素资源管理

◇ **教学目标**

1. 掌握农田生产系统中磷素输入、输出及平衡特征，理解磷素养分管理的重要性。
2. 掌握农田土壤磷转化与循环特点及对磷素养分管理的意义。
3. 掌握农田磷素资源的主要特征及其资源环境风险。
4. 掌握以养分平衡为核心的多种优化作物磷肥用量的方法，比较不同方法的优缺点。
5. 理解提高磷素利用效率的生物学途径及掌握磷素资源综合管理方法。

磷是植物生长发育不可缺少的营养元素之一，它既是植物体内许多重要有机化合物的组分，同时又以多种方式参与植物体内各种代谢过程。磷肥施用对作物高产及保持品质的优良特性有重要作用。目前，我国已成为世界上最大的磷肥生产国和消费国。然而，一方面，磷矿这种不可再生资源正在快速耗竭；另一方面，磷肥的不合理施用导致的环境问题日益显现。因此深入理解磷素资源特征，合理优化磷素管理是协调作物高产、资源高效与环境友好的关键。

第一节　农田系统磷素输入、输出与平衡

农田土壤磷素输入主要来自化肥磷、有机肥磷，少量来自大气干湿沉降、灌溉等。农田土壤磷素输出包括作物收获带走、土壤侵蚀、地表径流与淋洗损失等。通过磷素资源综合管理，可以有效利用各种来源的磷素，减少磷肥环境损失，降低农田磷素盈余量，实现作物高产、磷素资源高效与环境友好。

一、农田系统磷素输入

（一）化肥磷

化学磷肥的施用是农田生态系统中主要的磷素输入途径。我国化学磷肥施用历史较短，虽然 1935 年就开始从国外进口过磷酸钙，但数量有限，只有 500 t 左右；真正大规模开始施用化学磷肥是在 20 世纪 60 年代初，消费量达到 15 万 t，到 20 世纪 70 年代首次突破 100 万 t。此后磷肥消费量呈现快速上升趋势，2010 年达到了最高的 1 426 万 t，是 1960 年的 95 倍，约占同年世界总磷肥消费量的 33%。2010 年后我国磷肥消费量首次呈现明显的下降趋势，到 2019 年下降到 1 022 万 t，仍占世界总消耗量的 23.5%，远高于同年美国和欧盟地区磷肥消费量的 397 万 t 和 265 万 t（图 5-1）。

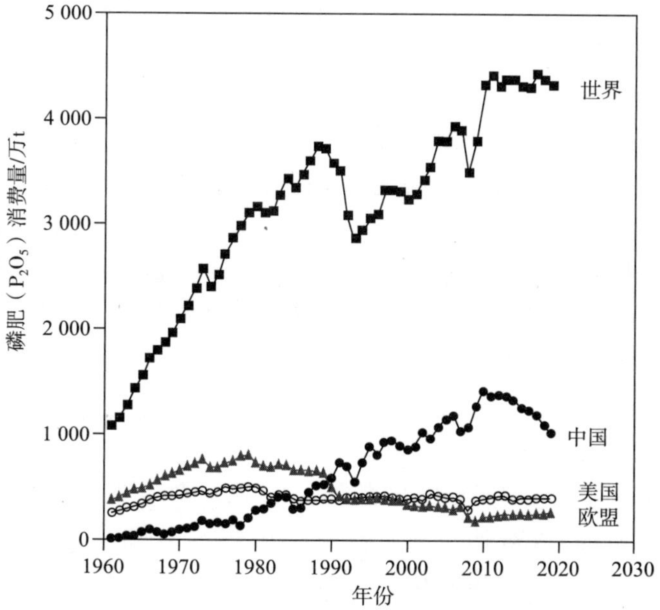

图 5-1　中国、美国、欧盟及世界磷肥(P_2O_5)消费量变化(根据 FAO 数据绘制)

20 世纪 90 年代，我国磷肥生产量还处于相对较低水平，需要通过大量进口来满足国内生产需要。随着表观消费量和生产能力的不断提升，我国磷肥的生产量也在不断增长，2006—2010 年已经实现了满足国内生产所需，2011—2015 年生产量达到 1 698 万 t，而 2016—2020 年由于表观消费量的降低，生产量也出现了降低趋势。与此同时，对进口的依赖程度不断减小，由 1996—2000 年的 264 万 t 降低到 2016—2020 年的 25 万 t；与之相反，在相同时间段内出口量所占份额不断增加，所占生产量的比例从 3.0%增加到 35.5%(表 5-1)。

表 5-1　近 25 年中国磷肥(P_2O_5)消费总量变化　　万 t

时期	生产量	进口量	出口量	表观消费量
1996—2000 年	636±38	264±32	19±6	881±51
2001—2005 年	911±153	165±48	62±8	1 015±28
2006—2010 年	1 363±139	47±40	170±13	1 240±50
2011—2015 年	1 698±60	28±39	361±16	1 365±60
2016—2020 年	1 506±219	25±3	535±28	1 194±61

注：数据为各个时期的平均值±标准差。数据来源：生产量和工业用量数据由中国磷复肥工业协会提供，进口量和出口量数据由中国化工信息中心提供，其中 2016—2020 年生产量、进口量和出口量参考联合国粮食及农业组织。

根据中国磷复肥工业协会统计数据，我国单位耕地面积磷肥(P_2O_5)用量从 1980 年的 28 kg/hm^2 增加到 2012 年的 119 kg/hm^2，达到最高，之后下降到 2020 年的 84 kg/hm^2，并在区域间表现出巨大差异。2020 年各省单位面积施磷量中以河南省最多，为 195.2 kg/hm^2，青海省最少，仅 20.2 kg/hm^2(表 5-2)。

表 5-2　2020 年全国各省磷肥(P_2O_5)用量

地区	磷肥用量/(kg/hm^2)	地区	磷肥用量/(kg/hm^2)	地区	磷肥用量/(kg/hm^2)	地区	磷肥用量/(kg/hm^2)	地区	磷肥用量/(kg/hm^2)
北京	51.1	上海	66.9	河南	195.2	重庆	84.7	陕西	90.8
天津	80.6	江苏	112.7	湖北	116.7	四川	74.0	甘肃	36.5
河北	85.9	浙江	65.6	湖南	98.7	贵州	34.3	青海	20.2
山西	64.1	安徽	105.6	广东	152.9	云南	59.0	宁夏	57.5
山东	109.2	福建	148.6	广西	111.2	西藏	24.4	新疆	129.8
内蒙古	54.8	江西	83.5	海南	106.8	辽宁	52.8	吉林	65.6
黑龙江	36.7								

数据来源：中国磷复肥工业协会、FAO、《中国统计年鉴》《中国农村统计年鉴》。

同一区域在不同作物上的磷肥分配也存在差异，张福锁等对全国粮食主产区 1 333 个田间试验结果进行统计分析，发现四川省水稻磷肥施用量平均为 105 kg/hm^2，而小麦仅为 55 kg/hm^2；江苏省在小麦上的施磷量为 114 kg/hm^2，在水稻上只有 84 kg/hm^2(表 5-3)。

表 5-3　水稻、小麦、玉米磷肥(P_2O_5)施用量

作物	样本数	地区	施磷量/(kg/hm^2)
水稻	33	四川、重庆	105
	76	江苏、江西	84
小麦	89	河北、天津	120
	12	四川	55
	8	江苏	114
	41	陕西	119
玉米	15	河北、天津	110
	19	陕西	117

(二)有机肥磷

有机肥中的磷也是农田系统磷资源输入的重要来源，但这一肥源的比重随着化肥消费的增加日趋下降。如 1949 年以前，我国农田磷输入基本上依靠有机肥，磷养分供给中有机来源几乎占 100%，但此后逐年下降，到 2000 年有机磷投入比例下降到 24%。这主要是因为化肥工业的迅速发展，有机肥的主导地位被削弱。但是在 2009 年以后，有机肥再度被重视并逐步恢复施用，目前，有机磷养分的投入比例基本稳定在 30%左右(表 5-4)。

表 5-4　我国磷肥中有机无机来源比例　%

年份	P_2O_5	
	无机来源	有机来源
1949	0	100
1957	3.8	96.2

续表 5-4

年份	P_2O_5	
	无机来源	有机来源
1965	26.4	73.6
1975	42.2	57.8
1980	55.7	44.3
1985	60.0	40
1990	69.1	30.9
1995	75.1	24.9
2000	76.3	23.7
2009 至今	70	30

我国有机肥资源丰富。根据有机肥来源、特性和积制方法，分为粪尿肥（包括人粪尿、畜粪尿及厩肥、禽粪以及海鸟粪等）、堆沤肥（包括秸秆还田、堆肥、沤肥、沼气肥等）、绿肥（包括栽培绿肥和野生绿肥）和杂肥（包括城市垃圾、泥炭及腐植酸类肥料、油粕类肥料、污水污泥等）四大类。有机磷肥的组成类别中，粪尿肥类占据绝对优势，达到 43.9%～61.3%，作物秸秆资源占 31.5%～37.8%。不同有机肥中磷含量存在较大差异（表 5-5）。

表 5-5　不同种类有机肥中磷含量（烘干基，P）　　%

		平均值	95%置信限	平均值	95%置信限
粪尿类	人粪尿	1.322	1.234～1.410	0.261	0.240～0.282
	猪粪尿	0.896	0.846～0.947	0.245	0.229～0.260
秸秆类	稻草	0.130	0.123～0.137	0.048	0.042～0.054
	麦秸	0.080	0.072～0.087	0.040	0.034～0.046
	玉米秸	0.152	0.138～0.166	0.044	0.039～0.049
厩肥	猪圈肥	0.465	0.375～0.554	0.155	0.144～0.167
	牛栏粪	0.363	0.341～0.386	0.131	0.123～0.140
堆沤肥	玉米秆堆肥	0.355	0.266～0.443	0.101	0.066～0.136
	沤肥	0.292	0.252～0.332	0.121	0.095～0.148
绿肥	紫云英	0.339	0.321～0.356	0.040	0.037～0.044
	紫花苜蓿	0.207	0.158～0.256	0.065	0.041～0.090
	绿豆	0.390	0.194～0.585	0.063	0.049～0.076
饼肥	大豆饼	0.766	0.644～0.893	0.440	0.385～0.494
	油菜籽饼	1.077	1.021～1.130	0.799	0.754～0.844
	芝麻饼	2.18	1.47～2.90	0.73	0.64～0.82
杂肥	城市垃圾	0.178	0.163～0.194	0.117	0.097～0.137
	城市污泥	1.20	1.09～1.31	0.045	0.035～0.056

根据农业部 2000 年的统计结果，我国粪尿肥、秸秆、饼肥和绿肥等有机肥的总资源量超过 40 亿 t，其中的磷为 481 万 t。

有机肥中氮、磷含量的比例往往与作物对氮、磷的需求不一致，在多数有机物料中，磷与氮的比值高于植物组织。如果全部使用有机肥为植物提供所需足量氮素，磷素就可能过量。长期过量的磷累积在土壤中会导致环境风险增加。对那些含磷高的土壤，限制有机肥施用量的通常是含磷量，而不是含氮量。

（三）其他来源

磷极易为土壤吸持，因此土壤或施入土壤中的磷几乎不会进入大气。大气中磷的来源主要是化肥工业生产中磷矿石的燃烧，如熟化过磷酸钙湿粒干燥过程中，干燥尾气带出一部分粉尘，而大部分粉尘会随干湿沉降返回陆地表面。通常通过降水输入到农田系统的磷量变动在 0.02～0.6 kg/hm^2，我国农田生态系统降水带入的磷素平均为每年 0.25 kg/hm^2；灌溉水带入农田土壤的磷量相对更少，平均每年只有 0.23 kg/hm^2。

二、农田系统磷素输出

土壤磷素被作物吸收后移出是农田系统磷素最重要的输出方式，土壤侵蚀、地表径流和淋洗损失是农田系统磷素向外迁移的重要途径，过量磷素的损失进入水体将会导致水体污染。

（一）作物吸收与移出

磷素是植物体内许多重要有机化合物的组成成分，参与脂肪、氮素和碳水化合物等代谢过程，对植物抗逆性的提高具有重要作用。农田磷素支出主要途径是籽实和秸秆的产出。作物品种不同，在收获时从农田中带走的磷素数量也不相同（表 5-6）。在对养分支出数量进行计算时，常用的方法是基于统计产量，依据收获指数和收获物平均磷含量进行估算。例如，冬小麦在每公顷 7 500 kg 产量水平时，每形成 100 kg 籽粒需要吸收的磷素为 0.87 kg，随着小麦秸秆和籽粒的收获，这部分磷素被从土壤中移出。我国目前（2015—2019 年）三大主粮作物（水稻、玉米、小麦）的年平均总产量为 6.1 亿 t，由粮食作物收获带走的磷量每年为 180 万～270 万 t；蔬菜、水果年平均总产量分别为 6.9 亿 t 和 2.5 亿 t，每年带走磷量约为 50 万 t；其他作物每年带走磷量约为 80 万 t。

表 5-6　作物籽实的磷含量　　%

作物体系	作物种类	籽粒磷含量	其他组织磷含量
谷物	玉米	0.29	
	水稻	0.31	
	小麦	0.37	
	其他谷物	0.40	
蔬菜	甜瓜	0.72	0.01（果肉）
	西瓜	0.48	0.005（果肉＋瓜皮）
	辣椒等调味品	0.56	0.03（果肉）
	茄子	0.57	0.04（果肉）
	番茄	0.67	0.03（果肉）
	黄瓜	1.51	0.03（果肉）

续表 5-6

作物体系	作物种类	籽粒磷含量	其他组织磷含量
水果	苹果	0.55	0.01(果肉)
	杏	0.28	0.03(果肉)
	李子	0.05	0.02(果肉)
油料	大豆	0.68	
	蓖麻	0.66	
	花生	0.46	
	油菜	0.90	
棉麻	棉	1.00	
	大麻	0.70	
糖类	甜菜	0.034	
	甘蔗	0.14	

(二)土壤侵蚀与地表径流

土壤表层的磷受到降水或人工排水的冲刷作用,随着径流、泥沙输移等进入水体。地表径流中的磷呈溶解态和颗粒吸附态,后者是磷素随地表径流迁移的主要形态,占总磷损失的50%～98%。溶解态磷主要以正磷酸盐形式存在,对藻类直接有效;颗粒吸附态磷包括含磷矿物、含磷有机物和被吸持在土壤颗粒上的磷,不能被水体中的藻类直接利用,但在流失过程中会逐渐释放出有效态磷,而被藻类吸收利用,是使藻类持续生长的潜在磷源。径流水中的磷浓度与表层土壤含磷量直接相关,另外磷肥施用量、施用时间、施肥方式等都会影响径流中的磷流失量。

(三)淋洗损失

由于土壤对磷有较强的固定能力,一般认为土壤磷素垂直向下淋洗损失的可能性不大。但随着磷肥的不断投入,土壤磷素持续积累,当磷素超过饱和吸附点时,易产生淋洗。磷在土壤中的向下迁移主要通过渗透流和优势流两种方式。畜牧业发达、粪肥施用较多、土壤质地较粗、磷最大吸附量较低以及地下水位较高等情况均会加剧土壤磷素的淋洗损失。

三、农田生态系统磷素平衡

磷素养分通过化肥和有机肥的投入被带入土壤后,经过一系列的迁移和转化,一部分被作物吸收带出了土壤系统,一部分被留在了土壤中。若将有机肥和化肥看作系统的输入项,作物收获看作输出项,则农田磷素平衡即为输入、输出项的差值。农田磷素平衡作为理解磷素在农业系统循环周转过程的有效手段,也是评价施肥是否合理,农业可否持续发展,环境效益是否最佳的一个重要指标,并且可以为养分管理和环境政策的制定提供可靠依据。

发达国家如美国、英国、荷兰、瑞典等由于农业较发达,较早地注意到现代农业所带来的环境危害,因而对农田生态系统的养分循环及平衡状况的研究起步也较早。荷兰由于集约化养殖较为发达,畜禽排放物对面源污染贡献较大,为了有效控制和减少农业氮磷排放量,建立了MINAS(Mineral Accounting System)评价体系。我国科研工作者根据长期定位试验数据和国家尺度统计数据，计算出磷平衡的历史变化。1949 年以前，我国农田磷素处于严重赤字状态，主要靠农田养分的再循环补充磷素；20 世纪 70 年代中期，磷养分由全面赤字转向基本平衡；20 世纪 70 年代中期以后至今，磷素均处于持续盈余状态，2010 年，中国土壤磷年盈余已经高达 590 万 t(P)，但各地的盈余量有所不同。MacDonald 等统计了 2000 年全球各大陆农田土壤磷平衡的中值及变异情况，发现我国东部地区、西欧部分国家、美国的部分地区和南美洲的部分地区农田土壤磷盈余量最高；亏缺最严重的地区是乌拉圭和阿根廷的部分地区，俄罗斯农田土壤磷也有较大程度的亏缺。全球总体上 70％的农田土壤呈现磷的盈余，30％农田土壤呈现磷的亏缺。

第二节　农田土壤磷素转化、循环及磷素资源特征

一、土壤磷素资源

(一)土壤磷素资源种类

1. 土壤无机磷

土壤中无机磷是主体，一般占土壤全磷的 60％～80％。无机磷主要有土壤中残存的原生含磷矿物、各种次生的无机磷酸盐和磷酸根离子，可分为水溶态、吸附态和矿物态 3 种形态。

水溶态磷是指溶解在土壤溶液中的磷，主要以 PO_4^{3-}、HPO_4^{2-} 和 $H_2PO_4^-$ 形式存在。大多数土壤溶液中的磷浓度为 0.03～0.3 mg P/L，虽然这部分磷在土壤中含量很低，但对植物来说是最直接有效的磷源。

土壤中吸附态磷包括以配位吸附和阴离子交换吸附等形式保存在土壤固相中的磷，可通过吸附解吸过程与土壤溶液中的磷达到平衡。

土壤无机磷约有 99％以矿物态存在。土壤矿物态磷通常包括土壤原有的含磷原生矿物、次生矿物及肥料磷与土壤反应后产生的溶解度较小的中间产物和更稳定的次生矿物。目前已经鉴定出的土壤含磷矿物主要有磷灰石、磷铝石、磷酸等 30 多种(表 5-7)。在土壤中不稳定含磷矿物主要是石灰性土壤中的磷灰石和酸性土壤中的磷酸铁铝。Fe、Al 和 H_3PO_4 组分可随土壤 pH 而变化。矿物态是最难被植物吸收利用的磷素形态，是农田土壤的潜在磷库。

表 5-7　土壤中主要的含磷矿物类型

矿物名称	基本化学式	置换离子	形成	分布特征
磷灰石类	$Ca_5(PO_4)_3(OH,F)$	Pb^{2+} 或 Sr^{2+}	原生或次生	分布广泛
	$Ca_{10}(PO_4)_{6-x}(CO_3)(OH,F)$		原生或次生	分布广泛
磷铝石	$(Al,Fe)PO_4(H_2O)_2$	Fe^{3+} 或 Al^{3+}	次生	施肥的土壤
白磷钙矿	$Ca_3(PO_4)_2$		肥料制造	肥料和土壤
纤磷钙铝石	$CaAl_3(PO_4)_2(OH)_5(H_2O)_2$	Pb^{2+}，Sr^{2+}，Ba^{2+}		分布广泛
磷酸八钙	$Ca_8H_2(PO_4)_6(H_2O)_5$		次生	土壤和骨骼
鸟粪石	$HMgPO_4(H_2O)_4$	NH_4^+，Na^+	次生	鸟粪和土壤
磷锌矿	$Zn_3(PO_4)_2(H_2O)_4$	Fe^{2+}	次生	土壤
三斜磷灰石	$CaHPO_4$		次生	肥料和土壤

续表 5-7

矿物名称	基本化学式	置换离子	形成	分布特征
水化磷酸二钙	$CaHPO_4(H_2O)_2$		肥料制造	肥料和土壤
磷钾铝石	$K_3H_6Al_5(PO_4)_8(H_2O)_{18}$	NH_4^+, Ca^{2+}	次生	施肥的土壤

2. 土壤有机磷

土壤有机磷化合物主要包括植素类、核酸类、磷酯类和其他有机磷化合物，如肌醇磷酸盐、磷脂、核酸、少量的磷蛋白和磷酸糖及微生物磷等。全球范围内，有机磷占土壤全磷的15%～80%。我国大部分土壤有机磷占土壤全磷的20%～40%，且有逐年增加的趋势。天然植被下土壤有机磷含量可占总磷量的50%以上，黑土中含量更高，可达土壤全磷的60%～70%。土壤表层有机磷含量较高，随着深度的增加，有机磷含量逐渐下降。土壤中的有机磷可以在酶的作用下矿化分解成无机磷而被植物吸收利用，是植物可利用磷的重要来源。

3. 土壤有效磷

土壤溶液中的磷、吸附在一些不稳定固相上的无机磷，以及一些不稳定的有机磷在植物的磷营养供给中发挥重要作用，被称作土壤有效磷。土壤有效磷不是一个可以测定数量的值，而是一个功能性概念，不同测定方法测定出的值都不是植物可吸收利用的绝对磷含量，而是与植物可利用磷相关性好的那部分土壤磷，因此在不同土壤上适用的方法不同，且不同方法的测定值不能直接比较。

(二)我国土壤磷素的含量与分布

1. 土壤全磷含量与分布

我国土壤全磷含量为0.09～3.20 g/kg，大部分集中在0.40～0.77 g/kg，分布上有明显的地域趋向，即从南向北逐渐增加。南方以酸性土壤为主，土壤全磷含量在0.60 g/kg以下，属于中量级偏低；北方以石灰性土壤为主，全磷含量在0.60 g/kg以上，属于丰富与较丰富水平。在全国范围内，除小面积土壤全磷量达极丰富及极缺乏外，有50%以上的面积属于丰富与较丰富水平。农田土壤耕层中的磷素含量，除受各种自然因素的制约外，更强烈地受到人为耕作施肥等因素的影响。土壤全磷含量的高低，通常不能直接表征土壤磷养分的供应能力，它是潜在的磷素供应资源库。

2. 农田耕层土壤有效磷含量与分布

土壤有效磷是能直接被植物吸收利用的磷素资源，其含量是衡量土壤供磷能力的重要指标。对于大多数土壤(寒带、温带)来说，无机磷是土壤有效磷的主要来源，只有热带森林土壤含有机质很多且分解迅速，此时土壤有机磷才成为土壤有效磷的主要来源。例如，东北黑土尽管有机磷占60%～80%，但由于气候寒冷，有机磷矿化缓慢，因此不是有效磷的主要形态。

20世纪80年代，我国土壤有效磷普遍偏低，缺磷土壤面积占耕地总面积的3/4左右，严重缺磷的土壤约占40%。随着近40年来磷肥的大量使用和农业及集约化进程的加快，土壤中有效磷含量有较大幅度提升。

根据国家测土配方施肥调查数据(2005—2014年)，我国土壤有效磷平均含量由20世纪80年代的8.0 mg/kg增加到目前的19.7 mg/kg，增加了将近1.5倍。缺磷土壤(Olsen-P＜10 mg/kg)占比由87%下降到8.4%，同时中高水平土壤有效磷(Olsen-P＞20 mg/kg)占比由不足10%上升到38%。粮食作物种植体系的土壤有效磷增幅低于经济作物体系，不同区域间土壤有效磷增幅也存在差异(表 5-8)。

表 5-8　不同地区粮食作物和经济作物种植体系土壤有效磷变化(Ma 等,2016)　　mg/L

种植体系	年份	东北地区	中北部地区	西北地区	东南地区	西南地区
粮食作物	1990s (1990—1999)	17.08	21.09	21.91	21.68	14.97
	2010s (2000—2012)	18.90	28.91	22.39	22.13	15.16
	增长率/%	7.4	37.1	2.2	2.1	1.3
经济作物	1990s (1990～1999)	17.45	42.40	19.98	33.21	17.66
	2010s (2000～2012)	20.89	108.27	27.34	45.96	25.91
	增长率/%	19.7	155.4	36.8	38.4	46.8

二、土壤磷素转化与循环

磷素经由化学磷肥、动物粪肥和植物残茬等途径进入土壤后,与土壤原有磷库之间发生一系列可逆的化学和生物化学转化。这些转化过程主要包括无机磷之间的吸附与解吸及沉淀与固定过程,有机磷与无机磷之间的矿化与固持过程(图 5-2)。这些转化的方向和强度受到诸多因素的影响,包括土壤 pH、有机质、土壤胶体的种类和性质、土壤质地、土壤水分、土壤温度以及元素之间的相互作用。在有植物参与的土壤—植物磷循环系统中,一方面土壤磷的转化方向和强度影响其对植物的有效性;另一方面植物根系的吸收作用和活化作用积极促进土壤磷的释放,提高磷素生物有效性。

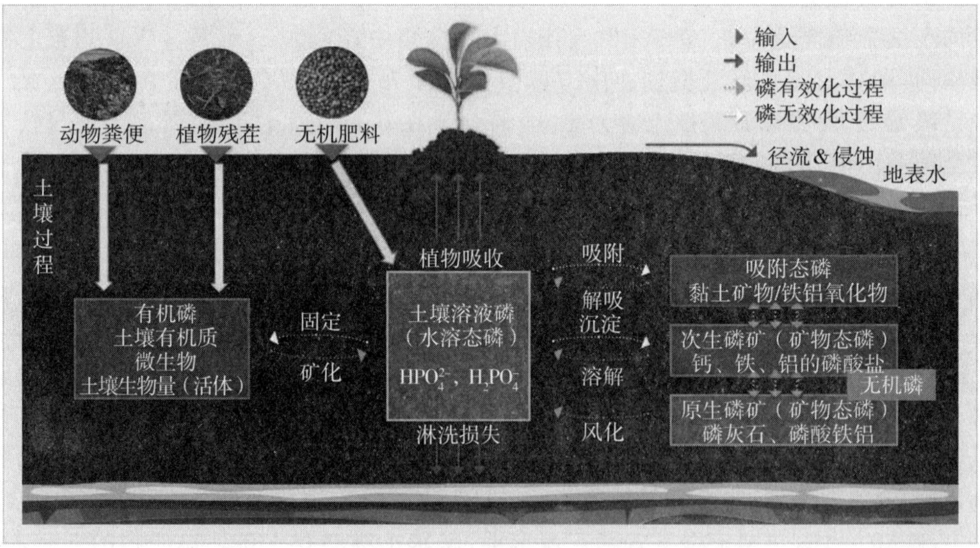

图 5-2　土壤磷的转化与循环

(一)土壤磷的吸附和解吸

1. 磷的吸附

磷的吸附主要包括阴离子交换吸附和配位吸附。其中,磷的阴离子配位吸附(又称专性吸附或化学吸附)是指磷酸根离子作为配位体与土壤胶体表面带有—OH 基或—H_2O 基中的

—OH 发生配位体交换，保持在胶体表面的过程，具有某种程度的专一性。阴离子的交换吸附是以静电引力为基础的磷酸根与土壤胶体的吸附反应，没有专一性，因此，与配位吸附相比，交换吸附的磷酸根更容易被其他阴离子解吸。

2. 磷的解吸

土壤磷解吸过程是磷吸附过程的逆过程，解吸速度与吸附反应相同，开始阶段较快，逐渐变慢，但吸附态磷的解吸比吸附过程进行得要慢。其原因主要是：①吸附后胶体与磷酸根离子形成的双齿键难以释放磷酸根；②表面孔度多的吸附剂有可能促进磷酸根进入吸附剂内部形成固体溶液，非晶态的胶体孔隙较大，磷酸根离子更易进入其内部；③在解吸过程中，当磷酸根遇到其他阳离子时，如果它们的离子活度积大于溶度积，则可能发生化学沉淀；④将黏土矿物表面的四面体的硅置换下来。由于上述过程的作用，或者磷的吸附没有达到完全平衡，吸附态磷的解吸过程均可能使等温曲线发生滞后现象。

3. 影响土壤磷吸附的主要因素

土壤中磷的吸附取决于活性吸附点的数量和竞争阴离子的种类和数量，影响这两者的因素都会直接或间接影响土壤磷的吸附过程，主要包括：

(1)黏土类型。土壤磷的吸附与土壤黏粒含量，特别是与它们的比表面积呈显著正相关。其当土壤中 1∶1 型的层状硅酸盐矿物含量较高时，对肥料磷的吸附固定能力较强，磷的有效性降低。

(2)土壤矿物。土壤磷的吸附受土壤中矿物的种类、结晶程度以及含量的影响，特别是铁铝氧化物和水合氧化物含量与土壤磷吸附关系密切。通常非晶态铁、铝氧化物的化学吸附固定磷的量是结晶态的 10～100 倍，是结晶态铝硅酸盐和碳酸盐矿物的 1 000 倍。

(3)土壤 pH 和电解质。土壤磷的吸附受土壤 pH 和溶液中电解质的种类这两种因素相互作用下的共同影响。当土壤 pH 高于表面电荷零点时，增加电解质活度或者高价阳离子，能够降低胶体表面负电场对磷酸根的排斥力，磷的吸附增加。当土壤 pH 低于表面电荷零点时，情况则相反，即降低表面正电荷数量，减少磷的吸附。

(二)土壤磷的化学沉淀和溶解

1. 磷的化学沉淀

酸性土壤中，磷与酸性土壤中的铁、铝离子反应，形成不同溶解度的磷酸盐沉淀。随着反应的进行，磷的有效性逐渐降低。另外，土壤中的磷酸铁盐在风化过程中发生水解作用，磷酸铁和磷酸铝的表面会被形成的 Fe_2O_3 膜包裹，形成闭蓄态磷(O—P)，很难被作物吸收(图 5-3)。在旱作条件下，这种磷难以被作物利用。但在淹水还原条件下，如我国南方水稻土中，Fe_2O_3 胶膜消失，其中的磷可释放出来供作物吸收。

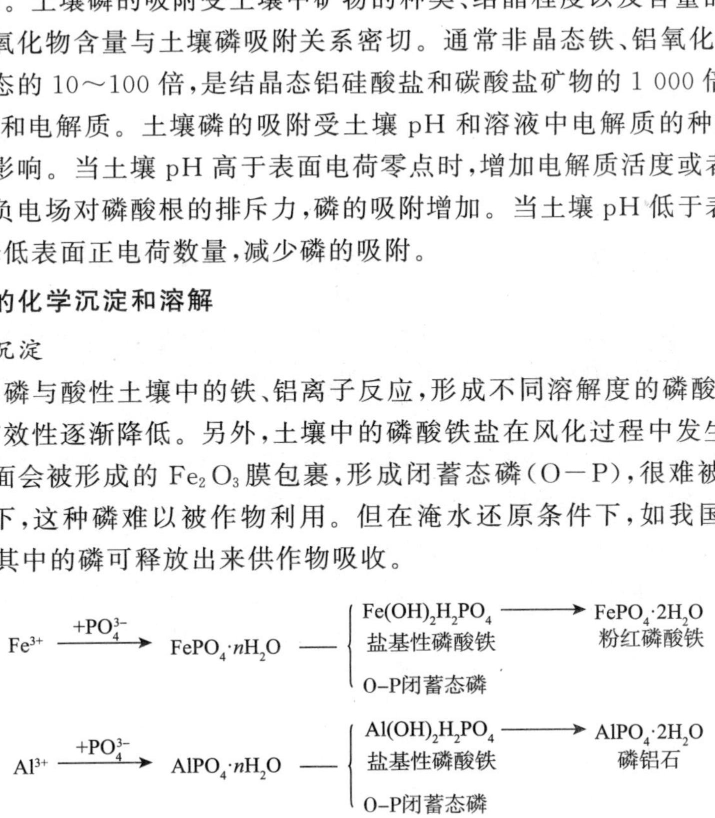

图 5-3　土壤中铁、铝矿物对磷的化学固定作用

石灰性土壤以含钙化合物为主，当磷吸附在碳酸钙矿物表面时，磷会与这些矿物质反应，形成化学沉淀。例如，磷与土壤中碳酸钙发生的化学反应固定过程为：①磷被碳酸钙吸附；②被吸附的磷与碳酸钙反应生成磷酸二钙（$CaHPO_4 \cdot 2H_2O$）；③逐步生成磷酸八钙和磷酸十钙（羟基磷灰石）。这个转化过程初期快，后期缓慢（图 5-4）。随着这一转化过程的进行，生成物的溶解度变小，在土壤中趋于稳定，磷的有效性降低。

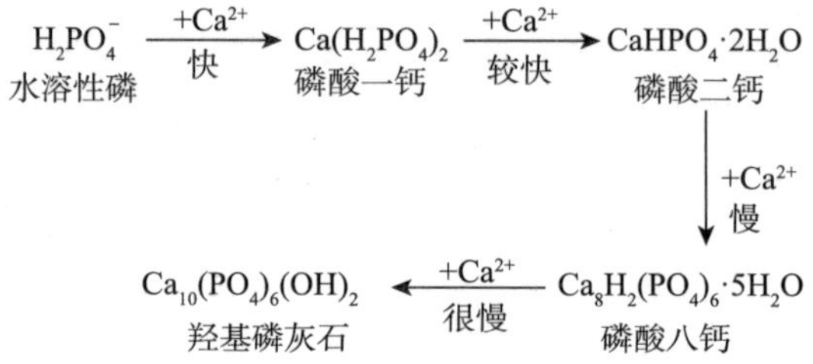

图 5-4　土壤中碳酸钙对磷的化学固定作用

2. 磷的溶解

土壤中难溶性含磷化合物的溶解是一个界面反应，在微酸性至中性（pH 6～7）范围内，土壤的固定作用最弱，磷的有效性最高。另外，随着土壤阳离子交换量、土壤水解性酸度以及土壤温度的增加，难溶性含磷化合物的溶解能力增强。土壤有机质通过与 Ca^{2+} 结合降低其活度促进溶解，或在微生物作用下矿化释放磷。植物根系对磷的吸收及主动分泌作用可以促进磷的释放，土壤微生物也可通过刺激植物根系的生长间接促进土壤中难溶性磷的释放。

3. 影响磷溶解的主要因素

（1）土壤微生物。土壤微生物影响磷溶解主要包括：①在分解植物残体过程中，微生物合成并分泌有机酸、螯合剂分子，从而将被固定的磷释放，并通过与阳离子的螯合作用抑制过饱和溶液的生成和磷的化学沉淀；②土壤微生物分解有机物的过程中释放 CO_2，提高了土壤空气 CO_2 分压和溶解度，从而促进钙镁磷酸盐溶解，抑制沉淀发生；③微生物合成的腐殖酸类物质，以及微生物和根系分泌的有机酸阴离子可以通过与磷酸根竞争吸附点来抑制磷的吸附固定，也可以在铁、铝氧化物表面形成保护膜而减少磷的固定；④腐植质-磷酸复合体的形成可以降低土壤溶液中磷的活度，促进难溶性含磷化合物的溶解；⑤通过菌根吸收磷并向植物体内运输，促进磷的释放。

（2）施肥时间。可溶性化学磷肥施入土壤后，会与铁、铝氧化物，层状铝硅酸盐、碳酸钙以及钙、铁、铝等发生沉淀反应和吸附反应，很快转变为不溶性或缓效性磷，因此，磷肥的有效性会随施入时间的延长而降低。

（3）通气状况。土壤通气状况影响土壤氧化还原电位（Eh）高低，进而影响磷的溶解度。当土壤 Eh 下降时，Fe^{3+} 还原为 Fe^{2+}，而后者的溶解度更高，增加了磷的有效性。通气良好的旱作植物根际微区的 Eh 常低于原土体，磷的有效性也高于原土体。

（4）土壤水分。土壤水分含量影响溶液中磷的数量，也影响溶液中离子的种类、活度和移动速率以及与磷的反应。在淹水条件下，土壤磷的溶解性增加，其主要原因包括铁、锰的还原，促进与铁、锰结合态磷的释放。

（5）其他养分。土壤溶液中的其他养分离子对土壤磷溶解的影响主要表现在：①肥料中的铵态氮的微生物同化和硝化作用，以及植物吸收作用均能够释放质子，促进难溶性含磷化合物的溶解，特别是在根际；②NH_4^+、K^+、Ca^{2+}、Mg^{2+}、Al^{3+}和Fe^{3+}与肥料磷反应形成单质或者沉淀化合物，沉淀生成和溶解取决于土壤溶液中离子种类、活度和土壤pH；③Na^+和K^+随着pH的升高促进磷的解吸，与一价阳离子相比，Ca^{2+}促进磷的吸收，其相对作用与土壤pH有关，只有在表面电荷零点促进作用最小；④无机含氧酸阴离子竞争吸附点位，促进磷的释放。

(6)土壤pH。土壤pH影响土壤溶液中离子的种类和强度，并对土壤固相中磷的形态有决定性作用，从而直接影响土壤磷的溶解过程。在酸性和强酸性土壤中，肥料磷与土壤反应生成磷铝石类和纤磷钙铝石类矿物，在石灰性土壤上多形成含钙的磷酸盐类矿物。当铁、铝磷化合物的沉淀和溶解是控制水溶态磷含量的主要因素时，随着pH的增加，铁、铝的水解作用增强，磷的有效性增加；而在碳酸盐土壤中，则随着pH的降低，磷的有效性增加。通常达到磷肥肥效最佳的土壤pH适宜范围为5.5～7.0(图5-5)。

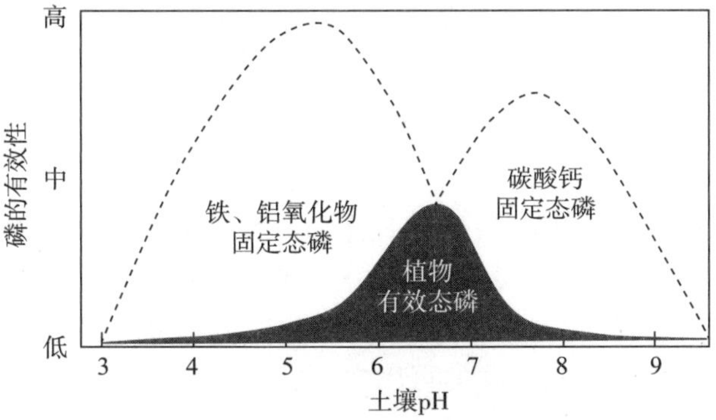

图5-5 土壤pH对磷溶解性的影响

(三)土壤有机磷的矿化和生物固持

土壤有机磷矿化是指土壤中有机态磷化物在微生物的作用下释放出无机态磷的过程。磷是生物必需营养元素之一，对微生物也不例外。微生物在分解利用有机物质过程中，吸收所需要的磷，释放多余的磷，这个过程是有机磷的矿化；如果有机物质提供的磷不能满足微生物的需要，土壤中的磷就会被微生物吸收，这个过程就是磷的生物固持。土壤磷的矿化与生物固持是同时进行、方向相反的两个过程，常用净矿化量或净固持量来表征土壤有机磷的植物有效性和转化的净效率。

有机磷矿化和生物固持是有微生物参与的生物学过程，能够影响土壤生物活性的土壤物理和化学因素均可能影响该生物学过程的方向和强度。这些因素主要包括土壤C/P、水分含量、温度等。

(1)土壤C/P。在有机物质的分解过程中，新鲜有机物质中的磷含量多少影响着土壤中水溶性磷的数量。研究发现新鲜有机物中的C/P＞300时，主要发生磷的净固持；当C/P＜200时，主要发生磷的净矿化；一般有机物质中C/P在200～300时，有机磷的矿化和生物固持维持在平衡状态，土壤溶液中的磷既不增加也不减少。

(2)土壤水分含量。土壤水分含量直接影响土壤生物的活性。例如，接近田间持水量的土壤水分含量，是微生物活动和有机磷的转化最适水分含量。干湿交替作用有利于有机磷的矿化，促进磷的释放。当然，水分含量高于田间持水量时，还可以促进微生物的嫌气分解和有机酸类物质的释放，增加磷的有效性。在淹水条件下，有机质嫌气分解和有机酸的释放，促进有机磷释放和无机磷活化。

(3)土壤温度。土壤温度高时，微生物活性加大，土壤有机磷分解速度加快，造成作物对磷肥的利用能力不同。周年土壤有效磷的变化常呈现出“冬低夏高”的特点。

(四)植物参与的土壤磷转化

植物生长对土壤无机磷和有机磷的转化均有重要影响，主要是通过根系的吸收作用、根系分泌物的活化等作用来共同影响土壤磷转化。

1. 根系的吸收作用

植物根系吸收土壤溶液中的磷可以促进易转化态磷的释放。这是由于植物根系对磷的吸收降低了溶液中磷的活度，促进土壤磷的释放。在土壤溶液中磷活度低时，植物通过改变其根系的形态结构，增加吸收范围。例如，增加根毛的长度、单位根长的根毛数量、根系比表面积和单位土壤体积中根的数量等。另外，植物对钙的利用也可以促进无机磷的释放。研究发现许多对钙吸收能力强的植物，可以活化磷灰石进而促进磷的释放。还有研究结果表明植物体内 $CaO/P_2O_5>1.3$ 的植物往往具有较强的利用磷矿粉的能力。

2. 根系分泌物的活化作用

植物根系通过分泌质子、有机酸和螯合剂分子等物质活化土壤难溶性含磷化合物。许多种耐低磷胁迫的植物可以分泌苹果酸、酒石酸、柠檬酸、草酸和 α-酮戊二酸等，由此产生的根际酸化作用可以促进难溶性含磷化合物的活化。而且，这些有机阴离子还可以与金属离子螯合或者与磷酸根离子竞争吸附点，减少磷的再固定，促进磷的释放。此外，根系释放的铁载体可以与重金属离子结合提高它们的植物有效性，同时还可以促进与之结合的磷酸根的释放。

根系释放的磷酸酶可以通过水解有机磷化合物释放磷，供根系吸收。土壤中的磷酸酶根据其对 pH 的适应性不同，可分为酸性磷酸酶(pH 4～6，主要来源于植物)、中性磷酸酶(pH 7)和碱性磷酸酶(pH 8～10，主要来源于微生物)。

三、磷素资源的主要特征

磷素资源的主要特征为肥料磷资源有限，土壤磷总量大但有效性低，来源的多源性、转化的复杂性、去向多向性及其环境危害性等。

(一)肥料磷资源有限

化学磷肥以磷矿石为原料生产而成，而磷矿石是不可再生的耗竭性资源。地球磷的总贮量中，主要部分存在于陆地的土壤，贮量为 960 亿～1 600 亿 t 磷，而海洋中溶解磷的总量约有 800 亿 t，以磷矿形式的贮量估计为 190 亿 t。

根据美国地质调查局 2015 年公布的数据，全球磷矿储量约 670 亿 t，其中摩洛哥和西撒哈拉 500 亿 t，位居第一。目前我国已探明的资源量仅低于摩洛哥和西撒哈拉，居世界第二位(图 5-6)。我国磷矿资源量虽多，但易开采磷矿储备并不是很丰富。主要体现在中低品位磷矿多，富矿少；胶磷矿多，采选难度大。我国保有磷矿资源储量约为 141 亿 t，其中资源量 101 亿 t，基础储量40 亿 t，在基础储量中，可开采量只有 21 亿 t，其中品位大于 30%的富矿只有 11 亿 t。

我国磷矿资源主要分布集中在中南和西南部地区，其中湖北、贵州、云南、四川四省中磷矿总产量达到 95%以上，资源优势明显。在这几个省份中湖北省具有丰富的磷肥生产，且交通运输方面也比较占优势。湖北省磷矿资源基础储存量占比 31%，是国内最大的磷矿资源地；

贵州省和云南省磷矿储存量占比分别为20%和19%,在国内排名第二和第三位。

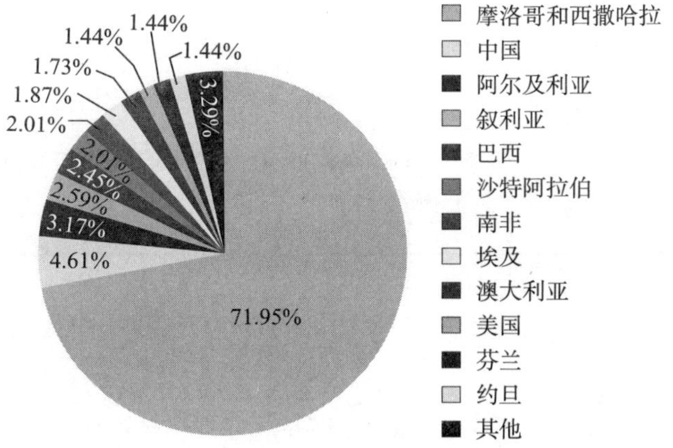

图 5-6　2019 年世界主要产磷国磷矿储量占比

(二)土壤磷总量大,有效性低

我国土壤全磷资源丰富,平均含量约为0.05%,若按土壤容重1.3 g/cm³,耕层深度20 cm计算,相当于每公顷耕层含有13 t的磷,再加上我国自20世纪70年代起,每年施入土壤的磷减去作物收获带走量已由20世纪50年代初的亏缺转为盈余,按照1.3亿 hm² 的耕地面积计算,目前单位面积耕地土壤每年磷盈余量为25～30 kg/hm²(图5-7)。

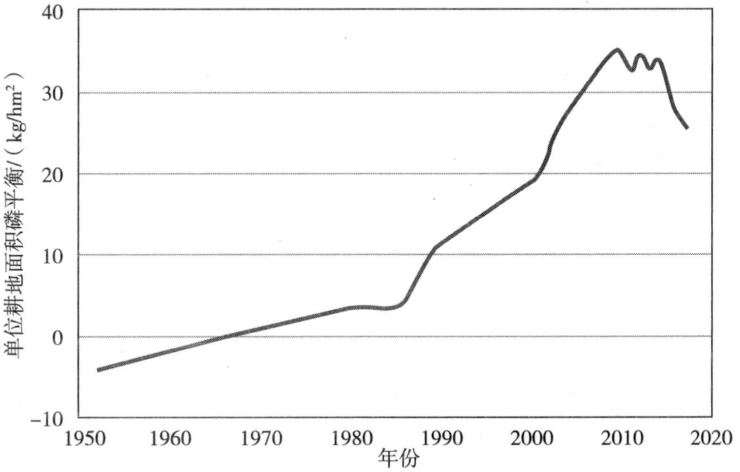

图 5-7　中国农田土壤磷素状况变化表

然而,土壤磷库总量大并不意味着对植物有效性高。土壤中对作物有效的磷主要以 $H_2PO_4^-$ 和 HPO_4^{2-} 的形态存在,其他形态的磷通过沉淀和溶解反应,吸附和解吸反应,以及有机磷的矿化和无机磷的生物固定等转化过程,与土壤有效磷库达到动态平衡(图5-8)。尽管我国土壤磷库宏大,但总体有效性不高。

(三)磷肥后效期长

积累在土壤中的肥料磷并非转为无效态,而是在很长的时段内仍然具有较高的有效性,即磷肥的后效。陕西塿土上的试验结果表明,一次施磷5年后仍可使冬小麦增产42.8%;东北黑土区

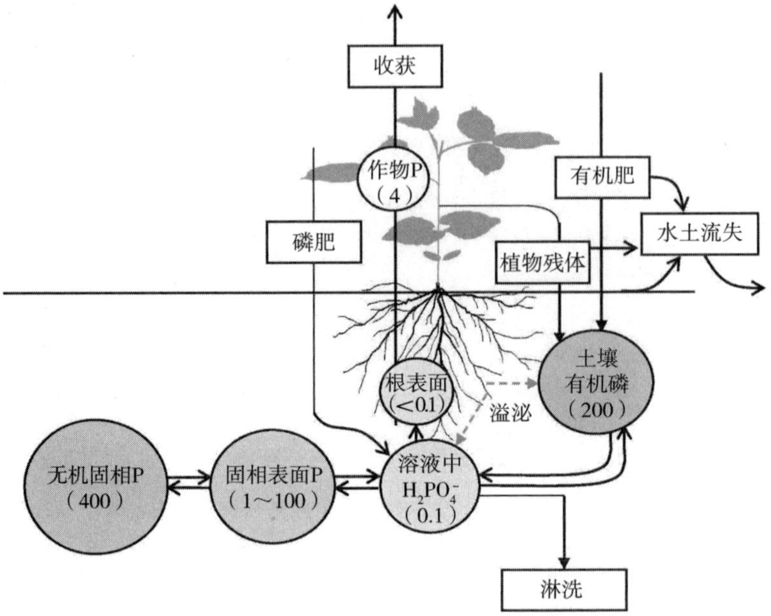

图 5-8 植物—土壤系统磷循环示意图(单位:mg P/kg)

的试验结果表明,13 年连续磷肥施用对春玉米具有 12 年的后效作用,但后效显著时期约为 2 年。盈余在土壤当中的磷经过一系列转化进入土壤有效磷库,进而对作物产生后效。对我国 7 个长期定位试验研究结果表明,农田土壤每 100 kg 磷盈余会使土壤有效磷提高 1.44~5.74 mg/kg。

(四)环境危害大

尽管磷在土壤中移动性差,且易被固定,但当土壤有效磷超过一定量时,土壤磷的径流损失和淋洗的风险会陡然增大(图 5-9)。因此,在土壤中构建宏大的磷库对于保障作物稳产高产

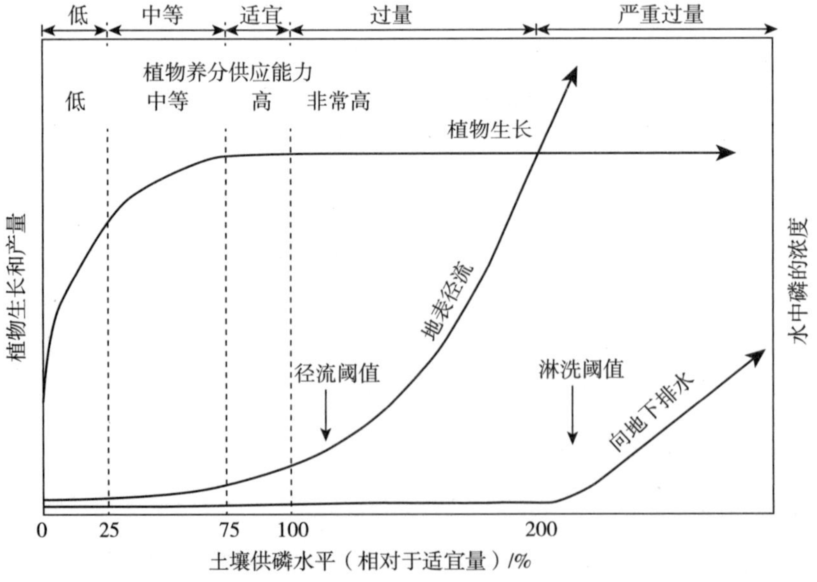

图 5-9 土壤有效磷与植物产量和磷流失之间关系示意图

是必要的，但长期过量累积磷素会提高土壤有效磷进而增加磷流失风险，从而对环境造成危害。

农田系统中磷的流失是一个重要的面源污染源。土壤磷主要通过地表径流、农田排水和淋洗等途径进入水体，磷流失的多少与农田管理、土壤特性和气候条件有关。就淋洗而言，在常规施磷肥条件下，大多数土壤上不会发现磷的明显淋洗。然而，在砂土、高有效磷土壤和过量施用有机废弃物的土壤上，磷的淋洗较明显。对 2012 年中国地表水体磷排放的空间分析表明，东部沿海经济发达、人口密集省份单位面积的平均磷排放量达每年 495 kg/km^2，约为西部地区的 9 倍。因此，农田土壤的磷管理对于从源头控制面源污染至关重要。

面对资源日益耗竭、环境逐步恶化的严峻现实，合理施用磷肥，充分发挥磷肥后效，提高作物磷利用效率和土壤磷的再循环能力，降低农田土壤磷的环境风险，是农业可持续发展的必由之路。

第三节　优化磷肥用量与施用技术

一、确定磷肥用量的方法

（一）恒量监控法

我国基于土壤测试的磷肥推荐最初是以培肥地力、获得稳定高产为目标进行的。自 20 世纪 80 年代起，经过三十年的地力培肥，我国土壤中累积了大量的磷素。据估计，100 kg/hm^2 的磷素累积可以使土壤有效磷提高 3.1 mg/kg，由此推算，我国农田土壤有效磷（Olsen-P）已由 80 年代的平均 7.4 mg/kg 提高到 2009 年的 23 mg/kg 左右。低磷土壤上过量施用磷肥可以培肥地力，但土壤速效磷超过一定值到后，土壤水溶性磷含量显著增大，可能对环境产生潜在的影响。基于土壤测试，肥料效应函数的磷肥推荐方法多注重产量的当季效应，在土壤有效磷含量较低的情况下适用性很好，却不能解决土壤有效磷含量不断升高可能造成的资源与环境问题。

恒量监控法推荐磷肥在提高产量、节约资源、防止土壤过度培肥等方面起到了很好的作用，但随着现代化进程的加剧，农业面源污染问题日益突出，需要新的指标体系划分农业高风险区域，并针对这些区域制定更加严格的磷肥推荐方法。

（二）磷指数法

磷指数是土壤磷流失风险程度的评价指标，确定区域内土壤磷素流失风险区的空间分布，从而针对不同程度敏感区提出养分优化管理策略，控制磷素面源污染。由于农田土壤磷流失的两个主要途径是农田径流（地表、浅层地下水、下渗和暗管排水）和土壤侵蚀流失，因此，磷指数的计算通常包括土壤侵蚀、灌溉侵蚀、径流级别、土壤磷含量、磷肥用量、磷肥施用方法、有机磷肥用量和有机磷肥施用方法等因子。在大量的田间试验基础上，磷指数计算所用到的每个因子都被赋予一个权重，表明不同因子对磷损失的影响力不同。每个特征因子的磷损失率又分为五级，分别为：无、低、中等、高和极高。相关因子的权重及分级值如表 5-10 所示。磷指数是由特定区域的八个特征因子的权重乘以磷损失率后相加得出的（表 5-9）。

表 5-9 磷指数评价系统

磷迁移因子	权重	磷流失等级				
		无 (0.6)	低 (0.7)	中 (0.8)	高 (0.9)	极高 (1.0)
(1)土壤侵蚀	1.0	无	<10 t/hm²	10～20 t/hm²	21～30 t/hm²	>30 t/hm²
(2)径流	1.0	可忽略	很低或低	中	高	很高
		无 (0.2)	低 (0.4)	中 (0.6)	高 (0.8)	极高 (1.0)
(3)重现期/	1.0	>10 年	6～10 年	3～5 年	1～2 年	<1 年
距离		>170 m	131～170 m	81～130 m	30～80 m	<30 m
磷源因子	权重	无 (0)	低 (1)	中 (2)	高 (4)	极高 (8)
(1)土壤背景值	1	无	低	中	高	极高
(2)化学磷肥施用量	0.75	无	1～15 kg P/hm²	16～45 kg P/hm²	46～75 kg P/hm²	>75 kg P/hm²
(3)化学磷肥施用方法	0.5	无	深度>5 cm	播前立即整合	播前整合>3 个月或表施<3 个月	播前整合表施>3 个月
(4)有机肥磷施用量	1	无	1～15 kg P/hm²	16～30 kg P/hm²	31～45 kg P/hm²	>45 kg P/hm²
(5)有机肥磷施用方法	1	无	深度>5 cm	作物种植前立即整合	播前整合>3 个月或表施<3 个月	播前整合表施>3 个月
		无	深度>5 cm	作物种植前立即整合	播前整合>3 个月或者表施<3 个月	播前整合表施>3 个月
磷指数 PI=(土壤侵蚀等级值×径流等级值×重现期)×[Σ(源指标等级值×权重)]						

由于有机肥中的 N、P 的比率(2∶1～6∶1)要低于作物吸收的 N、P 比率(7∶1～11∶1),在大量施用有机肥的地区,如果以作物需氮量为基础决定施肥量,会在土壤中大量累积对于作物吸收来说过剩的磷。因此,在根据磷指数的高低评价磷迁移对地表水的风险后,需要规定相应的有机肥施肥标准(表 5-10)。

表 5-10 磷指数分级、环境风险及有机磷肥管理条例

磷指数	<8	8～14	15～32	>32
环境风险	低	中等	高	极高
管理条例	以作物需氮量为基础确定施肥量	以作物需氮量为基础确定施肥量	磷肥施用量在作物移出磷范围内	不施磷

具体原则为:在磷指数低或中等的地区,采取以作物需氮量为基础的有机肥施用方式;在磷指数高的地区,采取以作物需磷量为基础的有机肥施用方式;在磷指数极高的地区,不施任何磷肥。其中作物需磷量按土壤测试推荐和作物收获移出磷量估算。

(三)土壤测试法

土壤测试法推荐磷肥用量是基于农作物磷养分吸收的土壤化学原理,用相关研究选择最佳浸提剂,测定土壤有效磷养分,然后以校验研究划分生物相对指标下的有效磷肥力指标,确定相应的分级范围值,用以确定磷肥优化用量。

测定土壤有效磷的方法很多,常规方法主要有以下几种:

(1)Olsen 法。Olsen 法测定土壤有效磷是用 $NaHCO_3$ 作浸提剂,此方法特别适用于石灰性土壤的有效磷提取。

(2)Bray1 法。Bray1 法测定土壤有效磷是用 0.025 mol/L HCl+0.03 mol/L NH_4F 作浸提剂,此方法适用于重度到高度风化的弱酸性到中性土壤。

(3)Mehlich3 法。Mehlich3 法测定土壤有效磷是用 0.2 mol/L HOAc+0.25 mol/L NH_4NO_3+0.15 mol/L NH_4F+0.013 mol/L HNO_3+0.001 mol/L EDTA 作浸提剂。此方法适用的土壤范围比较宽,甚至包括碱性土壤,一次浸提可进行 K、Na、Ca、Mg、P、Cu、Zn、Fe、Mn 等多元素测定,敏感性好,测量精度高,可与 ICP 等定量方法联用并与传统常规测试方法有较好的相关性。

(四)养分丰缺指标法

土壤测试结果用来解释其对作物生长、产量和品质的影响,测试结果分析中最关键部分是养分丰缺指标或临界的确定。基于土壤测试的磷肥丰缺指标法通常根据养分平衡与培肥地力的结合来确定。该方法是利用土壤普查的土壤养分测试资料和已有的田间试验结果,结合农民的经验按土壤肥力分成若干等级,根据各种养分丰缺等级确定适宜的肥料用量。

我国对基于土壤测试的磷肥丰缺进行了大量的研究和应用。例如,以山东省测土配方施肥所采用的冬小麦“3414”试验为例,按照相对产量 75%、90%、95%将土壤磷肥力划分为极低、低、中、高四个等级,将各肥力水平下不同试验点的产量与施肥量根据线性加平台模型拟合,通过边际分析,计算各肥力水平下的最佳施磷量用于推荐施肥(表 5-11)。

表 5-11　山东省冬小麦磷肥推荐用量

土壤有效磷/(mg/kg)	相对产量	肥力等级	磷肥用量/(kg/hm^2)
<10	<75%	极低	101～130
10～30	75%～90%	低	81～100
31～40	91%～95%	中	60～80
>40	>95%	高	15～30

(五)肥料效应函数法

肥料效应函数法可以根据施肥量与产量间的定量关系,判断肥料养分效应的大小和特征,确定经济最佳施肥量、最大利润施肥量和最高产量施肥量。应用肥料效应函数法进行推荐施肥过程中,模型的选择非常重要,不同模型拟合出的推荐施肥量往往差异很大。例如,利用二次多项式、平方根及线性加平台等模型模拟巴西磷肥用量与甘蔗产量的关系发现,不同模型拟合出曲线的拐点差异很大,特别是采用二次多项式拟合时往往使推荐施磷量偏高(图 5-10)。

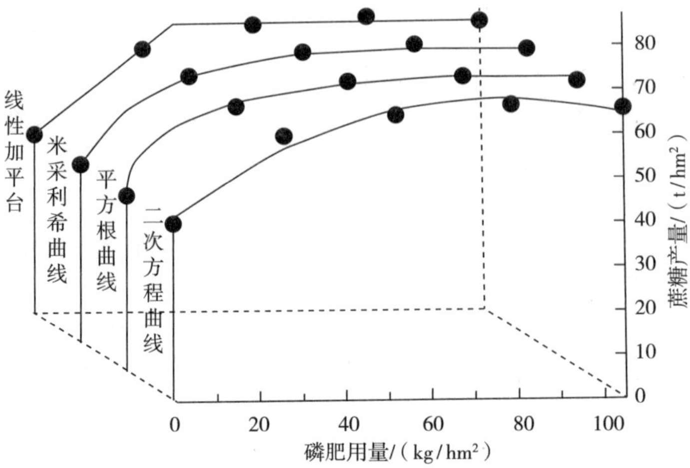

图 5-10 利用不同的反应曲线模拟磷肥用量与甘蔗产量的关系

二、磷肥施用技术

由于磷肥施入土壤后很难发生移动，因此不同磷肥施用方式对土壤中有效磷在水平和垂直方向的分布影响很大。

(一)种肥结合集中深施

研究表明，磷肥作种肥集中施用时，近根区土壤有效磷含量是等量磷肥撒施时的 4 倍。有结果显示磷肥作为种肥局部施用相对于同等肥料(甚至更高)作为基肥撒施，可以明显提高苗期玉米的株高和生物量，进而使玉米产量有显著增加。对不同过磷酸钙用量及施肥方法下苜蓿草产量变化的研究发现，磷肥集中施用在土层下方 5 cm 处和 10 cm 处苜蓿草的产量显著高于磷肥表施处理，其中尤以集中施用在土层下方 10 cm 处产量最高(图 5-11)。

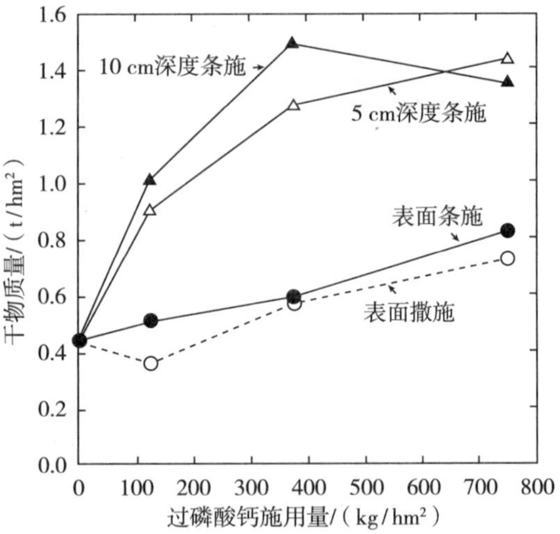

图 5-11 不同过磷酸钙用量及施肥方法对苜蓿草产量的影响(Havlin 等，2006)

磷肥集中深施的作用主要表现在：

(1)满足作物中后期对养分的需求。土壤中有效磷通常集中在 0～20 cm 土层，作物只能在苗期从表层土壤中吸取磷肥，根系伸长以后就难以吸收利用。深施则有效磷含量低的下层土壤也能得到较多的磷肥，从而促进根系发育，满足作物中后期对养分的需求。

(2)避免表土干旱降低养分吸收。在干旱情况下，一方面表层土壤磷的有效性低；另一方面根系受水分胁迫向下伸长，造成根、磷、水的空间不匹配，磷肥适当深施，可以使作物根系、有效磷和水分在空间上耦合，避免表土干旱造成的养分吸收能力下降。

(3)减少固定，增加吸收。由于磷酸根离子极易为土壤所吸附固定以及磷在土壤中的扩散系数极小和土壤溶液中的磷浓度极低(通常低于 10^{-4} mol/L)等原因，磷肥集中施在种子或根部附近，既可减少磷肥与土壤的接触面，降低固定作用，又便于作物根系吸收，一般可提高作物磷利用效率 28%～39%。

但要特别注意的是，磷肥深施不是绝对的，在以下两种情况不适合磷肥深施：①非水溶性磷肥不提倡集中深施。非水溶性磷肥属于迟效磷肥，在土壤中需要酸性条件或通过根际过程使其有效化，若集中深施将不利于其有效性的发挥。②养分贫瘠的地块为保障作物苗期营养的急需，不建议磷肥全部集中深施。养分贫瘠的地块上，作物苗期根系生长较弱，对磷的吸收能力差，需要浅施速效磷肥以满足作物苗期营养的急需。

(二)轮作中磷肥的合理分配

由于作物对难溶性磷的利用能力不同，对于轮作中的两种作物而言，将肥料施于哪一种作物上(也就是肥料的分配问题)对作物磷素利用有一定的影响。轮作中磷肥的合理分配，关系到如何提高磷肥经济效益的问题，可以使有限的磷肥更好地发挥其增产作用。举例说明几种常见轮作方式中磷肥的分配原则：

(1)粮/粮轮作体系。以华北平原的冬小麦/夏玉米轮作体系为例。研究表明，将磷肥重点施于冬小麦，麦收后土壤中残留磷肥对下茬夏玉米的有效程度几乎与夏玉米当季施磷的效果相当。一方面是因为不论施磷肥或不施磷肥，土壤有效磷含量均呈“冬低夏高”的周年变化趋势；另一方面，小麦吸磷力弱，而夏玉米对磷的吸收力强。因此，在中、高肥力土壤上，作物茬口间磷肥分配通常遵照“重冬轻夏”的原则，习惯把磷肥施于小麦茬上，夏玉米利用其后效，可以在不降低粮食产量的前提下，提高磷肥利用效率，降低成本。

(2)粮/肥轮作体系。由于豆科绿肥作物参与轮作，可以通过庞大根系的作用，使土壤中磷养分得以活化和富集。因此，为了提高绿肥作物的单产，增强其改土、培肥的效果，一般应将磷肥(特别是迟效磷肥)分配在吸磷能力很强的绿肥茬口上，发挥“以磷增氮”的作用，后作小麦或玉米则利用其后效，无论在一麦一肥复种或者是粮肥间作中都是比较合理的。

(3)水/旱轮作体系。在水(稻)旱(麦、油)轮作体系中，磷肥施用原则是“旱重水轻”，即在一个轮作周期中，磷肥重点应施在旱作上，其原因主要是淹水条件下对土壤累积态磷的活化能力强。研究表明，在供磷能力较低的砂姜黑土上，冬小麦施用磷肥的后效磷量可使水稻增产稻谷 486.5～1 715 kg/hm^2，增幅 8.0%～28.2%，一季冬小麦施磷留给水稻的后效磷量约占冬小麦施磷量的 1/2。

第四节　提高磷资源效率的生物学途径

一、根际养分调控提高磷效率

根际是根与土壤作用的重要界面，其中发生的各种化学和生物学过程深刻改变了土壤养分，特别是磷养分的生物有效性，从而决定着磷养分的利用效率。因此，提高磷效率的生物学途径之一是调控作物的根际过程。

根际过程的强度高度依赖于植物的营养状况，通过外部养分调控可以强化根际效应，最大化作物根系对养分的利用潜力。根际磷养分调控应把握以下原则。

(一)供磷强度适宜

土壤供磷强度是影响根系吸收磷的生物学潜力发挥的重要因素，对不同类型根系的影响表现出很大的差异。当土壤肥力水平较低又缺乏外部养分投入时，主根分生区细胞分化降低、伸长区细胞生长受抑制，导致主根根长降低，根系发育不良，磷效率低；随着土壤供磷水平提高，根系生长不断加强，根际效率不断提高；然而当土壤肥力过高或者外部资源输入过量时，根系细胞质 pH 平衡遭到破坏，使根毛生长受阻、密度下降，根系与根际的磷效率再次受到抑制，根系效率降低。根层适宜的磷养分供应可以促进根系生长、增强根系分泌有机酸和磷酸酶的速率、增加质子的释放来活化土壤中的磷，从而提高植物对磷的吸收效率。

(二)调节根际 pH

降低根际 pH，通过溶解铁、铝氧化物，减少磷的吸附点位，提高土壤磷养分的有效性。采用铵和磷配合局部施用，可以在石灰性土壤上使根际 pH 降低 2 个单位，从而增强根际磷活化能力，提高磷肥利用效率。

(三)供磷位置适宜

根系对养分的异质性供应会做出敏感反应，养分的供应位置，特别是局部养分供应能刺激大量根系的增生，扩大根系对养分的吸收面积。

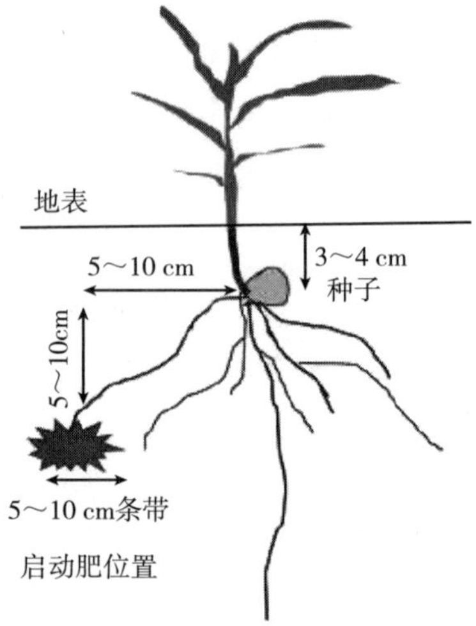

图 5-12　外部养分供应位置示意图

通过养分组成、养分浓度及养分供应位置三者的结合，人为扩大作物的根际效应并充分挖掘根系的生物学潜力，可提高磷的利用效率和作物生产力。特别是在作物幼苗期，如遇到干旱低温等逆境条件，根系自身很难利用各种活化机制来提高对磷的吸收，通过磷的局部调控可以显著促进苗期根系的定植，对提高磷效率有着十分重要的作用。最适供应位置因作物体系、种植模式、土壤条件、外部养分种类等因素而异。以华北地区集约化玉米种植体系为例，对于宽窄行种植，局部调控的位置可设置在窄行中间，即调控的中心点距离两行玉米各为 15 cm；对于均匀行种植方式，调控位置则需要距离每行玉米 5～10 cm 处才能发挥较好的调控效果。调控深度一般距地表深度为 10 cm，施肥沟的宽度在 5～10 cm 为宜，避免根系快速穿过过于狭窄的施肥带(图 5-12)。

二、菌根途径提高磷效率

在 4 亿多年的漫长进化历程中，真菌和植物借助形成菌根建立了牢固的互利互惠的共生关系。植物通过菌根途径扩大根系长度或者改变菌丝际生物化学过程，增加植物对磷等难迁移养分的吸收。菌根途径主要通过以下过程提高作物磷效率。

(一)物理过程

1. 稳定土壤结构

真菌菌丝的直接缠绕作用以及菌丝分泌物的黏结作用能够促进土壤水稳性团聚体的形成。和根系一样，真菌的根外菌丝通过直接地物理性接触将土壤初级颗粒、有机质和小团聚体缠绕起来，促进土壤大团聚体(>250 μm 直径)的形成，增强土壤结构的稳定性。另外，由真菌菌丝产生的球囊霉素及其相关的土壤蛋白、黏液和多糖等被认为是亲水性的黏合剂，将土壤颗粒紧紧地结合在一起，有利于团聚体的稳定。

2.吸收土壤水分

很多证据表明根外菌丝直接吸收土壤水的作用是存在的，即通过其在土壤中延伸和穿入土壤团粒的细微孔隙中、扩大与土壤的接触面积而直接吸收根系无法得到的水分。另外，还有一些研究者则认为根外菌丝直接吸收的水分与植物耐旱性的提高可能存在某种联系，至少在干旱胁迫下真菌根外菌丝吸收的水分能够使植物维持一定的膨压、光合作用和一定量的生长或者延长植物的生命，但这部分水对植物水分代谢的贡献可能是很小的。

(二)生物化学过程

真菌的根外菌丝和植物根系一样，能够分泌一些化学物质改变其周围土壤的性质，主要包括质子、酶类、碳水化合物等。菌丝际土壤的酸碱性变化是由于根外菌丝对阴阳离子的不平衡吸收或分泌酸类物质而造成的。与植物根系吸收 NH_4^+-N 后引起根际 pH 下降一样，在供应 NH_4^+-N 条件下，菌丝吸收 NH_4^+ 后，会向菌丝际分泌 H^+，引起菌丝际的 pH 下降和磷亏缺区的形成，而当菌丝吸收 NO_3^- 后，释放出 OH^-，使菌丝际碱化。另外，pH 的变化也会导致磷酸酶活性的差异，最适的 pH 往往会使磷酸酶活性达到最大。AM 真菌菌丝分泌物中还含有大量的碳水化合物，包括有机酸、低分子糖类等有机物质，不仅为与其伴生的微生物提供了能量和碳源，促进了细菌的生长和代谢活性，而且改变了细菌的群落结构组成。

对于菌根途径提高磷效率的主要作用机制，已被证实的有：

(1)真菌与细菌互作机制。真菌与解磷细菌的接种范围为根际圈，与植物体地下部分形成了一个植物根系-AM 真菌-解磷细菌三重互作的体系来提高植物对磷的吸收能力。

(2)AM 真菌-植物共生体的 C-P 交换机制。碳磷交换是维持真菌共生体稳定的关键。由于植物生长所需要的磷资源远远高于真菌，所以当植物和 AM 真菌形成共生体后真菌吸收到的过多的磷资源几乎都是为了满足宿主植物的生长。AM 真菌和植物共生时碳水化合物的获取和对植物磷养分的贡献是一种公平的市场交换机制。

(3)植物-AM 真菌群落的共生机制。不同种类的 AM 真菌要和不同种类的解磷细菌产生共生关系，才能获取到更多的资源。菌丝是作物吸磷的主要场所，真菌和解磷细菌的合作不仅扩大了植物养分吸收的范围，同时还能增加土壤难溶性磷的活化量(图 5-13)。

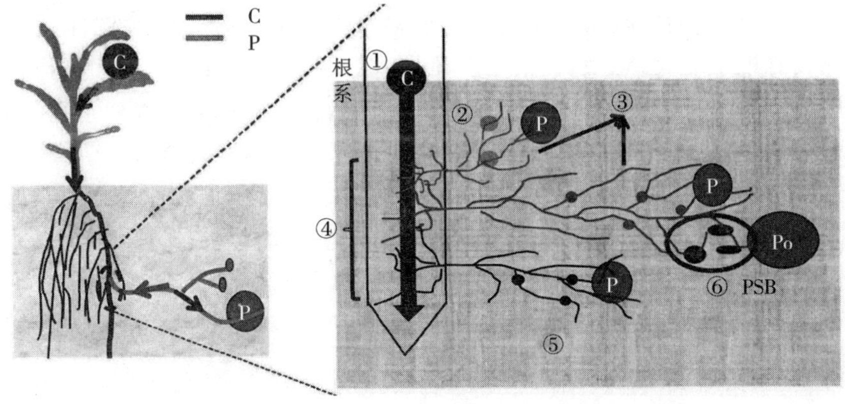

图 5-13　植物-AM 真菌群落的共生机制(石宁，2016)

①植物对不同 AM 真菌碳源的偏好分配；②不同 AM 真菌生物特性(菌丝长度)对磷吸收存在差异；③不同 AM 真菌根外菌丝在吸收土壤磷方面存在功能冗余；④根内菌丝通过优先效应竞争根系空间获取碳资源；⑤AM 真菌会帮助植物提高对干旱胁迫抗性；⑥不同 AM 真菌种类和菌丝活性决定菌丝际细菌群落结构，真菌细菌互作促进土壤有机磷的矿化。

三、选育磷高效品种提高磷效率

有研究表明，同一作物种类的不同基因型吸收利用磷的效率具有显著差异。李振声等曾对 2 000 多份小麦种质的磷效率进行了鉴定，证明同样施磷条件下，不同小麦基因型的增产率具有显著的差异(图 5-14)，玉米、棉花和豆科作物的相关研究也大多如此。这些研究证明选育磷高效基因型可以提高作物吸收利用磷的效率。

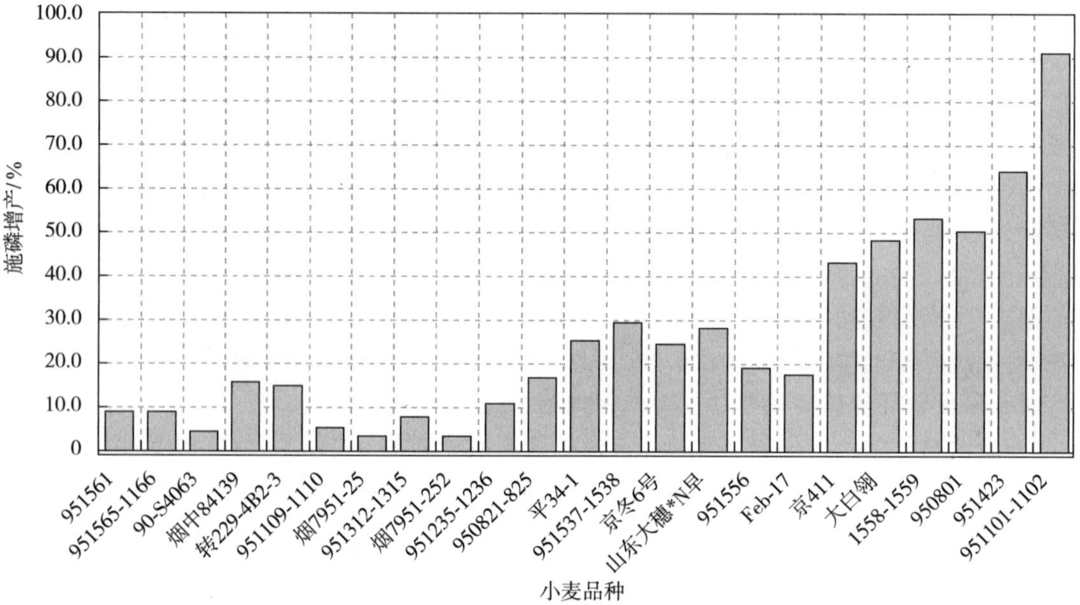

图 5-14　施磷对不同小麦品种的增产作用

磷高效品种通常具有良好的根系形态特征。在土壤溶液磷的浓度很低的条件下，植物根系吸收的磷主要靠扩散作用提供，而质流的作用很有限。但磷的扩散距离很短，只有几毫米，因此植物吸磷总量在很大程度上取决于植物根系吸收表面积的大小。根系大小、根毛密度及根毛长度、根系在土壤中的空间构型都是决定作物磷养分吸收效率的关键性状。通常磷高效的植物品种都具有根系庞大、总根长、根毛多而长、根/冠比大的特点。一些植物的根系构型也会在缺磷条件下发生变化。例如，白羽扇豆在缺磷时会长出排根以增大根系吸收表面积；磷高效的菜豆品种在缺磷时，基部根系趋向土壤表层分布以获取更多的磷。

目前已经鉴定出很多与养分高效吸收相关的基因或数量遗传控制位点(QTL)，其中一些已经在养分高效育种中显示出良好的应用前景。磷效率基因型差异不仅表现在植物吸收磷，而且表现在体内磷的利用方面。磷高效品种可以分为两种，一种是对养分投入敏感的高养分投入高产品种；另一种是对养分投入不敏感的节肥高产品种。在实际应用中要根据其品种特性，合理施肥，最终达到高产、高效、节肥的目标。

四、利用间套作模式提高磷效率

不同物种对磷的吸收能力存在差异，将磷高效基因型与磷低效基因型的作物进行间作套种或者混种，磷高效品种活化的磷能被磷低效品种吸收利用，从而改善磷低效品种的磷营养状况。

研究发现蚕豆/玉米和小麦/鹰嘴豆间作体系相较于单作体系，玉米产量平均提高了43%，吸磷量提高24%；蚕豆产量平均提高26%，吸磷量提高56%。表明玉米/蚕豆间作不仅改善了蚕豆的磷营养，也同时改善了玉米的磷营养，二者具有明显的互惠作用。应用根系分隔技术发现无论在田间条件下还是在室内盆栽条件下，蚕豆均能改善玉米磷营养。这一促进作用不仅体现在作物根系占据土壤空间的互补性方面，而且也体现在蚕豆的种间根际效应上，即蚕豆的根际效应有利于玉米从土壤中获得更多的磷(图5-15)。蚕豆改善玉米磷营养的根际效应机制主要包括：蚕豆相对于玉米具有更强的质子释放能力，能够显著地酸化根际(图5-16)，从而有利于难溶性土壤无机磷(如Fe-P和Al-P)的活化和蚕豆及玉米对磷的吸收利用。此外，蚕豆根系释放更多的有机酸，也能促进难溶性磷的活化，从而有利于两种作物的磷营养吸收。

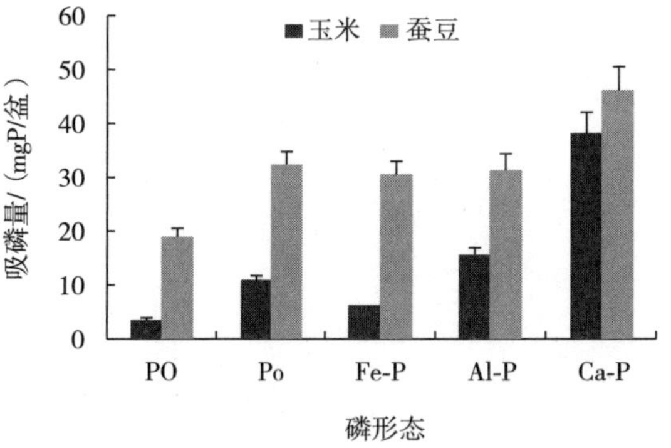

图5-15　蚕豆对难溶性无机磷和有机磷的利用能力均远远强于玉米

P_0:不施磷；P_o:有机磷；Fe-P: $FePO_4$；Al-P: $AlPO_4$；Ca-P: CaH_2PO_4

图5-16　蚕豆(左)和玉米(右)根际酸化能力的差异

(蚕豆和玉米根系在含pH指示剂-溴甲苯酚紫的琼脂中反应6 h根际pH的变化情况，黄色表明酸化，紫色表明碱化)

植物品种在活化利用土壤有机磷方面具有显著的差异。当有机磷活化能力强的物种和有机磷活化能力弱的物种间作具有种间的促进作用。例如，鹰嘴豆/小麦体系中，除了根际酸化的机制，另外一个主要原因是由于鹰嘴豆根系分泌更多的酸性磷酸酶(图5-17)，鹰嘴豆根际土壤酸性磷酸酶活性因而也比玉米根际酸性磷酸酶活性高出1～2倍。

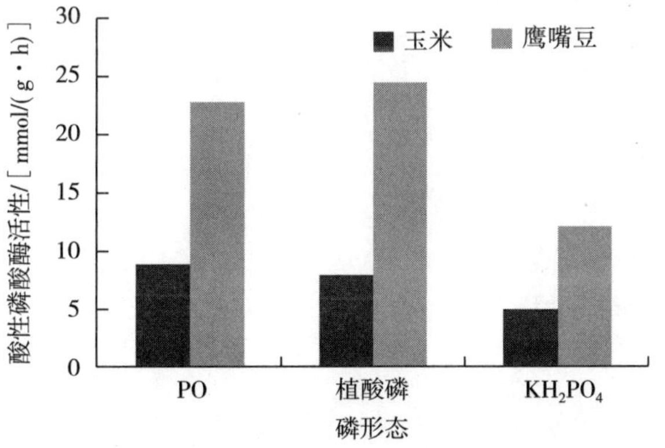

图5-17　鹰嘴豆根系酸性磷酸酶活性显著高于玉米

复习思考题

1. 试阐明磷肥利用率低的原因。
2. 假定土壤 0～30 cm 磷含量为 0.1%，土壤容重 1.3 g/cm^3，植物一年吸磷 30 kg P/hm^2，若消耗土壤全磷的 50%，可维持多少季种植作物需要？
3. 影响作物磷吸收效率的两个重要因素是什么？被土壤固定的磷是否全部对作物无效？
4. 土壤 pH 如何影响磷的有效性？
5. 早春低温干旱区域，磷肥施用应注意哪些问题？
6. 提高磷养分效率的生物学途径有哪些？

第六章

钾素资源管理

◇ 教学目标

1. 掌握农田系统钾素输入、输出与平衡的特征及钾素养分管理的重要性。
2. 掌握农田土壤钾素的转化、循环特点和钾素资源的主要特征及其对钾素养分管理的意义。
3. 掌握钾素资源管理的原则及优化钾肥用量的方法，了解不同方法的适用性。
4. 掌握钾资源高效利用与替代的技术途径及其在钾素资源综合管理中的地位和作用。

钾是农业生产中重要的产量、品质和抗逆元素。近年来，随着作物复种指数和产量的提高，我国土壤钾素的缺乏面积逐年扩大，钾肥的需求量不断增加。然而，世界钾肥资源有限，尤其对于我国这种钾资源严重匮乏的国家，农业生产中钾肥管理不当，不仅不能发挥钾的营养作用，反而造成资源浪费，还可能导致环境污染。因此，深入理解钾素资源的特征，优化钾肥管理，充分发挥钾在提高产量、改善品质和抗逆方面的作用，促进钾资源的可持续利用具有重要意义。

第一节　农田系统钾素输入、输出与平衡

农田土壤钾素输入主要来自化肥钾、有机肥钾，少量来自大气干湿沉降、灌溉和种子等。农田土壤钾素输出包括作物收获带走、淋洗损失、地表径流与土壤侵蚀等。通过农田系统钾素资源综合管理，可以有效利用各种来源的钾，减少钾素的环境淋洗风险，提高钾资源的利用效率，实现作物高产稳产和农业的可持续发展。

一、农田钾素输入

(一)化肥钾

化肥钾是农田生态系统中主要的钾素输入途径。钾肥主要由含钾矿物，特别是钾石盐型和光卤石型等固体可溶性钾矿盐生产，也可以从盐湖水、盐井水和地下卤水中提取。目前，世界上约95%的钾盐用于钾肥生产，主要产品有氯化钾(K_2O 50%～60%)和硫酸钾(K_2O 50%～54%)。化成二元复混肥硝酸钾(K_2O 45%～46%)和磷酸二氢钾(K_2O 34%)以及新近生产的复盐硫酸钾镁肥(K_2O 22%)也是化学肥料的钾源。另外，某些工业副产品或生活副产物含有一定数量的钾，也可作钾肥施用，如窑灰钾肥(K_2O 1.6%～23.5%)、草木灰(K_2O 0.6%～35.4%)等。

我国化学钾肥的施用历史比较短。20 世纪 80 年代之前，我国钾肥消费量不足世界总消费量的 5%；1987 年，我国钾肥（K_2O）用量首次突破 100×10^4 t，此后，快速增加，2004 年钾肥用量增加至 557.9×10^4 t，超过巴西、美国和欧盟，占世界总消费量的 20.2%，居世界第一；2015 年钾肥消费量达最大值 1 184.4×10^4 t，占同年世界钾肥消费总量的 32.9%，之后有所降低（图 6-1）。

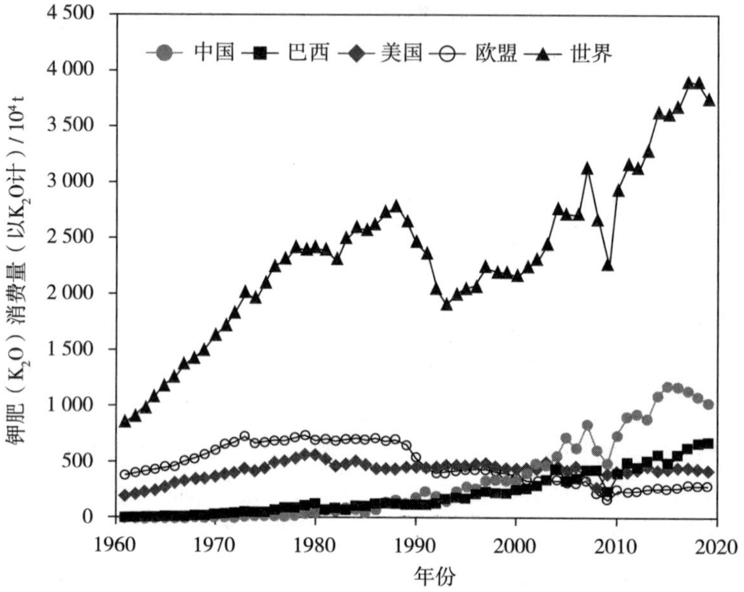

-1　中国、巴西、美国、欧盟及世界钾肥（K_2O）消费量变化（根据 FAO 数据绘制）

20 世纪 90 年代以来，我国钾肥的消费结构变化较大。20 世纪之前，钾肥的表观消费量主要来自进口，2001—2015 年，我国钾肥的生产量、表观消费量均大幅度增加，2016—2019 年增幅减缓。与此同时，2000 年以后，我国钾肥表观消费对进口的依赖程度从 90% 以上降低到 50% 以下。我国钾肥出口始终处于较低水平（表 6-1）。

表 6-1　1991—2019 年中国钾肥（K_2O）消费总量变化（FAO，2022）　t

时期	生产量	进口量	出口量	表观消费量
1991—1995 年	12.0±6.0	219.0±48.3	4.1±8.1	226.9±47.5
1996—2000 年	21.9±3.7	347.2±39.3	40.3±9.1	328.8±36.1
2001—2005 年	75.2±44.1	477.4±78.2	23.1±6.6	529.5±124.7
2006—2010 年	295.1±88.6	393.1±171.0	22.6±7.2	665.6±133.7
2011—2015 年	549.2±54.8	479.7±86.2	24.9±9.1	1 003.9±131.0
2016—2019 年	622.7±29.5	511.5±61.2	38.0±14.2	1 096.2±39.0

我国钾肥分配存在较大的年际、区域和作物之间的变异。根据《中国农业年鉴》数据统计，我国单位耕地面积钾肥（K_2O）用量从 1980 年的 2.4 kg/hm^2 增加到 2014 年的 38.9 kg/hm^2，达到最高，之后下降到 2020 年的 32.4 kg/hm^2。不同区域钾肥用量的差异也非常大，2020 年全国各省市单位面积的钾肥用量以福建省、海南省和广东省较多，青海省最少（表 6-2）。

表 6-2　2020 年全国各省单位耕地面积钾肥(K_2O)用量(《中国统计年鉴》,2022)　kg/hm²

地区	钾肥用量	地区	钾肥用量	地区	钾肥用量	地区	钾肥用量
北京	35.6	上海	6.7	湖北	32.7	云南	32.5
天津	28.2	江苏	22.0	湖南	44.3	西藏	12.5
河北	25.9	浙江	25.6	广东	93.6	陕西	55.2
山西	23.2	安徽	28.8	广西	89.0	甘肃	19.9
内蒙古	19.3	福建	120.5	海南	113.5	青海	2.6
辽宁	25.2	江西	27.1	重庆	15.4	宁夏	23.0
吉林	20.5	山东	29.3	四川	15.3	新疆	35.5
黑龙江	20.7	河南	35.6	贵州	13.3		

同一区域在不同作物上的钾肥分配也存在差异,张福锁等(2008)对全国粮食主产区进行的 1 333 个田间试验结果进行统计分析,四川省水稻、小麦钾肥用量相近,分别为 90 kg/hm² 和 92 kg/hm²;江苏省水稻钾肥用量为 85 kg/hm²,而小麦为 183 kg/hm²,是水稻钾肥用量的 2.2 倍,不同作物间的差异较大(表 6-3)。

表 6-3　水稻、小麦、玉米钾肥(K_2O)施用量(张福锁等,2008)　kg/hm²

作物	样本数	地区	施钾量
水稻	32	四川、重庆	90
	76	江苏、江西	85
小麦	89	河北、天津	102
	22	江苏	183
	28	陕西	98
	26	四川	92
玉米	87	河北、天津	119
	13	陕西	97

(二)有机肥钾

有机肥钾是我国农田生态系统中钾的重要来源。在化学钾肥普及应用前的传统农业中,我国农田中钾的投入几乎全部来自于有机肥。20 世纪七八十年代后,随化肥养分投入的增加,有机肥用量下降,有机肥钾的占比有所降低。尽管如此,直到 2006 年,有机肥提供的钾仍高达 64.1%;2010 年后,随秸秆还田等有机替代技术的研究及推广,来自有机肥钾比例有所提高(表 6-4)。

表 6-4　我国钾肥施用有机无机来源比例(牛俊玲等,2010)　%

年份	K_2O	
	有机肥	化肥
1949	100	0
1957	100	0

续表 6-4

年份	K_2O	
	有机肥	化肥
1965	99.9	0.1
1975	97.3	2.7
1980	92.8	7.0
1983	88.5	11.5
1990	77.4	22.6
2006	64.1	35.9
2010s	76.4	23.6

有机肥料资源复杂多样，按照全国农技推广服务中心对我国有机肥料资源的划分，杜为研等(2020)归纳汇总秸秆资源、畜禽粪污资源与绿肥资源量并估算了有机钾素资源量，认为目前有机资源养分总量约 7 519.5×10^4 t，其中，有机肥钾资源总量为 3 249.1×10^4 t，占有机养分资源总量的 43.2%。有机肥钾资源中，秸秆钾占 35.4%，畜禽粪污钾占 49.3%，其他有机源钾占 15.3%(表 6-5)。

表 6-5　我国不同时期有机钾素(K_2O)资源数量(杜为研等，2020)　　10^4 t

年份	有机肥钾养分量			总量
	秸秆	畜禽粪污	其他有机源钾	
2010s	1 375.1	1 650.6	523.2	3 548.9
2013	1 041.6	1 680.0	638.4	3 360.0
2015	1 159.5	1 591.0	496.2	3 246.7
2016	1 000.0	1 487.0	354.0	2 841.0
平均	1 150.8	1 602.1	496.2	3 249.1

不同有机肥料钾含量存在较大差异。通常主要植物秸秆的含钾量在 0.5%～1.6%；人粪、尿的钾含量分别为 0.5%和 0.2%，粪肥大于尿肥；猪、牛、马、羊等家畜粪肥的钾含量分别为 0.44%、0.15%、0.24%和 0.25%，尿肥中钾含量分别为 0.95%、0.66%、1.50%和 2.10%；厩肥的钾含量与家畜(禽)种类、垫圈材料的类型和用量有关，通常在 0.40%～0.67%；不同饼肥、绿肥的钾含量变异也比较大，为 0.97%～2.13%、0.82%～3.66%(表 6-6)。

表 6-6　不同种类有机肥中钾(K_2O)含量(胡霭堂，2005)　　%

类别	种类	K_2O	类别	种类	K_2O
秸秆类	麦秆	0.53～0.60	饼肥	大豆饼	2.13
	稻草	0.85		芝麻饼	1.30
	玉米秸	1.67		花生饼	1.34
	豆秸	0.50		棉籽饼	0.97
	油菜秸	1.13		菜籽饼	1.40

续表 6-6

类别	种类	K_2O	类别	种类	K_2O
饼肥	蓖麻子饼	1.90	粪尿肥	鸭粪	0.62
	柏子饼	1.19		鹅粪	0.95
	茶籽饼	1.23		鸽粪	1.00
	桐子饼	1.30	厩肥	猪	0.60
	椰子饼	1.96		牛	0.40
	大麻子饼	1.35		马	0.53
	胡麻饼	1.27		羊	0.67
粪尿肥	人粪	0.50	绿肥	紫云英	1.91
	人尿	0.20		毛叶苕子	2.25
	猪粪	0.44		黄花苜蓿	2.38
	猪尿	0.95		草木樨	2.40
	牛粪	0.15		肥田萝卜	3.66
	牛尿	0.66		油菜	2.57
	马粪	0.24		田菁	1.68
	马尿	1.50		柽麻	0.82
	羊粪	0.25		紫花苜蓿	1.49
	羊尿	2.10		紫穗槐	1.81
	兔粪	1.02		沙打旺	2.53
	鸡粪	0.85		红三叶	2.53

(三)其他来源的钾

农田生态系统中,随播种或秧苗移栽可有少量的钾带入土壤。秧苗钾和种子钾带入数量的多少与作物类型有关。例如,水稻秧苗可带入 9.6 kg/hm²,花生种子带入量 6.1 kg/hm²,而小麦、水稻、玉米等直播粮食作物的种子钾带入量不足 1 kg/hm²,按照目前钾肥推荐用量计,只占养分投入的 2%～5%,甚至更少。

灌溉也可携带部分钾素进入土壤,成为农田生态系统的钾素来源。灌溉水补充钾的数量取决于灌溉次数、灌溉量和灌溉水中的钾含量。根据统计资料,每年通过灌溉带入农田的钾量与氮素相当,不同地区变化在 3～15 kg/hm²。与肥料钾相比,灌溉水带入的钾所占的比例较小。

降水对钾的输入较磷约大一个数量级,Cooke(1981)根据世界各地雨水中养分含量测定结果估计,每年通过降水带入土壤的钾在 1～12 kg/hm² 范围内。根据我国的观测资料,每年通过降水带进农田的钾量平均在 3～10 kg/hm²,而多数在 4～8 kg/hm²,部分地区低于 4 kg/hm² 或高于 10 kg/hm²。虽雨水中的含钾量不多,但对于森林、撂荒地和低钾农田仍具有重要意义。

二、农田土壤钾素输出

土壤钾素被植物吸收后移出是农田系统钾素最重要的输出方式。淋洗损失、地表径流和土壤侵蚀也是农田系统钾素向外迁移的重要途径，过量的钾移出后进入水体会导致水体富营养化。

(一)作物吸收与移走

农田钾素支出的主要途径是通过茎叶、籽粒、块根和块茎等植物收获物移出的钾。钾是植物体内含量最多的阳离子，许多植物对钾的需求量都很大，它在植物体内的含量仅次于氮。一般植物体内钾(K_2O)的含量为0.3%～5.0%，植物的钾含量因植物种类、品种、生育期、器官和土壤供钾水平而存在较大差异(表6-7)。

表6-7　主要农作物不同部位中钾的含量(《农业化学(总论)》,1990)　　%

作物	部位	K_2O	作物	部位	K_2O
小麦	籽粒	0.61	水稻	籽粒	0.30
	茎秆	0.73		茎秆	0.90
棉花	籽粒	0.90	马铃薯	块茎	2.28
	茎秆	1.10		叶片	1.81
玉米	籽粒	0.40	糖用甜菜	根	2.13
	茎秆	1.60		茎叶	5.01
谷子	籽粒	0.20	烟草	叶片	4.10
	茎秆	1.30		茎	2.80

作物吸收量可以根据作物经济产量和生产单位经济产量所需钾的数量进行估算。例如，冬小麦在每公顷6 000 kg产量水平时，每形成100 kg籽粒需要吸收的钾(K_2O)为2.5 kg，则每公顷冬小麦由茎秆和籽粒带出的钾(K_2O)为150 kg。由于特定植物的化学组成基本稳定，单位经济产量的吸钾量是一个相对稳定的数值，可以从相关资料中查询获得(表6-8)。同时，由于该数值也受到作物基因型、产量水平及土壤供钾水平等因素的影响，应尽量选择当地近期数据。我国目前(2015—2020)小麦、玉米、水稻三大粮食作物平均每年钾的吸收量(K_2O)分别为333×10^4 t、557×10^4 t和663×10^4 t，共计1 553×10^4 t；苹果、柑橘、梨和葡萄几种主要水果钾的吸收分别为129×10^4 t，30×10^4 t、52×10^4 t和42×10^4 t，共计353×10^4 t。

表6-8　不同植物形成100 kg经济产量需钾量　　kg

作物		收获物	从土壤中吸取钾(K_2O)的数量*
大田作物	水稻	稻谷	3.13
	冬小麦	籽粒	2.50
	春小麦	籽粒	2.50
	大麦	籽粒	2.20
	荞麦	籽粒	4.30
	玉米	籽粒	2.14
	谷子	籽粒	1.75
	高粱	籽粒	3.00
	甘薯	块根**	0.55

续表 6-8

作物		收获物	从土壤中吸取钾(K_2O)的数量*
大田作物	马铃薯	块茎	1.06
	大豆***	豆粒	4.00
	豌豆	豆粒	2.86
	花生	荚果	3.80
	棉花	籽棉	4.00
	油菜	菜籽	4.30
	芝麻	籽粒	4.41
	烟草	鲜叶	1.10
	大麻	纤维	5.00
蔬菜作物	黄瓜	果实	0.55
	茄子	果实	0.68
	架芸豆	果实	0.40
	番茄	果实	0.50
	胡萝卜	块根	0.50
	萝卜	块根	0.50
	结球甘蓝	叶球	0.38
	洋葱	葱头	0.23
	芹菜	全株	0.42
	菠菜	全株	0.52
	大葱	全株	0.40
果树	柑橘(温州蜜柑)	果实	0.40
	梨(20 世纪)	果实	0.48
	柿(富有)	果实	0.54
	葡萄(玫瑰露)	果实	0.72
	苹果(国光)	果实	0.32
	桃(白凤)	果实	0.76

注:* 包括相应的茎、叶等营养器官的养分数量。

** 块根、块茎、果实均为鲜重,籽粒为风干重。

*** 大豆、花生等豆科作物主要借助根瘤菌固定空气中氮素,从土壤中吸取的氮素仅占 1/3 左右。

(二)农田钾的淋洗

钾在土壤中以阳离子形态存在,容易被土壤胶体吸附固定,大多数土壤钾的淋洗损失较少。农田钾的淋洗数量与土壤质地、气候条件、栽培制度等有关。在降水或灌溉水量较大且大量施用钾肥的情况下,进入土壤的钾超过土壤的吸收保持能力后,钾的淋洗量增加,且不同土壤之间也存在较大差异(图 6-2)。黏质土、粉砂壤土、2∶1 型黏土矿物为主的土壤,阳离子交换量大,能保持较多的钾,淋洗损失相对较少;砂质土、1∶1 型黏土矿物为主的土壤,阳离子交换量小,钾的淋洗损失相对较大。在降水量大的地区或水田中,钾的淋洗损失明显,一般南方水田约 12 kg/hm^2,北方水田约 6 kg/hm^2,旱地土壤一般没有钾淋洗。

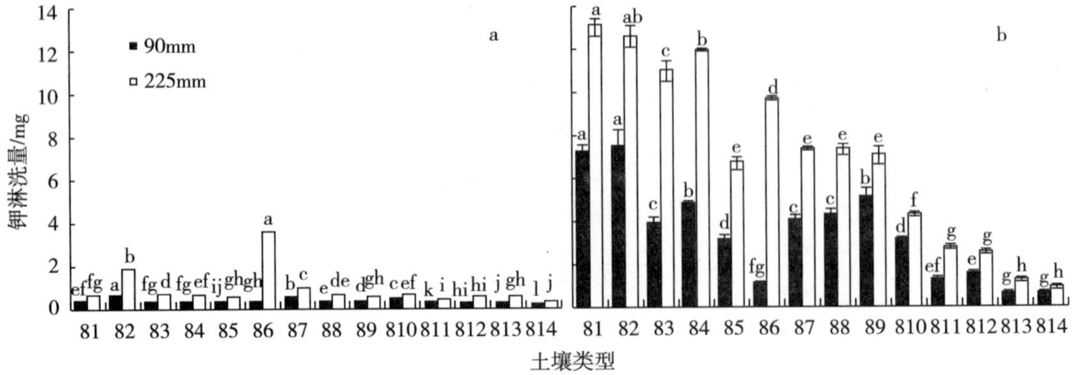

图 6-2　14 种农业土壤、两种降雨强度(90 mm 和 225 mm)不施钾肥(a)和施用钾肥(b)情况下钾的淋洗量比较(Lu 等,2022)

注:误差线表示平均值的标准误差($n=4$)。不同土壤中每种降雨强度具有相同字母的均值差异不显著($P<0.05$)。

(三)钾的侵蚀与径流

通过侵蚀和径流引起的钾素养分流失的数量与坡度、降水和植被等因素有关,在坡度较大、降雨量大和植被覆盖度低的情况下,更容易发生土壤侵蚀和地表径流,造成钾素流失。以陈正刚等(2009)在贵州省罗甸县的研究结果为例,试验地点海拔为 630 m,坡度为 11.3°～24.3°,气候属亚热带季风湿润半湿润气候,年平均温度为 19 ℃,年降水量为 1 200 mm,每年雨季产生的地表径流为 1 781～3 167 t/hm²,通过径流带走的有效钾为 15～36 kg/hm²;每年土壤侵蚀量为 35 171～102 330 kg/hm²,由土壤侵蚀流失的有效钾为 6～9 kg/hm²,全钾为 616～1 561 kg/hm²,不同种植制度间存在差异。由此可见,在地势较高的山地或高原区,这种由径流或土壤侵蚀造成的钾损失不容忽视;平原地区坡度平缓,土壤侵蚀现象不易发生,通常认为一定面积的土壤通过径流流入和流出的钾大体相当,由土壤侵蚀与径流引起的土壤钾素输出常可忽略不计。

三、农田生态系统的钾素平衡

在农田生态系统中,钾素养分通过化肥、有机肥、种子、降雨和灌水等方式进入土壤后,经过一系列的迁移和固持作用,一部分保留在土壤中,另一部分通过作物吸收、淋洗、侵蚀径流等过程移出土体。若将化肥、有机肥、种子、降雨和灌水等方式进入土壤的钾作为农田生态系统的钾输入,将作物吸收、淋洗、侵蚀和径流等过程移出的钾作为系统的钾输出,则农田生态系统的钾平衡等于钾输入和钾输出的差值。若钾输入大于钾输出,钾平衡为正值,表示农田钾素盈余;相反,若钾输入小于钾输出,钾平衡为负值,表示农田钾亏缺。也有学者只考虑化肥钾和有机钾投入和作物钾吸收计算钾平衡,用于评价农田系统钾的环境淋洗风险。农田钾素平衡作为评估钾素在农田系统循环过程的有效手段,可以为判断钾肥施肥制度的合理性及制定科学的钾素养分管理策略提供依据,为实现农业持续发展提供保障。

在农田种植制度变革、钾肥供需变化和国家政策引导等多方面的影响下,我国农田系统钾的总体平衡从 20 世纪 80 年代的亏缺(−24.2 kg/hm²)到 2010 年略有盈余(19.5 kg/hm²)(图 6-3)。不同区域的钾平衡变异较大,1980—2015 年,东北、华北、西北、长江中下游、东南、西南 6 个地区平均钾(K_2O)平衡分别为 −21.37 kg/hm²、1.25 kg/hm²、13.70 kg/hm²、

$-22.79\ kg/hm^2$、$99.22\ kg/hm^2$ 和 $7.18\ kg/hm^2$，差异较大。

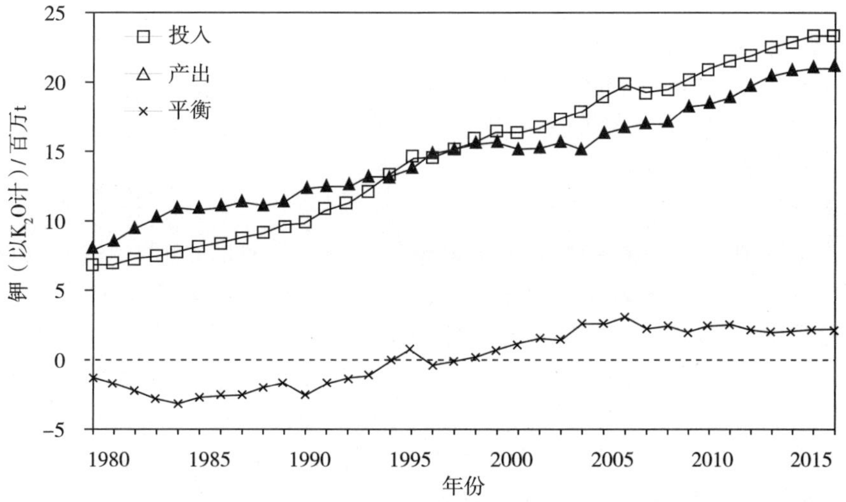

图 6-3　1980—2015 年全国农田系统钾投入和产出及总平衡变换（Liu 等，2017）

同一区域不同作物的生产体系中，钾平衡的表现也不相同。如小麦—玉米轮作体系中，小麦季钾平衡值为 $74\ kg/hm^2$，表现为盈余；玉米季钾平衡值为 $-132\ kg/hm^2$，表现为亏缺。在经济作物中，往往存在过量的有机肥钾和化肥钾投入的现象，表现为钾盈余较大，如山东保护地蔬菜表观钾平衡高达 $3\ 437\ kg/hm^2$，具有较大的环境淋洗风险。

第二节　农田土壤钾素转化、循环及钾素资源特征

一、土壤钾素资源

(一)土壤钾素的形态

土壤全钾是土壤所有形态钾素的总和，包括水溶态钾、交换态钾、缓效钾或非交换态钾、矿物态钾四种类型。

1. 水溶态钾和交换态钾

植物主要从土壤溶液中以 K^+ 形态吸收钾，因此对植物有效的钾包括土壤溶液中的水溶态钾和易从土壤胶体表面交换下来的交换态钾，二者之和即为速效钾，是对植物高度有效的钾素资源，其含量的大小常被作为衡量土壤供钾水平的重要指标。因为作物种类不同和生长量不同，土壤溶液中所需的速效钾浓度差别很大。

水溶态钾是以离子形态存在于土壤溶液中的钾，可以直接被植物吸收利用，是土壤供钾能力的强度因素，含量为 1～10 mg/kg，占土壤全钾量的 0.1%～0.2%。交换态钾是土壤胶体负电荷位点上吸附的以及位于云母类矿物风化边缘楔形带内的钾离子，一般含量为 10～90 mg/kg，占土壤全钾量的 0.9%～1.8%，这部分钾可被代换到土壤溶液中，供当季植物吸收利用，是土壤中可供植物吸收钾的主要部分，被称为土壤供钾能力的容量因素。交换态钾的有效性与其在土壤中的含量、土壤胶体类型、土壤阳离子交换量、盐基饱和度及陪补离子的种类和数量等密切相关。在土壤中，水溶态钾与交换态钾保持着快速的动态平衡，并随水土比例及

盐分浓度变化而变化，同时又受土壤质地、耕作施肥与灌水等的影响。

2. 缓效钾或非交换态钾

在蛭石、蒙脱石以及其他2∶1型矿物存在的情况下，土壤溶液中(或作为肥料添加)的钾离子不仅会被吸附，而且也可能会被土壤胶体固定。钾离子适合存在于这些通常膨胀的黏土矿物的晶层之间并成为晶体整体的一部分。这些离子不能通过普通的交换过程来置换，因此被视为不可交换的离子，或称缓效钾。

3. 矿物态钾

原生矿物结构中的钾，在矿物风化之前对植物来说是无效的，如源于母岩的原生矿物，长石和云母(金云母、白云母、黑云母)，以及云母演变形成的次生矿物(伊利石族黏土矿物)，但矿物钾在风化过程中，可以逐步释放钾。在自然土壤中，钾长石是钾最大的天然储备。中度风化的土壤中通常有相当数量的钾长石，但在强风化土壤中很少出现，甚至绝迹(例如在湿润的热带地区)。云母是2∶1型层状结构硅酸盐，由两层硅氧四面体夹一层铝氧八面体构成，钾离子主要在硅酸盐夹层之间。云母晶格位点中的钾逐渐释放导致形成伊利石(水云母)，并且最终随着水或H_3O^+的加入和晶格的膨胀形成蛭石。因此K^+可以从所有层间位点上释放出来，或者仅来自形成间层的云母—蛭石矿物的过渡间层。

(二)土壤钾素的含量

钾是继氧、硅、铝、铁、钙、钠之后，在地壳中丰度位居第七位的元素。大多数土壤钾的含量相当高，平均丰度约为1.9%(以元素钾计)。土壤中全钾的含量大多在5～25 g/kg，平均含量为12 g/kg左右。土壤中全钾的含量受成土母质、气候、植被类型等自然成土因素及土壤利用、改造和培肥等人为因素的影响。

1. 影响土壤钾素含量的因素

(1)成土母质。成土母质和成土过程决定了土壤全钾含量以及含钾矿物的种类和数量。火成岩中钾的平均含量较高(2.6%)，富含正长石和云母类矿物的酸性岩中钾的含量比基性岩高；沉积岩中的页岩含钾量(3.24%)高于砂岩(1.32%)；石灰岩含钾量最低(0.33%)。在不同母岩基础上发育的成土母质，含钾矿物的种类、数量和比例不同，土壤全钾含量也存在差异(表6-9)。土壤中2∶1型黏土矿物的钾含量高于1∶1型黏土矿物，尤其是伊利石组分高的土壤，其钾含量较高。

表6-9 部分主要含钾矿物的化学组成及钾含量(王敬国，2017) %

矿物	化学组成	钾含量(以K_2O计)
钾长石	$KAlSi_3O_8$	9.3
微斜长石	$Ca,Na,KAlSi_3O_8$	5.0～8.3
白云母	$K_2(Al_2Si_6O_{16})Al_4(OH)_4$	4.4～6.5
黑云母	$K_2(Al_2Si_6O_{20})(Mg,Fe,Mn)_6(OH,F)_4$	3.3～5.8
白榴石	$KAlSi_2O_6$	11.8
海绿石	$KMg(Fe,Mn)_3Si_6O_{18}\cdot 3H_2O$	2.2～4.6
伊利石	$K_y(Al,Fe,Mg)_4(Si_{8-y},Al_y)O_{20}(OH)_4$	2.8～3.9

(2)气候和生物条件。气候条件也是影响土壤全钾含量的重要因素。在高温高湿地区，土壤高度风化，盐基淋洗强烈，土壤全钾含量一般低于12.0 g/kg，有的甚至低于1.0 g/kg，而在

干旱地区，由于降雨少、淋洗弱，矿物风化释放的钾一般不能淋出土体，甚至发生表层聚积，因而土壤中富含钾素。植被对土壤中钾的影响也十分显著，陆地生态系统中的生物物质循环，可以将土壤矿物释放的钾不断吸收、利用和再循环，在一定程度上保蓄土壤钾免于淋洗。例如，新疆山南市 3 年生紫穗槐、沙枣和寒竹 3 种经济林土壤全钾含量差异显著，分别为 17.5 g/kg、16.0 g/kg 和 19.0 g/kg，表明植被类型对土壤全钾含量存在明显的影响。

(3)农业措施。外源钾肥的施用(化肥钾、有机肥钾)和农业利用可显著影响土壤全钾的含量。例如，甘肃河西绿洲灌区的长期定位(1988—2018 年)试验结果表明，有机肥与氮肥、磷肥配施的情况下，土壤全钾含量比初始值 17.6 g/kg 提高了 14.2%～16.1%。陕西省不同树龄苹果园 0～100 cm 不同土层的全钾含量，幼龄果园为 18.0～18.5 g/kg，盛龄果园为 19.0～20.0 g/kg，老龄果园为 17.1～18.0 g/kg，随着种植年限的延长，果园土壤全钾呈先上升后下降趋势，充分说明农业利用方式和管理措施对土壤全钾的影响。

2. 土壤钾素分布特点

我国地域辽阔，地形复杂，各地区土壤母质、生物、气候条件及土壤发育程度差异明显。我国土壤全钾含量变异很大，总体表现出南低北高的趋势。在相同纬度带，由于成土母质、风化程度及地形的不同，土壤钾素状况也有很大差异。如华北平原除盐渍化土外，全钾为 18.0～22.0 g/kg，西北黄土性土壤为 15.0～18.0 g/kg，安徽南部山地为 10.0～33.0 g/kg，广西为 5～25 g/kg，海南岛为 1～32 g/kg，土壤中全钾的含量变化十分悬殊。华北、西北地区钾的含量变幅较小，而淮河长江以南则较大，这与华北、西北地区成土母质均一且气候干旱，而淮河长江以南成土母质不均一且降雨较多有关。

3. 土壤钾素含量的演变

我国土壤钾素肥力的演变经历了一个由不缺乏到缺乏，由南方缺乏到北方缺乏，由经济植物缺乏到禾谷类、果树和蔬菜等植物均缺乏，由高产田缺乏到中产田也缺乏的过程。前中央农业实验所(1935—1941 年)在 14 个省 7 个区 68 个试验点 68 种植物上的 156 个试验表明，当时全国氮肥的需要程度为 80%左右，磷肥为 40%左右，钾肥仅为 10%左右。1957 年农业部组织了全国化肥试验网，于 1958—1962 年进行了第二次全国范围的化肥肥效试验，结果表明氮、钾肥效与前 20 年相同，磷肥肥效比 20 年前有所提高。20 世纪 70 年代后，在广东、湖南等省和广西壮族自治区，缺钾成为一个普遍问题。20 世纪 70—80 年代初，全国第二次土壤普查的结果表明，我国近一半的土壤已经或正在出现缺钾和严重缺钾现象，钾素的亏缺已是一个近乎全国性的严重问题(表 6-10)。

表 6-10　全国各大区土壤耕层速效钾(mg/kg)分级面积百分率　%

地区	＞200	151～200	101～150	50～100	＜50
东北	19.8	17.6	39	21.9	1.7
华北	14.2	16.4	32.3	32.2	4.4
西北	27.7	25.1	25.5	18.3	3.5
西南	14.6	10.3	27.9	41.3	5.8
华东	6.2	13.8	27.1	40.1	12.8
华中	1.2	12.8	21.4	56.0	9.2
华南	2.6	3.8	9.9	33.6	52.2

到20世纪末,钾肥增产的效果几乎在我国所有的土壤上都能得到证实,与第二次土壤普查相比,我国土壤速效钾含量总体呈明显的下降趋势。例如,黑土区平均降低40 mg/kg,约下降了20%,尤其在黑土区南部特别明显;太湖地区土壤速效钾总体也呈下降趋势,从面积上来看,土壤速效钾下降部分超过50%。

我国南方的砖红壤和赤红壤(除花岗岩、变质岩所发育者外)及其形成的水稻土,是我国地带性土壤中缺钾最突出的土壤(表6-11,第二次土壤普查结果)。土壤速效钾的变化与耕作和施肥制度有关,如南方红壤区兴国县的土壤速效钾下降面积为67.2%,下降幅度为0～50 mg/kg,而鹰潭地区仅有28%的土壤速效钾含量是降低的,但总体说来,缺钾仍然是限制南方地区农业生产持续稳定发展的主要因素之一。

表6-11 中国南方部分省份土壤缺钾比例 %

地区	缺乏(<100 mg/kg)	严重缺乏(<50 mg/kg)	一般缺乏(50～99 mg/kg)
广西	90.0	57.5	32.5
海南	89.6	65.8	23.8
湖南	86.2	41.8	44.4
江西	85.8	40.6	45.2
广东	85.0	46.7	38.3
福建	82.7	40.3	42.4
湖北	80.2	21.3	58.9
浙江	68.5	31.1	37.4

我国于2005年开始推广测土配方施肥技术。通过土壤测试和肥料田间试验,根据作物的钾素需肥规律、土壤钾供应水平和肥料效应,合理进行钾肥的配置和管理,土壤速效钾的含量稳定在较高水平。以江苏省盐城市为例,2007—2017年实施测土配方施肥,2017年速效钾平均含量为161 mg/kg,与第二次土壤普查土壤速效钾162 mg/kg基本持平(表6-12)。

表6-12 2007—2017年盐城市各农区土壤速效钾含量的变化情况(孙进等,2021) mg/kg

地区	1980s	2007	2009	2011	2013	2014	2015	2016	2017
里下河	186	179	168	159	150	146	161	159	167
沿海	159	128	156	140	152	146	146	161	153
渠北	133	86	161	142	171	146	167	162	167
全市	162	139	162	148	154	146	156	160	161

专栏6-1

谢建昌(1929—),中国土壤—植物营养化学家。曾任南京土壤研究所副所长、中国土壤学会常务理事、中国植物营养与肥料学会理事会的理事、第十三届国际土壤学会水稻土肥力组副主席、国际肥料发展中心(贝尔格莱德)理事、国际肥料协会设立的“国际肥料奖”第一位获得者。20 世纪 60 年代他开始开展生物耗竭试验,比较了不同土壤的供钾能力,并用化学和物理化学的方法对土壤钾素有效性进行评估,对全国钾素研究起到了推动和指导作用。自 20 世纪 70 年代起,他对中国土壤钾素含量、状态、转化、有效性及影响肥效因子进行了系统研究,首次根据土壤缓效性钾含量编制了土壤供钾潜力图,阐明中国土壤的供钾状况和需钾前景。提出的钾素形态分级、缓效钾与速效钾相结合评定土壤钾素肥力的方法,以及供钾潜力研究的耗竭法、树脂袋法和施用钾肥的有效条件等,对土壤钾素研究有指导作用。他对影响钾肥肥效的各种因子也进行了深入的研究,发现在缺钾的土壤条件下施用钾肥,可降低活性还原物质,提高水稻氧化还原电位,从而有利于水稻生长。正是由于钾肥这种在增强作物抗逆能力方面的作用,在异常的气候条件下才更显出钾肥的效用,这也是钾肥的效果随各年份的气候不同而表现出差异的原因。

二、土壤钾素转化与循环

(一)水溶态钾的交换与吸附

K^+ 被静电吸附在带负电的土壤胶体周围,将土壤放入中性盐溶液中,这种方式吸附的阳离子很容易被取代或交换,进入土壤溶液,成为水溶态钾。一些从土壤胶体上交换 K^+ 的原理可概括在以下两个反应式中。先看第一个反应:

$$\text{黏粒}\left]\begin{matrix}Al^{3+}\\K^{+}\\K^{+}\\K^{+}\\K^{+}\end{matrix}\right. + CaSO_4 \longrightarrow \left.\begin{matrix}Al^{3+}\\Ca^{2+}\\K^{+}\\K^{+}\end{matrix}\right[\text{黏粒} + K_2SO_4$$

若向某个被钾饱和的土壤胶体中加入某种中性盐(如硫酸钙)后,一些吸附着的钾离子将由钙离子替换。替换数量取决于所加盐的性质和数量以及吸附在黏粒上的离子浓度。若对这种黏粒上吸附钙离子和铝离子的土壤施用氯化钾,因钙比铝更易被替换,故加入的钾会置换一些钙而自身吸附在黏粒表面,反应如下:

$$\text{黏粒}\left]\begin{matrix}Ca^{2+}\\Al^{3+}\\Al^{3+}\end{matrix}\right. + KCl \longrightarrow \left.\begin{matrix}1/2Ca^{2+}\\K^{+}\\Al^{3+}\\Al^{3+}\end{matrix}\right[\text{黏粒} + 1/2CaCl_2$$

交换态钾并非均匀分布在土壤胶体上。图 6-4 表示交换态钾以三种形式被束缚在交换位点或束缚位置上。一些页硅酸盐,如云母,外表面的平面位点(p 位点)对钾无专一性,而边缘位点和内位点对钾则有相当强的专一性。平面位点束缚的 K^+ 与较高的土壤溶液钾浓度相平衡,而在内仿点和边缘位点吸附的钾达到平衡的土壤溶液的钾浓度相对低。大田中土壤溶液的钾浓度可能是这三种平衡的结果。

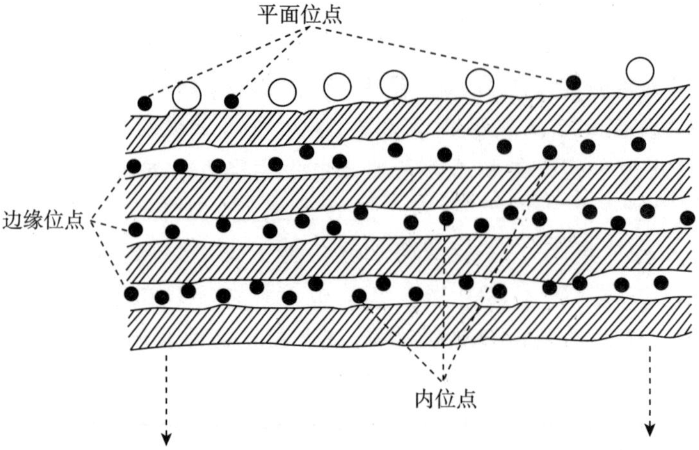

图 6-4　伊利石、蛭石和绿泥石等 2∶1 型黏土矿物束缚钾的位点

（Mengel 和 Haeder，1973）

(二)土壤钾的固定与非交换态钾的释放

钾离子适合存在于易膨胀的黏土矿物的晶层之间并成为晶体整体的一部分，这部分钾离子不能通过普通的交换过程来置换，因此被视为不可交换的离子，对于大多数高等植物来说，这些离子不容易被利用(图 6-5)。

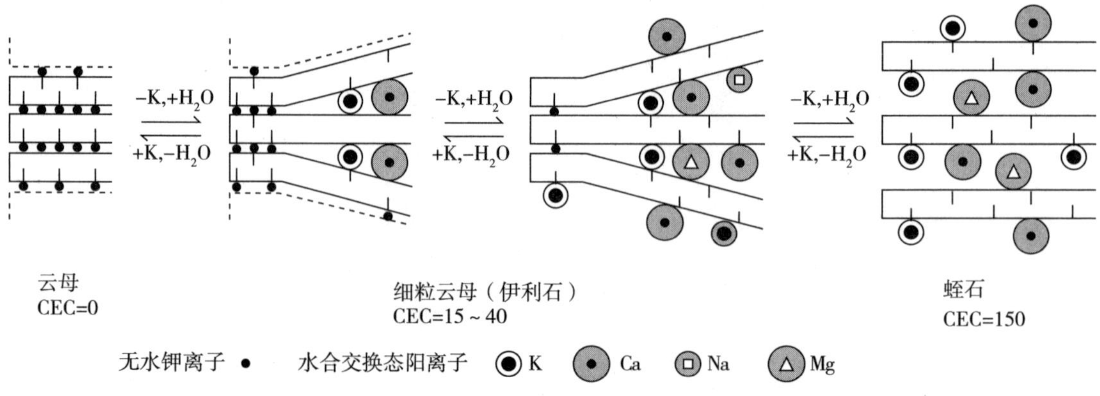

图 6-5　钾在原生云母、细粒云母(伊利石黏土矿物)和蛭石之间的释放和固定过程的图示说明

图 6-5 中，向右表示钾的释放，向左表示钾的固定过程。注意无水钾离子比水和 Na^+、Ca^{2+}、Mg^{2+} 等小得多，因此，如果钾加到含有如蛭石的 2∶1 型矿物的土壤中时，反应或许会向左进行，钾离子会被紧紧固定在晶层之间，产生细粒云母结构(Mclean，1978)。

土壤钾的固定作用主要是交换态钾转变为非交换态钾的过程，它包括：①钾离子进入 2∶1 型黏土矿物(如伊利石)的晶层之间，由于 2∶1 型黏粒矿物的六角形网状晶穴的直径与脱水钾离子直径相似，当晶层因失水收缩时，钾离子被固定在晶层之间；②Si^{4+} 对 Al^{3+} 发生同晶置换作用，产生的负电荷能强烈束缚钾离子；③风化造成缺钾矿物形成“开放性钾位”，能固定 K^+。

影响土壤钾固定的因素主要有：①黏土矿物类型。2∶1 型黏土矿物能固定钾，固钾能力由大到小依次为蛭石＞拜来石＞伊利石＞蒙脱石，而 1∶1 型的黏土矿物(如高岭石)，几乎不具有固钾能力。②土壤水分条件。随土壤含水量下降而固钾作用加强，频繁的干湿交替有利于增强速效钾含量高的土壤钾的固定作用，但速效钾含量低的土壤钾不仅不会固定，还可能发生钾的释放现象。③土壤温度。非交换态钾的释放随温度的升高而增加。④土壤质地。一般来讲，质地越黏重，土壤的固钾能力越强。因为土壤中 2∶1 型固钾矿物的含量随土壤颗粒变细而增加。⑤土壤酸碱度。一般认为，土壤对钾的固定随土壤 pH 的升高而增加。在酸性土壤中，由于铝离子和氢氧化铝阳离子及它们在酸性条件下形成的多聚体可占据钾的选择性束缚位点，土壤对钾的固定作用降低。⑥铵离子。NH_4^+ 和 K^+ 的半径相近，与钾离子竞争结合位点，还可以交换出已被固定的钾。被固定的钾可转化为有效钾，也可被利用层间钾能力强的作物直接利用。因此，土壤对肥料钾的固定，虽然会暂时降低其有效性，但可减少钾的流失，起到缓冲作用。

土壤钾的释放是指土壤中非交换态钾转变为交换态钾和水溶态钾的过程。它关系到土壤速效钾的供应和补给。释放过程主要是非交换态钾转变为交换态钾的过程，其释放量随交换态钾含量的下降而增加，干燥、灼烧和冰冻等对土壤钾的释放有显著影响。土壤胶体吸附 K^+ 的能力受土壤阳离子交换量的影响，在阳离子交换量小的土壤上，一次大量施用钾肥，必然会引起钾的流失。钾的流失量还与土壤质地、气候条件、栽培制度有关。对于 1∶1 型黏土矿物为主的砂性土壤，如在降雨多、气温高及水旱轮作条件下，施用的肥料钾更容易流失。

（三）土壤—作物系统的钾素循环

农田钾素以钾离子的形式在土壤—作物系统间循环移动，包括植物钾的吸收与归还、吸附与解吸、晶格固定与释放等基本过程（图 6-6）。植物直接吸收利用土壤溶液中的钾离子，在植物体内仍以钾离子形态参与生理代谢活动，植物又以凋落物和死亡的根系等方式向土壤归还一部分钾。土壤中的水溶态钾、交换态钾、非交换态钾和矿物态钾处于动态平衡之中，相互转化，相互影响。由植物吸收消耗的土壤溶液中的钾，可以通过其他形态钾的转化来补充，各种形态的钾达到新的化学平衡状态。

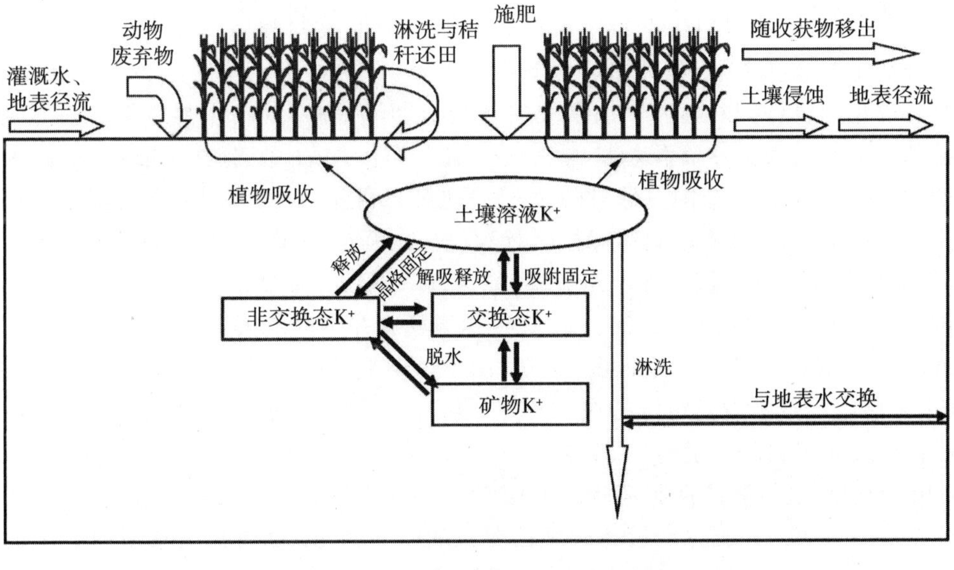

图 6-6　土壤—作物系统钾循环示意图（王敬国，2017）

由化肥钾和有机肥钾和灌溉降水等途径进入土壤的钾将参与土壤中各种形态钾之间的动态平衡；同时部分钾素进入生物体或以淋洗、土壤侵蚀和径流等途径离开土壤。从土壤移出的钾素又有部分将重新进入农田钾素循环之中，使农田钾循环持续不断地进行。

三、钾素资源的主要特征

（一）土壤钾库总量大，但有效性不高，土壤钾素供应能力变异很大

土壤是钾资源的重要贮存库，含量为 5～25 g/kg。若按土壤全钾含量为 20 g/kg 计算，则相当于每公顷耕层含有 45 t 的钾，其数量足够供应作物利用百年以上，然而，农田土壤钾的储备数量大，但有效性低。

在土壤钾的四种存在形态中，交换态钾和水溶态钾是对植物有效的钾素形态，其含量仅占全钾含量的 0.1%～2%；非交换态钾（缓效钾）是反映土壤供钾潜力的主要指标。近年来的研究和实践表明，非交换态钾是土壤速效钾的直接给源和后备，仅用速效钾含量反映供钾能力是不全面的，只有两个指标相结合，才能更客观地衡量土壤的供钾水平。例如，我国南方连续种植水稻、小麦或荞麦 3～6 季，植物吸钾总量的 60%～80%来自非交换态钾。非交换态钾在土壤中的含量通常为 50～750 mg/kg，仅占土壤全钾含量的 2%～8%。存在于长石、白云母等硅酸盐矿物中的矿物态钾，占全钾含量的 90%～98%，在相当长时间内是无效的，需经过漫长的风化过程才可以释放出来供植物吸收利用，在植物钾素营养中的意义相对较小。

我国自然成土因素和耕作、栽培等人为因素存在显著的区域差异，导致我国土壤钾素的供应能力变异较大。从全国范围来看，我国耕地土壤的速效钾空间分布总体表现出南低北高的变化趋势，以华南最低，而西北、东北较高。例如，我国南方红壤区土壤速效钾平均 74 mg/kg（兴国县），太湖地区水稻土的速效钾平均 85 mg/kg，华北潮土区为 104 mg/kg，东北黑土区为 185 mg/kg，新疆棉田土壤速效钾平均高达 300 mg/kg。

（二）钾资源具有不可再生性，我国肥料钾资源有限，自给能力差

钾资源是有限的、不可再生的自然资源。根据美国地质调查局统计资料，2008 年世界钾盐资源经济储量为 83×10^{8} t，基础储量为 1.8×10^{10} t，其中，经济储量的 97%分布在加拿大、俄罗斯、德国、以色列、巴西和约旦，以加拿大的萨斯卡彻温最多，约占世界钾资源总量的 67%。我国钾矿基础储量仅为世界资源总量的 2.5%，且分布不均匀，多集中分布在西北（占全国总储量的 96.9%）和西南（占全国总储量的 2.6%）地区。目前，我国利用的钾资源以卤水钾矿为主，占总量的 98%以上，可溶性固体钾盐（如钾石盐、光卤石、杂卤石等）仅占 2%左右。总体而言，我国钾盐储量少、品位低、共伴生组分多（如镁、硼、锂）、体系复杂。

我国钾肥工业的起步较晚，1955—1958 年我国发现并生产出第一批 953 t 含 50% KCl 的钾肥；1993 年前，我国钾肥生产量不足 10 万 t；2005 年，我国钾肥生产量超过 100 万 t；2014 年之后，我国钾肥生产量基本稳定维持在 600 万 t 左右；2019 年我国钾肥产量居世界第四位，为 614.6 万 t，占世界钾肥总产量的 14.1%。

20 世纪 80 年代后，我国钾肥消费量迅猛增长。2014 年后，我国钾肥消费量超过 1 000 万 t，位居世界第一。我国钾肥生产量和钾肥消费量的巨大差额，表明我国农用钾肥在很大程度上依赖进口，2000—2009 年，钾肥进口量为农用钾肥总量的 79.8%（变幅 31.6%～104.8%）；2010—2019 年为 47.2%。我国肥料钾资源短缺，自给能力差，钾肥消费量和生产能力之间的

矛盾将会持续存在。

(三)钾是重要的品质元素和健康元素

钾是重要的品质元素和健康元素,能够提高作物产量,改善作物品质。一方面,钾素能增加作物产品的营养品质。一般情况下,禾谷类作物的蛋白质和氨基酸含量(表 6-13),块根、块茎作物的淀粉含量,豆类及油料作物的含油量,柑橘的固形物及维生素 C 含量,饲料作物的维生素及矿物质含量均可因钾肥的施用而增加。另一方面,钾素能改善产品的外观品质和商品品质,延长产品的贮藏时间,提高加工品质。对大多数水果来说,充足的钾素使果实颜色鲜艳,使成熟期一致,这对规模化栽培的水果、蔬菜的管理、收获、贮运及加工等非常有利。甘蔗、甜菜等作物施钾后能增加产量和含糖量,马铃薯施钾能使马铃薯片的质地比较均匀一致,色泽明亮。

表 6-13　施钾对大麦品质的影响(陆景陵,2003)　%

处理	胱氨酸	甲硫氨酸	酪氨酸	色氨酸	淀粉	可溶性糖
N、P	0.18	0.14	0.36	0.121	44.9	9.36
N、P、K	0.20	0.20	0.42	0.135	46.5	10.40

钾对植物抵抗病虫害等生物逆境和非生物逆境具有重要作用。植物细胞中钾离子浓度的增加可提高细胞的渗透势,增强细胞膜的持水能力和稳定性,并可通过控制气孔的开闭,促进细胞内淀粉和蛋白质代谢过程,增加细胞和组织中可溶性淀粉、可溶性蛋白和无机养分离子等可溶性物质的含量,提高植物的抗寒、抗旱和抗高温能力。钾可以防止植物细胞膜上蛋白质分子的巯基(—SH)和不饱和脂肪酸的氧化,增强植物抗盐害的能力。钾能使植物细胞壁增厚,提高细胞的木质化程度,阻止和减少病原菌的入侵和昆虫的危害。钾还能促进植物维管束发育和光合产物由"源"到"库"的运输过程,从而提高植物抗倒伏和抗早衰的能力。例如,在干旱胁迫条件下,钾可以保护小麦叶片的叶绿体免受氧化损伤,保持叶片的光合作用(图 6-8)。钾在抗旱、抗寒、抗高温和抗盐害等多方面的抗逆功能对作物稳产和高产具有明显作用。

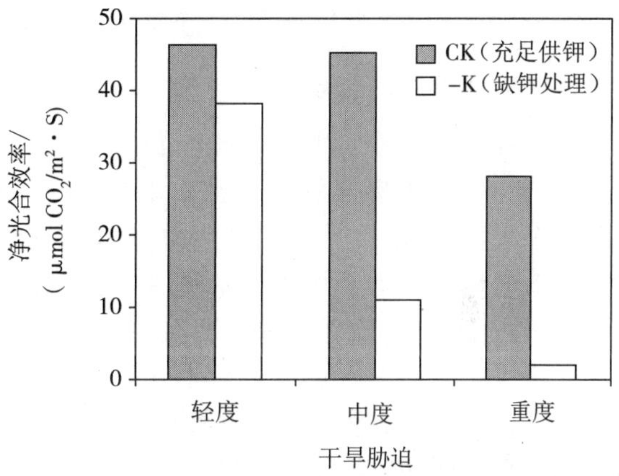

图 6-7　不同干旱胁迫条件下小麦叶片的净光合速率
(Sen Gupta 等,1989)

我国肥料钾资源极其贫乏,而土壤中的钾资源储藏量虽然很大,但可供植物吸收利用的有效的钾素数量小。因此,在农业生产中,进行科学的钾素养分管理,合理利用有限的钾资源,提高土壤钾的有效性,开发利用其他的农用钾资源,对保证农作物在提高产量、改善品质和抵抗逆境等方面的钾需求是非常重要的。

第三节　农田钾素养分管理技术

一、影响农田钾效率的主要因素

影响钾对植物有效性的土壤因素包括以下几个方面：①黏土矿物种类。黏土矿物中含钾量越高，土壤钾的潜在有效性就越高。②阳离子交换量(CEC)。阳离子交换量与黏粒的数量和种类及有机质含量有关。较细质地土壤的CEC通常较大，因此能保持较多的交换性钾。③土壤水分。在含水量低的土壤中钾的扩散受阻，因此钾的生物有效性下降。④通气。根呼吸和正常发挥功能特别依赖氧的充分供应。湿度较高或紧实土壤供氧不足将减缓钾元素的吸收。⑤土壤温度。温度是强烈影响植物吸钾能力的环境因素。通常认为，降低温度将减缓植物代谢过程、植物生长及吸钾速率。⑥土壤pH。强酸性土壤中，植物根系生长受到抑制，将不利于包括钾等多种矿质元素的吸收；土壤pH从5.5升到7.0有利于已膨胀黏粒的硅酸盐片层陷缩，封闭住夹层中的K^+，钾有效性降低。⑦土壤中的钙和镁。Ca^{2+}和Mg^{2+}同钾竞争进入植株的通道，因此这两种盐基阳离子含量高的土壤需要较高水平的钾来满足作物营养需求。

二、钾素优化管理的主要原理与原则

(一)化学钾肥的合理分配

我国耕地中缺钾土壤总面积高达0.23亿hm^2，一般缺钾(土壤速效钾含量为50～70 mg/kg)和严重缺钾(土壤速效钾含量小于50 mg/kg)的土壤面积占总耕地的23%。不同作物对钾的敏感程度、需求数量和吸收能力不同，施用钾肥的增产效果也有很大差异。因此，钾肥施用技术上应综合考虑土壤供钾水平、作物种类、肥料性质和气候等因素进行合理分配。目前，在我国农业生产中，钾肥的分配要点主要有以下三个方面：

1.南方地区仍是钾肥分配的重点

尽管我国北方地区的钾肥效果在逐渐增加，北方地区高产农田钾肥投入不容忽视，但总的来说，目前钾肥肥效仍然是南方高于北方。其主要原因有：①南方土壤供钾潜力普遍较低；②南方雨水多，土壤对钾的固持力弱，因而钾素淋洗严重；③南方复种指数高，土壤钾的消耗量大；④南方大面积的热带果木对钾的需求量大；⑤当前南方化肥中钾所占的比例依然比较低。

2.加大对高产农田的钾肥投入

在高产条件下，作物对土壤钾的供应容量与强度有了更高的要求。高产田的高产出，势必增加养分的吸收，加速土壤养分耗竭，因此必须有与高产出相适应的养分投入体系及技术措施。在土壤供钾能力不强的高产地区，当有机肥投入量不能大量增加时，有机肥作为钾源的重要性相对有所降低，对化学钾肥的依赖性增大。在含钾较丰富的土壤上，高产田的钾素问题也会比中低产田更为突出。

3.重视对经济作物增施钾肥

不同作物对钾的需求量差异很大。一些经济作物、水果和蔬菜需钾较多(表6-14)，施钾的产投比较大。蔬菜是需钾量大的作物，增施钾肥可提高蔬菜的产量和降低硝酸盐含量并增进其品质。

表 6-14　几种热带水果作物的养分吸收量　　kg/hm²

水果	产量/(t/hm²)	N	P_2O_5	K_2O	MgO	S
香蕉	40	250	66	1 000	140	15
柑橘	50	300	100	400	60	30
芒果	25	165	40	180	125	15
木瓜	50	90	25	130	15	15
菠萝	50	185	55	350	110	35

(二)钾素资源循环高效利用

一方面，我国钾矿资源严重匮乏，化学钾肥主要依赖进口；另一方面，我国有机源钾的资源量丰富，而有机源钾的生物有效性很高，因此，应该充分循环利用有机源钾，促进钾素资源的高效利用。

(三)充分挖掘作物潜力

1. 充分发挥钾在增强作物抗逆境力方面的作用

钾在植物抵抗逆境条件(如干旱、寒冷、高温和盐害等)方面具有重要作用。适量施用钾肥可以增强抗旱性、提高抗病性、增强植物抗极端温度的能力和抗倒伏性。钾肥的施用可以提高作物抵抗不良土壤环境的能力，如在排水不良的土壤中水稻出现的生理失调，施钾可缓解与克服这种现象。因此，在气候、环境条件恶劣的年份或农业生产区域优先分配钾肥。

2. 选用钾高效品种

利用低钾高效品种可以在土壤供钾水平较低的情况下，获得较高产量；也可以利用高钾高效品种，在土壤供钾水平高或钾肥施用量大的情况下，吸收较多的钾素并获得较高产量和品质。根据我国钾肥资源短缺的实际情况，农业生产中，利用钾高效品种，以挖掘作物的生物学潜力和土壤钾素潜力，被看作是提高钾素利用效率的有效途径。

三、优化钾肥用量

(一)土壤测试确定钾肥用量

1. 基于土壤钾素测试的钾肥推荐

土壤钾素测试是用于钾肥推荐的最经典也是目前我国应用最多的一种方法。该方法的具体步骤为：

首先，选择适宜的土壤速效钾测定方法。在我国土壤条件下，建议采用 NH_4Ac 提取法，如需同时测定多种元素，可选用 M-3 方法测定。

其次，进行校验研究，建立丰缺指标。即在施肥推荐区选择 20～30 个不同钾素供应水平的地块，测定耕层土壤速效钾含量，安排全肥区和缺钾区的试验，用缺钾区产量除以全肥区产量获得相对产量，得到土壤速效钾测定值和相对产量的关系曲线，按相对产量高低和各地的具体情况，将土壤速效钾划分为极低、低、中、高、极高 5 个丰缺等级。

第三，针对每一个等级提出适宜的钾肥用量，制定施肥建议卡。根据土壤速效钾实际测定值推荐钾肥用量。

该方法建立在大量田间试验研究的基础上，对钾肥的推荐也具有较高的定量水平。但由于土壤速效钾测定受到采样时间、样品处理方法、土壤矿物组成、土壤缓效钾含量等因素的影响，且钾在土壤中的空间分布变异性较大，对于不同区域的不同作物，钾素的丰缺指标和相应的施肥建议也不相同。

孙义祥等(2009)根据山东省冬小麦"3414"试验结果及山东土壤速效钾含量状况，按缺钾区相对产量＜75%、75%～90%、91%～95%、＞95%将土壤速效钾划分为低、中、高和极高4个丰缺等级，并利用肥料效应函数方程，针对各供钾水平给出了钾肥推荐用量(表6-15)，此即施肥建议卡。根据土壤速效钾的实际测定值，对照钾肥推荐用量表，即可确定钾肥用量。例如，山东省某土壤速效钾测定值为105 mg/kg，根据表6-14，土壤供钾水平为高，冬小麦推荐钾肥用量为60～80 kg K_2O/hm^2。

表6-15　山东省土壤速效钾丰缺指标及冬小麦推荐用量表

土壤速效钾等级 (NH_4Ac)	相对产量/ %	土壤速效钾/ (mg/kg)	钾肥推荐用量/ (kg K_2O/hm^2)
极高	＞95	＞140	0
高	91～95	101～140	60～80
中	75～90	50～100	100～120
低	＜75	＜50	121～150

2. 钾肥的恒量监控技术

钾不同于氮，其在土壤中的移动性较弱，钾养分大多累积在根层土壤，能被根系进行活化利用。因此，只要将根层的钾维持在一个适宜的水平，作物就可以发挥其生物学潜力，高效利用养分。根据钾在土壤中容易被土壤胶体吸附，移动性不大的特点，王兴仁等(1995)认为，我国现阶段对钾的调控应重在持续高产条件下，土壤与作物养分的供求关系的施肥调控，可采用恒量监控法(图6-8)。钾恒量监控技术首先确定适宜的根层养分浓度，当外界土壤供钾能力高于根层的养分浓度，就需要控制钾肥施用量。如果土壤中的钾供应能力低于根层的养分浓度，

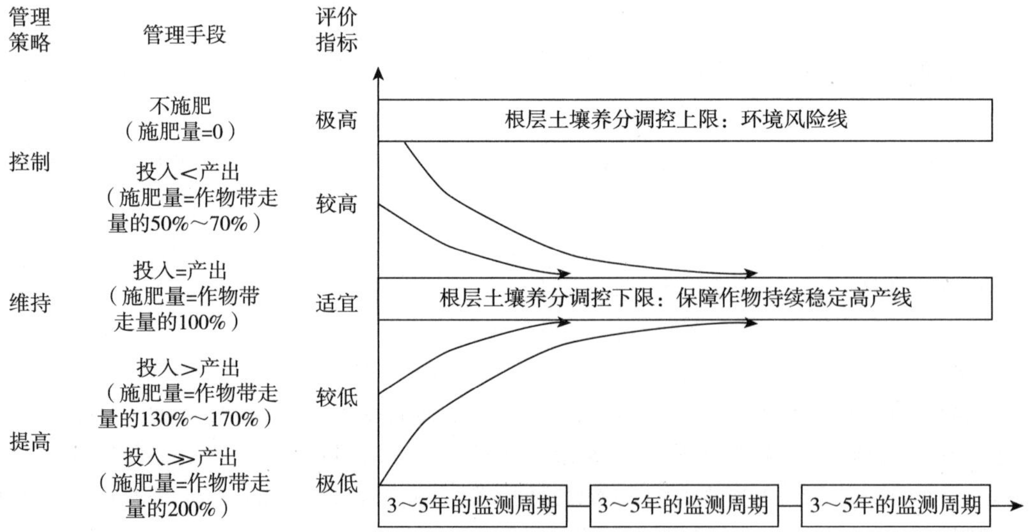

图6-8　钾素资源恒量监控原理示意图

就要通过适宜的施钾，提高土壤中钾的含量，使土壤中的钾离子维持在稳定适宜的范围内。针对钾恒量监控技术有三个要素：第一，确定适宜的根层钾水平；第二，基于养分平衡进行恒量调控，高的供钾能力强的少施肥，低的供钾能力弱的多施肥；第三，3～5 年进行一个周期的监测，使土壤中钾的浓度维持在适宜的范围。

钾肥的恒量监控技术是在测土施肥基础上发展形成的钾素管理技术，即根据土壤速效钾测定值，按土壤速效钾的丰缺等级，以中等供钾水平为基准，确定钾肥推荐量等于作物带走量；低等供钾水平按作物带走量的 1.5～2 倍推荐钾肥用量；高水平供钾土壤则按带走量的 0.5 倍施用钾肥或不施钾肥。

李秋梅、陈新平等(2001)建立了北京地区冬小麦/夏玉米轮作体系的土壤速效钾丰缺指标，并提出了钾肥恒量监控管理技术(表 6-15)。该技术把土壤速效钾供应水平分为三级：≥100 mg/kg(高)，70～100 mg/kg(中)，≤70 mg/kg(低)。按北京市冬小麦和夏玉米的产量都可达到 6 000 kg/hm^2 计算，每年冬小麦和夏玉米一个轮作中期中可吸收钾素大约 220 kg/hm^2，而在冬小麦和夏玉米秸秆中含有 80%～90%的钾素，即约 180 kg/hm^2 的钾素，因而在对钾肥的推荐中应首先强调秸秆还田，在此基础上再进行钾肥的推荐。首先，从短期和中期来看，当土壤速效钾含量大于 100 mg/kg 时，土壤处于高肥力水平，施用钾肥不会有增产效果，可不从养分平衡角度考虑，建议不施用钾肥。当土壤速效钾含量在 70～100 mg/kg 时，土壤钾素处于中等肥力水平，施用钾肥有一定的增产效果，在秸秆还田的基础上，应施一定量的钾肥使投入的钾素总量与作物吸收带走的钾素大致相当，土壤钾素处于平衡状态，或略有盈余，这样土壤速效钾含量可得以维持或略有上升，建议施入钾肥 40 kg/hm^2。当土壤速效钾含量小于 70 mg/kg 时，表明土壤的肥力水平较低，施用钾肥有较大的增产效应，这时可施入相对于作物吸收量较高的钾肥，使钾素平衡有 20%的盈余量，土壤速效钾含量在满足作物增产需要的同时得以稳步上升，在冬小麦和夏玉米秸秆全部还田的基础上施入钾肥 85 kg/hm^2。

由于在高肥力土壤上不施钾肥，经过一定时期后土壤的速效钾必然会下降；而在低肥力土壤上，过量施用钾肥，也会使土壤速效钾含量上升至施钾肥无明显增产效果的水平。因此，从长期来看，可每 3～5 年对土壤肥力进行监测，以调整钾肥的施用量。

表 6-15　北京市冬小麦/夏玉米轮作中钾肥推荐

分级	土壤速效钾/(mg/kg)	产量/(t/hm^2)		钾肥推荐用量/($kg\ K_2O/hm^2$)	
		冬小麦	夏玉米	短期和中期	长期
高	>100	6	6	0	每 3～5 年对土壤速效钾进行监测，调整钾肥的施用量
中	70～100			40	
低	<70			85	

注：钾肥的推荐强调以冬小麦和夏玉米的秸秆全部还田为基础。

3. 肥料效应函数法

肥料效应函数法以田间试验为基础，通过施肥量与作物产量的数学关系计算最佳经济施肥量，进行施肥推荐。在氮钾、磷钾二因素或氮磷钾三因素肥料用量试验中(如 20 世纪 90 年代大量进行的“3414”试验)，用二元二次肥料效应方程或三元二次肥料效应方程拟合产量和施肥量之间的关系，通过边际分析的方法可以得到钾肥的最佳经济用量用于推荐施肥。但多元肥料效应方程的拟合成功率较低，且拟合过程常忽略土壤钾素供应水平高不需要施肥的情况，致使推荐施肥量偏高，造成不必要的肥料浪费和钾的流失。因此，在利用多元肥料效应方程进行钾肥推荐时，应结合一元肥料效应方程进行补充和优化。

对于单因素钾肥用量试验，在氮、磷充分满足作物需求的情况下，作物产量与施肥量之间的数学关系可用一元二次方程 $y=a+bx+cx^2$、平方根模型 $y=a+bx^{0.5}+cx$ 和直线加平台 $y=a+bx(x\leqslant c)$，$y=P(x>c)$、二次加平台 $y=a+bx+cx^2(x\leqslant c)$，$y=P(x>c)$等加平台函数较好的拟合（其中，$y$ 为经济产量，x 为钾肥用量），通过边际分析方法或计算加平台函数的交点即可得到最佳经济施肥量。值得注意的是对同一钾肥用量试验，应用不同的数学模型进行施肥推荐得到的最佳经济施肥量往往会有较大的差异，应根据经济效益的大小或获得相近产量的情况下的最小施肥量确定钾肥推荐量。

王圣瑞等（2002）利用三元二次施肥模型和一元施肥模型研究了河北唐山 27 个“3414”冬小麦试验结果的拟合情况及其施肥推荐量。以编号为 9510630033 的试验结果为例（试验处理及产量数据略），采用三元二次肥料效应方程和一元肥料效应函数方程的拟合结果见表 6-17：

表 6-17　冬小麦试验三元二次施肥模型和一元施肥模型拟合结果

模型	效应方程	最佳钾用量/($kg\ K_2O/hm^2$)	最佳施肥效益/(元/hm^2)
三元二次	$y=196.6+5.3x_1-0.5x_1{}^2+1.6x_2-0.03x_2{}^2+12.7x_3-0.7x_3{}^2+0.7x_1x_2+0.5x_1x_3-0.5x_2x_3(F=29.68^{**})$	143	—
线性加平台	$y=4355+8.1x\ (x\leqslant 111)$，$y=5246(x>111)(R^2=0.815)$	111	802
二次加平台	$y=4355+30.0x-0.30x^2(x\leqslant 46)$ $y=5110(x>46)(R^2=0.646)$	46	680
平方根	$y=4334+117.5x^{0.5}-4.0x(R^2=0.725)$	74	299
一元二次	$y=4303+15.0x-0.06x^2(R^2=0.827)$	98	841

从表 6-17 看出，不同数学模型计算出的钾肥推荐量差异较大。采用三元二次模型计算得到的钾肥推荐量最大，达 143 $kg\ K_2O/hm^2$；利用不同的一次模型进行钾肥推荐，最大也可产生 65 $kg\ K_2O/hm^2$的推荐用量差异，从产量及经济效益两个方面分析，钾肥最佳推荐量以 98 $kg\ K_2O/hm^2$最优，与三元二次模型确定的钾肥用量相比，可减少钾肥投入 45 $kg\ K_2O/hm^2$。通过对 27 个“3414”试验结果的模拟分析，采用三元二次施肥模型进行拟合试验成功率仅为 56%，而一元施肥模型可以对全部试验进行数据处理。根据一元施肥模型拟合计算，分别有 67%的点不需要施用钾肥，三元二次施肥模型则无法获得这一信息。

肥料效应函数法用于施肥推荐，定量水平高，反馈性好，是目前用于钾肥推荐的主要方法之一，但需进行多年多点的钾肥用量试验，应用具有一定的时空局限性。

(二)植株测试确定钾肥用量

土壤钾素的供应水平直接影响植物组织的钾素含量，进而影响植物的生长发育。通过测定特定部位的植株组织的钾素含量，也可判断土壤钾素供应的丰缺水平，用于施肥推荐。该方法主要是利用不同供钾水平或不同钾肥施用水平的试验，建立相对产量与植株功能组织的钾浓度的相关关系，确定植物组织钾素浓度的适宜范围或临界浓度点，根据推荐施肥区实测植物功能组织钾浓度，判断是否需要施用钾肥。Cox 和 Uribe(1992)建立了玉米和大豆的开花期钾浓度与相对产量的直线平台模型，确定开花期玉米、大豆的钾临界浓度分别是 13 g/kg 和 12 g/kg，可作为钾肥推荐的理论依据(图 6-9)。由于植株组织钾浓度的高低除受钾供应水平的影响外，还与植物组织的代谢活性有关，因此，植株测试应注意取样的时间、取样时期、取样部位等问题。

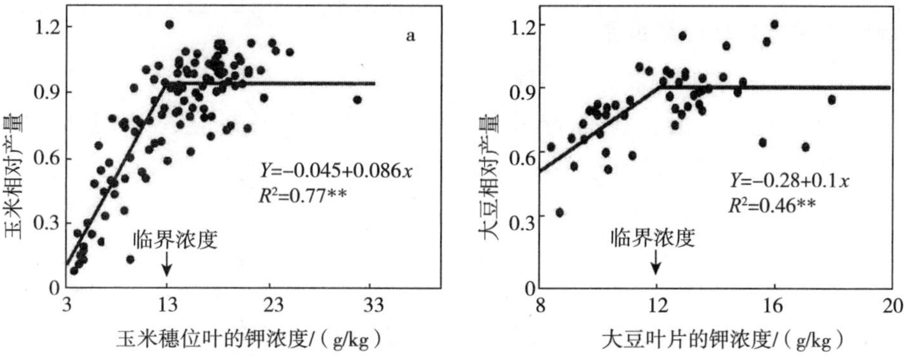

图 6-9　玉米、大豆开花期叶片氮素临界浓度

由于钾肥在土壤中的养分特点与氮肥有所不同，不像氮肥那样易于损失，为了节省人力、物力、财力，在大田作物上，与磷肥一样，钾肥往往是在作物播种以前作为基肥一次施入土壤中，因而大田作物上钾肥的施用很少用营养诊断法来单独指导施肥。但在园艺类作物上，钾营养诊断是钾肥推荐的一个有效工具。

四、钾肥品种、施肥时期与施肥位置

钾肥施用的有效性除受土壤供钾水平和植物需求的影响外，土壤性质及生产管理措施对钾肥肥效的影响也十分显著，在生产实践中，应遵循以下钾肥施用技术，提高钾肥利用率。

(一)选择适宜钾肥品种

氯化钾和硫酸钾是常用的两个钾肥品种，氯化钾可作基肥、或者早期追肥，不宜作种肥和根外追肥；硫酸钾可作基肥、追肥(含根外追肥)和种肥。

氯化钾和硫酸钾都是生理酸性肥料，施入土壤后，K^+很容易被土壤胶体所吸持，也易被作物根系吸收，Cl^-和 SO_4^{2-}易残留，使介质发生一定程度的酸化。氯化钾与硫酸钾对作物的增产效果基本相同。对钾肥品种的选择必须综合考虑作物特性、土壤性质、钾肥来源和产品的经济效益等多种因素。在作物特性方面，一些作物不适宜施用氯化钾，如烟草、马铃薯、茶叶、甜菜、葡萄和柑橘等“忌氯作物”。硫酸钾适用于各种作物，特别是十字花科等需硫作物特别有效，如大蒜等；水稻土最好不用硫酸钾，因为在土壤通气不良的情况下，硫酸钾易产生硫化氢毒害，直接影响作物的根系吸收活力。因此，在一般情况下，水田作物，如水稻、藕等适合施用氯化钾。在土壤特性方面，在盐碱土上不宜选用氯化钾，否则会加重盐害；在酸性土壤中施用氯化钾，作物吸收钾以后，剩下的氯离子很容易在土壤中形成盐酸，使得土壤的酸性进一步增加，在酸性土壤中长期施用氯化钾，要与农家肥或者石灰配合施用。

(二)选择最佳施用期

钾肥施用时,应根据作物生长发育的生理需求进行。同时也要根据钾肥种类以及相应的种植制度选择最佳施用时期。多数农作物以作基肥或前期追肥相结合较好。当作物处于潜在缺钾状态时,即植物体内的钾浓度略低于临界浓度的情况下,追施钾肥也有一定的效果;但当作物形态上已出现明显的缺钾症状时,作物生长和产量就会受到影响。某些生长期长的作物除基施钾肥外,还要追施 1～2 次。对保肥性能差的砂土,应强调"少吃多餐"的原则。

(三)确定施用方法和施肥位置

科学的施肥方法可减少钾素养分的损失。根据作物生长季节的不同,可采用撒施、条施、沟施、穴施和叶面喷施等方法。例如,钾肥作水稻基肥时,在撒施后应进行浅层耕作(耙地或耕地);作旱期追肥时,应在田面没有水层时进行。旱地在进行局部施肥时,要注意防止作物受到灼伤。水稻秧田施钾和棉花等营养钵施钾也是提高钾肥效益的好方法。在保护地种植中,灌溉施肥是肥料施用的主要技术;在干旱和半干旱的条件下,灌溉施肥在果树和蔬菜生产中也较为常用。在作物出现缺钾症状,土壤施肥操作困难的情况下,也可叶面喷施钾肥。表层土壤干湿交替频繁,钾的晶格固定增多,有效性降低,而较深的土层水分变化幅度相对较小,因此,钾肥的施用应强调深施。穴施和条施等施肥方式可以提高局部钾离子的饱和度,增加钾的有效性,故钾肥以集中施用效果较好。

土壤中固定钾的黏土矿物含量高和钾肥有限时,应当条施而不应同土壤相混合或撒施才能获得更好的效果。含钾低的土壤上行施或条施常比撒施增产效果好。然而,对含钾量高的土壤施用较高水平的钾,各种方法都能取得满意结果。对需要大量钾的土壤,为了获得高产,撒施是最常用的施肥方法。

(四)注意与其他肥料的合理配合

在实际生产中,作物对氮、磷和钾的需要有一定的比例,因而钾肥肥效与氮、磷供应水平有关。当土壤中氮、磷含量较低时,单施钾肥效果往往不明显,随着氮、磷用量的增加,施用钾肥才能获得增产,而氮、磷和钾的交互效应也能通过氮、磷的供应促进作物对钾的吸收,提高钾肥的利用率。如在棉花的施肥过程中,钾肥需与其他肥料合理配合施用。当土壤缺氮等营养元素时,如施氮量低或者不施加氮肥,施钾反而会造成减产。在施肥过程中,还要与有机肥进行配合施用,这样才能更好地为作物提供养分。

五、特殊条件下的钾管理

(一)逆境条件下的钾肥管理

农业生产中,作物不可避免地遭遇各种生物或非生物胁迫,在缺钾情况下作物对各种胁迫因素的敏感性增加,严重影响作物的正常生长,降低作物产量。适量施用钾肥可以增加植物对钾的吸收,促进植物生长,提高植物对非生物逆境的抵抗力。如低温逆境条件下,施用钾肥可以提高马铃薯的产量,同时减轻叶片的霜冻危害,在低钾土壤中,钾肥的抗逆和增产效果更加明显(表 6-18);在干旱逆境条件下,大麦在低土壤水势的高渗溶液中可增加根系对钾的吸收;在盐分胁迫情况下,适量供钾可以降低植物对钠的吸收,提高地上部和根系的 K^+/Na^+,增加地上部干物质累积量,增强植物对盐胁迫的耐受性,减轻盐分胁迫的危害。

表 6-18　不同供钾土壤增施钾肥对马铃薯叶片冻害、钾浓度和产量的影响(Grewal 和 singh,1980)

kg/hm^2

土壤钾供应状况		钾用量		
		0	42	84
低	叶片冻害	65	26	12
	钾浓度	1.64	1.96	2.85
	块茎产量	18.0	22.9	29.6
中	叶片冻害	52	30	4
	钾浓度	2.28	2.80	2.80
	块茎产量	19.8	26.0	26.3
高	叶片冻害	12	12	0
	钾浓度	2.61	2.79	2.82
	块茎产量	20.7	22.4	23.4

注:产量单位 t/hm^2;钾浓度单位 mg/g 干物质;叶片冻害率单位%。

钾可降低真菌、细菌和病毒等对作物的危害,主要通过调节植物的生育期、改变植物的形态学结构、调节植物生理代谢等途径提高植物对生物逆境的抗性。钾肥的用量、形态和施用方法均可影响植物病害的发生程度。许多资料表明,供钾充足可减轻水稻胡麻叶斑病、稻瘟病、赤枯病、纹枯病、玉米茎枯病和大白菜软腐病等(表 6-19)。

表 6-19　施钾量对大白菜产量和软腐病病情指数的影响(王文峰等,2017)

施钾量/(kg/hm^2)	产量/(t/hm^2)		病情指数	
	德高秋丰王	北京新 3 号	德高秋丰王	北京新 3 号
0 (CK)	128.3^{b}	137.0^{b}	39.3^{a}	28.3^{a}
200	141.2^{a}	140.0^{b}	29.3^{b}	26.7^{a}
400	131.8^{ab}	150.9^{a}	19.0^{c}	18.3^{b}

注:不同的小写字母表示同一品种在 0.05 水平差异显著。

钾肥的施用可以提高作物对逆境的抵抗作用,保证作物在逆境下生长发育的正常进行,改善作物品质,提高作物产量。在逆境胁迫下,作物对钾的需求量往往高于非逆境环境,这就意味着在中高供钾水平的土壤中,施用钾肥的增产效果往往在干旱或涝渍、极端温度等气候异常或病害高发年份表现得更为明显。

(二)产品品质与钾肥管理

农业生产中,钾对作物产量的形成和品质的改善都至关重要,作物高产优质所需的钾肥量因作物品种、土壤、作物需钾及环境而不同。张宏彦等(2009)总结了不同果树、蔬菜产品维生素 C 含量和最高产量的钾肥用量(表 6-20),可以看出植物获得最佳品质和最高产量时的钾肥用量不尽相同。因此,生产中应根据不同作物的品质要求合理施用钾肥,协同高产、高效和优质。同时也应该指出,施用过量钾肥也会由于破坏了养分平衡而造成作物品质下降。如苹果的果肉变绵而不脆,耐储性下降;细胞含水率偏高使枝条不充实,耐寒性下降等。

表 6-20 不同果树、蔬菜最高维生素 C 含量和最高产量的钾肥用量比较(张宏彦等,2009)

作物	钾肥用量/(kg/hm^2)		钾肥品种	耕层速效钾/(mg/kg)	文献来源
	维生素 C 含量最高	最高产量			
黄瓜(大棚)	300	100	KCl	133	郭熙盛等,2004
	300	200	K_2SO_4	133	
黄瓜(露地)	75	225	KCl	157	
	225	150	K_2SO_4	157	
番茄	80	120	K_2CO_3	—	Nanadal 等,1998
大白菜	180	180	K_2SO_4	—	陈先知和李能芳,2004
甘蓝	200	200	K_2SO_4	56	倪吾钟等,1997
	300	200	KCl	56	
结球甘蓝	200	300	KCl	79	郭熙盛等,2006
	300	100	K_2SO_4	79	
青菜	120	60	K_2SO_4	56	倪吾钟等,1997
	60	60	KCl	56	
洋葱	150	225	K_2SO_4	56	
花椰菜	200	300	K_2SO_4	56	
花椰菜	75	150	KCl	119	郭熙盛等,2007
	150	75	K_2SO_4	119	
	75	150	KCl	181	
	150	150	K_2SO_4	181	
芋艿	240	360	K_2SO_4	56	倪吾钟等,1997
砀山梨	684	1368	KCl	192	何忠俊等,2002

第四节 钾资源的高效利用与替代技术

一、有机肥钾资源的高效利用与替代技术

我国有机肥资源十分丰富,其蕴含的养分含量也非常巨大。目前,我国有机养分资源总量约 7 500 万 t,其中,有机肥钾资源总量超过 3 200 万 t。有机肥钾资源总量大于有机氮和有机磷资源,分别是有机氮和有机磷资源的 1.05 倍和 2.77 倍。在我国农业生产钾肥需求量大,肥料钾资源有限的情况下,以优化有机肥料施用为基础,合理利用和配置有机源钾,对优化农田生态系统的钾循环途径,增加钾资源的生物小循环的数量和比例,提高钾资源的利用效率,提升土壤肥力具有重要意义。

(一)有机肥钾素养分的估计参数

有机养分的估计参数是指有机肥料中可被当季生产作物所利用的有效养分所占有机肥料中总养分的比例。有机养分估计参数的计算是通过一段时间对有机肥料培养过程中所矿化出来的无机养分进行测定建立矿化速率与时间的关系,估算有机肥料中可被当季生产作物所利用的有效养分比例。钾在有机肥料中以离子状态存在,当有机肥料进入土壤,一旦组织结构发

生破碎,钾就可以在降水或灌溉水的作用下,与有机肥料分离进入土壤,被固定或被作物吸收。与有机肥料中的氮、磷相比,钾的释放速率要快得多。已有研究表明,进入土壤的作物秸秆中的钾通常在 30 d 内即可全部释放出来,绿肥或畜禽粪污中的钾的释放速率会更快。有机源钾与化肥钾的肥效大体相当,有机肥钾素养分的估计参数为 1。

(二)有机肥钾高效利用与替代技术

有机肥钾高效利用与替代技术是在有机肥—无机肥配合的施肥原则的指导下,根据作物的需钾量、土壤的供钾水平、有机肥钾的供应量及钾肥特性确定的钾肥科学配置和施用技术。该技术在获得一定目标产量的情况下,充分考虑了有机肥钾源的供应,利用有机肥钾替代部分化肥钾,减少化肥钾的用量,可实现钾资源的合理配置,提高钾资源的利用效率。主要通过以下步骤进行。

1. 确定目标产量

根据田间试验的结果,以肥料效应函数得到的最佳经济产量为目标产量,或以当地前三年的最高产量或平均产量为基础,增加 10%～15%确定目标产量(低产土壤:15%～20%;中产土壤:10%～15%;高产土壤:5%～10%)。

2. 确定目标产量的钾素吸收量

根据作物类型查阅相关资料,获得作物单位经济产量的需钾量;根据目标产量和单位经济产量需钾量计算目标产量钾素吸收量。

目标产量钾素吸收量=目标产量×单位经济产量需钾量

3. 确定需补充钾素量

根据土壤速效钾测试值,参考《中国主要作物施肥指南》或第二次土壤普查土壤速效钾分级标准,确定土壤钾供应水平;根据钾素恒量监控技术,结合土壤供钾水平和目标产量钾素吸收量确定需补充钾素量。

4. 估算有机肥料供钾量

根据投入有机肥料类型,查阅相关资料,获得有机肥料含钾量;根据有机肥料用量和有机肥料含钾量计算有机肥料供钾量。

有机肥料供钾量=有机肥料用量×有机肥料含钾量

5. 计算需补充的化肥钾量

根据作物特性确定钾肥种类,如忌氯作物、盐碱土不能分配氯化钾,水田不宜分配硫酸钾。利用需补充的钾素量和有机肥料供钾量、钾肥养分含量计算需补充的钾肥量。

需补充钾肥量 =(需补充的钾素量-有机肥料供钾量)/化肥钾养分含量

(三)有机肥钾高效利用与替代技术的实施效果

谷守宽等(2017)在重庆市蔬菜种植基地九龙坡区含谷镇宝洪村(试验点 1)和铜梁县侣俸镇新学村(试验点 2)两个试验点进行钾肥利用与替代技术的田间试验,两试验点土壤速效钾含量分别为 126 mg/kg 和 145 mg/kg。供试化学肥料为尿素(46%)、磷酸二氢铵(11-44-0)、氯化钾(60%),有机肥料为玉米秸秆(N 1.25%;P 0.18%;K 2.1%),来自当地收获玉米后的玉米秸秆,粉碎后直接翻压。试验共设 5 个处理,3 次重复,各处理氮、磷、钾养分施用量相同,分别为 N 300 kg/hm^2、P_2O_5 150 kg/hm^2、K_2O 150 kg/hm^2,试验方案见表 6-21。

表 6-21　田间小区试验方案和施肥量　　kg/hm²

处理	内容	K_2O (OF)	K_2O (CF)
CK_1	不施钾肥	0	0
CK_2	常规施钾肥	0	150
M_L+K_H	玉米秆钾 10% + 化肥钾 90%	15	135
M_M+K_M	玉米秆钾 30% + 化肥钾 70%	45	105
M_H+K_L	玉米秆钾 50% + 化肥钾 50%	75	75

注:OF 代表有机肥,CF 代表无机肥。

试验结果表明,两个试验点施钾处理较不施钾肥处理(CK_1)莴笋增产极显著,增幅分别为11.4%～13.7%和 11.4%～15.3%,显示出钾肥对莴笋增产的重要作用。秸秆钾替代化肥钾较常规施用化肥钾处理(CK_2)对莴笋产量略有提高作用,但不显著。试验点 2 莴笋产量高于试验点1,且秸秆钾替代化肥钾处理的增产效果大于试验点 1,增幅为 2.7%～3.6%,而试验点 1 仅增产0.4%～2.1%。各替代处理中,以 M_H+K_L 处理产量均高于其他处理且增产幅度最大,产量分别达 33 142 kg/hm² 和 35 975 kg/hm²。从不同处理产量水平和钾资源效率来看,有机肥钾替代50%化肥钾在获得相近莴苣产量的同时,更能实现有机肥钾的高效循环利用(表 6-22)。

表 6-22　秸秆钾替代化肥钾对莴笋产量和钾素利用率的影响

试验点	处理	产量/(kg/hm²)	相对产量/%		钾素利用率/%
			CK_2	CK_1	
试验点 1	CK_1	29 139±187[b]	89.8	100.0	—
	CK_2	32 454±381[a]	100.0	111.4	13.6
	M_L+K_H	32 578±225[a]	100.4	111.8	15.7
	M_M+K_M	32 891±190[a]	101.3	112.8	18.8
	M_H+K_L	33 142±253[a]	102.1	113.7	20.4
试验点 2	CK_1	31 188±267[b]	89.80	100.0	—
	CK_2	34 739±464[a]	100.0	111.4	14.8
	M_L+K_H	35 666±463[a]	102.7	114.4	16.4
	M_M+K_M	35 820±267[a]	103.1	114.9	17.3
	M_H+K_L	35 975±267[a]	103.6	115.3	19.9

注:产量均以鲜基计算;同列数据小写字母不同表示处理间差异达 $P<0.05$ 显著水平。

二、通过生物学途径提高钾素资源利用效率

(一)钾素资源高效利用的植物营养遗传学基础

植物对养分的吸收利用与植物的遗传特性有关。植物对土壤钾素的吸收、利用可分为 3 个阶段:①根系表皮吸收土壤中的 K^+;②钾在根内及根一地上部的传输;③钾在地上各组织部位的分配及行使调控功能(如气孔运动)。研究表明,钾高效水稻品种日本晴(NB)定位于根部钾转运基因 *OsKAT*1;1 受高钾和低钾抑制;钾分配基因 *OsAKT*2/3 定位于地上部且受高钾诱导;根一茎钾传输系统 *OsSKOR* 基因主要定位于距根尖大于 1.5 cm 的成熟区,其在根部的表达丰度受低钾诱导,表明植物钾的吸收和利用效率与植物的遗传信息及其表达有关。

植物不同钾效率基因型吸收利用钾的过程除发生分子水平上的反馈调节外，也同时伴随着作物形态和生理的变化。钾高效基因型的根系往往具有较高的 K^+ 亲和力和最大 K^+ 吸收速率(I_{max})，但 K^+ 吸收的米氏常数(K_m)和补偿浓度(C_{min})较低；钾高效基因型也常具有较高的根系活力和更大的吸收活性，表现出 K^+ 高亲和驱动优势；叶片叶绿素(Chl)a/b 比和叶绿素 a 的相对含量较高，光合参数受低钾胁迫的影响较小。同时，钾高效基因型也可伴有根毛数量增加和根系内部结构的变化，表现为中层细胞空腔直径增大，皮层细胞数量增多，根系细胞通气和吸收养分的能力增加；钾高效品种的根系 H^+ 分泌量、阳离子交换量、可溶性蛋白含量和 ATP 酶活性也显著高于钾低效品种。这些植物根系形态和生理的改变有助于钾高效基因型从环境中高效的吸收钾素。

(二)选用钾高效品种，提高钾素利用效率

已有较多研究表明，同一作物不同品种之间的钾素利用效率存在很大差异。根据土壤钾供应水平，作物钾高效品种可以分为低钾高效和高钾高效两种类型。低钾高效品种是在土壤供钾水平较低的情况下，具有较高的钾素吸收性能，并可获得较高产量的品种。高钾高效品种是在土壤供钾水平高或钾肥施用量大的情况下，可以吸收较多的钾素并获得较高产量的品种。吕福堂等(2004)在钾素耗竭情况下研究了 12 个玉米品种的生长和钾素吸收特性，结果表明在获得相近生长量的情况下，农大 86 的吸钾量是甜单 8 的 2.1 倍，说明农大 86 在低钾供应的情况下，具有较高的钾素吸收能力，为低钾高效的玉米品种。刘硕等(2022)在土壤高供钾水平下(速效钾 121～231 mg/kg)施用钾肥 112.5 kg K_2O/hm^2，从 437 个小麦品种中筛选出扬麦 18、烟农 5158、川麦 104、华麦 5 号、郑麦 1860、Dromedaris 和太空 6 号等 7 个高钾高效品种，同时表明钾收获系数(KHI)存在明显的基因型差异，且与小麦产量、小麦籽粒吸钾量和小麦籽粒钾含量显著相关，可作为小麦钾利用效率的评价指标。袁园园等(2018)在速效钾 117 mg/kg 的土壤上，分别施用钾肥 150 kg K_2O/hm^2 和 60 kg K_2O/hm^2 的情况下，筛选出旱选 H28、品 3483 两份低钾高效品种和旱选 H27、洛旱 9 号等 5 份高钾高效品种。由此可见，作物的钾素利用效率表现出明显的遗传多样性现象，在不同供钾水平条件下，作物品种的钾素利用效率存在较大差异。

在我国肥料钾资源短缺、土壤钾资源潜力巨大但生物有效性低的背景下，农业生产中充分挖掘作物钾高效利用的生物学潜力和土壤供钾潜力，提高钾资源的利用效率，是目前钾素养分优化管理的重要技术途径之一。

复习思考题

1. 试述农田系统钾的来源与去向。
2. 影响土壤钾素含量的因素有哪些？
3. 简述我国钾素肥力的演变特征。
4. 试述土壤钾素的转化与循环过程及其对土壤钾有效性的影响。
5. 钾的资源特征与氮、磷有何异同？
6. 试述钾素优化管理的原则和方法。
7. 合理施用钾肥，提高钾肥的利用效率要考虑哪几个方面的内容？
8. 用交换性钾进行土壤测试和钾肥推荐时，可能的影响因素有哪些？
9. 为什么特别强调钾的再循环与再利用？

第七章
中量元素资源特征与管理

◇ 教学目标

1. 理解钙、镁、硫在土壤中的形态。

2. 阐明钙、镁、硫在土壤一作物系统的循环转化过程与平衡。

3. 掌握钙、镁、硫管理技术要点。

第一节　钙素资源特征与管理

钙元素于 1807 年被发现，于 1860 年被确定为植物必需营养元素。钙能改变细胞壁和细胞膜的结构稳定性，可作为陪伴离子维持细胞阴阳离子和渗透压平衡，参与第二信使传递，调节植物应对各种生物和非生物胁迫和刺激，对作物产量与品质形成起着至关重要的作用，缺钙会导致裂果、番茄脐腐病、苹果苦痘病、叶菜叶缘枯焦状、白菜心腐病等。在农业生产中，需要重点理解钙素资源组成、钙在农田中的转化及其管理，为更好发挥钙营养的关键作用提供科学依据。

一、农田生态系统钙素循环

(一)农田系统钙输入

农田系统钙素输入主要包括肥料钙素及来自环境中的钙素。

1. 化学肥料钙输入

化学肥料是农田系统钙素输入的关键组成部分。农业上常用的含钙物料主要包括石灰、石膏等。钙肥通常并不是单质肥料，作为化肥副成分的一些含钙肥料，主要包括过磷酸钙、重过磷酸钙、钙镁磷肥、硝酸钙、硝酸铵钙、石灰氮等。随着现代施肥技术的不断进步，螯合钙肥、水溶性含钙肥料得到了较好的发展，螯合钙肥主要的螯合剂有 EDTA、糖醇、柠檬酸等，主要用于作物叶面施肥，一般含钙量在 11.5%～13.5%，一些作为微量养分载体的天然复合肥含钙量通常在 4%～12%，在水溶性复合肥中也会添加一定量的钙补充作物钙素营养。

2. 有机肥料钙输入

各种有机肥中也含有一定量的钙，是不可忽视的钙源。骨粉、草木灰是含钙丰富的肥料，其含钙量可以达 10%以上；饼肥中的钙含量相对较低，一般不到 1%，因不同来源而异，如花生饼肥约为 0.4%，而芝麻饼肥则可以达到 2.5%以上；动物和城市废弃物通常含有 2%～5%的钙，也是优质的钙养分资源。

3. 环境中的钙

除土壤和肥料含有钙之外，灌溉水、植物残体、大气湿沉降均会带入一定量的钙。农田灌溉水来源于地表水或地下水。土壤或矿物溶解于水、降水沉降、工业生产废弃物等都会携带钙进入水体，因此农田灌溉水含有一定量的钙。不同地区灌溉水中的钙含量不一致，以华北平原曲周深层地下水为例，其钙含量可达到 30 mg/kg 以上，黄河和长江水中的钙含量可达 40 mg/kg 以上，在一些浅层地下咸水中钙含量可达 80 mg/kg 以上。

植物残体属于植物的一部分生物量，其本身从土壤、肥料中吸收了钙养分，还田后又给土壤和作物补充了钙养分，其含量因作物类型而异。一般而言，喜钙类作物含钙量要远高于其他作物，如番茄叶片中钙含量可达 16～32 g/kg，而小麦叶片中则只有 2～10 g/kg。

大气沉降可带入一定量的钙。大气中钙以颗粒状态存在，其带入量因地区而异，差异较大，有的不到 1 kg/(hm^2 · 年)，有些地区则可以达到 100 kg/(hm^2 · 年)以上(表 7-1)。

表 7-1　降水带入的钙量

地区	时间	降水中的钙 [kg/(hm^2 · 年)]
福建沿海与闽北	1980—1981	26.8
云南内陆	1980—1981	15.1
广西柳州	1984—1985	52.15
杭州午潮山	1988—1990	56～65
浙江兰溪	1988—1990	16～40
浙江千岛湖	1987—1989	26～72
黑龙江尚志	1980—1986	23～36
海南岛尖锋岑	1982—1986	5～13
云南哀牢山	1980—1985	1.5～1.8
北京	2004	22.7
重庆铁山坪	2002	10.8
湖南蔡家塘	2002	13.2
全国	1986—1994	9.4
重庆铁山坪	2001—2004	114
湖南蔡家塘	2001～2004	58
贵州雷公山	2001—2004	32
广东流溪河	2001—2004	16

(二)农田系统钙输出与平衡

1. 农田系统钙输出

(1)作物吸收与移走。一般而言，土壤交换性钙是作物吸收钙的主要来源。在农田系统中，土壤钙素总量很高，但这些钙绝大部分不能被作物直接吸收利用，钙素的有效性相对较低。不同作物对钙素的需求差异较大，如生产 1 t 谷物所带走(输出)的钙为 0.7～3.1 kg，生产 1 t 蔬菜水果则为 0.4～4.7 kg，但是蔬菜水果的单位面积产量远远高于谷物，导致其单位面积的钙输出量非常高(表 7-2)。因此,在很多作物生产中并不施用钙肥,尤其是在小麦、玉米、水稻等对钙需求量较小的作物上。而在经济作物生产中,尤其是设施蔬菜与果树,一般都施用含钙肥料。另外,作物吸收钙素主要依赖于蒸腾拉力,在蔬菜、果树快速生长期,对钙素需求量非常高,由于土壤供应强度不能满足作物需求,导致作物生理性缺钙经常发生,如白菜干烧心、生菜叶缘枯焦状、苹果苦痘病等。

表 7-2　我国主要作物每形成 1 t 经济产品移出的钙量　　kg

作物	移出钙	作物	移出钙
水稻	2.8	大麻	12.9
小麦	2.9	亚麻	2.8
玉米	3.1	甘蔗	0.4
谷子	0.7	烟叶	38.5
其他谷物	2.0	桑叶	148
大豆	15.0	茶叶	5.7
杂豆	21.0	蔬菜	2.0
甘薯	1.1	西瓜	4.7
马铃薯	1.2	水果	0.4
花生	29.0	豆科绿肥(干)	8.0
皮棉	101.4	饲料作物(干)	2.3
黄红麻	35.7	牧草(干)	4.4

(2)钙淋洗损失。土壤溶液和胶体上钙含量较高,且其交换吸附能力不强,因此,钙在土壤中极易发生淋洗损失,一般每年钙淋洗量可达 75～225 kg/hm^2。钙淋洗损失与多方面因素有关,如土壤质地,砂性土壤胶体含量少,与钙可结合的位点少,使得钙更多存在于溶液中随水淋洗。另外,降水量大、土壤 pH 低、钙肥溶解性高等都会造成大量的钙淋洗损失。

2. 农田系统钙平衡

新中国成立以来,肥料用量快速增加,尤其是含钙磷肥的大量施用,使得投入土壤的钙素不断增加,从 1952 年不到 330 万 t CaO 增加到 2000 年的 2 200 万 t;其中仅 1990—2000 年,含钙磷肥的施用使得输入农田土壤 CaO 达 700 万～1 000 万 t。以我国农田面积 1.2 亿 hm^2 计,通过施用普钙和重钙输入农田土壤的钙量(CaO)平均为 5.5 kg/hm^2。由于钙镁磷肥一般施用于南方酸性土壤上,以热带、亚热带耕地面积 0.28 亿 hm^2 计,钙镁磷肥平均输入的钙量(CaO)为 6.6 kg/hm^2。随着我国磷肥工业技术的不断发展,磷肥产品经历了由低浓度到高浓度的重大转变,许多磷肥品种如普钙、重钙、钙镁磷肥等产品用量在近 20 年来逐步减少,到 2016 年,依赖于这些肥料投入到农田土壤中的 CaO 约有 50 万 t。

我国每年通过施用有机肥料输入农田土壤中的 CaO 远远高于化肥,在各类有机肥中,人畜粪尿肥由于资源量和施用量大,提供的钙量占有机肥钙总量的 64%以上,其次草木灰也是含钙丰富的有机肥,其提供的钙量占有机肥钙总量的 15%～20%。20 世纪 90 年代以来,我国施用各类有机肥输入农田土壤的 CaO 平均为 1096 万 t,相当于每公顷 9.1 kg。作物收获从土壤中移出的钙素,20 世纪 90 年代我国农田生态系统中作物移出的 CaO 平均为 510.6 万 t。总体而言,我国农田土壤钙素平衡处于盈余状态。受淋洗作用影响,我国南方酸性土壤存在缺钙现象，尤其是在南方红黄壤地区，土壤酸化严重，可以通过施用石灰改土培肥矫正植物钙营养缺乏。

二、土壤钙素资源及土壤钙转化

(一)土壤中钙含量与形态

1. 土壤中钙的含量

地壳中钙的平均含量约为 3.64%，表土平均含钙量为 1.37%。不同土壤钙含量差异很大，湿润温带非石灰性土壤为 0.7%～1.5%；高度风化热带土壤则只有 0.1%～0.3%；而在半干旱一干旱石灰性土壤上可以达到 1%～30%，其主要成分是 $CaCO_3$。我国南方红壤和黄壤的含钙量低，一般小于 1%，而北方石灰性土壤，游离碳酸钙含量可高达 10%以上。总体而言，我国土壤总钙含量呈现出由北到南逐渐降低的趋势，西北地区含量最高，东南地区最低。

土壤钙含量变幅大，主要受成土母质、风化条件、淋洗强度和耕作利用方式的影响。例如，由石灰岩发育的土壤，一般因母质中含有大量的 $CaCO_3$ 而使土壤含钙丰富；而在温湿条件下，高度风化和淋洗的土壤含钙量通常很低。

2. 土壤中钙的形态

土壤中的钙素主要分为无机态钙和有机态钙两大类。具体到形态有：矿物态钙、交换态钙、溶液态钙和有机态钙，其中交换态钙和溶液态钙是作物可直接吸收利用的有效钙，而矿物态钙和有机态钙并不能被作物直接吸收利用，属于土壤钙供应潜力，其含量与土壤有效钙含量并无相关性。

(1)矿物态钙。矿物态钙是土壤钙的主要来源，存在于土壤固相的矿物晶格中，不溶于水，也不易被溶液中其他阳离子所交换，是植物不能直接利用的钙，占全钙含量的 40%～90%，是土壤中的主要钙素形态。土壤中含钙矿物主要是硅酸盐矿物和非硅酸盐矿物，硅酸盐矿物主要有钙斜长石、钠钙斜长石、辉石、角闪石等，非硅酸盐矿物主要包括方解石、白云石等碳酸盐矿物，石膏和磷灰石等硫酸盐、磷酸盐矿物(表 7-3)。

表 7-3 土壤中的主要含钙矿物及其含钙量

矿物	分子式	钙含量(CaO)/%
硅酸盐矿物		
钙斜长石	$CaAl_2Si_2O_8$	20.2
钠钙斜长石	$m NaAlSi_3O_8 \cdot n CaAl_2Si_2O_8$	9～12
辉石	$Ca(Mg,Fe,Al)(SiAl)_2O_6$	16～26
角闪石	$Ca_2(Mg,Fe)_5Si_8O_{22}(OH)_2$	11～15
硅灰石	$Ca_3(Si_3O_9)$	48
绿帘石	$Ca_2(Al,Fe^{3+})Si_3O_{12}(OH)$	20～25
非硅酸盐矿物		
白云石	$CaCO_3 \cdot MgCO_3$	26～30
石灰石	$CaCO_3$	50～55
石膏	$CaSO_4 \cdot 2H_2O$	34～35
磷灰石	$Ca_{10}(F,OH,Cl)_2(PO_4)_6$	54～55
石榴石	$(Ca,Mg,Fe^{2+})_3(Al,Fe^{3+})_2(SiO_4)_3$	33.5～37.3

(2)交换态钙。土壤交换态钙是作物可利用的有效钙，是指吸附在土壤胶体表面的、能为其他交换性阳离子所交换出来的钙。交换态钙一般占土壤总钙量的20%～30%，其变幅范围在5%～60%。不同地区土壤交换性钙在交换性阳离子组成中是不一样的，一般占比为40%～90%(表7-4)。

表7-4　我国土壤交换性阳离子组成的地区性差异

地区性土壤	交换性阳离子组成/%		
	Ca^{2+}	Mg^{2+}	K^+ 与 Na^+
北方石灰性土壤	75～90	10～20	2～5
中部黄棕壤(江苏)	65～85	15～30	2～4
南方水稻土	50～80	10～30	6～16

(3)溶液态钙。溶液态钙也称水溶态钙，指存在于土壤溶液中的钙，其含量从几十到几百mg/kg，是植物可以直接吸收的钙素形态。其含量与其他离子相比较是最高的，是镁离子的2～8倍、钾离子的10倍左右。

(4)有机态钙。有机态钙是指存在于土壤动、植物残体中的钙及有机肥中的钙，一般新鲜有机物含钙占干重的1%，灰分中含7%～11%。其只有分解后才对植物是有效的，分解后一部分被淋洗，一部分保留土壤中进入土壤溶液或转化为交换性钙，还有一部分则是尚未分解的钙。土壤有机物中的钙只占土壤总钙量的0.1%～1%。

在四种土壤钙形态中，水溶态钙和交换态钙是作物可即时利用的有效钙，矿物态钙和有机态钙一般作为作物钙素营养的潜力钙。土壤的供钙水平主要取决于交换态钙供应容量的大小，溶液态钙在土壤溶液中虽然含量不低，但它只占交换态钙的2%以下，溶液态钙和交换态钙在土壤中存在一个动态的平衡，通常以交换态钙的量来衡量土壤钙肥力水平。

(二)土壤钙素转化与循环

在农田生态系统中，土壤一作物构成了整个系统的核心，通过降水、农田耕作管理等影响整个生态系统的营养元素转化与循环。钙在土壤一作物系统的转化主要包括矿物风化与沉积、离子吸附与解吸、矿化与固定和淋洗损失4个过程(图7-1)。

1.矿物风化与沉积

矿物风化是指矿物态钙转化为有效态钙的过程，沉积则反之。土壤含钙矿物一般比较容易风化，尤其是在高降水量条件下，含钙矿物在水的作用下，容易分解生成氢氧化钙，再在CO_2和水作用下形成重碳酸钙。含钙矿物风化后释放出的钙以离子态进入土壤溶液，大部分被淋洗，一部分被土壤胶体所吸附成为交换态钙，还有一部分与重碳酸根离子结合成重碳酸钙，即含钙矿物水解风化在土壤中形成了$Ca(OH)_2-CaCO_3-Ca(HCO_3)_2$体系。硅酸盐矿物可在$H^+$作用下形成钙离子。非硅酸盐矿物以碳酸钙和硫酸钙为主，它们本身就有一定的溶解度，尤其是在含碳酸钙高的土壤上，可以直接与CO_2和水发生反应，生成重碳酸盐，使得钙溶解度增强。与风化相反的过程则是沉积，实际是上述反应的逆向反应，钙离子与重碳酸根、碳酸根结合形成了溶解度更低的盐，也可以与土壤中的硅酸根结合形成硅酸钙盐。

2.离子吸附与解吸

土壤溶液态钙离子以化学键形式与土壤固相结合，以离子交换吸附为主，吸附到土壤胶体

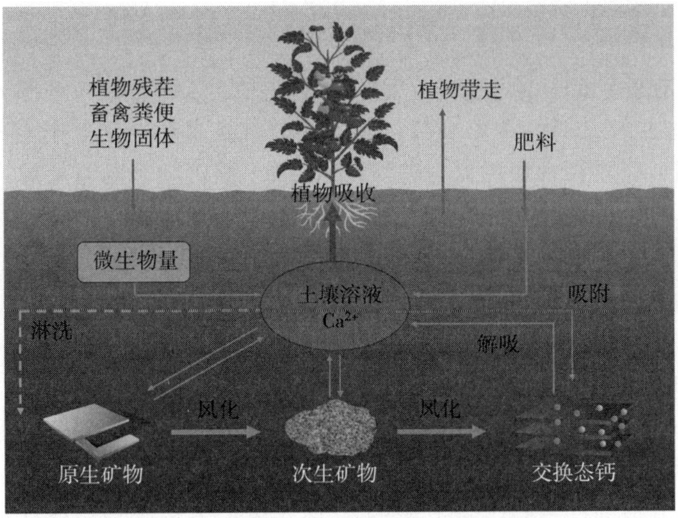

图 7-1　钙在土壤—作物系统的转化与循环

表面，形成交换态钙，这就是吸附过程。土壤胶体表面带有电荷，具有一定的吸附能力，一般离子价越高，吸附就越强。而解吸则是离子从胶体表面剥离，形成溶液态钙；交换态钙与土壤溶液态钙保持着动态平衡，这种平衡与二者含量、胶体种类、陪补离子、交换性钙饱和度、土壤 pH 等均有密切的关系。

3. 矿化与固定

土壤或动植物残体中的有机态钙可以矿化转化为作物易吸收利用的钙离子；土壤中的钙离子也可以与许多有机物形成络合物或螯合物，如草酸、柠檬酸、酒石酸、氨基酸等，其中普遍存在的有草酸钙。此外，腐殖质中的胡敏酸和富里酸也能够络合钙离子。胡敏酸钙在酸性条件下不溶解，在碱性条件下则可部分溶解，也可以与黏粒矿物形成有机矿质复合体，成为土壤结构形成的基本形式，降低了钙有效性。富里酸钙在酸性条件可溶解，有利于增强钙的移动性，但是降低了钙的化学活性，有利于减少磷与钙发生固定作用。

4. 淋洗损失

钙在土壤中淋洗损失，主要是由于钙的交换吸附能力一般且土壤溶液中钙含量较高，使钙离子易随水淋洗损失，这与土壤含钙量、土壤质地、pH 和气候条件等有着密切的关系。

矿物风化、钙素解吸与有机钙的矿化构成了钙在土壤中的钙养分释放过程，也是钙有效化的过程，通过调控这些过程，促使钙素往有利于农业生产的方向转化，实现钙的高效利用。在农业生产中，钙的投入来源有肥料(含有机肥等)、生物固体、灌溉水、动植物残茬，钙的输出有作物带走和淋洗损失(包括径流损失)，加之钙在土壤—作物系统的转化，构成了钙素循环过程。

三、钙素资源管理

(一)影响土壤钙有效性的因素

在中性和石灰性土壤中，有效钙的含量一般是较高的，但是在一些酸性和砂质土、碱性土壤中，有效钙含量较低，作物易出现钙营养缺乏的问题。土壤有效钙含量高低受到土壤钙含量、土壤质地和阳离子交换量、土壤酸度和盐基饱和度、土壤胶体种类及陪补离子等多方面因素的影响。

1. 土壤钙含量

土壤钙含量是有效钙的补给基础，土壤矿物态钙占了总钙的很大一部分，其易风化释放出其中的钙素，是土壤有效态钙的重要来源。我国南方红黄壤中含钙矿物经过长年风化大多已耗尽，因此钙含量低，有效钙含量更低，这是造成区域土壤钙缺乏的重要原因。

2. 土壤质地和阳离子交换量

土壤中的有效钙大多数以交换态钙存在，而交换态钙是阳离子交换量的组成部分，因此土壤有效钙的供应大小与阳离子交换量有一定的关系，许多缺钙土壤是阳离子交换量低的砂质土壤。例如阳离子交换量为 600 mg/kg 的砂质土壤，即使钙饱和度达到 60%，其交换态钙的含量也仅为 360 mg/kg，低于土壤有效钙的临界浓度。相反，质地重而阳离子交换量较高的土壤，即使钙饱和度较低，交换态钙的含量也较高，例如阳离子交换量为 3 000 mg/kg 土壤，即使钙饱和度低至 20%，交换态钙仍有 600 mg/kg 土壤。对大多数土壤来说，土壤阳离子交换量是有效钙的重要储藏基础。我国土壤中，除了砂质土壤的交换态钙较低外，部分风化程度很强的红壤和砖红壤，阳离子交换量也很低，易发生缺钙症状。

3. 土壤酸度和盐基饱和度

在绝大多数土壤的交换态盐基中，Ca^{2+} 占 40%～90%，平均 70%左右。因此，如果土壤的盐基饱和度较高，则交换态钙一般也较丰富。如我国南方水稻土和红壤中，交换态钙基本随着盐基饱和度的增加而增加。但在交换态盐基以 Mg^{2+}、K^+、Na^+、NH_4^+ 为主的土壤上，则交换态钙并不与盐基饱和度成正相关。

pH 和盐基饱和度对有效钙的影响也是多方面的。一方面，pH 和盐基饱和度低的土壤，其交换态钙含量一般较低；另一方面，pH 和盐基饱和度均影响交换态钙的有效性，一般交换态钙的解离度随着 pH 增高而增加，也随着饱和度的增高而增加。因此，在 pH 和盐基饱和度低的土壤中，交换态钙的有效性也是很小的。此外，pH 还影响含钙化合物的溶解度，一般含钙化合物的溶解度随着 pH 的降低而增加，而钙的络合物的稳定性则随着 pH 的降低而降低。这些都意味着在中性到碱性条件下，含钙化合物的溶度（或解离）将有所降低。但由于在中性至碱性土壤中，钙含量较高，因此溶解度对有效钙的影响不大。

4. 土壤胶体种类

土壤胶体种类不同，对交换态钙的利用率有很大影响。在钙饱和度相同的情况下，以有机胶体上的交换态钙的利用率最高，其次是高岭石、伊利石，而以蒙脱石的利用率最低。因此，以高岭石为主的土壤，对交换态钙的数量要求较高，而对钙饱和度的要求则较低。相反，以蒙脱石为主的土壤，不但要求交换态钙含量高，而且还要求较高的钙饱和度。

5. 陪补离子

以交换态 H^+ 和 Al^{3+} 为 Ca^{2+} 的陪补离子时，H^+ 和 Al^{3+} 增加一般有利于交换态钙的释放，但是在酸性土壤常出现严重的缺钙症状。这可能是由于钙的含量较低，也可能是由于 H^+ 和 Al^{3+} 的毒害，有研究表明，当溶液的 pH 降低，作物对钙的需求量增加。一价交换态离子 K^+ 和 Na^+ 对交换态钙的利用率也有很大影响，当土壤中存在大量一价交换态盐基离子时，能显著抑制交换态钙的有效性。因此，在含有大量交换态 K^+、Na^+ 等的盐碱土中，施用钙肥，如石膏往往有较好效果。二价交换态离子 Mg^{2+} 对钙也有抑制作用。

(二)钙素肥料的施用

1. 钙肥的肥效

酸性土壤施用石灰在我国已有悠久的历史，施用石灰一方面矫正了过低的土壤 pH，另一方面向作物提供了丰富的钙素营养。在我国南方酸性土壤上施用石灰也成为农业生产中一项基本的施肥措施，有利于调控土壤酸度，减少或避免土壤酸化。除少数盐渍土外，施用石灰普遍表现出改土培肥、增产增收的良好效果。近年来，部分蔬菜作物因缺钙引起的生理病害在不断增加，甚至在华北的石灰性土壤上，施用钙肥对蔬菜作物都表现出增产、改善品质、减轻病害的作用。施用石灰的效果可以归纳为以下三个方面：①石灰的 Ca^{2+} 交换出 Al^{3+}，与石灰水解后产生的 OH^- 结合成 $Al(OH)_3$，消除了 Al^{3+} 的毒害；②石灰提高了土壤的 pH 后促使一系列土壤性状向有利于作物生长的方向转变；③石灰提高了土壤溶液中的 Ca^{2+} 浓度，提高了土壤胶体交换态钙饱和度，同时还加入一些石灰中的其他中微量元素，改善了土壤阳离子组成，增加了作物的矿质营养。

2. 钙肥的施用量

在酸性土壤上确定出一个适宜的石灰用量首先要考虑土壤总酸度。施用石灰既中和了土壤的活性酸，也中和了土壤的潜在酸，并向土壤溶液与胶体增加了 Ca^{2+}，且通过反应将交换出来的 Al^{3+} 形成 $Al(OH)_3$ 沉淀而消除活性铝的危害。

石灰用量的计算方法：确定石灰用量需先知道土壤中交换性 H^+、Al^{3+} 的量，这就需要测定土壤阳离子交换量(CEC)和盐基饱和度(BS%)，计算出交换酸饱和度，根据阳离子交换量、交换酸饱和度及单位面积土壤耕层总质量计算出总的潜在酸量，以此作为施用石灰物质的直接依据。

按照下列步骤计算石灰用量：

$$\text{交换酸总量(cmol/kg)} = \text{土重(g)} \times \text{CEC(cmol/kg)} \times \text{交换酸饱和度(\%)}$$

把交换酸总量转换为克当量，以等当量的 CaO 中和，则石灰用量为：

$$\text{石灰用量(kg/hm}^2\text{)} = \text{交换酸(mol/L)} \times \text{CaO(mol/L)} \div 1000 \times 15$$

考虑到不同石灰物质的溶解性能、目标土壤酸性以及施用均匀性问题，田间应用时还须进行校正。生石灰取校正系数 0.5，石灰石粉取 1.3。根据田间试验结果确定石灰用量最为实用，在这一经典方法之后，中国科学院南京土壤研究所根据我国土壤酸碱度划分等级、土壤质地等，对不同质地的酸性土壤第一年的石灰需要量提出了一个经验标准，简化了石灰施用量的确定方法(表 7-5)。

表 7-5　不同质地土壤第一年石灰施用量　　kg/hm²

土壤酸度	黏土	壤土	砂土
强酸性(pH 4.5～5.0)	2 250	1 500	750～1 125
酸性(pH 5.1～6.0)	1 125～1 875	750～1 125	375～750
微酸性(pH 6.1～6.5)	750	375～750	375

(三)土壤、植株测试

1. 土壤钙测试诊断

土壤有效钙含量是判断土壤钙是否缺乏的有效方法。测定土壤有效钙的化学方法，一般是以 1 mol/L NH_4Ac 或 KCl 等中性盐，用淋洗法或平衡法浸出交换态钙，然后以草酸钙沉淀重量法、EDTA 络合滴定法或火焰光度计法测定其含量。

交换态钙的含量是土壤有效钙丰足与否的重要指标。对大多数作物与土壤来说，每 1 kg 土壤中含交换态钙 400 mg 以上时即不致缺钙，相反，钙肥施用产生明显肥效时，交换态钙往往在 400 mg 以下(表 7-6)。有试验指出：玉米在土壤交换态钙＜400 mg/kg 时表现缺钙，花生在＜280 mg/kg 时施钙肥有增产作用，甘蔗在土壤交换态钙＜140 mg/kg、番茄在＜80 mg/kg 时对钙肥有反应等。我国北方土壤中，交换态钙含量大多比较丰富，不大出现缺钙症状；而南方红壤旱地中，如江西、浙江、广西、广东、云南等地的酸性红壤，pH 在 5.0 以下，钙含量只有 200 mg/kg 左右，有一些土壤甚至只有 40 mg/kg，这些土壤可能产生严重的缺钙症状，施用石灰具有良好的效果。

土壤中有效钙的供应是否足够，不仅取决于交换态钙的含量，还与钙的饱和度有关。这就要求不仅测定交换态钙含量，而且要同时测定土壤钙交换量。一般认为当交换态钙的饱和度在 20%以上时，钙的有效性高，钙营养供应较为充足。

表 7-6　土壤交换态钙丰缺等级划分

等级	交换态钙/(cmol (+) /kg)	交换态钙/(mg/kg)
极低	＜2	＜400
低	2～5	400～1 000
中	5～10	1 000～2 000
高	10～20	2 000～4 000
极高	＞20	＞4 000

2. 植株钙营养诊断

土壤中有效钙的供应是否充足，还因植株本身的需求而定，植株营养诊断能够有效反映植株钙营养是否缺乏。各种植物对钙的需求相差很大，同时还随着其他条件的变化而异。因此，判断植株钙营养的充足与否，除了进行植株含钙量的测定外，还需要结合植株的形态诊断和含钙量分析来进行综合评判。

植株缺钙严重时，在外形上出现一些症状。一般表现为：根系生长受到抑制，根尖从黄白色转为棕色，严重者死亡。植株生长受阻，节间较短，因而一般比正常的矮小，而且软弱无力。下部叶片颜色较深，而幼嫩叶片颜色较淡，并可出现斑点状褪绿黄化。严重者到了后期叶片边缘破裂，叶形改变，甚至顶芽死亡。

植株的钙含量是诊断钙营养丰缺的重要指标。例如在一个酸性土壤上表现缺钙的玉米，植株钙含量小于 0.2%，而正常玉米植株钙含量则在 0.4%以上。但植株的各个部位钙含量相差很大，一般以茎叶的钙含量较高，因此分析植株的叶片能较灵敏地反映植株的钙营养状况。如甜菜缺钙的叶片钙含量为 0.04%～0.10%，而正常的高达 3.7%；番茄缺钙叶片钙含量仅为 0.58%，正常的高达 5.7%；大豆正常的高达 3.40%，缺钙的则仅 1%以下；柑橘正常叶片为 2.5%～5.0%，缺钙的为 2.0%；苹果叶片的临界钙浓度为 CaO 1.0%等。可见各种植物叶片的钙含量相差很大，其临界浓度应因作物而异。同时由于植株组织中钙含量因发育阶段和采样部位而变化，因此临界浓度也会随之改变。

(四)生物学途径提高钙利用效率

提高钙利用效率,增强钙吸收,进而改善作物钙营养,为人类日常饮食提供充足的富钙食物。从生物学途径来说,可以从基因型筛选与挖掘作物生物学潜力来提高钙利用效率。

作物基因型差异导致了对钙营养的利用效率差异。在农业生产中,可以选择耐低钙的基因型作物品种。目前,大量的研究集中在花生、白菜、番茄、油菜等作物上,如钙高效型花生品种能够通过保持根系正常生长来有效适应土壤低钙胁迫条件,而钙低效型品种则根系生长严重受阻,不能适应低钙胁迫。随着现代分子育种技术的进步,为科学筛选钙高效兼高产基因型品种提供了很好的路径。

在缺钙条件下,作物根系生长受到抑制,因此,需要通过根层调控的手段来促进根系生长,增大根系吸收养分面积与能力,进而改善钙养分吸收能力。如根层土壤结构和微生态环境改善、其他营养元素的合理供应,如铵态氮与硝态氮、磷、钾、镁等养分与钙的协同作用。

第二节　镁素资源特征与管理

镁是主要的成岩元素,含量在地壳中排第八位,约占地壳比重的2%。在一定条件下,矿物中的镁素可以释放到土壤溶液和水体中,参加各种物理化学反应。镁是植物生长发育必需的营养元素之一,它不仅是叶绿素的组成成分,又是植物体内多种酶的活化剂。随着农业集约化程度加强,作物镁营养缺乏的问题日益突出,镁越来越受到人们的关注。

一、农田生态系统镁素平衡

农田生态系统中镁素的主要来源有:化肥、有机肥、土壤、作物残茬、灌溉和降水等,其中,在不施肥或施肥很少的地区,作物所需要的镁素主要来自土壤中镁的释放。含镁矿物中的非交换态镁可缓慢地释放,降水和肥料也提供小部分镁素。镁素的主要去向包括:作物带走、淋洗损失、地表径流以及再次沉淀为次生矿物等,其中,淋洗和地表径流是农田镁素的主要损失途径。

(一)农田系统镁输入

1.肥料镁输入

植物可利用的有效性镁的主要来源是黏粒—腐殖质复合体中的交换性镁库,可补充矿物(如白云石、黑云母、角闪石及蛇纹岩)风化过程释放的镁。一些土壤特定的2∶1型黏土矿物可释放镁,植物残茬及土壤有机质的分解过程也可释放生物有效性镁。根据镁肥的溶解性,可将其分为水溶性镁肥和弱水溶性镁肥两类。不同种类镁肥的镁含量和性质不同(表7-7),水溶性镁肥可用于叶面喷施,施用后见效快,对于缓解作物缺镁有较高的有效性;弱水溶性镁肥在土壤中释放速度较慢,具有较长的肥效。

表7-7　含镁肥料的含量与性质

名称	分子式	镁含量(MgO)/%	主要性质
泻利盐	$MgSO_4 \cdot 7H_2O$	13～16	酸性,溶于水
硫镁矾	$MgSO_4 \cdot H_2O$	27.1	酸性,溶于水

续表 7-7

名称	分子式	镁含量(MgO)/%	主要性质
无水硫酸镁	$MgSO_4$	33.3	酸性,溶于水
硝酸镁	$Mg(NO_3)_2 \cdot 6H_2O$	15.7	酸性,溶于水
氯化镁	$MgCl_2$	25	酸性,溶于水
无水硫酸钾镁肥	$2MgSO_4 \cdot K_2SO_4$	8	碱性,溶于水
氯化钾镁肥	$KCl \cdot MgSO_4$	19.92	酸性,溶于水
镁螯合物	Mg · EDTA	2.5～4	酸性,溶于水
白云石	$CaCO_3 \cdot MgCO_3$	21.7	碱性,微溶于水
菱镁矿	$MgCO_3$	44.82	弱碱性,微溶于水
蛇纹石	$H_4Mg_3Si_2O_9$	43.3	中性,微溶于水
氧化镁	MgO	90～97	碱性,微溶于水
氢氧化镁	$Mg(OH)_2$	58～75	碱性,微溶于水
磷酸镁	$Mg_3(PO_4)_2$	40.6	碱性,微溶于水
磷酸镁铵	$MgNH_4PO_4 \cdot xH_2O$	21(16.4～26)	碱性,微溶于水
光卤石	$KCl \cdot MgCl_2 \cdot H_2O$	14.4	中性,微溶于水
钙镁磷肥	$Mg_3(PO_4)_2$	5～12	碱性,微溶于水
钢渣磷肥	$MgSiO_3$	3.8(2.1～10)	碱性,微溶于水
粉煤灰	MgO	1.9(1.7～2.0)	碱性,微溶于水

此外,各类有机肥料中也含有镁,镁含量按干重计,厩肥为 0.1%～0.6%,豆科绿肥为 0.2%～1.2%。20 世纪 90 年代,我国农田生态系统大量的镁素是通过施用有机肥(人畜粪尿占 70%左右)进行补充的。鲜基人粪尿镁养分含量为 0.03%～0.07%,家禽粪镁养分含量为 0.12%,猪、牛、羊粪尿镁养分含量为 0.01%～0.25%。

2. 环境中的镁

除了土壤矿物和肥料,植物残体、灌溉水、降水等均会带入农田一定量的镁。植物残体还田可以给土壤补充养分,不同类型的作物秸秆镁养分含量不同,以烘干基计,谷类秸秆中镁含量为 0.18%、豆类为 0.39%、薯类为 0.52%、瓜类为 0.83%、油料为 0.15%。灌溉水中含有从土壤矿物溶解的镁,在石灰岩地区灌溉水镁含量丰富,地表水镁含量为 24.4～38.1 mg/L,浅层地下水可达 26.9～65.6 mg/L。另外,自然降水也可以带入一定量的镁,我国南方雨水一般可提供镁 1.5～10.5 kg/hm^2,平均 3.90 kg/hm^2。

(二)农田系统镁输出与平衡

1. 农田系统镁输出

农田系统镁素的输出主要指作物带走和养分损失的镁。不同作物对镁的需求量、产量不同、收获部位不同,带走的镁量也不同(表 7-8)。随着我国农业生产水平和化肥工业技术的提高,我国农业生产处于快速发展期。作物产量大幅增加的同时也带走了土壤中大量的镁养分。1980s 通过作物收获平均每年需要从土壤中带走镁养分量约 84.2 万 t,而 2010s 年均带走镁养分量达到 175.1 万 t,与 1980s 相比,2010s 作物收获带走的镁养分量增加了一倍多。

表 7-8 不同作物收获带走的养分量

作物	产量/(t/hm²)	镁带走量/(kg/hm²)
苜蓿	44.5	123.6
玉米	24.7	143.3
棉花	4.2	56.8
花生	11.1	61.8
稻	19.3	39.5
豆	9.9	66.7
小麦	9.9	49.4

农田系统镁素的养分损失主要包括淋洗和地表径流，耕层土壤中的有效镁会随着降雨或者灌溉等过程大量损失。从化学特性而言，与 K^+、Ca^{2+} 和 NH_4^+ 相比，Mg^{2+} 半径小，但水合半径大，这导致土壤对镁的结合能力相对较弱，镁离子易被交换解吸，在土壤中的移动性更强。我国农田镁淋洗损失风险较高，全国镁淋洗损失量为 6.5 kg/hm²，其中南方和北方分别为 7.2 kg/hm² 和 5.8 kg/hm²。农田径流损失的镁养分受地表覆盖物、土壤湿度、土壤施肥状况等因素影响。有拦蓄降水的森林地表径流镁离子 0.87～1.38 mg/L，竹林地表径流镁离子浓度 4.39～7.36 mg/L。

2. 农田系统镁平衡

影响农田系统养分平衡的因素非常复杂，集约化农业管理过程中，作物收获、人为施肥以及自然降水等很多因素影响农田镁平衡状态，且我国不同农业生产区养分资源投入和各种作物收获产出存在较大的差异，农业的长期可持续性要求平衡土壤－作物镁的供应量和带走量。受降水、灌溉、土壤类型等多种因素影响，我国农田系统镁素总输入量 1980s—2010s 增长缓慢，且不同地区土壤镁素状况存在明显差异。不考虑田间镁养分的淋洗损失，1980—2018 年我国农田系统镁养分表观平衡(输入量－输出量)在不同年份均表现为正盈余状态，2005 年以前呈波动性上升趋势，2005 年之后逐渐下降(图 7-2)。

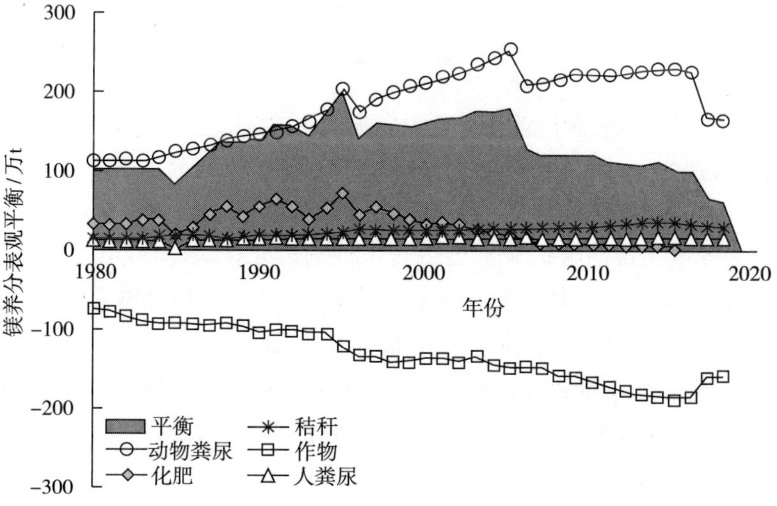

图 7-2 我国不同年份田间镁养分输入、输出和表观平衡(王正，2020)

我国镁肥施用地区不平衡，不少土壤缺镁严重的地区如广东、海南等省施用量仍不足。作物收获从田间带走了大量镁养分，加上淋洗和地表径流损失，镁养分的输出量巨大。特别是多雨地区和砂质土壤条件下，镁的淋洗损失更为严重。在镁养分淋洗损失风险高的地区，不施镁肥时镁养分输入量不能满足作物正常生产对镁养分的需求。农田镁养分平衡的研究应综合考虑土壤、镁肥、作物收获、淋洗、径流和秸秆还田等各种因素，以期为农业生产中镁养分管理提供科学指导。

二、土壤镁素资源及土壤镁转化

(一)土壤中镁含量与形态

1. 土壤中镁的含量

土壤中镁的含量变幅比较大，多数土壤全量镁的范围在 0.3%～2.5%。我国土壤中的全镁含量地域性差别很大，随着气候条件变化呈自北而南、自西向东逐渐降低的趋势。南方地区全镁含量一般在 0.06%～1.95%，北方土壤一般为 0.5%～2%。

土壤镁含量的差异受气候、母质、风化程度、淋洗作用、土壤有机质含量以及施肥等多重因素影响。在多雨湿润地区，土壤镁含量多低于 1%，而在干旱或半干旱地区，土壤镁含量一般高于 2%。从母质来看，发育于花岗岩、砂岩和页岩的土壤镁含量相对较少，而由含铁镁矿物较多的镁质火成岩发育的土壤含镁较多。在温度高降水多的湿润地区，矿物风化程度高，土壤中可溶性镁易流失，镁含量较少；相反在干燥寒冷、淋洗低的地区，土壤中含镁较多。另外，有机质含量高的土壤中镁含量较高。

2. 土壤中镁的形态

土壤中的镁素主要以无机态镁形式为主，有机态镁含量不足全镁的 1%。无机态镁又可以分为矿物态镁、非交换态镁、交换态镁和水溶态镁，不同形态的镁之间可以相互转化(图 7-3)。植物吸收的镁主要来源于土壤，植物对镁的吸收很大程度上取决于土壤中镁的含量及有效性。一般认为交换态镁和水溶态镁是对植物有效的主要形态，合称为土壤有效镁。

图 7-3　不同镁素形态之间相互转化

(1)矿物态镁。矿物态镁是土壤中镁的主要形态，包括原生含镁矿物如橄榄石、辉石、角闪石、黑云母和次生含镁黏土矿物如蒙脱石、蛭石和伊利石中的晶格镁和层间镁，占全镁量的 70%～90%。含镁矿物都是较易风化的，因而在风化程度较高的土壤中，很难找到含镁的原生矿物。中国南方大多数土壤的含镁矿物已遭受强烈的风化，土壤全镁含量低。

(2)非交换态镁。非交换性镁又称酸溶态镁、缓效态镁，是指能被酸溶解的那一部分矿物态镁，可作为植物能利用的潜在有效镁。即能被 0.05 mol/L 的 HCl、1 mol/L 的 HNO_3 或 0.1 mol/L 的 HCl 等浸提的部分矿物态镁，其溶解量与浸提所用酸的强弱及浓度有关。当提取了土壤原有的交换态镁放置一定时间后，再测定得到的交换态镁，可认为是来自非交换态镁的释放。

(3)交换态镁。土壤交换态镁占土壤全镁量的 1%～20%，是土壤镁肥力的重要衡量指标。交换态镁是指被土壤胶体电荷吸附，并能被其他阳离子所替代的镁。交换态镁含量与土壤的阳离子交换量、pH、盐基饱和度以及矿物性质等有关。我国表层土壤交换态镁浓度最高区域为华北地区，东南地区为严重缺镁地区（表7-9）。

表7-9　2010s我国不同区域土壤交换态镁浓度

地区	样本量	交换态镁浓度/(mg/kg)
东北	303	301.8
华北	1 542	454.9
长江中下游	3021	132.0
西北	457	244.4
西南	2 402	94.9
东南	2 639	49.6
北方	2302	393.0
南方	8 062	94.0
全国	10 364	160.4

(4)水溶态镁。水溶态镁是指存在于土壤溶液中的镁离子，植物有效性最高。土壤中水溶态镁含量一般为几到几十 mg/L，也有的高达几百 mg/L，是土壤溶液中含量仅次于钙的一种元素，与钾不相上下。

(5)有机态镁。土壤中的镁素除了上述无机态镁之外，还存在少量有机态镁，占全镁的含量小于1%，主要以络合态或吸附态存在。

(二)土壤镁素转化与循环

土壤镁素循环主要由肥料外源投入、作物收获带走、土壤形态转换和迁移构成（图7-4）。

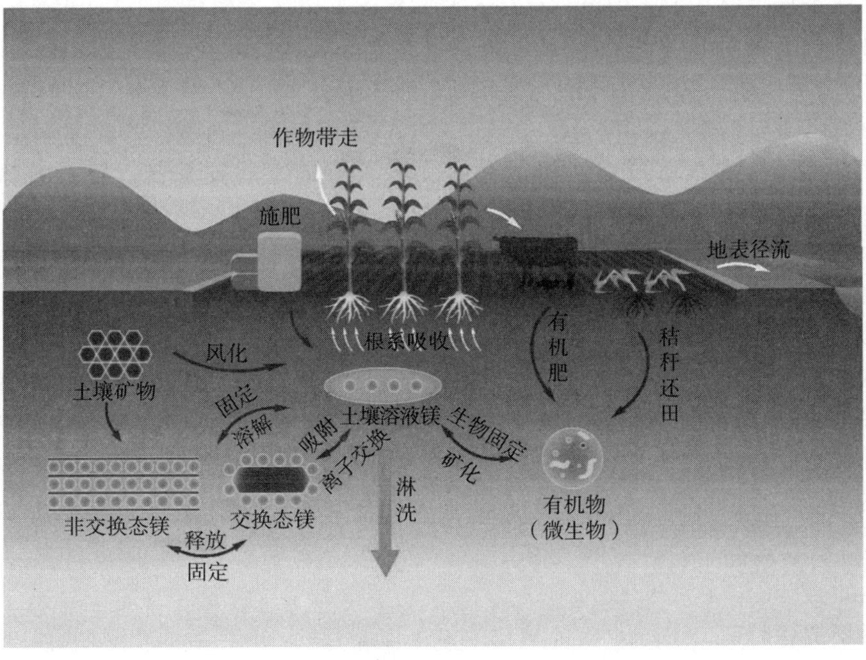

图7-4　土壤镁素循环（张俊伶，2020）

一些含镁原生矿物，如橄榄石、角闪石、辉石和云母等是岩石中主要的镁源。次生矿物都是从原生矿物中分解而来。这些初级和次级矿物质是植物镁素营养的重要来源，特别是在未施肥的土壤中。但是，由于气候、矿物风化率和淋洗作用等的差异，仅根据母质组成无法准确预测土壤有效镁含量。多数情况下，含镁矿物在一个生长季节内无法满足整个作物对镁的需求，因此镁肥的施用非常重要。

1. 土壤中镁的固定

土壤通过吸附作用对镁产生固定，虽然该吸附降低了镁的有效性，但在一定程度上也减少了镁的淋洗。土壤溶液中的镁可被原生矿物、次生矿物以及腐殖质等吸附和固定。土壤胶体表面带有电荷，阳离子和阴离子的吸附和解吸都受电荷性质的制约。从离子本性看，土壤胶体对不同价态离子的吸附能力不同，价态越高亲和力越强。土壤胶体对 Mg^{2+} 的吸附强度一般大于对 K^+、NH_4^+、Na^+ 等一价阳离子的吸附，小于对 Al^{3+}、Fe^{+3} 等三价阳离子的吸附，在同价阳离子中，对 Mg^{2+} 的吸附强度小于 Ca^{2+}。离子间的相互作用、土壤酸碱性、有机质等也会影响土壤对镁的吸附和固定。

2. 土壤中镁的释放

土壤中镁的释放即镁的有效化，既包括非交换态转化为交换态镁的过程，也包括矿物态镁的风化释放。另外，被土壤胶体吸附的镁在一定条件下可以被解吸释放到土壤溶液中。镁的释放是一个酸溶解过程，层状硅酸盐层间的镁在酸性条件下，即当周围土壤溶液中有较多的氢离子时，或水合氢离子进入硅酸盐矿物的层间，并交换出其中水镁石中的镁，促进其释放。原生矿物和次生矿物都能在酸性条件下释放镁，一般蒙脱石、蛭石、绿泥石镁释放量较高，而高岭石和伊利石镁的释放量较低。土壤类型、胶体电荷量、pH、有机质等对土壤镁的释放也会产生影响。

3. 土壤中镁的迁移和淋洗

只有水溶态镁可以在土壤中进行迁移。镁元素的离子半径相对较小，而其水化半径较大，使镁离子外围包有很厚的水化层，导致土壤颗粒负电荷对其吸附力不强，造成镁在土壤中容易迁移、淋洗。土壤溶液中交换态阳离子处于动态的平衡，Ca^{2+}、K^+ 和 Mg^{2+} 之间的作用是造成养分离子淋洗的重要因素。土壤 pH＜7.5 时，钙、镁碳酸盐的共沉淀产物白云石溶解度较小，当土壤 pH＞7.5 时，土壤溶液中镁离子活度受白云石的溶解度控制。白云石的溶解可表示为：

$$CaMg(CO_3)_2 + 2H^+ = Mg^{2+} + CO_2 + CaCO_3 + H_2O \quad pK = 8.72$$

$$\lg[Mg^{2+}] = 8.72 - \lg P_{CO_2} - 2pH$$

$MgCO_3$ 的摩尔分数低于 10%时，土壤溶液中镁的活度受 $CaCO_3$ 溶解度的控制。而土壤钙镁的碳酸盐矿物 $MgCO_3$ 所占摩尔分数一般在 1.5%～5%，因此，土壤 $MgCO_3$ 的溶解常常受 $CaCO_3$ 溶解度的限制。在高 pH 的土壤中，土壤溶液 Mg^{2+} 浓度还受到 $Mg(OH)_2$ 的控制。镁的碳酸盐和氢氧化物存在时，土壤溶液中镁的含量保持在 10^{-3} mol/L 以下，超过该值，则镁很快淋洗或参与形成含镁的黏土矿物。

三、镁素资源管理

（一）镁素资源特征

镁素主要富集在地幔中，在地壳、水体和生物体中也有广泛分布。土壤中的镁资源主要源自矿物质，土壤中的原生矿物是土壤镁的主要来源。另外，镁元素是海水中的第二大元素，海水、天然盐湖卤水和地下卤水含有丰富的镁。另外，大气沉降也会带入一定量的镁元素，但带入量是相当有限的，通常在 0.8～7.71 kg/(hm^2·年)。

(二)影响土壤镁有效性的因素

交换态镁和水溶态镁合称为土壤有效镁。水溶态镁含量较少，因此通常将交换态镁作为评价土壤有效镁供应能力的指标。影响土壤交换态镁的数量与有效性的因素主要有：土壤全镁含量与母质的类型、土壤酸度与镁离子饱和度、黏粒矿物的胶体种类、土壤钾镁比与钙镁比的比值、陪补离子等。

1. 土壤全镁含量与母质的类型

大多数土壤中土壤全镁量与有效镁呈较好的相关性(表 7-10)。高度风化的土壤、酸性土壤和沙质土壤中多缺乏镁。如我国南方热带和亚热带地区，成土母质风化程度高，土壤中含镁的原生矿物(橄榄石、辉石、角闪石、黑云母等)的化学稳定性低，容易风化，而黏土矿物主要是不含镁的高岭石、三水铝石和针铁矿，因此土壤的全镁含量低，平均只有 3.3 g/kg。

表 7-10　不同成土母质发育的土壤全镁以及交换态镁含量

成土母质	样品数	全镁(MgO)/%	交换态镁(MgO)(cmol/kg)	交换态镁占全镁百分比/%
岗岩和石英岩类	27	0.22～1.10/0.43	0.20～2.44/0.88	0.40
砂岩类	10	0.23～1.05/0.58	0.27～1.18/0.43	0.15
变质岩类	11	0.35～0.90/0.56	0.28～0.80/0.53	0.19
凝灰岩类	10	0.28～0.55/0.95	0.33～2.69/0.95	0.39
第四纪红土	5	0.25～0.45/0.38	0.76～2.89/1.78	0.94
滨海风积物	3	0.13～0.35/0.22	1.16～3.39/2.68	1.89
冲击物	9	0.53～0.98/0.46	0.20～8.81/2.49	1.08
石灰岩	2	0.37～0.96/0.66	1.08～1.51/1.29	0.39
海相沉积物	5	0.88～1.56/1.33	0.75～9.63/5.98	1.05
紫色砂岩	2	1.71～1.79/1.76	0.86～2.41/1.64	0.19
紫色凝灰岩	2	0.50～0.93/0.71	1.68～1.91/1.79	0.50
紫色沙砾岩	2	0.46～0.89/0.68	0.35～0.58/0.46	0.14
紫色砂岩	1	0.51	0.78	0.30
闪长岩	1	0.13	0.23	0.35

2. 土壤酸度与镁离子饱和度

土壤酸度是影响有效镁的重要因素，pH 降低，土壤有效镁含量明显减少，强酸土壤极易缺镁。酸度高、盐基饱和度低的土壤，交换态镁离子的饱和度也低。交换态镁能较好地反映土壤供镁状况和镁肥的效应大小，交换态镁离子饱和度越高，镁的有效性越高。一般认为，镁供应正常的土壤交换态镁饱和度应在 10%左右，低于这个水平就会有缺镁的可能。

3. 黏粒矿物的胶体种类

不同黏粒矿物胶体对镁离子有不同的吸附力，以蒙脱石、蛭石类型黏粒矿物为主的土壤，对镁离子有较强的吸附和保持能力，交换态镁离子有效性差，不容易释放出来，但同时它遭受淋洗流失的量也较少，不易缺镁。而以高岭石、无定形氧化铁铝胶体为主的土壤，对镁离子的吸附能力差，镁离子易释放，同时也容易流失而缺镁。

4. 土壤钾镁比与钙镁比的比值

K/Mg 和 Ca/Mg 也是影响土壤供镁能力的重要因素。K^+、Ca^{2+} 与 Mg^{2+} 之间有拮抗作用，大量施用钾肥或钙肥会抑制植物对 Mg^{2+} 的吸收，使植物产生缺镁症状。果园土壤交换态 K/Mg 应小于 0.6(以 cmol/kg 为单位进行比较，下同)，交换态 Ca/Mg 应小于 12，否则易引起植物缺镁。

5. 陪补离子的影响

以交换态 H^+ 和 Al^{3+} 为 Mg^{2+} 的陪补离子时，H^+ 和 Al^{3+} 对 Mg^{2+} 的释放有抑制作用。Al^{3+} 是在酸性条件下对镁起抑制作用的主要交换态阳离子。施用石灰中和土壤酸性，降低交换态 Al^{3+} 和土壤酸度(H^+)，在 Mg^{2+} 浓度相同的情况下，施入 Ca^{2+} 可交换出 Mg^{2+}，从而增加交换态镁的有效度。当 K^+、Na^+ 与 Mg^{2+} 共存于土壤溶液时，因土壤胶体对二价 Mg^{2+} 的吸持力比一价离子大，而当这两种离子共存于胶体的交换位点上时，交换态 Mg^{2+} 则被迫进入双电层的内层，从而大大降低了交换态 Mg^{2+} 的活性，抑制其有效性。

(三)土壤镁营养指标与诊断

镁在土壤一植物营养体系中是相对比较稳定的元素，与许多方面有很好的相关性，因此在评价土壤镁素供应状况时，不单以其有效镁为指标，还从其他方面进行研究，发现并提出了相应的指标以供参考。

1. 以土壤交换态镁为指标

一般认为，土壤交换态镁含量与作物产量和镁的吸收量有很好的相关性，能较好地反映土壤的供镁状况。所以目前常以 1 mol/L NH_4Ac(pH 7.0)提取的交换态镁作为土壤有效镁的诊断指标。由于不同研究所用的土壤和作物对象不同，测定方法不统一，目前提出的土壤镁临界指标差异较大(表 7-11)。对许多植物来说，60 mg/kg 为缺镁临界值(胡霭堂，2003)。

表 7-11 不同作物的土壤有效镁临界值

浸提剂	作物	适宜范围/(mg/kg)
Mehlich 1	柑橘	15～30
Mehlich 3	柑橘	25～3
NH_4OAc(pH 4.8)	柑橘	14～26
NH_4OAc(pH 7.0)	柑橘	50
1mol/L NH_4NO_3	甜菜	20
1mol/L NH_4Ac	牧草	17
1mol/L NH_4Cl	玉米	25.6
1mol/L NH_4Ac	茶园	40
1 mol/L NH_4Ac	大豆	50～80
1 mol/L NH_4Ac	土壤	50～70
1 mol/L NH_4Ac	全国	60
1 mol/L KCl	全国	60～120

2. 以交换态镁饱和度为指标

土壤交换态镁饱和度(%)指土壤交换态镁占阳离子交换量的比例，是衡量土壤供镁能力的指标。对于以交换态镁饱和度为指标，不同学者提出的临界值不同。我国学者目前一般认为正常土壤的交换态镁饱和度的临界值应该在10%左右，当交换态镁的饱和度低于10%时，就有可能缺镁。

3. 以交换态阳离子比值为指标

离子之间的拮抗作用会加重土壤交换态镁的淋洗。近年来，化肥被大量施用于农田，养分失衡强烈地抑制了植物对镁素的吸收。例如，过量施用钾肥会使土壤中 K^+ 过高，从而导致K/Mg比值升高引发作物缺镁。

(四)植株测试与镁肥施用

1. 植物中镁的测定

通常作物茎叶中镁的浓度在0.15%～0.35%(干重)为作物生长的最佳浓度(表7-12)。依据供试牧草缺镁症状提出：地上部干物质含镁(Mg)0.15%为缺镁参考临界值。饲用牧草含镁量应高于0.2%，否则易引发牲畜牧草痉挛病。

表7-12　不同作物镁营养诊断指标　　%

作物品种	采样时期	取样部位	缺乏	适宜	过量
玉米	抽穗期		<0.12	0.16～0.6	0.61～0.85
小麦	生长中后期	最新成熟叶	<0.11	0.13～0.3	
马铃薯	开花前期	最新成熟叶		0.3～0.5	
红薯	移栽后28 d	最新成熟叶		0.15～0.35	
大豆	花期	最新成熟叶		0.25～0.8	1～1.2
甜菜	播种后50～80 d	叶片	0.05～0.24	0.25～1	>1
甘蔗	4个月	中部叶		0.2～0.3	
茶叶	生长旺期	成熟叶		0.18～0.25	
烟草	开花期	最新成熟叶		0.2～0.65	
油菜	营养期	成熟叶片		0.25～0.60	
棉花	营养生长期到开花期	最新成熟叶		0.3～0.9	1.0～1.2
柑橘	生长5～7个月龄的春梢	营养性春梢中部的健康成熟叶	<0.16	0.26～0.6	0.7～1.2
结球甘蓝	收获期	最新成熟芯叶		0.2～0.25	
胡萝卜	生长中期	最新成熟叶		0.3～0.55	
黄瓜	结果到收获期	倒5叶	0.25～0.29	0.3～1.2	>1.2
生菜	收获期	最新成熟芯叶		0.32～0.6	
豇豆	开花前	最新成熟叶		0.35～1.0	1.3

2. 镁肥施用

镁肥施入土壤后，一部分被作物直接吸收，一部分被土壤固持，还有一部分则通过淋洗以及地表径流损失。因此镁肥对作物的效应受到多种因素制约，包括土壤交换态镁、土壤特性、作物特性、交换态阳离子比率等。镁肥种类、化学特性、颗粒大小和土壤物理化学特性会影响其在土壤中的转化与平衡。

(1)土壤交换态镁。以 1.0 mol/L NH_4Ac(pH 7.0)提取的交换态镁作为土壤有效镁的诊断指标。对许多植物来说,60 mg/kg 为缺镁临界值,当土壤交换态镁含量低于 60 mg/kg 时,多数作物施用镁肥有效。土壤交换态镁饱和度(%)是衡量土壤供镁能力的指标,也在一定程度上决定镁肥的效应。其数值依作物对镁的需求而异:对于大多数作物为 6%~10%,需镁较多的一些牧草,可能要求在 12%~15%,豆科作物不小于 6%,一般作物不能低于 4%。

(2)土壤特性。镁肥的施用效果还受土壤 pH、土壤质地等的影响。在酸性强、质地粗、高淋洗、母质含镁低,以及过量施用石灰或者钾肥的土壤中,镁素容易缺乏。低 pH 土壤可提高难溶性镁肥的有效性,因此难溶性镁肥在酸性红壤上的效果很好。但在接近中性或微碱性尤其是含硫偏低的土壤中,宜选择硫酸镁和氯化镁肥等速效性镁肥,以保证作物的镁素供应。镁肥在土壤中迁移和淋洗也受到土壤质地的影响,黏粒含量较高的土壤具有较高的吸附量,而在通透性较好的壤土中,镁离子容易随水向下运动,淋洗量增大。

(3)作物特性。施用镁肥的效果与不同作物的需镁量及其对镁的敏感程度有关。不同作物对于镁的需求不同(表 7-13),果树、豆科作物、块根块茎作物、烟草、甜菜等作物需镁量一般高于禾谷类作物,果菜类和根菜类作物需镁量一般高于叶菜类作物,镁肥应首先施用在缺镁的土壤和需镁较多的作物上。镁对柑橘、烟草、蔬菜、薯类、油棕榈、甜菜、番茄、咖啡、菠萝、多年生牧草、橡胶、油橄榄、甘蔗和葡萄等作物有良好的增产效果,应重视镁肥在这些作物上的施用。对于同一种作物,生物量大、产量高的品种也容易缺镁。另外,由于镁营养的临界期在生长前期(如小麦的拔节期和开花期),所以在作物生育早期追施镁肥效果更好。

表 7-13　作物镁肥施用量推荐统计表(张福锁,2021)

作物		地点	推荐用量/(kg MgO/hm^2)
大田作物	水稻	福建	25
	水稻	南京	30
	水稻	兴宁	30
	水稻	奉化	15~23
	水稻	韶关	60
	玉米	松嫩平原西部	50~75
	玉米	辽宁地区	45~90
	玉米	朗布尔	31.5
	马铃薯	贵州锦屏	24~48
	马铃薯	云南	22.5
	马铃薯	珠三角地区	75
	马铃薯	朗布尔	21.6
	马铃薯	英国	119(土壤交换态镁<25 mg/L;硝酸铵浸提)
	马铃薯	英国	80(土壤交换态镁 26~50 mg/L;硝酸铵浸提)

续表 7-13

作物		地点	推荐用量/(kg MgO/hm²)
	马铃薯	英国	40(土壤交换态镁 51～100 mg/L;硝酸铵浸提)
	马铃薯	英国	0(土壤交换态镁＞100 mg/L;硝酸铵浸提)
油料作物	油菜	湖南衡阳地区	45～60
	油菜	中国	75(土壤交换态镁＜60 mg/kg,醋酸铵铵浸提)
	棉花	湖北	60～90
糖料作物	甜菜	英国	149(土壤交换态镁＜25 mg/L;硝酸铵浸提)
	甜菜	英国	75(土壤交换态镁 26～50 mg/L;硝酸铵浸提)
	甜菜	英国	0(土壤交换态镁＞50 mg/L;硝酸铵浸提)
	甘蔗	广东	60
	甘蔗	广西	30～60
	甘蔗	广东	30～45
蔬菜	莴苣	青海湟中	24
	冬瓜	广东	100～150
	辣椒		60～75
	辣椒	海南	45
	西瓜	江西	15～45
	甜椒	福建	50～100
	番茄	海南	9～18
	番茄	班加罗尔	13.5
	黄瓜	漳州南靖	94
果树	香蕉	漳州	19
	香蕉	广东	36～72
	香蕉	海南	90～189(0.05～0.105 kg/株,按每公顷 1 800 株)
	杨梅	浙江	60(0.15 kg/株,按每公顷 400 株)
	葡萄	四川龙泉驿区	38
	葡萄	广西	100(25 g/株,按每公顷 4 000 株)
	荔枝	广东岭南	25
	台湾青枣	云南	38(75g/株,按每公顷 500 株)
	柑橘	重庆	300～450
	晚熟杂柑	四川	300～450

续表 7-13

作物		地点	推荐用量/(kg MgO/hm^2)
	蜜柚	漳州平和	255
	蜜柚	漳州平和	135～156(0.225～0.26 kg/株,按每公顷 600 株)
	沙田柚	广东	45～117
	芒果	广西	100(0.2 kg/株,按每公顷 500 株)
烟草	烟草	百色烟区	30～45
	烟草	河南浏阳	45
	烟草	河南襄城、宜阳和郏县	25
茶叶	茶叶		30～45
	茶叶	福建	18 kg/季
	茶叶	云南	36～48

(4)交换态阳离子比率。镁肥肥效还受其他阳离子的影响,交换态 K/Mg 应小于 0.6,一般要求在 0.4～0.5;交换态 Ca/Mg 一般要求小于 12。因此,钾肥与石灰施用量过高会诱发作物缺镁。氮肥形态对镁肥施用也有影响,NH_4^+ 对 Mg^{2+} 有拮抗作用,而 NO_3^- 能促进作物对 Mg^{2+} 的吸收。施用的氮肥形态影响镁肥的效果,不良影响程度依次为:硫酸铵＞尿素＞硝酸铵＞硝酸钙。配合有机肥料、磷肥或硝态氮肥施用,有利于发挥镁肥的效果。

(5)镁肥种类。镁肥可作基肥、追肥和根外追肥使用,有机肥与镁肥配施效果也比较好。水溶性镁肥宜作追肥,微水溶性镁肥宜作基肥。水溶性镁肥可以在较短的时间内快速释放,但淋洗风险高。微水溶性镁肥可减少淋洗的风险,但土壤有效性较低。镁肥追肥可选择叶片喷施,见效快,也能避免镁与土壤中其他阳离子发生拮抗,可减少镁淋洗损失,提高镁肥吸收利用效率。

(五)生物学途径提高镁利用效率

提高镁肥肥效不仅要求合理施肥,以最少的投入取得最大的效益,而且要充分利用作物的遗传特性,通过育种或遗传工程,从生物学途径提高作物对镁及其他养分的利用效率。提高作物镁养分利用率的生物学途径很多,物质水平可通过应用生物活性物质如铁载体、有机酸等,分子水平可通过基因突变、染色体工程、基因工程等筛选高效镁营养基因型作物,个体水平可通过嫁接,细胞水平可通过细胞融合。

第三节　硫素资源特征与管理

硫素是地球上最丰富的元素之一,是人类以及动植物所必需的营养元素。硫是含硫氨基酸、谷胱甘肽以及许多次级产物的组成成分,还是酶化反应活性中心的必需元素,参与植物体内的多个代谢途径。其代谢产物可通过协调硫代谢通路的各个环节来促进植物在逆境胁迫下的生存,进而对作物产量与品质形成起着至关重要的调控作用。

一、农田生态系统硫素平衡

(一)农田系统硫输入

1. 化学肥料硫输入

自然界中具有多种含硫矿物,经开采、加工,或直接用于肥料,或用于生产其他化学硫肥。我国约有70%的硫用于生产硫酸,其中65.3%的硫酸用于化肥生产。我国化学肥料中还没有单一的硫肥,常用的化学硫肥包括过磷酸钙、硫基复合肥、硫酸铵、硫酸钾、硫酸镁等(表7-14)。

表7-14 含硫的肥料

含有硫素的肥料	硫含量/%
普钙+硫	18%~35%
含硫尿素	8%~21.5%
硫包尿素	8%~20%
硫酸铵	21%~24%
硫酸钾	15%~17%
硫酸镁	12.5%~19.5%
硫酸钾镁肥	14%~18%
硫酸—工业硫酸	92.5%或98%
硫酸—氯碱工业生产回收硫酸	70%
硫酸—离子交换树脂生产回收硫酸	70%
硫强化氮磷复合肥料	5%~20%
含硫酸脲复合肥料	4%~5%
聚合物硫包衣尿素	8%~15%
硫黄粉	99.90%
过磷酸钙	9.23%
猪粪	0.36%
稻草	0.22%

2. 有机肥料硫输入

有机肥包括动物粪便、厩肥、各种秸秆、绿肥等,虽然它们的硫含量各不相同,但其有机硫的释放特征基本相似。各类有机肥料中,猪粪肥对农田输入的硫量最多,占有机肥输入硫总量的30%以上;其次是牲畜粪尿,占总量的26%以上;农作物秸秆每年向土壤中输入20万~30万t的硫,约占总量的17%。

3. 环境中的硫

干湿沉降、灌溉水等也能向土壤补充一定量的硫(表7-15、表7-16和表7-20)。大气中SO_2主要通过干湿沉降到达叶面而被植物直接吸收,是植物获取硫素的重要途径之一。空气中含硫化合物的种类较多,包括化石燃料和生物质燃烧过程释放的SO_2,火山喷发、淹水条件下土壤释放的H_2S,植物和微生物活动释放的氧硫化碳、二甲硫、二硫化碳和甲硫醇,二次气溶胶中的SO_4^{2-}。在缺硫的土壤中,植物所需的硫约一半来源于大气。

表 7-15　中国地区干湿沉降对土壤硫的贡献

地区	硫含量/(kg/hm^2)
华中丘陵区稻田	18.2
重庆市近郊	32.62
太原周边农田	34.50

灌溉水中的含硫化合物，也是土壤硫的一个重要来源。灌溉水中 SO_4^{2-}-S 含量一般为 1～30 mg/L。在干旱和半干旱地区，灌溉水的含硫量甚至高达 650 mg/L。例如，我国南方浙江、江西、云南和福建等省，每年随灌溉水进入稻田的硫总量为 12.5 kg/hm^2(表 7-16)。

表 7-16　中国部分地区灌溉水带入的硫量

地区	硫含量/[$kg/(hm^2$·年)]
江西省	8
干旱地区	7.2～36
江西鹰潭	5.26
绥化市	21.15
五常市	39.6
江西 9 地市	25.5*
浙江红壤地区水田	12.5
广西双季稻	12.24*
湖南双季稻	29.76**
云南贵州双季稻	24～32
太湖地区	71.1～107.2

注：* 经过折算。

** 按照灌溉 6 000 t 水/(公顷·季)计算。

专栏 7-1　酸雨的危害

酸雨通常指 pH 小于 5.6 的雨、雪、雾、雹等大气降水。自然和人为活动排放的硫或氮的氧化物(SO_x、NO_x)包括在大气化学作用下转化成酸性物质，并通过降水或者在气流或重力作用下迁移到地面。20 世纪 50 年代在比利时、荷兰和卢森堡发现酸雨后，逐渐扩展到了世界范围，且程度更严重。中国已成为继欧洲、北美之后的第三大酸雨区。

酸雨的主要危害包括：

(1)土壤酸化。酸性沉降物中的质子能够将土壤胶体交换吸附的盐基离子置换出来，并引起淋洗，而质子在表层土壤的相对积累，导致土壤 pH 下降。酸雨也引起土壤质量下降，包括①土壤结构变化。质子对盐基离子取代以及盐基离子的大量淋洗会导致土壤团粒结构的稳定性下降。②铝毒的危险性增加。酸性物质的投入引起土壤 pH 下降明显促进土壤中铝的活化。③重金属元素的毒害作用增强。土壤 pH 下降将促进重金属的溶解，增加其对植物和土壤生物毒害作用。④养分损失。土壤酸化将加快土壤中钾、钙、镁和铵的淋洗。⑤土壤生物学性质和碳氢循环的变化。土壤物理和化学性质的改变，必然引起土壤生物学性质的变化，从而导致土壤生物主导的碳循环过程的变化。

(2)水体酸化。与土壤相比，水体的pH缓冲能力较低，pH的变化也更剧烈。早在20世纪50年代，地表水酸化的问题就在北欧、北美等地被发现。

(3)陆地生态系统的生物多样性变化。陆地生态系统中受酸沉降影响最大的是森林生态系统，酸沉降引起了森林生态系统生物多样性的减少或种群演替。

(4)对农业生态系统的影响。酸沉降对农业生态系统的影响远不如森林生态系统那么强烈，除非酸性沉降物中的pH过低(pH<4)或者含有其他有毒有害物质。

专栏 7-2　蓝天保卫战：全国硫沉降的显著降低

中国是世界上SO_2排放最大的国家之一，面临并承受着巨大的SO_2减排压力。为防治SO_2污染，自20个世纪90年代以来，中国颁布和实施了一系列SO_2污染防治计划和措施，包括国务院1998年批复的酸雨和二氧化硫污染"两控区"的划定范围，2002年颁布的《两控区酸雨和二氧化硫污染防治"十五"计划》，2008年颁发的《国家酸雨和二氧化硫污染防治"十一五"规划》，2012年颁发的《重点区域大气污染防治"十二五"规划》等。

通过调整产业结构和优化产业布局、关停小型SO_2高排放工矿企业、重点火电厂脱硫等措施，中国SO_2污染防治工作取得了巨大成就。2019年全国SO_2排放量457.29万t，与2005年相比下降了82.1%；同时，卫星监测的混合层大气SO_2柱浓度也表明2005—2019年SO_2平均值下降了21.8%，其中华北平原、成渝地区、珠江三角洲地区最为显著。大气中SO_2浓度的变化进而导致硫沉降发生变化，2016年大气硫湿沉降与2005年相比降低了4.3%，其中华北平原下降最为显著(42.8%)。

(二)农田系统硫输出与平衡

1.农田系统硫输出

(1)作物吸收。土壤中的硫可分为无机硫和有机硫两大部分，表层土壤中大部分硫以有机形态(>90%)存在，分为碳键硫和酯键硫。植物可利用的有效硫主要包括水溶态硫、吸附态无机SO_4^{2-}及部分可活化的有机硫。作为植物有效硫的重要来源，土壤有机硫必须经过微生物的分解，转化为无机的SO_4^{2-}形态才能被植物吸收利用。

植物对硫的吸收和需求量因植物种类、品种和生长阶段的不同而有很大差异，硫含量高的植物有盐土植物、十字花科和百合科，豆科、棉花和烟草等的含硫量居中，谷类作物和玉米含硫最少。如甜菜、谷类饲用作物、花生等需硫量一般低于20 kg/hm^2。植物除了从土壤中获得硫酸盐外，还能直接吸收、同化其他形态和来源的硫以满足植物生长的需要。植物不同器官对硫的吸收累积规律也各不相同，以花生为例，不同器官硫积累量的依次为花生仁>茎>果壳>叶>根，分别占总积累量的44.4%～47.7%、29.4%～31.5%、12.1%～13.6%、6.7%～7.5%和1.9%～5.2%。

(2)淋洗损失。由于SO_4^{2-}是阴离子，溶解度高，土壤中的硫酸盐容易发生淋洗和径流损失。其中 SO_4^{2-} 淋洗损失是土壤硫的主要流失方式之一，年淋洗量为 1～67 kg/hm²，淋洗量随降水强度和降水量的提高而增加。而硫吸收高效的植物及有利于硫吸附和沉淀的土壤条件均可降低硫的淋洗。

2. 农田系统硫平衡

农田系统中硫素平衡程度取决于硫供应和输出的相对大小，其差值决定着土壤硫肥力状况。硫的供应取决于土壤硫含量和外源硫的供应，包括灌溉、大气干湿沉降、农家肥、作物秸秆和施入的含硫化肥和农药，而输出途径是径流、淋洗、作物吸收输出、挥发等，其中作物吸收、径流和淋溶损失是主要的输出途径。中国南方地区由降雨和灌溉所投入的硫量与淋洗损失的硫量基本持平，其土壤中硫的平衡在很大程度上取决于施肥输入和作物吸收输出的硫量。

目前我国农田硫输入大于输出。未来我国 SO_2 排放虽然可以得到控制，但其总排放量仍不会大幅度降低，只有化肥中的硫，可能将随着高浓度硫肥的发展而减少。

植物需要的硫主要来源于土壤，自然情况下，土壤的硫含量在 100～1 000 mg/kg，表层土壤的硫含量在 200～2 000 kg/hm²。植物需硫的另一来源是大气硫的干湿沉降。有研究表明，植物硫需求总量中高达 1/3 来自大气沉降硫，大气硫的干湿沉降是自然生态系统土壤硫输入的主要途径。通过对表层土壤硫平衡研究发现耕作季耕层土壤硫的主要来源是化肥，其次是大气干湿沉降。全年大气硫沉降量占耕层土壤总硫库的 55%。以我国华中的典型水稻种植区为例，不同种植制度下其生态系统硫收支平衡状况如表 7-17 所示。

表 7-17　三种稻田种植制度下稻田生态系统中硫收支平衡状况　　kg/hm²

输入途径	稻田种植制度		
	单季稻	双季稻	稻稻油菜
干沉降	8.6	8.6	8.6
混合沉降	18.2	18.2	18.2
灌溉水	8.0	16.0	16.0
秸秆还田	7.0	14.0	14.0
合计	41.8	56.8	56.8

二、土壤硫素资源及土壤硫转化

(一)土壤中硫含量与形态

1. 土壤中硫的含量

世界耕地全硫含量在 0～600 mg/kg，富含有机质的土壤中可超过 500 mg/kg，而中国土壤的硫含量普遍在 100～500 mg/kg。通常，我国同一地区的水稻土全硫含量高于旱地土壤，而且长江以北的土壤高于以南的土壤。土壤硫含量与成土母质和成土过程关系密切。泥质沉积岩地区发育的土壤硫含量较高，岩浆岩地区发育的土壤稍低，砂岩地区发育的土壤最低。在成土过程中，淋洗作用最重要，在湿润多雨地区，因高温多雨，土壤有机质分解快，含量低，土壤硫易淋洗，土壤硫含量一般低于 100 mg/kg。

土壤全硫含量因土壤形成条件、黏土矿物和有机物含量不同而有很大变化(表 7-18)。在温湿条件下，土壤风化及淋洗程度较强，含硫矿物分解淋洗，土壤中可溶性硫酸盐很少聚集，土壤硫主要存在于有机质中。而在干旱地区，多以原积、残积和搬运的黄土母质为主，属于含硫量高的石灰性土壤，钙、镁、钾、钠的硫酸盐常常大量积累在亚表层土壤中。含有 1∶1 型黏土矿物及水化氧化铁(铝)的土壤，可以吸收一定量的代换性 SO_4^{2-}。

表 7-18　不同土壤类型的含硫量

土壤类型	全硫/(mg/kg)	无机硫/(mg/kg)	无机硫占全硫百分比/%	有机硫/(mg/kg)	有机硫占全硫百分比/%	有效硫/(mg/kg)
紫色土	124.9	13.26	10.6	111.7	89.4	
红壤	196	29.6	15.1	166.3	84.9	
黑土	306	119.5	38.9	186.8	61.0	
砂浆黑土	145.3					26.2
黄褐土	153.6	25.7	16.7	129.3	84.1	45.4
潮土	136.6	19.3	14.1	117.5	86.0	22.7

2. 土壤中硫的形态

硫是一种变价元素，其化学价可以从－2 到＋6，包括了一系列氧化态不同的含硫有机和无机化合物(表 7-19)。在大多数土壤中，硫主要以有机形态存在，特别是在湿润地区。具体来讲，土壤中硫存在四种形态。

表 7-19　土壤中的含硫化合物

含硫化合物类型	主要含硫化合物形态
硫化物	SO_2、SO_3、H_2S、FeS、FeS_2
硫酸盐	$CaSO_4 \cdot 2H_2O$、$CaSO_4 \cdot CaCO_3$、$Na_2SO_4 \cdot 10H_2O$、$MgSO_4 \cdot 7H_2O$、 $Al_2(SO_4)_3$、$Fe_2(SO_4)_3$ $MnSO_4 \cdot 7H_2O$、$KFe_3(SO_4)_2(OH)$ 6M—SO_4^{2-}(黏土矿物吸附的硫酸根)
有机硫	含硫氨基酸，如半胱氨酸 $HSCH_2CH(NH_2)CO_2H$ 硫酯，含 C—O—S 键 氨基磺酸酯，含 C—N—S 键 含 C—S、N—S 及 N—O—S 键化合物

(1)土壤有机硫。有机硫是指土壤中与碳结合的含硫物质，是土壤中硫的主要存在形态，其含量水平与土壤有机质含量呈正相关。有机硫主要来源是：①新鲜的动植物残体；②微生物细胞及微生物合成过程中的副产品；③土壤腐殖质。土壤有机硫可分为氢碘酸还原硫、碳链硫和惰性硫三类。

(2)土壤矿物态硫。土壤矿物态硫即存在于土壤矿物中的硫。土壤中主要含硫的矿物，如硫黄矿、硫铁矿、石膏矿等都是高含硫的矿物。

(3)水溶态硫。水溶态硫即溶解于土壤溶液中的硫酸盐，包括 HS^-、SO_3^{2-} 和 SO_4^{2-}，其中 HS^- 和 SO_3^{2-} 含量很低，SO_4^{2-} 的浓度约为 10 mg S/L，盐碱土地区土壤溶液中 SO_4^{2-} 浓度较高，达 100 mg S/L 以上。

(4)吸附态硫。吸附态硫是指以阴离子交换吸附和配位吸附方式保留在土壤胶体表面的硫，主要是 SO_4^{2-}，其含量与土壤 pH 和胶体的性质有关。硫的吸附主要发生在酸性土壤，每千克土壤中只有几毫克。

水溶态硫和吸附态硫都是植物可以利用的有效硫，两者占不足土壤总硫量的 10%。我国长江以南地区，土壤硫以有机硫为主，占全硫的 85%～94%，无机硫仅占 6%～15%；北部和西北地区的石灰性土壤中，以无机硫为主，占全硫总量的 39.4%～61.8%。

(二)土壤硫素转化与循环

1. 硫的矿化作用

硫的矿化作用指有机含硫化合物分解形成硫酸盐的过程，即大的有机硫分子分解为较小的硫分子的过程。土壤有机硫的矿化有四种类型：①开始阶段有 SO_4^{2-} 的固定，后来有 SO_4^{2-} 的净矿化；②在有机物质的分解过程中 SO_4^{2-} 稳定性地释放；③开始 SO_4^{2-} 的释放较快，后来释放速率变慢；④SO_4^{2-} 的释放速率逐渐变慢。

有机硫必须经过微生物矿化才能被植物所利用，从而进入硫循环。土壤有机质在微生物及其分泌的硫酸酯酶的作用下进行矿化作用，首先将复杂的含硫有机质分解成含硫氨基酸，然后再转化为 H_2S(厌氧条件下)和 SO_4^{2-}(好氧条件下)。矿化作用所形成的 H_2S，在好氧条件下很容易自动氧化为 SO_4^{2-}。

在土壤中新鲜有机物质分解过程中，SO_4^{2-} 释放的数量与 C/S 有关，当 C/S 大于 400 时，有 SO_4^{2-} 的净固持；当 C/S 小于 200 时，有 SO_4^{2-} 的净释放。因此新加入土壤中的有机物质不仅影响其自身 SO_4^{2-} 的释放，也影响土壤原有有机物质 SO_4^{2-} 的释放和土壤溶液中 SO_4^{2-} 的浓度。

2. 硫的固定作用和活化作用

硫的固定作用指矿质硫酸盐转化为有机硫化物的过程，是矿化作用的逆过程。此过程通过微生物吸收土壤溶液中有效硫转化为蛋白质和其他含硫有机化合物。

硫的活化作用在可溶性有机硫耗竭时可以控制硫的矿化作用，增强有机硫化物的移动性。活化作用是通过微生物的分解来驱动的，但硫酸酯的矿化作用不需要直接依靠微生物活性，而是依靠胞外酶来催化的。植物、动物和微生物体内均含有硫酯酶，土壤中游离态硫酯酶主要来自植物根系和微生物。大多数酶能解聚合大分子硫，导致原来不溶性硫基质的增溶作用。当降水中有过量的 SO_4^{2-} 时，活化作用可以非常迅速地发生。

3. 硫的氧化作用和还原作用

硫的氧化作用是低氧化态的无机硫化物转化为高氧化态的过程。在硫氧化细菌的参与下，土壤中的硫矿物发生一系列的氧化过程，在形成硫化物的同时，会生成一些未氧化的物质，如元素态硫(S)、硫代硫酸盐($S_2O_3^{2-}$)和连多硫酸盐($S_{2x}O_{3x}^{2-}$)等，这些未氧化物质在适宜条件下最终氧化为硫酸，造成土壤酸化。土壤硫化物的氧化分为化学氧化和微生物氧化，在土壤微生物氧化中占主导。

土壤中大多数硫的氧化过程实质上是一个生物化学过程(图 7-5)，有着许多自养细菌的参与。因为参与氧化过程的细菌对环境的要求以及自身的耐受力差异较大，所以硫的氧化过程可以在大多数土壤条件下发生。

硫的还原作用是高氧化态的无机硫化物转化为低氧化态的过程。硫酸盐可以作为细菌无氧呼吸时的终端电子受体，硫酸根离子在厌氧环境下不稳定，它们能被脱硫弧菌属和脱硫肠状菌属的许多微生物还原成 S^{2-}。在排水不良的土壤中，产生的 S^{2-} 会立即与还原态铁或锰发生反应，通过形成铁或锰的硫化物降低水稻田和沼泽土中铁或锰的毒性。土壤中的硫在积水的条件下被硫酸还原细菌还原，最终生成硫化氢等，这是湿地或沼泽散发臭鸡蛋味的原因。

4. 硫的吸附作用

土壤硫的吸附通常指无机硫酸盐的吸附，吸附机理主要包括静电吸持和配位基交换等。高度风化的土壤具有相当高的 SO_4^{2-} 吸附能力，由于这一反应是可逆的，植物可以利用吸附在土壤中的 SO_4^{2-}。高度风化的土壤在表土中被吸附的 SO_4^{2-} 占比通常不到总硫的 1/10，但是在下层土壤中吸附态硫可占总硫的 1/3。土壤对硫酸根的吸附作用随土壤中硫酸根的浓度升高而增强。此外，土壤质地对硫酸根的吸附作用也有一定的影响，主要表现为 SO_4^{2-} 吸附能力随着土壤中黏土的含量增加而提高。在许多土壤中，水合氧化物如 Al 和 Fe 的氧化物也是吸附 SO_4^{2-} 的主要土壤组分。

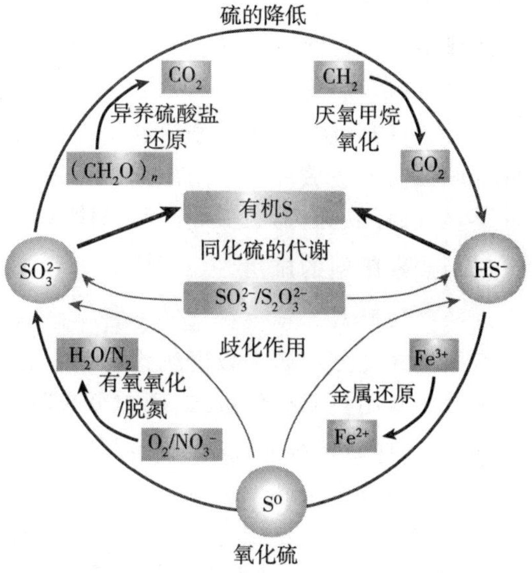

图 7-5　硫循环的主要生物化学过程

三、硫素资源管理

(一)影响土壤硫有效性的因素

土壤有机质、母岩、母质、pH、地形地貌、海拔、植被、温度、降水等自然因素，以及施肥、耕作制度、作物种类等人为因素都能影响土壤有效硫含量。

1. 土壤有机质

土壤有机质含量是影响土壤有效硫含量的主导因素。中国土壤有机硫占土壤全硫的84%～89.4%，土壤中有机硫是植物有效硫的重要来源。大量资料证明，我国土壤有机质含量一般都是水稻土高于同一地区的旱地土壤，所以土壤全硫和有效硫含量同样是水稻土高于同一地区的旱地土壤。

2. 成土母质与土壤质地

不同土类间有效硫含量的差异，源于成土母质中原生矿物和次生矿物中硫的释放和淋洗程度不同。土壤质地越轻，土壤有效硫含量越低。这不仅是因为质地轻的土壤有机硫易于矿化，易于淋洗，还因为质地轻的土壤中有机质含量一般也比较低。

3. 作物与施肥

长期连作棉花、小麦、蔬菜等旱作作物的土壤有效硫含量较低，而种植稻－稻－油三熟制的土壤有效硫居中，种植稻－稻－肥或稻－稻－闲的土壤有效硫较高，一般花生－油菜轮作及果园的土壤有效硫含量最高。不同种植制度随着耕种年限的增加，土壤总硫和有效硫含量大多呈逐年下降趋势。

与单施无机肥相比，有机肥处理的耕层土壤全硫含量较高。另外，在酸性土壤上施用石灰可以促进硫的矿化，除了土壤 pH 改变对微生物活性产生影响，Ca^{2+} 与 SO_4^{2-} 的化学反应也可以减少 SO_4^{2-} 的抑制作用。

4. 其他

土壤 pH＞7.5 时，随着 pH 升高，硫的矿化速率呈直线上升；pH＞8.5 时硫可以进行碱水解反应，硫的矿化速率进一步加快。土壤温度在 10℃以内，矿化进行得很慢，温度在 20～35 ℃时，随着温度的升高，矿化速率快速提高。接近田间持水量时有机硫化合物分解最快，高于或者低于此值分解显著下降。干湿交替可以促进硫的释放，其原理与氮的矿化相同。在有植被条件下，硫的释放加快，主要原因是植物吸收 SO_4^{2-} 后减少其反馈抑制作用。

(二)硫素肥料的施用

1. 硫肥的肥效

在我国大部分地区常以普钙作为磷肥施用，其不仅可以为土壤提供磷养分，也是土壤硫的重要来源。施用硫肥可促进氮、磷养分吸收，进而提高并改善作物产量和品质，还可提高养分利用效率，从而获得高的经济效益，其中粮食作物产投比约为 9∶1，水果类产投比高达 40∶1。

2. 硫肥的施用量

生产中一般根据土壤有效硫含量评价土壤供硫能力，可将土壤有效硫分为极缺、缺乏、较缺乏、中度、丰富五级，进而确定是否需要施用硫肥(表 7-20)。

表 7-20　土壤有效硫分级表

级别	土壤有效硫/(mg/kg)	土壤供硫能力及硫肥施用建议
极缺	＜10	土壤供硫能力低，需要施硫肥
缺乏	10～16	土壤供硫能力低，需要施硫肥
较缺乏	16～22	一般作物不需施硫肥，对需硫多的作物可以考虑施用硫肥
中度	22～34	土壤供硫量中等，不需施用硫肥
丰富	＞34	土壤硫含量高，供硫能力强

为了能较好地反映土壤供硫能力，在考虑有效硫含量的同时，将土壤有机质含量也作为参考，进而采用土壤有效硫指数(SAI)评价土壤的供硫能力。当 SAI 在 7～14 时，对一般作物不需施用硫肥；当 SAI＞14 时，土壤供硫能力强，所有作物不需施用硫肥。

一般缺硫土壤施硫 20～50 kg/hm^2 就可以满足当季作物对硫的需要。在应用时，硫肥的施用量应根据作物需硫量高低、土壤缺硫程度、降水和灌溉水含硫量、施用有机肥数量等来决定，表 7-21 为几种主要作物的最佳施硫量。

表 7-21　主要作物的需硫量和推荐施硫量

作物	需硫量/(kg/hm^2)	硫含量/%	推荐施硫量/(kg/hm^2)
水稻	9～12	＜0.2	30
玉米		＜0.2	30
小麦	9～12	＜0.2	48～55
高粱		＜0.2	40.5
油菜	30～36	＞0.2(0.89)	60～90
大豆	18～24	＞0.2(0.38)	36

(三)土壤、植株测试

1. 土壤硫状况分析与诊断

评价土壤硫状况的方法包括土壤培养、微生物生长、植物生长及可提取的土壤 SO_4^{2-} 含量，其中土壤 SO_4^{2-} 含量是应用最广的方法。

土壤有效硫临界指标也是诊断土壤硫丰缺状况的主要依据。通常认为，土壤有效硫的临界值为 6～12 mg/kg，但不同作物对硫素的需求差别很大，评价土壤中硫素供求状况必须与具体生产条件相结合(表 7-22)。

表 7-22　几种常见作物土壤有效硫临界值

作物	土壤有效硫临界值/(mg/kg)	
	$Ca(H_2PO_4)_2$	$NaHCO_3$
水稻	23.8	
小麦	20	
玉米	12	
油菜	20	
大豆	20	
牧草	7.5	
燕麦	8～10	28～31

2. 植株诊断

植物出苗后 2～3 周后即可能出现缺硫症状。缺硫时，植株的幼芽或幼嫩叶片首先褪绿和变黄，叶片功能期变短，植株矮小，发育不良，严重的难以形成生殖器官，不能完成生长。作物的幼叶对缺硫比老叶更敏感，如烟草、茶叶、核桃、番茄、大豆、可可和棉花等，茎细弱，根细长而不分枝，开花结实推迟，结果量减少。但棉花的缺硫症状也有先发生在老叶上的。果树缺硫往往造成果实不能成熟，果实呈淡青色。所有这些缺硫症状都是叶绿素合成降低所引起的。然而，作物缺硫常常伴随其他养分的缺乏，从而将这些典型的缺硫症状掩盖起来。

当作物在形态上表现出缺硫症状时，已经对生长和产量造成很大的影响。为了减少缺硫对作物产量所造成的损失，需借助化学诊断。组织分析是植物硫素诊断中最为可靠的方法，其中叶片分析被认为是诊断谷类、油菜和牧草的有效方法，一般认为完全展开的幼叶或上部 1/3 幼嫩发育完全叶片的全硫含量比较真实地反映植物体硫素营养状况(表 7-23)。

表 7-23　一些作物硫素丰缺临界指标

作物	取样时期与部位	低	中	高
玉米	地上部	0.04	0.08	—
大豆	地上部	0.14	0.23	—
烟草	叶片	0.11	0.15	—
苜蓿	成熟期地上部	0.24	0.27	0.75
柑橘	幼叶	0.08～0.1	0.19～0.26	—
桃树	5～11 月叶片	—	0.18	—

十字花科、豆科作物如油菜、苜蓿、三叶草、豌豆以及葱、蒜、韭菜等都是需硫较多的作物，对缺硫反应敏感，在缺硫的情况下，只要供应少量硫肥即可显著提高产量临近生殖生长阶段是作物的需硫高峰期，随着作物的衰老，吸收硫的能力下降，因而硫肥在生殖生长阶段之前或作为基肥施用较好。作物生长期发现土壤缺硫时，应及时施硫肥于作物行间，或者采用根外追肥补充硫素。硫肥施用方法视作物生长需要而定，其中硫肥随氮磷钾施入土壤最简便和经济。在作物生长过程中发现有缺硫症状时，也可采用叶面喷施，可及时有效地改善缺硫状况。

(四)生物学途径提高硫利用效率

通过硫素代谢的严格调控，特别是需求所驱动的硫素吸收转运与同化代谢，可能是实现硫素高效利用的有效途径。从生物学途径来看，基因型筛选与挖掘作物生物学潜力可能是硫素高效利用的关键。

作物基因型差异导致了对硫素利用效率的差异。在生产中，可以利用现代分子育种技术筛选硫高效兼高产基因型品种。另外，应用突变体探究决定高等植物硫素高效吸收利用的遗传因子是一种有效的方法。有研究通过建立拟南芥耐低硫胁迫的高通量筛选方法，以此获得了耐低硫营养胁迫突变体。在低硫营养胁迫条件下，这些突变体都表现出了发达的根系与叶片生长的良好表型，而野生型的生长则受到严重抑制。对硫高效利用突变体的解析和相关基因的验证，可为硫高效利用提供理论依据。此外，小麦和油菜品种间存在硫营养吸收利用的差异，利用这些农作物种质资源间的差异来定位相关功能基因，也可能是一条有效途径。

复习思考题

1. 钙、镁、硫在土壤—作物系统如何转化与循环？
2. 针对南方酸性土壤地区，如何针对性设计并应用好钙肥？
3. 列举常见含钙、镁、硫的肥料及其性质。
4. 影响土壤有效钙、镁、硫的因素有哪些？
5. 简述农业生态系统中的硫平衡。

第八章

微量元素资源特征与管理

◇ 教学目标

1. 了解农田土壤微量元素的形态、来源及其影响因素。
2. 掌握土壤微量元素形态诊断、土壤养分诊断和化学诊断指标。
3. 掌握微量元素肥料特点及其施用方式。

我国在20世纪40年代开始研究微量元素在植物生理方面的功能，20世纪50年代中期开始研究微量元素在农业中的应用，20世纪70年代以后，我国土壤微量元素研究和微肥在农业生产中的应用得到了较全面的发展。1993年，我国微量元素施用面积超过17 400 khm^2（2.617亿亩），其中锌、硼、钼、锰的施用面积分别达9 693.3 khm^2、5 933.3 khm^2、973.3 khm^2和320.0 khm^2，其他微量元素合计施用526.7 khm^2。目前，施用微量元素已成为我国农业高产稳产和品质提升的重要途径。微量元素肥料的施用已不仅仅是为了农作物生产所必需，还进一步涉及畜牧业的需要、人类健康以及对生态环境与食物链的影响。在农业生产中，微量元素具有较为共同的养分资源特征，主要表现为：①土壤微量元素总量一般较高但常常有效性不足；②不同作物对微量元素的敏感性差异很大；③微量元素不足与过量的范围往往很窄。

第一节　硼的资源特征与管理

一、硼的养分资源组成

（一）土壤中的硼

土壤中硼主要来源于成土母质，植物残体和火山活动也是土壤硼的重要来源。土壤硼含量在1～250 mg/kg，平均为30 mg/kg。自然土壤硼含量由土壤类型和成土母质决定，有明显的地带性。例如，我国土壤硼含量有由北向南、由西向东逐渐降低的趋势。南方各类土壤的平均硼含量除石灰岩土以外，都低于64 mg/kg，北方各类土壤则高于或接近平均含量。一般富硼土壤分布于干旱地区，而低硼土壤则分布于湿润地区，此外盐土也富含硼。我国土壤硼含量最高的是西藏地区，珠穆朗玛峰附近广泛分布的沉积岩和变质岩来源于海相沉积，土壤硼含量因而非常高，其中原始高山草甸土硼的含量平均为154 mg/kg，最高可达500 mg/kg。西北黄土母质发育的土壤（如娄土、黑垆土、黄绵土等）全硼含量也较高，平均含量为80 mg/kg。我国红壤地区全硼含量最低，一般在50 mg/kg以下。我国土壤全硼含量按土壤类型区分，除了西藏的珠穆朗玛峰地区的土壤以外，变幅一般在 19～88 mg/kg。

土壤中硼存在于岩石和矿物，吸附在黏土或铁铝氧化物表面，与有机质络合以及存在于土壤溶液中，具有不同形态（图 8-1）。

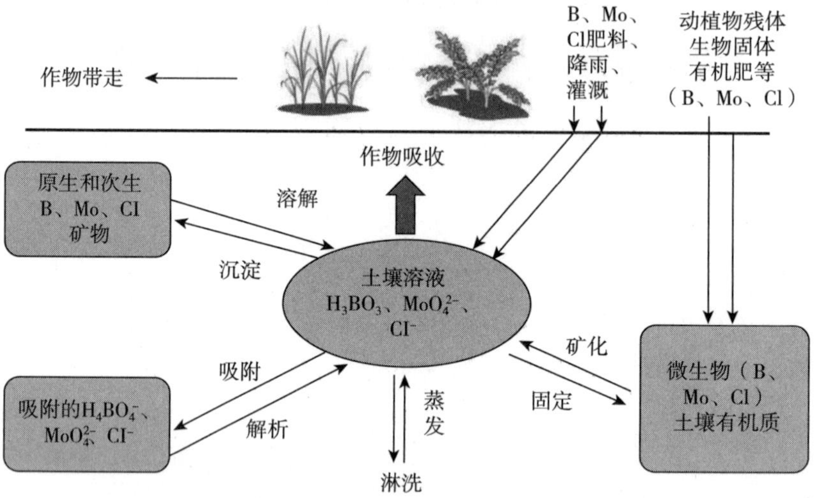

图 8-1　农田土壤中硼、钼和氯的形态及其循环（Havlin 等，2013）

土壤有机态硼包括植物残体中的硼、被有机物吸附的硼和微生物所吸收同化的硼。硼在植物体内大部分分布在叶片中，其次是茎，种子中最少，因此，植物从土壤中吸收的硼一部分可随茎叶（如秸秆还田）归还于土壤。植物残体和微生物体中的硼只有在有机物被腐解后，才能被植物吸收利用。被有机物吸附的硼包括：①硼与土壤有机质，主要是与含有顺式羟基的有机化合物（如各种醇、酚、糖和有机酸等）结合形成的硼酸酯或络合物 $\begin{matrix}=C-O\\=C-O\end{matrix}\!\!>B-OH$ 或 $\begin{matrix}=C-O\\=C-O\end{matrix}\!\!>B<\!\!\begin{matrix}C-O=\\C-O=\end{matrix}$；②土壤有机胶体表面正电荷所吸附的硼酸阴离子。顺式二元醇与硼复合物的形成证实有机碳在硼吸附过程起着重要的作用。被有机物吸附的硼，一般可用热水多次提取而浸出，属于土壤有效硼的范畴。

土壤无机态硼包括含硼矿物、吸附态硼和土壤溶液中的硼。

（1）含硼矿物。存在于含硼矿物晶格中的硼是土壤硼的主要来源。含硼矿物种类繁多，有 50 多种，其中包括：各种不同溶解度的硼酸盐如硼砂（$Na_2B_4O_7 \cdot H_2O$）、斜方硼石（$Na_2B_4O_7 \cdot 4H_2O$）、钠硼钙石（$Na_2CaB_5O_9 \cdot 6H_2O$）、硬硼钙石（$Ca_2B_6O_{11} \cdot 5H_2O$）；硼硅酸盐如砂硼钙石（$H_5Ca_2SiB_5O_{14}$）、瓷硼钙石（$8CaO_5 \cdot B_2O_3 \cdot 6SiO_2 \cdot 6H_2O$）；铝硼酸盐等。土壤中分布最广泛的含硼矿物是电气石，其化学式为［$Na(Fe,Mg)_3Al_6(OH)_4(BO_3)_3 \cdot Si_6O_8$］，含硼量为3%～4%，是火成岩中主要的含硼矿物。电气石是一种难溶的含硼硅酸盐，结构非常稳定，抗风化力强，不溶于酸，所含的硼对植物是无效的，因此，土壤溶液中硼的缓冲性能很小，这也是作物缺硼越来越普遍的原因。沉积岩中除含电气石外，还有较易溶解的钙镁硼酸盐或铁铝硼酸盐等，对植物有效性较高。在沉积岩中，页岩硼的含量最高（≤100 mg/kg）。一般矿物也含有硼，如云母、伊利石、高岭石等，但含量较电气石低得多，为 20～2 000 mg/kg。含硼矿物风化后，释放出的硼以 H_3BO_3 分子或 BO_2^-，$B_4O_7^{2-}$，BO_3^{3-}，$H_2BO_3^-$，$B(OH)_4^-$ 等离子形态进入土壤溶液，供植物吸收利用或被土壤固相部分吸附。

(2)吸附态硼。土壤对硼的吸附—解吸能够增强土壤溶液中硼的缓冲能力,减少硼的淋洗。吸附态硼包括土壤有机质和矿物质部分所吸附固定的硼。土壤有机质吸附的硼已在前面进行了介绍,这里主要讨论铁铝氢氧化物、黏土矿物和包覆在铁锰矿物表面的氢氧化镁所吸附的硼。在碱性、高硼的土壤中,吸附态硼是硼存在的主要形式。铁铝氢氧化物对硼的吸附与pH有密切关系。当pH<7时,硼以H_3BO_3分子存在,铁、铝氢氧化物对H_3BO_3的亲和力小,吸附的硼较少;随着pH上升,$B(OH)_4^-$逐渐增多,氢氧化铝和氢氧化铁吸附硼的量随之增多,最大值分别出现在pH为7和8时;当pH升高至9以上时,由于OH^-离子浓度的升高,二者吸附的硼量又迅速减少,这可能是由于OH^-和$B(OH)_4^-$对同一吸附位点竞争的结果。研究表明,含水氧化铁、铝主要是通过羟桥键(M-OH-M)或氧桥键(M-O-M)吸附硼酸根阴离子。酸性较强时,其通过氢键吸附分子态硼酸,而对$B(OH)_4^-$阴离子的吸附方式可分为代换、接尾和形成络合物三种,前两种为离子代换,后一种是专性吸附。由于铝氧化物有较大的比表面积和较多的表面羟基,所以其对硼的吸附量大于铁氧化物。

(3)土壤溶液中的硼。土壤溶液中的硼主要是水溶性硼,一般只占土壤全硼量的0.1%~5%,其与土壤吸附态硼保持着平衡关系。研究表明,40%~80%的硼在作物生长季节转化为无效硼,而只有20%~60%的硼可以提取为热水溶性硼。水溶性硼包括硼酸分子(H_3BO_3)和硼酸阴离子[$B(OH)_4^-$]。这两种形态的硼在土壤溶液中的分布比例,取决于溶液的酸碱度。当pH<7时,H_3BO_3分子占优势;pH>7时,H_3BO_3分子逐渐减少,$B(OH)_4^-$阴离子则逐渐增多;到pH 9.2时,两种形态的硼各占一半;pH>9.2时,转向以$B(OH)_4^-$阴离子占优势。除H_3BO_3和$B(OH)_4^-$外,土壤溶液中也可能出现偏硼酸和多硼酸(硼酸聚合物),但这些形态的硼酸均不稳定,容易水解而成单分子硼酸。

(二)含硼肥料

常用硼肥主要有八硼酸钠、硼砂、硼酸、含硼废弃物和含硼的大量元素肥料等(表8-1)。

表8-1 常见硼肥

肥料种类	分子式	硼含量/%	备注	水中溶解性
八硼酸钠	$Na_2B_8O_{13}\cdot 4H_2O$	21	如速乐硼(Solubor)	溶解
硼砂	$Na_2B_4O_7\cdot 10H_2O$	10.8		溶解
五水硼砂	$Na_2B_4O_7\cdot 5H_2O$	14~15	如车马硼(Fertibor)、持力硼(Granubor)	溶解
无水硼砂	$Na_2B_4O_7$	21.5		溶解
硼酸	H_3BO_3	16.8		溶解
五硼酸钠	$Na_2B_{10}O_{16}\cdot 10H_2O$	18		溶解
硬硼钙石	$2CaO\cdot 3B_2O_3\cdot 5H_2O$	15.8(10~16)		难溶解
钠硼解石	$NaCaB_5O_9\cdot 8H_2O$	13.3(可变)		难溶解

续表 8-1

肥料种类	分子式	硼含量/%	备注	水中溶解性
硼镁石	$2MgO \cdot B_2O_3 \cdot H_2O$	12.8(可变)		难溶解
硅硼钙石	$2CaO \cdot 3B_2O_3.\ 2SiO_2 \cdot H_2O$	6.8(可变)		难溶解
水方硼石	$CaO \cdot MgO \cdot 3B_2O_3 \cdot 6H_2O$	15.7(可变)		难溶解

八硼酸钠($Na_2B_8O_{13} \cdot 4H_2O$),含硼 21%,易溶于冷水,是一种新型高效速溶性硼酸盐,适合喷施、滴灌和灌根,抑制害虫代谢,防止虫害。

硼砂($Na_2B_4O_7 \cdot 10H_2O$)含硼 10.8%,是目前应用最广泛的一种硼肥,可作基肥、种肥和叶面喷施。此外,五水硼砂($Na_2B_4O_7 \cdot 5H_2O$)含硼 14%～15%,也是常见硼肥,如车马硼和持力硼。

硼酸(H_3BO_3)含硼 16.8%,是常用硼肥之一,价格较昂贵,一般只用作根外追肥。

含硼玻璃肥料含硼 10%～17%,溶解度小,在土壤中缓慢释放出硼,不易被土壤吸附,也不易流失,施用一次可长期有效。

硼泥是生产硼砂的矿渣,每生产 1 t 硼砂可得 4～5 t 硼泥。硼泥(B_2O_3)含量在 2%～3%,可溶性硼 0.25%。硼泥呈碱性,pH 8～9,适用于南方酸性缺镁的土壤上作基肥。

硼矿石是自然界的含硼矿物,有硬硼钙石、白硼钙石和钠硼解石。硼矿石不溶于水,经粉碎后呈白色粉末,只适于作基肥,肥效稳长。由于其溶解度低,不容易淋洗,常用在砂质土壤上。硼矿石(自然界的含硼矿物),如硬硼钙石($2CaO \cdot 3B_2O_3 \cdot 5H_2O$),磨碎后适于作基肥,肥效稳长,不容易淋洗,常用在沙质土壤上。

最近这些年,为了满足作物和市场需要,科学家开发了一些新型硼肥,如有机硼肥、硼磷肥(BPO_4)(硼酸+磷酸,500 ℃或 800 ℃,1 h)和纳米硼肥等。

含硼的大量元素肥料是将适量的硼加入大量元素肥料中混合制成。含硼过磷酸钙含硼 0.6%,含磷 8%。有些国家出售含硼 0.2、0.3 或 0.4 的大量元素肥料,即在大批的氮、磷、钾肥中按重量计含有 0.2%、0.3% 或 0.4 %的硼。我国含硼的大量元素肥料主要有含硼的复混肥、油菜、柑橘等作物和果实专用肥等。

土耳其硼矿储量最高,占世界硼矿储量的 71.3%。我国硼矿储量与智利相当,仅占世界硼矿储量的 3.8%。因此,我国是一个硼矿储量相对较少的国家。

(三)来自环境的硼

农田生态系统中硼的来源即输入较为复杂,主要有降雨、灌溉、施肥、种子种苗和动植物残体等。大气中硼的平均含量为 3～4 $\mu g/m^3$。由工业排放进入大气中的硼,40%来自燃烧产生。此外,火山喷发的蒸汽中硼含量也较高。这些大气中的硼通过大气沉降或降雨进入土壤。天然淡水中硼的平均含量为 15 $\mu g/L$,但变异较大(7～500 $\mu g/L$),水中硼含量较低,而这部分硼有效性较高。在降水量大于蒸发量的地区,降水、灌溉和施用有机肥是硼输入的重要来源,而大雨造成的径流也是硼损失的重要输出。而在降水量少、蒸发量大于降水量的干旱地区,随水输入的硼减少,土壤深层的有效硼也会随水分蒸发而向表层富集。农田生态系统的硼循环还与农业生产水平有关,生产水平高的农产品如谷物、油料、地下茎、瓜果蔬菜、棉花等果实收获或秸秆带走(即输出)的硼较多。

二、硼的优化管理

(一)影响硼肥肥效的因素

土壤有效硼是指土壤中能供当季作物吸收利用的硼。在 pH 5～9 时,硼主要以H_3BO_3分子形式存在。未解离的硼酸分子,是植物根系吸收硼的主要形态。我国不同区域性土壤,甚至同一类型土壤,土壤有效硼含量不同,为作物提供硼营养的能力存在显著差异。

1. 土壤类型

我国区域性土壤有三大类型,以干旱漠土、高山土区土壤有效硼含量为最高,变化范围最宽;淋溶土、半淋溶土区土壤有效硼含量为较高,变化范围较宽;铁铝土、水稻土区土壤有效硼含量为最低,变化范围最窄。可见,土壤有效硼含量,在 pH 高、碳酸钙含量高的土壤中最高;石灰性、中性和微酸性土壤次之;pH 低的酸性土壤为最低。繁多的成土物质,河流沉积、海相沉积与盐分积累等许多因素综合作用的结果是我国区域性三大类型土壤又可分为多种土壤类型,这些土壤的农化性质和有效硼含量具有显著的差异。

2. 土壤 pH

在田间条件下,土壤 pH 对硼的有效性影响较大。在 pH 4.7～6.7 的条件下,硼的有效性随 pH 的提高而提高;在 pH＞7 的条件下,硼的吸附严重,有效性显著降低,易发生缺硼。酸性土壤硼有效性虽较高,但由于酸性土壤常处于高温多雨的气候带,淋溶强烈,土壤有效硼含量较低,故易出现缺硼现象,如湖北黄棕壤中有效硼含量在 0.1～0.2 mg/kg,明显低于灰潮土有效硼的含量。酸性土壤中铁锰铝活性氧化物对硼的专性吸附非常严重,加剧了酸性土壤缺硼。酸性土壤过量施用石灰后,硼的有效性降低,可导致植物“诱发性缺硼”,主要原因不是钙离子的直接作用,而是土壤 pH 提高的一种间接作用。此外,pH 对土壤硼含量的影响与土壤溶液中阳离子的含量有直接的关系,如含钙比较丰富的土壤随着 pH 的增加硼的吸附量也增加,这主要是由于硼在新鲜 $CaCO_3$表面的吸附作用增加。

3. 土壤有机质

有机质是土壤硼的重要来源。有机质中的硼以硼酸酯或吸附态存在于土壤中,随着有机质的分解,硼可以释放出来。有机质吸附硼的机制为硼与有机质的分解产物形成硼二元醇复合物。有机质与硼之间的作用可能是配位体交换。^{11}B 核磁共振光谱试验表明硼以四面体的形式被腐植酸吸附。黏粒矿物被多聚糖包被后,硼的吸附量降低。无定形铁铝氧化物表面覆盖 5%的有机酸后,其对硼的吸附量也降低。外源添加有机质对硼吸附作用的影响与有机质的种类有关,固态有机质增加土壤硼的吸附,而溶解性有机质阻碍硼的吸附作用。提高土壤堆肥有机质含量,硼的吸附量也增加,硼的解吸显著滞后。有机质对硼的吸附受 pH 的影响。在酸性土壤中,土壤矿物质吸附的硼相对少一些,故有机质是酸性土壤的主要硼源。在多雨潮湿地区,有机质及其分解的中间产物能吸附固定水溶性硼,从而减少或避免有效硼的淋洗。所以,土壤有机质对酸性土壤硼有效性的影响往往超过 pH 和土壤质地的影响。

4. 土壤质地

土壤溶液中硼可与土壤固相发生物理吸附和化学反应。不同的土壤因其固相组成存在差异,吸附硼的性质有一定的差别。砂质土吸附的硼较少且易于淋洗;黏质土吸附的硼较多并不易淋洗。一般黏质土的有效硼含量高于砂质土,植物缺硼多发生在砂质土上,即植物缺硼与土壤类型有很大关系。研究表明,有机质含量低的砂质土中施入的硼会保持水溶态,80%以上都淋洗了。土壤对硼的最大吸附量随土壤黏粒含量的增加而增加，土壤有效硼含量与土壤黏粒的含量也存在显著的相关关系。由于不同质地土壤的水溶性硼的移动性、植物吸收利用硼的能力存在着差异，所以在土壤有效硼的诊断和分级指标中，黏质土的分级指标相应地要高于砂质土。

5. 土壤对硼的吸附和解吸

土壤溶液中的硼和土壤固相部分所吸附的硼存在着平衡关系。当施肥使土壤溶液中的硼浓度提高时，土壤固相则将部分硼吸附固定；当植物根系从土壤溶液中吸收硼而引起其浓度下降时，土壤固相所吸附的硼又可解吸出来。所以，土壤对硼的吸附和解吸特性直接影响着土壤的供硼状况。土壤和黏土矿物对硼的吸附可通过吸附等温方程来描述，常用的有 Langmuir 方程和 Freundlich 方程。土壤吸附的硼的解吸大体有两种类型，在有些土壤中，硼的解吸等温线与相应的等温吸附线相类似，硼的吸附是一种可逆反应；在另外一些土壤中，硼的解吸存在着滞后现象，吸附的硼的解吸则是不可逆的。矿物类型不同，硼的解吸也不同。由于滞后作用能较好地描述硼在不同土壤中的解吸，此类反应常通过 Freundlich 方程来加以描述。在非滞后体系中，硼的解吸反应常用 Langmuir 方程来描述。在动力学方面，土壤硼解吸作用与时间的关系可以通过一级速率方程，Elovich 方程和权函数方程来描述，其中权函数方程的拟合度最高。

6. 气候条件

土壤水分、温度和光照均影响硼对植物的有效性，其中以土壤水分较为突出。我国长江流域种植油菜，如果春天(2—4 月)干旱，易暴发油菜缺硼；棉花和赣南纽荷尔脐橙在 6 月下旬至 7 月上中旬梅雨后遇伏旱，易暴发缺硼。上述作物或果树暴发缺硼与其生长发育旺盛期遭遇高温有关，但并非当年气温最高的时候。土壤中硼通过质流和扩散向根表迁移的距离相对较长，干旱时土壤溶液流动减少，硼的扩散速度降低，扩散路径增长，向根表迁移的硼减少，影响根系对硼的吸收。土壤水分低也降低了作物蒸腾速率，减少了硼向地上部分的运输。而在湿润多雨地区，强烈的淋洗作用，导致土壤有效硼含量降低，这一作用在砂质土壤上更为显著。此外，灌溉水对提高土壤硼含量有较大的贡献，一般而言，含硼的水用于农田灌溉会导致土壤中硼的累积，这也与被灌溉土壤的物理化学特性分不开。

7. 硼与其他元素的相互作用

土壤硼的有效性还和土壤中其他营养元素的供应水平有关，关系较密切的有钙、钾、镁等元素。当土壤中有效钙含量较高时，作物能忍耐更高含量的土壤有效硼；当土壤有效钙含量低时，作物对高硼的忍耐力低。施钾在一定程度上会加剧对缺硼敏感的作物(如苜蓿)硼的缺乏，这可能是由于 K^+ 将土壤吸附的 Ca^{2+} 替换下来，Ca^{2+} 与硼酸根形成离子对，从而加强了土壤对硼的吸附，导致作物缺硼。

总之，影响土壤硼有效性的因素是多方面的，归纳起来，容易出现缺硼的土壤有以下几种情况：①含硼量低的土壤，如酸性火成岩和淡水沉积物发育的各种土壤；②pH＞7 的石灰性土壤或过量施用石灰的酸性土；③淋洗强烈的酸性土壤；④质地较轻的土壤；⑤有机质含量低的土壤。

土壤母质中硼浓度较高的干旱地区，如澳大利亚南部、北非、西亚、以及美国加利福尼亚、智利和地中海东部的部分地区，植物容易发生硼中毒。当灌溉水含有高浓度的硼时，植物硼中毒的情况也很普遍。

(二)土壤诊断

不同土壤有效硼含量及其供硼能力不同,不同作物对硼的需要量也不一样,故施用硼肥要因土、因作物而异。王运华在全面总结我国学者研究制订的棉花、甘蓝型油菜、向日葵和芝麻等作物土壤有效硼含量严重缺乏、缺乏、适宜、丰富和过量指标的基础上,结合我国主要作物硼肥施用技术成功的经验,提出了根据我国土壤有效硼含量和作物硼营养要求施用硼肥的必要性及技术要点(表 8-2)。以土壤有效硼含量<0.25 mg/kg 为严重缺硼临界值,以土壤有效硼含量 0.5 mg/kg 为缺硼临界值,但只是宏观参考,不能一成不变地用于指导生产实践,更不能认为土壤有效硼含量>0.5 mg/kg 不需要施用硼肥。例如,我国新疆地区土壤有效硼测定值高达2~3 mg/kg,但施硼仍能增产,与当地的土壤条件和气候环境有关。

作物在土壤有效硼低于 0.25 mg/kg 时为严重缺硼,从严重缺硼到缺硼、硼适宜,甚至硼过量,其土壤有效硼含量有一定的甚至较宽的范围。由于土壤有效硼含量及其供硼能力不同,不同作物需硼量、硼效率、对低硼敏感性和对高硼的耐性也有显著差异,不同作物施用硼肥的技术不尽相同,要因地、因土、因作物开展试验研究和应用。开展作物施用硼肥试验,既可能施硼有效,也可能施硼无效。

表 8-2 土壤有效硼* 含量与施用硼肥的必要性及其技术要点

土壤有效硼含量/(mg/kg)	作物硼营养水平	施用硼肥的必要性和技术要点
<0.25	极低	大多数作物硼不足,需硼中等和需硼较多的作物出现严重缺硼症状;基施硼肥为主,酌情喷施硼肥,效果极显著
0.26~0.50	低	需硼较少的作物硼能够满足生长,需硼中等和需硼较多的作物(或品种)可能有缺硼症状;酌减基施硼肥的用量,或在作物生育旺盛期喷施硼肥 2~3 次,效果显著
0.51~1.00	适宜	多数作物硼能够满足生长;需硼中等和需硼较多的作物(或品种)在生育旺盛期硼不足,应喷施硼肥 2~3 次,或结合滴灌施硼肥,效果显著
1.01~2.00	丰富	大多数作物硼能够满足生长;需硼中等和需硼较多的作物(或品种)在生育旺盛期硼不足,喷施硼肥 2~3 次,或结合滴灌施硼肥有效;不耐高硼的作物施硼肥可能出现硼毒害
>2.01	过量	个别地区、个别作物在试验有效基础上,酌情喷硼或结合滴灌施硼肥有效,防止盲目施硼肥对作物产生毒害

注:* 土壤有效硼的测定采取热水浸提法。

(三)植株诊断

用来测硼的植物样品一般用玛瑙研钵研磨,过 2 mm 的方孔筛。硼含量的测定一般采用 1 mol/L 盐酸提取、振荡 2 h,对提取液用姜黄素比色法测定,也可用电感耦合等离子体质谱(ICP-MS)进行测定。

植物体内硼的变化幅度较大,一般在 2~100 mg/kg。双子叶植物需硼量较高,单子叶植物较低,禾本科植物含硼量低于 10 mg/kg。具有乳汁液系统的双子叶植物,如蒲公英和罂粟硼含量更高(表 8-3)。因此,禾本科作物不易缺硼,而双子叶植物容易缺硼。不同作物对硼的敏感性见表 8-4。

表 8-3 主要作物的硼浓度

mg/kg

作物种类	硼浓度(以干重计)	作物种类	硼浓度(以干重计)	作物种类	硼浓度(以干重计)
大麦	2.3	番茄	15.6	大豆	37.2
水稻	2.7	棉花	19.6	菜豆	43.0
小麦	3.3	豌豆	21.7	芜菁	49.2
玉米	5.0	油菜	24.9	萝卜	64.5
菠菜	10.4	胡萝卜	25.0	甜菜	75.6
芹菜	11.9	烟草	25.0	向日葵	80.0
马铃薯	13.9	紫苜蓿	25.0	蒲公英	80.0
蚕豆	15.4	甘蓝	37.1	罂粟	94.0

表 8-4 作物对缺硼的敏感性

高度敏感	中度敏感	低度敏感
紫花苜蓿、棉花	苹果、桃子	芦笋、薄荷
杏仁、橄榄	胡萝卜、梨	大麦、马铃薯
苹果、花生	三叶草、萝卜	豆类、水稻
杏、开心果	葡萄、覆盆子	蓝莓、黑麦
花椰菜、李子	生菜、菠菜	柑橘、高粱
结球甘蓝、玫瑰	欧洲萝卜、番茄	黄瓜、薄荷
油菜、芜菁甘蓝	草莓	玉米、大豆
康乃馨、甜菜		牧草、苏丹草
花椰菜、向日葵		燕麦、小麦
芹菜、菜用甜菜		豌豆
樱桃、萝卜		
针叶树、核桃		

植物体内硼的功能主要有:①参与半纤维素及细胞壁物质的合成,对细胞膜的完整性和功能发挥起重要作用;②促进碳水化合物的合成和运输,提高豆科作物根瘤的固氮能力;③促进细胞伸长和细胞分裂,对生殖器官的建成和发育起重要作用;④调节酚的代谢和木质化作用,增强作物的抗逆性。植物缺硼时茎尖生长点生长受抑制,严重时枯萎,直至死亡;老叶叶片变厚边脆、畸形,枝条节间短,出现木栓化现象;根的生长发育明显受影响,根短粗兼有褐色;生殖器官的发育受阻,结实率低,果实小,畸形,缺硼导致种子和果实减产,严重时有可能绝收。此外,植物缺硼不仅影响作物产量,还影响品质。一些作物缺硼会出现特有的症状,如油菜"花而不实"(甘蓝型油菜),棉花"蕾而不花",花生"有壳无仁",小麦 "穗而不实(不稔症)"(春小麦),大豆"花而不荚"。玉米缺硼抑制花粉发育,正常雄蕊不能产生花粉。在果树上缺硼影响花芽分化,致使结果率低、果肉组织坏死、果实畸形(缩果病)。盐碱地容易发生硼的毒害,原因是植物灌溉水中含有高水平的硼和盐,或者是因为海洋沉积物发育的土壤中硼和盐本身含量就高。

不同作物硼的移动性具有很大的差异(表 8-5)。韧皮部硼移动性强和韧皮部硼不能移动的植物,硼缺乏和毒害症状会有很大不同。缺硼时,韧皮部硼不能移动的植物缺硼症状出现较早,且硼中毒的症状多表现在成熟叶片的尖端和边缘,先失绿黄化,后焦枯坏死。然而,韧皮部硼移动性强的植物,短期缺硼的影响由于硼具有移动性而减轻,且硼毒害症状主要发生在新生部位,如顶稍枯死,叶腋分泌大量树胶,沿茎秆或叶柄出现棕褐色木栓质病变。

表 8-5　一些作物中硼的移动性

硼移动性弱	硼移动性强
苜蓿、马铃薯	杏仁、葡萄
大豆、高粱	苹果、油桃
玉米、草莓	杏、橄榄
棉花、甜菜	芦笋、洋葱
无花果、烟草	豆类、豌豆
生菜、番茄	花椰菜、桃
花生、核桃	胡萝卜、梨
山核桃、小麦	花椰菜、李子
开心果	芹菜、石榴
	樱桃、萝卜
	咖啡、芜菁甘蓝

由于各种作物需硼量不同,对缺硼的反应和高硼的耐性均有差异,一般双子叶植物的临界值是 20～30 mg/kg,单子叶植物是 3～5 mg/kg。因此,硼缺乏、适量、中毒的临界浓度也相差较大。即使是同一作物在不同生育时期或不同取样部位,硼的临界浓度也不相同,故在进行植物硼营养诊断时,必须考虑作物种类、取样时期和部位。表 8-6 显示了一些农作物缺硼的临界含量。在农业生产中,可根据植株硼水平,结合表 8-2 确定硼肥的施用技术和方法。

表 8-6　一些农作物或果树缺硼的临界含量

农作物或果树	采样部位	缺硼临界硼含量/(mg/kg 干重)
油菜	新展开叶片	10～14
大豆	新展开叶片	10～12
绿豆(黑色和绿色)	新展开叶片	15～16
木薯	新展开叶片	35
向日葵	新展开叶片	12～20
蓝桉	新展开叶片	10～14
小麦	新展开叶片	1～2
棉花	从上往下第 4 片叶	20
芝麻	上部茎	10
柑橘	春梢从上往下第 4 片叶	15
苹果	春梢从上往下第 4 片叶	15～20

(四)硼肥施用方法

我国西部内陆地区为富硼区，土壤供硼充足；南部或东南部为低硼或缺硼区；中部为过渡区，硼含量中等，供硼较充足。在土壤有效硼较低的地区，油菜不施硼“花而不实”；棉花不施硼“蕾而不花”；甜菜缺硼出现“腐心病”；柑橘缺硼“叶片黄化”和“木栓化”，落花落果。硼肥的用量小，见效快，经济效益大。随着相关高校、农技推广服务部门和公司企业等对硼肥的大力推广，农民已形成“无硼不种油菜、棉花和柑橘”等意识。由于土壤有效硼含量及其供硼能力不同，不同作物需硼量、硼效率、对低硼敏感性和高硼的耐性也有显著差异，不同作物施用硼肥的技术不尽相同，要因地、因土、因作物进行硼肥施用。

(1)底施硼肥。条施或撒施。适用于中度或严重缺硼的土壤。每公顷土壤用量 7.5～15 kg(按硼砂计算)，与干细土或有机肥、氮磷钾化肥均匀混合，开沟条施、穴施或撒施。切忌直接与种子或幼苗接触，也不能施用过量，否则会降低出苗率，甚至导致死苗。果树每株施用硼砂 10～15 g，一般在采果后与其他肥料混合施用。

(2)叶面喷施。适用于中、轻度或潜在缺硼的土壤。喷施浓度为 0.2%硼砂溶液，用量以叶面充分均匀湿润为宜，苗期每公顷约喷 750 L，后期则需 1 200～1 500 L。一般喷 3 次增产的效果较好。喷后如在 6 h 内遇雨水淋洗，需要重喷。对多数作物在生育旺盛期通过喷施硼砂(0.2%水溶液)施用硼肥，不论有效无效，均安全无虞。人工喷雾器喷施或飞机携带喷雾设备进行配施。硼肥可与除草剂和杀虫剂一起喷施。

(3)灌根。在干旱地区或干旱季节应结合灌溉施用硼肥。

(4)滴灌。营养液母液阿农(Arnon)微量元素混合液硼浓度为 2.86 g/L(H_3BO_3)，稀释 1 000 倍施用。

第二节　钼的资源特征与管理

一、钼的养分资源组成

(一)土壤中的钼

世界土壤中钼含量为 0.5～5.0 mg/kg，平均为 2.0 mg/kg。温带和寒温带地区的土壤钼含量最低，常低于 1.0 mg/kg；干旱和半干地区土壤为最高，平均为 2.0～5.0 mg/kg；热带和温润地区土壤的钼含量也较高。我国土壤全钼含量为 0.1～6.0 mg/kg，平均为 1.7 mg/kg，大多数集中在 2.0 mg/kg 左右。世界主要土壤有效钼含量为 0.01～12.0 mg/kg，相当于全钼含量的 2%～20%。酸性土壤中有效钼含量较低，所占全钼比例小，在石灰性土壤中则相反，特别是干旱地区土壤。土壤中钼的含量和分布与土壤形成过程的各个环节有关，影响最大的是生物积累、成土母质及淋洗等(图 8-1)。土壤中钼的形态包括矿物态钼、交换态钼、有机态钼和水溶态钼。钼有多种化合价，以 Mo^{6+} 和 Mo^{4+} 最为重要。虽然土壤溶液中钼是以阴离子形式存在，但上述各个钼的形态之间的关系与其他金属阳离子相似。

1. 矿物态钼

矿物态钼指原生矿物和次生矿物中的钼以及铁、锰结核中的钼。钼为亲硫元素，又是亲石元素。亲石元素(lithophile element)是指自然界中与氧亲和力强，主要以硅酸盐或其他含氧盐和氧化物集中于岩石圈中的元素。岩石圈钼含量为 1～2 mg/kg，其中火成岩含钼约 2 mg/kg，沉积岩含钼 2 mg/kg，页岩含钼 5 ～ 90 mg/kg，碳酸盐岩含钼 0.2～0.4 mg/kg。含钼矿物主要有硅酸盐矿物，如黑云母；硫化物，如辉钼矿；氧化物，如蓝钼矿；钼酸盐，如钼铅矿、钼钙矿、铁钼矿等。存在于原生矿物和次生矿物中的钼对植物有效性差，只有通过风化作用，变成钼酸盐以后才能被作物吸收，所以矿物态钼对植物基本是无效的。

2. 交换态钼

土壤中的 MoO_4^{2-} 或 $HMoO_4^-$ 离子可为土壤胶体尤其是黏粒矿物所吸附，而为其他阴离子如 SO_4^{2-}、OH^-、PO_4^{3-} 等所代换。土壤中交换态钼的数量也不多，一般只有全钼的 1～100 mg/kg，且随 pH 上升而减少。当 pH>7.5 时，土壤基本上不再吸附钼酸阴离子。交换态钼一般是有效的，但能被其他阴离子代换出的 MoO_4^{2-} 或 $HMoO_4^-$ 远较被吸附的钼少。

3. 有机态钼

有机态钼指来源于各种动、植物残体有机物中的钼。土壤微生物将动、植物残体分解使钼释放出来，参与土壤中钼的长期循环。这部分钼因动、植物残体含钼量不同的差异很大。土壤有机态钼在土壤全钼中占有一定比例，一般土壤含钼量与有机质含量呈正相关，如腐殖质积累量高的泥炭，含钼量可超过 150 mg/kg。土壤有机态钼对作物的有效性与其结合方式有关，钼与含有正羟基的有机化合物(酚、醇、羧酸等)能形成可溶性的络合物，这部分对植物有效。这些络合物与金属离子又可能形成不溶性化合物，变成无效钼。

4. 水溶态钼

水溶态钼指土壤溶液中游离的钼酸和钼酸根离子，也包括少量的 MoO_3。MoO_3 主要来源于土壤中固相钼酸盐矿物的溶解和阴离子对交换态钼的代换。以及有机态钼的分解释放。水溶态钼对植物直接有效。土壤中水溶态钼的数量很少，一般小于 0.1 mg/kg。土壤水溶态钼受 pH 影响很大，随着 pH 升高，土壤水溶态钼含量增加。水溶态钼是一种有效钼，但其含量极低。

(二)含钼肥料

与其他微量元素和有益元素比较，钼肥的来源相对较少，主要有钼酸铵、钼酸钠、三氧化钼和含钼工业废渣与废水等(表 8-7)。

钼酸铵是无色或黄绿色结晶，易溶于水，其中正钼酸铵含钼 49%，仲钼酸铵含钼 54%，其中仲钼酸铵的结晶稳定性及溶解度都大于正钼酸铵。可作为种肥和根外追肥。

钼酸钠含钼 39%，是白色粉末，溶于水，可作为种肥和根外追肥。

钼酸(含钼 53%)和二硫化钼(含钼 60%)也可作为钼肥施用。

三氧化钼(含钼 66.6%)，是白色粉末，不溶于水。三氧化钼不能与酸类物质共贮或混运，并需在干燥阴凉库房中贮存，很少单独在农田中施用，可与过磷酸钙制成钼过磷酸钙后再施用。

含钼废渣。工业废渣最适宜于作基肥或种肥。通常将含钼工业废渣与普通过磷酸钙加工成含钼过磷酸钙使用，磷和钼对作物有吸收有相互促进作用，混合施用有利于提高钼肥的肥效。

三氧化钼和含钼废渣不溶于水，需要磨成粉状进行施用。

最近这些年，华中农业大学团队开发了一些新型钼肥。如生物炭基钼肥和绿色合成纳米钼肥等，目前尚未商用，但具有广阔的应用前景。

表 8-7 常见的钼肥

肥料种类	分子式	钼含量/%	水中溶解性
正钼酸铵	$(NH_4)_2MoO_4 \cdot H_2O$	49	溶解
仲钼酸铵	$(NH_4)_6Mo_7O_{24} \cdot 2H_2O$	54	溶解
钼酸钠	$Na_2MoO_4 \cdot 2H_2O$	39	溶解
钼酸	$H_2MoO_4 \cdot H_2O$	53	溶解
三氧化钼	MoO_3	66	难溶解
二硫化钼	MoS_2	60	不溶解
含钼废渣	含钼硅酸盐	2～3	难溶解

(三)来自环境的钼

农田生态系统中钼的来源即输入主要有降雨、灌溉、施肥、种子种苗和动植物残体等。天然淡水中钼的平均含量为 0.5 μg/L。大气沉降可带入一定量的钼。大气中钼以钼酸盐和氧化钼状态存在,其浓度很低,通常为 0.2～10 μg/L。因此,由大气沉降带入土壤中的钼是相当有限的。

二、钼的优化管理

(一)影响钼肥肥效的因素

土壤有效钼是指土壤中能供当季作物吸收利用的钼。水溶态钼是一种有效钼,但其含量极低。交换态钼一般是有效的,但能被其他阴离子代换出的 MoO_4^{2-} 或 $HMoO_4^-$ 远较被吸附的钼少。影响土壤钼有效性的因素主要包括土壤 pH、吸附作用和氧化还原等因素。

1. 土壤 pH

影响土壤钼的生物有效性最大也最重要的土壤因素是 pH。酸性土壤钼有效性低,碱性土壤钼有效性高,因此缺钼常发生在酸性土壤上。当土壤 pH>5 时,pH 每上升一个单位,MoO_4^{2-} 浓度增加 100 倍。但当 pH>8 时,石灰性土壤中 HCO_3^- 又会抑制钼的吸收。pH 通过影响钼的形态、溶解度、代换作用和吸附作用等而影响其有效性。

2. 吸附作用

钼酸根离子可被带正电荷的土壤胶体所吸附,主要是与黏土矿物和含水的铁铝锰氧化物的 OH^- 交换。一般认为土壤中钼的吸附有三种方式:①阴离子交换吸附;②铁铝锰等氧化物吸附;③形成难溶性的铁钼酸盐和晶格内的固定。三种方式所吸附和固定的钼均与土壤中钼的有效性密切相关。在酸性土壤上施用石灰,或施用多量磷肥,有机质矿化等,土壤溶液中 OH^-、PO_4^{3-}、CO_3^{2-} 等阴离子浓度增加,钼的有效性增加。相反,土壤酸化,施用酸性肥料,土壤溶液中 H^+ 离子浓度增加;有大量铁锰氧化物存在,或者钼与含三价金属离子氧化物(R_2O_3)的酸性腐殖质结合,会降低钼的有效性。

3. 氧化还原

土壤氧化还原电位也是影响土壤钼有效性的因素。在非积水土壤上,通气状况较好,六价钼所占比例较高,而在排水不良的还原条件下,有机质的分解缓慢而易于积累,有利于钼有效性提高。如果长期处于还原条件,Fe^{3+} 还原成 Fe^{2+},氧化铁包蔽的钼释放,MoO_4^{2-} 增多,使土壤有效钼含量和植物吸收的钼提高。同时，在还原条件下，Mo^{6+}被还原成MO^{5+}和Mo^{4+}的量增加，使钼有效性降低。因此，土壤氧化还原条件对土壤有效钼的影响还要根据土壤铁、钼及有机质的数量和比例等具体条件来确定。

(二)土壤诊断

目前采取草酸—草酸铵提取土壤有效钼，结合作物生长情况，可将土壤有效钼含量分为5级，在生产中可根据土壤有效钼含量和作物对钼的敏感性确定是否需要施钼，具体见表8-8。其中缺钼临界值为0.15 mg/kg。

由于土壤钼的有效性与土壤pH关系密切，在应用土壤有效钼分级标准时，Muller建议与土壤pH一起考虑。其相关关系为：土壤钼值＝pH＋土壤有效钼含量×10。当土壤钼值＜6.2时，表示土壤供钼不足，施用钼肥显效；钼值在6.2～8.2时，土壤供钼中等，施用钼肥有效；钼值＞8.2时，土壤供钼充足，施用钼肥无效；胡承孝和王运华等研究湖北酸性黄棕壤冬小麦缺钼，指出以土壤有效钼含量诊断难以适应不同土壤，而以钼值较为吻合，并拟定钼值8.0～8.5为冬小麦缺钼临界值。

农田土壤有效钼含量即使很高，植物也一般不会出现钼中毒的现象。

表8-8 土壤有效钼含量与作物钼营养水平

土壤有效钼含量/(mg/kg)	作物钼营养水平	施用钼肥的必要性
＜0.10	很低	对钼敏感的作物缺钼，可能有缺钼症状
0.10～0.15	低	对钼敏感的作物缺钼，但无缺钼症状
0.16～0.20	中等	对钼敏感的作物不缺钼，生长正常
0.21～0.30	高	
＞0.30	很高	

中国科学院南京土壤研究所根据草酸铵—草酸(pH 3.3)提取的土壤有效钼含量，将全国钼肥施用区域划分为三级。

(1)钼显效区。北方土壤有黄潮土、褐土及白浆土；南方土壤有砖红壤、紫色土，其土壤有效钼含量均小于0.1mg/kg，需钼作物包括大豆、花生及豆科绿肥等。

(2)钼有效区。北方土壤有黄绵土、未土、褐土、棕壤及黑土；南方土壤有红壤、砖红壤及黄棕壤等，土壤有效钼含量小于0.15 mg/kg，需钼作物主要为豆科绿肥、花生及大豆等。

(3)钼可能有效区。土壤有效钼含量大于0.15 mg/kg，但这些地区的科研资料较少，有待进一步进行生物试验。

上述分区是1982年制定的，虽不够完善，但可基本上反映出我国缺钼土壤的分布状况。

我国易发生缺钼的土壤主要有：①全钼含量和有效态钼含量均偏低的缺钼土壤，如黄土和黄河冲积物发育的各种石灰性土壤；②土壤条件不适导致缺钼的土壤，如南方红壤区的酸性土壤，全钼含量虽高，但pH过低、铁铝含量高导致有效钼含量低而缺钼；③淋洗作用强的砂土及有机质过高的沼泽土和泥炭土。

(三)植株诊断

不同植物对钼的需求不同。大部分植物正常生长时体内钼的含量为0.2～2.0 mg/kg，但从缺乏的临界浓度到毒害浓度差 10 000 倍（0.1～1 000 mg/kg）。一般作物含钼量(以干重计)低于 0.1 mg/kg,而豆科作物低于 0.4 mg/kg 时就可能缺钼。对钼最敏感的有豆科作物(包括豆科绿肥作物)及十字花科作物(如甘蓝、油菜、花椰菜等),此外番茄、莴苣、菠菜、棉花、甜菜、烟草、柑橘、南瓜、甜瓜也比较敏感(表 8-9)。大麦和小麦叶片含钼量为 0.03～0.5 mg/kg,花椰菜、甘蓝和柑橘等叶片含钼量<0.08 mg/kg,烟草和番茄含钼量<0.13 mg/kg,三叶草(花期全株)、大豆及苜蓿(花期叶片)含钼量<0.2 mg/kg 时均易出现缺钼。一些农作物缺钼的临界含量见表 8-10。

表 8-9　作物对缺钼的敏感性

高度敏感	中度敏感	低度敏感
苜蓿	甜菜	苹果、葡萄
花椰菜	结球甘蓝	芦笋、桃
抱子甘蓝	柑橘	大麦、马铃薯
花椰菜	燕麦	豆类、覆盆子
三叶草	豌豆	蓝莓、水稻
豆类	萝卜	胡萝卜、黑麦草
生菜	大豆	芹菜、高粱
洋葱	甜菜	玉米、甜玉米
油菜	番茄	棉花、番茄
菠菜	萝卜	蔓越莓、草坪草
		亚麻、小麦

表 8-10　一些农作物缺钼的临界含量

农作物	采样部位	缺硼临界硼含量/(mg/kg 干重)
冬小麦	全株,地上部位	0.10
玉米	成熟叶片,株高 40～60 cm 时	0.20
甜菜	中部叶片,6～7 月龄	0.25
马铃薯	刚成熟的叶片,始花期	0.20
油菜	刚成熟的叶片,株高 30～40cm 时	0.40
红三叶草	地上部分,始花期	0.30
苜蓿	枝叶上部,始花期	0.50
向日葵	中部叶片,花形成期	0.50

钼在植物体内主要的生理功能是固氮酶、硝酸还原酶和黄嘌呤氧化酶(黄嘌呤脱氢酶)的催化和组成成分。此外,钼还可能参与磺酸还原酶的催化作用。在大部分细胞中,钼的功能主要是通过钼辅因子(Moco)发挥作用。钼只有和蛋白质或者蝶呤结合形成钼辅因子才能产生生物活性。植物中存在 2 种钼辅因子,以铁硫簇为基础的铁钼辅因子(FeMoco)和以钼蝶呤为基础的钼辅因子(MPT/Moco)。植物缺钼时通常植株矮小,生长不良,幼叶失绿或叶片扭曲;严重缺钼时叶缘萎蔫,有时叶片扭曲呈杯状;老叶变厚、焦枯,以致死亡。其中,豆科作物缺钼时叶色褪淡,症状与缺氮相似,但严重缺钼的叶片,叶缘出现坏死组织,变厚发皱,向上卷曲呈

"杯状",且症状最先出现在老叶或茎中部的叶片,逐渐向新叶扩展,根瘤发育不良;花椰菜等十字花科植物缺钼时新叶中端叶柄基部的叶肉组织退化,前端局部保持正常生长,整个叶片扭曲形成鞭尾状叶(即鞭尾病),叶缘发褐焦枯,生长点枯死。柑橘缺钼时叶片叶脉间失绿变黄或出现大小不一的黄色和橙黄色斑点(黄斑病);叶缘卷曲,萎蔫而枯死,症状由老叶向嫩叶扩展,严重时植物死亡。

一般大田作物钼中毒的现象较少,大豆含钼 300 mg/kg 时还看不出毒害症状,但马铃薯、番茄等茄科作物对钼毒较为敏感。钼的毒害往往表现为叶片黄化或花青素含量增加,如茄科植物叶片失绿,番茄和马铃薯小枝上呈现红黄色或金黄色,花椰菜植株呈深紫色。对大多数植物而言,体内积累钼的浓度超过 100 mg/kg 时才抑制生长,并出现毒害症状。对于牧草,要注意钼过多对家畜的危害,如牛等反刍动物吃了钼含量大于 15 mg/kg 的牧草便会中毒。

种子含钼量有时可作为预测植物对钼反应敏感程度的指标。例如,有人观察到豌豆种子中钼的含量为 0.65 mg/kg 时,施钼没有反应;而含量为 0.17 mg/kg 时,钼肥有良好肥效。又如在缺钼的土壤上,玉米种子含钼为 0.08 mg/kg 时,出苗正常;而含钼量为 0.03～0.06 mg/kg 时,幼苗即出现缺钼症状;若种子含钼量为 0.02 mg/kg 时,则会出现严重的缺钼症状。种子中有足够的钼,可以保证生长在缺钼土壤上的幼苗能正常生长和获得较好的产量。

(四)钼肥施用方法

我国缺钼土壤分布范围较广泛,南北均有大量缺钼土壤。20 世纪 50 年代,黑龙江大豆因缺钼出现白叶,推动了我国大豆、花生等豆科作物应用钼肥。1990 年,王运华发现湖北黄棕壤冬小麦在越冬期黄化死苗为缺钼症状。防治缺钼的有效措施就是施用钼肥。常用的钼肥有钼酸铵和钼酸钠。钼肥可以土壤施用,也可施于植物。

(1)土壤施用。与其他微量元素肥料相比,钼肥的用量较少。对大多数农作物而言,50～100 g Mo/hm^2 就能满足作物生长。但对一些特殊的蔬菜作物,如花椰菜,土壤施用用量需要 400 g Mo/hm^2。钼肥可以条施或撒施,为了施均匀,也可以喷施在土壤或者大量元素肥料(磷肥或氮磷钾复合肥)表面。根吸收过程中 SO_4^{2-} 和 MoO_4^{2-} 是一对竞争性较强的阴离子。因此,含有 SO_4^{2-} 的肥料如石膏和过磷酸钙(SSP)均能抑制根系对钼的吸收。而重过磷酸钙(TSP)由于不含 SO_4^{2-},因此在施重过磷酸钙的处理中,花生的吸钼量和吸氮量远高于施过磷酸钙的处理。此外,Mn^{2+}、Cu^{2+}、Zn^{2+} 等金属离子都对钼有拮抗作用。

(2)叶面施用。由于钼在韧皮部中有较好的移动性以及植物需钼较少,因此叶面喷施钼肥是矫正缺钼的较好方法。叶面施钼效果取决于钼穿透叶片角质层、吸收进入细胞和通过输导组织进行运输的能力。钼酸钠和仲钼酸铵由于溶解度比较高,常用来作为叶面肥施用,喷施浓度为 0.1%,用量不超过 200 g Mo/hm^2,宜早喷。研究表明,向日葵营养生长期施用钼酸钠 125 g Mo/hm^2 显著增加了产量,小麦施用量 35 g Mo/hm^2 产量最高。草莓苗期施用量 135 g Mo/hm^2 时生物量最高,是因为钼通过调节氮代谢酶活性、硝酸盐运输和硝酸盐同化基因活性,增强了硝态氮从根向地上部的运输,并增加了氮利用效率。与土施钼肥相比,叶面喷施钼肥不仅能提高花生的产量,而且还能提高花生对氮的吸收及地上部和种子中钼的含量。

(3)拌种和浸种。当土壤钼水平很低不能满足作物生长时,拌种和浸种是钼肥施用的常用方法。豆科作物由于根瘤形成及固氮过程对钼的需求较大,在种植时采用拌种的方式施入钼肥较好。拌种时可按种子用量进行拌种,一般每千克种子用量 2 g(按钼酸铵计算),每公顷用量 7～100 g Mo/hm^2。豌豆钼酸钠拌种(55 g Mo/hm^2)和红三叶草 0.1%钼酸钠浸种均显著提高了产量。用量过高，如超过 115 g Mo/hm^2 就会导致作物(甚至花椰菜)产生毒害。

第三节　锌的资源特征与管理

一、锌的养分资源组成

(一)土壤中的锌

锌是一种过渡金属元素，相对原子质量为 65，原子半径为 0.125 nm。在自然环境中，锌均以 Zn^{2+} 与配位体形成的配合物存在，不能发生化合价的变化。无机离子 Cl^-、SO_4^{2-}、CO_3^{2-}、HCO_3^-、OH^-，有机结合剂氨基酸、有机酸均能与其配合形成配合物，且广泛存在于自然环境中。

锌在自然界中分布较广，主要以硫化锌和锌氧化物存在。地壳中锌的平均含量为 70 mg/kg。锌在基性岩浆岩和页岩中的含量较高，均在 100 mg/kg 左右，而在酸性岩浆岩、石灰岩、砂岩中的含量都低于 40 mg/kg。在原生矿物中锌主要以二价阳离子方式存在于硅酸盐的八面体中，基性岩中的含量大于酸性岩。主要含锌原生矿物有橄榄石、角闪石、黑云母、辉石、磁铁矿和闪锌矿，其中玄武岩、辉长岩、沉积岩的含量较高，而页岩、矿岩、石灰岩的锌含量较低(表 8-11)。

表 8-11　各类岩石中锌的含量　　mg/kg

岩石种类	锌含量	岩石种类	锌含量
超基性岩	40～140	粒玄岩	40～90
玄武岩	70～150	流纹岩	75～96
辉长岩	80～135	花岗岩	10～75
安山岩	60～115	石英安山岩	40～90
闪绿岩	65～95	沉积岩	100～130
片岩	95	页岩	23
砂岩	13	石灰岩	24

Zn^{2+} 的离子势只有 2.6，其原生矿物易于风化。土壤中最主要的含锌次生矿物是菱锌矿，主要成分是 $ZnCO_3$。土壤 pH 和硫、磷的浓度对土壤中锌的存在形态、淋洗程度等都有影响。在碱性条件下，锌易形成碳酸盐和氢氧化物沉淀；在还原条件和高硫环境中，锌可能形成 ZnS 沉淀；在磷较高的条件下，可形成磷酸盐沉淀，这些都使得土壤中锌的溶解度降低，同时淋洗也降低。土壤溶液中锌的浓度还在很大程度上受锰氧化物的影响，锰氧化物对锌的吸附能力很强，常使土壤溶液中锌的浓度降低。

世界各国土壤锌含量平均为 50 mg/kg，范围在 30～300 mg/kg。我国土壤全锌含量变化幅度很大，在 3～790 mg/kg，平均为 100 mg/kg。不同土壤类型间差异很大，其中，紫色土锌含量最高，可达 53～116 mg/kg，锌含量最低的是砖红壤，其含量范围在 2～77 mg/kg(表 8-12)。

表 8-12 我国主要类型土壤的锌含量 mg/kg

土壤类型	锌含量
砖红壤	2～77
灰漠土	3.5～81.5
棕钙土	22～80
棕壤	39～98
红壤	40～100
褐土	47～100
黑钙土	30～113
紫色土	53～116
黄壤	42～116

影响土壤锌含量的因素较多，其中成土过程对其影响最大，在此过程中锌既有富集又有流失。成土母质对土壤锌含量的影响，是与母质的种类成分，母质的机械组成有关，即黏粒成分较多的土壤锌含量高，沙性母质锌含量则较低。在地质大循环中，富铝化过程中常常发生锌的迁移，而在生物富集作用过程中，伴随胶体形成的腐殖化过程、碱化作用等，锌常表现为富集。

1. 土壤中锌的形态

土壤中锌主要以水溶态锌、有机态锌、交换态锌、吸附态锌、矿物态锌几种形态存在。各种形态锌的性质、含量和有效性有很大的差别。

(1)水溶态锌。土壤中水溶态锌以 Zn^{2+} 、$Zn(OH)^{+}$ 、Zn(OH)、$ZnCl^{+}$ 、$ZnNO_3^{+}$ 等形态存在于土壤溶液中，含量很少，一般在 0.1 mg/kg 以下，在石灰性土壤中更少，这部分锌对作物直接有效。

(2)有机态锌。指土壤中微生物活体、腐殖质、植物残体和土壤颗粒表面的有机胶体结物中的锌，这部分锌需经微生物的分解后才能释放出来，以有机配合物或无机物形态存在于土壤溶液中，对植物的有效性也较高。

(3)交换态锌。指黏粒矿物或腐殖质等土壤组分交换位上的锌，也称非专性吸附态锌，这部分锌对作物有效，但其有效性远低于土壤溶液中的锌，因为它必须被其他阳离子替换出来，进入土壤溶液中才能被根系吸收。

(4)吸附态锌。吸附态锌分为两大类，一类是土壤中金属氧化物或氢氧化物，主要是铁、锰、铝氧化物吸附的锌，这部分锌的有效性很差，并且随着 pH 升高，铁铝氧化物对锌的专性吸附作用增强；另一类是指被土壤黏粒和腐殖质所吸附的锌，占土壤全锌含量的 1%～3%，在 pH<5.0 的酸性土壤上较普遍，对植物的效性也较差。

(5)矿物态锌。矿物态锌指存在于含锌矿物或其他矿物晶格内的锌，土壤中这部分锌的含量最高，但对植物无效，只有经过漫长的矿物分化后才能进入土壤有效锌库中，被植物利用。

2. 锌在土壤中的转化

土壤固相中各种形态的锌都可能转化成为有效锌，交换态锌转化的速率较快，其有效化程度较高，但其含量较低，因此植物对固相中其他形态锌的转化有较强的依赖性。固相中其他形态锌有效性的相对程度，取决于其含量、转化过程、转化速率和空间分布，也与土壤环境条件有关。固液相间锌的转化过程，包括沉淀与溶解作用、吸附与解吸作用、氧化和还原作用、配位反应与配位溶解、有机物质分解、矿物的风化作用，以及植物根系和土壤生物的直接作用等（图 8-2）。

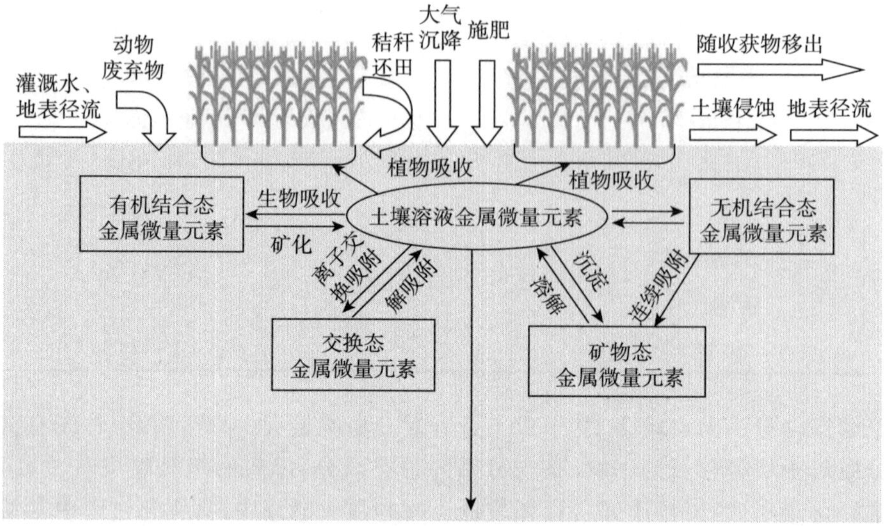

图 8-2　土壤中锌元素循环过程示意图（王敬国，2017）

3. 锌在土壤中的吸附与解吸

在土壤—植物关系中，锌的吸附机制起着非常重要的作用。这些机制控制土壤溶液中锌的浓度，从而控制植物根部立即可利用的锌的浓度，以及可被解吸并可被植物利用的不稳定形态的锌的量。土壤中锌离子的可交换吸附可用其最简单的形式表示为：

$$Zn^{2+} + M\text{-Soil} \rightleftharpoons Zn\text{-Soil} + M^{2+}$$

其中，M 为其他任何二价阳离子。离子在固体表面（黏土矿物、水合铁锰氧化物和腐殖质有机物）上的吸附机制包括：阳离子交换、专性吸附、与有机物结合、化学吸附和沉淀（Alloway，2008）。

4. 锌在土壤中的移动性

通常情况下，土壤中水溶态、交换态和部分配位吸附态的锌对植物有效，可以被植物吸收并随食物链传递，发生迁移，这个过程与土壤 pH、CEC、有效磷含量、土壤质地以及碳酸钙含量等有关。还原溶解、沉淀溶解和解吸附释放的锌往往是在局部微域发生，虽然有利于根系的吸收，但难以在土壤中进行长距离迁移，除非在 pH 较低的土壤或还原情况下。正是由于土壤能够通过各种过程对锌产生强烈的吸持和保护作用，因而它们随水移动的数量十分有限，更多的是以颗粒物形式发生迁移，特别是在水土流失的情况下。

（二）含锌肥料

根据锌肥锌含量、化学成分、有效性的不同，将其分为无机态锌肥、螯合态锌肥和有机态锌肥三大类，常见的锌肥及其锌含量如表 8-13 所示：

表 8-13　常见锌肥及其含量

锌肥种类		分子式	锌含量/%
无机态锌肥	一水硫酸锌	$ZnSO_4 \cdot H_2O$	36
	七水硫酸锌	$ZnSO_4 \cdot 7H_2O$	22
	硫酸氧锌	$xZnSO_4 \cdot xZnO$	20～50
	碱式硫酸锌	$ZnSO_4 \cdot 4Zn(OH)_2$	55
	氧化锌	ZnO	50～80
	碳酸锌	$ZnCO_3$	50～56
	氯化锌	$ZnCl_2$	50
	硝酸锌	$Zn(NO_3)_2 \cdot 3H_2O$	23
	磷酸锌	$Zn_3(PO_4)_2$	50
螯合态锌肥	乙二胺四乙酸锌二钠	$Na_2ZnEDTA$	8～14
	N-羟乙基乙二胺三乙酸锌钠	NaZnHEDTA	6～10
	乙二胺四乙酸锌钠	NaZnEDTA	9～13
有机态锌肥	木素磺酸锌		5～8
	多黄酮锌		5～10

(1)无机态锌肥。常见的无机态锌肥有氧化锌(ZnO)、硫酸氧锌($xZnSO_4 \cdot xZnO$)、碳酸锌($ZnCO_3$)、硫酸锌($ZnSO_4$)、硝酸锌[$Zn(NO_3)_2$]和氯化锌 ($ZnCl_2$)等。硫酸锌是世界上最常用的锌肥,有结晶一水合物和七水合物两种形式。无机态锌肥的优点是价格便宜,喷施效果较好,且适合与氮磷钾肥配合施用;缺点是该类型肥料利用效率较低,施入土壤后大部分转化为无效锌。

(2)螯合态锌肥。包括乙二胺四乙酸锌二钠($Na_2ZnEDTA$)、*N*-羟乙基乙二胺三乙酸锌二钠(NaZnHEDTA)、乙二胺四乙酸锌钠(NaZnEDTA)。螯合态锌肥由螯合剂与锌离子结合形成,锌螯合物的稳定性决定了其有效性。螯合态锌肥有效性较高,常用于土壤、灌溉施肥和水培应用。但是该类型肥料价格昂贵,并且它们的锌含量相对较低,这意味着在中度至重度缺锌情况下可能需要重复施用。

(3)有机态锌肥。包括多黄酮锌,木素磺酸锌等。通过使锌盐与柠檬酸盐或与来自纸浆制造的有机副产物如木质素磺酸盐、苯酚和多黄酮类化合物反应制造而成。它们通常较螯合态锌肥价格便宜,但效果也较差。这是因为这些有机物与微量营养素离子复合键的稳定性较低,因此不适合与浓缩肥料溶液混合。该类型肥料在农业和园艺上用得比较少。

(三)来自环境的锌

燃煤、石油燃烧(如发电)、废物焚烧、工业过程(包括有色金属冶炼)和一般工业排放也会向大气排放一定量的锌,这些排放到大气中的锌会通过沉降进入土壤。例如,我国每年通过大气沉降进入土壤的锌平均为 789 g/hm^2,欧洲为 217 g/hm^2,新西兰为 1 025 g/hm^2,这部分通过大气沉降的锌对土壤中锌的影响较小。但是,在一些典型的地区,例如靠近重工业排放物的地方,如铸造厂,锌的沉积量非常高,可能会影响土壤中锌的有效性,从而影响农作物的锌状况，甚至可能引起毒害。

二、锌的优化管理

(一)影响锌肥肥效的因素

植物缺锌是由于锌的供应不足或吸收受到抑制，或体内养分不平衡等原因造成的，容易出现缺锌的原因如下。

(1)土壤锌含量过低。有些土壤如砂土、石灰性土壤等土壤全锌含量本身就很低，有效锌的含量就更低，植物不能从中获得足够的锌以满足其生长。

(2)土壤锌的有效性很低。在某些土壤上，全锌含量并不低，但由于其他土壤特性和环境因素的影响而使锌的有效性很低。这些土壤常常是 pH 较高，如石灰性土壤、过量施用石灰的土壤；长期渍水、淹水而使土壤 ZnS 含量增加、Fe、Mn 的氧化物对锌的吸附能力增强的土壤。

(3)根系摄取锌的能力降低。由于根层土壤温度过低、干旱、大量施用磷肥、种植锌低效基因型植物等原因，使得根系摄取锌的能力降低，这样即使在有效锌含量高的土壤上也会出现缺锌。

(4)锌需求量增大。大量元素肥料的施用、高光照强度、高产品种等原因使得作物对锌的需求量增大，土壤供应不上而导致缺锌。

锌在土壤中以多种形态存在，每一种形态的锌对植物的有效性均不同，并且其有效性受土壤中多种因素的影响，归纳起来，主要表现在以下几个方面。

(1)土壤 pH。土壤 pH 与土壤锌有效性的关系很复杂，一般性况下，在酸性土壤上，锌的有效性较高，在碱性条件下，锌的有效性很低，每当 pH 增加 1 个单位，锌的溶解度降低 100 倍。故作物缺锌多发生在 pH 6.5 以上的土壤，但当土壤有效锌含量很低时，即使 $pH<5.5$ 的土壤也会发生缺锌。同时随着 pH 增加，Zn^{2+} 被土壤胶体和其他氧化物的吸附量也增加，土壤溶液中锌的浓度减少。

(2)土壤有机质。土壤有机质对锌有效性的影响有正反两方面，一般情况下，土壤锌的有效性随土壤有机质含量的增加而增加，但在某些情况下，锌又可能与有机质配合而被固定，使其有效性降低，如在水稻土上，施入易分解的有机质可加重水稻缺锌，并降低水稻对锌的吸收。

(3)土壤对锌的吸附作用。土壤对锌的吸附作用是影响土壤锌有效性的重要因素，施入土壤的锌在短时间内有 90%～97%被土壤吸附，而使其肥效降低。土壤中对锌吸附作用有交换吸附和配位吸附两种。主要的吸附物质是土壤中的某些氧化物、土壤黏粒、土壤胶体等。例如，$CaCO_3$ 吸附锌后形成氢氧化物、碳酸锌沉淀或锌酸钙，而使锌的有效性大大降低，这就是石灰性土壤上常发生作物缺锌的主要原因之一。此外，有机质，铁锰铝氧化物和氢氧化物，土壤质地、土壤干湿交替、土壤紧实度、土壤温度等对锌的吸附都有明显的影响。

(4)植物和微生物。根系分泌的小分子有机化合物以及根际酸化作用能够活化土壤锌，这种分泌物和酸化作用与植物种类有关。微生物对有机质的分解能够释放与有机质结合的锌，增加其生物有效性，微生物的代谢产物和分泌物对锌也有一定程度的活化作用，但是，微生物也可能与根系竞争土壤溶液中的锌。

(二)土壤一作物诊断

作物缺锌后生长受到抑制，表现为节间缩短，叶片伸展不开，叶片黄化直至变白最后坏死，常见的有小叶病、簇生病等。缺锌症状与生理功能之间有密切的关系，小叶病、簇生现象与

IAA 缺乏,蛋白质合成降低分解加速有关;黄化现象是蛋白质合成受阻,分解加速以及叶绿素分解造成的。

田间直接观察是诊断作物严重缺锌时的一种快速而方便的方法,但这种方法有一定的局限性,例如,作物缺锌表现出的症状与缺乏其他营养元素的症状可能容易混淆,且在轻微甚至是中度缺锌的时候,很多作物表现出的症状并不明显。据报道,没有明显缺锌症状的"亚临床"和"隐性"锌缺乏有时可以导致作物减产 20%。相比来说,对土壤植株进行分析测定来确定是否存在潜在的锌缺乏是更好的选择。土壤植株锌营养诊断最关键的指标就是土壤和植株中的缺锌临界浓度。

1. 土壤诊断

在根据土壤锌测试值进行诊断时,通常不同土壤类型应采取不同的土壤浸提剂。在酸性土壤上常采用 0.43 mol/L HCl、或 0.1 mol/L 或 0.05 mol/L HCl + 0.025 mol/L H_2SO_4 作浸提剂,其缺乏的临界值分别是 4 mg/kg、1 mg/kg、0.8 mg/kg;在碱性土壤上常用 EDTA + 1 mol/L $(NH_4)_2CO_3$、0.005 mol/L DTPA + $CaCl_2$ + TEA 作浸提剂,其缺乏的临界值分别为 1.5 mg/kg,0.5 mg/kg。水稻缺锌比较普遍,根据水稻土的特点,一般用 0.05 mol/L $(CH_3COO)_2Ca$ 浸提。刘铮等根据土壤类型用两种浸提剂,测定土壤有效锌,并提出了土壤锌的丰缺指标(表 8-14)。

表 8-14 土壤锌诊断的丰缺指标 mg/kg

丰缺程度	0.1 mol/L HCl (中性土壤和酸性土壤)	DTPA,pH 7.33 (石灰性土壤)
很低	< 1.0	<0.5
低	1.0~1.5	0.5~1.0
中等	1.6~3.0	1.1~2.0
高	3.1~5.0	2.1~5.0
很高	>5.0	>5.0
临界值	1.5	0.5

实际上在生产中,经常发现虽然土壤有效锌含量高于 0.5 mg/kg,但仍会出现较明显的玉米缺锌症状,施用锌肥仍可表现出较明显的增产作用。因此,在高产集约化生产体系下,相比"临界缺锌浓度",研究确保作物高产优质的最适土壤植株临界锌含量更有意义。例如,在石灰性土壤上 3 年的田间试验表明达到小麦高产(6~8 t/hm^2)所要求的土壤 DTPA-Zn 含量为 1.98 mg/kg,满足小麦籽粒锌强化目标值(45 mg/kg)土壤 DTPA-Zn 含量为 4.09 mg/kg,均要显著高于缺锌临界值(刘敦一,2017 年)。

2. 植株诊断

植株样品测定时一般经不锈钢粉样机粉碎后,用 HNO_3-H_2O_2 消解,消解液浓度用原子吸收或 ICP-OES 测定。锌与其他微量营养素一样,当其含量低于或高于临界水平时,会因锌缺乏或锌毒害而影响生长。大多数植物的锌含量在 20~150 mg/kg,其含量常因植物种类和品种不同而有差异。Boehle 和 Lindsay 提出了根据作物叶片锌含量的诊断指标,表 8-15 列出了某些蔬菜、作物和果树组织中锌含量的丰缺临界指标。当然,目前由于施肥和产量水平的提高,作物对锌的需求量可能会更大,因此其丰缺指标有可能会有所提高。

表 8-15　作物叶片含锌量的丰缺诊断指标　mg/kg

作物种类	锌含量		
	缺乏	充足	高
小麦	<15	15～70	>70
玉米	<10	10～70	>70
大豆	<10	10～70	>70
苹果	<15	15～50	>50
葡萄	<30	30～60	>60
樱桃	<15	15～40	>40
草莓	<20	20～50	>50
桃子	<20	20～50	>50
柑橘	<15	15～80	>80
苜蓿	<20	20～70	>70
番茄	<10	10～70	>70

当土壤或植株锌超过一定量时，植物就会发生锌毒害现象。有研究表明，锌的毒害首先发生在植物的根尖和侧根，使其发育受到抑制，影响根系的发育继而影响地上部分的生长，地上部分锌毒害症状主要有叶片褪绿黄化，植株矮化，蒸腾作用和光合作用减弱，植株生物量减小等。虽然过量的锌会对植株产生毒害作用，但植株对锌毒害的耐受范围很宽，且自身有较强的自我调节能力。导致作物毒害的植株锌含量为 100 mg/kg 到超过 300 mg/kg，其中 300 mg/kg 这个含量更为典型。在不同作物种类中，禾本作物比许多双子叶植物耐锌能力强。在现代农业体系中锌毒害的现象发生的频率较低，尤其是在正常锌肥施用条件下。例如，在石灰性土壤中连续 10 年每年施用 300 kg $ZnSO_4 \cdot 7H_2O$，其土壤全锌含量为 201 mg/kg，小麦的产量、品质以及微生物群落多样性仍没有受到影响（Liu 等，2020）。

（三）锌肥施用方法

锌肥施用的主要方法有土壤施用、叶面喷施和种子处理。Alloway（2008）指出土施锌肥常用于改善严重锌缺乏导致的作物产量和品质下降，叶面喷施主要用于一年生的作物或经济作物，而种子处理主要针对于移栽作物。有学者总结了锌肥施用对主要粮食作物的增产效应，总的趋势是土壤施用方式优于其他的施用方式。

（1）土壤施用。即直接将锌肥施到土壤中，包括撒施、条施等方式。撒施是将锌肥与一定量的土壤或砂等混匀后，均匀撒在土壤中，然后再翻耕，这种方式在中国农业生产中被广泛应用。条施通常也是将锌肥与一定量的砂或土混匀后，集中施用在播种行下 5～10 cm，然后再播种，这种施肥方式不适合小麦玉米等须根系作物。目前发展起来的另一种土施方式是溶液喷施，即将锌肥配制成一定量的溶液，喷洒在土壤表层后旋耕，这种方法在国外应用相对较多，目的是施用更均匀，但是需要配合机械化操作，在中国现有的农业生产模式下实施起来还有一定的难度。在粮食作物生产中，土施 Zn 肥一般在播种前，施用量为 15～30 kg $ZnSO_4 \cdot 7H_2O/hm^2$。

（2）叶面喷施。叶面喷施是锌肥施用的另一种常用方法，能够很好地缓解由于锌缺乏而引起的症状，常作为土壤施用的补充形式，或者特殊的目的，如缺乏的矫正、生物强化等。由于叶面喷施每次的用量比较少，因此，通常需要多次喷施，如在拔节期（幼苗开始大量吸收营养的时期）、开花期（植株吸收营养达到鼎盛时期）、乳熟期（营养物质开始向籽粒中转移的时期）等时期进行喷施。如果是校正作物的缺锌症状一般在生长发育的早期喷施，如果是为了果实中累积更多的锌则推荐在花后喷施。小麦喷施锌肥一般在拔节期、开花期和乳熟期，喷施浓度通常为 0.3%～0.5% $ZnSO_4 \cdot 7H_2O$ 溶液。玉米喷施锌肥的浓度为 0.3%～0.4% $ZnSO_4 \cdot 7H_2O$ 溶液，主要在拔节期、开花期和灌浆期，但是由于后期玉米茎秆较高，叶面喷施锌肥操作比较困难，因此可以土施结合生长前期进行叶面喷施。水稻喷施锌肥的浓度为 0.3%～0.5% $ZnSO_4 \cdot 7H_2O$ 溶液，一般在分蘖期、抽穗期、灌浆期喷施对于产量和籽粒中锌的累积有很好的促进作用。叶面喷施锌肥的溶液用量一般为 800 L/hm^2，配制时注意加助剂（如 0.01%吐温）并搅拌均匀，喷施时间选在阴天的下午或晴天日落傍晚之后进行，若喷施后 12 h 内遇雨，则需重新喷施一次。

（3）种子处理。分为浸种和包衣。浸种是锌肥施用中比较普遍的方法，其具体做法是把种子放在合适浓度的锌溶液（通常用的是 $ZnSO_4 \cdot H_2O$ 或 $ZnSO_4 \cdot 7H_2O$ 溶液）中进行浸泡一段时间，然后在阴凉处晾干后播种。不同作物用于浸种的锌浓度和时间有所不同，小麦浸种的锌溶液浓度一般在 0.01%～0.2%（$ZnSO_4 \cdot 7H_2O$），浸种时间为 10～24 h；玉米浸种的锌溶液浓度为 0.05%～1.0%（$ZnSO_4 \cdot 7H_2O$），浸种时间为 12～16 h。水稻浸种的锌溶液浓度为 0.1%～0.5%，浸种时间为 12～24 h。种子包衣或拌种，是先制备锌溶液（常用 $ZnSO_4 \cdot H_2O$ 或 $ZnSO_4 \cdot 7H_2O$ 溶液），把种子在包衣机或拌种机中包衣或拌种，然后将种子置于阴凉处晾干后播种。小麦、玉米、水稻拌种或包衣的含量均为 2～6 g $ZnSO_4 \cdot 7H_2O$/kg 种子。

（4）其他措施。植物缺锌常常发生在 pH 较高的石灰性土壤上，因此在生产上应防止过量施用石灰，尽量多施用酸性肥料，防止贮备施用磷肥，小心施用有机质，这些措施都能一定程度上提高锌的有效性和作物对锌的利用。还可以利用间套作有助于改善土壤中锌的活化、吸收和植株体内锌营养状况。盆栽和田间研究均发现，玉米与花生间作在提高花生地上部植株铁浓度的同时，还能增加锌的浓度，这主要是由于玉米根际分泌麦根酸类活化的 Zn-PS 不仅能满足玉米自身的直接吸收利用，还能被花生吸收利用。

第四节　铁的资源特征与管理

一、铁的养分资源组成

（一）土壤中的铁

铁（Fe），相对原子质量为 56，是一种过渡金属元素，典型化学特征是具有多种化合价，在一定条件下，这些化合价间可相互变化。在自然界中，铁有两种常见的氧化态，即 Fe^{2+}、Fe^{3+}，二者间可相互转化。此外，铁还可以－2、0、＋1、和＋6 价存在，在生物体内还可以＋4 和＋5 价存在，在水溶液中能稳定存在的只有 Fe^{2+} 和 Fe^{3+}。铁的另一个典型的化学特征是可以形成各种配合物，Fe^{2+} 和 Fe^{3+} 在水溶液和矿物晶格中一般与 4～6 个氧原子配位，决定配位数目的最重要因素之一是金属离子半径与氧离子半径之比。Fe^{2+}、Fe^{3+} 的离子半径分别为 0.568 nm、0.485 nm。水溶液中 Fe^{2+} 水合物为 $[Fe(H_2O)_6]^{2+}$，水合离子半径为 0.3 nm。

土壤中的铁主要来源于成土母质、此外施入土壤中的肥料、石灰、大气沉降、灌水等也是土壤中铁的来源。各种成土母质中铁的含量变化幅度很大，岩石圈中铁的平均含量为5%，各种主要岩石中铁的含量分别为：玄武岩8.6%、沉积岩4.8%、砂岩0.9%、冲积岩0.2%。土壤中铁的含量范围是0.2%～5%，平均3.8%。存在于土壤中的含铁原生矿物主要有4种，包括橄榄石、辉石、角闪石和黑云母。土壤中含铁矿物的风化产物主要是Fe(Ⅲ)氧化物，典型的有针铁矿、赤铁矿、纤铁矿、磁铁矿和无定形氧化物，这些矿物中Fe(Ⅲ)氧化物的构型不同，针铁矿为黄棕色，主要是α-FeOOH；赤铁矿为血红色，主要是α-Fe_2O_3；纤铁矿为橘黄色以γ-FeOOH为主；磁铁矿中以γ-Fe_2O_3为主；无定形氧化物中以$5Fe_2O_3 \cdot 9H_2O$为主。

土壤中铁含量较高，其变化幅度较大，变化范围为0.98%～5.47%，平均为2.94%。我国主要土壤的铁含量见表8-16。

表8-16　我国主要土壤的铁含量 %

土壤类型	铁含量
灰漠土	1.45～3.03
棕钙土	1.74～3.10
黑钙土	1.80～3.50
褐土	2.57～3.65
棕壤	2.14～3.64
黄壤	1.87～4.57
红壤	2.09～5.47
砖红壤	0.98～3.08
紫色土	2.71～4.11

资料来源：中国环境监测总站，1990。

土壤中铁以多种形态存在，主要有水溶态铁、交换态铁、配位吸附态铁、有机结合态铁、氧化物和碳酸盐结合态铁、矿物态铁等。不同形态的铁在土壤中的移动性和对植物的有效性均有所不同，直接有效的是水溶态铁。

(1)水溶态铁。指土壤溶液中的铁，一般为无机、有机配合物或水解产物，如无机配合物有$FeCl^{2+}$、$FeSO_4$、$FeNO_3^{2+}$、$FeHPO_4^+$，可溶性有机配合物水解产物有$Fe(OH)^{2+}$、$FeOH^+$、$Fe(OH)^{2+}$、$Fe(OH)_4^-$、$(FeOH)_2^+$，而游离态的Fe^{2+}、Fe^{3+}所占的比例很小。水溶态铁对植物的有效性很高，但由于其含量很低，一般只有0.02～0.7 mg/L，因此远远不能满足植物生长的需要。

(2)交换态铁。指被矿质和有机胶体表面通过离子交换吸附方式保持的那部分铁。一般被吸附在亲合能力较强的部位，因此只有电解质浓度较高时才能代换下来，在中性和碱性土壤上其含量不超过1 mg/kg，随着土壤pH降低，其含量有所升高。

(3)配位吸附态铁。指被土壤胶体紧密吸附，或与土壤中的有机螯合剂结合的那一部分铁，通常用强交换剂或螯合剂浸如EDTA、DTPA等浸提。

(4)有机结合态铁。指与土壤中难溶性有机物质结合的那部分铁，包括难溶性有机酸盐和螯合作用结合的，这部分铁在土壤中的数量较少，但分解后对植物的有效性较高。

(5)氧化物和碳酸盐结合态铁。指氧化物或碳酸盐表面吸附的铁。这部分铁的有效性很低，因为在土壤中它们可以不断被后来沉淀的氧化物或碳酸盐包被起来，成为闭蓄态；或者通过固相扩散作用，进入氧化物和碳酸盐内部，或者与其他元素一起发生氧化物或碳酸盐共沉淀。

(6)矿物态铁。主要指原生矿物和次生矿物、铁的硫化物、碳酸盐、氧化物或水化氧化物。与铁的硅酸盐和铝硅酸盐相比，这部分铁更容易浸出。

土壤固相中各种形态的铁都是植物潜在的铁养分，交换态铁转化的速率较快，其有效化程度较高，但其含量较低，因此植物对固相中其他形态铁的转化，有较强的依赖性。而转化过程受到土壤环境、土壤固相铁含量和分布以及作物根系微生物等的影响。土壤中的铁一部分被植物吸收利用，一部分被土壤固定，还有一部分通过土壤侵蚀或地表径流等方式损失。收获的作物中的铁营养一部分流向生态系统中的消费者，一部分通过秸秆还田的形式回归土壤。

(二)含铁肥料

施用铁肥是纠正植物缺铁常用的有效方法。常见的铁肥品种主要有无机铁肥、螯合铁肥与有机复合铁肥。

(1)无机铁肥。包括可溶解的铁盐(如七水硫酸亚铁)和不可溶解的铁化合物及一些铁矿石和含铁的工业副产品，这些铁肥价格相对低廉，在国内较为常用。但无机铁肥在 pH 较高的石灰性土壤上，容易转化成难溶的铁化合物，效果较差。在土壤中，无机铁肥通过采用条带状或穴状方式集中施用，能够降低土壤微粒与肥料颗粒的接触程度，减缓铁肥沉淀固定，进而提高铁肥的利用效率。可溶性的无机铁肥可作为叶面喷施肥料使用，可避免高 pH 土壤中出现铁的固定反应。

(2)螯合铁肥。一般由对铁有高度亲和力的螯合剂与无机铁盐中 Fe^{3+} 螯合而成。常见螯合剂如乙二胺四乙酸 (EDTA) 、二乙三胺五乙酸 (DTPA) 等。螯合肥可用于不同酸碱度的土壤上，肥效较好，但价格较贵。

(3)有机复合铁肥。指一些来源于天然有机物与铁复合形成的铁肥，如腐殖酸铁等。由于有机复合铁肥在土壤中易发生与配位体的交换反应，不如螯合铁肥稳定，故矫治作物缺铁效果相对较差。有机复合铁肥价格较低，且容易降解，常被用作无土栽培和叶面喷施的肥料。

常见铁肥品种、特性及其施用方式见表 8-17。

表 8-17　常见铁肥品种及其性质与施用方式

类型	品种	铁含量/%	主要性质	施用方式
无机铁肥	硫酸亚铁	16.5～18.5	蓝绿色或绿色单斜晶体，溶于水	可作基肥、追肥、种肥及叶面喷施
	硫酸亚铁铵	14	透明或蓝绿色单斜晶体，溶于水	可作基肥、追肥、种肥及叶面喷施
螯合铁肥	乙二胺四乙酸铁钠	13	浅黄色或黄褐色粉末，易溶于水，pH 4～6.5	建议叶面喷施
	乙二胺四乙酸铁胺	13	土黄色结晶粉末，无毒，加热至 230 ℃分解，溶于水	建议叶面喷施
	羟乙基乙二胺三乙酸铁	5～9	易溶于水	可作基肥、追肥、种肥及叶面喷施
	乙二胺邻羟基苯乙酸铁	6～7	暗红黑微粒，易溶于水，pH 8～9	建议叶面喷施

续表 8-17

类型	品种	铁含量/%	主要性质	施用方式
有机复合铁肥	木质素磺酸铁	3～9	褐色粉末	建议叶面喷施
	腐殖酸铁		黑褐色颗粒	可作基肥及叶面喷施

除了以上常见铁肥品种，纳米铁肥是近年来发展起来的一种新型铁肥。纳米材料因具有小尺寸效应、表面效应、量子尺寸效应和宏观量子隧道效应，而在声、光、热、电、磁等方面有特殊性质。目前被用于植物领域的纳米铁材料以氧化态铁和零价铁为主，其中纳米 Fe、α-Fe_2O_3、γ-Fe_2O_3、Fe_3O_4为常见的纳米铁材料。研究发现：与传统肥料相比，纳米肥料能在减少农化产品投入 20%～30%的基础上，增效 20%～30%。Fe_2O_3-NPs（纳米颗粒）铁肥的施用提高了花生的根长、株高、生物量和 SPAD 值，Fe_2O_3-NPs 通过调节植物激素含量和抗氧化酶活性促进花生生长。γ-Fe_2O_3-NPs 可以促进绿豆和西瓜的种子萌发、根系生长、增加叶绿素含量。纳米铁肥的开发和应用在作物铁营养强化、生长发育等方面均存在较大潜力。

（三）来自环境的铁

除肥料外，大气沉降也是土壤中铁的来源之一。全世界大气中铁的含量为 47～14 000 ng/L，北京地区平均高达 794 ng/L。这部分铁可通过大气沉降到土壤和植物叶片上。水中溶解态的铁含量很低，河水中溶解态铁在 10^{-9}～10^{-8} mol/L，海水中的含量更低，为 0.002～0.02 mg/L。

二、铁的优化管理

（一）植物缺铁的原因及影响铁肥肥效的因素

虽然在矿质土壤中铁含量丰富，但大部分铁以铁 Fe(Ⅲ)的形式存在，在有氧条件下，铁在生理 pH 范围内极少溶解，这限制了土壤中铁的有效性。全世界约有 40%的土壤缺乏生物有效性铁，特别是在 pH 较高的石灰性土壤上。

土壤环境条件是导致植物缺铁的主要因子，包括土壤 pH、土壤铁氧化物、土壤有机质、土壤微生物活动、土壤湿度、土壤通气性、土壤氧化还原电位、土壤 HCO_3^- 含量等。

（1）土壤 pH。土壤 pH 对土壤中铁的有效性影响很大，它主要影响土壤中铁的溶解和沉淀。土壤 pH 在 4～8 时，pH 每升高 1 个单位，土壤溶液中铁离子浓度降低 1 000 倍。

（2）土壤铁氧化物。土壤中铁氧化物的溶解度差异很大，一般顺序是无定形态[化学式是 $Fe(OH)_3$，包括非晶态铁氧化物和结晶态水氧化物]＞磁铁矿（γ-Fe_2O_3）＞纤铁矿（8-FeOOH）＞赤铁矿（20-Fe_2O_3）＞针铁矿（2-FeOOH）。图 8-3 概述了土壤中难溶性铁有效性提高的机制。不难看出氧化铁的活化受土壤中氧化还原作用、水解作用以及螯合作用的影响很大。

（3）土壤有机质。土壤中 Fe^{3+} 易与有机质发生溶合作用，生成一系列有机复合体，Fe^{3+}＋有机质→Fe-有机质，反应溶合常数 $K^{\circ}=\frac{[\text{Fe-有机质}]}{[Fe^{3+}][\text{有机质}]}$，$K^{\circ}$的大小与 Fe^{3+}、有机质浓度和种类以及 Fe-有机质复合体的稳定性和溶解性都有关，并且其他阳离子如 Al^{3+}、Ca^{2+}、Mg^{2+}、H^+ 等对上述反应有竞争作用。

腐殖质对铁的配合作用 80%发生在—COOH（酸式）和—OH，Fe(Ⅲ)与这些活性基团配合的同时，发生了还原反应，其溶解度和活性大大增加，这也是其提高土壤中铁有效性的原因之一。

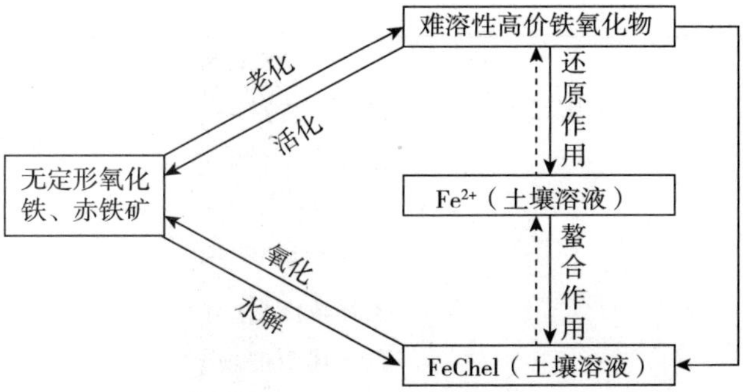

图 8-3　氧化铁的活化机制

有机酸也对铁的有效性有很大影响，主要表现在以下几个方面。①成土作用：在岩石、矿物风化过程中，一些真菌、其他微生物及低等植物产生的有机酸如柠檬酸、草酸，α-酮葡糖酸等，能有效地溶解矿物；②活化养分：有机酸与铁配合形成复合体，增大铁的活性。

(4)土壤微生物活动。土壤微生物对铁的作用包括还原作用和氧化作用。微生物对铁氧化物的还原作用的核心，就是电子传递给 Fe(Ⅲ)氧化物，Fe(Ⅲ)被还原微生物的还原作用大大提高了铁的有效性。微生物的氧化作用则主要是一些铁细菌的作用，其作用过程如下：

$$Fe^{2+}、Fe^{2+}Chel \xrightarrow[\text{氧化作用}]{\text{铁细菌,pH 5～7}} Fe^{3+} \xrightarrow[SO_4^{2-}、SrO_4^{2-}]{OH^-、PO_4^{3-}}$$

铁细菌氧化产生的铁沉淀物一般是水铁矿，这一过程降低了铁的有效性。土壤中铁的氧化和还原作用是共存的，哪一种作用占主导地位，取决于土壤条件以及微生物的种类。

微生物对土壤中铁的活化作用除了上述氧化还原作用外，还有微生物分泌物－微生物铁载体的配合作用。微生物铁载体在土壤中一方面刺激微生物生化，提高其活性，同时又可与土壤中铁配合或将其还原，从而提高土壤中铁的活性。微生物铁载体对铁的配合不受 pH 的影响，而且配合物稳定性比较好。

(5)土壤湿度、通气性及氧化还原电位(Eh)。土壤含水量过高或通气不良，使土壤还原性增强，Fe^{3+} 被还原成 Fe^{2+} 常常使土壤中可溶性铁增加。然而在石灰性土壤上，土壤湿度过高或通气不良常导致铁土壤有效性降低，随着土壤湿度降低，缺铁症状可逐渐减轻甚至消失。当土壤处于淹水条件时，Eh 增加，铁的有效性减小，当 pH 为 6、7、8 时，Fe^{3+} 还原的临界电位分别是 300 mV、100 mV 和－100 mV。

(二)土壤－作物诊断

植物缺铁的典型症状是幼叶脉绿色、叶脉间失绿，严重缺乏时叶片变黄变白，如不及时纠正会导致叶片黄化死亡。只有在极端情况下，缺铁才能抑制叶片发育，使其变卷、变小、簇生。表 8-18 总结了植物缺铁黄化可能的诱导因子，以及这些因子间的相互作用。

表 8-18　缺铁黄化现象与可能的诱导因子

黄化现象	诱导因子	
恶劣天气黄化	天气因子	降雨多
潮湿黄化		土壤湿度大
寒冷黄化		土壤温度低

续表 8-18

黄化现象		诱导因子
石灰黄化	土壤因子	碳酸钙含量高(活性钙)
重碳酸盐黄化		重碳酸盐含量高
乙烯诱导黄化		CO_2浓度高
重金属诱导黄化		O_2浓度高
土壤压实造成黄化		乙烯浓度高
		重金属浓度高
		土壤结构不良
机耕造成黄化	植物栽培因子	土壤压实
P-诱导黄化		施磷过多
Cu-诱导黄化		含铜杀虫剂施用过多
		籽粒产量高(库竞争)造成根中碳水化合物不足
超载黄化	植物因子	根系生长发育不良/太慢
过弱黄化		根/冠比太小
胁迫黄化		铁的活化和吸收能力太低
		铁摄取机制的本质差别

(1)土壤诊断。土壤中的有效铁在酸性和中性土壤上常采用 1 mol/L NH_4Ac (pH 4.8)作浸提剂,在石灰性土壤和中性土壤上常用 0.005 mol/L DTPA + 0.01 mol/L $CaCl_2$ + 0.1 mol/L TEA 作浸提剂。铁元素测定的主要方法是原子吸收分光光度法。一般有效铁含量<2.5 mg/kg 为缺乏,有效铁含量为 2.5～4.5 mg/kg 为适量,有效铁含量为>4.5 mg/kg 为丰富。

(2)植株诊断。全铁是植株铁营养诊断常用的指标。植物组织中的全铁含量范围在 50～250 mg/kg(干物重),当植株铁含量低于 50 mg/kg,则被认为缺铁。植物体内用稀盐酸可以浸提的那部分,有别于结构物中的具有极强的生理活性的铁被称为活性铁,活性铁与植物缺铁所引起的生理反应的相关性明显高于全铁,在双子叶植物中尤其如此,同时可被用作诊断植物铁营养状况的指标(邹春琴等,1998)。

铁的毒害作用并不象缺铁那样普遍发生,只有在特殊情况下才有可能发生,一般发生在 pH<3.5、通气良好的酸性土壤上,或长期淹水、Eh<−150 mV(pH 为 7.0)的条件下。一般铁中毒的临界值是 400～1 000 mg/kg,主要症状是老叶上出现褐黄色斑点,根变灰、变黑最后导致坏死。目前防治的主要措施是在 pH 低的酸性土壤上施用石灰来提高 pH,在淹水土壤上加强排水,合理灌水,也可栽培抗性品种。

(三)铁肥施用方法

1. 土壤施用

土壤施用铁肥是改善植物缺铁症的常用的方法。研究表明,缺铁土壤上土施铁肥能够显著提高作物的产量和品质水果类作物的果实产量和品质。然而,由于世界上约 1/3 的土壤为碱性土壤,故土壤直接施用铁肥也容易在土壤中被固定或氧化成植物不可利用的铁素形式,因此土壤施用铁肥的有效性值得关注。一般作物土壤推荐施铁量为 22.5～45 kg/hm^2。

2. 叶面喷施

叶面喷施是施用铁肥的一种重要措施，尤其是在校正果树缺铁方面得到广泛应用。早在19世纪中叶，法国化学家Gris就发现生长在石灰性土壤上的葡萄叶片失绿与缺铁有关，并且喷施硫酸亚铁可使葡萄叶片复绿。研究表明，叶面喷施铁肥可纠正豆类、高粱、花生、水稻和其他水果作物的铁黄化病。大田作物叶面喷施硫酸亚铁溶液的适宜喷施浓度为0.3%～1%，用量为800 L/hm^2。

3. 其他措施

除了土施和叶面喷施铁肥外，还可以通过种子处理的方式改善作物铁营养，包括浸种、拌种和种子包衣等。除直接施用铁肥外，采用轮作或间作的耕作措施也可以改善作物的铁营养。在黄淮海地区广泛实行的玉米/花生间作能明显减轻花生的缺铁黄化现象，并能提高其各器官铁含量和产量。原因是在玉米－花生间作体系中，铁高效的机制Ⅱ植物——玉米的麦根酸类铁载体的合成和分泌除了满足玉米自身对铁的需求，还明显促进铁低效的机制Ⅰ植物——花生根系对铁的吸收和体内运输。吸收麦根酸铁复合物的*YSL*基因和能够专一性地调控吸收转运麦根酸铁的*AhYSL1*基因均存在于花生根系中，玉米所产生的麦根酸铁复合物在间作条件下可能被花生直接吸收利用。

第五节　锰的资源特征与管理

一、锰的养分资源组成

（一）土壤中的锰

土壤中锰的含量变幅很大，从痕量到10 000 mg/kg，大多数土壤在200～3 000 mg/kg，平均约为800 mg/kg，略低于地壳岩石圈中的平均含量920 mg/kg。成都平原冲积性水稻土耕层全锰在211～473 mg/kg，平均为346 mg/kg，明显低于我国土壤的平均值(710 mg/kg)和全球平均值(800 mg/kg)。土壤中锰的含量也因母质类型、质地、成土条件和成土过程以及土壤性质而异。表8-19列出了中国主要土壤中锰的平均含量。

表8-19　中国主要土壤中锰的平均含量及其范围　　mg/kg

土壤类型	含锰范围	平均含量
红壤	42～2 270	640
砖红壤、砖红壤性红壤	200～3 000	915
红色石灰土	500～2 000	900
棕色石灰土	200～5 000	1 740
黄壤	50～750	300
白浆土	850～1 800	1 400
棕色森林土	340～1 000	770
草甸土	480～1 300	940
黑土	590～1 100	900
黑钙土	730～1 200	840

续表 8-19

土壤类型	含锰范围	平均含量
褐土	550～900	730
黄棕壤	200～1 500	741
黄潮土、青黑土	262～662	425

由于锰在原生矿物中易与铁镁钙等元素共生，多数情况下二价锰和其他二价离子一样可以进入同样的结晶体内。所以岩浆岩中锰多数为二价，风化后形成的 $MnCO_3$ 或 $Mn(OH)_2$ 溶解度较大，容易在土壤中移动，因而也易于在土壤剖面中淋洗，同时在氧化条件或碱性环境下被氧化为高价锰的氧化物沉淀富集于土壤深层。因此，土壤中全锰含量也与成土过程和淋洗作用密切相关。

土壤全锰在剖面中分布主要有表层积累，全剖面自上而下逐渐增加，在剖面特定层次（如心土层）积累，以及全剖面分布比较均匀四种方式。在成都平原，冲积性水稻土全锰和有效锰在剖面内往往随土层深度增加而成倍增加。表 8-20 列出了相同冲积物母质上发育的冲积性土和冲积性水稻土锰剖面空间分布特征。由表可知，不同于旱地土壤（冲积性土）锰的均匀分布，冲积性水稻土中锰存在强烈淋洗和深层淀积行为。

表 8-20　成都平原冲积性土与冲积性水稻土锰含量的比较　mg/kg

土层深度/	冲积性土			冲积性水稻土		
cm	交换态锰	活性锰	全锰	交换态锰	活性锰	全锰
0～20	7.8	185	774	1.2	19	178
20～40	6.6	171	709	3.8	62	681
40～60	7.8	161	606	426	509	1 539

土壤全锰及其在剖面中的分布，可作为潜在供锰能力的指标。但是，由于全锰中能为植物吸收利用的活性部分只占很小比例，从植物营养角度看，土壤中锰的形态及其转化情况更为重要。

锰是土壤中少数可同时以多种价态存在的营养元素，其中二、三、四价是主要的化合价。按锰与土壤组分的结合形式则可分为有机结合态锰、矿物态锰、氧化物态锰、交换态锰和水溶态锰等。

(1)有机结合态锰。土壤有机质中含有一定数量的锰，这些锰随有机物的分解而进入土壤溶液或以螯合物形态存在于溶液，对植物有效性较高。有机残体中所含的锰随植物种类和残留部位有很大差异，少至 1～10 mg/kg，多达 200～4 000 mg/kg。

(2)矿物态锰。矿物态锰是土壤中锰的主要形态和有效锰的潜在供应库。在锰的原生矿物中，锰常以混合价态出现，所构成的矿物种类繁多。据估计土壤中以锰为主的矿物超过 250 种，而含锰矿物则多达数千种。锰的主要矿物是软锰矿（MnO_2）、黑锰矿（Mn_3O_4）、水锰矿（MnOOH）和褐锰矿（Mn_2O_3）等。

(3)氧化物态锰。氧化物态锰是指与土壤氧化物结合的锰形态。氧化物态锰则主要存在于次生矿物中的锰氧化物（如游离氧化铁、铝、硅中结合的锰），其活性相对高于矿物态锰。在高价锰的氧化物中有一部分是比较易还原的，称为易还原态氧化锰，这主要是一些具有较小晶粒和结晶程度的三价和四价氧化锰。易还原锰是土壤难溶性锰(矿物态和氧化物态)与土壤可溶性锰(交换态锰和水溶态锰)之间联系的重要“枢纽”。

(4)交换态锰。主要是指被土壤胶体负电荷表面交换位点吸附的二价锰。交换态锰的含量一般较低,随土壤条件特别是 pH 和 Eh 值变化而有很大的改变。在酸性或强还原条件下,其含量可占全锰的 20%～40%,而碱性或氧化条件下很少超过全锰的 1%。

(5)水溶态锰。主要是指存在于土壤溶液中的二价锰。水溶态锰含量一般远低于其他锰形态,其中绝大多数以无机或有机络离子的状态存在。水溶态锰和交换态锰通常被放在一起讨论,称之为土壤可溶性锰。

(二)含锰肥料

表 8-21 列出了常用的锰肥品种,主要有一水硫酸锰、三水硫酸锰、碳酸锰、氯化锰和氧化锰。此外,含锰玻璃肥料、炼钢含锰炉渣、含锰工业废弃物和 MnEDTA(螯合锰)也可作为锰肥施用。

表 8-21　常用锰肥

肥料种类	分子式	锰含量/%	性质
一水硫酸锰	$MnSO_4 \cdot H_2O$	32.5	浅粉红色单斜晶系细结晶,易溶于水
三水硫酸锰	$MnSO_4 \cdot 3H_2O$	24～28	粉红色结晶,易溶于水
碳酸锰	$MnCO_3$	31	白色粉末,较难溶于水
氯化锰	$MnCl_2$	19	粉红色结晶,易溶于水
氧化锰	MnO	41～68	灰白色或暗绿色无定形粉末,溶解度很低

硫酸锰为最常用的锰肥。各种锰肥的效果大小可以排列成下列顺序:硫酸锰>氯化锰>碳酸锰>氧化锰。

除了可溶性锰肥以外,常将锰盐加入常量元素肥料中,以常量元素肥料作为载体制成含锰的混合肥料,如将锰加入过磷酸钙或磷酸铵等肥料中。锰与磷肥反应形成溶解度较小的磷酸盐,成为缓效性锰肥。施入土壤后能够缓缓地释放出二价锰,既可以防止锰的氧化,又可以避免淋洗损失。螯合态锰肥(如 MnEDTA)是人工合成的螯合剂的锰盐,是有机态锰肥,由于价格昂贵,生产中应用较少。此外,某些工业废渣(如下脚料、炉渣等)含有一定数量的锰,可以作为锰肥使用。

(三)来自环境中的锰

锰是植物必需的微量元素,同时也是人体所必需的微量元素,水中锰含量符合标准,对人体健康有益,当水中锰含量过高时,将会给人民生活生产带来很大的危害。我国《生活饮用水卫生标准》(GB 5479—2006)中对锰的限值为小于 0.1 mg/L。

农田生态系统中锰的来源即输入较为复杂,主要有干湿沉降、灌溉水、施肥、种子秧苗和有机肥或动植物残体等。Pan 和 Wang(2015)研究发现,我国华北地区大气锰的年均干、湿沉降总量为 0.35～1.60 kg/hm^2,平均 0.85 kg/hm^2,其中干沉降占锰总沉降的 85%以上,而湿沉降每年带入锰不到总沉降量的 15%。可见,在考虑环境来源锰素输入时不能忽视干沉降的贡献。

赵征宇等(2006)对山东青岛市郊畜禽养殖场畜禽有机肥料的锰含量进行分析,发现全锰/有效锰含量均为鸡粪(812/128 mg/kg)最高,猪粪(425/77.5 mg/kg)次之,牛粪(188/62.5 mg/

kg)最低。培养试验显示，有机肥料按干土重的 0.67% 施入土壤后可增加有效锰含量 17.2%～36.3%。施用有机肥料可提高土壤锰的有效性，有机肥供锰速度慢，强度小，但在土壤中的残效长。

二、锰的优化管理

(一)影响锰肥肥效的因素

土壤有效锰是指土壤中能供当季作物吸收利用的锰。我国不同区域性土壤，甚至同一类型土壤，土壤有效锰含量存在显著差异。作为变价元素，锰在土壤中的形态转化是受 pH、Eh、有机质、微生物、氧化物、水分状况等土壤性质或环境因子共同作用的结果，其中 pH 和 Eh 是极为重要的影响因素。以下就影响土壤中锰素形态转化的几个因素进行讨论。

1. 土壤 pH

土壤 pH 是影响土壤中锰素转化和可给性非常重要的因素。一般 pH 降低土壤可溶性锰增加，而 pH 上升可溶性锰含量减少，还原态氧化锰含量相应增加。其中水溶态锰受 pH 的影响远远超过交换态锰。Sims 和 Patrick 研究发现，随着 pH 下降交换态锰含量明显增加，而氧化锰和氧化铁结合态锰含量和百分比下降，残留态锰变化不大，这说明 pH 对土壤锰形态转化的影响集中于可溶性锰和氧化物态锰等形态上，而对结晶程度较高的矿物态锰影响较小。

pH 与土壤可溶性锰的关系是 pH 影响土壤锰转化和可给性研究的重点(袁可能，1983)。因为这是深入理解土壤酸性条件下易出现锰毒害、而中性或碱性条件下又易诱发作物缺锰等锰营养失调问题的关键。

2. 土壤 Eh

土壤 Eh 也是影响锰素形态转化的一个重要因素。锰和铁相似，在土壤以多种化合价存在，本身是土壤中氧化还原体系的重要组成，因而作为土壤氧化还原状况标志的 Eh 值，其高低直接影响土壤含锰矿物的氧化还原。表 8-22 列出了土壤中主要锰体系的氧化还原反应。从表中可看出，锰体系的标准氧化还原电位值绝大多数比铁高得多，一般在 1 000 mV 以上，即锰比铁较易还原而较难氧化，这也是二价锰能够在土壤溶液稳定存在而亚铁则不能的主要原因。锰进行氧化还原反应时的 Eh，除与 Eh 值有关外，同样也依赖于 pH、CO_2 分压以及氧化态与还原态的比值等，经过校正后的 Eh 值一般落入正常的土壤 Eh 范围，所以上述反应可以在土壤条件下进行。

表 8-22 土壤中主要锰体系(与铁比较)的标准氧化还原电位

电极反应	Eh/V
$Mn^{4+} + 2e = Mn^{2+}$	1.64
$Mn^{3+} + e = Mn^{2+}$	1.51
$MnO_2 + 4H^+ + 2e = Mn^{2+} + 2H_2O$	1.23
$2MnO_2 + 2H^+ + 2e = Mn_2O_3 + H_2O$	1.01
$Mn_2O_3 + 6H^+ + 2e = 2Mn^{2+} + 3H_2O$	1.45
$Mn_2O_3 + 2CO_2 + 2H^+ + 2e = MnCO_3 + H_2O$	0.97
$Mn_3O_4 + 8H^+ + 2e = 3Mn^{2+} + 4H_2O$	1.82
$Fe_2O_3 + 6H^+ + 2e = 2Fe^{2+} + 3H_2O$	0.77

由于土壤是一个十分复杂的有机无机体系，土壤中含锰矿物和氧化物又种类繁多，因此理论上 Mn^{2+} 与 Eh 的关系实际上很难准确反映土壤中 Eh 对可溶性锰的影响。另外，生物尤其是微生物参与锰的氧化还原，这就使得土壤锰体系氧化还原的实测 Eh 值与理论值之间的差距进一步拉大了。一般认为锰还原的 Eh 值应为 500～600 mV。Patrick 和 Henderson(1981)研究发现，土壤从氧化到还原以及再从还原到氧化整个循环过程中锰氧化还原的临界 Eh 值并不一致，存在一定的滞后效应。可见，土壤中锰发生氧化还原反应的具体临界 Eh 值随土壤条件而异，不存在一个所谓固定值。

总的来看，土壤中锰氧化还原的临界 Eh 值变幅于 300～700 mV。pH 越低则临界值越高。由于锰氧化还原的临界电位要比铁高出较多(铁一般为－100 mV～＋300 mV)，因此在相似的氧化条件下，锰比铁易于还原，可溶性锰的数量也比铁多。但锰的这种易还原特征并不表明土壤一定供锰充足，相反在石灰性土壤易产生作物缺锰问题，而淹水土壤锰的供应比较充足，甚至因可溶性锰过多造成毒害。

3. 有机质

土壤有机质与锰的结合是锰存在的一种重要形态。有机质的螯合作用和自身的分解不可避免地影响到锰的转化和有效性。试验表明，在施用有机肥的土壤交换态锰增加了好几倍，而易还原态锰有所下降，这说明有机物可促进易还原态锰向交换态锰的转化。农家肥、粪肥和泥炭等有机物对土壤中铁、锰、锌等的活化作用强度取决于金属离子特征、pH，以及有机物水溶性组分(如多聚糖及其类似物)的含量。但另有研究表明，有机肥(如猪粪)可引起土壤可溶性锰的氧化固定，其与有机物分解过程中氧化酶和酚类物质的增加促进了锰的氧化作用有关。

有机质既可以通过对土壤锰的氧化作用或螯合淋洗降低土壤可溶性锰的含量，也可以通过对锰的还原作用和螯合溶解将矿物态和氧化物态锰转化为可溶性锰，提高锰的有效性，而关键取决于于 pH、Eh 和水分状况等土壤条件。

4. 微生物

微生物对土壤锰的转化主要通过影响土壤锰的氧化还原过程而起作用。前面已经提到土壤中锰的转化不仅是化学过程，同时也是个生物学过程，而微生物在锰的生物学转化中起着举足轻重的作用。

参与锰素转化的微生物主要有两类，即锰氧化微生物和锰还原微生物。土壤中锰氧化微生物自 20 世纪初被发现以来，许多学者就土壤中锰氧化物的分离、鉴定及其生理生化机制等方面进行着大量的研究。特别是 20 世纪 80 年代以来，随着生态环境问题的日益严重，在新鲜水体和地下水体中微生物“操纵”的锰氧化还原反应也和土壤中一道成为土壤环境微生物领域的一个研究热点。

pH 是影响微生物对锰素氧化还原作用的重要因素。在 pH 5.5～8.5，微生物的活动十分明显，酸性环境下微生物对锰的氧化还原作用大大加快，又以 pH 6～7.5 时氧化作用效率最高。同时，有机质也会影响微生物对锰的转化。比如将有机物(葡萄糖)加至渍水土壤或排水良好的土壤均可造成锰氧化物的减少，但是一旦糖类被全部消耗，微生物区系(或化学)的自动氧化作用使土壤液相中的锰重新形成难溶性的锰氧化物。水田土壤落干时锰的氧化沉积包括微生物的初始快速氧化阶段和随后缓慢进行的化学氧化阶段。这一假说较好地说明了锰氧化还原作用是生物学过程和化学过程的有机统一。

5. 氧化物

土壤氧化物主要组分是铁、锰、铝、硅的氧化物及其氢氧化物。氧化物对锰形态转化的影响除了氧化锰自身的还原溶解外,最主要的就是氧化物对锰的专性吸附及以氧化物表面为载体的锰转化与沉积。氧化物的表面带有大量的电荷,土壤 pH 条件下(其电荷零点以上)主要为负电荷,这是氧化物吸附锰和其他阳离子的基本原理。但实际上氧化物的金属离子的吸收具有很强的选择性,远比所谓正负电荷相吸复杂。McKenzie(1980)研究了铁锰氧化物对一些金属离子的吸附,发现铁锰氧化物对这些二价离子的专性吸附能力为 Cu≥Pb>Zn>Co≥Ni>Mn,并随溶液 pH 的增加而吸附增多。pH 是影响土壤氧化物对二价锰吸附程度的主要因素,由于在酸性条件下土壤氧化物对二价锰的吸附强度较弱,而在中碱性条件下,这种专性吸附又要和锰的氧化作用或碳酸锰沉淀的形成相竞争,因此一般情况下氧化物对锰的专性吸附不会成为限制土壤锰素可给性的主要因素。

(二)土壤诊断

1. 土壤有效锰的概念和提取方法

土壤有效锰一般指能为植物吸收利用的土壤锰形态,主要包括水溶态锰、交换态锰、易还原态锰以及部分有机螯合态锰等。运用不同化学试剂提取土壤锰素并与植物吸收联系起来,是人们确定土壤有效锰的主要方法。这些浸提液包括水、盐溶液、稀酸、还原性提取液和人工合成的有机螯合剂等类型。人们在评价土壤有效锰时通常多采用“活性锰”“土壤交换态锰”“DTPA-Mn”作为土壤有效锰的指标,但所依据的临界值基本是在北方石灰性土壤上研究制定的。吕世华等(1990)在研究中发现这三种方法都基本能够区别成都平原小麦缺锰土壤和不缺锰土壤,但国内常用临界值(土壤交换态锰 3 mg/kg,活性锰 100 mg/kg,DTPA-Mn 7 mg/kg)在本区土壤上明显偏高,为此提出了符合成都平原地区水旱轮作土壤有效锰评价的临界指标(表 8-23)。

表 8-23　水旱轮作土壤有效锰的临界指标　　mg/kg

有效锰	浸提剂	严重缺锰	缺锰	潜在缺锰
DTPA-Mn	DTPA 混合液,pH 7.3	1.25	2.18	3.50
土壤交换态锰	1 mol/L 中性 NH_4Ac	0.90	1.35	2.00
活性锰	1 mol/L 中性 NH_4AC+0.2%对苯二酚	7.40	10.2	14.2

2. 土壤缺锰的条件

土壤供锰不足主要是不良的土壤条件引起的,导致缺锰和容易诱发缺锰的土壤条件包括:

①中性和碱性土壤,缺锰土壤 pH 常大于 6.5;

②通透性良好的轻质土壤,二价锰易氧化为高价锰沉淀;

③排水不良的有机质土壤;

④施用过量石灰的酸性土壤,可能诱发缺锰。

此外,不良的气候条件如低温、低光强、干燥天气也可能加重作物缺锰的症状。综上所述,造成土壤缺锰的原因主要为两方面:其一,土壤中可溶性锰的大量淋洗,包括还原淋洗和螯合淋洗作用引起土壤有效锰和全锰的迅速减少,属锰绝对量的不足;其二,不良的土壤条件(如碱性和强氧化状况)使低价锰氧化为难溶性的高价锰氧化物,引起土壤供锰相对不足。而在水旱轮作条件下，石灰性轻质土壤缺锰实际上同时包括以上两方面的作用，因此缺锰程度更为突出（吕世华等，1995）。

（三）植株诊断

植株样品含锰量测定时一般经不锈钢粉样机粉碎后，用 HNO_3-H_2O_2 消解，消解液浓度用原子吸收或电感耦合等离子体发射光谱仪（ICP）测定。锰与其他微量营养素一样，当其含量低于或高于临界水平时，会因锰缺乏或锰毒害而影响生长。大多数植物的锰含量在 20～100 mg/kg，其含量常因植物种类和品种不同而有差异。植物对锰的吸收取决于土壤性质、植物因素以及它们在根际的相互作用（Warden 和 Reisenaucr，1991），植物本身对缺锰的敏感程度和活化利用土壤锰的能力也是影响植物锰营养的重要一环。表 8-24 总结了不同种类作物缺锰的敏感程度，其中燕麦、小麦、大豆等属于缺锰高度敏感植物，而玉米、黑麦则为缺锰较不敏感植物。水稻被认为是对缺锰中度敏感的作物，而成都平原在小麦没有缺锰表现的土壤上进行水稻旱育秧时却容易出现缺锰症，表明水稻是比小麦对缺锰更敏感的作物，只是水稻通常在淹水环境中生长难以感受到锰的缺乏。

表 8-24　一些常见作物缺锰的相对敏感程度

高度敏感	中度敏感	不敏感
燕麦、小麦	大麦、水稻	玉米、黑麦
豌豆、菜豆、大豆	三叶草、苜蓿	牧草
菠菜、甜菜	硬花甘蓝、白菜	
苹果、桃树	花椰菜、芜菁	
葡萄、柑橘	马铃薯、番茄	
山莓、草莓		

锰是植物体内多种酶的激活剂，并参与光合作用，促进叶绿素的形成和碳水化合物的同化。故植物缺锰时，失绿症状很明显，易引起植物各种代谢过程受阻，造成减产。小麦缺锰时，初期麦苗颜色褪淡、翻黄，远看好似冻害或氨中毒，近看则可见到在老叶中部沿叶脉平行出现许多小白点，这些小点逐渐连成一线、一片，最后干枯扭曲下垂，但叶尖尚基本完好。缺锰小麦生长缓慢，无分蘖或很少分蘖，根系不发达，植株矮小，穗短，粒轻瘪，减产严重。淹水条件下水稻很难表现缺锰，但是水稻旱育秧以及旱作水稻缺锰较为常见。旱育秧苗缺锰时首先表现为叶色退淡，以后脉间失绿加重并产生许多褐色斑点。旱育秧的缺锰与小麦缺锰症类似，但又有区别，小麦的失绿斑点主要分布于叶片中下部，斑点容易连成块状，而水稻旱育秧的失绿斑点在整张叶片上都有分布且不易连成块状。旱育秧缺锰也使分蘖受到抑制，地上部和根系的生长不良。玉米缺锰，叶片出现与叶脉平行的黄色条纹状，严重者叶片上发生中心褐色的长形白色条纹，最后枯死。烟草缺锰，幼叶褐色，叶脉间组织变为灰绿色至白色，并出现坏死斑点，最后叶片枯萎。苹果缺锰，叶脉间失绿，呈伐绿色斑点，严重者脉间呈现褐色并坏死。

（四）土壤一作物体系锰的综合管理

和缺铁不同，植物缺锰往往与土壤全锰含量较低、活性锰少有一定的关系。因此，提高土壤供锰潜力是改善作物锰营养的关键措施：一是通过施肥、耕作手段增加土壤总有效锰库；二是通过酸化或还原等方式使土壤中难溶性锰更多地转为有效锰。施用锰肥是解决作物缺锰问题的最直接方法，但由于施入土壤中的二价锰容易被氧化形成植物难以利用的高价锰氧化物，因此锰肥土施的效果并不理想，多采用叶面喷施或浸种的方法。作物籽粒锰含量对作物锰营养的影响也相当大，锰胁迫条件下提高籽粒锰含量可增加作物产量。而通过其他措施活化土壤锰素的方法也有很多，例如，施用酸性肥料、防止土壤过度干燥、施用易分解的有机肥料保持土壤一定的还原环境以及客土（如含锰丰富的酸性土壤）等。考虑到水旱轮作条件下旱作小麦缺锰与淹水种稻的特殊联系，故可将水分调控措施作为保持土壤锰有效性、减少耕作层锰淋洗的重要途径，而这正好可与中国传统的对水田土壤进行科学灌溉的经验有机结合起来。另外，作为中国有机肥的重要组成的秸秆，特别是稻秆含有较多的锰素，充分发挥秸秆还田在改善土壤锰肥力和作物锰营养中的作用无疑具有重要意义。

利用作物自身潜力、更多地活化土壤中难溶性锰氧合物作为适应缺锰的另一条途径，从长远看显然是应该加以重视的，因为只有作物耐缺锰能力提高后，农业生产中作物缺锰问题尤其是潜在缺锰所造成的产量和品质的下降才能从根本上消除。

在水旱轮作条件下，耕层土壤锰特别是活性锰将逐年损失，而多数作物对缺锰敏感，因此，有必要根据水旱轮作土壤一作物体系中锰的行为规律，对水旱轮作体系的锰素实行综合管理，以确保水旱轮作区农业的可持续发展。

1. 采用节水技术和稻草还田技术保持土壤耕层锰素肥力

采用成都平原两种质地和锰含量的不同土壤进行土柱模拟试验，发现减少灌水量，降低淹水强度，实施节水栽培可有效减少耕作层锰的淋洗和耗竭损失。水稻秸秆中锰含量较高，在小麦（油菜）季推行水稻秸秆还田措施则能促进锰的归还，从而使土壤锰素肥力得到有效保持。在这一思路下，研究人员成功地集成创新了水稻覆膜节水节肥综合高产技术和稻田稻草覆盖马铃薯/油菜免耕套作技术，这两项技术既使土壤锰素肥力得到保持，也使稻田的产出和效益明显增加，具有多方面的综合效应，目前已成为四川省农业生产中的主推技术。

2. 选育扎根深、根际活化锰能力强的作物品种

水旱轮作土壤底土层中含锰丰富且可以被作物吸收利用，因此选育扎根深、根际活化锰能力强的作物品种是防治小麦缺锰的生物学途径。研究人员筛选到的一些耐缺锰的典型小麦品种从 20 世纪 90 年代末已经在缺锰土壤上应用，取得了显著增产效果。

3. 调酸和施用有机肥促进土壤高价锰的还原和有效供给

由于土壤中锰的有效性受土壤 pH 和 Eh 的双重影响，低土壤 pH 和 Eh 环境均能促进土壤高价锰的还原，增加土壤有效锰含量。采用硫黄粉调酸提高土壤有效锰含量的效果明显，但这一措施应慎重采用，否则会加大耕层锰的损失。建议调酸措施主要用在固定的旱育秧苗床地且今后不再淹水种稻的土壤上。另外，在淹水种稻条件下施用有机肥可显著促进缺锰旱育秧苗缺锰症的尽快缓解。

4. 钾锰肥配合施用

水旱轮作缺锰土壤因质地粗也是有效钾含量较低的土壤类型，在盆栽试验中发现，在不同锰肥用量下小麦缺锰症均首先表现在施用氯化钾的处理上，不施锰时施钾使小麦产量降低，而施锰基础上施钾使小麦产量明显增加，因此缺锰土壤钾锰肥配合施用十分重要。

5. 选用锰含量较高的种子

采用含锰量为 0.10～0.79 μg/粒的小麦种子研究种子含锰量对小麦苗期生长的影响，发现低锰含量种子使小麦缺锰严重，随种子锰含量增加，小麦分蘖、株高及干重均增加，小麦地上

部锰吸收量增加了51.5%～88.9%，表明提高种子锰含量可有效地减轻作物缺锰。因此在缺锰地区不宜自留种而应尽量选用含锰量较高的种子。

6.科学施用锰肥

锰肥是解决作物缺锰问题的终极手段，而锰肥品种的选择则由施用方式来决定。可溶性锰肥可以作为基肥和种肥施入土壤，或者进行种子处理或喷施。难溶性锰肥只能施入土壤。螯合态锰肥则作叶面喷施用。锰肥可作基肥，条施的效果并不低于撒施，而且所需锰肥较少。喷施是施用锰肥效果最好的方法。喷施和种子处理都是直接向植物施肥，能够避免土壤对其肥效的影响，可取代直接施入土壤。锰工业废渣宜作基肥，最好与有机肥、生理酸性肥料混合施用，但需要严格控制用量以避免工业废渣中其他重金属等的污染。

复习思考题

1.简述土壤pH对微量元素形态和有效性的影响。
2.简述干旱和淹水对微量元素形态和有效性的影响。
3.气候因素是如何影响硼、钼、锰和锌的？
4.简述微量元素的缺乏的症状及施肥措施。
5.简述微量元素肥料的种类及其特性。
6.简述微量元素的施用方法。
7.为什么高pH田块矫正缺铁采用土壤施用无机铁肥效果不好，而缺锌施用无机锌肥可以？
8.什么样的土壤和环境条件将导致潜在的微量元素的毒害？

第九章

大田作物养分管理理论与技术

◇ **教学目标**

1. 掌握大田作物对营养元素的需求及其阶段性特征。
2. 了解大田作物生产过程中养分来源、去向及循环特征。
3. 掌握大田作物养分管理基本原理。
4. 了解大田作物养分资源综合管理技术。

第一节　小麦养分资源优化管理理论与技术

小麦是禾本科小麦属植物的统称，小麦营养价值高、用途广泛，发展小麦生产对满足人民的食物需求意义重大。我国的小麦种植面积占世界小麦种植面积的 11.3%，总产量占世界总产量的 17.9%，我国小麦在世界小麦生产中占有举足轻重的地位。

一、小麦生长发育与养分需求特征

(一)小麦生长发育与干物质累积规律

小麦可分为冬小麦和春小麦两大类，我国的小麦种植以冬小麦为主，播种面积占总播种面积的 94%。冬小麦生育期 240～270 d，生育期长，可将其划分为 12 个时期：苗期、三叶期、分蘖期、越冬期、返青期、起身期、拔节期、挑旗期、抽穗期、开花期、灌浆期和成熟期(图 9-1)。

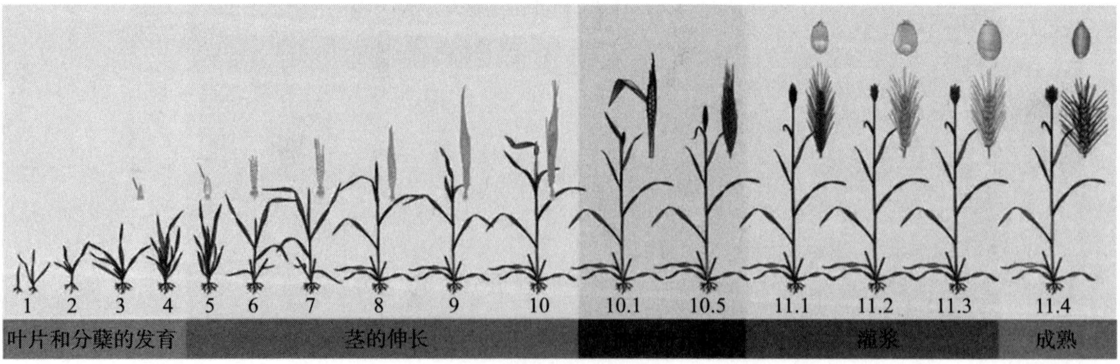

图 9-1　小麦的生长和发育

小麦生育期包括生长、分化和发育。生长主要体现在量的变化，分化指在不同器官、细胞和组织之间质的变化，而发育则指机能和内部状态的变化。干物质的累积过程可分为三个阶段：①干物质缓慢增加阶段。播种至返青期，主要是营养生长阶段。由于冬季气温低，出苗后生长发育缓慢，该阶段干物质量累积较少，仅占整个生育期的 5%～10%。②干物质快速累积阶段。拔节期至抽穗开花期，营养生长和生殖生长并进。此阶段是全生育期生物量累积速率最快的时期，干物质累积量达干物质累积量峰值的 55%～70%。③籽粒快速增重期。花期至成熟期占全生育期时长的 15%～20%，营养生长基本停滞，以生殖生长为主，籽粒快速增重，累积干物质量占全生育期干重的 15%～20%。

(二)小麦养分需求及其阶段性特征

小麦对养分的需求量大，且绝大部分在营养生长阶段吸收。每生产 100 kg 籽粒的氮、磷、钾养分需求量分别为 2.40～2.97 kg、0.39～0.48 kg 和 2.01～2.23 kg(表 9-1)。小麦每生产 100 kg 籽粒，氮、磷、钾养分吸收量随产量水平的提高而下降。小麦对磷的需求量较小，只占氮需求总量的15.9%～17.0%。

表 9-1　小麦每生产 100 kg 籽粒的氮、磷、钾需求量

产量水平/ (t/hm^2)	需氮量/ (kg N /100 kg)		需磷量/ (kg P_2O_5/100 kg)		需钾量/ (kg K_2O /100 kg)	
	均值	范围	均值	范围	均值	范围
<4.5	2.97	1.94～3.23	0.48	0.29～1.09	2.23	1.60～3.99
4.5～6	2.70	1.79～4.48	0.46	0.15～1.07	2.18	1.12～3.74
6～7.5	2.62	1.74～4.04	0.44	0.1～0.80	2.13	0.90～3.74
7.5～9	2.58	1.52～4.08	0.41	0.09～0.80	2.04	0.95～4.64
>9	2.40	1.95～3.10	0.39	0.1～0.72	2.01	1.41～3.04

小麦对养分需求存在明显的阶段性特征，播种－越冬阶段植株的氮、磷、钾养分吸收量分别占总累积量的 20%、13%和 16%，越冬－拔节阶段植株的氮、磷、钾养分吸收量分别占总累积量的 34%、47%和 35%，拔节－开花阶段植株的氮、磷、钾养分吸收量分别占总累积量的 38%、23%和 45%，开花－成熟阶段植株的氮、磷、钾养分吸收量分别占总累积量的 8%、17%和 4%(图 9-2)。营养生长期吸收的养分主要存储在根、茎秆和叶片，进入生殖生长期后，营养器官的养分转移是籽粒养分的重要来源。茎秆中氮、磷养分的转移效率较高，但钾的转运率仅为 4.5%；叶片中氮、磷的转运率分别达到 83%和 92%。

不同品质小麦各阶段吸收磷、钾比例差别较小，但吸收氮差别较大。拔节至开花期，中筋、强筋小麦吸氮量及吸收比例达到最大，分别为 37.9%和 28.6%。强筋小麦花后吸氮量占比为 40.1%，远高于中筋小麦吸氮量占比(19.8%)。强筋小麦对磷、钾的吸收比例在花后也要高于中筋小麦，而在生育前期低于中筋小麦。

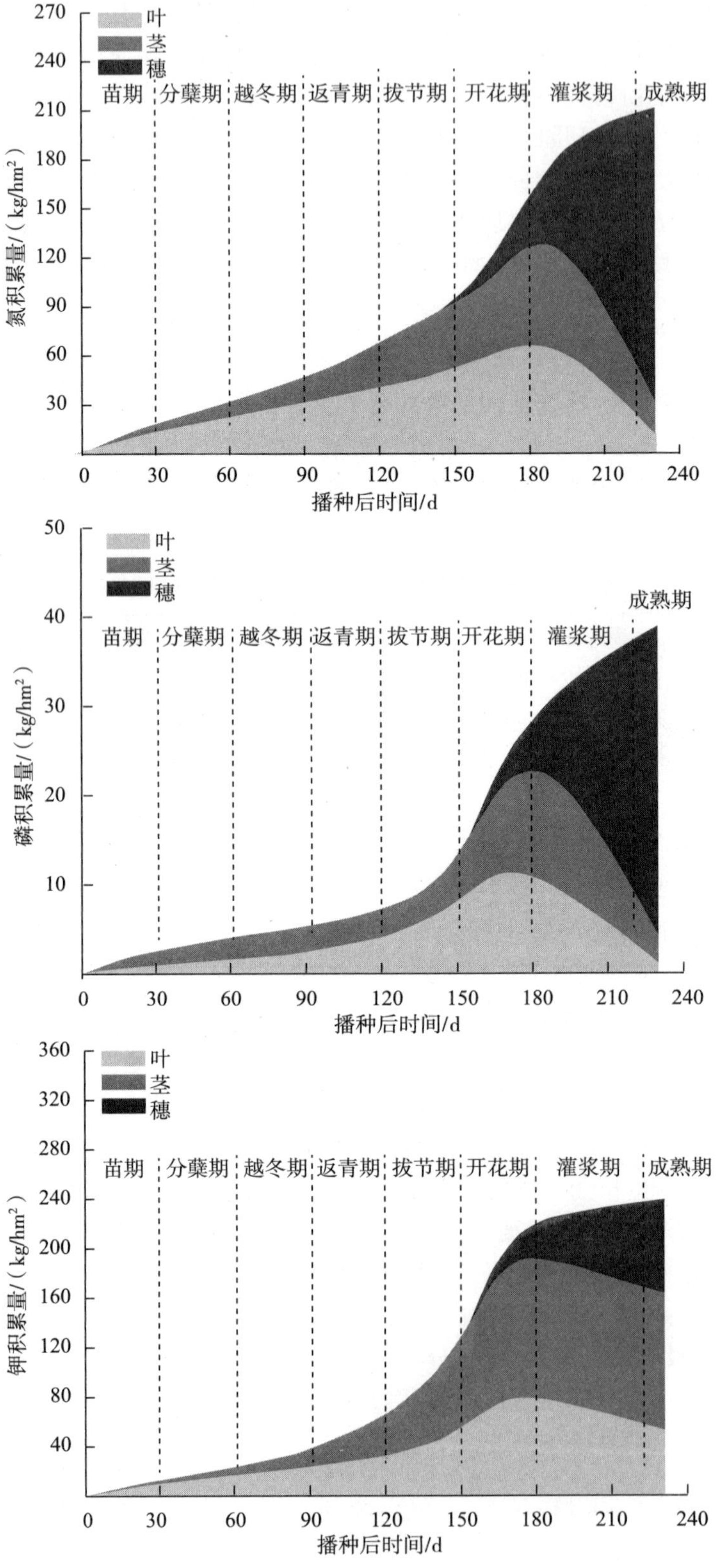

图 9-2　冬小麦不同器官氮、磷、钾养分累积动态

除大量元素外，小麦对中微量元素的需求量也较大(图 9-3)。为维持小麦正常生长，钙、镁、硫吸收量分别为 60 kg/hm^2、25 kg/hm^2、60 kg/hm^2，拔节期前的吸收量分别占总累积量的 35%、25%、50%。进入生殖生长期后，小麦植株对中量元素的需求量大幅增加，开花期是小麦钙、镁、硫等营养吸收速率最快的生育阶段。氯是小麦需求量最大的微量元素，成熟期氯吸收总量甚至超过中量元素。锰也是小麦植株需求量较大的微量元素，且从生育前期至成熟期都有着较高的吸收速率。锌积累量在小麦拔节期前达 45%，至开花期锌积累量达 92%，开花后对锌的吸收基本停滞。小麦对硼和铜的积累量很少，分别为 70 g/hm^2 和 150 g/hm^2，返青期至开花期是养分积累速率最快的阶段。

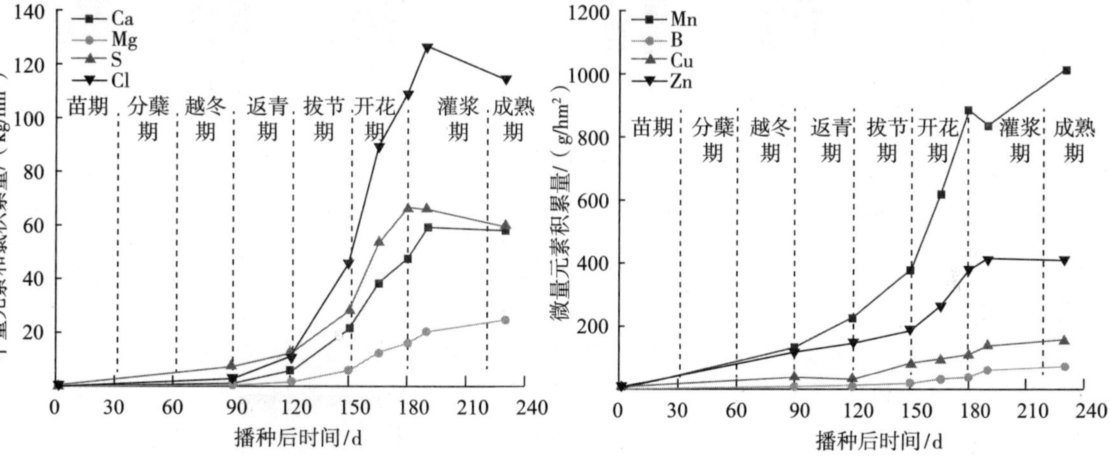

图 9-3 小麦中微量元素累积动态

二、麦田养分来源、去向及循环特征

(一)麦田养分的来源

集约化小麦生产中麦田养分的来源有化肥投入、秸秆还田、根茬还田、大气干湿沉降、灌溉水、种子、非共生生物固氮等。华北平原冬麦区是我国小麦主要产区，在华北平原小麦－玉米轮作体系，小麦生产的氮肥用量为 176 kg N/hm^2，磷肥用量为 77 kg P_2O_5/hm^2，钾肥用量为 49 kg K_2O/hm^2(图 9-4)。前茬玉米秸秆归还土壤带入的氮、磷、钾养分为 94 kg N/hm^2、18 kg P_2O_5/hm^2 和 183 kg K_2O/hm^2，根茬带入的氮、磷、钾养分分别为 9.2 kg N/hm^2、0.6 kg P_2O_5/hm^2 和 3.7 kg K_2O/hm^2，种子带入氮、磷、钾养分为 9.2 kg N/hm^2、0.6 kg P_2O_5/hm^2 和 3.7 kg K_2O/hm^2。降水和灌溉水带入的氮为 17 kg N/hm^2，非共生固氮带入的氮为 15 kg N/hm^2。

西北麦区是我国典型的旱作麦区，西北旱作冬小麦生产的氮肥用量通常为 150 kg N/hm^2，磷肥用量为 105 kg P_2O_5/hm^2，钾肥用量为 50 kg K_2O/hm^2。小麦收获后，还田的秸秆也能带入一定量的养分，秸秆还田每年带入的氮、磷、钾养分量分别为 27 kg N/hm^2、6 kg P_2O_5/hm^2 和52 kg K_2O/hm^2(图 9-4)。根茬每年带入的氮、磷、钾养分量分别为 4.0 kg N/hm^2、0.7 kg P_2O_5/hm^2 和 1.5 kg K_2O/hm^2。氮沉降和生物固定带入的氮分别为 26 kg N/hm^2 和 5 kg N/hm^2。

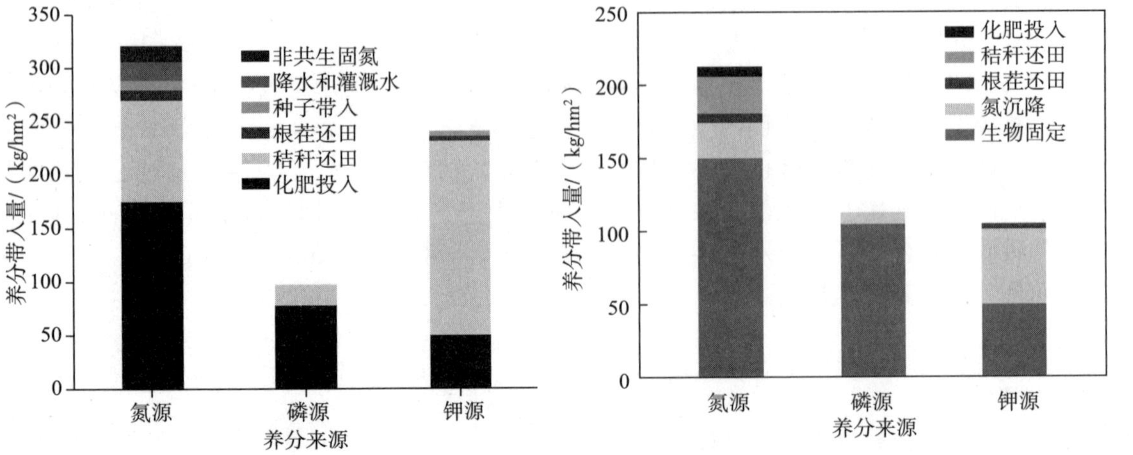

图 9-4　华北冬小麦(左图)及西北旱作冬小麦(右图)养分来源

(二)麦田养分的去向

小麦生产中麦田养分输出主要是作物收获携出和养分损失。在华北平原小麦—玉米轮作体系,小麦通过收获籽粒从土壤携出的氮素养分量为 152 kg N/hm^2,麦田氮素损失量为 34 kg N/hm^2,主要包括氨挥发、氧化亚氮排放和淋洗损失三种途径,三种损失途径占比分别为 58.0%、7.6%和 34.4%(图 9-5)。小麦通过收获籽粒携出总磷和总钾累积养分量分别为 29 kg P_2O_5/hm^2 和 130 kg K_2O/hm^2,磷、钾主要以淋洗和径流形式损失,损失量较小,分别为 0.045 kg P_2O_5/hm^2和 4.48 kg K_2O/hm^2。

西北旱作麦区以小麦籽粒产量为 5.7 t/hm^2为例,小麦通过收获籽粒带走的氮素养分量为 146 kg N/hm^2,麦田氮素损失量为 27 kg N/hm^2,主要包括氨挥发、氧化亚氮排放和淋洗损失三种途径,三种损失途径占比分别为 42%、5%和 53%(图 9-6)。小麦通过收获籽粒携出总磷和总钾累积养分量分别为 20 kg P_2O_5/hm^2和 63 kg K_2O/hm^2,磷和钾损失量较小,分别为 0.8 kg P_2O_5/hm^2和5 kg K_2O/hm^2。

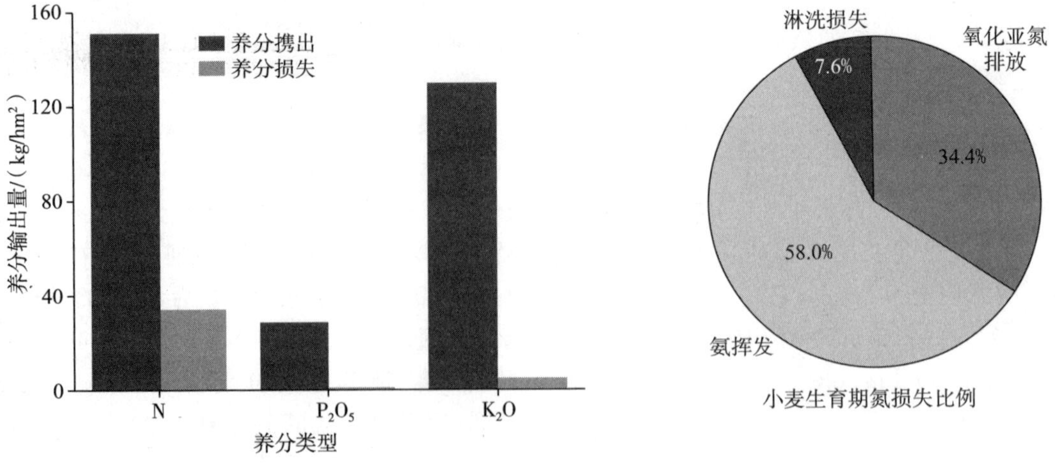

图 9-5　华北平原小麦—玉米轮作体系中小麦生产养分输出量

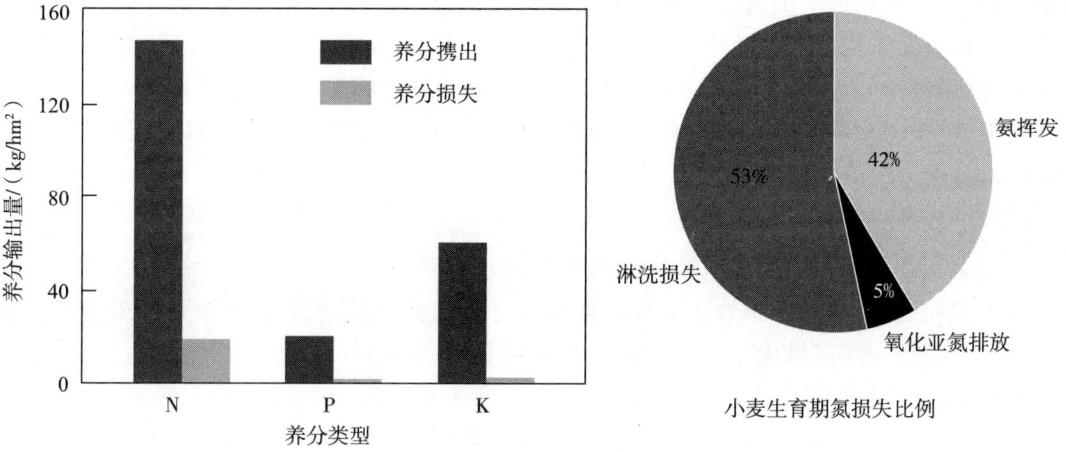

图 9-6　西北旱作冬小麦生产的养分输出量

(三)小麦集约化农田养分表观平衡

在华北平原麦区玉米秸秆还田下，麦田氮盈余量为 134.5 kg N/hm^2，磷盈余量为 67.6 kg P_2O_5/hm^2，钾盈余量为 104.5 kg K_2O/hm^2。秸秆还田能增加小麦季土壤磷、钾素的盈余，因此玉米季可减少磷、钾肥用量(表 9-2)。

在西北旱作麦区，秸秆不还田时，麦田氮盈余量为 12 kg N/hm^2，磷盈余量为 47 kg P_2O_5/hm^2，钾亏缺量为 28 kg K_2O/hm^2；秸秆还田能有效增加土壤氮、磷盈余，秸秆中富含的钾元素可使麦田土壤钾平衡扭亏为盈，盈余量达 25 kg K_2O/hm^2(表 9-3)。

表 9-2　华北平原麦田氮、磷、钾养分表观平衡　　kg/hm^2

养分	输入						输出		养分平衡
	施肥	玉米根茬	玉米秸秆	种子带入	降水和灌溉	非共生固氮	收获	损失	
氮(N)	175.9	9.2	94	9.2	17	15	151.5	34.3	134.5
磷(P_2O_5)	77.4	0.6	18	0.6	—	—	29	0.045	67.6
钾(K_2O)	48.6	3.7	183	3.7	—	—	130	4.48	104.5

表 9-3　西北旱作麦田氮、磷、钾养分表观平衡　　kg/hm^2

养分	输入			输出		表观平衡	
	施肥	小麦根茬	小麦秸秆	收获	损失	秸秆不还田	秸秆还田
氮(N)	150	4	27	146	27	12	39
磷(P_2O_5)	105	0.7	6	47	2	47	63
钾(K_2O)	50	1.5	52	76	3	−28	25

三、小麦养分管理基本原理与主要技术

(一)小麦养分管理基本原理

以高产优质、资源高效、环境友好为目标，以作物养分需求和土壤养分供应匹配为养分管

理基本原理，解决当前有关施肥问题。基于此，“氮肥总量控制、分期调控，磷钾肥恒量监控技术以及中微量元素因缺补缺技术”被建立起来。此外，在华北平原麦区建立了“基于土壤硝态氮测试的氮素实时监控技术”的养分管理策略。在西北旱作麦区，针对区域降水量少且月份间分配不均、年份间变异大，土壤肥力低的问题，制定了“覆膜栽培结合种侧膜下施肥”的养分管理策略。

(二)小麦养分管理主要技术

1. 氮肥总量控制、分期调控，磷钾肥恒量监控技术

基于田间试验，通过肥料效应模型求得最佳产量的施氮量，或将多年多点的最佳产量施氮量平均即可获得一定区域内小麦生产的平均施氮量。当土壤和环境氮素供应达到动态平衡，在很好控制小麦生育期内氮素损失的基础上，氮素总量控制应与作物吸收带走的氮素相当。多年多点肥料试验表明，河南省小麦—玉米轮作区氮肥推荐量控制在 150～180 kg N/hm^2，陕西省旱作冬小麦单作每季氮肥用量控制在 130～160 kg N/hm^2。在总量控制的基础上，根据小麦的氮素吸收规律和当地的农事操作习惯对作物施肥量进行调整。

磷钾肥恒量监控技术是指通过肥料长期定位试验，获得能将土壤有效磷钾含量持续控制在适宜范围内的施磷钾肥量。在土壤有效磷钾养分处于极高或高水平时，采取控制策略，磷钾肥施用量等于作物带走量的 30%～50%；在土壤有效磷钾养分处于适中水平时，采取维持策略，磷钾肥施用量等于作物携出量；在土壤有效磷钾养分处于低或极低水平时，采取提高策略，磷钾肥施用量等于带走量的 150%～200%(表 9-4 和表 9-5)。

表 9-4　土壤速效磷丰缺指标与施磷系数

土壤供磷指标	0～20 cm 土层速效磷含量/(mg/kg)	施磷系数
极低	<5	2.0
低	5～10	1.5
适中	11～15	1.0
高	16～20	0.5
极高	>20	0.3

表 9-5　土壤速效钾丰缺指标与施钾系数

土壤供钾指标	0～20 cm 土层速效钾含量/(mg/kg)	施钾系数
极低	<50	2.0
低	50～90	1.5
适中	91～120	1.0
高	121～150	0.5
极高	>150	0.3

2. 微量元素因缺补缺技术

微量元素与大量元素不同，在确定土壤丰缺临界值的基础上，一般微肥用量相对固定。因此，可通过土壤测试或田间缺素试验确定区域土壤的微量元素缺乏程度，参考下表制定微量元素肥料的施用标准(表 9-6)。

表 9-6　土壤微量元素的丰缺指标和建议用量

元素	测试方法	丰缺临界值/(mg/kg)	肥料类型	建议用量/(kg/hm^2)
硼	热水	0.50	硼砂	11～23
钼	草酸+草酸铵　pH 3.3	0.15	钼酸铵	0.7～1.7
锰	1 mol/L HAc+NH_4Ac　pH 7.7	5.0	$MnSO_4 \cdot H_2O$	3.0～6.0
锌(酸性土壤)	1 mol/L HCl	1.5	$ZnSO_4 \cdot 7H_2O$	25～150
锌(石灰性土壤)	DTPA+$CaCl_2$+TEA　pH 7.3	0.5	$ZnSO_4 \cdot 7H_2O$	25～150

3.基于土壤硝态氮测试的氮素实时监控技术

该技术首先根据小麦不同生育期氮素吸收规律来确定氮素需求量,然而根据土壤硝态氮测试结果计算作物不同生育阶段氮肥用量,即氮肥用量等于作物阶段氮素需求目标值减去根层土壤硝态氮累积量。小麦的追施氮肥用量参见表 9-7。

表 9-7　土壤硝态氮累积量和冬小麦氮肥推荐指标

返青期 0～30 cm 土层 NO_3^--N 累积量(kg N/hm^2)	追施氮肥量(kg N/hm^2)		
<10	>86	>55	>27
10～30	66～86	35～55	7～27
30～50	46～66	15～35	0～7
50～70	26～46	0～15	0
70～90	6～26	0	0
90～110	0～6	0	0
拔节期 0～60 cm 土层 NO_3^--N 累积量(kg N/hm^2)	**追施氮肥量(kg N/hm^2)**		
<30	>142	>107	>42
30～60	112～142	77～107	12～42
60～90	82～112	47～77	0～12
90～120	52～82	17～47	0
120～150	22～52	0～17	0
150～180	0～22	0	0

4.覆膜栽培结合种侧膜下施肥

覆膜栽培技术能改善土壤水、肥、气、热等微环境,进而增加作物产量,在旱地农业发展中占有重要地位。但覆膜栽培在增产的同时降低了小麦籽粒蛋白质含量,稀释效应是籽粒蛋白质含量降低的原因之一。在一定产量范围内,优化氮肥管理可协调小麦籽粒产量与蛋白质含量的负相关关系,因此,综合覆膜栽培与优化施肥管理是实现西北旱地小麦高产、优质、高效的关键措施之一。

四、小麦养分资源综合管理技术

(一)小麦生产中主要问题

华北平原小麦—玉米轮作体系中小麦生产中的主要问题有:①播期偏早、播量偏大、播种质量差;②氮肥用量大,过量施用突出,氮、磷、钾肥料配比不合理;③一次性施肥面积呈增加趋势,基肥用量偏大,中后期营养供应不足;④营养元素供应不平衡,硫、锌、硼等微量元素缺乏现象时有发生;⑤有机肥与化肥配比不合理;⑥农技农艺不配套,土壤耕层浅、保水保肥能力差;⑦地下水位下降,干旱现象加剧;⑧收益低,重种轻管,产量和品质有待提高。

西北旱作麦区小麦生产中的主要问题有:①水资源缺乏,降水少且季节分布不均、蒸发量大,春旱频发;②土壤瘠薄、供肥保肥能力差;③肥料施用不合理,氮磷肥过量施用,有机肥、中微量元素很少,施肥质量差;④整地质量差,播种偏早,播量过大或过小,播种质量差、群体质量差;⑤秸秆还田质量差。

(二)小麦综合管理技术模式

1.华北平原麦区

(1)小麦深耕宽幅精播技术。在精量、半精量播种技术的基础上,以扩播幅、增行距、促匀播为核心,改传统密集条播、籽粒拥挤一条线为宽播幅、分散式粒播的小麦栽培技术。该技术避免了小麦群体争肥、争水、争光照,能增加穗粒重、提高抗倒伏能力。

(2)小麦专用肥施用技术。施用小麦专用肥,高产田块可适当增施。种肥同播,播种深度3~4 cm,肥料用于种侧的5~7 cm。

(3)有机肥替代化肥技术。整地前,每亩均匀撒施150~200 kg的商品有机肥,播种时减少20%的化肥用量。

(4)节水灌溉技术。越冬期(小雪至大雪期间)土壤墒情不足时以及拔节期适当灌溉,以弱苗易早、旺苗易迟、壮苗适中灌溉原则,孕穗扬花期,土壤墒情不足时灌溉40~50 m^3/亩。

(5)一包两喷技术。一包:播种前进行种子包衣处理。第一喷:小麦返青期化学除草,防治节节麦、看麦娘、野燕麦、荠菜、播娘蒿、猪殃殃等。第二喷:小麦抽穗—扬花期施药、喷微量元素肥料,并防治赤霉病、白粉病、锈病、叶枯病等。

2.西北旱作麦区

(1)覆膜栽培、适期适量播种。针对西北地区降水量少、干旱缺水,苗期生长弱的特点,应用覆膜栽培技术、实现集雨保水。在播种过程做到适墒播种,小麦播种量每亩基本苗20万~25万株。

(2)应用专用复合肥、膜下集中施肥。针对小麦生产中肥料不合理施用的现状,施用小麦专用肥。在起垄覆膜后,可采用种侧膜下肥料深施的方式,深施10 cm。

(3)增施外源有机物料技术。针对土壤瘠薄、供肥保肥能力差的问题,在整地前施用有机肥或生物炭,提升土壤质量。

(4)综合秸秆还田与深耕技术。小麦收获后秸秆通过机械粉碎后,采用深耕方式翻压还田。此外,旱地小麦播前应重视镇压的运用,镇压后耕层紧实度适宜,干土层变薄,表墒提高,利于出苗壮苗。

第二节　玉米养分资源管理理论与技术

玉米是粮饲兼用型作物，在我国东北、华北、西北等地区广泛种植。根据播种期可分为春玉米和夏玉米，根据生育期长短可分为早熟、中熟、晚熟类型，根据籽粒成分与特殊用途可分为普通玉米和特用玉米(包括甜玉米、糯玉米、高油玉米等)，根据籽粒形态与结构可分为硬粒型、马齿型、半马齿型。

一、玉米生长发育与养分需求特征

(一)玉米生长发育特征

玉米生育期一般划分为苗期、拔节期、抽雄期、吐丝期、灌浆期、成熟期等(图 9-7)，根据营养和生殖器官分化发育的主次关系，又可划分为苗期、穗期和花粒期三个阶段。苗期是从播种至拔节前，包括种子发芽、出苗及幼苗生长等过程，该时期玉米主要进行根、茎、叶的分化和生长，干物质量累积缓慢、累积量较小，仅占整个生育期的 7%～10%。穗期是从拔节至抽雄开花期，是玉米营养器官生长与生殖器官发育并进的阶段，玉米根、茎、叶等营养器官旺盛生长并基本建成，完成了雄穗和雌穗的分化发育。这个时期生物量累积速率较快，干物质量占全生育期的 25%～30%。花粒期是从抽雄开花期至籽粒成熟期，是玉米的生殖生长期，营养体已基本停止生长，部分营养体开始缓慢衰老，而生殖生长则非常活跃，玉米完成开花、吐丝、受精、结实、成熟等过程，干物质累积量可占全生育期的 70%。

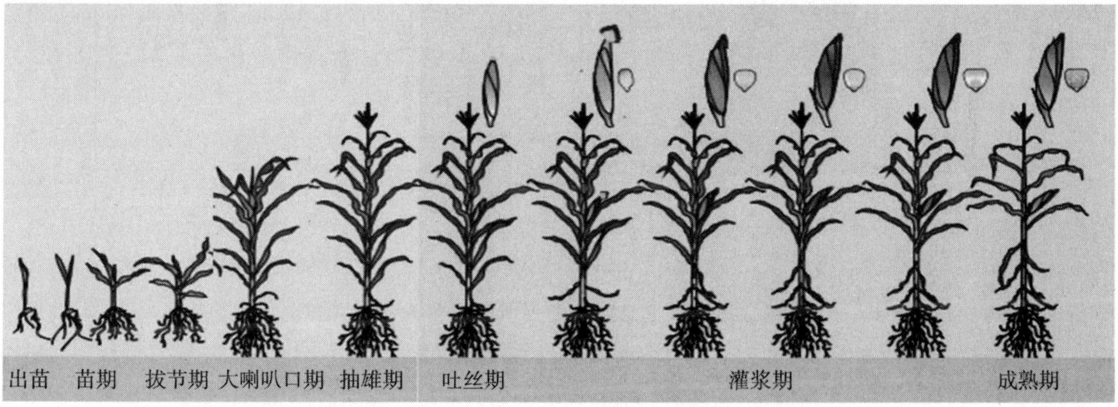

图 9-7　玉米生育期的划分

(二)玉米养分吸收量

玉米养分需求常用百千克籽粒养分需求量来表征。华北夏玉米每生产 100 kg 玉米籽粒需 2.41 kg N、0.81 kg P_2O_5 和 2.21 kg K_2O，N∶P_2O_5∶K_2O 为 3.0∶1.0∶2.7。玉米百千克籽粒养分需求量随产量增加呈下降趋势(表 9-8)。不同区域玉米百千克籽粒养分需求量差异较大。东北春玉米的百千克籽粒需氮量仅为 1.74 kg N，低于华北夏玉米。优化施肥也能降低籽粒养分需求量。农户习惯的百千克籽粒需磷量和需钾量分别为 0.78 kg P_2O_5 和 2.41 kg K_2O，而优化施肥处理分别为 0.64 kg P_2O_5 和 1.81 kg K_2O。

表 9-8　夏玉米百千克籽粒养分需求量

产量/ (t/hm^2)	样本量	氮(kg N/100 kg)		磷(kg P_2O_5/100 kg)		钾(kg K_2O/100 kg)	
		均值	范围	均值	范围	均值	范围
<6.0	77	2.38	1.76～2.83	0.92	0.48～2.31	2.04	1.05～3.16
6.0～7.5	156	2.33	1.64～2.98	0.87	0.23～2.17	2.02	1.12～3.48
7.5～9.0	224	2.31	1.50～3.54	0.82	0.34～2.06	2.00	0.96～3.76
9.0～10.5	124	2.25	1.47～3.38	0.80	0.27～1.92	1.96	1.04～3.80
>10.5	43	2.11	0.97～2.59	0.76	0.23～1.72	1.82	1.10～2.78
总计	624	2.29	0.97～3.54	0.82	0.43～2.63	1.98	0.96～3.80

华北平原夏玉米产量在 8 t/hm^2 水平时氮素累积量约 184 kg N/hm^2，并随产量的增加而增加(图 9-8)。当产量<6.0 t/hm^2、6.0～7.5 t/hm^2、7.5～9.0 t/hm^2、9.0～10.5 t/hm^2 和>10.5 t/hm^2 时，玉米吸氮量分别为 116 kg N/hm^2、156 kg N/hm^2、194 kg N/hm^2、226 kg N/hm^2 和 231 kg N/hm^2。

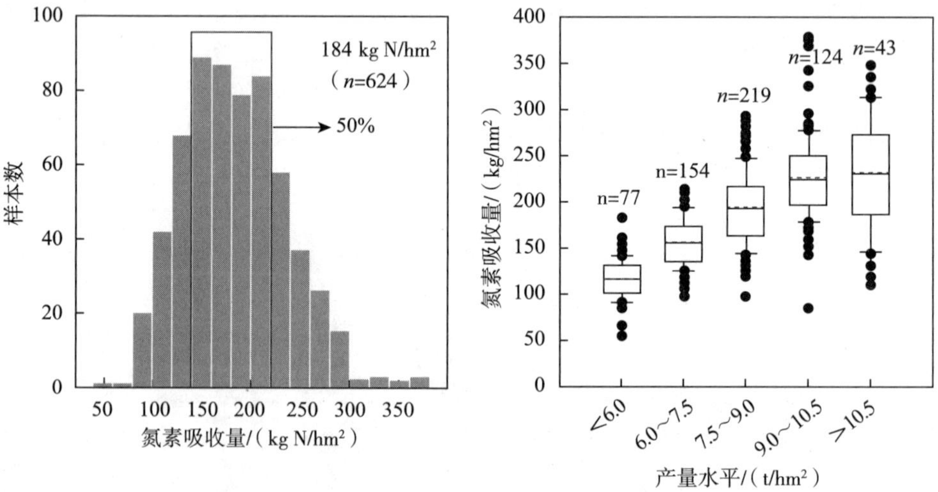

图 9-8　夏玉米氮素吸收量及其与产量水平的关系

(三)玉米养分吸收动态与分配

从养分吸收动态来看，夏玉米大喇叭口期前吸收养分较慢，其后吸收量迅速增加。玉米养分吸收量在大喇叭口期后差异更加明显(图 9-9)。相对于<9.0 t/hm^2 的产量，9.0～10.5 t/hm^2 的产量在抽雄、灌浆、收获期的吸氮量分别增加 19%、27%、32%，10.5～12.0 t/hm^2 的产量分别增加 42%、57%、64%。产量水平对磷素和钾素的吸收也有类似规律。随着产量的增加，玉米花后干物质、氮、磷、钾累积比例均出现增加的趋势。东北地区春玉米花后干物质的累积比例，随产量增加从 45.5%上升为 48.8%，花后对氮、磷的需求比例分别为 20%～30%和 20%～40%(表 9-9)。

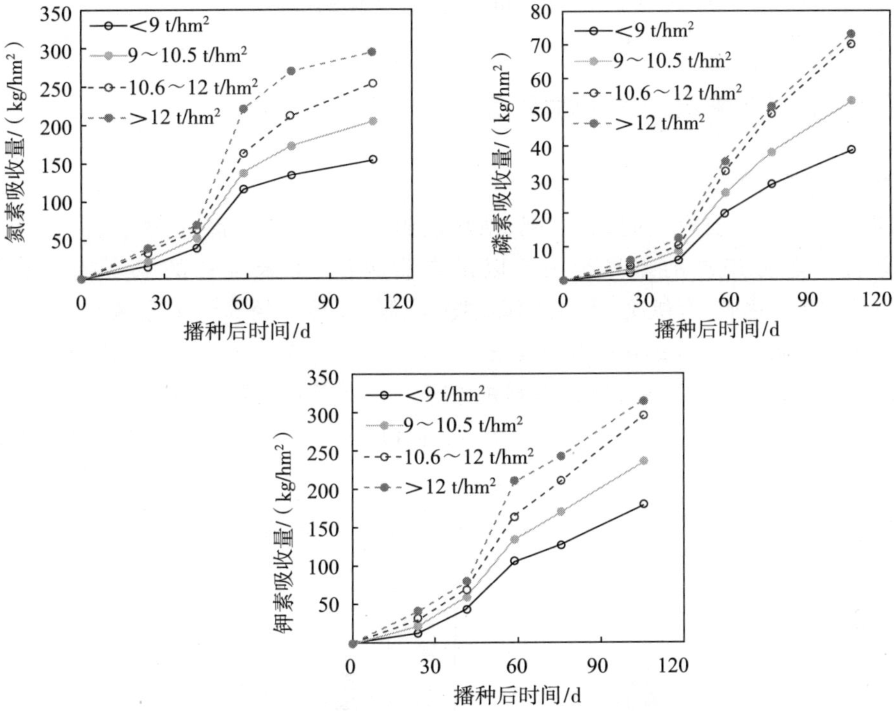

图 9-9　不同产量水平夏玉米氮、磷、钾累积动态

表 9-9　不同产量水平春玉米生育期花后干物质、氮、磷、钾累积比例

产量/(t/hm^2)	干物质/%		N/%		P_2O_5/%		K_2O/%	
	花前	花后	花前	花后	花前	花后	花前	花后
<9.0	59	41	73	27	51	49	81	19
9.0～12.0	56	44	72	28	45	55	76	24
>12.0	47	53	70	30	41	59	73	27

从不同器官来看，茎秆和叶片的氮素吸收在吐丝期累积达到最大，进入灌浆期后茎秆和叶片的氮素开始向籽粒转运。茎秆和叶片的磷素累积也在吐丝期达到最大。与氮磷差别较大，穗部(含籽粒和穗轴)钾累积在吐丝期以后快速增加，在灌浆期后远高于茎叶。玉米吸收的氮素和磷素60%以上分布在籽粒，其次是在茎叶；钾素主要分布在茎叶，分布在籽粒的不足30%。

(四)玉米中微量元素需求

每生产100 kg玉米籽粒需要吸收钙0.20 kg、镁0.42 kg、铁25 g、锰3.43 g、锌3.76 g、铜1.25 g。玉米对中微量元素的吸收速率总体表现为慢—快—慢的规律，大喇叭口期前吸收速率较慢，大喇叭口期后吸收速率快速增加，成熟期后吸收速率逐渐降低。钙、镁、硫的快速吸收期是大喇叭口期至吐丝期，其次为拔节期至大喇叭口期；铁、锰、铜的最快吸收期在拔节期至大喇叭口期，其次为大喇叭口期至吐丝期；锌的快速吸收期在大喇叭口期至吐丝期，其次在拔节期至大喇叭口期。不同中微量元素在器官中的分配情况有所不同，而且与生育期关系很大。

玉米成熟期，籽粒、茎秆、叶片和根的硫含量分别占植株的 26%、33%、10%和 11%，而镁含量的比例分别为 34%、21%、32%和 7%。

二、玉米农田养分来源、去向及循环特征

（一）农田养分来源

玉米养分的来源主要有化肥、有机肥、秸秆还田、大气干湿沉降、灌溉水、种子等，但不同区域和管理条件下养分来源的差异很大。以山东省为例，玉米生产的氮素输入总量平均为 317 kg/hm^2，来源于化肥、有机肥、大气干湿沉降、灌溉水、种子的氮输入量依次为 275 kg/hm^2、17 kg/hm^2、14 kg/hm^2、10 kg/hm^{2}和 0.7 kg/hm^2。此外，通过非共生固氮的方式带入的氮为 15～30 kg/hm^2。其中，化肥氮占氮素总量的 87%，是氮素的主要来源。河南典型玉米种植区氮、磷、钾平均用量分别是 202 kg N/hm^2、95 kg P_2O_5/hm^{2}和 65 kg K_2O/hm^2，但变异较大（图 9-10）。

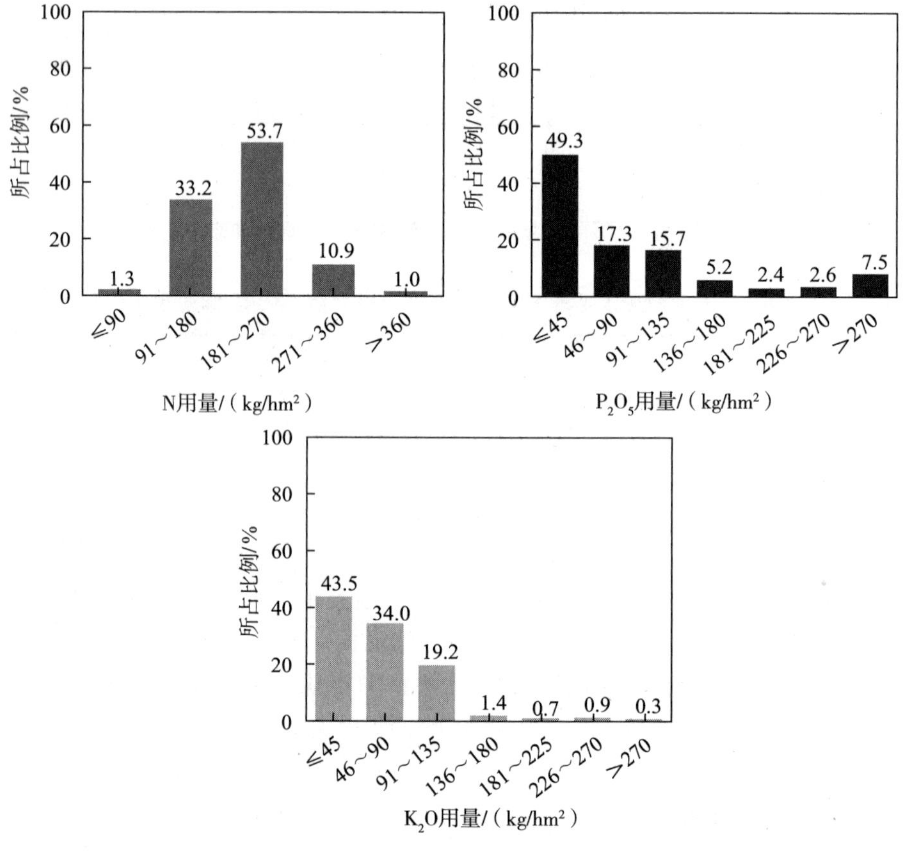

图 9-10　河南省玉米生产的农田氮、磷、钾用量分布

另外，土壤养分是农田作物种植过程中由土壤本身提供的、可供作物在生育期内直接吸收和利用的养分资源，与农田的基础地力和长期耕作管理措施密切相关。吉林省春玉米生长季内，来自土壤矿化及环境带入的氮、磷、钾养分供应状况，其范围分别在 31.6～250.4 kg N/ hm^2、13.8～109.8 kg P_2O_5/hm^{2}和 36.4～314.6 kg K_2O/hm^2，平均分别为 121.1 kg N/ hm^2、

53.0 kg P_2O_5/hm^2 和 143.9 kg K_2O/hm^2，对于玉米养分需求的贡献率分别为 60%、61% 和 67%。基于田间微区试验(表 9-10)，采用 ^{15}N 示踪技术发现不同土壤质地条件下春玉米在施肥当季吸收的肥料氮素占其总吸氮量的 34.0%～47.1%，而来自土壤和环境的氮素占比为 52.9%～66.0%。环境养分的输入主要是通过干湿沉降而进入农田的氮素，年均输入量为 20 kg N/hm^2。

表 9-10 不同土壤类型上玉米施用氮肥对春玉米植株氮素吸收的贡献

土壤类型	肥料源氮吸收量/(kg/hm²)			肥料源氮吸收贡献率/%			非肥料源氮吸收量/(kg/hm²)			非肥料源氮吸收贡献率/%		
	第一季	第二季	总计	第一季	第二季	总计	第一季	第二季	总计	第一季	第二季	总计
黏土	64.9	16.9	81.8	34.0	10.4	23.4	124.2	137.3	261.5	66.0	89.6	76.6
砂土	59.2	6.7	65.9	47.1	6.2	28.5	65.8	98.6	164.4	52.9	93.8	71.5
壤土	83.8	19.9	103.7	36.3	9.2	23.4	145.6	190.8	336.4	63.7	90.8	76.6

(二)农田养分去向及循环特征

通过收获籽粒携出养分，以及通过氨挥发、氧化亚氮排放、硝态氮淋洗等方式损失养分是玉米养分的主要输出途径。华北地区玉米产量为 7 500 kg/hm^2 时，通过收获籽粒携出的总氮、总磷和总钾养分累积量分别为 173 kg N/hm^2、60 kg P_2O_5/hm^2、50 kg K_2O/hm^2。玉米的氨挥发、氧化亚氮排放和硝态氮淋洗 3 种损失途径，其中氨挥发和硝态氮淋洗损失量分别占氮肥用量的 20.7% 和 31.3%，是氮肥损失的主要途径。氧化亚氮排放量占氮肥用量的 0.3%(表 9-11)。

表 9-11 华北平原小麦—玉米轮作中玉米季氮肥去向

氮肥去向	样本数	范围/%	平均值/%	变异系数/%
作物吸收	23	2.3～38.3	10.2	64.4
土壤残留	4	32.0～65.4	28.6	52.1
氨挥发	7	4.8～37.0	20.7	73.5
硝态氮淋洗	11	3.7～77.7	31.3	80.0
氧化亚氮排放	14	0.0～6.7	0.3	—

春东北玉米植株收获带走的氮素占总氮投入量的比例平均为 62%。氨挥发、氧化亚氮排放和硝酸盐淋洗三种损失途径其占总氮投入量的平均比例分别为 15%、0.6% 和 3.4%。氮素总输出量平均为总投入量的 228 kg N/hm^2，玉米植株收获带走是磷、钾养分的主要输出方式，磷、钾总输出量分别为 47.7 kg P/hm^2 和 135.8 kg K/hm^2。

东北纯玉米氮素平衡平均为 52.8 kg N/hm^2，磷和钾占总磷、钾养分投入量的平均比例分别为 80% 和 139%，因此磷素养分一般为盈余状态，平均盈余量为 9.0 kg P/hm^2，而钾素养分则为亏缺状态，平均亏缺量为 38.3 kg K/hm^2(表 9-12)。

表 9-12　东北春玉米农田氮、磷、钾养分平衡状况

指标	氮/(kg N/hm²)	磷/(kg P/hm²)	钾/(kg K/hm²)
化肥	204	39	75
有机肥	41.0	17.5	22.4
种子带入	0.7	0.2	0.1
灌溉水	—	—	—
氮沉降	20	—	—
生物固氮	15	—	—
总输入	280.7	56.7	97.5
收获带走	174	47.7	135.8
氨挥发	42.8	—	—
氧化亚氮排放	1.6	—	—
硝酸盐淋洗	9.5	—	—
径流	—	—	—
总输出	227.9	47.7	135.8
平衡	52.8	9.0	−38.3

基于^{15}N示踪研究发现(表 9-13),不同土壤质地条件下肥料氮素施用后当季被春玉米植株吸收的比例为 25.3%～35.9%,残留在土壤中的比例为 26.4%～39.9%,而损失进入环境的比例为 31.8%～48.3%。春玉米种植过程中,氮素以氨挥发形式的损失量占施氮量的 17%～24%,以氧化亚氮形式排放的比例为 0.4%～0.7%,而以硝酸盐淋洗形式损失的比例一般不超过 5%。

表 9-13　不同土壤类型上夏玉米施用氮肥后的去向　　%

土壤类型	植物吸收			土壤残留			环境损失		
	第一季	第二季	总计	第一季	第二季	总计	第一季	第二季	总计
黏土	27.5	6.9	34.4	39.9	19.6	19.6	32.6	13.4	46.0
砂土	25.3	2.8	28.1	26.4	7.6	7.6	48.3	16.0	64.3
壤土	35.9	8.0	43.8	32.3	14.9	14.9	31.8	9.4	41.3

三、玉米养分资源管理基本原理

玉米养分综合管理的基本原理是以生长发育、养分吸收、土壤养分供应等规律为基础,兼顾作物－土壤－环境－肥料系统养分的协调和同步,从养分数量、形态、施肥时间和施用方法对养分进行调控。我国玉米生产的化肥用量总体偏高且养分间不平衡,导致肥料利用率低,应根据养分特点、调整管理策略。氮肥采用总量控制、分期调控技术,磷钾肥采用恒量监控技术,中微量元素采用因缺补缺技术。玉米生育期温度高、降水量大、养分损失严重,在推荐施肥的基本上应重视分期施肥技术的应用。我国玉米生产集约化程度高,应考虑轮作体系、重视前后茬养分的综合管理,而且种植范围广、区域间土壤养分供应强度差异大,应重视测土施肥技术。

肥料施用与深松、增密等高产栽培技术相结合。

四、玉米养分资源综合管理技术

(一)华北夏玉米养分资源综合管理技术

1. 华北夏玉米生产中主要问题

①品种繁杂、播种密度低,难以构建高产高效群体,光温资源利用效率低。

②施肥不合理,如氮肥用量偏高、氮磷钾施用不平衡,一次性施肥比例高、追肥方式粗放。

③农技农艺不配套,种肥同播和秸秆还田等导致播种质量差。

④倒伏、旱涝、冰雹、病虫害等逆境环境频繁,导致减产严重等。

2. 玉米综合管理技术模式

①播种技术。品种宜选用紧凑中大穗型、抗逆性强的优质新品种。播种前包衣、控制病虫害。小麦一玉米轮作体系,小麦收获后及时播种玉米,夏玉米播种期通常在 6 月上旬。紧凑大穗型品种播种 7.5 万株/hm^2,紧凑型中穗品种 7.5 万~8.25 万株/hm^2。播种方式采用麦收后免耕机械种肥同播,采用等行距或宽窄行机械播种,播深 3~5 cm。

②施肥技术。氮肥采用总量控制、分期调控技术,适当增加生育中期的氮肥施用比例;轻施苗肥、重施大口肥;磷钾恒量监控,中微量元素因缺补缺;增施有机肥,提倡有机无机配合。小麦一玉米轮作体系中夏玉米岔口紧,可考虑周年有机肥施用策略,即在小麦播前施用有机肥。

③田间管理。玉米 3 叶期间苗,5 叶期定苗。间苗时去弱苗和过大苗,留壮苗和匀苗,去病残苗,留健苗,确保苗全、苗齐、苗匀、苗壮,提高群体整齐度。定苗时可多留苗 5%,用于后期田间管理拔除病株、弱株。

④化控技术。小喇叭口期防治玉米螟。玉米后期易发生锈病、褐斑病,发病初期进行喷雾防治,灌浆期防治红蜘蛛、锈病和纹枯病。

⑤灌溉技术。底墒不足时,应及时浇"蒙头水",确保苗齐、苗匀、苗壮。大喇叭口期以后,玉米需水量增大,遇旱要及时浇水,防止"卡脖旱"。抽雄期是玉米需水关键期,遇旱要及时浇水,以利于开花。

⑥适当晚收。叶色变白、苞叶干枯、苞叶口张开,籽粒乳线消失、籽粒尖冠部黑色层出现,即可收获,收获后要及时晾晒。收获的玉米秸秆应及时还田、以培肥地力。

(二)东北春玉米养分资源综合管理技术

1. 东北春玉米施肥问题

①氮肥一次性施肥面积较大,在一些地区易造成前期烧种(苗)和后期脱肥。

②磷钾肥施用时期和方式不尽合理,没有充分发挥磷钾肥的效果。

③重大量元素、轻中微量元素,忽略养分协同增效。

④有机肥施用量较低,秸秆还田比例较低。

⑤种植密度较低,保苗株数不够,影响肥料效果的发挥。

⑥耕层过浅,影响根系发育,易旱易倒伏,水肥效率不高。

2. 东北春玉米养分资源管理技术

①测土配方施肥技术。依据土壤测试结果,结合区域目标产量,确定氮磷钾肥合理用量,

氮肥采用分次施用，磷钾肥作底肥一次性施用，中微量元素因缺补缺。

②化肥减施技术。秸秆全量还田时，化肥施用时钾肥的用量减施 20～30 kg/hm^2。

③启动肥抗逆技术。秸秆覆盖或条耕地块，适当增施磷酸二铵作为启动肥，推荐用量为 25～50 kg/hm^2。

④春玉米控释肥料高效施用技术。满足一次性施肥的区域，可采用包含 30%释放期为 50～60 d 控释氮素的掺混肥料，通过春玉米精量播种施肥联合作业机械以底肥的方式进行施用，施肥深度为种子侧下方 12～15 cm。

⑤土壤深松技术。针对东北地区春玉米生产中犁底层限制水分养分效率提升的问题，在玉米苗期或收获之后，采用大马力深松机械对土壤进行深松作业，深松深度为 35～40 cm。

(三)西北春玉米养分资源综合管理技术

1. 西北春玉米施肥问题

①氮肥用量大，且时期分配不合适，全膜覆盖下后期追肥难的问题。

②基肥中复合肥的配比不合适，高氮复合肥比例较多。

③重大量元素、轻中微量元素，忽略养分协同增效。

④有机肥施用量较低，秸秆还田比例较低。

⑤种植密度较低，保苗株数不够，影响肥料效果的发挥。

2. 西北春玉米养分资源管理技术

①测土配方施肥技术。依据土壤测试结果，结合区域目标产量，确定氮、磷、钾肥合理用量，氮肥采用分次施用，磷、钾肥作为底肥一次性施用，中微量元素因缺补缺。

②有机肥替代减施化肥技术。有机肥用量 15～22.5 t/hm^2，在整地前，将有机肥均匀撒施后翻耕，化肥施用时肥料用量减施 15%～20%。

③春玉米缓/控释肥料轻简化施用技术。满足一次性施肥的区域，可通过春玉米精量播种施肥机械以将新型缓控释肥料以底肥的方式进行施用，施肥深度为种子侧下方 12～15 cm。

④水肥一体化技术。基于西北春玉米水分养分需求规律，通过水肥一体化技术实现水肥协同增效的作用。水肥一体化技术中磷钾肥全部用作底肥施用，氮肥通过水肥耦合的方式施用。

⑤土壤保墒技术。针对西北地区春玉米生产中水分限制因素，在整地后播种前，通过对地块进行全覆盖或半覆盖的覆膜作业，实现土壤保墒的作用。

第三节　水稻养分资源管理理论与技术

水稻是世界第三大粮食作物，播种面积和总产量仅次于玉米和小麦，全球约有半数人口以稻米为主要粮食。我国水稻总产量居世界第一位，种植面积约占粮食作物总面积的 1/4，其中水稻种植面积的 90%以上分布在秦岭—淮河以南的成都平原、长江中下游平原、珠江流域的河谷平原和三角洲地带。

一、水稻生长发育与养分需求特征

(一)水稻生长发育与干物质累积规律

水稻生育期可分为营养生长期和生殖生长期(表 9-14)。从稻种萌发到幼穗分化的生长阶段为营养生长期，该阶段包括幼苗期和分蘖期，主要建成根、叶和分蘖等营养器官。幼苗期是水稻从播种到长出第三片叶的阶段，分蘖期是第四片叶伸出发生分蘖到拔节的阶段。茎秆和叶片作为营养器官，其干物质量呈先升后降趋势(图 9-11)。水稻生殖生长期包括幼穗发育期和开花结实期。在幼穗发育期，营养生长如茎节间伸长、上位叶生长和根系发生仍在进行，幼穗发育期是营养生长和生殖生长并进期。穗是水稻最主要的营养物质储藏场所，其干物质量从齐穗期(80%的植株抽穗时)开始逐渐增加(图 9-11)。开花结实期是指从抽穗扬花到籽粒成熟，又可分为扬花期、乳熟期、蜡熟期(黄熟期)和完熟期。

表 9-14　水稻生长发育过程与生育期

<table>
<tr><td>幼苗期</td><td>秧田分蘖期</td><td colspan="3">分蘖期</td><td colspan="2">幼穗发育期</td><td colspan="3">开花结实期</td></tr>
<tr><td colspan="2">秧田期</td><td>返青期</td><td>有效分蘖期</td><td>无效分蘖期</td><td>幼穗形成期</td><td>孕穗期</td><td>乳熟期</td><td>腊熟期</td><td>完熟期</td></tr>
<tr><td colspan="5">营养生长期</td><td colspan="2">营养生长与生殖生长并进期</td><td colspan="3">生殖生长期</td></tr>
<tr><td colspan="2">—</td><td colspan="3">穗数决定阶段</td><td colspan="2">穗数巩固阶段</td><td colspan="3">—</td></tr>
<tr><td colspan="2">—</td><td colspan="3">粒数奠定阶段</td><td colspan="2">粒数巩固阶段</td><td colspan="3">—</td></tr>
<tr><td colspan="2">—</td><td colspan="3">—</td><td colspan="2">粒重奠定阶段</td><td colspan="3">粒重巩固阶段</td></tr>
</table>

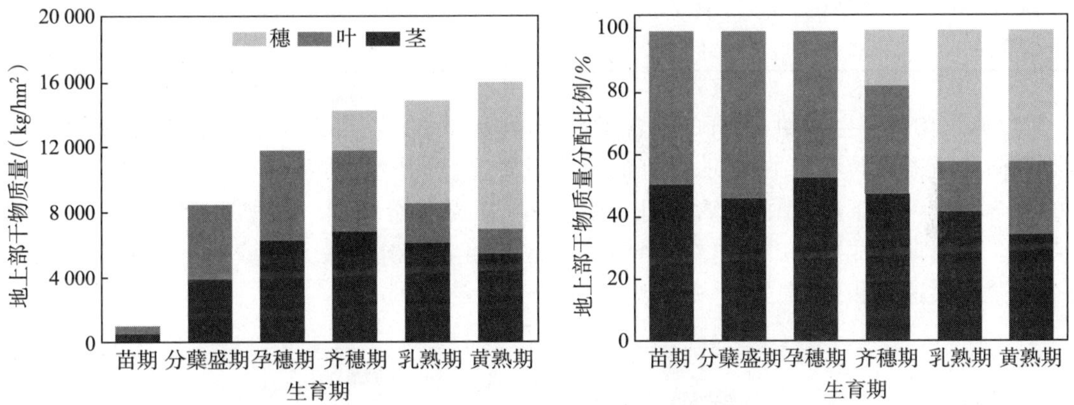

图 9-11　水稻各生育时期不同器官的干物质量及分配比例

(二)水稻养分吸收规律

1. 水稻大量元素吸收规律

(1)氮。分蘖期与拔节期时，叶片的氮含量最高(图 9-12)。进入抽穗期，氮开始从营养器官向生殖器官转移，叶片的氮含量最高、穗次之、茎秆最少。至成熟期，叶和茎的氮含量进一步下降，穗的氮含量无明显变化。随着生育期进行，地上部氮累积量不断增加，至成熟期达到最大。在最大分蘖期—抽穗期，地上部氮主要累积在叶片和茎秆中(表 9-15)。抽穗期—成熟期，叶和茎中的氮向穗转运。

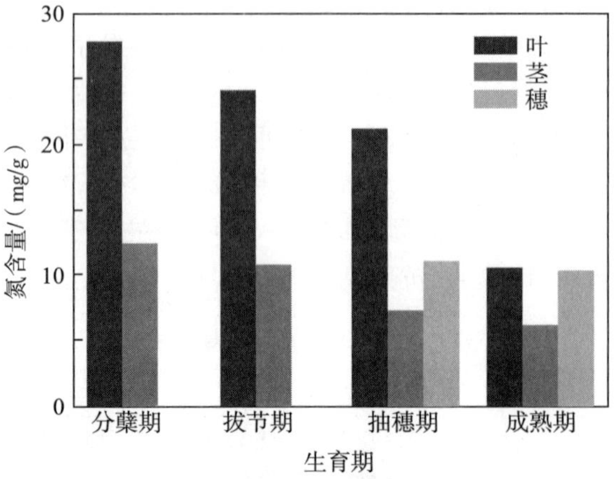

图 9-12 水稻各生育期氮含量

表 9-15 水稻各生育期不同部位氮累积量及分配比例

水稻生育期	地上部氮累积量/(kg/hm²)			分配比例/%		
	叶	茎	穗	叶	茎	穗
分蘖期	58.6	28.5	—	67.3	32.7	—
拔节期	83.2	43.0	—	65.9	34.1	—
抽穗期	95.8	52.7	18.8	57.3	31.5	11.2
成熟期	39.7	42.1	111.6	20.5	21.8	57.7

(2)磷。在营养生长期,茎秆的磷含量高于叶(图 9-13)。当进入生殖生长期,磷开始从营养器官向生殖器官转移。抽穗期,茎秆的磷含量最高、叶片次之、穗最低;至成熟期,叶片和茎秆的磷含量进一步下降,穗的磷含量进一步升高。在最大分蘖期—抽穗期,地上部磷主要累积在茎秆。抽穗期—成熟期,叶和茎的磷向穗转运。地上部磷在最大分蘖期—拔节期以及抽穗期—灌浆期快速累积,至灌浆期—成熟期略微下降(表 9-16)。

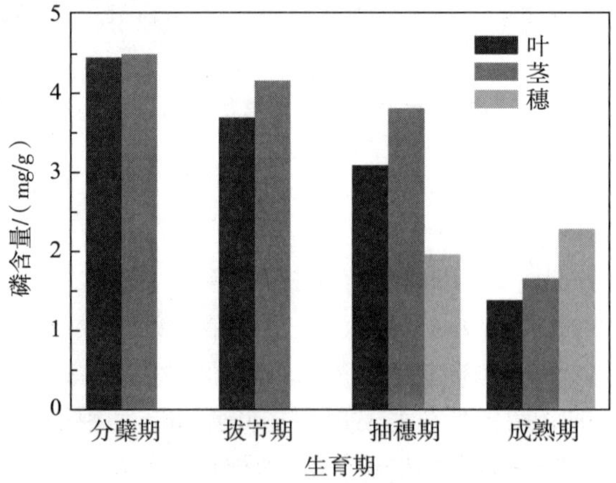

图 9-13 水稻各生育期磷含量

表 9-16　水稻各生育期不同部位磷累积量及分配比例

	地上部磷累积量/(kg/hm²)			分配比例/%		
	叶	茎	穗	叶	茎	穗
分蘖期	10.0	10.6	—	48.6	51.4	—
拔节期	12.6	14.3	—	46.8	53.2	—
抽穗期	14.0	30.6	3.3	29.2	63.9	6.9
成熟期	5.3	12.5	24.6	12.6	29.5	58.0

(3)钾。在拔节期,茎秆的钾含量高于叶片(图 9-14)。进入生殖生长期,钾开始从营养器官向生殖器官转移,但茎秆的钾含量仍高于叶片与穗。在整个生育期,地上部钾主要累积在茎秆中。地上部钾在最大分蘖期—拔节期以及抽穗期—灌浆期快速累积,至灌浆期—成熟期略微下降。(表 9-17)。

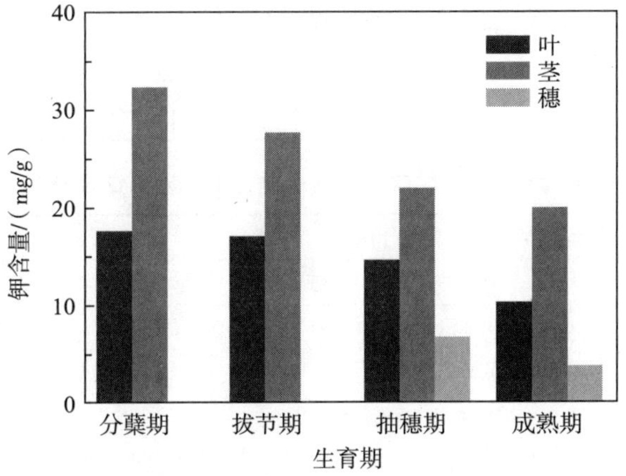

图 9-14　水稻各生育期钾含量

表 9-17　水稻各生育期不同部位钾累积量及分配比例

	地上部钾累积量/(kg/hm²)			分配比例/%		
	叶	茎	穗	叶	茎	穗
分蘖期	39.3	76.0	—	34.1	65.9	—
拔节期	60.6	110.5	—	35.4	64.6	—
抽穗期	65.9	146.8	11.6	29.4	65.5	5.2
成熟期	40.3	151.6	41.0	17.3	65.1	17.6

2. 水稻中微量及有益元素吸收规律

地上部镁在最大分蘖期—抽穗期快速累积,开花期累积减慢,灌浆期—成熟期不再增加。地上部镁在最大分蘖期—拔节期主要累积在叶片,抽穗期叶片中的镁开始向茎和穗转运(表 9-18)。地上部锌在最大分蘖期—抽穗期快速累积,抽穗期累积减慢,灌浆期—成熟期不再增加。地上部锌在最大分蘖期—拔节期主要累积在茎秆,抽穗期叶片和茎中的锌开始向穗转运(表 9-19)。地上部硅在分蘖期—抽穗期快速累积。地上部硅在分蘖期—拔节期主要累积在茎鞘,抽穗期叶片和茎秆中的硅开始向穗转运(表 9-20)。

表 9-18 水稻各生育期不同部位镁累积量及分配比例

	地上部镁累积量/(kg/hm²)			分配比例/%		
	叶	茎	穗	叶	茎	穗
分蘖期	7.0	4.6	—	60.4	39.6	—
拔节期	12.0	7.8	—	60.6	39.4	—
抽穗期	13.5	15.2	2.1	43.9	49.3	6.8
成熟期	9.6	13.6	7.9	30.9	43.6	25.5

表 9-19 水稻各生育期不同部位锌累积量及分配比例

	地上部锌累积量/(g/hm²)			分配比例/%		
	叶	茎	穗	叶	茎	穗
分蘖期	29.8	41.0	—	42.1	57.9	—
拔节期	—	—	—	—	—	—
抽穗期	93.3	254.0	65.9	22.6	61.5	15.9
成熟期	78.7	177.1	204.7	17.1	38.5	44.5

表 9-20 水稻各生育期不同部位硅(SiO_2)累积量及分配比例

	地上部硅累积量/(kg/hm²)			分配比例/%		
	叶	茎	穗	叶	茎	穗
分蘖期	8.9	20.4	—	30.4	69.6	—
拔节期	65.3	81.0	—	44.6	55.4	—
抽穗期	120.3	148.5	49.9	37.7	46.6	15.7
成熟期	190.0	264.6	204.6	28.8	40.1	31.0

二、水稻集约化农田养分来源、去向及循环特征

(一)水稻集约化农田氮素来源、去向及循环特征

水稻生产所需的氮主要来源于肥料和土壤养分供应。在 1988—2017 年的 30 年间,全国稻区平均施氮量为 215 kg N/hm²,各稻区氮肥施用量存在差异。东北、西南、长江中游(早稻)、华南(双季)和长三角稻区水稻平均施氮量分别为 159 kg N/hm²、173 kg N/hm²、179 kg N/hm²、284 kg N/hm²和 279 kg N/hm²(图 9-15)。东北、西南、长江中游(早稻)、华南(双季)和长三角稻区平均氮携出量为 124 kg N/hm²、168 kg N/hm²、159 kg N/hm²、215 kg N/hm²和 170 kg N/hm²。东北、西南、长江中游(早稻)、华南(双季)和长三角稻区稻田氮盈余量年均分别为 35 kg N/hm²、5 kg N/hm²、20 kg N/hm²、69 kg N/hm²和 109 kg N/hm²。

稻田氮素的去向包括水稻收获携出的氮和多种环境氮损失。氮损失包括氨挥发、硝化一反硝化、地表径流和淋洗等。在利于氨挥发的条件,稻田通过氨挥发损失的氮占施氮量的 9%～42%,是氮损失的主要途径。稻田土壤进行的硝化一反硝化作用,其中间产物可被水溶解,形成的 N_2O 和 N_2 自土壤逸出,是土壤氮损失的基本途径之一。硝态氮是氮淋洗的基本形态,双季稻氮淋洗总量约 30 kg N/hm²。

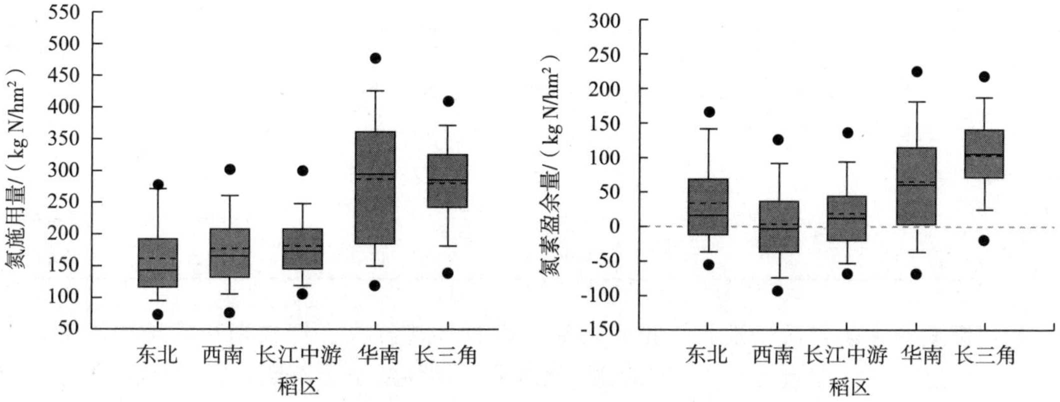

图 9-15　不同区域稻田氮肥施用量和土壤氮盈余量

(二)水稻集约化农田磷素来源、去向及循环特征

水稻生产所需的磷主要来源于肥料和土壤养分供应。土壤供应的磷占水稻植株吸磷量的75%～90%，不同类型土壤的供磷能力存在差异。东北、长三角、长江中游、华南和西南稻区土壤有效磷含量分别为21.8 mg/kg、20.1 mg/kg、17.2 mg/kg、33.7 mg/kg和12.5 mg/kg。在1988—2017年的30年间，东北、长三角、长江中游、华南和西南稻区每年水稻的施磷量平均分别为86 kg P_2O_5/hm^2、80 kg P_2O_5/hm^2、71 kg P_2O_5/hm^2、89 kg P_2O_5/hm^2和70 kg P_2O_5/hm^2；各稻区水稻收获年平均携带的磷总量为46 kg P_2O_5/hm^2、59 kg P_2O_5/hm^2、36 kg P_2O_5/hm^2、38 kg P_2O_5/hm^2和43 kg P_2O_5/hm^2；各稻区的年均磷盈余量为40 kg P_2O_5/hm^2、21 kg P_2O_5/hm^2、35 kg P_2O_5/hm^2、51 kg P_2O_5/hm^2和27 kg P_2O_5/hm^2。

施入土壤的磷大部分会转化为难溶态磷，致使磷肥当季利用率仅为10%～25%。淹水可降低土壤对磷的固定能力，提高磷的溶解性，有利作物吸收利用。稻田磷的去向包括水稻收获携带的磷素和多种环境损失。稻田磷素损失主要是径流和无效化损失。稻田磷损失多发生于1～5 cm土壤，包括解吸、溶解、扩散等一系列物理化学变化，无水层发生淋洗的可能性小。

(三)水稻集约化农田钾素来源、去向及循环特征

水稻生产所需的钾主要来源于肥料和土壤养分供应。稻田土壤每季水稻的平均供钾量为81～126 kg K/hm^2。全国稻区土壤平均速效钾含量为96 mg/kg，东北、长三角、长江中游、华南和西南稻区土壤的速效钾含量分别为149 mg/kg、91 mg/kg、73 mg/kg、78 mg/kg和90 mg/kg。在1988—2017年的30年间，东北、长三角、长江中游、华南和西南区域每季水稻的钾肥投入平均为61 kg K_2O/hm^2、72 kg K_2O/hm^2、77 kg K_2O/hm^2、128 kg K_2O/hm^2和59 kg K_2O/hm^2（表9-21）。各稻区水稻收获年平均携带的钾总量为157 kg K_2O/hm^2、240 kg K_2O/hm^2、230 kg K_2O/hm^2、125 kg K_2O/hm^2和195 kg K_2O/hm^2。

表 9-21　不同区域稻田每季水稻钾肥用量

区域	样本数	最小值/（kg K_2O/hm^2）	最大值/（kg K_2O/hm^2）	平均值/（kg K_2O/hm^2）	标准差/（kg K_2O/hm^2）	变异系数/%
东北	31	1.50	90.00	61.17	30.06	49.15

续表 9-21

区域	样本数	最小值/(kg K_2O/hm^2)	最大值/(kg K_2O/hm^2)	平均值/(kg K_2O/hm^2)	标准差/(kg K_2O/hm^2)	变异系数/%
长三角	355	45.00	269.30	72.09	15.79	21.91
长江中游	327	3.75	435.00	77.06	67.06	87.03
华南	258	12.00	465.00	128.20	86.57	67.55
西南	119	5.00	243.90	59.10	41.42	70.08

稻田钾素的去向包括水稻收获携带的钾和多种环境损失。钾在稻田系统中不形成有机态，几乎不进入大气，随水迁移流动比磷强、比氮弱。钾易从土壤淋洗，稻田钾素的损失以淋洗为主，一般南方水田约为 10 kg K/hm^2、北方水田约为 5 kg K/hm^2。

三、水稻养分管理基本原理与主要技术

(一)水稻养分管理基本原理

水稻养分管理是以水稻生长发育规律、养分需求规律、产量和品质形成规律等为依据，在土壤和环境养分供应的基础上，以施肥(数量、时期、方法和种类)为主要调控手段，同时结合当地高产管理措施(品种、耕作、灌溉等)，提高养分利用效率，提升产量、品质和环境效益。

(二)水稻养分管理主要技术

1. 氮肥总量控制、分期调控，磷钾肥恒量监控技术

氮肥总量控制、分期调控的技术要点：①根据目标产量、依据肥料效应函数确定水稻需氮量；②测定根层土壤氮素养分含量，确定土壤氮素养分供应能力；③根据水稻生长规律和养分吸收规律，在移栽前(基肥)、分蘖期(蘖肥)、幼穗分化期(穗肥)3 个关键期施用氮肥。以江苏省水稻为例，不同产量目标的氮肥推荐用量见表 9-22。

表 9-22 江苏省水稻氮肥推荐用量

不施肥空白区产量/(kg/hm^2)	水稻目标产量/(kg/hm^2)											
	7 500				9 000				10 500			
	总量	基肥	分蘖肥	穗肥	总量	基肥	分蘖肥	穗肥	总量	基肥	分蘖肥	穗肥
3 675	168	67	34	67	260	105	50	105	275	110	55	110
4 500	133	53	27	53	225	90	45	90	235	94	47	94
5 250	100	40	20	40	185	75	35	75	195	78	39	78
6 000	68	27	14	27	150	60	30	60	—	—	—	—
6 750	33	13	7	13	113	45	23	45	—	—	—	—

磷钾肥恒量监控的技术要点：①根据前茬作物产量和秸秆还田量，估算前茬作物养分归还量；②基于养分平衡，恒量养分输入(化肥、有机肥和残茬等)和输出(目标产量)关系。依据不同产量目标和土壤肥力情况，可参考以下的磷、钾肥施用量对稻田养分进行供应(表 9-23)。

表 9-23　江苏省稻区土壤磷、钾分级及水稻磷、钾肥推荐用量

产量水平/(kg/hm²)	肥力等级	有效磷含量/(mg/kg)	磷肥推荐用量/($kg\ P_2O_5/hm^2$)	速效钾含量/(mg/kg)	钾肥推荐用量/($kg\ K_2O/hm^2$)
7 500	极低	<5	60	<50	135
	低	5~10	45	50~100	105
	中	11~20	30	101~130	75
	高	21~30	0	131~160	45
	极高	>30	0	>160	0
9 000	极低	<5	90	<50	170
	低	5~10	70	50~100	130
	中	11~20	50	101~130	90
	高	21~30	30	131~160	50
	极高	>30	0	>160	0
10 500	极低	<5	120	<50	205
	低	5~10	95	50~100	165
	中	11~20	70	101~130	125
	高	21~30	45	131~160	85
	极高	>30	15	>160	45

2. 基于中微量元素因缺补缺技术

主要通过定期土壤测试、植株诊断以及田间生物效应来判断该中微量元素是否为产量限制因素，若低于临界水平则考虑施用相应的微肥。例如，锌的临界水平为 0.5 mg/kg(表 9-24)。使用中微量元素前，要排除其他产量限制因素；同时要注意肥料的用量、种类、方法和时间，避免引起毒害。

表 9-24　江苏省土壤微量元素丰缺指标及其对应微肥的用量

元素	提取方法	临界水平/(mg/kg)	基施用量/(kg/hm^2)	施用方法
Mg	NH_4Cl-NH_4Ac	100	$MgSO_4 \cdot 7H_2O$:250~300	基肥、叶面肥
Zn	DTPA	0.5	$ZnSO_4$:15~30	基肥、种肥、叶面肥
Si	1 mol/L 乙酸钠缓冲液	100	偏硅酸钠:150~200	一般为基肥
Ca	NH_4Cl-NH_4Ac	800	CaO:5~10	基肥、叶面肥
B	沸水	0.5	硼砂:8~12	基肥、种肥、叶面肥

3. 基于水稻高产、优质、高效栽培技术

基于水稻生长发育规律、养分需求规律、产量和品质形成规律，通过优化施肥(数量、时期、方法和种类)，进行有机无机配施，协调作物个体发育与群体建成、作物与环境的协同效应，综合土、肥、水、种、密等栽培措施，使水稻生产沿着高产、优质、高效方向发展。

四、水稻养分综合管理技术

(一)水稻施肥问题和施肥原则

1. 水稻施肥问题

①有机肥施用较少;②氮肥普遍施用过量,且前期施用过多;③基肥重浅施、轻深施,常在整地表水后施用,养分易流失。

2. 水稻施肥原则

①增施有机肥,有机无机相结合;②控制氮肥总量,调整基追比例,减少前期氮肥用量,强调氮肥分次施用;③做到基肥深施,先施肥再翻地;④在油稻轮作田,可适当减少水稻季磷肥用量;⑤在选择肥料品种时,可优先选择低浓度磷肥,如钙镁磷肥和普钙等;钾肥可选择氯化钾。

(二)水稻养分资源管理技术

1. 长江中下游单季稻养分资源管理技术

在产量 8.2～9.0 t/hm^2 的情况下,粳稻氮肥用量推荐为 225～270 kg N/hm^2,籼稻氮肥用量推荐为 180～225 kg N/hm^2;磷肥为 50～75 kg P_2O_5/hm^2;钾肥为 70～90 kg K_2O/hm^2。氮肥分次施用,基肥∶分蘖肥∶促花肥∶保花肥为 4∶2∶2∶2,磷肥全部基施,钾肥分基肥和穗肥(1∶1)施用。基肥在整地耕翻前施入,再上水栽秧。同时,在移栽前、分蘖期、拔节孕穗期和灌浆期等关键时期做好水肥管理。

2. 长江中游双季稻养分资源管理技术

在产量为 8.2～9.0 t/hm^2 的情况下,早、晚稻氮肥用量推荐为 150～180 kg N/hm^2,磷肥为60～75 kg P_2O_5/hm^2,钾肥为 100～130 kg K_2O/hm^2。氮肥分次施用,基肥∶蘖肥∶穗肥按 2∶1∶1,磷肥全部基施,钾肥分基肥和穗肥(1∶1)施用。基肥在整地耕翻前施入,再上水栽秧。同时,在移栽前、分蘖期、拔节孕穗期和灌浆期等关键时期做好水肥管理。早稻可适当增加基肥氮肥投入,预防前期低温对幼苗造成伤害。

3. 北方水稻养分资源管理技术

在产量为 8.0～10.0 t/hm^2 的情况下,氮肥用量推荐为 90～120 kg N/hm^2,磷肥用量推荐为 35～45 kg P_2O_5/hm^2;钾肥为 60～75 kg K_2O/hm^2。氮肥分次施用,基肥∶蘖肥∶穗肥∶粒肥按 4∶2∶2∶2,磷肥全部基施,钾肥分基肥和穗肥(1∶1)施用。基肥在整地耕翻前施入,再上水栽秧。同时,在移栽前、分蘖期、拔节孕穗期和灌浆期等关键时期做好水肥管理。

(三)养分综合管理配套措施

1. 品种选用和种子处理

适合当地环境条件的优质高产、抗逆性好、抗病虫害能力强的品种。浸种前需晒种 2～3 d,以增强种子发芽势。浸种消毒后催芽,确保芽齐、芽壮、发芽率高。

2. 湿润育秧

选择易灌易排的田块做秧田,播前 1～2 d 整理平整。种子均匀播种,播后踏谷,用地膜覆盖、保温促全苗。

3. 有机无机肥配施

施用有机肥的情况下,替代氮肥比例 20%及以下效果较佳。

4.整地与机械插秧

整地前要清理和维修好灌排水渠，保证畅通。整地要求早翻耕，灌水耖平、保证泥烂田平，高低落差控制在 3 cm，移栽前 1～2 d 完成，待泥土沉实后移栽。

5.病虫害防治

依据田间情况和预测预报，重点防治稻纵卷叶螟、纹枯病、稻飞虱、穗颈病等。

6.适时收获

当 85%～90%稻谷籽粒黄熟时为收获适期，抢晴收割。

第四节　马铃薯养分资源管理理论与技术

马铃薯为多年生草本块茎植物，栽培历史悠久，营养丰富、适应性强、分布广，是一种产量高、经济价值高的宜粮、宜菜、宜饲、宜作工业原料的作物，是我国第四大主粮。马铃薯的主要器官包括叶片、地上茎、地下茎、根、花、果实与种子、匍匐茎、块茎（图 9-16）。个体的生长发育从块茎萌发芽条形成主轴开始，有序地形成地下部根系、匍匐茎、块茎和地上部的茎、叶、花、果系统，完成芽条生长期、幼苗期、块茎形成期、块茎膨大期、淀粉积累期一个生育周期。

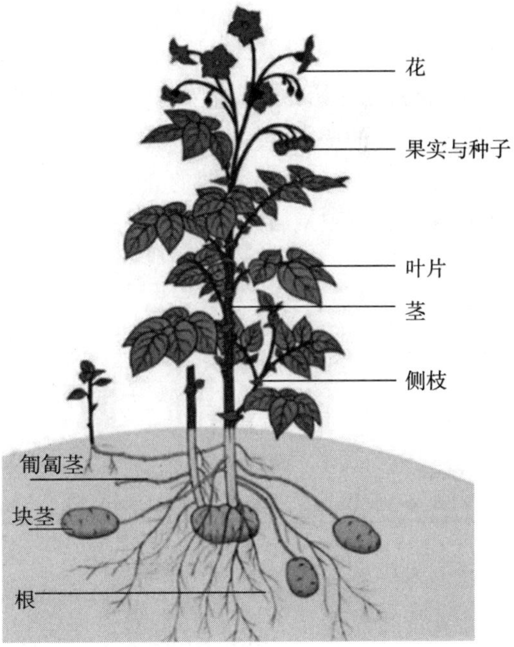

图 9-16　马铃薯植株形态

一、马铃薯生长发育与养分需求特征

(一)马铃薯生长发育与干物质累积规律

马铃薯的生育从种薯（块茎）萌芽开始（图 9-17）。芽条生长期是从播种至幼苗出土，持续 20～30 d，此期种薯的养分迅速转化并供给幼芽和幼根生长。苗期是从出苗至现蕾，以茎叶生长和根系发育为中心，同时伴随匍匐茎的形成伸长，持续 20～25 d，所累积的干物质约占总干物重的 5%。块茎形成期是指现蕾至开花期，地上部茎叶生长和地下部块茎形成成为共同的生长中心，经历 20～30 d，马铃薯干物质快速累积，约占全生育期的 30%。块茎膨大期以块茎体积和重量增长为中心，茎叶和块茎的生长迅速，是马铃薯植株干物质累积最大时期，该时期持续 30～35 d，干物质累积量约占全生育期的 60%，茎叶干物重和块茎干物重达到平衡标志着块茎形成期的结束。淀粉累积期是以淀粉转运累积为中心，块茎内淀粉含量迅速增加，干物质累积减缓，占全生育期的 5%～10%。

(二)马铃薯养分需求及其阶段性特征

马铃薯生物量的 95%由碳、氢、氧三种元素组成，矿质养分仅占马铃薯干物质比重的 5%，但对马铃薯的生命活动不可缺少。苗期的茎叶及地下部生长量较小，对养分需求较少，仅占全

图 9-17　马铃薯不同生育期植株形态特征

a. 芽条生长期　b. 苗期　c. 块茎形成期　d. 块茎膨大期　e. 淀粉累积期

生育期的 15%～20%，此时种薯仍可为马铃薯生长提供养分。块茎形成期的主茎开始急剧拔高，主茎顶部开始孕育花蕾；地下部匍匐茎停止伸长，顶端开始膨大，是养分需求的关键时期，该时期养分的吸收量占全生育期的 33%～40%。块茎膨大期的块茎迅速生长，为需肥高峰期，养分吸收量占全生育期的 37%～40%。淀粉累积期，马铃薯的生长发育变缓，主要过程是块茎内淀粉的积累，该时期对养分的需求仅占全生育期的 3%～9%(表 9-25)。

表 9-25　高产群体马铃薯不同生育阶段养分吸收的比率　　%

生育时期	氮	磷	钾
苗期	15	18	20
块茎形成期	40	33	40
块茎膨大期	40	40	37
淀粉累积期	5	9	3

1. 马铃薯氮素营养特征

马铃薯根系从土壤中吸收的氮以 NO_3^- 和 NH_4^+ 为主。氮促进马铃薯营养器官形成和生长，充足的氮促进根系发育、增强植株的抗旱性、提高出苗率、促进茎叶生长。生产 1 000 kg 马铃薯块茎，需氮量为 4.5～6.0 kg。马铃薯苗期和淀粉累积期的氮需求量少，块茎形成期和块茎膨大期是马铃薯需氮的关键时期，吸收的氮占全生育期的 80%。块茎的形成与氮的数量、时间、形态密切相关。相对于高浓度的氮，低浓度的氮更利于块茎形成，供应 NH_4^+-N 促进马铃薯提前结薯，供应 NO_3^--N 增加马铃薯结薯数量。

2. 马铃薯磷素营养特征

马铃薯植株体内磷含量为干物重的 0.4%～0.8%。磷在马铃薯体内流动性大，随生长中心由茎叶向块茎转移，磷也转向块茎。收获时，块茎磷约占全株磷总量的 70%，是磷的主要储藏场所。每生产 1 000 kg 块茎，马铃薯植株需磷(P_2O_5)量为 1.5～2.0 kg，马铃薯苗期和淀粉累积期的磷需求量少，块茎形成期和块茎膨大期马铃薯的需磷量占全生育期的 70%。

3. 马铃薯钾素营养特征

马铃薯的需钾量较大，钾占马铃薯灰分总量的 50%～70%。钾能增强马铃薯的抗倒伏、抗寒和抗病能力，促进块茎膨大，增加蛋白质、淀粉、纤维素含量，提高产量和品质。每生产 1 000 kg 块茎，马铃薯植株需钾(K_2O)量 8～10 kg，马铃薯苗期的需钾量占全生育期的 20%，块茎形成期和块茎膨大期马铃薯的需钾量占全生育期的 80%。

4. 马铃薯中微量元素营养特征

马铃薯对钙的需求量较大，植株钙含量占干重的 0.5%～2.5%；植株镁、硫含量分别占干重的 0.2%～1%、0.1%～0.5%。每生产 1 000 kg 块茎，马铃薯植株需吸收 2.25～4.25 kg CaO、0.7～1.2 kg MgO、0.5 kg S。马铃薯新鲜叶片的锰含量为 30～50 mg/kg，锌含量为 20～40 mg/kg，硼含量为 30～40 mg/kg。

二、马铃薯集约化农田养分来源、去向及循环特征

(一)氮素来源、去向与循环

马铃薯需求的养分来源有化肥、干湿沉降、灌水、非共生固氮、种子带入(表 9-26)。化肥是养分的重要来源，农户的氮肥用量在 150～450 kg N/hm^2，肥料氮占总氮投入量的 75%～90%。然而，马铃薯生产过程中的有机肥投入相对较高，如内蒙古马铃薯主产区 60%以上农户使用有机肥。

农田氮的输出包括收获的马铃薯块茎和氮素损失。马铃薯收获带走是氮输出的主要方式，为 82～212 kg N/hm^2，占总氮投入的 27%～41%。氮素损失主要包括氨挥发、氧化亚氮排放和淋洗损失三种途径，分别占总氮输出的 1.4%～25.0%、0.7%～1.6%、3.8%～18.2%。在南方马铃薯种植体系中，径流损失的氮占总输出的 6.7%。农田氮盈余为 132～247 kg N/hm^2。

表 9-26　马铃薯农田氮素平衡　　kg N/hm^2

指标	区域		
	北方－灌溉	北方－旱作	南方
化肥	353.1	132.5	190
有机肥	106.5	136.9	32.6
氮沉降	21.0	21.0	37.8
灌水带入的氮	10.8	—	2.7
非共生固氮	15.0	15.0	25.9
种子带入的氮	6.3	5	8.2
总输入	512.7	310.4	297.2
收获带走	211.9	82.5	104.4
氨挥发	3.7	2.9	41.3
反硝化	1.8	1.4	2.1
淋洗	48.4	—	6.2
径流	—	—	11.1
总输出	265.8	86.8	165.1
平衡	246.9	223.6	132.1

(二)磷素来源、去向与循环

马铃薯的磷素来源包括施肥、灌水、种子带入，其中施肥是磷素最主要的来源，占95%以上(表9-27)。作物收获是磷的主要输出方式，收获带走的磷为33～85 kg P_2O_5/hm^2，农田磷盈余52～71 kg P_2O_5/hm^2。在北方石灰性土壤，淋洗损失的磷不足3%；而在西南马铃薯混作区，磷的损失占磷肥用量的22%。

表9-27　马铃薯农田磷素平衡　　kg P_2O_5/hm^2

指标	区域		
	北方—灌溉	北方—旱作	南方
化肥	115.1	71.2	98.5
有机肥	22.7	29.2	12.8
灌水带入	—	—	0.3
种子带入	4.1	3.3	5.1
总输入	141.9	103.7	116.7
收获带走	84.8	33.0	34.8
损失	5.1	—	22.3
总输出	89.9	33.0	57.1
平衡	52.0	70.7	59.6

(三)钾素来源、去向与循环

马铃薯的钾素来源是化肥、灌溉水、种子，其中施肥是钾素主要的来源、占总投入的80%～95%，作物收获带走的钾为148～381 kg K_2O/hm^2。总体而言，北方旱作马铃薯表现为钾盈余，而北方灌溉马铃薯以及南方马铃薯种植区的呈现钾素亏缺状态(表9-28)。

表9-28　马铃薯农田钾素平衡　　kg K_2O/hm^2

指标	区域		
	北方—灌溉	北方—旱作	南方
化肥	156.3	105.2	36.7
有机肥	53.9	69.3	24.2
种子带入	10.8	8.6	14.0
总输入	221.0	183.1	74.9
总输出(收获带走)	381.5	148.5	145.3
平衡	−160.5	34.6	−70.4

(四)中微量元素的来源、去向与循环

马铃薯需要的钙、镁均主要来自土壤，土壤可提供450～1 500 kg/hm^{2}的有效钙，103～264 kg/hm^{2}的有效镁；土壤中的钙、镁就可满足马铃薯的需求，此外，钙、镁常随钙镁磷肥和过磷酸钙进入土壤；马铃薯从土壤带走钙34～104 kg/hm^2，镁11～28 kg/hm^2。马铃薯需要的微量元素基本来自土壤，只有表现出缺素症状时，才通过施肥补充。

三、马铃薯养分资源管理基本原理

马铃薯养分管理是以马铃薯生长发育规律、养分需求规律、产量和品质形成规律为依据，将土壤测试、肥料田间试验、植株测试相结合，通过对养分数量、形态、施用时期、施用位置等进行调控，以提高养分利用效率、提升产量、品质和环境效益。马铃薯的养分管理侧重氮、钾调控，土壤磷供应量在3～5年内变化较小，进行恒量监控，中微量元素采取因缺补缺方式。

四、典型区域马铃薯养分资源综合管理技术

马铃薯栽培遍及全国，共分4个区域：北方一作区、中原二作区、南方冬作区及西南混作区。其中，北方一作区包括黑龙江、吉林、河北北部、山西北部、内蒙古、西北北部、宁夏、甘肃、青海东部等，占全国总播种面积的43%；西南混作区包括云南、贵州、四川、重庆、西藏、湖北西部、湖南西部，占全国总播种面积的51%。马铃薯养分管理在区域上既有共同点，也存在差异。以北方一作区和西南混作区为例，阐明马铃薯养分资源综合管理的技术要点。

(一)马铃薯养分管理的共同特点

(1)块茎形成期和块茎膨大期是马铃薯快速生长期，该时期养分需求占全生育期的80%，需重视肥料供应、防止脱肥。生产中通过氮肥和钾肥后移保证马铃薯生长关键期对养分的需求。

(2)马铃薯是喜钾作物，也存在奢侈吸钾现象，故应依据马铃薯需钾规律适时调控钾肥。

(3)马铃薯忌连作，前茬应为非茄科类作物，以麦类茬、豆类茬较好。

(二)北方一作区马铃薯养分资源综合管理技术

1.氮钾后移、总量控制、分期调控的滴灌马铃薯养分管理综合技术

针对北方马铃薯产区土壤质地轻、保水保肥能力差，以及生产中基肥氮比重过大造成氮肥淋洗严重和氮钾奢侈吸收问题，形成“氮钾后移、总量控制、分期调节”为核心的养分管理方案，实现马铃薯养分需求与供应的时间匹配，提高养分利用效率。

养分管理技术要点：①根据目标产量，依据肥料效应函数确定生育期需肥量；②根据马铃薯生长规律和养分吸收规律，生育期利用SPAD仪、叶柄硝酸盐诊断、冠层反射仪推荐追施氮肥量，利用钾离子电极法进行钾肥推荐；③磷以恒量监控为原则，依据目标产量和土壤Olsen-P含量管理磷肥；④春耕时结合耕翻，施腐熟农家肥150～225 t/hm^2；⑤中微量元素遵循因缺补缺。

其他管理技术要点包括：①种薯准备，晒种催芽；②种植模式选择高垄滴灌，采用“一带双行”，三角种植；③全生育期灌溉8～10次；④病虫害防治包括种薯拌种，生长期防治草地螟、芫菁等害虫，防治早疫病和晚疫病等，叶面喷施微肥防止茎叶早衰。

2.基于水分高效利用的旱作马铃薯水肥管理技术

降水不足且无效降水频率高是限制北方马铃薯产量的根本原因，基于马铃薯生育期“集水、保水和用水相结合”的旱作马铃薯水分高效利用理论，建立了“微垄覆膜侧播”旱作马铃薯高效集雨栽培模式及该模式的养分管理指标体系，可使水分利用效率提高5%～32%，肥料利用率提高5%～40%。

养分管理技术要点：①无测土的区域，根据目标产量，借助肥料效应函数确定马铃薯生育

期需肥总量；②有测土的区域，依据土壤养分分级进行氮磷钾施用；③有机肥及中微量元素管理同上。

其他技术要点包括：①种薯准备；②种植模式为微垄覆膜侧播，施肥、起垄、覆膜、播种，采用一体机一次性完成作业；③病虫害防治。

(三)西南混作区马铃薯养分资源综合管理技术

养分管理技术要点：马铃薯在播种时，施腐熟农家肥 150～225 t/hm^2，化肥施用时期和施用量见表 9-29，中微量元素管理同上。

其他技术要点：①种薯准备；②种植模式为单作，高垄双行种植；与玉米间作，马铃薯双行种植、玉米双行种植；③水分管理为灌水 3～4 次；④病虫害防治。

表 9-29　马铃薯氮化肥用量及基追比例

养分	总量/(kg/hm^2)	各时期施肥比例/%	
		基肥	追肥
N	225～335	60	40(块茎形成期和膨大期各 20)
P_2O_5	90～135	80	20(块茎形成期)
K_2O	270～375	70	30(块茎膨大期)

第五节　油菜养分资源管理理论与技术

油菜是我国最重要的油料作物，兼油用、肥用、菜用、饲用、休闲观光等价值，发展油菜生产对保障国家粮油安全意义重大。我国油菜种植广泛，可分为 3 大类：半冬性油菜、冬性油菜和春油菜，对应的区域分别为长江流域、黄淮流域和高海拔或高纬度区域。

一、油菜生长发育与养分需求特征

1. 油菜生长发育与干物质累积规律

长江流域冬油菜种植最为广泛，面积和产量占全国的比例均达到 85%以上。冬油菜全生育期 180～220 d，可分为苗期、蕾薹期、花期、角果期和成熟期，具有生育期长、生物量大和养分需求量大的特点。苗期是油菜的营养生长阶段，干物质累积缓慢并且累积量较小，仅占整个生育期的 10%～30%(图 9-18)。蕾薹期是营养生长和生殖生长并进期，但以营养生长为主，是全生育期生物量累积速率最快的时期，干物质累积量占全生育期的 15%～25%。花期至成熟期约占全生育期 1/4，以生殖生长为主，累积的干物质量最多，占干重的 50%～70%。

2. 油菜养分需求及其阶段性特征

油菜的养分需求量大，特别是对氮和钾。每 100 kg 籽粒需氮量为 4.30～4.70 kg，需磷量为 1.60～2.08 kg，需钾量为 5.73～7.51 kg。油菜对养分需求存在明显的阶段性特征，大部分发生在营养生长阶段。苗期吸收的氮、磷、钾养分累积量分别占总量的 75%、42%和 57%，蕾花期吸收的氮、磷、钾养分累积量分别占总量的 25%、12%和 34%，角果期植株磷累积量快速增加，占总累积量的 46.5%(图 9-19)。营养生长期吸收的养分主要存储在根、茎秆和叶片，进入生殖生长期后，营养器官中养分的活化和再利用保证了结实器官的生长和发育。

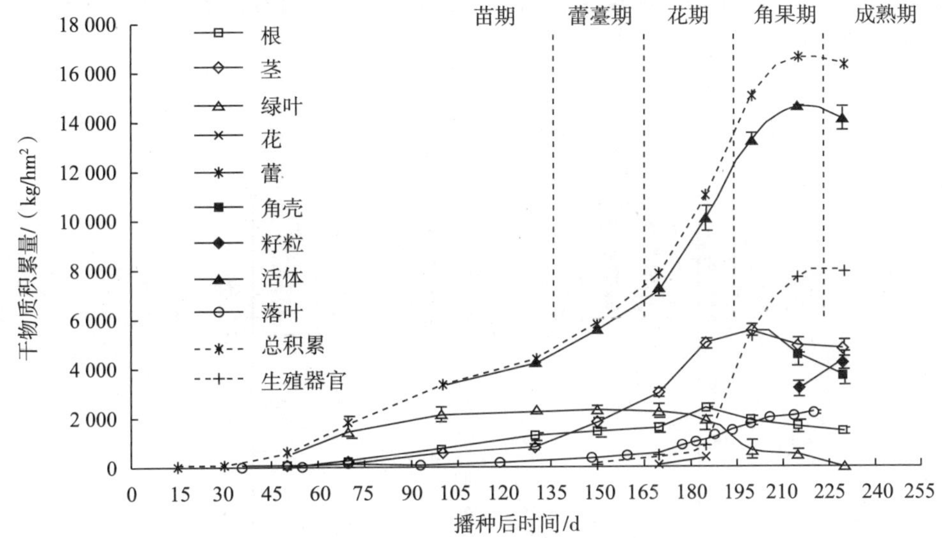

图 9-18　油菜干物质累积动态

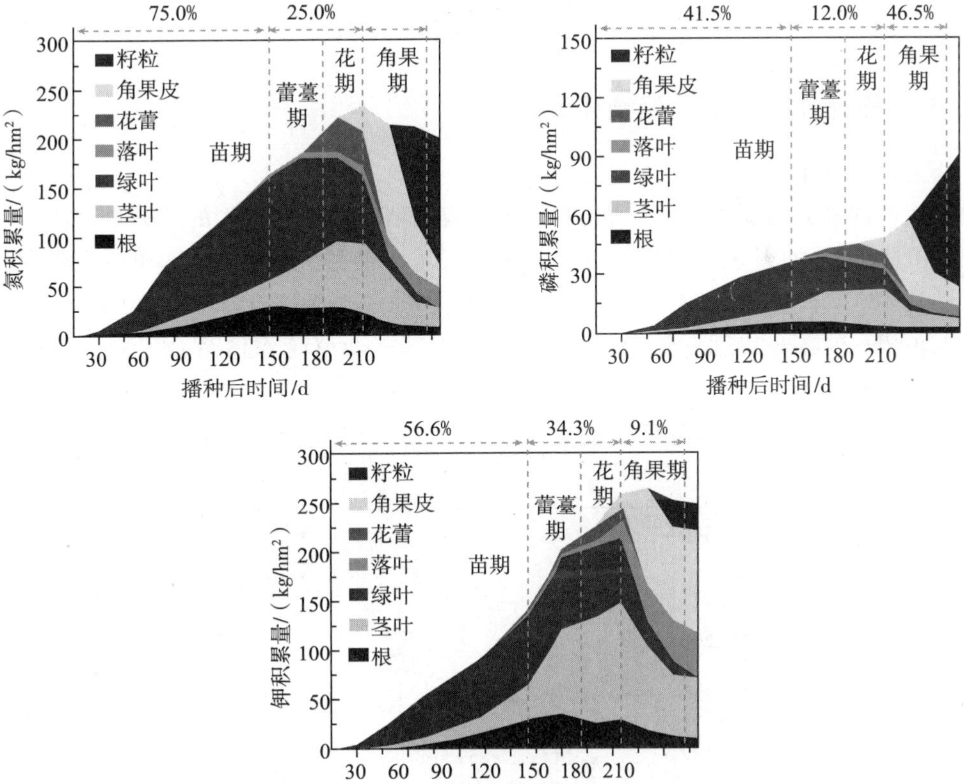

图 9-19　油菜不同器官氮、磷、钾养分累积动态

除大量元素外，油菜对中微量元素的需求量也较大。油菜正常生长需吸收钙、镁、硫和硼的量分别为 150 kg/hm²、30 kg/hm²、100 kg/hm² 和 180 g/hm² 左右，其中 40% 在苗期吸收，进

入生殖生长期后，油菜植株对中微量元素的需求量增加，蕾薹期至角果期是油菜硼、钙、硫等营养的最大效率期(图 9-20)。

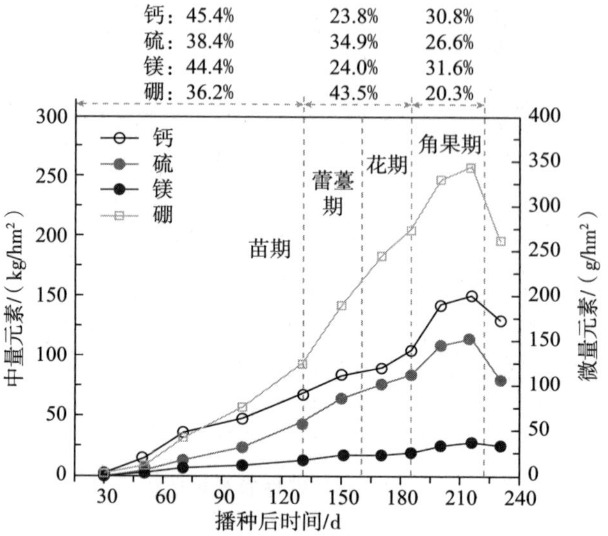

图 9-20 油菜中微量元素累积动态

二、油菜田养分来源、去向及循环特征

1. 油菜田养分来源

油菜生产的养分主要来源于施肥、前茬作物残留秸秆和根茬带入的养分量，也有少部分来源于大气沉降、灌溉水及生物固定等过程。长江流域冬油菜种植区油菜季的氮、磷、钾肥用量平均分别为 185 kg N/hm^2(50～300 kg N/hm^2)、90 kg P_2O_5/hm^2(38～150 kg P_2O_5/hm^2)、113 kg K_2O/hm^2(45～225 kg K_2O/hm^2)。对于水稻—油菜轮作体系，水稻每季根茬还田的氮、磷、钾总量分别为 11 kg N/hm^2、3 kg P_2O_5/hm^2 和 13 kg K_2O/hm^2。若水稻秸秆归还到土壤，随秸秆带入的氮、磷、钾养分量分别为 57 kg N/hm^2、21 kg P_2O_5/hm^2 和 193 kg K_2O/hm^2(图 9-21)。

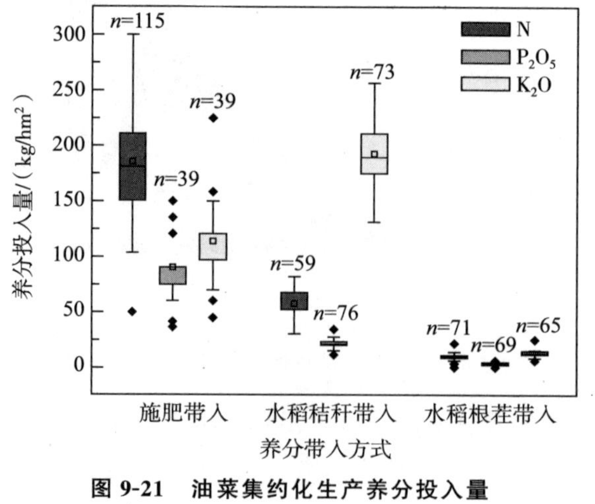

图 9-21 油菜集约化生产养分投入量

2.油菜田养分去向

油菜季养分的输出主要包括作物收获带走和养分损失两个过程。长江流域冬油菜地上部生物量为 9.5 t/hm^2,平均氮、磷、钾含量分别为 13.7 g/kg、2.9 g/kg 和 18.8 g/kg,随油菜收获带走的氮、磷、钾总量分别为 131 kg N/hm^2、61 kg P_2O_5/hm^2 和 206 kg K_2O/hm^2(图 9-22)。油菜季农田氮损失总量为 27.3 kg/hm^2,主要包括氨挥发、氧化亚氮排放、径流和淋洗损失 4 种途径,其占比分别为 38.1%、7.6%、24.1%和 30.2%。油菜季磷养分的损失主要是淋洗和径流,损失量为 0.40～1.50 kg P_2O_5/hm^2;其中径流损失是磷流失的主要途径,占淋洗总量的 70%～85%。油菜种植土壤钾的损失途径与磷类似,总损失量为 13.6 kg/hm^2(6.6～22.2 kg/hm^2)。

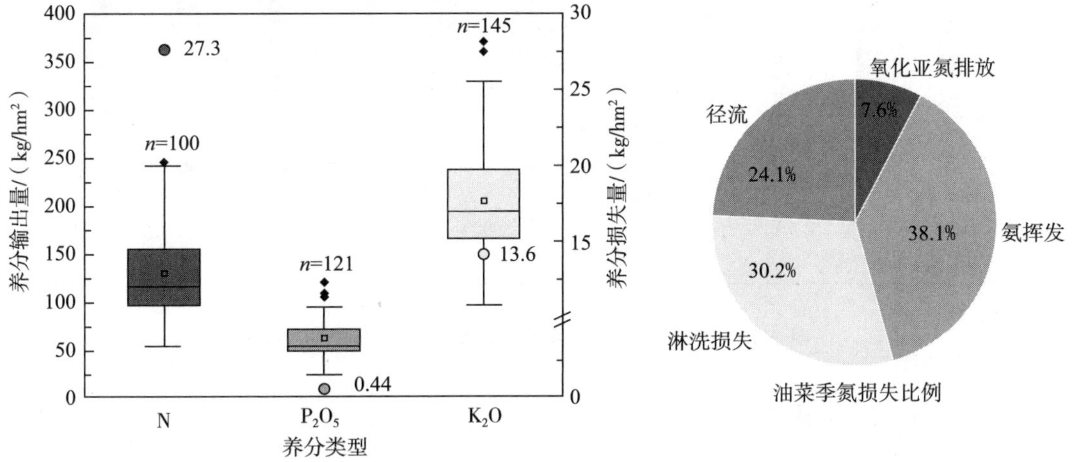

图 9-22　油菜集约化生产养分输出量

3.油菜田氮磷钾养分表观平衡

通过汇总油菜集约化生产过程中养分的输入和输出,评估氮、磷、钾养分的表观平衡状况。在秸秆不还田时,油菜季农田氮盈余量为 34.4 kg N/hm^2,磷盈余量为 30.8 kg P_2O_5/hm^2,钾处于亏缺状态,亏缺量为 92.5 kg K_2O/hm^2。秸秆还田能增加土壤氮、磷盈余,增幅分别达 52.6%和 30.2%,秸秆中富含的钾元素可使油菜季土壤钾平衡扭亏为盈,盈余量达 88.7 kg K_2O/hm^2(表 9-30)。

表 9-30　油菜集约化农田氮、磷、钾养分表观平衡　　kg/hm^2

养分	输入			输出		表观平衡	
	施肥	水稻根茬	水稻秸秆	收获	损失	秸秆不还田	秸秆还田
氮(N)	184.9	7.5	38.2	130.8	27.3	34.4	72.6
磷(P_2O_5)	89.6	2.3	13.3	60.7	0.44	30.8	44.1
钾(K_2O)	113.1	14.0	181.2	206	13.6	−92.5	88.7

长江流域不同区域间养分的盈余和亏缺情况有所不同:氮盈余以下游量最高、上游次之、中游最低,氮盈余量分别为 66 kg N/hm^2、41 kg N/hm^2 和 24 kg N/hm^2;磷盈余在各子流域差异不大,上游、中游和下游分别为 13.3 kg P_2O_5/hm^2、24.9 kg P_2O_5/hm^2 和 18.4 kg P_2O_5/

hm^2，中游和下游差异不大；钾素亏缺以下游、上游较高，分别达 106 kg K_2O/hm^2、100 kg K_2O/hm^2，中游为 64.0 kg K_2O/hm^2（图 9-23）。

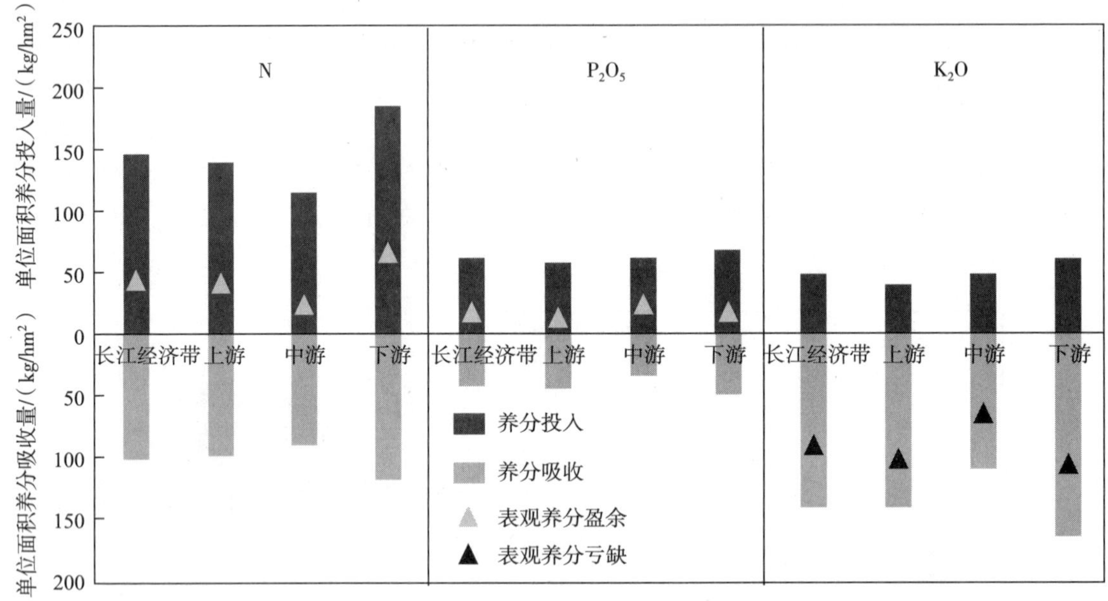

图 9-23 长江经济带及各流域油菜生产养分表观平衡

三、油菜养分管理基本原理

油菜养分管理是以油菜养分需求规律、土壤养分供应规律、籽粒产量和品质形成规律为依托，以施肥（数量、时期、方法和种类）为主要调控手段，同时结合当地生产管理措施（灌溉、保护性耕地、高产品种、生物固氮等），提高养分利用效率，提升产量、品质和环境效益。采取“氮磷钾硼镁全营养配合与前促后稳”的养分精准调控理论是满足油菜绿色生产的关键。其核心在于：

（1）氮磷钾硼镁全营养配合。我国冬油菜种植区土壤氮、磷盈余，钾亏缺，镁、硼缺乏面积分别达 54%和 83%。为满足高产油菜生长需求，除土壤供应养分外，还需通过施肥补充氮、磷、钾、硼和镁。依据土壤肥力和目标产量，平衡施用氮、磷、钾肥；依据土壤有效镁和有效硼供应水平、补充硼肥和镁肥；利用当地有机肥资源，提倡有机无机配合和秸秆还田。

（2）前期精准施肥促苗保群体、后期土壤养分稳供促高效。油菜对养分的吸收主要集中在苗期，典型“前期储藏、后期转移”的特点，与土壤养分供应的匹配性较差。通过氮肥分期施用、磷钾肥一次性基施，适当增加生育前期氮肥施用比例。

具体实施过程中，充分利用“氮素实时监控、磷钾恒量监控和中微量元素因缺补缺”的原则，明确养分种类、形态及用量，精准施用时期和位置，结合优势栽培技术，实现油菜的绿色生产。

四、典型区域油菜养分资源综合管理技术

1. 油菜养分管理主要技术

（1）基于氮素供应目标值的实时监控与精准诊断施肥技术。根层土壤无机氮（N_{min}）是同步土壤、肥料氮素供应和作物氮素需求的有效方法，利用各生长阶段满足油菜正常生长的氮素目标供应值减去氮肥施用前根区土壤 N_{min} 含量，从而实现平衡土壤、肥料氮素供应和作物氮素

需求。长江流域冬油菜移栽—越冬期、越冬期—蕾薹期、蕾薹期—花期、花期—成熟期最佳氮素供应目标值分别为 105～128 kg N/hm²、95～105 kg N/hm²、94～102 kg N/hm²、71～73 kg N/hm²。结合氮素供应目标值和土壤 N_{min}，可确定基施氮肥用量为 125 kg N/hm²(图 9-24)。从越冬期至蕾花期，植株氮素吸收量明显增加，而土壤 N_{min} 有所降低，因此需补充较多的氮肥才能达到目标值。从花期到成熟期，冬油菜氮素吸收量降低，生育前期充足的氮素供应保证了此阶段土壤无机氮含量接近氮素供应目标值。

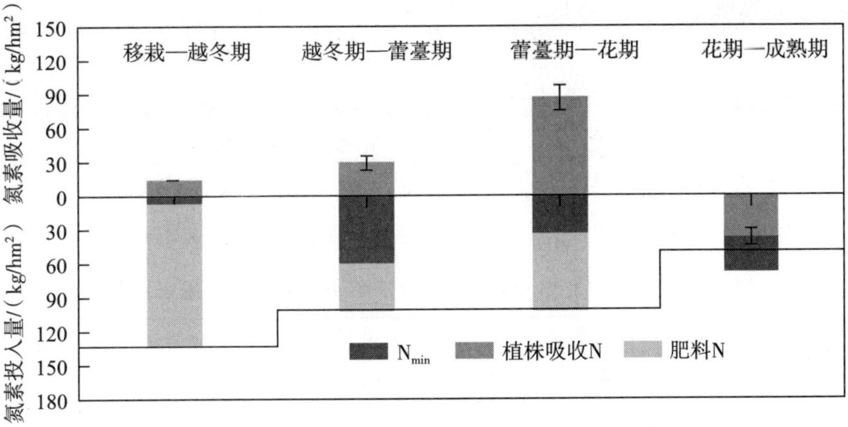

图 9-24　基于氮素供应目标值的氮肥施用技术

(2)基于冠层光谱特征的叶片氮浓度估测及精准施肥技术。基于作物冠层光谱的养分诊断方法，在不破坏作物的基础上，通过分析农作物在养分丰缺下的光谱响应实现大范围、实时、快速的作物营养诊断(图 9-25)。通过缺氮条件下引起的叶绿素含量和叶面积指数的变化而导致的光谱响应进行氮养分状况诊断，对叶片氮素浓度敏感的冠层光谱特征主要集中在红波段。基于筛选的光谱特征波段构建比值植被指数(RVI)作为定量监测冬油菜叶片氮浓度的最佳光谱参数，通过明确各生育时期 RVI 临界值、氮肥用量—RVI 和氮肥用量—产量效应关系，构建基于"叶片氮浓度—冠层高光谱"的冬油菜氮肥实时追施与调控模型(表 9-31)。根据实测光谱状况，精准追施氮肥。

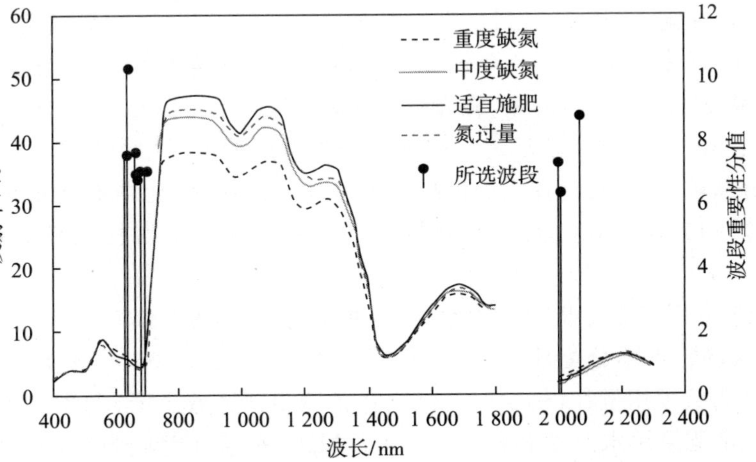

图 9-25　油菜氮养分丰缺条件下的冠层光谱变化和对氮浓度敏感的特征波段

表 9-31　基于特征光谱参数 RVI 的冬油菜各生育期氮肥追施推荐

基肥氮用量/(kg/hm²)	生育期	移栽后时间/d	临界 RVI	实测 RVI	追氮量/(kg/hm²)	总施氮量/(kg/hm²)
180	仅八叶期追	60	6.78	6.93	—	180
	仅越冬期追	82	4.40	4.50	—	180
	仅蕾薹期追	118	5.49	4.48	129	309
	仅花期追	144	1.38	1.20	48	228

注:“—”表示未进行追肥。

(3)磷钾平衡施用技术。对于长江流域冬油菜,根据土壤磷钾素丰缺指标,将速效磷含量按 6 mg/kg、12 mg/kg、25 mg/kg 和 30 mg/kg,土壤速效钾含量按 26 mg/kg、60 mg/kg、135 mg/kg 和 180 mg/kg 进行分级,对应的相对产量分别为 60%、75%、90%和 95%。基于目标产量水平,计算各土壤磷、钾素肥力条件下冬油菜的磷、钾肥推荐用量(表 9-32)。

表 9-32　目标产量(3 000 kg/hm²)下冬油菜的磷钾肥用量推荐量

肥料	土壤养分分级/(mg/kg)	产量/%或(kg/hm²)		土壤基础养分供应量/(kg/hm²)	养分需求量/(kg/hm²)	养分推荐用量/(kg/hm²)
磷肥	6	60	1 800	17.3	28.8	115.2
	12	75	2 250	21.6	28.8	72.0
	25	90	2 700	25.9	28.8	28.8
	30	95	2 850	27.4	28.8	14.4
钾肥	26	60	1 800	119.0	198.4	209.3
	60	75	2 250	148.8	198.4	130.8
	135	90	2 700	178.6	198.4	52.3
	180	95	2 850	188.5	198.4	26.2

(4)中微量元素因缺补缺。长江流域冬油菜种植区土壤有效镁、有效硫和有效硼处于潜在缺乏和缺乏的比例分别为 54%、36%和 84%,有效镁缺乏的区域主要集中在湖南南部、江西和广西北部区域,有效硫缺乏的区域则主要集中在河南南部、湖北东北部以及安徽东南部;除云南及其与贵州、广西交界区域外,整个长江流域超过 80%油菜种植土壤均呈现土壤有效硼缺乏的状况。土壤硼缺乏面积比例大,施硼后籽粒增产效果显著,在生产中已被普遍推广应用(平均用量 9 kg/hm²);土壤镁缺乏是目前油菜籽粒增产的重要限制因素,施镁平均增产幅度达 15%,建议普遍施用,尤其是在土壤镁缺乏或潜在缺乏区域(土壤有效镁＜200 mg/kg),氧化镁用量为 30～45 kg/hm²。其他中微量元素则根据区域土壤特点有针对性地进行补充矫正。

(5)油菜长效专用施肥技术。根据土壤养分供应特征、作物养分需求规律及肥料需求总量,确定区域适宜氮、磷、钾养分配比为 1∶(0.3～0.35)∶(0.3～0.4),硼砂每公顷用量 7.5～11.25 kg、MgO 每公顷用量 30～45 kg。结合冬油菜生产区域土壤 pH 偏低现状,氮肥宜采用铵硝1∶3 配比、磷肥采用水溶性和枸溶性 1∶3 配比、水溶性钾肥与枸溶性钾肥 4∶1 配比。通过优化肥料配伍,研制油菜专用全营养配方肥和油菜专用缓控释肥,实现一袋肥料满足油菜生产的所有养分需求，且肥料养分供应与油菜需求同步、一次性施用前期不烧苗后期不脱肥，无须追肥。

2. 典型区域油菜养分资源综合管理技术

以长江中游稻油轮作区稻草覆盖还田冬油菜肥药资源综合管理技术模式为例，阐述冬油菜养分资源综合管理的技术要点。长江流域冬油菜生产中主要存在如下问题：①水稻秸秆量大，处理方式影响到油菜生长及环境问题；②肥料用量大，施肥模式粗放；③季节性干旱影响油菜生长和肥料施用；④杂草问题严重限制油菜肥料利用率；⑤油菜根肿病和菌核病发生严重，农药施用不科学。以单项技术为基础，集成油菜综合管理技术模式，包含：①油菜专用缓释肥高效施用技术——油菜专用缓释肥（$N\text{-}P_2O_5\text{-}K_2O$：25-7-8）用量 750 kg/hm^2，对于高产田块肥料用量可增加 75～150 kg/hm^2；②有机肥替代化肥技术；③稻草覆盖还田抑草技术；④高效复配药剂控草技术；⑤根肿病高效防控技术；⑥菌核病高效复配药剂飞防技术等。

复习思考题

1. 简述大田作物大量元素、中量元素和微量元素吸收特性的异同点。
2. 简述大田作物生产过程中养分投入、输出主要途径及平衡特征。
3. 简述大田作物养分管理基本原理。
4. 大田作物氮素管理技术有哪些？
5. 简述大田作物养分综合管理主要技术。

第十章

蔬菜生产体系养分管理理论与技术

◇ **教学目标**

1. 掌握各类蔬菜的生长发育特性，掌握其对营养元素的需求及阶段性特征。
2. 了解各类蔬菜生产过程中的养分来源、去向与损失途径。
3. 掌握各类蔬菜养分管理基本原理和合理施肥技术。
4. 了解各类蔬菜养分资源综合管理技术。

第一节　瓜果类蔬菜养分资源综合管理理论与技术

蔬菜是人们日常生活中不可或缺且不能替代的重要食物来源，其中瓜果类蔬菜中含有丰富的维生素、矿物质、氨基酸、活性蛋白、膳食纤维等，对维持人体营养与健康至关重要。

一、瓜果类蔬菜生长发育与养分需求特征

(一)瓜果类蔬菜生长发育特性

瓜果类蔬菜是我国蔬菜的重要类型之一，具有种植面积广、产量高的特点，主要分布在环渤海地区、长江中下游及西北地区。常见的瓜果类蔬菜有辣椒、番茄、黄瓜、苦瓜、茄子等。瓜果类蔬菜为 1 年或多年生草本植物或攀缘性植物，其生命周期一般经过发芽期、幼苗期、初花期、结果期等几个时期(图 10-1)。种子萌发至第一片真叶露出为发芽期，为 10 d 左右；出苗至第四片真叶出现为幼苗期，此时期为 20～25 d；从 4～5 片真叶展开到第 1 雌花坐果为初花期；由第 1 雌花坐果到收获末期为结果期，该时期营养生长与生殖生长同时进行，此时期所经历的时间长短因栽培方式不同有较大差异。

瓜果类蔬菜的植株构成包括根、茎、叶、花、果实五个部分，其根系主要集中于表土 0～25 cm 的范围内，多分布在地表 10～15 cm 土层，侧根横向生长范围在植株半径 30 cm 内。根系的良好生长有助于作物养分的高效吸收。瓜果类蔬菜养分需求量大，但根系发育较弱，木栓化程度较高，再生能力差，根量少，茎基部不易产生不定根，导致根系吸收养分能力较弱。

(二)瓜果类蔬菜养分需求特征

瓜果类蔬菜整个生育期对氮、磷、钾吸收量大，其中对钾吸收量最高，其次是氮(表 10-1)。各生育期地上部干物质累积量和养分吸收量不同，并随着生育推进而变化，呈“S”形曲线增长。苗期植株生长量小，干物质积累较慢，需要的养分量少，氮、磷、钾养分吸收量占总累积量

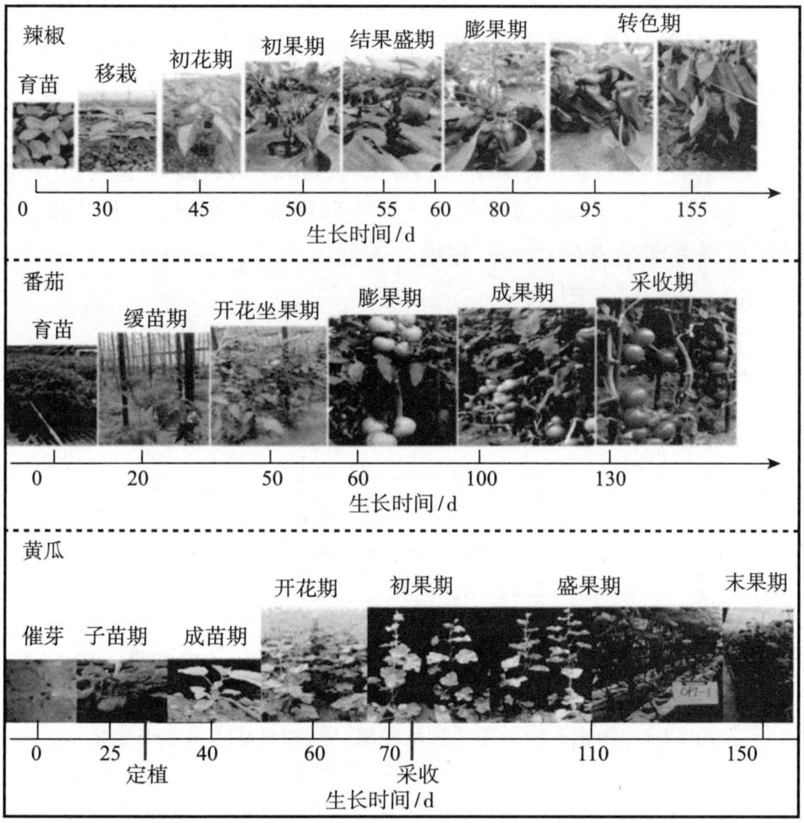

图 10-1　几种常见瓜果类蔬菜主要生育期示意图

的 5%～15%；开花期至盛果期，干物质累积量迅速增加，氮、磷、钾养分累积量进入快速增长期，养分吸收量最大，占总累积量的 50%～65%；盛果期至完熟期，植株生长变慢，干物质累积速度变慢，氮、磷、钾养分累积量增长速度变缓，占总累积量的 25%～35%。就中微量元素而言，瓜果类蔬菜对钙和镁需求量较大。开花期到膨果期是植株吸收钙、镁、硼的关键时期，这一时期吸收量占整个生育期的 1/2。养分在各器官中的分配随生育期不同而不同，整个生育期养分累积量一般表现为果＞叶＞茎，其中果实的养分吸收主要集中在开花坐果期到盛果期之间。

表 10-1　几种常见瓜果类蔬菜形成 1 000 kg 产量所吸收的养分量　　kg

蔬菜种类	N	P_2O_5	K_2O
辣椒	3.5～5.5	0.3～0.6	4.6～6.0
番茄	2.1～3.4	0.3～0.5	3.1～4.4
黄瓜	2.7～3.3	1.2～1.9	4.0～5.3
苦瓜	4.63	0.72	6.87
茄子	3.28	0.92	6.62

1. 辣椒的养分需求特征

辣椒为木兰纲茄科辣椒属一年或有限多年生草本植物。辣椒是我国第二大蔬菜作物，种植面积广，主要产区在云南、贵州、四川、湖南、江西、陕西、辽宁等省份，其产值和效益在蔬菜作物中居首位。各生育期养分需求量不同，苗期植株生长量小，干物质积累较慢，需要的养分量少，氮、磷、钾养分吸收量占总量的 5%～10%；开花期，植株生长速度加快，氮、磷、钾养分吸收量增多，占吸收总量的 10%～15%；结果期到膨果期，干物质累积快速增加，氮、磷、钾养分吸收量占吸收总量的 40%～50%；膨果期至成熟期，氮、磷、钾累积量增长速度变缓，占总累积量的 25%～30%（图 10-2）。就中微量元素而言，对钙和镁需求量较大，不同时期对中微量元素需求不同，开花期到膨果期是植株钙、镁、硼吸收关键时期，这一时期钙、镁、硼吸收量分别占整个生育期的 56%、61%和 72%（图 10-3）。

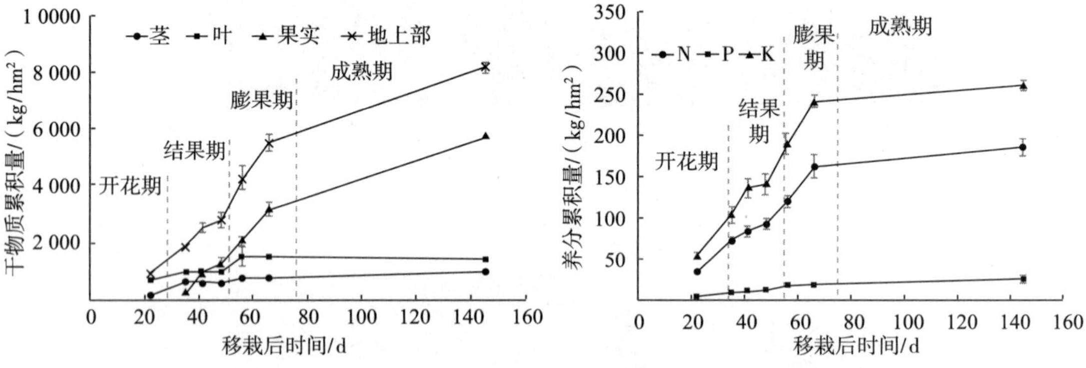

图 10-2　辣椒不同时期干物质和氮、磷、钾总累积量动态变化

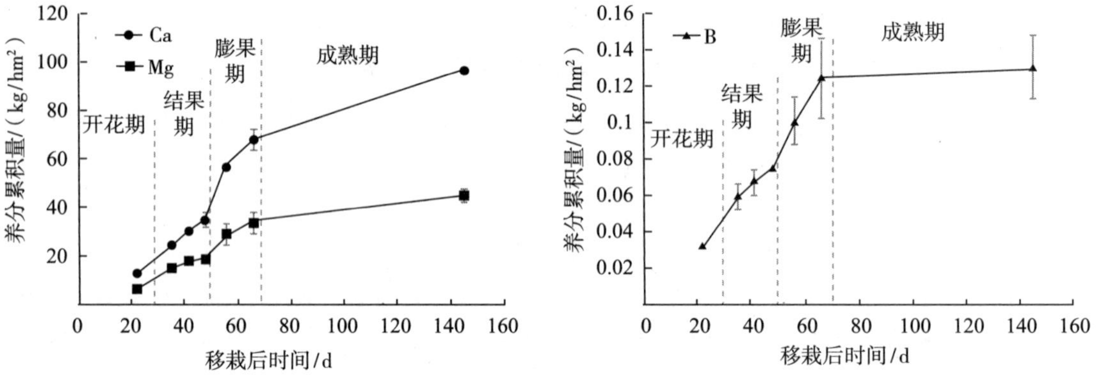

图 10-3　辣椒不同时期不同部位钙、镁、硼累积量动态变化

2. 黄瓜的养分需求特征

黄瓜为葫芦科一年生蔓生或攀缘草本植物。2020 年我国黄瓜栽培面积为 127 万 hm^2，约占世界的 56.4%。在苗期，氮、磷、钾累积量缓慢增长，养分吸收量占总累积量的 10%～15%；开花期以后，氮、磷、钾累积量进入快速增长期，开花期到结果中期累积量最大，养分吸收量占总累积量的 55%～60%；结果中期至成熟期，氮、磷、钾累积量增长速度变缓，占总累积量的 25%～30%（图 10-4）。养分在各器官中的分配随生育期不同而不同，果实中氮、磷、钾累积量自开花期到结果期呈快速上升趋势，盛果期时果实和叶的氮、磷、钾积累量明显高于茎。

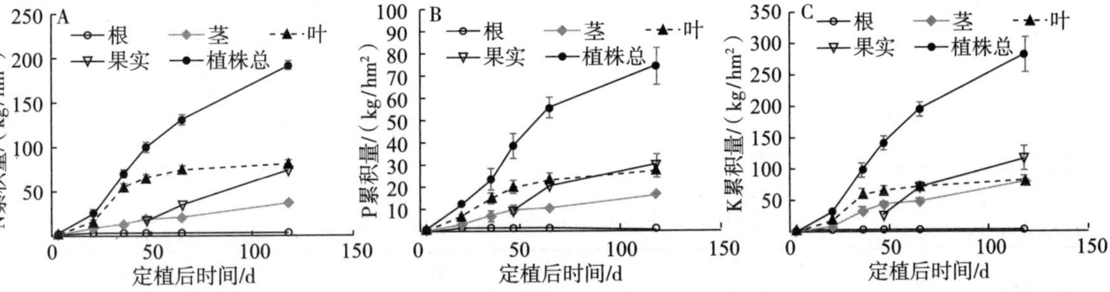

图 10-4　黄瓜不同时期氮(A)、磷(B)、钾(C)累积量动态变化

3. 番茄的养分需求特征

番茄为茄科番茄属的一种一年生或多年生草本植物。它具有较高的营养价值，是维生素C的天然食物来源，种植面积广、产量高，是我国重要的经济作物之一。从出苗到现蕾，植株生长量小，干物质积累较慢，需要的养分量少；到开花坐果期，植株生长量加快，养分吸收量增多，占吸收总量的 45%～50%；第一穗果膨大期到盛果期，干物质累积快速增加，养分吸收量最大，占吸收总量的 50%～55%(图 10-5)。养分在各器官中的分配随生育期不同而不同，成熟期时果实和叶片氮素积累量显著高于茎。

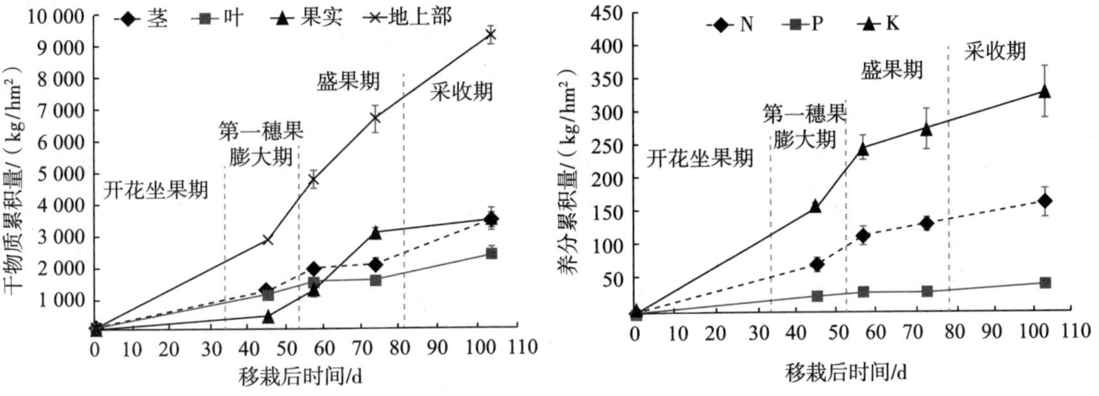

图 10-5　番茄不同时期干物质和氮、磷、钾总累积量动态变化

二、瓜果类蔬菜农田养分来源、去向

(一)瓜果类蔬菜田养分来源

瓜果类蔬菜农田养分来源主要包括有机肥、化肥施用以及菜田土壤养分供应，其余的养分来源还包括灌溉、降水、生物固氮和大气干湿沉降等。当前瓜果类蔬菜养分投入量大，远高于其养分需求量。例如，山东设施瓜果类蔬菜生产系统中每茬的氮、磷、钾养分投入量平均分别为 731 kg N/hm^2、593 kg P_2O_5/hm^2 和 738 kg K_2O/hm^2，其中，有机肥氮、磷、钾的投入量分别占总投入量的 51.8%、51.8%和 42.1%(表 10-2)。基于我国大样本调研数据发现，我国设施瓜果类蔬菜的氮、磷、钾施用总量平均分别为 851 kg N/hm^2、726 kg P_2O_5/hm^2 和 792 kg K_2O/hm^2，分别是其推荐施用量的 1.9 倍、5.4 倍和 1.6 倍。露地辣椒的氮、磷、钾施用量平均分别为 528 kg N/hm^2、380 kg P_2O_5/hm^2 和 354 kg K_2O/hm^2，分别是其推荐施用量的 3.6 倍、

11倍和2.1倍。灌溉和降水也是农田氮素的来源之一，在山东寿光设施番茄生产中平均每季通过灌溉水带入的氮达118 kg N/hm^2。

生物固定的氮已占地表化合态氮的65%～70%，对农业发展中减少化肥投入、减少温室气体排放具有重要的作用。大气干湿沉降也是土壤氮的来源之一，例如，从2009—2013年四川盐亭旱地全年氮干湿沉降量为38.7 kg N/hm^2。

表10-2　不同类型设施果类蔬菜养分投入　　kg/hm^2

蔬菜类型	样本数	有机肥			化肥			总肥料用量		
		N	P_2O_5	K_2O	N	P_2O_5	K_2O	N	P_2O_5	K_2O
番茄	58	312	308	303	337	258	399	649	565	702
黄瓜	31	517	321	352	518	435	618	1 035	755	970
辣椒	54	307	292	277	203	166	265	510	458	542
平均	—	379	307	311	353	286	427	731	593	738

(二)瓜果类蔬菜田养分去向

瓜果类蔬菜田养分的输出主要包括作物吸收、养分损失和土壤残留等。就作物养分吸收而言，瓜果类蔬菜氮、磷、钾养分吸收量一般不超过总养分投入量的30%。在蔬菜系统中地上部植株氮吸收仅占氮肥投入量的23%，未被当季作物利用的氮大多残留在土壤剖面。当前我国瓜果类蔬菜生产复种指数高、氮肥投入量大，导致土壤氮养分盈余量高、土壤氮残留量大。先前研究表明，设施蔬菜系统土壤氮残留量为231 kg N/hm^2，占总投入比例的30.6%。

瓜果类蔬菜生产系统活性氮损失主要包括氮淋洗、氧化亚氮(N_2O)排放、氨挥发等。我国瓜果类蔬菜的活性氮损失总量平均为139 kg N/hm^2，其中淋洗损失、氨挥发和氧化亚氮(N_2O)排放损失分别为115 kg N/hm^2、17.2 kg N/hm^2和6.7 kg N/hm^2。淋洗液中氮的形态包括无机氮(铵态氮和硝态氮)和可溶性有机氮(DON)，以硝态氮为主。硝酸盐淋洗损失是我国瓜果类蔬菜最主要的损失途径，占整个活性氮损失的82.5%，占氮肥总投入量的22.3%(表10-3)。另外，氮的径流损失也是露地瓜果类蔬菜活性氮的主要损失途径之一。在蔬菜种植体系中，瓜果类蔬菜每季氮径流损失约为37.8 kg/hm^2，占氮肥总投入量的13.1%。氨挥发是露地菜田氮损失的主要途径之一，露地瓜果类蔬菜氨排放量为50.7 kg/hm^2，占氮肥投入量9.6%。菜田是我国农田系统N_2O排放的重要来源，贡献了全国20%的农业源排放，瓜果类蔬菜N_2O排放量远高于一般农田，占氮肥总投入量的0.99%(表10-3)，同时也是NO排放的主要来源，如江苏省兴化市设施蔬菜中NO排放占氮肥总投入量的0.53%。

表10-3　瓜果类蔬菜活性氮损失

栽培类型	N_2O排放/(kg/hm^2)	占氮肥投入比例/%	硝酸盐淋洗/(kg/hm^2)	占氮肥投入比例/%	氨挥发/(kg/hm^2)	占氮肥投入比例/%	损失总量/(kg/hm^2)
露地	5.4	0.78	72.1	18.6	50.7	9.6	131
设施	8.3	1.80	143	24.0	10.2	1.7	159
平均值	6.7	0.99	115	22.3	17.2	3.0	139

菜田磷去向主要包括作物吸收、淋洗/径流损失和土壤残留。近年来，我国集约化蔬菜系统畜禽有机肥和化肥大量施用，导致当前我国菜地系统土壤磷残留量高，远超过环境阈值，磷损失风险大。当前我国设施菜田土壤有效磷含量达到 179 mg/kg，远高于报道的粮田土壤有效磷 34 mg/kg，高于土壤有效磷农学临界值 50～60 mg/kg。大量的磷素盈余使得磷向耕层以下土壤迁移增加，从而导致较高的磷损失风险和水体富营养化潜在风险。菜地磷损失与蔬菜的生长季节有关，露地瓜果类蔬菜多种植于夏秋季，磷肥施用量高且雨水较为集中，磷素淋洗风险最大。

瓜果类蔬菜为喜钾作物，但在生产实践中盲目追求高产，设施菜地施钾量普遍过量。高量的钾肥投入导致我国北方设施瓜果类蔬菜钾养分大量盈余。北方设施果菜类土壤钾盈余量为 241～652 kg K_2O/hm^2。此外，土壤胶体对钾元素的吸附是有限的，在阳离子交换量小的菜地土壤上大量施用钾肥，会引起钾的流失。瓜果类菜地土壤的钾淋洗相比于氮、磷的淋洗和径流损失较低，其流失量与土壤质地、气候条件和管理措施等因素有关。

钙、镁肥的投入对瓜果类蔬菜的产量形成和品质有重要作用。基于农户调研结果发现，西南地区辣椒－白菜轮作系统中收获期钙、镁移出量是水稻－油菜轮作系统的 14.0 倍和 4.5 倍。瓜果类蔬菜系统过量施肥会导致钙、镁养分的大量盈余，加剧钙、镁淋洗的风险。在西南地区典型蔬菜轮作系统中，钙、镁年均盈余量分别高达 800 kg Ca/hm^2 和 161 kg Mg/hm^2。在传统管理模式下的设施黄瓜种植体系中，单茬钙、镁养分淋洗损失量分别为 280 kg Ca/hm^2 和 27 kg Mg/hm^2。

三、瓜果类蔬菜养分资源管理基本原理

瓜果类蔬菜生产养分管理的基本原理是基于作物生长发育规律、养分吸收规律、土壤养分供应规律、品质形成规律，建立根层调控原理的“6R”(right source、right rate、right time、right place、right water、right soil environment)管理原则，即保证供应合适的肥料、施肥量、施肥时间、施肥位置、灌溉和土壤环境，对蔬菜种植全过程中肥料、土壤、水和根系进行的综合调控。

1. 根层养分调控

(1)根层氮素养分调控与氮肥平衡推荐。

①总量控制，分期调控。适宜的根层氮素供应是以瓜果类蔬菜的需求数量为核心，在数量上表现为蔬菜用于形成生物体的氮素吸收量，以及保证作物获得目标产量的最低土壤无机氮素残留量(N_{min}缓冲值)。根据瓜果类蔬菜目标产量，确定氮素需求总量，结合氮素供应目标值、不同来源的氮素供应量(除化学氮肥之外，其他氮素来源的养分，如有机氮矿化、灌溉水等)，确定氮素推荐总量。氮肥推荐用量＝氮素供应目标值－根层土壤最低 N_{min} 残留量(图 10-6)。另外，还需要根据不同时期瓜果类蔬菜养分需求特征，确定关键施肥时期，及不同时期施肥用量。

②养分形态调控。瓜果类蔬菜根系不发达、养分吸收能力弱、需肥量大、生长期短，氮肥施用过量造成严重的活性氮损失。在基于根层氮调控的优化氮肥用量基础上，氮肥形态需要进一步的精准调控。新型增效氮肥(缓控释肥、脲酶抑制剂、硝化抑制剂)是能够调控氮素形态和氮转化过程，优化氮肥类型，促进蔬菜对氮素的吸收利用，降低肥料用量，提高肥料利用率，降低环境损失的有效途径。

③磷钾恒量监控。磷钾的推荐依据土壤肥力分级和作物养分带走量的“恒量监控”方法

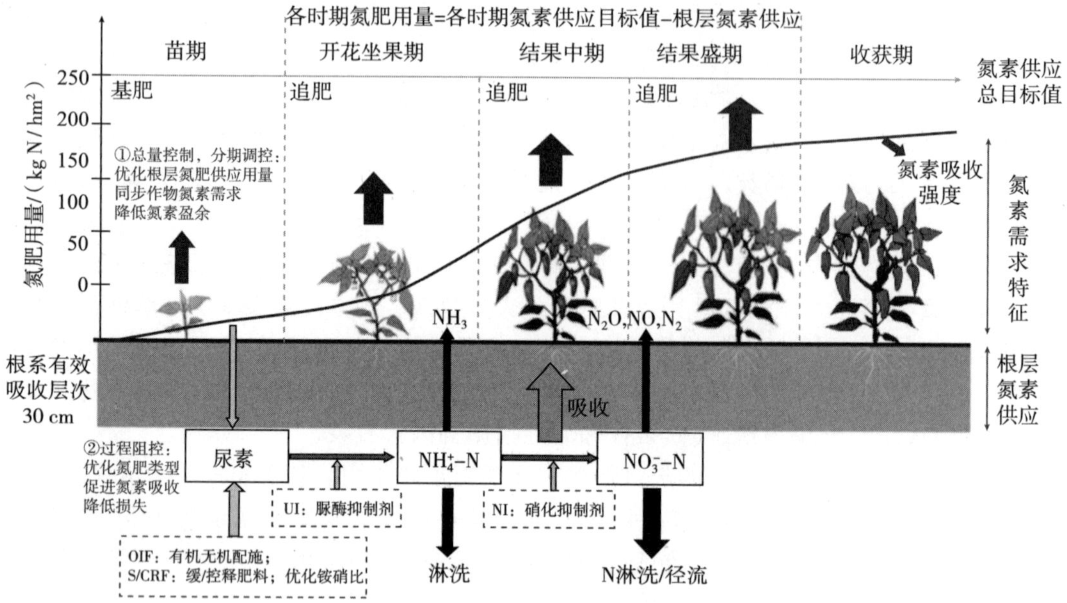

图 10-6 根层氮素调控技术

（表 10-4）。由于农民大量有机肥和多元复混肥的施用，瓜果类菜田土壤磷素一般呈现富集，磷供应能力高。因此，瓜果类蔬菜磷素管理以“维持”为原则，通过合理优化有机肥和化肥调控土壤磷含量在适宜浓度范围。钾素推荐原则与磷素相同，在满足作物高产需求的同时，使土壤有效磷（钾）含量长期维持在蔬菜优质高产需求的适宜浓度。

表 10-4 不同土壤有效磷/钾含量菜田磷钾推荐肥料施用量

土壤有效磷/(mg/kg)		土壤有效钾/(mg/kg)	地力分级	整个生育期相应的 P_2O_5 或 K_2O 推荐施用量
露地	设施			
0～20	0～50	0～80	低	作物带走量的 1.5～2.0 倍
21～60	51～120	81～160	中	作物带走量的 1.0～1.2 倍
＞60	＞120	＞160	高	作物带走量的 0.8

注：表中数据来源于陈清和张福锁(2007)。

（2）中微量元素“因缺矫正”推荐。果类蔬菜对钙、镁和硼等中微量元素吸收量大（表 10-5），中微量元素的施用依据“因缺矫正”原则，针对不同中微量元素的缺乏程度和时期，根据蔬菜对元素的吸收特性，选择合适的矫正方法，如肥料品种、施用量和施用时间等，但对钙、镁和硼应重点补充。中微量元素肥料建议选择单一肥料，如硫酸镁、硝酸钙、氯化钙、硫酸锌、硼酸、硫酸铜等，或者吸收效果比较好的螯合态微肥。

表 10-5 不同瓜果类蔬菜对中微量元素的反应程度

作物	钙	镁	锰	硼	铜	锌	钼	铁
黄瓜	高	高	高	低	中	—	—	—
辣椒	高	高	中	低	低	—	中	—
番茄	高	高	中	中	高	中	中	高
茄子	高	高	中	低	低	低	—	—

注：当土壤微量元素浓度低时，反应程度“高”表示作物施用该微量元素肥料有效果，反应程度“中”表示效果较不明显，反应程度“低”表示无效果。

2. 有机肥施用推荐

有机肥对蔬菜生产非常重要，先前大量研究表明，合理的有机肥替代化肥管理措施可以在增加或维持蔬菜产量的同时，降低活性氮损失，提高土壤有机碳，减少净温室气体的排放。当有机肥替代氮肥比例≤70％时，蔬菜产量和土壤有机碳分别提高了 5.5％～5.6％和 13.1％～18.0％，氮淋洗量降低了 41.6％～48.1％。有机肥合理施用即“3R”原则(right source、right rate、right method)：①正确的有机肥种类。选择适宜的有机肥种类是提高有机肥作用效果的基础。主要考虑有机肥安全性、功能性及有机肥来源和经济成本。②合理的有机肥用量。明确有机肥合理用量需要考虑两个方面。培肥土壤为主要目的时，有机肥用量以磷为控制指标，可选择含碳量高、氮磷含量低的有机肥；提供养分为主要目的时，有机肥用量考虑养分含量与有效性。③合理的施肥方法。根据土壤状况和作物生长特征选择合适的施肥方式。

3. 基于知识和产品的土壤作物综合管理措施(IKPS)

集成知识和产品的土壤—作物综合管理技术(integrated knowledge and products strategy，IKPS，图 10-7)包括两个方面。一是理论知识方面，基于作物生长发育和养分吸收规律，进行作物全生育期养分根层调控和土壤健康培育技术，优化全生育期蔬菜施肥用量、施肥时期和施肥次数，满足高产作物体系整个生育时期的养分需求，同时降低环境代价；另外，最佳作物栽培管理，以作物产量生理学为基础，从品种、密度和播期等措施上对作物生产体系进行设计，

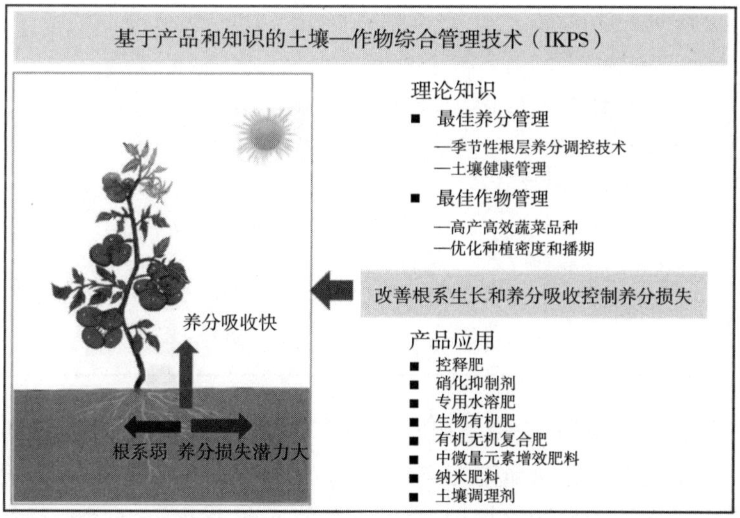

图 10-7 IKPS 技术理论框架(Wang 等，2021)

优化群体结构和功能以最大限度利用光温资源，提高作物产量。二是产品应用方面，基于区域和蔬菜特点进行产品创新，改善根系生长和养分吸收，同时控制养分损失，其本质是基于作物养分需求规律、优化作物管理和使用增效肥料（如缓控释肥料、硝化抑制剂、水溶肥、纳米肥料等）进行蔬菜生产养分综合管理，旨在时间、空间和数量上满足蔬菜生长养分需求，以实现蔬菜高产，并最大限度地降低环境损失。

四、典型瓜果类蔬菜养分资源综合管理技术

（一）设施瓜果类养分资源综合管理技术

1. 设施瓜果类养分管理的主要问题

设施瓜果类养分资源管理中存在施肥用量大，远超过自身生长过程的养分需求；不同时期养分施用配比不合理，基肥/追肥比例不合理，后期钾肥用量普遍过量；有机肥施用不合理，尤其是畜禽粪便投入过量等问题。这些问题直接导致养分损失量大、肥料利用率低、环境代价高、土壤有机质提升缓慢、土壤 C/N 和 C/P 失调、土壤酸化严重、中微量元素缺乏问题突出，影响了蔬菜产量和品质。

2. 设施瓜果类养分资源综合管理策略

（1）基于作物产量水平、生长发育规律、养分吸收规律、土壤养分供应规律、品质形成规律，采用根层养分调控技术，优化全生育期氮、磷、钾施用总量、施肥时期、施肥次数和施肥方式，确保根层养分供应与作物生长需求在时间、空间和数量上匹配（表 10-6）。根据不同生育期养分需求，协调营养生长和生殖生长，基肥和追肥相结合，减少化肥基施比例，重视果实膨大期施肥，追肥以氮、钾为主，氮、磷、钾合理搭配。

表 10-6　不同设施瓜果类蔬菜施肥建议

作物	产量水平/（kg/亩）	肥料用量/（kg/亩）		
		N	P_2O_5	K_2O
设施黄瓜	11 000～14 000	27～32	10～12	32～37
	7 000～11 000	22～27	9～10	27～32
设施辣椒	＞4 000	18～22	6～7	21～26
	2 000～4 000	12～18	5～6	14～21
设施茄子	5 000～7 000	25～30	12～15	27～32
	4 000～5 000	20～25	10～12	22～27
设施番茄	8 000～10 000	20～25	4～6	30～35
	6 000～8 000	15～20	3～4	25～30
设施草莓	＞2 000	18～20	8～10	18～20
	1 500～2 000	15～18	6～8	15～18

（2）有机肥与化肥配合施用，合理施用有机肥。针对设施瓜果类蔬菜有机肥投入量高，土壤有机质提升缓慢，土壤养分盈余量高等突出问题，采用“以磷定量”的方法确定有机肥用量，选用优质堆肥，提倡优先选用植物源堆肥，老菜棚注意多施高 C/N 的外源秸秆或有机肥，少施禽粪肥，以快速提升土壤有机质，提高土壤 C/N、C/P。

(3)根据土壤质地、作物生长发育规律,遵循少量多次的灌溉施肥原则,推广水肥一体化技术,提高水肥利用效率。瓜果类蔬菜根系浅,它们吸收土壤养分的能力和范围远低于大田作物,其生产中需要更高强度的水肥供应。基于根层调控的水肥一体化技术能适时、适量地满足农作物对水分和养分的需求,是实现水肥同步管理和高效利用的节水农业技术。在采用滴灌条件下,60%的磷肥作基肥,其余追施,20%～30%氮、钾肥基施,70%～80%氮、钾肥在开花期至结果期根据区域栽培温度、湿度、作物类型每间隔 7～10 d 追肥一次,每次施氮(N)量不超过 3 kg/亩。整个追肥过程实行总量控制的原则,以氮调控磷、钾的用量,根据作物氮、磷、钾吸收特点,选择配比合适的水溶性肥料。

(3)注重中微量元素补充。由于瓜果类蔬菜对中微量元素需求量大,大量投入的畜禽粪便有机肥中的微量元素含量丰富,使得土壤中有效态铁、锰、铜、锌等含量处于较高水平,可以不考虑补充添加,但集约化果类蔬菜生产中钙、镁、硼等缺乏的可能性较大,因此,需重点考虑钙、镁、硼等中微量元素的添加。

(4)与其他管理措施相结合。如土壤酸化严重时适量施用石灰等调理土壤。

(二)露地瓜果类养分资源综合管理技术

1. 露地瓜果类养分管理的主要问题

露地瓜果类养分资源管理中存在施肥用量大;不同时期养分施用配比不合理,基肥/追肥比例不合理;有机肥施用不合理,有机肥过量与缺乏共存等问题。这些问题直接导致养分损失量大、肥料利用率低、环境代价高、土壤有机质含量低,影响了蔬菜产量和品质。

2. 露地瓜果类养分资源综合管理策略

(1)基于作物产量水平、生长发育规律、养分吸收规律、土壤养分供应规律、品质形成规律,采用根层养分调控技术,优化全生育期氮、磷、钾施用总量、施肥时期、施肥次数和施肥方式,确保根层养分供应与作物生长需求在时间、空间和数量上匹配(表 10-7)。根据不同生育期养分需求,协调营养生长和生殖生长,开花期控制施肥,从始花到分枝坐果时,除植株严重缺肥可略施速效肥外,都应控制施肥,以防止落花、落叶、落果。重视果实膨大期施肥,追肥以氮、钾为主,氮、磷、钾合理搭配。一般情况下氮肥总量的 20%～30%作基肥,70%～80%作追肥,对于气温高、湿度大的情况应减少氮肥基施量,甚至不施;磷肥总量的 60%作基肥,留 40%到结果期追肥;钾肥总量的 30%～40%作基肥,60%～70%作追肥。

表 10-7 不同露地瓜果类蔬菜施肥建议

作物	产量水平/(kg/亩)	肥料用量/(kg/亩)		
		N	P_2O_5	K_2O
露地黄瓜	5 000～6 000	15～19	8～10	13～18
露地辣椒	1 000～2 000	12～16	5～7	12～18
露地番茄	4 000～5 000	14～17	6～8	12～19

(2)注重有机肥施用,减少化肥施用。首先,综合考虑有机肥安全性、功能性及有机肥来源和经济成本选择适宜的有机肥种类。其次,根据需求合理施用有机肥用量,针对有机肥投入不足,土壤有机质含量低的土壤,选择高 C/N、高 C/P 的有机肥,快速提升土壤有机质;针对土壤肥力较差的菜田,以提供养分为主要目的时,有机肥用量考虑养分含量与有效性,重点考虑不同原料有机肥周年的矿化参数和不同肥力等级下土壤有机肥的替代率。一般认为,高、中、低

肥力土壤，有机肥可分别替代30％、15％～25％、15％以上的化肥氮。

(3)在开花结果初期至结果盛期，注重适当补充钙、镁、硼肥。在酸性土壤及质地较粗的砂质土壤中通过基施生石灰或钙、镁、磷肥等增加钙肥的投入。

(4)根据菜田土壤肥力状况、蔬菜品种、种植茬口等特点，选择施用的增效肥料类型和用量，优化养分配比和功能，减施传统化肥，降低露地瓜果类蔬菜养分损失，尤其是南方高温多雨地区。如蔬菜缓控释肥可延缓肥效期，调控养分供应强度和数量，减少追肥次数。增效复混肥可提高肥效，改善土壤结构，保持土壤健康，提质增产、增效。

第二节　叶类蔬菜养分资源综合管理理论与技术

一、叶类蔬菜分类与养分需求特征

(一)叶类蔬菜分类

叶菜是以食用叶片、叶柄为主的蔬菜，是人体所需维生素、酚类化合物的重要来源，是叶酸的唯一天然来源，铁和钙等矿物质含量高于谷物。叶菜种类繁多，根据对生长温度的要求分为喜冷凉蔬菜和喜温暖蔬菜。喜冷凉蔬菜适宜在春、秋季节生长，如大白菜、油菜、芹菜、菠菜等。喜温暖蔬菜可在夏季种植，如空心菜、苋菜、木耳菜等。按农业生物学分类法分为白菜类、甘蓝类和绿叶类。白菜类包括大白菜、小白菜(不结球白菜)、乌塌菜等，属十字花科芸薹属植物，以柔嫩的叶丛、叶球、肉质茎为食用部分，大多为二年生植物，第一年形成叶丛或叶球，第二年抽薹开花。甘蓝类同属十字花科芸薹属，有肥厚而呈蓝绿色的外叶，具明显的蜡粉和波状的叶缘，包括结球甘蓝、皱叶甘蓝、花椰菜、芥蓝等，以叶球、短缩的花蔓、球茎和侧芽为食用部分。绿叶菜类包括菠菜、芹菜、莴苣、茼蒿、小油菜等，分属不同科属，多数以嫩叶供食用，也有以叶柄(芹菜)和茎部(莴笋)供食用的。

(二)叶类蔬菜养分需求特征

1.叶类蔬菜养分需求共性

(1)与大田作物相比，叶类蔬菜普遍产量高，每亩产量大多在5 000 kg以上，加之叶类蔬菜复种指数高，可食部分比例大，归还土壤的养分少，需肥量通常是大田作物的2～3倍。

(2)叶类蔬菜的根系较浅，生长迅速，种植密度大，对肥水管理要求高。因而要求通过施用有机肥、追施磷、钾肥，使整个生育期内土壤都能保持较强的养分供应强度，并使土壤具有良好的团粒结构。在养分种类需求上，叶类蔬菜需求以氮、钾为主，两者比例约为1∶1.2(表10-8)，与果类蔬菜相比，叶类蔬菜氮的需求比例增加，若缺乏氮、钾，难以形成鲜嫩、质优的产品。

表10-8　每生产1 000 kg蔬菜所吸收养分量

蔬菜种类	N/kg	P_2O_5/kg	K_2O/kg	N∶P_2O_5∶K_2O
大白菜	2.2～2.5	0.3～0.6	2.8～3.2	1.0∶0.3∶1.3
甘蓝	3.2～4.0	0.6～0.9	3.4～4.2	1.0∶0.3∶1.2
芹菜	1.8～2.0	0.7～0.9	3.8～4.0	1.0∶0.4∶2.0
菠菜	2.1～3.5	0.58～1.1	3.0～5.3	1.0∶0.4∶1.2

(3)叶类蔬菜普遍偏爱硝态氮，铵态氮过多会导致生育障碍。因此要改善土壤通气状况，以利于土壤铵态氮向硝态氮转化，在有条件时，还可适量施用硝态氮肥。

(4)白菜类和甘蓝类蔬菜在莲座期之前养分需求较少，在结球初期养分需求迅速增加，在最后 30%的生长期内大约吸收全生育期 50%的氮素(图 10-8)，60%的钾素(图 10-9)；对钙、硼需求较多。叶类蔬菜抗旱、抗涝能力低，更易发生缺钙、缺硼症状。

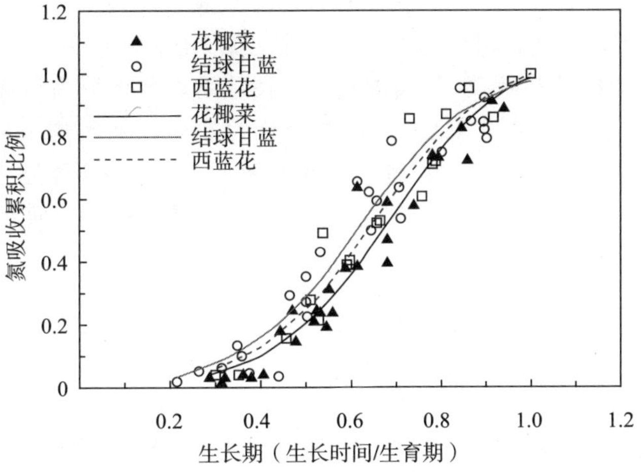

图 10-8　花椰菜、结球甘蓝和西蓝花地上部氮吸收动态

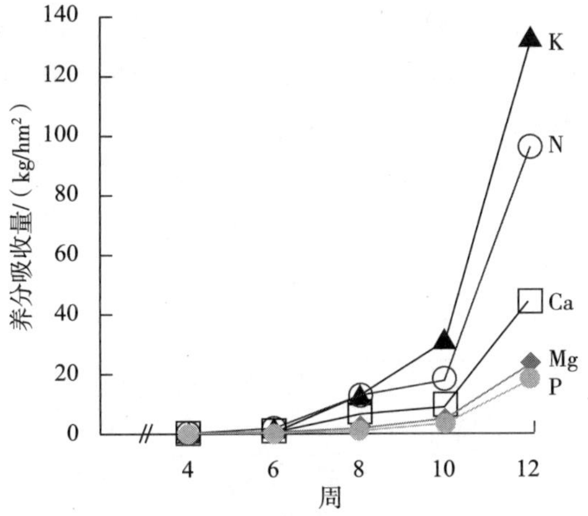

图 10-9　花椰菜养分吸收动态

2. 典型叶类蔬菜养分需求特征

(1)大白菜。我国大白菜全年播种面积约 4 000 万亩，占全国蔬菜总播种面积的 15%，是我国北方冬贮数量最大的蔬菜。大白菜营养生长阶段包括发芽期、苗期、莲座期和结球期。根据品种的不同，各生育期时间有所差别。苗期为 16～20 d，莲座期维持 20～28 d，结球期达 40～60 d。保证营养生长阶段充足氮素供应是白菜类蔬菜高产的关键。大白菜苗期吸收养分较少，不足总量的 10%，以氮为主；莲座期养分吸收量占总吸收量的 20%左右，以氮为主，钾次之；结球期养分吸收最多，占总吸收量的 70%左右，以钾最多，氮次之。

(2)芹菜。芹菜的营养生长时期包括幼苗期、缓慢生长期和快速生长期。幼苗期芹菜养分需求少，需 45 d 左右。缓慢生长期植株分化新叶与大量新根，短缩茎增粗，生长缓慢，需 30～40 d。植株快速生长期叶片充分展开，叶柄迅速肥大，生长量占整个芹菜生长量的 70%～80%，需 30～60 d。芹菜在整个生长期需氮多，初期需磷较多，后期需钾较多。植株快速生长期是养分需求量的高峰期，此时对氮、磷、钾、钙、镁等元素的需求量占总需求量的 80% 以上，其中需钾量最高，氮、钙次之，磷最少。芹菜对硼、钙供应敏感，缺乏时会导致芹菜心腐、茎裂或叶柄空心。

(3)菠菜。我国菠菜种植面积约为 1 000 万亩，总产 2 800 余万 t，占全球产量的 90% 以上。菠菜为耐寒性速生绿叶类蔬菜，可四季栽培。按栽培季节可分为春菠菜、秋菠菜和越冬菠菜。从种子萌发开始，经真叶陆续出现，到顶端分化为花芽以前的这一段时期为营养生长时期。菠菜的营养生长时期无明显的阶段性。菠菜对氮肥需求较多，磷肥、钾肥次之。菠菜喜硝态氮，硝态氮与铵态氮比例在 2∶1 以上时，产量高。越冬菠菜的肥料管理分为越冬前、越冬期和返青期三个阶段管理。

二、叶类蔬菜养分来源、去向及平衡特征

(一)叶类蔬菜养分输入

我国蔬菜养分投入总体过量。据调研，我国大白菜氮、磷、钾投入量分别为 605 kg/hm^2、344 kg/hm^2、335 kg/hm^2，其中源于有机肥的比例为 30%～51%。甘蓝氮、磷、钾总投入量分别为 473 kg/hm^2、255 kg/hm^2、257 kg/hm^2，有机肥占比为 25%～41%。根据我国农田氮素干湿沉降数量与叶类蔬菜的生长周期计算，单季通过干湿沉降输入的氮素为 3.8～7.2 kg/hm^2，通过灌溉水输入的氮素不同区域之间差异大，在长期集约化蔬菜生产区，地下水硝态氮含量可达 50 mg/L，通过灌溉投入的氮素高达 30 kg/hm^2。

按区域统计，以大白菜和甘蓝为主要作物的露地蔬菜华北地区氮投入量最高，达到 600 kg/hm^2 以上，其次为华中和西南地区，最低为华南地区，但投入量仍高于 520 kg/hm^2，远高于作物需求量(表 10-9)。

表 10-9 我国不同区域露地栽培蔬菜化肥、有机肥养分投入量 kg/hm^2

主要区域	化肥养分投入量			有机肥养分投入量			养分投入总量		
	N	P_2O_5	K_2O	N	P_2O_5	K_2O	N	P_2O_5	K_2O
华北	420	167	171	195	144	201	615	311	372
华南	404	329	350	117	153	113	521	482	463
华中	468	224	194	99	71	62	567	295	256
西南	386	152	186	153	225	150	539	377	336
平均	434	219	207	135	138	114	569	357	321

(二)叶类蔬菜养分输出及平衡特征

施肥量偏高导致肥料利用率低。在黄淮海地区的研究表明，大白菜氮、磷、钾的吸收量分别为 154 kg/hm^2、61 kg/hm^2 和 192 kg/hm^2，氮肥利用率仅为 14%，磷肥利用率仅为 5.2%，钾肥的利用率为 32%；西南地区的研究表明，大白菜的氮吸收量为 109～139 kg/hm^2，传统种植模式氮利用率仅为 14%；太湖流域大白菜化肥氮表观利用率为 8.4%，甘蓝氮吸收量为 52～

68 kg/hm²,利用率为 11%～18%;西南地区莴苣、西芹、结球生菜的氮当季利用率分别为 11%、9%、11%;华南地区叶菜的氮、磷、钾利用率分别为 18%、17%、25%;在华东地区的研究结果表明,传统施肥下菠菜对氮的当季利用率仅为 12%。

未被当季作物利用的氮素大多残留在土壤剖面。在小青菜和大白菜收获后,残留在 0～100 cm 剖面的当季化肥氮为 52 kg/hm² 和 33 kg/hm²,分别占施氮量的 52%和 34%。大白菜收获后残留在 0～120 cm 剖面的氮占施用量的 50%以上。莴苣上的研究结果表明,0～80 cm 土壤氮素平均残留率为 59%。在连续种植 5 季叶菜之后,30～60 cm、60～90 cm 土层硝态氮累积量都超过 150 kg/hm²,由于叶类蔬菜根系浅,这部分残留氮素很难被吸收利用,淋洗风险大。

黄淮海集约农区的研究表明,露地蔬菜氮素淋洗量占比为 22%。在华北地区秋季大白菜单季施氮量 780 kg/hm²,淋洗到 80 cm 土层以下的氮素淋洗量达 306 kg/hm²,占施氮量的 39%。太湖地区传统番茄－莴苣－芹菜轮作体系下全年 50 cm 以下氮素淋洗量高达 194 kg/hm²,占施肥量的 11%。在西南地区,大白菜生长季氮淋洗损失平均为 40 kg/hm²,占比为 9%。

氨挥发也是菜地氮素损失的主要途径之一。太湖流域的研究结果表明,大白菜种植中土壤氨挥发损失为 102 kg/hm²,占总施氮量的 17%左右。在西南地区的研究表明大白菜生长季平均 28%的氮素通过气态损失。在华南地区的研究表明上海青撒施基肥和撒施追肥的氨挥发损失为 24%和 21%,生菜穴施基肥和撒施追肥的氨挥发损失率分别为 18%和 24%。

在南方坡地,氮素还可能发生径流损失。太湖流域青菜种植期间总氮流失量为 10～23 kg/hm²,占投入量的 3.5%～7.6%,太湖流域菜地氮素径流流失系数约为 5.6%。

三、叶类蔬菜养分资源管理基本原理

(一)保持养分供需平衡

叶类蔬菜营养生长时期普遍较短,生长速度快,短期内对养分的需求强度大。因此对于大中量元素来说,要基于蔬菜养分需求规律,及时足量地进行平衡施肥。平衡施肥一方面要注重养分数量的供需平衡,另一方面也要重视养分形态的供需平衡。对于叶类蔬菜来说,施入氮素以硝态氮为主,铵态氮占比 20%～30%更有利于其生长。

(二)提高土壤供肥与保肥能力

叶类蔬菜根系分布较浅,养分吸收范围小,通过提高土壤供肥与缓冲能力,一方面减少施入肥料的损失,另一方面可及时弥补由于化肥施用不及时导致的养分缺乏的问题。施用高碳氮比有机肥是协调土壤保肥与供肥能力的主要措施。

(三)重视水肥耦合作用

叶类蔬菜需水量多,生产中灌溉量大,导致养分随水淋洗量高。水肥耦合管理是水肥利用效率提高的关键。作物根系对水分和养分的吸收相互协同、相互制约。适当的养分含量促进根系的生长,进而提高根系水分吸收能力;养分的溶解、迁移离不开水,水分影响养分的转化、吸收与去向。这种水分和养分对作物生长作用相互制约和耦合的现象,称为水肥耦合效应。重视水肥耦合作用,一方面,要水肥统管,只有在合适的水分状态下,施肥才能发挥最佳效果;另一方面,灌溉数量与施肥数量要协同。在避免大量深层渗漏的前提下,供水量、施肥量要尽量与作物水分蒸腾蒸发量、作物养分需求量一致。另外,水肥耦合也要注意空间上的耦合,要求水与肥在作物根系范围为分布均匀。

四、叶类蔬菜养分资源综合管理技术

作物养分管理策略包括以作物为核心、以土壤为核心或两者相结合等模式。叶类蔬菜应用较普遍的技术包括氮素根层调控技术、磷钾恒量监控技术和微量元素因缺补缺等养分管理技术以及水肥一体化等施肥方式。

氮素根层调控技术的本质是通过维持合理的根层无机氮供应数量,实现土壤供应水平与作物吸收能力相匹配。氮素推荐量决定于土壤、肥料及环境氮素输入,是协调作物高产与减少环境氮损失的关键。我国主要叶菜氮素供应目标值见表 10-10。对于灌溉水硝酸盐含量低的地区,氮肥推荐数量为氮素供应目标值与根层土壤硝态氮含量之差,如果地下水硝酸盐大于 10 mg/kg,在计算氮肥推荐量时随灌溉水投入的氮素不可忽视。

表 10-10　叶类蔬菜参考氮素供应目标值

蔬菜种类	大白菜	结球甘蓝	花椰菜	菠菜	芹菜	生菜
目标产量/(t/hm^2)	90～120	60～90	20～40	30～60	75～105	15～30
氮素供应目标值/($kg\ N/hm^2$)	300～320	300～350	300～320	180～220	300～325	180～220

土壤对磷、钾等元素的供应缓冲性较大,施用时无须同氮素一样采用实时监测的方式。可以根据土壤有效磷、有效钾的测定值进行土壤肥力分组,结合目标产量下作物磷、钾携出量进行推荐施肥(磷钾恒量监控技术)。施肥量为目标产量下磷、钾的携出量乘以矫正系数。不同叶类蔬菜目标产量下磷、钾携出量见表 10-11,菜地不同土壤肥力水平磷、钾推荐参考指标见表 10-12。

表 10-11　中高水平目标产量下叶类蔬菜磷、钾携出量

蔬菜种类	目标产量/(t/hm^2)	携出量/(kg/hm^2)	
		P_2O_5	K_2O
大白菜	90～120	41～54	270～360
结球甘蓝	60～90	45～68	228～342
花椰菜	20～30	60～90	240～360
菠菜	40～60	23～35	120～180
芹菜	75～105	60～84	293～410
生菜	15～30	11～21	48～96

表 10-12　菜地土壤肥力分级及磷、钾肥推荐施用量参考指标

有效磷含量/(mg/kg)	速效钾含量/(mg/kg)	土壤肥力分级	P_2O_5或K_2O推荐量矫正系数
＜20	＜80	低	1.5(不含)～2.0
20～60	80～150	中	0.8～1.5
＞60	＞150	高	0～0.8(不含)

五、典型叶类蔬菜养分资源管理原则

(1)大白菜。针对大白菜生产中存在有机肥施用量不足、偏施氮肥、单次施肥量过大、盲目施用高磷复合肥等问题,大白菜施肥应遵循以下原则:①合理施用有机肥料,提倡施用优质农家肥或商品有机肥,忌用没有充分腐熟的有机肥料。②大白菜品种多,产量水平差异大,应依据土壤肥力和目标产量,优化氮、磷、钾肥用量。春季大白菜产量普遍低于秋季大白菜,应适当减少施肥量。③以基肥为主,基肥、追肥相结合。追肥以氮、钾肥为主,适当补充微量元素。④结球期的氮、磷、钾养分吸收量约占吸收总量的80%,施肥应以结球前期为重点,兼顾莲座期和结球中期,采收前2周不宜追氮肥。⑤北方石灰性土壤有效硼含量较低,应注意微量元素的补充,酸化严重的土壤可施用适量石灰。

除了重视氮、磷、钾肥外,大白菜生产中还应适当补充中微量元素,特别是钙和硼元素。当缺钙时,容易出现"干烧心"生理性病害,注意喷施叶面肥防治缺钙"干烧心"和提高冬储品质。

大白菜水肥管理适合采用水肥一体化技术,达到水肥耦合。水肥一体化技术的关键是确定单次灌水量(灌水定额)、灌溉频率及每次灌溉时的施肥量。单次灌水量可根据土壤墒情及0~20 cm土层目标含水量确定。在根据氮素根层调控技术和磷钾恒量监控技术确定氮、磷、钾投入量之后,根据作物养分需求规律及灌溉施肥次数合理的分配单次养分施用数量。在肥料选择时应注意肥料的溶解性和相互之间的兼容性。

(2)芹菜。针对芹菜肥水管理不当导致芹菜空心,品质下降的问题,芹菜施肥应该遵循以下原则:①芹菜栽培要施用充足的底肥以提高土壤肥力,满足生长对养分的吸收,防止生长后期脱肥。②芹菜对氮肥需求量最大,钙肥、钾肥次之,磷肥、镁肥相对较少。③芹菜需硼较多,缺硼或由于高温、低温、干旱等原因使硼的吸收受到抑制时,叶柄易发生"劈裂",出现茎折病,应补施硼肥或叶面喷施多元微肥。④芹菜是浅根作物,根系不发达,要求土壤相对湿度在80%以上。⑤芹菜不宜强光直射,尤其是苗期,但充足的阳光有利于生长,减少病虫害发生。

(3)菠菜。针对菠菜栽培氮、磷化肥用量普遍偏高,肥料增产效率下降,而有机肥施用不足的现状,菠菜养分管理应该遵循以下原则:①增施有机肥,提倡有机无机配合。②施肥注意掌握轻施、勤施、先轻后重的原则。③依据土壤钾素状况,高效施用钾肥,注意铁肥和硼肥的施用。④菠菜喜硝态氮,硝态氮比例应在氮素化肥的3/4以上。氮肥注意分期施用,适当增加生育中期的氮肥施用比例。越冬菠菜在越冬前,以促进根系生长为主,冬前追肥用量占20%左右。在返青期,以促进叶片生长旺盛,延迟抽薹为主,追肥用量占全生育期的80%左右。菠菜对铁、锌等微量元素需求较多,在旺盛生长时期应根据因缺补缺的原则及时补充叶面肥。

第三节　根菜类蔬菜养分资源综合管理理论与技术

根菜类蔬菜是以直根膨大而形成的肉质根为产品供食用的一类蔬菜。该类蔬菜种类很多,如十字花科的萝卜、根用芥菜、大头菜、芜菁;伞形科的胡萝卜、美洲防风、根芹菜;菊科的牛蒡、菊牛蒡;藜科的根菾菜(紫菜头、火焰菜)等。其中在生产栽培和市场消费中占比最大的是十字花科的萝卜和伞形科的胡萝卜。此类蔬菜大多原产于温带,喜冷凉气候,多在早春或秋季栽培,适应性广。多用种子直播,为深根性植物。

一、根菜类蔬菜生长发育与养分需求特征

(一)根菜类蔬菜生长发育特征

根菜类蔬菜整个生命周期按其形态特征、生育特点和生理特性,可分为营养生长期和生殖生长期。第一年播种后进行营养生长,长成肥大的肉质根,供人类食用。在田间越冬后,或经过储存越冬,通过春化阶段,第二年春季再定植,进入生殖生长期,长日照下抽薹、开花、结实,完成由种子播种至种子成熟的整个生长周期。所以,此类植物多为一、二年生植物。根菜类蔬菜的营养生长期指从种子萌动、出苗到产品器官肉质根形成的整个时期,是栽培学上形成经济产量的时期,一般包括发芽期、幼苗期、叶片生长盛期、肉质根膨大期和收获期 5 个时期。生殖生长期是经冬季低温完成春化,从种株定植到种子成熟的时期,一般包括返青期、抽薹期、开花期和结夹期 4 个时期(图 10-10)。不同的根菜类蔬菜生育期长短差别较大。

胡萝卜

生育期	发芽期	幼苗期	叶片生长盛期	肉质根膨大期	收获期	生殖生长期
播种后时间/d	10~15	15~25	25~50	50~90	90~110	第二年

樱桃萝卜

生育期	发芽期	幼苗期	叶片生长盛期	肉质根膨大期	收获期	生殖生长期
播种后时间/d	4~5	5~10	10~15	15~30	30~40	第二年

白萝卜

生育期	发芽期	幼苗期	叶片生长盛期	肉质根膨大期	收获期	生殖生长期
播种后时间/d	10~20	20~30	30~40	40~55	55~70	第二年

图 10-10 三种典型根菜类蔬菜主要生育期示意图

干物质的积累和分配是根菜类蔬菜产量形成的物质基础。以白萝卜为例,播种到苗期,以

叶生长为主，植株生长缓慢，干物质积累量仅占全生育期的5%左右，此时85%左右的干物质积累分配于叶片；苗期至肉质根膨大期为植株生长旺盛阶段，开始转入以肉质根增重为主的时期，大量的同化产物向根内运输，肉质根迅速膨大，此阶段干物质积累量占全生育期的60%～80%。肉质根膨大期以后至收获期，叶片鲜干重呈现下降趋势，但肉质根鲜干重仍旧继续增加，干物质累积量占15%～35%，此时肉质根鲜重占整株鲜重的80%以上，干重占植株总干重的65%左右(图10-11)。

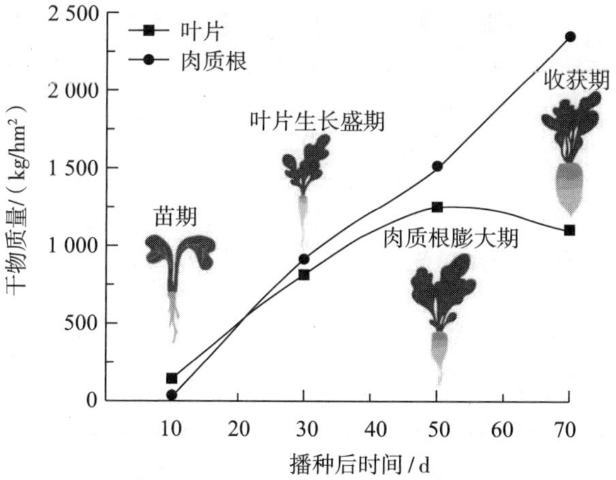

图10-11　根菜类蔬菜干物质累积动态变化趋势(以萝卜为例)

(二)根菜类蔬菜养分需求特征

根菜类蔬菜以肥大的肉质根为收获产品，生物学产量高，吸肥能力强，尤其是氮、磷、钾三大元素。其中以对氮、钾的需求量最高，对磷的需求量最少，一般表现为钾≥氮>磷。根菜类蔬菜对钙和硼的需求量较高，缺钙时容易导致生长点停止生长，新叶及根尖坏死，甚至出现歧根和黑心；缺硼时新老叶片、肉质根以及细胞壁结合态硼含量显著降低，根部吸收的硼大部分被根固定，肉质根向老叶、老叶向新叶的转运系数降低，易产生糠心等生理病害。适量均衡的养分供应主要是通过扩大根菜类蔬菜叶面积，提高叶面积指数，从而促进光合产物的累积及其向肉质根的转移，进而提高产量。但不同的根菜类蔬菜，由于其生物量特征差异较大，表现为对养分的需求量差异也很大。主要根菜类蔬菜生产1 000 kg产量需要的养分量如表10-13所示。

表10-13　根菜类蔬菜生产1 000 kg产量的养分需求量　kg

蔬菜种类	N	P_2O_5	K_2O	Ca	Mg	S
白萝卜	0.94～2.20	0.40～1.16	1.12～2.60	1.0	0.2	—
胡萝卜	1.38～1.99	0.90～1.37	1.30～2.32	—	0.5	0.17
根用芥菜	1.68	1.07	1.96	—	—	0.31
甜菜	3.90～6.61	0.49～2.20	3.20～4.18	—	—	—

根菜类蔬菜不同生育阶段对养分的累积吸收特性不同。以冀中平原秃头青萝卜为例(表10-14)，播种到苗期、苗期至肉质根膨大期、肉质根膨大期至收获期氮素累积量占全生育期吸

收总量的比例(阶段吸收比例)平均分别为 19.47%、51.43%和 29.20%,苗期至肉质根膨大期,磷、钾的养分累积吸收总量分别占到全生育期的 63.73%和 42.07%,日吸收速率也最高。

表 10-14　萝卜不同生育阶段的氮磷钾养分吸收累积特征

养分	累积吸收量/(kg/hm²)			阶段吸收量/(kg/hm²)			阶段吸收比例/%			阶段吸收速率/[kg/(hm²·d)]		
	苗期	膨大期	收获期	播种—苗期	苗期—膨大	膨大—收获	播种—苗期	苗期—膨大	膨大—收获	播种—苗期	苗期—膨大	膨大—收获
N	13.97	52.67	73.67	13.97	38.70	21.00	19.47	51.43	29.20	0.40	1.94	0.70
P	2.57	19.63	30.60	2.57	17.10	10.97	9.47	63.73	35.50	0.09	0.86	0.37
K	5.77	32.50	65.20	5.77	26.77	32.83	9.03	42.07	49.23	0.16	1.34	1.09

二、根菜类蔬菜农田养分来源、去向及平衡特征

(一)根菜类蔬菜农田养分来源

根菜类蔬菜农田养分主要来源于土壤基础养分供应、肥料的施用以及环境养分的输入。全国范围内,根菜类土壤的氮磷钾基础供肥能力(即不施某种养分情况下的植株养分吸收量)差异很大,变化范围分别为 11.3～258.1 kg/hm²、6.9～54.2 kg/hm²、51.1～461.7 kg/hm²,平均分别为 118.7 kg/hm²、28.2 kg/hm² 和 208.8 kg/hm²。肥料施用带入的养分量变异也很大,投入 N 量为 144～366 kg/hm²,平均 186.7 kg/hm²,投入 P_2O_5 量为 50～294 kg/hm²,平均 116.0 kg/hm²,投入 K_2O 量为 45～299 kg/hm²,平均 178.7 kg/hm²。来源于环境养分的输入主要包括干湿沉降和灌溉水的带入。但这部分来源的养分量因区域存在较大变异。河北平原农田系统干湿沉降带入的氮量为 2.4～204.1 kg/hm²,平均 30.2 kg/hm²;带入的磷量为 0.3～28.1 kg/hm²,平均 3.1 kg/hm²;带入的钾量平均为 8.3 kg/hm²。通过灌溉水带入农田的养分平均每年为氮 12.1 kg/hm²,磷 1.5 kg/hm² 和钾 14.8 kg/hm²。

(二)根菜类蔬菜农田养分去向

根菜类蔬菜农田系统养分的输出途径主要包括收获产品的携出、尾菜的携出以及养分损失。不同的根菜类蔬菜由于其产品器官和尾菜生物量、养分累积量的差异,通过植株收获带走的养分量差异很大。萝卜对氮、磷、钾的累积吸收总量平均分别为 155.5 kg/hm²(11.3～333.2 kg/hm²)、30.9 kg/hm²(1.7～78.5 kg/hm²)和 217.9 kg/hm²(14.4～517.4 kg/hm²)。肉质根收获带走的氮、磷、钾养分量占总养分累积量的比例分别为 59.3%、64.4%和 69.0%。尾菜携出的氮、磷、钾养分量占养分总累积量的比例分别为 40.7%、35.6%和 31.0%。河北西北高寒半干旱区错季萝卜收获时,尾菜带走的氮、磷、钾养分量占植株总携出养分量的比例分别为 32.4%～46.0%、18.5%～32.4%、34.1%～43.8%,平均分别为 37.3%、25.9%和 39.7%。

养分的损失途径主要包括氨挥发、氧化亚氮排放、径流和淋洗损失。根菜类蔬菜生产中,氮、磷的径流损失量平均分别为 5.17 kg/hm²(0.36～16.13 kg/hm²)和 0.06 kg/hm²(0.01～0.18 kg/hm²),占氮、磷投入量的比例分别仅为 1.85%和 0.07%。南方红壤区秋季萝卜生产季氨挥发量为 0.37～3.04 kg/hm²,平均为 2.36 kg/hm²,占施入肥料氮的比例为 1.31%～3.69%。N_2O 排放系数为 0.13%～0.68%,排放总量为 1.77～3.42 kg/hm²。根菜类蔬菜一

般适种在砂质或砂壤质土壤上,土壤保水保肥能力较差,因此平原区的硝酸盐淋洗损失是氮素损失的主要途径,但损失量受施氮量的影响很大。当施氮量在 180 kg/hm^2 以下时,硝酸盐淋洗损失量占施氮量的比例基本在 30%以下;当施肥量超过 180 kg/hm^2 时,硝酸盐淋洗损失量可达到施氮总量的 30%～44%。磷、钾元素易被土壤固定或吸附,垂直方向的淋洗损失量不大,基本可以忽略不计。

(三)根菜类蔬菜农田养分循环特征

根菜类生产系统养分循环示意图 10-12 所示。以萝卜为例,从基于养分投入量与萝卜养分吸收累积量之差的养分表观平衡看,氮、磷、钾中,以氮素的盈余最为突出,其次是钾,磷素盈余量最低(表 10-15)。以施氮量、土壤初始氮量、矿化氮量之和作为氮素供应量,与作物吸收量和土壤残留量之差计算出的氮素表观损失量达 119.5～371.8 kg/hm^2,平均为 234.5 kg/hm^2(表 10-16)。

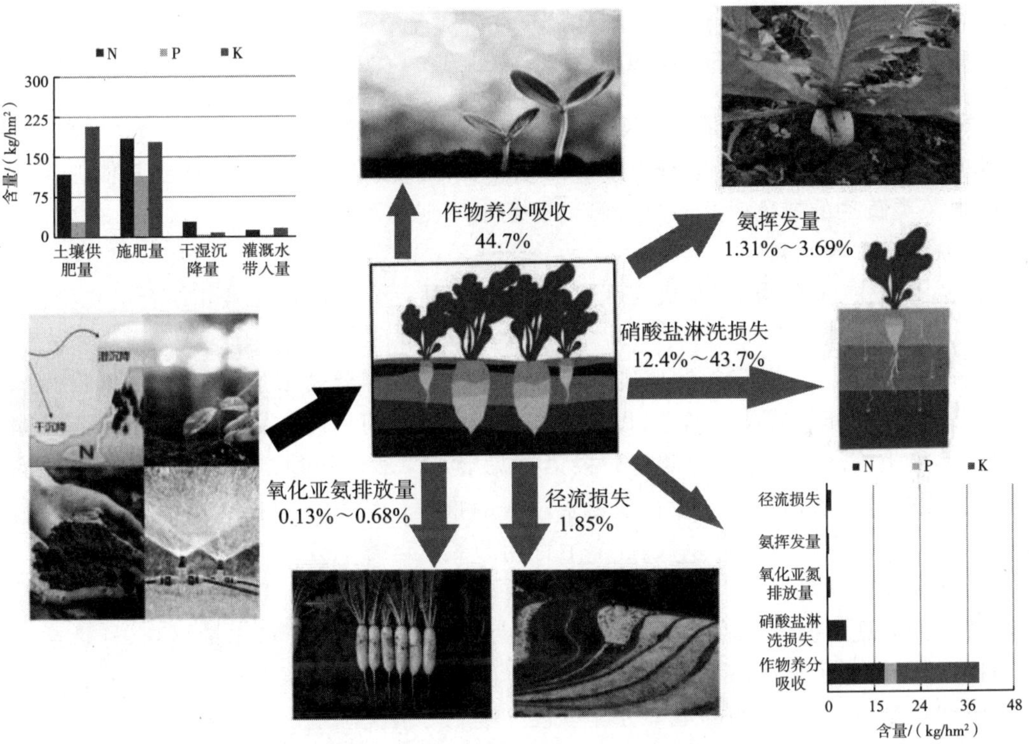

图 10-12 根菜类蔬菜农田生态系统养分循环示意图

表 10-15 根菜类蔬菜生产系统养分输入量、作物带走量及表观平衡 kg/hm^2

养分	养分投入量					作物养分吸收	养分表观平衡
	土壤供肥量	施肥量	干湿沉降量	灌溉水带入量	总计		
N	118.7	186.7	30.2	12.1	347.7	155.5	192.2
P	28.2	116.0	3.1	1.5	148.8	30.9	117.9
K	208.8	178.7	8.3	14.8	397.6	217.9	179.7

表 10-16 萝卜生产系统氮输入、输出及表观损失 kg/hm²

年份	季节	地点	施氮量	初始氮量	矿化氮量	作物吸收	土壤残留	氮表观损失
2018	春季	天津	366	96.8	62.6	141.4	192.1	149.6
		山东	239.1	125.6	78.6	80.8	138.8	223.7
	秋季	天津	366	192.1	88.0	141.9	384.5	119.5
		山东	239.1	138.8	37.1	124.0	90.1	200.9
2019	春季	天津	366.0	384.5	48.8	143.1	315.6	340.7
		北京	292.5	161.1	48.3	65.7	265.1	171.1
	秋季	天津	366	315.6	164.7	197.9	276.7	371.8
		北京	292.5	265.1	76.3	131.8	203.1	298.9
平均			315.9	210.0	75.6	128.3	233.3	234.5

三、根菜类蔬菜养分资源管理基本原则

根菜类蔬菜适栽区域广，适种土壤类型和茬口多样，各地自然条件、生产力水平、栽培年限、品种差异也很大，因此养分管理上必须因地制宜，融合科学施用技术，配套其他综合栽培技术，实现根菜类蔬菜的绿色生产。养分管理的基本原则如下。

1. 养分综合管理原则

遵循基肥为主、追肥为辅，有机与无机相结合，大量元素与微量元素相结合的原则。

2. 氮素养分管理原则

遵循氮素实时监控、总量控制原则。根据目标产量的养分需求量（N_{target}，根据目标产量以及形成单位产量的养分需求量确定）以及根层土壤无机氮水平（N_{min}，根据播种前不同作物的有效根深采集土壤剖面样品进行测定。根菜类蔬菜为深根性作物，有效耕层厚度可以加深至30 cm)，采用养分平衡法进行全生育期氮素总量的推荐。然后再根据土壤的肥力特性和不同根菜类作物的生长发育特性差异，进行全生育期的氮素运筹和分配。

3. 磷钾养分管理原则

磷钾养分管理遵循恒量监控原则。由于根菜类蔬菜对磷的需求总量不高，且磷素于土壤中不易损失，因此可于整地播种之前作为基肥一次性施入土壤。根菜类蔬菜对钾的需求量高，在确定施钾总量后，全生育期的运筹分配可视土壤肥力情况确定。

4. 中微量元素管理原则

遵循中微量元素因缺补缺原则。

四、根菜类蔬菜养分资源综合管理技术

根菜类蔬菜以肥大的肉质根作为收获的产品器官，因此，为了保证肉质根的充分膨大以获得高产优质，首先应选择在土层深厚，土质疏松，有机质含量高，排灌性能良好的土壤中栽培。其次做好生产中水肥的精准管理和调控。在此基础上，配套优良的品种、高水平的整地质量以及病虫草害的科学管理。根菜类蔬菜高产优质高效生产的养分综合管理技术如下。

(一)养分管理技术

1. 施肥原则

根据根菜类蔬菜的生长发育特性及产量形成特征，养分管理上应以“前促(促秧苗早发)、中控(保苗壮而不旺)、后期防早衰”为原则。具体而言，从根菜类蔬菜播种到叶片旺盛生长期，以促进营养器官生长为中心，进入肉质根膨大期前后应及时控制茎叶生长，以使生长中心顺利向肉质根的膨大生长转移。在肉质根迅速膨大期，对养分需求量较多，此期既要设法延长叶片的寿命和活力，以增强植株的光合作用，又要控制茎叶徒长，以协调地上和地下部生长的“源一库”关系，力促肉质根膨大，达到优质高产的目的。因此，养分管理上，应根据土壤地力情况、根菜类蔬菜的需肥特性及目标产量，合理搭配大中微量元素用量。

2. 具体施肥技术

(1)有机肥料施用技术。有机肥料的施用不仅有利于培肥土壤，为根菜类生长创造良好的环境条件，同时在化肥施用量较高的情况下，利用有机肥替代部分化肥的理念，更有利于实现优质和高效生产。因此，根菜类蔬菜生产中，在土壤肥力水平较低的情况下，注意增施充分腐熟的优质有机肥料或商品有机肥。有机肥施用量根据土壤肥力水平确定，参考用量如表 10-17 所示。

表 10-17　有机肥用量推荐　　t/hm^2

土壤肥力等级		低肥力	中肥力	高肥力
有机肥种类	农家肥	60～75	45～60	30～45
	商品有机肥	6.0～7.5	4.5～6.0	3.0～4.5

(2)以根层养分调控为核心的氮素实时监控技术。

①氮肥用量的推荐。综合考虑氮肥施用的农学效应和环境效应(春、秋季萝卜生育期内淋洗到地下水中的硝态氮分别不得高于 14.0 kg/hm^2 和 20.6 kg/hm^2)，春、秋季萝卜生产中兼顾产量和水体环境的适宜施氮量为 150～180 kg/hm^2(图 10-13)。

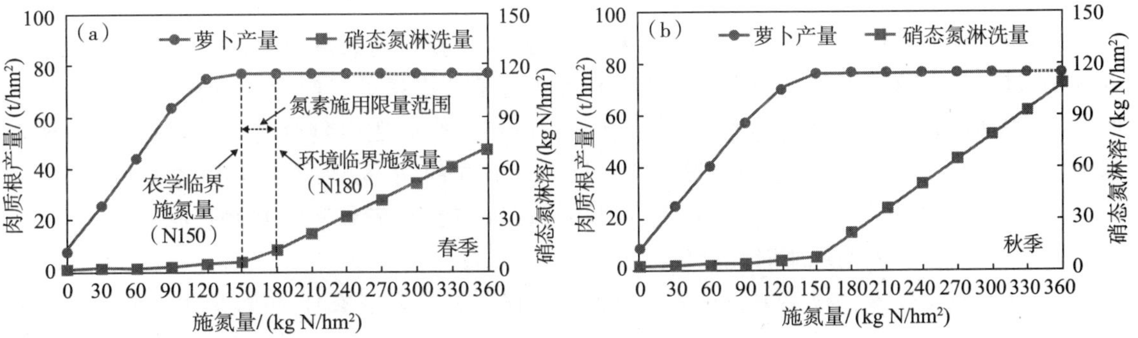

图 10-13　在优化灌溉量和施肥比例下春季(a)和秋季(b)萝卜产量和硝态氮淋洗对不同施氮量的模拟响应曲线(张佳佳,2020)

②全生育期氮肥的分配。全生育期的氮素分配根据根菜类蔬菜的生长发育特点及地力水平确定。根菜类蔬菜苗期生长发育较慢，对氮素的需求量较低，加之施用部分有机肥，故基施氮肥量按推荐施肥总量的 30%～50%施用，具体施用比例因土壤肥力水平而异。剩余 50%～

70%的氮素分别在叶片生长盛期和肉质根膨大期追施，遵循前轻后重的原则，以避免前期地上部旺长和后期脱氮早衰，影响肉质根的发育和产量形成。肥力水平较高的地块，也可在进入肉质根膨大期之前一次性追施。水肥一体化管理方式，则在进入叶片旺盛生长期之后，少量多次补施氮肥。但根菜类蔬菜多为容易累积硝酸盐的蔬菜，为了保证氮素进入植物体后的充分同化过程以及防止后期裂根，一般在肉质根膨大盛期以后不再追施氮肥。

③氮肥施用方法。在土壤肥力水平较高、保水保肥性能较好的田块种植生育期较短的根菜类蔬菜时，也可选用缓控释肥料作为基肥一次性施用，于整地前将肥料撒施于地表，通过耕翻，将肥料与土壤充分混匀。但对于生育期较长的根菜类蔬菜，如胡萝卜，为了减少氮素损失，提高氮肥利用效率，建议基追结合施用氮肥。

(3)磷钾肥恒量监控技术

①磷钾肥总量推荐。磷肥恒量监控技术以保证满足蔬菜生长发育需求同时维持地力稳定为原则，首先根据土壤有效磷和速效钾的含量水平确定土壤肥力等级，根据肥力水平确定养分供应平衡系数(表 10-18)，基于达到不同目标产量水平的养分需求量，再乘以对应不同肥力等级下的平衡系数，计算土壤不同磷、钾肥力水平下的磷、钾肥推荐用量。一般以 3～5 年为一个监测周期，及时了解土壤肥力变化，以决定是否调整磷钾肥的用量。

表 10-18 根菜类蔬菜土壤磷钾含量分级及推荐平衡系数

指标	低	中	丰富	高
有效磷/(mg/kg)	<10	10～20	20～30	>30
速效钾/(mg/kg)	<80	80～120	120～160	>160
推荐平衡系数	2	1.5	1	0.5

②全生育期磷钾肥的分配和施肥方法。根菜类蔬菜生育期较短，因此磷肥推荐作为底肥一次性施入土壤，钾肥则根据土壤肥力情况，在地力水平较低的情况下，推荐 60%～70%作为底肥施用，30%～40%于肉质根膨大前后追施。地力水平较高的土壤，也可全部作基肥一次性施入土壤。

(4)中微量元素因缺补缺施用技术。根菜类蔬菜一般对钙的需求较多，对镁的需求量较少，但充足的钙、镁供应对保证根菜类产量和商品品质是必需的。因此，在南方钙、镁含量较低、盐基饱和度较低的酸性土壤地区，建议基肥配施钙、镁、磷肥或富含钙、镁的碱性土壤调理剂，在增加土壤中的钙、镁含量满足根菜类生长发育需求的同时，改善土壤理化性状。根菜类蔬菜对硼的需要量也较高，当土壤硼含量在 0.5 mg/kg 时，或者往年有缺硼症状的田块，要注意硼元素的补充，在施用底肥时配施硼砂 5 kg/hm^2 左右。

(5)叶面施肥技术。根菜类蔬菜生育后期长势偏弱有早衰迹象时，也可采用根外追肥的方法，以弥补养分供应的不足。

(二)其他配套管理技术

根菜类蔬菜要想达到高产优质高效的目标，除了做好养分资源的管理，优质抗逆高产高效品种的选择、播种前的整地质量、生育期间的水分管理，以及病虫草害的管理也是至关重要的。特别是水分的科学管理，不仅可以有效提高水资源利用效率，而且有助于养分的转化、迁移和作物对养分的吸收，提高养分资源利用效率。根菜类蔬菜苗期根系浅，蒸腾量小，需水量也小，但对土壤湿度反应敏感，特别是春季栽培苗期气温偏低，昼夜温差大的情况下，水分管理上应注意小水勤浇；进入叶片生长盛期，随着蒸腾量加大，对水分的需求量也增加，此时要注意浇透水，但浇水时间间隔宜适当延长。营养生长后期要适当控水，以防止叶片徒长而影响肉质根膨大。进入肉质根快速生长期，水分供应要充足，此时可根据天气和土壤条件灵活浇水。大雨后则要注意必须及时排水，以防止水分过多导致裂根或烂根。高温干旱季节浇水时间尽量选择在清晨或傍晚，否则易造成嫩叶枯萎和肉质根腐烂，导致严重的病虫害。

根菜类蔬菜一般没有明显的成熟标准和收获期，但收获过早产量低，口感差；收获过晚则易导致肉质根受冻或空心，品质变劣。可根据市场对产品的要求，适时收获。

第四节　葱姜蒜类蔬菜养分资源综合管理理论与技术

一、葱姜蒜类蔬菜生长发育与养分需求特征

(一)葱姜蒜类蔬菜生长发育特征

葱姜蒜是香辛类蔬菜，是中国老百姓日常生活不可或缺的重要调味品，以嫩叶、假茎、地下根茎或变态叶鞘形成的鳞茎为食用部分。我国葱姜蒜类蔬菜的栽培面积居世界首位，全国各地均有种植，具有品种多、用途广、产量高的特点。其生命周期一般经过发芽期、幼苗期、旺盛生长期、休眠期等几个时期，但不同作物生育期命名有所不同(图 10-14)。种子萌发至第一片叶展开为发芽期，一般为 7～50 d；幼苗期为 50～270 d；旺盛生长期为 70～137 d，每个时期所经历的时间长短因栽培方式不同有较大差异。

葱姜蒜类蔬菜的根系主要分布在表土 25 cm 的范围内，多集中于 10～20 cm 土层，侧根横向生长分布在植株半径 30 cm 内，根系发育较弱，无根毛或根毛少，导致根系吸收养分、水分能力较弱，表现为喜湿、喜肥的特点。

(二)葱姜蒜类蔬菜养分需求特征

葱姜蒜类蔬菜整个生育期对氮、磷、钾吸收量大，其中葱姜对钾吸收量最大，其次是氮，磷的吸收量最少；大蒜对氮吸收量最大，其次是钾，磷的吸收量最少。葱姜蒜类蔬菜整个生育期地上部干物质累积量和养分吸收量呈“S”形曲线，各生育期养分需求量不同，苗期、旺盛生长期和完熟期对氮、磷、钾养分吸收量分别占总累积量的 10%～30%、40%～80%和 10%～30%。就中微量元素而言，葱姜蒜类蔬菜对钙、镁、硫需求量较大，且关键吸收期为旺盛生长期。不同蔬菜的养分需求特征见表 10-19。

表 10-19　葱姜蒜类蔬菜产生 1 000 kg 产量所吸收的养分量　　kg

蔬菜种类	N	P_2O_5	K_2O
大葱	3.5～5.5	0.3～0.6	4.6～6.0
生姜	2.1～3.4	0.3～0.5	3.1～4.4
大蒜	2.7～3.3	1.2～1.9	4.0～5.3

1. 大葱的养分需求特征

大葱为百合科葱属二年生草本植物，我国栽培面积为 55 万 hm^2，占世界总栽培面积的

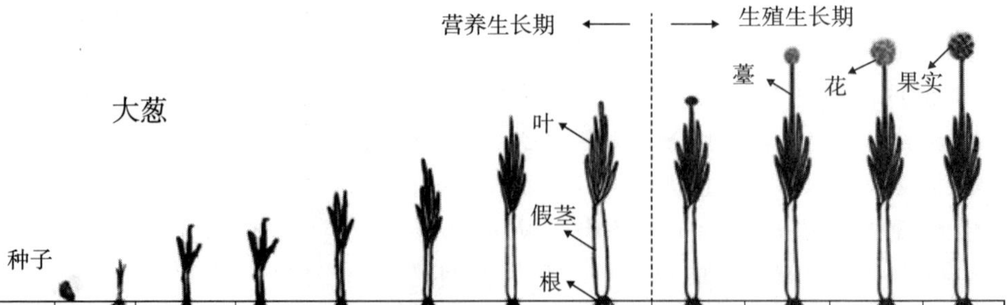

生育期	发芽期	幼苗期	葱白形成期			返青期	抽薹期	开花期	结子期
			缓苗期	假茎形成盛期	假茎充实期				
经历时间	10～15 d	240～270 d	30～60 d	60～70 d	30 d左右	30 d左右	10～15 d	20 d左右	20～30 d

注：秋播幼苗期为240-270 d，春播80-90 d，其他时期时间一致

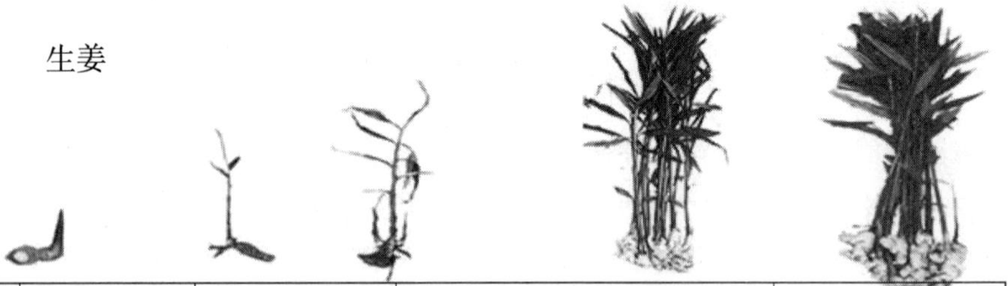

生育期	出苗期	壮苗期	旺盛生长期		转色期
			发棵期	根茎膨大期	
经历时间	60～90 d	30～50 d	20～40 d	30～40 d	20～30 d

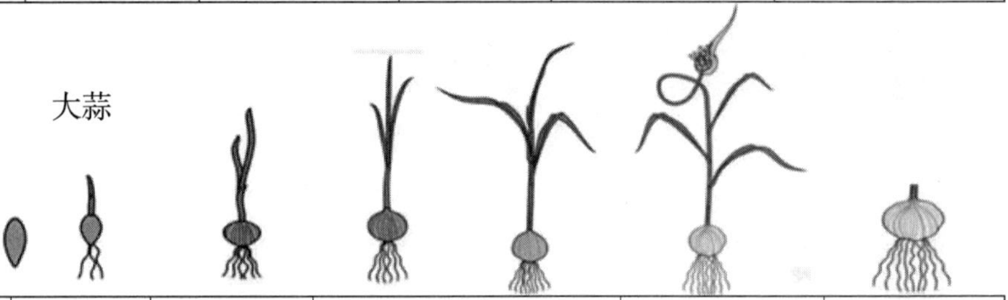

生育期	萌芽期	幼苗期	鳞芽花芽分化期	抽薹期	鳞茎膨大期
时间	15～20 d	165～185 d	195～215 d	210～230 d	227～245 d

图 10-14　葱姜蒜类蔬菜主要生育期示意图

91.7%，主产区位于秦岭淮河以北的广大地区，其中华北平原大葱种植区包括山东、河北、河南三省和北京、天津两市，是中国大葱的发源地和第一大主产区。

假茎形成盛期，是吸收养分的关键时期，氮、磷、钾吸收量分别约占总吸收量的 50%、60% 和 40%，且主要分布在假茎中。大葱对钙的需求量较高，硫次之，镁最少；但镁对大葱产量的作用最大，硫最小。大葱生长过程中，对硫和镁的需求逐渐增加，缓苗期、假茎形成盛期和假茎充实期的需求量分别占全生育期的 5%～10%，20%～30%和 60%～75%；假茎形成盛期是钙需求的关键时期，占全生育期的 60%左右，60%～90%的钙积累在叶片中。大葱对微量元素的吸收量仅约占大量元素吸收量的 1%，需求量由高到低依次为铁>锰>铜>锌>硼，对铁和硼的需求量相差 50 倍。假茎形成盛期和假茎充实期是锰和硼的关键需求时期；而铜、锌和铁的关键需求期为假茎充实期，三元素的吸收量占全生育期的60%～70%。

2. 生姜的养分需求特征

生姜属姜科姜属，为多年生草本宿根植物，中国生姜栽培面积在26.7万hm^2以上，总产量为1 000万t左右，栽培面积、总产量分别占世界的1/2和2/3以上。我国生姜分布很广，南方各省均有栽培，以四川、云南、贵州、安徽等省种植较多；北方则山东、河北、河南、辽宁等省栽培面积较大。其中，山东生姜栽培面积居全国首位。

生姜出苗期占全生育期时长的50%以上，但对氮、磷、钾吸收量仅占全生育期的25%；旺盛生长前期（发棵期）30～40 d，对氮、磷、钾的吸收量占全生育期的33.3%左右；旺盛生长后期（根茎膨大期）氮、磷、钾吸收量占全生育期的40%～50%。

生姜全生育期中微量元素吸收量为：钙＞镁＞锰＞铁＞锌＞硼＞铜，对钙的吸收量略低于磷。根茎膨大期是生姜中微量元素（铁除外）的吸收高峰时期，且主要分配于地上部分，占总量的60%～80%。生姜苗期对于铁的吸收量和吸收比例相对较高，因此在施底肥时可适当补充铁元素。

3. 大蒜的养分需求特征

大蒜百合科葱属，一至二年生草本植物，中国大蒜种植面积为70万hm^2左右，栽培面积和产量分别约占全球的60%和70%，生产基地主要集中在山东、河南、江苏、河北、安徽五省。

大蒜对氮的吸收高峰在鳞茎膨大期，占整个生育期吸收量的40.0%；对磷的吸收主要在幼苗期和鳞茎膨大期，分别占总吸收量的19.3%和32.5%；对钾的吸收主要在鳞芽花芽分化期和鳞茎膨大期，分别占整个生育期吸收量的35.5%和26.0%。

大蒜对硫、钙、镁、铜、硼、锌、铁等中微量元素敏感，增施上述中微量元素有增产和改善品质的作用。其中对硫的吸收量大，占干物重的0.64%～0.90%，蒜薹伸长期吸收量最大。钙能有效促进大蒜植株的生长发育，缺钙时，植株叶片上出现坏死斑。大蒜缺镁会引起叶片褪绿，变黄死亡。在一定范围内，增施铜和锌有利于鳞茎大蒜素的形成。抽薹前是微量元素硼、铁、锰、镁的吸收高峰期。

二、葱姜蒜类蔬菜农田养分来源、去向

（一）葱姜蒜类蔬菜农田养分来源

葱姜蒜类蔬菜农田养分来源主要包括有机肥、化肥施用以及菜田土壤养分供应，其余的养分来源还包括灌溉、降雨、生物固氮和大气干湿沉降等。当前葱姜蒜类蔬菜养分投入量大，远高于蔬菜养分需求量。基于我国山东葱姜蒜主产区大样本调研数据发现，葱姜蒜类蔬菜N、P_2O_5和K_2O总投入量平均分别为531.4 kg/hm^2、362.3 kg/hm^2和607.6 kg/hm^2，分别是其推荐施用量的1.6倍、3.0倍和1.5倍，其中源于有机肥的比例为17%～23%。大葱N、P_2O_5和K_2O总投入量平均分别为487.6 kg/hm^2、338.9 kg/hm^2和616.8 kg/hm^2，分别是其推荐施用量的1.7倍、2.8倍和2.1倍，其中源于有机肥的比例为11%～40%；生姜N、P_2O_5和K_2O总投入量平均为675.7 kg/hm^2、420.2 kg/hm^2和888.8 kg/hm^2，分别是其推荐施用量的1.5倍、3.5倍和1.5倍；其中源于有机肥的比例为16%～40%。大蒜N、P_2O_5和K_2O总投入量平均为431.0 kg/hm^2、327.8 kg/hm^2和317.2 kg/hm^2（表10-20），分别是其推荐施用量的1.4倍、2.7倍和1.2倍；其中仅有3%～6%来源于有机肥。

表 10-20 葱姜蒜类蔬菜养分投入 kg/hm^2

蔬菜类型	样本数	有机肥			化肥			总投入量			养分总量
		N	P_2O_5	K_2O	N	P_2O_5	K_2O	N	P_2O_5	K_2O	
大葱	150	74.6	38.9	242.8	413.0	300.0	374.0	487.6	338.9	616.8	1 443.3
生姜	120	267.3	126.0	146.0	408.4	294.2	742.8	675.7	420.2	888.8	1 984.7
大蒜	112	21.0	21.0	9.2	410.0	306.8	308.0	431.0	327.8	317.2	1 076.0
平均	—	121.0	62.0	132.7	410.5	300.3	474.9	531.4	362.3	607.6	1 501.3

(二)葱姜蒜类蔬菜农田养分去向

葱姜蒜类蔬菜农田养分输出以作物收获带走为主,通过淋洗、径流以及气态损失等方式所占比例较小。以山东大葱为例,作物收获带走的氮约占输出总量的 88%以上;通过淋洗和气态(N_2O)损失的氮分别占输出总量的 11%和 1%;以径流损失的氮最少,约占总输出的千分之一;农田盈余 267.6 kg N/hm^2。大葱收获磷素的带走量占总输出量的 95%以上;磷肥施入土壤中容易被固定,通过淋洗和径流损失的很少,不足总输出量的 3%,农田磷盈余近 280 kg/hm^2。大葱收获带走钾素近 180 kg/hm^2,农田盈余量大于氮素,高达 440 kg/hm^2左右。生姜农田氮、磷、钾盈余分别为 278.4 kg/hm^2、291.4 kg/hm^2和 14.0 kg/hm^2;大蒜农田氮、磷、钾盈余分别为 150.5 kg/hm^2、228.6 kg/hm^2和 121.8 kg/hm^2(表 10-21)。

表 10-21 葱姜蒜类蔬菜养分去向 kg/hm^2

蔬菜种类	收获			总量			表观平衡		
	N	P_2O_5	K_2O	N	P_2O_5	K_2O	N	P_2O_5	K_2O
大葱	192.6	79.7	178.3	220	81.82	178.3	267.6	257.08	438.5
生姜	397.3	128.8	874.8	397.3	128.8	874.8	278.4	291.4	14.0
大蒜	280.5	99.2	195.4	280.5	99.2	195.4	150.5	228.6	121.8

注:大葱淋洗、径流损失氮 25.0 kg/hm^2、磷(P_2O_5)2.12 kg/hm^2,氧化亚氮形式损失氮 2.4 kg/hm^2。

三、葱姜蒜类蔬菜养分资源管理基本原理与主要技术

(一)养分资源管理基本原理

1. 有机肥和化肥不可互相替代

有机肥肥效长、营养全,有保水、保肥、改土作用,能提高化肥的利用率。化肥肥效快,可在短时期内满足蔬菜生长发育需要。有机肥和化肥各有特点,不可互相完全替代。

2. 大中微量养分全生育期平衡

基于葱姜蒜类蔬菜生长发育规律和养分吸收规律,氮、磷、钾养分投入要均衡,该类蔬菜为喜钾作物,要重视钾肥施用;葱姜蒜类蔬菜需肥量大且集中,容易造成部分元素的暂时性缺乏,需及时补充以防影响产量或造成品质下降。

3. 应根据蔬菜的生长特点进行施肥,掌握“前轻、中重、攻中补后”的原则

定植前结合整地施入充足基肥,施肥宜将较大比例的肥料放在缓苗后施用,以在蔬菜吸肥

高峰提供养分，减少土壤中转化造成的各种损失、提高肥料利用率。

(二)葱姜蒜类蔬菜养分资源管理主要技术

1. 基于氮素供应目标值的实时监控与总量控制，分期调控技术

利用各生长阶段满足蔬菜正常生长的氮素目标供应值减去氮肥施用前根区土壤 N_{min} 含量，从而实现平衡土壤、肥料氮素供应和作物氮素需求。

2. 磷钾平衡施用技术

根据磷钾恒量监控的技术原理，在土壤有效磷、钾养分处于极高或较高水平时(表 10-22)，采取控制策略，不施磷、钾肥或施肥量等于作物带走量的 50%～70%；在土壤有效磷、钾养分处于适宜水平时，采取维持策略，施肥量等于作物带走量；在土壤有效磷、钾养分处于较低或极低水平时，采取提高策略，施肥量等于作物带走量的 130%～200%。以 3～5 年为一个周期，对土壤肥力进行监测，以决定是否调整磷钾肥的用量。

表 10-22　葱姜蒜土壤有效磷、有效钾含量　　mg/kg

分级	土壤有效磷(P)			土壤有效钾(K)		
	葱	姜	蒜	葱	姜	蒜
高	>40	>40	>40	>200	>200	>200
中	20～40	20～40	20～40	100～200	100～200	100～200
低	<20	<20	<20	<100	<100	<100

3. 中微量元素因缺补缺

增施含钙、镁、硼、锰等中微量元素肥料可提高葱姜蒜产量和增加风味。根据土壤中微量元素的丰缺状况和植株缺素症状，针对性的施用中微量元素。

4. 基于土壤养分丰缺指标体系的推荐施肥

根据葱、姜、蒜目标产量和土壤肥力状况，按照养分投入产出平衡原则，综合考虑养分投入的协同农学效应、经济效应和环境效应，确定在当季生产中氮、磷、钾养分投入量范围，以山东大葱为例(表 10-23)。

表 10-23　不同目标产量下大葱氮磷钾肥推荐用量

土壤肥力等级	目标产量/(kg/亩)	养分限量/(kg/亩)			施肥时期	大量元素(折纯)/(kg/亩)		
		N	P_2O_5	K_2O		N	P_2O_5	K_2O
高	>6 000	15～20	6～10	11～15	定植时	1～2	3～5	1～2
					缓苗后	3～4	3～5	3～4
					假茎生长前期	7～9	—	3～4
					假茎生长后期	4～5	—	4～5
	4 000～6 000	12～16	5～8	8～12	定植时	1～2	3～5	1～2
					缓苗后	2～3	2～3	2～3
					假茎生长初期	6～7	—	2～3
					假茎生长后期	3～4	—	3～4

续表 10-23

土壤肥力等级	目标产量/(kg/亩)	养分限量/(kg/亩)			施肥时期	大量元素(折纯)/(kg/亩)		
		N	P_2O_5	K_2O		N	P_2O_5	K_2O
中	>6 000	20～24	10～12	15～20	定植时	2～3	5～6	2～3
					缓苗后	4～5	5～6	4～5
					假茎生长初期	9～10	—	4～5
					假茎生长后期	5～6	—	5～7
	4 000～6 000	18～22	8～10	12～16	定植时	2～3	4～5	2～3
					缓苗后	3～4	4～5	3～4
					假茎生长初期	8～9	—	3～4
					假茎生长后期	5～6	—	4～5
	<4 000	13～18	5～8	8～12	定植时	2～3	3～5	1～2
					缓苗后	3～4	2～3	2～3
					假茎生长初期	5～6	—	2～3
					假茎生长后期	3～5	—	3～4
低	<4 000	15～19	6～10	9～13	定植时	2～3	4～6	1～2
					缓苗后	3～4	2～4	2～3
					假茎生长初期	7～8	—	3～4
					假茎生长后期	3～4	—	3～4

四、葱姜蒜类蔬菜养分资源综合管理技术

(一)大葱养分资源综合管理技术

大葱主产区以“增施有机物还田固碳＋优化施肥技术”为核心的养分管理技术，内容如下。

1. 有机物还田固碳

每公顷施用粉碎至 10～25 cm 的小麦(玉米)秸秆 6 000～9 000 kg 或秸秆堆肥 9 000～13 500 kg，均匀撒施在大葱种植行间 35～50 cm 处，两边开沟的土壤覆盖在秸秆或堆肥上，沟底增施商品有机肥 3 000 kg。

2. 优化施肥技术

大葱氮肥(N)投入量为 280～345 kg/hm^2、磷肥(P_2O_5)投入量为 120～150 kg/hm^2、钾肥(K_2O)投入量为 225～270 kg/hm^2。大葱为喜硫作物，适宜的钾肥品种为硫酸钾；雨季为防止氮素流失，适宜速效氮肥品种为硫酸铵，后期可以选用尿素。也可选用硫基通用型或专用型复合肥，基肥时不宜施用高氮型复合肥。养分合理运筹，氮肥基施占 8%，在 8 月上旬、8 月下旬、9 月中上旬和 10 月上旬进行四次追肥，分别约占 8%、13%、36%和 35%；磷肥基施占 50%～60%，第一次追肥时施入 40%～50%；钾肥每次用量为 20%。通过新技术、新产品以及机械设备的应用，实现精准施肥，减少施肥次数，提高功效。

(二)生姜养分资源综合管理技术

在生姜主产区以“有机培肥”和“化肥推荐”为核心，增施“促生抗逆”产品的养分资源综合

管理技术,内容如下。

1. 有机肥料培肥改良土壤技术

以中等肥力土壤、中等产量水平(60 t/hm^2)为例,每公顷施用豆粕 2.25～3 t,生物有机肥 1.5～3 t,优质商品有机肥 22.5～30 t,或施用腐熟农家肥 75～105 m^3 加优质商品有机肥 7.5～12 t,其他肥力条件、产量水平、产区和品种可参照执行。

2. 生姜化肥推荐施用技术

采用专用配方(套餐)肥料,以中等偏上肥力、高产水平(150 t/hm^2)的缅姜为例,每公顷施用:①生姜定植时,沟底施用平衡型复合肥(如 15-15-15)150～225 kg。②小培沟时,沟施高钾复合肥(如 15-5-25)2 次,每次 750～1 200 kg,与商品有机肥左右交替配合施用。2 次培沟之间,可视墒情冲施高氮水溶肥(如 21-8-21)75～150 kg。③大培沟前,视墒情冲施高钾水溶肥(如 13-7-30)75～150 kg;大培沟时,沟施高钾复合肥(如 15-7-24)450～750 kg。④大培沟后,视墒情冲施高钾水溶肥(如 15-10-30)3～5 次,每次 75～120 kg。

3. 增施促生抗逆水溶肥及抗病微生物菌剂产品

生姜出苗率达 70%～80%时,开始冲施促生根类水溶肥料 45～75 kg/hm^2,之后可隔半月左右再冲施 1～2 次;在 2 次小培之间及大培前可视墒情,与水溶肥配合分别加施 1 次。收获前最后一次冲施水溶肥时,适当增施腐殖酸、甲壳素等植物刺激素类水溶肥。此外,为减少生姜病害的发生,实现生姜绿色生产,可在开沟后适当施复合微生物菌剂。

(三)大蒜养分资源综合管理技术

大蒜主产区推广以“增施有机肥、应用大蒜专用肥和新老蒜区分类管理”的养分资源管理技术。

1. 专用肥技术

每亩施 200 kg 商品有机肥或生物有机肥,复合肥(18-10-17 硫酸钾型)80～100 kg,撒施翻地;在蒜薹伸长期进行催薹肥追施,每亩随水冲施复合肥(18-5-17 腐植酸型)20～250 kg;催头肥随水冲施近似配方肥料 10～15 kg。

2. 老蒜区套餐肥技术

每亩基肥施用缓释肥(18-10-18)80～120 kg,含中微量元素复合肥(16-16-16)30～50 kg,生物有机肥 160～240 kg;在蒜薹伸长期追施水溶肥(13-5-27＋TE)或含有腐植酸复合肥(20-5-20)15～20 kg,叶面喷施 0.5%～1%含氨基酸水溶肥(微量元素型)1～2 次。

3. 新蒜区套餐肥技术

每亩基肥施用大蒜专用肥(18-10-17) 50 kg,含中微量元素复合肥(15-5-25)40 kg,有机肥 200 kg;在蒜薹伸长期追施水溶肥(13-5-7＋TE)或含有腐植酸复合肥(20-5-20)15～20 kg。

复习思考题

1. 简述不同种类蔬菜养分吸收特性的异同点。
2. 简述不同种类蔬菜生产过程中养分来源与损失去向。
3. 简述不同种类蔬菜养分资源综合管理基本原则及高效管理技术。

第十一章

果树生产体系养分管理理论与技术

◇ **教学目标**

1. 系统掌握果树的生长发育特性，掌握营养元素的需求及其阶段性特征。
2. 了解果树生产过程中的养分来源、去向及循环特征。
3. 掌握果树养分管理基本原理和合理施肥原则。
4. 了解果树养分资源综合管理技术。

第一节　落叶果树养分管理理论与技术

一、落叶果树生长发育与养分需求特征

落叶果树主要包括苹果、梨、桃、樱桃、杏、李、葡萄、山楂等，其中苹果、梨、桃和葡萄的栽培面积居我国落叶果树前四位。我国落叶果树主要分布在长江以北温带和寒带地区，其最显著的特征是在晚秋落叶后进入休眠期。

（一）落叶果树生长发育特征

1. 根系和枝叶发育特征

落叶果树根系年周期发生高峰一般有 3 次，分别是春季、夏季和秋季。春季高峰开始于萌芽后，在 4 月中旬达到高峰。第二次高峰发生在夏季，夏季高峰过强，易造成新梢旺长，花芽分化差，不易成花。第三次高峰发生从秋季 9 月下旬开始，一般延续时间较长，强度不大，受地上部负荷和秋梢生长量的制约。在养分管理上，一是要在根系发生高峰期进行施肥，有利于提高肥料利用效率；二是通过施肥调节根系的发生，保障果树健壮有节奏生长。

落叶果树枝梢主要分为三类，分别是短枝（梢）、中枝（梢）和长枝（梢），短枝（梢）和中枝（梢）只有一次生长，生长时间分别为 2 周左右和 4 周左右，长枝（梢）具有春季和秋季两次生长，生长时间为 8～12 周，春梢生长高峰在 5 月中旬，秋梢生长在 8 月上中旬。在施肥种类、数量、时期确定时一定要考虑枝梢的类型、比例和长势，因树施肥，通过施肥调节树势，达到优质稳产的目的。

2. 果实发育特征

果实的发育一般经历 3 个阶段，分别为第一次膨果期、缓慢膨大期（核果类果树称硬核期）和第二次膨果期。第一次膨果期在花后 2～4 周，主要是果肉细胞分裂，不同树种和品种持续时间不同，苹果一般是花后 40 d。第二次膨果期在花后 6～16 周，果肉细胞逐渐增大。第一次

膨果期主要依赖贮藏养分，其数量和分配对果实大小起决定性作用；第二次膨果期主要依赖当年生养分，此期养分不足会导致产量下降，过多则会影响果实品质。

(二)落叶果树养分需求特征

1. 生命周期长，不同阶段对养分要求不同

生命周期不同阶段对养分的需求有很大的差别。幼龄期果树以营养生长为主、生长量少，养分需求量少，以磷和氮为主。初果期是果树由营养生长向生殖生长转化的关键期，要求氮、磷、钾平衡。盛果期既要开花结果，又要维持健壮树势，对钾的需求量增加。更新衰老期需要更新复壮和恢复树势，对氮的需求量增加。

2. 贮藏营养对果树特别重要

贮藏营养是果树营养的最重要特征之一。贮藏营养作为果树营养的重要组成部分，与当年营养互相补充，共同提供果树生长发育所需营养。若贮藏营养匮乏，冬季树体抗逆性会降低，常出现寒害、冻害甚至死亡，也会影响第二年春季的萌芽、开花、坐果、新梢生长和根系发生，并进一步影响果实膨大和花芽分化等过程。

3. 营养生长与生殖生长对养分的竞争激烈

营养生长与生殖生长二者的矛盾贯穿了果树生长发育的全过程。营养生长是果树生长发育的基础，而生殖生长是目的。营养生长不足或过旺会影响花芽分化和果实膨大，进而影响产量和品质；反之，生殖生长过旺，也就是结果量太多，会抑制枝梢和根系等营养器官的生长，造成树势衰弱。因此，协调营养生长与生殖生长的矛盾是果树栽培技术的核心，也是果树养分资源管理的重点。

4. 根稀量少，养分利用率低

果树根系数量少且分布广，密度较低；同时，果树根系分布区域（水平方向和垂直方向上）随果树个体的不断变化而变化，尤其是具有吸收功能的细根。这为养分管理带来一定困难，难以把肥料精准施到根系分布较多的区域。因此，施肥位置不当会造成肥料利用率较低。

5. 养分供应与果实品质关系密切

养分供应与果实品质密切相关，养分供应不当极易造成品质不良，如过量施氮或果实成熟期大量施氮，会造成果实着色不良，酸多糖少，风味不佳。施钾有利于果实着色，但过量施钾会造成果肉松软，不耐贮藏，还会影响钙的吸收。而钙不足，则会大概率导致苦痘病的发生。缺硼则会影响花器官的发育，导致授精不良，果实易发生缩果病。因此，养分管理时既要注意肥料用量，还要关注肥料施用时期和养分间的平衡。

二、北方落叶果树果园养分来源、去向及循环特征

(一)北方落叶果树果园养分来源

果园养分主要来源于有机肥、化肥、降水、灌溉水等，其中施肥是最主要的来源。山东省苹果园在中产（45 t/hm^2）条件下，有机肥用量为 15 t/hm^2、化肥 N 为 345 kg/hm^2、化肥 P_2O_5 为 196 kg/hm^2，化肥 K_2O 为 232 kg/hm^2（表 11-1）。果园生态系统养分输入总量为 N 454 kg/hm^2、P_2O_5 330 kg/hm^2、K_2O 339 kg/hm^2，其中来源于化肥的比例分别为 76.1%、85.3%和 68.4%。

表 11-1　山东中产苹果园生态系统养分平衡　kg/hm²

状态	项目	N	P_2O_5	K_2O
输入	有机肥	67.5	33	85.5
	化肥	345	196	232
	降水	19.9	0.4	10.3
	灌溉水	21.1	0.5	11.2
	合计	453.5	229.9	339
输出	果实	37.4	23.4	103.5
	落叶	17.6	5.9	19.8
	修剪	27.4	11.4	13.2
	疏除的花和果	11.9	6.8	37.8
	杂草	43.1	6.1	69.8
	径流/淋洗	61.9	10.3	47.6
	挥发	20.6		
	合计	219.9	63.9	291.7
新增树体贮藏		7.6	1.8	8.4
盈余		+226.3	+164.8	+38.9

(二)落叶果树果园养分输出及平衡特征

果园系统养分输出主要包括果实收获、修剪带走、径流/淋洗和其他途径。从养分平衡来看(表 11-1),山东中产条件下苹果园年盈余最多的养分是氮,每年盈余 226.3 kg/hm²,其次是磷为 164.8 kg/hm²,钾的盈余量较少为 38.9 kg/hm²。因此,在养分资源管理中,应把减少氮肥施用量、提高氮利用率作为管理的核心。

三、落叶果树养分资源管理基本原理

基于果树的养分需求规律、对贮藏养分的高度依赖性、养分供应对品质影响大等特性,结合土壤养分的时空有效性、营养元素的丰缺状况和实际生产的养分管理可操作性,根据高产、优质、高效和环保的目标,提出落叶果树养分资源管理的 4 个基本原理。

(一)根据目标产量和因树因土确定施肥量

养分投入量的确定关键掌握好以下 2 个原则:一是以果定量原则,二是因树因土调控原则。

以果定量原则指根据目标产量计算养分需求量,常见果树形成 100 kg 经济产量所吸收的养分量见表 11-2。

因树因土调控原则指根据树体长势和土壤养分含量对施肥量进行调整,长势强的、土壤养分含量高的可适当减少施肥量,反之应适当增加施肥量。

在果园养分资源管理体系中,有机肥除提供果树必需营养外,还可改良土壤结构、培肥地力。因此在可能条件下应多施有机肥。一般有机肥养分应占总养分投入的 30%～40%。

表 11-2 主要果树形成 100 kg 经济产量所吸收的养分量

果树种类	形成 100 kg 经济产量所吸收的养分量/kg		
	N	P_2O_5	K_2O
苹果(元帅)	0.64	0.26	0.51
梨(廿世纪)	0.47	0.23	0.48
葡萄(玫瑰露)	0.60	0.30	0.72
桃(白凤)	0.48	0.20	0.76

(二)养分分期调控

确定养分施用时期应根据不同果树营养特性和养分吸收规律、肥料特性以及土壤特性等灵活掌握。

1.有机肥养分资源的调控时期

北方落叶果树,有机肥施用最适宜时期为秋季。一般中熟品种以果实采收后施用为宜,而晚熟品种则以采收前施用最佳。

2.氮素养分资源的调控时期

一般果树在营养生长阶段需氮较多;在营养生长和生殖生长交替阶段,果树需要氮的供应,但供应量又不能过高,以免对品质产生不利影响。此外,还要考虑果树的贮藏营养特性,果实采收前后虽然对氮的需求量不大,但此时施氮可增加果树贮藏营养,应予以重视。北方常见落叶果树年周期氮肥分期调控比例见表 11-3。

表 11-3 主要落叶果树年周期中氮、磷、钾肥料施用分配比例

果树种类	养分类型	肥料分配比例/%		
		基肥(秋季)	春季	花芽分化和二次膨果期
苹果	氮	50	30	20
	磷	40	30	30
	钾	30	20	50
梨	氮	50	40	10
	磷	40	30	30
	钾	30	20	50
桃	氮	40	30	30
	磷	50	30	20
	钾	30	20	50
葡萄	氮	40	40	20
	磷	50	40	10
	钾	20	20	60

3.磷、钾养分资源的调控时期

磷的供应要求增加秋季树体贮备,全年不断线,关键时期(花芽分化期)适当多施,即 40% 左右磷肥在秋季(基肥)施入,30%在花芽分化期施入,其余 30%均匀施用。年周期对钾素需

求较集中，钾的供应要求抓果实膨大期，适当增加贮备，即 50%在果实膨大期施入，30%在秋季(基肥)施入，其余 20%均匀施用，北方常见落叶果树年周期中磷、钾养分分配见表 11-3。

(三)中微量元素养分“因缺补缺”

中微量元素养分资源管理采用的原则是：在表现出缺乏症状的地区和果园，根据推荐方法施用中微量元素肥料，而在未表现缺乏的地区和果园，原则上不施。判断缺乏与否的方法有 3 个，一是外观诊断，即叶片、树势和果实等表现出缺素症状；二是土壤测试，土壤的中微量元素含量低于适宜值；三是植株测试，叶片、果实、叶柄等养分含量分析数值低于标准值。

(四)根层施肥

果树养分施用位置主要有 3 个，一是根区土壤，二是叶片，三是树干(注射)。其中土壤是最常见的也是最主要的施肥区域，叶片是土壤施肥的重要补充，树干施肥只有在某些特殊情况下才用到。

在土壤施肥中，尤其要注意施肥位置。将肥料施到根系集中分布层有利于提高肥料利用效率。一般果树水平根的分布范围为树冠冠径的 1～1.5 倍；根的垂直分布则随树种、土质、管理水平而异(如樱桃、桃、李等果树的根系分布较浅，绝大多数吸收根分布于 40 cm 左右的土层中)。所以，施肥时要根据上述这些特点来确定适宜的施肥位置。

四、主要落叶果树养分资源综合管理技术

(一)苹果养分资源管理

1. 苹果养分需求特征

研究表明每 100 kg 苹果产量所需氮、磷、钾、钙、镁和硫分别为 0.17～0.26 kg、0.03～0.04 kg、0.23～0.33 kg、0.05～0.19 kg、0.02～0.04 kg 和 0.02～0.03 kg；需要钠、锰、铁、铜、锌、硼和钼量分别为 7.51～10.29 g、0.13～0.78 g、2.87～3.26 g、0.09～0.11 g、0.30～0.65 g、0.57～0.76 g 和 0.03～0.04 g。

2. 苹果养分资源管理的问题

有机养分投入数量不足，集约化果园氮、磷化肥用量偏高。部分果园立地条件差，土壤板结、透气性差、保水保肥能力弱。胶东和辽东果园土壤酸化现象普遍，中微量元素钙、镁和硼缺乏时有发生；石灰性土壤果园铁、锌和硼缺乏问题普遍。部分地区果农对秋施基肥的认识不足以及春夏季果实膨大期追施氮肥数量和比例偏大。黄土高原和黄河故道产区夏秋季降雨过多，后期脱肥及早期落叶病发生普遍，导致贮藏养分不足。

3. 苹果养分资源管理的原则

增加有机养分供应，提倡有机无机配合施用；依据土壤肥力条件和产量水平，适当调减氮、磷养分用量，根据树势和产量水平分期施用氮、磷、钾肥；加强果园土壤管理，实行果园生草、起垄等栽培方式，采用水肥一体化、下垂果枝修剪等管理技术；出现土壤酸化的果园可通过施用硅、钙、镁、钾肥或石灰等改良土壤。

4. 苹果养分资源管理技术与指标

(1)施肥量。苹果园有机肥用量一般为 1 500～3 000 kg/亩；氮、磷、钾肥用量根据产量和土壤有效养分含量进行推荐(表 11-4、表 11-5、表 11-6)。

表 11-4 苹果氮肥追肥推荐用量(N)

碱解氮/(mg/kg)	产量水平/(kg/亩)			
	2 000	3 000	4 000	5 000
≤75	20～25	26～30	—	—
76～100	15～20	21～25	26～30	—
101～125	10～15	16～20	21～25	26～30
126～150	5～10	11～15	16～20	21～25
>150	<5	5～10	10～15	15～20

表 11-5 苹果磷肥追肥推荐用量(P_2O_5)

Olsen-P/(mg/kg)	产量水平/(kg/亩)			
	2 000	3 000	4 000	5 000
<15	11～12	16～18	21～24	26～30
15～30	9～10	13～15	17～20	21～25
31～45	7～8	10～12	13～16	16～20
46～60	4～6	6～9	8～12	10～15
>60	<4	<6	<8	<10

表 11-6 苹果钾肥追肥推荐用量(K_2O)

速效钾/(mg/kg)	产量水平/(kg/亩)			
	2 000	3 000	4 000	5 000
<50	21～25	26～30	31～35	36～40
50～100	16～20	21～25	26～30	31～35
101～150	11～15	16～20	21～25	26～30
151～200	5～10	11～15	16～20	21～25
>200	<5	5～10	10～15	15～20

(2)施肥时期和方法。基肥在 9 月中旬到 10 月中旬施用(晚熟品种采果前后尽早施用)。追肥参照表 11-3 分 3 次施用。有机肥在树冠滴水线附近采用环状沟、放射状沟以及株(行)间条沟沟施或穴施法施用,深度根据根系分布状况而定,一般在 40 cm 左右;化肥采用放射沟和条沟沟施或穴施,施肥深度一般在 20 cm 左右,最好采用水肥一体化技术进行施肥,采用水肥一体化技术时施肥量可减少 20%～30%。

(二)梨养分资源管理

1. 梨养分需求特征

与苹果相似,梨施用量的确定也是以产量为基础,并根据树势强弱、树龄、立地条件以及诊断的结果等加以调整。每公顷产 37 500 kg 梨果的条件下,每生产 100 kg 梨果约需 N 0.45 kg、P_2O_5 0.10 kg、K_2O 0.37 kg。沙培试验研究证实,氮、钾比例以 1∶1 为好,磷需要量约为氮的 1/2。幼龄树吸收氮较多,钾略少,磷约为氮的 1/5。

2. 梨养分资源管理的问题

有机养分用量少、土壤有机质含量较低；氮、磷养分投入量大、利用率低；中微量元素投入不足，梨园土壤钙、铁、锌、硼等中微量元素缺乏普遍，尤其是南方地区梨园土壤磷、钾、钙、镁缺乏，土壤酸化严重；施肥时期、施肥方式、肥料配比不合理。

3. 梨养分资源管理的原则

增加有机养分施用量，实施梨园生草、覆草，培肥土壤；土壤酸化严重的果园施用石灰和有机肥进行改良；按照产量水平和土壤肥力条件，确定肥料施用时期、用量和养分配比；根据土壤肥力和梨树生长状况，适当减少氮、磷肥用量，增加钾肥施用，通过叶面喷施补充钙、镁、铁、锌、硼等中微量元素。

4. 梨养分资源管理技术与指标

(1)施肥量。土壤养分含量适中情况下，亩产 4 000 kg 以上的果园，有机肥 2 500～3 000 kg/亩，氮肥(N) 20～25 kg/亩，磷肥(P_2O_5) 8～12 kg/亩，钾肥(K_2O) 15～25 kg/亩。亩产 2 000～4 000 kg 的果园，有机肥 2 000～2 500 kg/亩，氮肥(N)15～20 kg/亩，磷肥(P_2O_5)8～12 kg/亩，钾肥(K_2O)15～20 kg/亩。亩产 2 000 kg 以下的果园，有机肥 1 500～2 000 kg/亩，氮肥(N)10～15 kg/亩，磷肥(P_2O_5)8～12 kg/亩，钾肥(K_2O)10～15 kg/亩；土壤钙、镁缺乏的果园，磷肥宜选用钙、镁、磷肥，或施用适量的钙、镁肥。土壤养分不足或过多情况参照表 11-4、表 11-5、表 11-6 进行适当增减。

(2)施肥时期和方法。全部有机肥、50％左右氮肥、40％以上磷肥、30％钾肥作基肥，在梨采收后施用。其余氮肥(约 50％)、磷肥(60％以下)和钾肥(70％)分别在 3 月中旬萌芽期、6 月中旬花芽分化期和 7—9 月果实膨大期施用，根据梨树树势强弱和果实数量可适当增减追肥次数和用量。施肥方法可参考苹果部分。

(三)桃养分资源管理

1. 桃养分需求特征

桃树对钾的需求量最大，对氮的需求量仅次于钾，对磷的需求量较少。一般每生产 100 kg 桃，需氮 0.48 kg、磷 0.2 kg、钾 0.76 kg。年周期中从硬核期开始，对主要元素的吸收量迅速增加，大约至采收前 20 d 达最高峰，在这段时期以磷、钾的吸收量增长较快。氮的吸收量仅次于钾，其吸收量上升较平稳，但品质对氮较为敏感。对于早熟品种，贮藏营养非常重要，养分资源管理时要特别注意提高秋季树体贮藏营养水平。

2. 桃养分资源管理的问题

桃园养分资源管理中存在施肥量差异较大，肥料用量、氮、磷、钾配比、施肥时期和方法不合理，忽视施肥和灌溉协调等问题。

3. 桃养分资源管理的原则

增加有机养分施用量，提倡有机无机配合；依据土壤肥力、品种特性和产量水平，合理调控氮、磷、钾肥施用数量，早熟品种需肥量比晚熟品种一般少 15％～30％；注意钙、铁、镁、硼、锌或铜等中微量元素的配合施用；合理分配肥料，以桃果采摘后 1 个月左右进行秋季基肥为宜，桃果膨大期前后是追肥的关键时期；与绿色增产增效栽培技术相结合，采摘前 3 周不宜追施氮肥和大量灌水，以免影响品质；夏季排水不畅的平原地区桃园需做好起垄、覆膜、生草等工作；干旱地区提倡采用地膜覆盖、穴贮肥水技术。

4. 桃养分资源管理技术与指标

(1)施肥量。在土壤养分含量适中情况下，产量水平 3 000 kg/亩以上，有机肥 2 500～3 000 kg/亩；氮肥(N)18～20 kg/亩，磷肥(P_2O_5)8～10 kg/亩，钾肥(K_2O)20～22 kg/亩。产量水平 2 000～3 000 kg/亩，有机肥 2 000～2 500 kg/亩；氮肥(N)15～18 kg/亩，磷肥(P_2O_5)7～9 kg/亩，钾肥(K_2O)18～20 kg/亩。产量水平 1 000～2 000 kg/亩，有机肥 1 000～1 500 kg/亩；氮肥(N)12～15 kg/亩，磷肥(P_2O_5)5～8 kg/亩，钾肥(K_2O)15～18 kg/亩。土壤有效养分不足或过多情况参照表 11-4、表 11-5、表 11-6 进行适当增减。

(2)施肥时期和方法。全部有机肥、40%氮肥、50%的磷肥、30%的钾肥作基肥，于桃采摘后秋季采用开沟方法施用。其余氮肥(60%)、磷肥(50%)、钾肥(70%)分别在春季桃树萌芽期、硬核期和果实膨大期分次追施(早熟品种 2～3 次、中晚熟品种 3～4 次)；春季冻害严重、减产较多的桃园，要适当增加秋冬肥用量。施肥方法可参考苹果部分。

(四)葡萄养分资源管理

1. 葡萄养分需求特征

与苹果、梨等树种相比，葡萄每生产 100 kg 果实吸收的氮、磷和钾的量较多，一般为 N 0.60 kg、P_2O_5 0.30 kg、K_2O 0.72 kg。但因品种不同而存在差异，如 6 年生巨峰每生产 100 kg 果实氮、磷和钾需要量为 0.39 kg、0.23 kg 和 0.51 kg；酿酒赤霞珠葡萄每形成 100 kg 果实氮、磷和钾需要量为 0.60 kg、0.40 kg 和 0.77 kg。生产中，要根据葡萄品种、树龄和土壤条件等多种因素来参考合适的研究结果确定施肥量。葡萄为喜钾果树，葡萄的吸钾量为梨的 1.7 倍、苹果的 2.3 倍。整个生长期间都需要大量的钾，尤其是果实成熟期间，需要量最大。

2. 葡萄养分资源管理的问题

葡萄养分资源管理中存在有机养分施用量少，镁、铁、锌、钙普遍缺乏，化肥施用量偏高，肥料配比不合理，叶面肥施用针对性不强等问题。

3. 葡萄养分资源管理的原则

重视有机肥料施用，依据土壤肥力、品种特性和产量水平，合理调控氮、磷、钾肥施用数量；根据生育期养分需求特点合理分配基追肥比例，视葡萄品种、长势、气候等因素调整施肥方案；施肥与栽培管理措施相结合；水肥一体化葡萄果园遵循少量多次的灌溉施肥原则。

4. 葡萄养分资源管理技术与指标

(1)施肥量。在土壤养分含量适中情况下，亩产 3 000 kg 以上的果园，有机肥 2 000～2 500 kg/亩；氮肥(N)20～30 kg/亩，磷肥(P_2O_5)12～17 kg/亩，钾肥(K_2O)22～35 kg/亩。亩产2 000～3 000 kg 的果园，有机肥 2 000～2 500 kg/亩；氮肥(N)15～25 kg/亩，磷肥(P_2O_5)9～14 kg/亩，钾肥(K_2O)17～30 kg/亩。亩产 2 000 kg 以下的果园，有机肥 1 500～2 000 kg/亩；氮肥(N)10～20 kg/亩，磷肥(P_2O_5)6～11 kg/亩，钾肥(K_2O)12～25 kg/亩。土壤有效养分不足或过多情况参照表 11-4、表 11-5、表 11-6 进行适当增减。

(2)施肥时期和方法。有机肥适宜作基肥，在 9 月中旬到 10 月中旬施用(晚熟品种采果后尽早施用)。追肥参照表 11-3 分 3～4 次施用。施肥方法可参考苹果部分。

第二节　南方常绿果树养分管理理论与技术

丰富的光温水资源使得我国南方地区成为柑橘、香蕉、荔枝、菠萝等 20 多种常绿果树的主要栽培区。本节以柑橘和菠萝两种常绿果树为例介绍多年生木本和多年生草本类常绿果树的养分资源优化管理理论与技术。

一、南方常绿果树生长发育与养分需求特征

(一)柑橘生长发育与养分需求特征

1. 柑橘生长发育特征

柑橘属于芸香科常绿木本植物,种类繁多,我国一般分为 6 类,主要包括橘、柑、橙、柚、柠檬和金柑。柑橘一生经历营养生长期、生长结果期、盛果期和衰老更新期。对于盛果期的柑橘树而言,在一年中主要分为发芽期、枝梢生长期、花期、果实生长期、果实成熟期、根系生长期和花芽分化期。按果实生长和成熟差异,柑橘分为早熟、中熟和晚熟品种,目前自 8 月下旬开始一直延续到次年 4 月左右均有柑橘成熟。

成年柑橘果树的干物质累积主要包括果实、枝条、叶片和根,地上部生物量的快速增加期主要发生在幼果期—果实膨大期和果实膨大期—成熟期,生物量分别增加约 38%和 46%,且主要集中在果实和新梢的干物质累积。中高产量水平下,成年柑橘地上部每年增加生物量为 6 000～12 000 kg/hm^2,其中果实干物质积累量为 4 500～10 000 kg/hm^2,新生部位生物量累积是柑橘产量形成的物质基础。

2. 柑橘养分需求特征

不同年龄和时期的柑橘植株所需的营养元素有所不同(表 11-7)。幼年未结果树以营养生长为主,故养分需求以氮为主,其次是磷、钾。成年结果树的养分需求量高,总体随产量水平的增加而线性增加,且在不同时期对养分的需求不同,4～10 月是柑橘年周期中需肥最多的时期。开花期—坐果期养分吸收速率最高(表 11-8),氮、磷和钾的日均吸收速率分别约为 1.83 g/株、0.23 g/株、1.50 g/株。发育中新梢的氮和磷会迅速积累,之后急剧下降或停止。在果实生长期,氮和磷在果实中的积累相对更加迅速,但果实中的氮含量相对嫩枝较低,磷含量之间没有明显差异。新梢和果实中所吸收的氮仅有 1/3 来自当年肥料氮,2/3 来自树体储存的氮。春梢生长初期钾含量迅速上升,但当果实开始生长时,春梢中的钾含量开始下降,而果实中的钾含量在整个生长阶段均呈上升趋势,生长初期上升速度最快。叶片中硫含量总体随叶龄的增大而增加,10 月至次年 1 月较为稳定。钙元素在果实膨大期的需求量最高,日均吸收量约为 0.88 g/株;同样镁元素在果实膨大期的需求量最大。

表 11-7　柑橘不同树龄每年吸收养分量　　g/株

树龄/年	N	P_2O_5	K_2O	CaO	MgO
4	63.0	10.0	41.0	28.0	12.0
10	90.0	12.0	97.5	90.0	19.0
23	392	55.0	289	538	—
45～50	298	47.7	258	420	54.3

叶片中铁、锰含量随着叶龄的增大而增加,表明其移动性弱。叶片转绿前锌含量超过 30 mg/kg,随着叶龄的增加叶片锌含量呈现稳定降低的趋势。叶片铜含量在春梢中在 3～8 mg/kg,总体比较平稳。柑橘叶片中硼含量较高,在 60～160 mg/kg,并随着生育期的增加

而增加，这说明硼在柑橘叶片中难以再利用，也是导致柑橘缺硼的重要原因。

表 11-8 柑橘周年不同阶段养分吸收情况

养分吸收情况	休眠—开花期	开花—坐果期	膨大—成熟期	总吸收量
阶段养分吸收量/(g/株)				
N	24.9	110	123.5	258.4
P	5.9	14.0	21.0	40.9
K	23.6	90	74.3	187.9
N∶P∶K	100∶24∶95	100∶12∶81	100∶17∶60	100∶16∶73
阶段养分吸收比例/%				
N	9.6	42.6	47.8	100.0
P	14.4	34.2	51.3	100.0
K	12.6	47.9	39.5	100.0
阶段养分吸收速率/(g/d)				
N	0.17	1.83	1.03	0.71
P	0.04	0.23	0.18	0.11
K	0.16	1.50	0.62	0.51

尽管不同柑橘品种及产量水平情况下柑橘果实养分带走量具有显著差异，但其养分比例基本一致(表 11-9)。每生产 1 000 kg 柑橘鲜果，氮、磷、钾、钙、镁养分带走量平均为 1.58 kg、0.53 kg、2.50 kg、0.63 kg 和 0.27 kg，铁、硼、锌、锰和铜养分带走量平均为 8.00 g、8.51 g、1.86 g、2.82 g 和 0.70 g。除了果实带走外，还有大量养分积累在树体中，其数量为果实带走总量的 40%～70%。

表 11-9 我国现有不同栽培品种每生产 1 000 kg 柑橘鲜果养分带走量 kg

品种	鲜果带走养分量				
	N	P_2O_5	K_2O	CaO	MgO
温州蜜柑	1.96	0.40	2.06	0.92	0.33
椪柑	1.70	0.50	2.80	0.30	0.10
蕉柑	1.90	0.40	1.60	0.30	0.20
甜橙	1.46	0.53	3.22	0.78	0.38
脐橙	1.78	0.54	2.98	0.34	0.30
金柑	1.36	0.52	2.74	0.35	0.33
柠檬	1.63	0.84	2.23	1.58	0.23
葡萄柚	1.10	0.50	2.40	0.50	0.30
平均	1.58	0.53	2.50	0.63	0.27

此外，柑橘是内生菌根植物，土壤环境下一般不长根毛，而靠与其共生的真菌进行吸收水分和养分。柑橘是喜硝作物，土壤中硝铵态氮比例为 7∶3 时生长最好。

(二)菠萝生长发育与养分需求特征

1.菠萝生长发育特征

生产中可将菠萝全生育期划分为定植期、恢复期、缓慢生长期、快速生长期、催花期、现红期、果实发育期、成熟期和芽苗生长期。各时期的长短受品种、定植的种苗类型及大小、气候条件和水肥供应等因素的影响。从定植到成熟,根据菠萝植株干物质累积规律,可分为 4 个阶段。第一阶段为缓慢累积期(定植后 0～200 d),从定植到缓慢生长末期,这一时期累积量占成熟时整株干物质累积量的 11.6%;第二阶段为快速累积期(定植后 200～350 d),从快速生长期至催花期,此阶段干物质累积量占成熟时累积量的 39.6%;第三阶段为累积最快期(定植后 350～390 d),催花后至现红期,累积量占成熟时累积量的 19.5%;第四阶段又为缓慢累积期(定植后 390～490 d),果实发育至成熟期,此阶段累积量占成熟时累积量的 21.2%(图 11-1)。在各器官干物质累积中,叶片干物质量最高,从定植到现红期呈先慢后快的增长趋势,此后逐渐衰老下降;根和茎的干物质量占比低,从定植到果实发育中期缓慢增加,此后不再增长;果实和芽干物质量分别从现红期、果实发育中期开始逐渐增加,直至成熟期,成熟时果实干物质占比仅低于叶片。

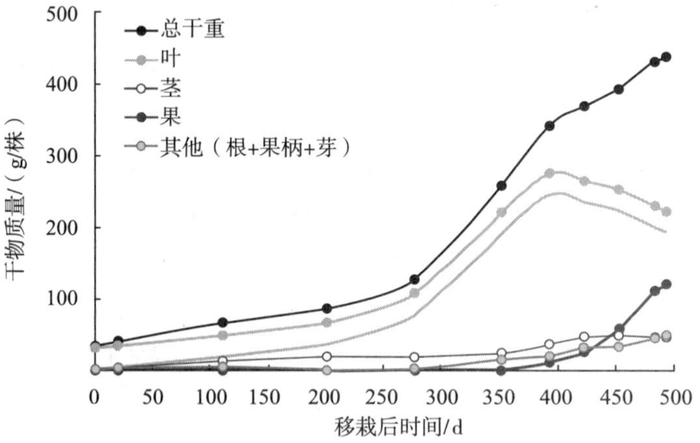

图 11-1　巴厘菠萝不同时期植株干物质累积量

2.菠萝养分需求特征

菠萝植株氮、磷、钾吸收受生长发育阶段的影响,从定植到缓慢生长期累积较少,分别占成熟期植株总累积量的 9.8%～12.8%、7.7%～9.2%、12.6%～14.9%;快速生长期至催花期是养分主要吸收累积阶段,以氮、钾为主,此时累积量分别占成熟期总累积量的 46.3%～50.8%、45.8%～46.0%、51.5%～54.6%;催花期至现红期养分累积量较少,但累积速度快,以氮、磷为主,分别占成熟期总累积量的 20.2%～20.5%、12.7%～17.8%、10.5%～12.3%;果实发育至成熟期氮、钾累积较少,而磷还有一个显著累积,此时累积量分别占成熟期总累积量的 7.3%～23.4%、16.0%～32.1%、5.6%～25.4%。菠萝植株吸收的钙、镁前期主要分布在茎中,随生育进程,茎、叶中的含量逐渐降低;到生殖生长期,茎、叶中的钙含量有突然升高的过程,此后保持较高水平,而镁含量在茎和叶中变化不大;在成熟期,钙含量以叶片最多,其次是茎,果实最少,而镁含量则是叶＞果实＞茎。微量元素中锌和硼是我国菠萝产区普遍缺乏的营养元素,不同生育时期茎中锌和硼含量差异不明显,而叶片中锌和硼含量在营养生长期随生长进程逐渐降低，进入生殖生长期又逐渐升高。

据报道，每形成 1 000 kg 菠萝果实，需吸收氮 5.23～9.27 kg、磷 0.88～1.55 kg、钾 12.17～22.07 kg、钙 3.49～5.25 kg 和镁 0.38～0.52 kg(表 11-10)。对于微量元素，成熟期菠萝平均锌、硼累积量分别为 71.0 g/hm^2、29.2 g/hm^2。

表 11-10　不同菠萝品种每形成 1 000 kg 菠萝果实养分吸收量比较　　kg

养分	巴厘	卡因	台农 11 号	台农 17 号	台农 21 号
氮	7.22	5.27	5.23	5.84～8.09	9.27
磷	1.55	1.43	0.88	1.15～1.16	0.98
钾	14.21	12.17	13.25	13.15～19.91	22.07
钙	3.49	5.01	3.97	5.25	—
镁	0.38	0.52	0.41	0.51	—

二、南方常绿果树集约化果园养分来源、去向及循环特征

(一)柑橘园养分来源、去向与平衡

柑橘园氮、磷和钾的主要来源是化肥和有机肥，其他途径来源较少，氮、磷和钾各来源均超过 100 kg/hm^2，且农户间差异极大(表 11-11)。果实收获带走是柑橘园氮、磷和钾的主要去向；此外，径流、氨挥发和淋洗也是氮素损失的重要途径。柑橘园氮、磷和钾的表观平衡均为正值，多超过 100 kg/hm^2，存在加剧面源污染和土壤养分不平衡的风险。

表 11-11　柑橘园主要矿质元素平衡　　kg/hm^2

指标		矿质元素平衡		
		氮(N)	磷(P_2O_5)	钾(K_2O)
输入	化肥	178～690	114～383	95.6～383
	有机肥	7.7～99.7	4.92～63.5	5.43～70.1
	氮沉降	20.6		
	灌水带入			
	非共生固氮			
	总输入	206～810	119～446	101～453
输出	收获带走	17.2～67.6	5.30～21.2	24.0～96.0
	氨挥发	10.1～39.7		
	反硝化	2.68～10.5		
	淋洗	44.6～175	0.20～3.40	
	径流	5.67～22.3		
	总输出	80.3～315	5.50～24.6	24.0～96.0
	平衡	126～495	113～422	77～357

(二)菠萝园养分来源、去向与平衡

关于菠萝园养分来源、去向与平衡的研究较少。有研究表明，菠萝园氮来源主要包括肥料

氮、沉降氮，总氮输入为 534 kg N/hm^2，收获带走 85.4 kg N/hm^2，反硝化 1.7 kg N/hm^2，氮平衡为 447 kg N/hm^2。在高降水的热作区，需要避免氮过量盈余，以减少氮肥损失和面源污染。菠萝园磷、钾来源主要包括化肥和有机肥，总磷输入为 528 kg P_2O_5/hm^2，收获带走 7.35 kg P_2O_5/hm^2，磷平衡为 521 kg P_2O_5/hm^2；总钾输入为 327 kg K_2O/hm^2，收获带走 148 kg K_2O/hm^2，钾平衡为 179 kg K_2O/hm^2（表 11-12）。菠萝园磷、钾盈余与柑橘园类似，一方面需要减少磷、钾的投入，另一方面也需要注意元素间的拮抗问题。

表 11-12　菠萝园主要矿质元素平衡　　kg/hm^2

指标	矿质元素平衡		
	氮(N)	磷(P_2O_5)	钾(K_2O)
化肥	534	528	327
有机肥	—		
氮沉降	—		
灌水带入	—		
非共生固氮	—		
总输入	534	528	327
收获带走	85.4	7.35	148
氨挥发	—		
反硝化	1.70		
淋洗	—		
径流	—		
总输出	87.4	7.35	148
平衡	447	521	179

三、南方常绿果树养分资源管理基本原理

南方常绿果树养分资源管理以氮肥“总量控制、分期调控”“磷钾恒量监控”“中微量元素因缺补缺”等养分资源管理的基本原理为准则，以常绿果树生长发育规律、养分需求规律、产量品质形成规律及土壤养分供应规律为基础，坚持施用有机肥和酸性土壤改良剂，解决土壤酸化、有机质低、土壤质量退化的问题；坚持施用增效型、缓控释型单质或复合肥，并改进施肥方式，避免肥料撒施，解决高温多雨、立地条件差引起的氨挥发、淋洗和径流损失多的问题；坚持分次施肥，满足南方常绿果树阶段营养需求，并加强采后（或营养贮藏阶段）的施肥管理，解决常绿果树生长周期长、贮藏营养不足的问题。

四、南方常绿果树养分资源综合管理的主要技术模式

（一）柑橘养分资源综合管理的主要技术模式

1. 柑橘养分资源综合管理存在的问题

柑橘养分资源综合管理中主要存在以下问题：①忽视有机肥的施用和土壤改良培肥；②土壤酸化日趋严重；③建园时重视土壤及其肥力不够，种前未开沟（穴）、未压埋有机肥改土，土壤

结构差、土层薄，柑橘生长困难；④肥料施用不当，多数产区化肥用量高，轻有机肥；施化肥只重视氮、磷、钾肥，不重视中微肥，中微量元素缺乏；⑤施肥方法、时期不当；⑥柑橘园水土流失严重。

2.柑橘养分资源综合管理的原则

针对我国柑橘养分资源综合存在的主要问题，提出以下具体原则：一是重视有机肥料的施用，大力发展果园绿肥，实施果园覆盖，减少施肥土肥流失；二是酸化严重的果园，适量施用石灰等酸性土壤改良剂；三是根据柑橘品种、果园土壤肥力状况，优化氮、磷、钾用量、施肥时期和分配比例，适量补充钙、镁、硫、硼、锌等中微量元素；四是施肥方式改全园撒施为集中穴施或沟施；五是施肥与水分管理和高产优质栽培技术结合，干旱季节尤其是春旱期间应遇雨或结合灌溉施肥。

3.柑橘养分资源综合管理的主要技术

(1)有机肥沃土养根技术。盛果期柑橘园每年施用1～2次农家肥或商品有机肥，早熟、中熟品种在采果后施用，晚熟品种秋冬季施用。基肥施用量根据有机肥养分含量而定，一般有机肥养分应占总养分投入的30%～50%。有机肥最好和化肥配合施用，长短结合，充分发挥肥效。有机肥分解产生的腐殖酸有吸收氮、钾、镁、钙和铁等离子的能力，可减少化肥的损失。特别是磷肥应和有机肥混合深施，使根系易于吸收，防止土壤固定流失。

此外，种植绿肥可以有效解决柑橘园中农家肥、商品有机肥投入不足或施用困难的问题。绿肥是柑橘生产上重要的肥源，尤其是幼龄果园株行空隙处间作，利于生土熟化、肥力提升和结构改良。柑橘园绿肥可选黑麦草、鼠茅草、百喜草等禾本科绿肥，但宜以豆科绿肥为主，如箭筈豌豆、光叶苕子、毛叶苕子、紫云英和蚕豆等。柑橘园间种豆科绿肥具有肥源广、施用方便、省劳力、自给肥料的优点，能起到改良土壤、提高肥力、水土保持、抑制杂草、改变果园小气候、稳定产量和提高品质的多重作用。

(2)柑橘氮、磷、钾养分推荐技术。柑橘树氮、磷、钾施肥量的多少，受品种、树龄、结果量、树势强弱、根系吸肥能力、土壤供肥状况、肥料特性及气候条件的综合影响。一般瘠土多施，肥土少施；大树多施，小树少施；丰产树、衰弱树多施，低产树、强壮树少施。目前，确定柑橘氮、磷、钾施肥量主要有以下几种方法：

①理论推算法。理论推算法是根据柑橘树体每年从土壤中需要吸收的各种元素量，扣除土壤中各元素的基础供给量，最后再除以肥料的利用率，即为施肥量。

②统计折算法。统计折算法是根据柑橘产区所属范围内的丰产园的施肥量的统计分析，获得一个比较切合实际的施肥标准。该方法以生产经验为主，缺少定量的依据，一般比理论推算的施肥量大1～1.5倍。

③基于目标产量和土壤、叶片营养诊断的养分推荐法。该方法也称为诊断施肥法或以果定肥法，是国内外应用最为广泛，目前最为科学合理的养分推荐法。虽然柑橘多为常绿果树，但同落叶果树一样具有储藏营养的特性，自身对养分的调节能力强于一年生的作物，加上营养生长及生殖生长交替或重叠消耗大量养分，时空异质性大，不宜进行实时监测。柑橘一旦种植，需在固定位置生长20～50年，长期持续从土壤吸收大量矿质养分，易导致土壤及树体矿质养分的失衡，柑橘果实也会带走大量养分，故施肥需整体考虑土壤－叶片－果实营养状况。

同一柑橘品种果实氮磷钾养分含量受施肥水平的影响很小，因此可根据同一柑橘品种果实氮、磷、钾含量确定单位产量果实氮、磷、钾养分携出量。而以果定肥法是基于单位产量柑橘果实矿质养分携出量，根据目标产量及果实养分分配系数，结合土壤及树体养分状况，确定合理氮、磷、钾肥施用量，该方法将柑橘园土壤一叶片一果实作为一个整体进行研究，避免树体养分的奢侈吸收或不足，体现了“以果定肥、以土补肥、以树调肥”的原则，结果较为可靠，实用性强，能兼顾高产、优质、高效与环保。

(3)柑橘园中微量元素因缺补缺技术。我国柑橘园施肥量高、施肥不平衡导致土壤酸化、磷钾富集，使得柑橘园钙、镁及铁、锰、锌、硼等微量元素缺乏严重。这些元素的供应不足不仅会影响果树生长，而且还会对果实的产量和品质产生不利影响。中微量元素养分资源管理的原则是在表现出缺乏症状的地区和果园，根据推荐方法施用中微量元素肥料，而在未表现缺乏的地区和果园，原则上不施。判断柑橘园是否缺乏中微量元素的主要方法包括：感官诊断、土壤分析诊断(柑橘土壤养分丰缺指标)、植株营养诊断(柑橘叶片营养丰缺指标)和果树营养综合诊断法(DRIS 法)。

对于缺乏中微量元素的柑橘园，通过多种途径改善土壤的理化性状如增加有机肥的施用量、酸性土壤改良等，使土壤 pH 维持在适宜的范围内、培育发达的根系等，是提高土壤的中微量元素有效性，预防中微量元素缺乏的重要措施。除此之外，仍需施用中微量元素的果园，因缺补缺的技术流程包括：①使用中微量元素前，排除和纠正其他产量限制因素；②选择合适中微肥用量、肥料种类、施用方法和施用时间以有效纠正相应的缺乏；③确定中微肥施用的余效，避免引起毒害。柑橘中微量元素因缺补缺推荐施肥方法如表 11-13 所示。

表 11-13　柑橘中微量元素因缺补缺推荐施肥方法

缺乏元素	施用方法
硫	叶面喷施硫酸锌、硫酸锰或硫酸铜溶液等。重视有机肥的施用，有机质缺乏的酸性红壤柑橘园施用石膏或石硫合剂残渣等，施用石膏；石灰性或碱性盐渍土，施用硫黄粉
镁	在幼果期至果实膨大期叶片喷施硫酸镁溶液或硝酸镁溶液。酸性土基施含镁石灰或施钙镁磷肥；碱性土壤基施硫酸镁
钙	在花期叶面喷施过磷酸钙溶液或硝酸钙溶液；基施石灰，调节适宜的土壤 pH
硅	沟施缓效硅肥(以硅酸钙为主要成分，SiO_2 含量＞20％)，且花期需要追施硅肥
硼	在初花期叶面喷施硼酸或硼砂溶液；土壤施硼，依据土壤硼含量的缺乏程度来确定施肥量；或在每株树冠垂直投影内开挖环状沟施五水硼酸钠
铜	用硫酸铜溶液或结合防止病害喷施波尔多液
锌	在春梢叶片展开初期叶面喷施硫酸锌、硫化锌或氧化锌溶液
钼	叶面喷施钼酸铵；土壤施四水钼酸铵，最好与过磷酸钙混合施用，或溶解于水中灌施于根部
铁	将柠檬酸铁和硫酸亚铁溶液或 EDTA 螯合铁溶液用注射形式注于主干；施用铁螯合物(酸性土壤用 Fe-EDTA，钙质土用 Fe-EDDHA)或在根际层土壤中施用腐殖酸一类的土壤改良剂、硫酸亚铁或柠檬酸铁；根部埋瓶，将细根折断后，浸入盛有柠檬酸和硫酸亚铁的混合液
锰	酸性土壤用一水硫酸锰与有机肥一起基施；石灰性土壤缺锰，可增施有机肥，同时掺混施用硫黄粉，以降低土壤 pH；在生长旺盛季节(5—6 月)，还可以叶面喷施硫酸锰溶液

(4)柑橘园精准施肥技术。随着信息技术、装备技术的完善，精准农业在果树上的应用越

来越多，尤其是在规模化种植的美国、巴西、以色列等国家。柑橘园精准施肥技术通常使用传感器、遥感、地理信息系统、全球定位系统以及土壤制图等技术手段与智能化装备结合，以提高养分和水的利用效率，从而使柑橘种植户降低种植成本，获得持续的高产和更高的利润，并减少环境代价。

当前，以遥感和数字技术为主的各种精准技术广泛应用在柑橘种植过程中。如使用电导率传感器测定土壤剖面特性，根据其土壤中溶解盐及离子浓度间接反映土壤养分现状。通过传感器也可以检测土壤剖面中的限制层，以便树木根系生长和养分吸收。同时，由于柑橘产量与冠层体积直接相关，可以利用机载平台或激光扫描仪对柑橘树冠高度和体积进行测量，以绘制柑橘园中树冠体积的地图。同时，利用柑橘树冠体积和高度用于肥料管理和区域灌溉，并根据柑橘树体养分需要和产量进行准确施肥。精准农业技术可以实现柑橘园中肥料被精确地放置在柑橘树周围，施肥量可以根据全球定位系统引导的处方图进行调节，变量施肥机可以将柑橘园的肥料用量减少多达40%。此外，精准农业技术还可以利用传感设备确定地下水位深度和其他土壤特性，以帮助柑橘种植户在灌溉、排水和肥料管理等方面作出相应决策。

4.柑橘养分资源综合管理的主要模式

针对柑橘优势产区养分资源禀赋特征，以有机资源充分利用为核心，柑橘养分资源综合管理当前有四种模式。

(1)柑橘园“有机肥＋配方肥”模式。该模式操作简单，适用范围广，施用效果突出，尤其适用于广大柑橘种植产区的中小农户。具体操作如下：

①秋冬季施肥(基肥)。选择商品有机肥(含生物有机肥)或牛粪、羊粪、猪粪等经过充分腐熟的农家肥配合氮、磷、钾配方肥，采用条沟或穴施并结合深耕，在9月下旬到11月下旬施用。有条件的果园，通过果园开沟施肥机，结合开沟、断根、施肥、土肥混匀与回填进行一次性作业施肥。注意与酸性土壤改良配合施肥。

②春季施肥(追肥)。选用高氮中磷中钾型配方肥，在2月下旬到3月下旬施用，施肥方法采用条沟、穴施，施肥深度10～20 cm或结合果园浅耕施用。

③夏季施肥(追肥)。选择施用氮磷钾配方肥，在6—8月果实膨大期分次施用，施肥方法采用条沟、穴施或兑水浇施，施肥深度在10～20 cm或结合果园浅耕施用。

(2)柑橘园“绿肥＋复合肥”模式。该模式操作简单，成本低，抑制杂草效果显著，尤其适用于新垦地或幼龄果园，以及缺少有机肥源或施用有机肥较为困难的坡地或山地果园。具体操作如下：

①柑橘园生草栽培。在柑橘园秋季播种黑麦草、鼠茅草等禾本科绿肥、夏季豆科绿肥或选择自然生草，在草生长至一定高度，刈割翻压后作为肥料，或季节性干旱来临前适时刈割后覆盖在树盘周围，起到保水、降温、改土培肥等作用。

②春季施肥。在绿肥翻压的同时配合高氮、中磷、中钾型配方肥，采用条沟、穴施，施肥深度10～20 cm或结合果园浅耕施用。注意补充硼肥。

③夏季施肥。在6—8月果实膨大期，选择氮、磷、钾总养分为40%～45%的配方肥，采用条沟、穴施或兑水浇施，施肥深度在10～20 cm或结合果园浅耕施用。

④秋冬季施肥。播种绿肥前配合施用氮、磷、钾总养分为40%～45%的配方肥25～35 kg，采用条沟或穴施，施肥深度在20～30 cm或结合深耕施用。有条件的果园，建议通过果园开沟施肥机，结合开沟、断根、施肥、土肥混匀与回填进行一次性作业施肥。

(3)柑橘园“果—沼—畜”模式。该模式适用于柑橘产区养殖业发达、种—养结合紧密的集约化果园,对配套措施和操作要求较高。具体操作如下:

①沼渣沼液发酵。将畜禽粪便按 1∶10 的比例加水稀释,归集于沼气发酵池中,再按比例加入复合微生物菌剂,对畜禽粪便进行无害化处理,经过充分发酵后沼渣沼液成为一种速效性优质有机肥料,最后利用机械化或半机械化灌溉技术直接入园。

②春季施肥。选用高氮、中磷、中钾型配方肥,采用条沟法施用,施肥深度在 15~20 cm,同时结合灌溉追加沼液。

③夏季施肥。选择施用氮、磷、钾总养分为 40%~45%的配方肥,采用条沟施用,同时结合灌溉追加沼液。

④秋冬季施肥。施用沼渣同时配合施用氮、磷、钾总养分为 40%~45%的配方肥,采用条沟或环沟法施肥,施肥深度在 20~30 cm 或结合深耕施用。

(4)柑橘园“有机肥+水肥一体化”模式。该模式是我国柑橘产区主推的养分管理模式之一,对降雨量偏少的柑橘产区或规模化种植果园尤为适用,具有土壤改良,水肥精准匹配、稳定供应,减肥增效和增产提质的特点,但对配套措施和操作要求较高。具体操作如下:

①秋冬季施肥。选择商品有机肥或牛粪、羊粪、猪粪等经过充分腐熟的农家肥,采用条沟或穴施,施肥深度 20~30 cm 或结合深耕施用。

②水肥一体化。盛果期柑橘园,肥料供应量主要依据目标产量和土壤肥力而定,水肥一体化通过提高肥料利用率比常规施肥推荐节约肥料。目标产量为每亩 2 000~3 000 kg 的柑橘园,每亩氮、磷、钾化肥需求量分别为 15~18 kg、6~9 kg 和 12~15 kg。

(二)菠萝养分资源综合管理的主要技术模式

1. 菠萝养分资源综合管理的问题

菠萝养分资源综合管理中主要存在以下问题:①菠萝产区以砖红壤、赤红壤和红壤为主,土壤有机质含量低,酸化严重,盐基饱和度低;②菠萝产区降水量大,肥料尤其是氮肥淋洗损失严重;③肥料种类与施用量不当,多数产区化肥用量高,有机肥施用不足;农户重视氮、磷、钾肥,而忽视钙、镁、锌、硼等中微量肥料;④施肥方法与时期不当。

2. 菠萝养分资源综合管理的原则

针对我国菠萝养分资源综合管理存在的主要问题,提出以下具体原则:一是重视菠萝园酸性土壤改良,增施有机肥料,提高土壤水、肥保持能力;二是根据菠萝品种及目标产量、果园土壤肥力状况,确定氮、磷、钾用量、施肥时期和分配比例,适量补充钙、镁、硫、硼、锌等中微量元素;三是追肥以缓控释肥和增效肥为主,速效和缓效相结合,追肥方式改全园撒施为沟施或水肥一体化模式;四是养分资源综合管理和高产优质栽培技术结合。

3. 菠萝养分资源综合管理主要技术

(1)菠萝茎叶直接还田技术。菠萝的收获指数低,有大量的茎叶残留在菠萝园,茎叶直接还田能有效消纳农业有机废弃物,而且茎叶还田还具有提高土壤有机质含量、促进土壤团粒结构形成、提供养分、调节土壤氮素供应(每 1 000 kg 残体可以保存约 8 kg 氮)、提升土壤微生物和土壤酶的活性等作用,是菠萝生产中的重要技术。

菠萝茎叶直接还田技术包括以下要点:①数量。还田数量因地区、栽培技术而异。大型农场通常全部菠萝茎叶还田,每公顷 6~8.5 t。②时间和方法。菠萝茎叶直接还田的时间和种植制度、土壤水分和茬口等关系密切。还田菠萝茎叶宜切 5~10 cm 长,以利于吸水分解,保证均匀分布与翻埋质量。耕埋深度以 15～20 cm 为宜。此外，需注意土壤湿度控制在田间持水量的 60%～80%，配施适量氮肥调节碳氮比，低洼积水处预防有机酸的危害，以此确保在微生物的参与下茎叶能正常矿质化和腐殖化，实现当季养分供应与长期改土效果。

(2)菠萝"4R"养分推荐技术

①菠萝施肥量的确定(right amount)。据国内外的研究，每生产 1 000 kg 菠萝需要从土壤中吸收氮(N)3.5～8.5 kg、磷(P_2O_5)0.75～3.56 kg、钾(K_2O)6～13 kg 等；在施肥中，植株只能吸收肥料的一部分，如菠萝对氮肥的吸收利用率仅为施肥量的 10%～35%，钾肥利用率仅为 30%～57%，磷肥利用率仅为 10%～20%。施用的氮、磷、钾肥料有 50%～80%流失或被土壤固定。因此，施肥量应包括植株的吸收量和流失或被固定两项的总和。目前，菠萝叶片营养诊断和土壤养分分析的指标体系仍未建立，施肥量的确定主要通过目标产量法和田间试验试验法确定。

目标产量法。根据目标产量，结合菠萝对养分的需求情况以及肥料的利用率，利用养分平衡原理，计算出合理的施肥量。计算步骤包括：a. 目标产量所需各养分量；b. 估算土壤养分供给量；c. 利用差减法求算需施入的各养分量；d. 纯养分换算成有机肥料或化肥。

田间试验法。利用"3414"等田间试验法，结合养分平衡原理，对各养分逐步进行高肥量、中肥量和低肥量的试验；根据试验结果，提出适合当地气候条件下的施肥比例，最后综合各地结果提出菠萝施肥方案。

此外，要确定合理的施肥量，还需考虑本地的气候条件，土壤结构与肥力，以及水的供应状况，目标产量、种植密度、品种类型、管理水平等因素。其他中微量元素采用因缺补缺的方式加以补充。

②菠萝施肥时期。菠萝适宜的施肥次数是 1 次基肥，2～3 次追肥。基肥是定植前施入；追肥分别在苗期、催花前和果实发育期施用。

③菠萝施肥位置和施肥方式。菠萝施肥方法主要有撒施、穴施、沟施、根外喷施和灌溉施肥(水肥一体化)。灌溉施肥在菠萝主产区日益普及，在肥料效率、节肥、提高产量和品质、减少人工、随时供应水分和养分等方面优势突出，即使在干旱季节也能够保证菠萝快速生长。

4. 菠萝养分资源综合管理技术模式

根据菠萝植株生长发育和养分吸收累积规律，结合气候特征、土壤养分供应及施肥的"4R"原则，形成菠萝养分资源综合管理技术模式。

(1)基肥。在菠萝定植前施用，占施肥总量的 10%～30%。基肥以有机肥为主，适当施用氮、磷、钾肥。可将全部磷肥用量的 50%～80%在基肥中施用，如用过磷酸钙或磷矿粉，需与有机肥混合堆腐后施用；如用钙镁磷肥，则不宜与有机肥堆制腐熟，直接与有机肥混合施入或单独施用。氮肥多选择尿素，基肥比例占全部施氮量的 20%～30%，可配合钾、镁肥一起施用。如土壤 pH 较低，还应适当配合施用石灰，一般提前 1 个月结合翻地施用。基肥施用方法一般为条施，施用后盖上一层薄土再进行种植，以免肥料直接接触根系造成伤害。

(2)苗肥。菠萝的营养生长期为 6～18 个月，是形成产量的关键时期，施肥量可占总施肥量的 20%～30%。根据苗的大小，可在小苗期、中苗期和大苗期施肥，以氮肥为主，N：K 为 2：1，以速溶性肥料(如硝酸磷肥、硫酸钾和微量元素肥料)根外追肥为主，中间雨季可施 1 次干肥。

(3)催蕾肥。菠萝定植后 11～13 个月，叶片长到 35 片叶时，叶片数接近最大值，营养器官建造完成，转入花芽分化时期。一般在预定催花期前1～1.5个月施肥，此时期氮肥用量应适当控制，宜以磷、钾肥为主，配施氮肥，施肥量占总施肥量的10%。可用1∶1∶1的尿素、磷酸二氢钾、硝酸钾进行根外追肥1～2次。

(4)壮果肥。菠萝植株现红后进入果实迅速膨大和各类芽抽生的时期，此时宜以中氮、高钾为主，同时施用800～1 000倍的硼肥和钙肥。施肥量占总施肥量的20%～30%，主要以根外施肥方式为主。

(5)壮芽肥。果实收获后施用。一般占施肥总量的5%～10%，以氮、钾为主，肥料兑水淋湿或采用根际施肥，促进吸芽及托芽的生长，为造果提供健壮亩母株。

复习思考题

1. 简述落叶和常绿果树生长发育与养分吸收特性的异同点。
2. 简述落叶和常绿果树生境与立地条件的差异。
3. 简述落叶和常绿果树养分资源综合管理基本原则及高效管理技术。

第十二章

养分资源管理与农业可持续发展

◈ **教学目标**

1. 全面了解粮食安全、土壤健康、大气污染、面源污染、气候变化等农业可持续发展的概念，以及与养分资源管理的关系。
2. 重点掌握提升农业可持续发展的养分资源管理技术。
3. 了解粮食安全、土壤健康、大气污染、面源污染、气候变化等农业可持续发展现状以及国家采取的主要行动。

第一节　养分资源管理与粮食安全

一、中国粮食安全所面临的挑战

(一)粮食生产发展历程

我国人口数量长期处于世界前列，吃饭是第一大问题，粮食安全是社会生存和发展的基础。我国仅用全球9%的耕地面积养活了近20%人口，从新中国成立初期的一穷二白，发展到如今成为世界粮食生产大国(图12-1)。

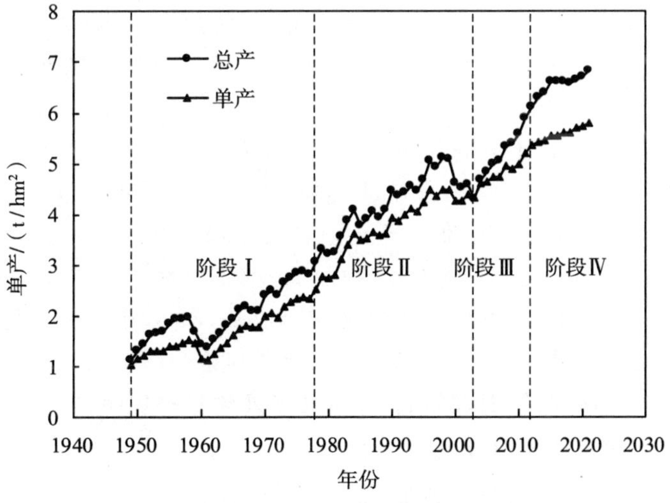

图12-1　我国粮食总产发展历程(1949—2021年)

数据来自国家统计局(2022年)

自1949年新中国成立以来，我国的粮食生产发展历程主要分为四个时期(阶段Ⅰ至Ⅳ)。

1.1949年新中国成立初期至1978年，粮食生产恢复发展阶段

新中国成立初期，我国粮食总产仅1.13亿t，单产为1.03 t/hm^2。人均粮食占有量仅为209 kg，远低于当时世界平均水平。

此阶段以粮食的生产恢复发展为主。1954年9月，周恩来总理在第一届全国人民代表大会第一次会议《政府工作报告》中首次提出了建设“现代化的农业”概念。毛泽东主席极力提倡选择优良品种、改进耕作方式等，并提出了“农业八字宪法”(即土、肥、水、种、密、保、管、工)。由于系列制度创新和政策优化，自新中国成立以来一直面临的粮食长期短缺困境发生了重大改变，实现了由绝对短缺到基本平衡、丰年有余的历史性跨越。

2.1979年至2003年，粮食总产稳步提升，供需基本平衡

25年期间粮食总产稳步提升，实现供需基本平衡，呈现出总体向好的发展趋势。粮食总产由1979年的3.32亿t上升至2003年的4.31亿t，单产由2.73 t/hm^{2}提高至4.50 t/hm^2。

1978年党的十一届三中全会提出，实行家庭联产承包责任制是农村经营管理体制的重大变革，实现了新中国成立以来粮食生产的第一次大飞跃。从国家提出包产到户政策并在1982年全面实施，农业生产关系不断调整，确立了农户家庭在农业生产经营中的主体地位，前所未有地激发了广大农民的生产与种粮积极性。

3.2004年至2012年，粮食生产快速发展，数量基本保障

2004年起，粮食总产多年连增，稳步跨越两个亿t级(5亿t和6亿t)新台阶。自2007年后稳定在5.12亿t以上。2012年，我国粮食总产达到6.12亿t，站稳6亿t以上的新台阶，实现了此阶段的两个跨越式发展；同年粮食单产达到新中国成立以来峰值5.35 t/hm^2。

这一阶段，国家建立与完善一系列农业支持保护政策。2006年起，国家全面取消农业税，每年为农民减轻负担1 300多亿元；建立农民种粮补贴制度，相继出台良种补贴、粮食直补、农机购置补贴、农资综合补贴等政策；推进“三补合一”，建立农业支持保护补贴政策，支持耕地地力保护和粮食适度规模经营。

4.2013年至目前，稳定发展，重视质量与结构

我国粮食生产保持稳定发展，粮总产量始终保持在6亿t以上。2021年，我国粮食生产再创历史新高，总产高达6.83亿t，单产为5.81 t/hm^2，实现了谷物的基本自给，确保了口粮的绝对安全。国家对粮食安全问题的定位已经不再是简单的数量问题，更重要的在于质量与结构方面提升。

党的十八大以来，以习近平同志为核心的党中央始终高度重视粮食安全问题，走出了一条中国特色粮食安全之路。2017年，国家启动实施“优质粮食工程”，强化绿色优质粮油产品供给。2017年，党的十九大明确提出，保持土地承包关系稳定并长久不变，第二轮土地承包到期后再延长30年。在政策上，进一步提升了农民的种粮积极性。

党的二十大进一步提出，全方位夯实粮食安全根基，深入实施种业振兴行动，强化农业科技和装备支撑，健全种粮农民收益保障机制和主产区利益补偿机制，确保中国人的饭碗牢牢端在自己手中。树立大食物观，发展设施农业，构建多元化食物供给体系。

(二)当前粮食生产面临的挑战

1.需求持续刚性增长，资源约束趋紧

2030年，我国人口将达到峰值14.5亿，由于人口增加和消费结构升级，预计2030年前

后，我国谷物需求将达到峰值 7.1 亿 t。其中口粮消费稳中略增，新增需求主要集中在饲料粮上，主要是由于生活水平改善对肉蛋奶需求增加。同时，由于我国经济规模扩大和城市化进程的不断发展，农业用水等空间不断缩小，水资源等约束趋紧。同时，气候变化又加剧了这一挑战。

2. 结构性矛盾突出，品质有待提升

从品种结构看，主要粮食作物基本平衡，但大豆目前对外依存度超过 80%，产需缺口有进一步扩大趋势。从区域结构看，粮食产销区不平衡矛盾进一步加剧。从品质质量看，我国粮食生产始终存在数量与质量的矛盾。尽管提高了单产水平，但同时也造成粮食质量不高，还给生态环境安全带来隐患。我国粮食优质、专用、绿色产品少，需要进一步提升来满足消费升级和多样化的需求。

3. 生产成本高，比较效益偏低

2004—2014 年，我国三大粮食亩均总成本从 395 元上升到 1 069 元，增加了 1.71 倍，年均增速高达 10.5%，其中，人工成本和土地成本年均增速分别达到 12.2% 和 14.2%，是总成本加速上升的主要推手。近年来，由于种粮经济效益不高，有些地方农民种粮积极性下降，甚至个别地方出现抛荒现象。粮食生产的全程机械化、标准化、规模化生产需求迫切。

4. 肥料利用率低，环境风险加剧

我国三大粮食作物肥料利用率均在 20%～30%，远低于国际水平 40%～60%，存在较大的提升空间。在我国现有研究基础上，采用优化施肥技术至少可以提升 20%。通过全国“测土配方”施肥等工作开展，改变农民施肥观念，促进化肥工业走持续发展道路是亟须解决的问题。

二、肥料施用在粮食增产提质中的作用

（一）化肥对粮食增产贡献

自改革开放以来，随经济水平不断提高，化肥投入不断增加，化肥用量的增加与粮食总产的提高几乎同步。化肥在我国粮食增产过程中发挥了重要的作用，作出 50%左右的贡献。

1979—2020 年，粮食总产由 3.32 亿 t 提升至 6.69 亿 t，增加 102%，化肥总投入由 1 086 万 t 增加至 5 250 万 t，提高了 383%。其中氮肥增加 122%，磷肥增加 193%，钾肥增加 1 615%。复合肥的投入增加最大，从 1979 年的 5.3 万 t 增加至 2020 年的 2 221.0 万 t，增加了 418 倍(图 12-2)。

（二）化肥对粮食品质的影响

化肥投入对粮食品质具有重要的影响。合理投入对品质提升具有重要作用，但过量施用，也可能导致一定负面影响。氮肥投入可以提高谷物籽粒的蛋白质含量。但氮素过多时，也会影响作物品质。磷肥对农产品品质的影响主要是可以增加部分谷物的粗蛋白含量，特别是人体所必需的氨基酸。钾常被认为是作物生产的“质量要素”。钾肥对农产品品质的影响主要是提高作物蛋白质、碳水化合物的数量和质量，充足的钾素供应还能提高作物的抗逆能力，从而提高农产品品质。钙既是细胞膜的重要组分，同时构成钙调蛋白，促进作物新陈代谢。镁可以促进植物的光合作用，促进蛋白质的合成，提高农作物的产量和改善农产品的品质。硫是蛋白质的重要成分，改善作物品质，增加油料作物的维生素 A 含量和含油量，并能提高作物抵抗寒

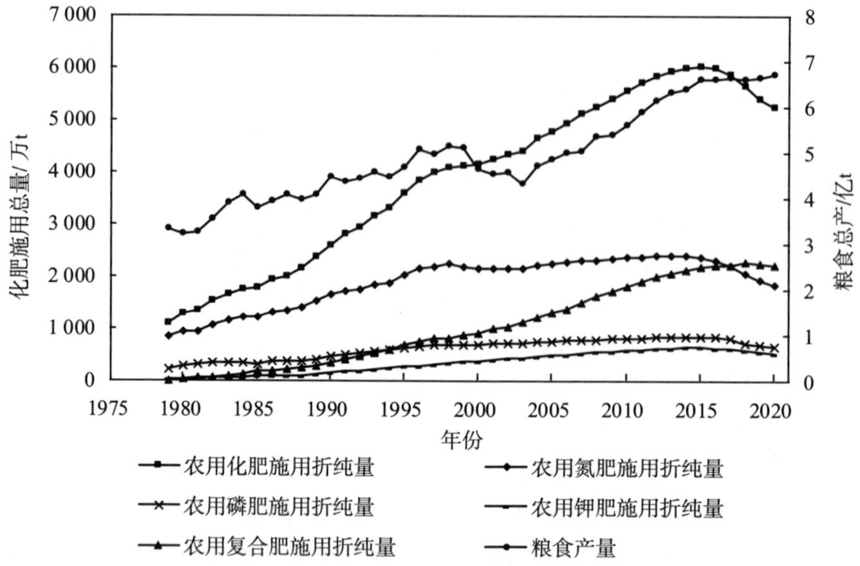

图 12-2 我国化肥施用总量和粮食总产发展历程(1979—2020 年)

数据来自国家统计局(2022 年)

冷和干旱的能力。微量元素是作物体内多种酶的重要组成部分,在蛋白质与叶绿素的合成过程中发挥着较强的调节和促进作用。

三、养分资源综合管理是保障未来粮食安全的重要途径

当前世界农业的发展面临双重挑战。一方面,要不断提高粮食产量,来满足不断增长的人口对粮食的需求;另一方面,在增加粮食产量的同时要提高肥料资源利用效率,降低负面效应,如温室气体排放、土壤退化和生物多样性丧失等环境问题。

(一)未来粮食安全面临的主要挑战

世界范围内,粮食危机还没结束,不稳定因素一直存在。21 世纪中叶,由于世界人口将持续增长到 85 亿～100 亿人,相应的粮食总产应该增加 70%～100%。

当前世界上一些主要粮食生产国单产徘徊不前,全球粮食安全现状面临严峻的挑战。在小麦单产较高的欧洲地区,20 世纪 90 年代以来,以法国和德国为代表的大部分国家和地区小麦产量几乎没有增长。同样,20 世纪 90 年代以来,亚洲地区的水稻单产几乎没有增长。对我国来说,每年粮食增长速度至少应保持在 2%左右。然而,近十年来,我国玉米等作物单产提升的速度低于这一水平。

(二)养分管理的作用

改变高投入、高产出的传统生产方式,在不断提高作物产量的同时,大幅度提高养分资源利用效率,缓解农业生产引起的资源危机和环境污染,是养分管理面临的重要挑战。在提高作物产量来确保粮食安全的过程中,需要通过养分资源管理技术的进步,减少温室气体排放来保护环境,平衡作物产量、氮肥使用和温室气体排放。土壤－作物系统综合管理研究显示,采用合理的养分资源措施玉米产量由农户产量 7.6 t/hm^2 提升至 14.2 t/hm^2 时,氮肥投入并未增加(220～266 kg/hm^2),但氮肥利用效率和温室气体排放显著降低。

因此，改变高投入、高产出的传统生产方式，在不断提高作物产量的同时，大幅度提高养分资源利用效率，缓解农业生产引起的资源危机和环境污染，是养分管理面临的重要挑战。

第二节　养分资源管理与土壤健康

土壤是地球表层自然生态系统重要组成部分，是地球表层系统中处于四大圈交接面上最富有生命力的连续体或覆盖层，它既是这些圈层的支撑者，又是它们长期共同作用的产物。养分资源管理是保障土壤肥力的基础，也是培育健康土壤和维持土壤可持续利用的关键。

一、提高土壤健康的重要意义

（一）土壤健康的概念

土壤健康是指在生态系统和土地利用的范围内，土壤能持续作为有生命的系统维持生物生产力，保持空气和水环境质量，促进植物、动物和人类健康的能力。土壤质量与土壤健康都是描述土壤状况的术语。土壤质量是指土壤作为重要的生命系统行使各种功能的能力，以及在生态系统水平和土地利用的边界范围内，维持生产植物性和动物性产品的能力，维持或改善水和大气质量的能力，促进植物和动物健康的能力。从定义看土壤健康与土壤质量两者基本同义，可以通用。国内相关的行动和政策多采用"土壤质量"这一表述。土壤质量反应土壤内在的质量，是静态的；而土壤健康强调了土壤的生命力、生态属性、社会属性等，是动态的，包含土壤肥力质量、环境和健康质量，同时土壤健康考虑到土壤生物特性与生态系统多功能性。土壤健康侧重于土壤发挥土壤功能和提供生态系统服务功能的能力，涉及范围更广。

（二）提高土壤健康的重要性

土壤健康是不同物理、化学和生物学过程相互作用的结果，采用合适的土壤管理措施，能充分发挥土壤各种功能，促进农业可持续发展（图 12-3）。

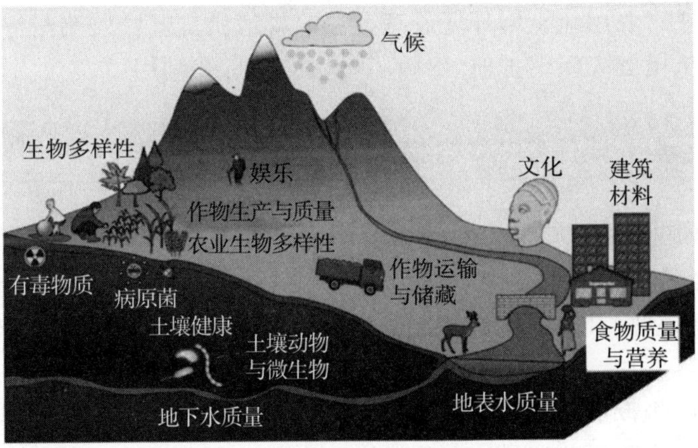

图 12-3　土壤健康与全球生态系统服务（Lehmann 等，2020）

由于我国人口基数大，人口的刚性增长必然会带来对农产品需求总量的增长。保障国家粮食安全的核心是大力提高农田土壤粮食综合生产能力，实现国家"藏粮于地，藏粮于技"战略。一方面，要在农作物品种、栽培管理技术等方面取得重大突破；另一方面，要保护耕地质量，确保以土壤肥力和抗逆能力为核心的农田生态系统生产力持续提高。但从近年来我国粮食主产区的区域性耕地质量调查情况看，凸显的很多问题令人担忧。农业农村部《2019 年全国耕地质量等级情况公报》显示，全国耕地一等到三等耕地仅占 31%，中低产田占比高达 2/3 以上。其中既有土壤有机质和养分含量不足的"营养不良症"，又有氮素和磷素积累过多、养分比例不协调的"营养过剩或失调症"，而且与酸化、盐碱化、沙化及耕层变浅、结构变劣、水土流失等相互交织，使我国耕地质量问题成为制约农田生态系统综合生产能力的重大隐患。因此，改善土壤的肥力质量已经成为土壤植物营养学家肩负的重要历史使命。

与此同时，在我国农业集约化程度较高的东部和中部一些地区，氮、磷等养分过量造成的农业面源污染，导致水体严重富营养化，不仅危害地表和地下水质量，而且造成生物多样性和生态系统稳定性的下降；另外，过量和不合理的农田投入，增加了农民生产成本，影响农产品质量。同时，土壤污染问题也越来越引起关注。2014 年《全国土壤污染状况调查公报》结果显示，我国土壤污染总超标率达到 16.1%，以轻微程度的为主，约占 11.2%。土壤污染对食品安全和人类健康造成很大威胁。因此，保持优良的土壤环境质量和健康质量已经成为我国可持续发展必不可少的条件。

（三）提高土壤健康的政策与重要行动

我国一向重视耕地土壤健康，于 1958 年和 1979 年启动了两次土壤普查，基本摸清了我国土壤的肥力状况。2005 年，全国启动了测土配方施肥工作，我们对农田土壤养分状况有了更清楚的认识。2013 年，国家出台《全国高标准农田建设总体规划》强调我国耕地质量提升 1～2 个等级。2015 年《耕地质量保护与提升行动方案》中明确指出：到 2020 年耕地地力提升 0.5 个等级，有机质含量提升 0.2%。2017 年出台的《东北黑土地保护规划纲要（2017—2030 年）》中指出，到 2030 年，东北黑土区耕地质量平均提高 1 个等级（别）以上，土壤有机质含量平均达到 32 g/kg 以上。《"十四五"全国农业绿色发展规划》中提到，到 2025 年，全国耕地质量等级达到 4.58。2022 年第三次全国土壤普查行动的实施，把土壤质量和土壤资源保护提升到新的高度。与此同时，国家出台了系列法律法规，如《中华人民共和国土壤污染防治法》《中华人民共和国黑土地保护法》《农用地土壤环境管理办法》《耕地质量调查监测与评价办法》等，这些法律法规为提升耕地土壤健康保驾护航，保障了土壤的可持续利用。

专栏 12-1 东北黑土地保护"梨树模式"

黑土地被称为"耕地的大熊猫"，但近些年由于不合理的耕作，黑土地土壤有机质平均以每年 0.1% 左右的速度，导致耕地地力下降；耕地水土流失严重，每年流失量在 1.0～3.0 mm。为了有效遏制东北黑土地退化，中国科学家联合研发了适于东北黑土地保护的"梨树模式"。

"梨树模式"是以作物秸秆覆盖免耕栽培为核心，包括机械收获与秸秆覆盖、免耕播种与施肥、病虫草害防治、轮作等技术环节的全程机械化技术体系。梨树模式主要包括玉米秸秆覆盖均匀行技术模式、宽窄行技术模式、原垄垄作技术模式及条带浅旋技术模式。

"梨树模式"具有几大优势：①培肥地力。秸秆全覆盖免耕 5 年后，土壤有机质可以增加 20%左右，减少化肥使用量 20%左右。②保护耕地。实施该技术平均可减少土壤流失 80%以上。③改善土壤生物性状。连续实施秸秆全部还田，六年每平方米蚯蚓的数量 118 条，是常规耕作的 17 倍多。④蓄水保水。全部秸秆覆盖地块,延缓旱情 5～7 d。⑤保护环境。大面积实施可以有效抑制“沙尘暴”。⑥节能减排。作业次数减少,减少机器进地次数 3～5 次。⑦稳产高产。“梨树模式”平均增产 5%～10%,每亩节约成本 67～93 元,2020 年发展到 1 852 万亩。

二、提升土壤健康的养分资源综合管理技术

养分资源管理与土壤健康提升是协调统一的,养分资源管理技术的应用可以有效地提升土壤健康水平,土壤健康状况也可以指导养分资源管理技术的改进和优化(图 12-4)。常见的提升土壤健康的养分管理技术主要包括有机肥替代化肥技术、秸秆还田技术、多样化种植与覆盖作物技术等。

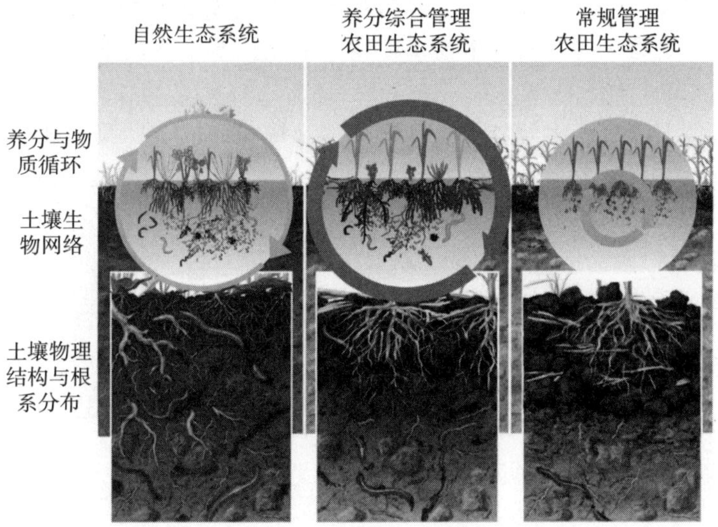

图 12-4 养分资源管理提升土壤健康模式图

(一)有机肥替代化肥技术

有机肥能提高土壤有机质及养分含量、改良土壤结构、增加土壤中酶、提高土壤生物多样性等多个维度综合提升土壤健康水平。长期有机肥和化肥合理配施的情况下,不仅可以提升土壤肥力,也可以使土壤关键类群的群落多样性增强。一方面,微生物可以对参与碳、氮、磷、硫等与植物生长和营养物循环多种相关的功能基因起到正向积极调节的作用,从而提高作物生产力;另一方面,土壤微生物群落多样性增加起到抑制土壤病原菌的作用,同时也可以激活更多有益微生物产生抗菌物质,有效地降低病虫害的侵袭,提升土壤健康水平。

(二)秸秆还田技术

秸秆还田技术也是提升土壤健康最常见的方式之一,通过秸秆还田可以改善土壤物理、化学和生物学特性,提升土壤健康水平。秸秆还田能够降低土壤容重,增加总孔隙度,提高土壤透气性和团聚体含量,增加土壤的热传导性,能有效缓解土壤温度的急剧变化。秸秆中含有大量有机质,如纤维素和木质素等难以分解的物质,同时秸秆中含有作物生长所必需的氮、磷、钾、铁、锰等营养元素,为作物生长持续供应养分。

(三)多样化种植与覆盖作物技术

多样化种植也是养分资源管理的重要组成部分,种植覆盖作物是最常见的多样化种植方式之一。覆盖作物可为土壤提供植物覆被,能将大气中的碳储存起来,翻压后可以有效改善土壤的物理、化学和生物学特性。如以豆科作物作为覆盖作物可以有效地提高土壤中氮的有效性。同时覆盖作物可以有效减少地表径流,从而减少土壤养分和沉积物的损失。

(四)养分资源综合管理与土壤生物调控技术

微生物肥料施用也是养分资源综合管理最常用的调控手段,可以利用微生物调控技术提高土壤养分转化速率,提高土壤养分有效性,同时防控土壤病原菌等。微生物调控包括外源添加高效菌或者激发土著菌两种方式。外源添加通常把这些有益微生物通过特殊工艺高效的菌种进行装配,制作成生物有机肥施入土壤可以有效地防控病原菌。激发土著菌则通过养分管理、耕作等综合措施,改善土著菌的生长环境,激发土著有益菌拮抗作用。但定向调控土壤微生物受土壤环境、微生物之间以及微生物一植物间的互作等诸多因素的影响,还存在难题需要克服。

此外土壤酸化、土壤盐渍化等也是非常常见的土壤障碍因子。我国盐碱地面积约为 15 亿亩,主要分布在西北内陆地区、黄淮海地区、东北平原西部以及滨海地区。近期具有农业改良利用潜力的盐碱地约为 1 亿亩。盐碱土改良应以因地制宜和综合改良为基本原则,并且在排盐、抑盐、抗盐、吸盐的同时,积极培肥土壤,以达到盐碱土高效利用的目的。养分管理技术在盐碱地改良发挥着积极作用,如西北盐碱区的膜下滴灌技术、滨海盐碱区的"上覆下改"控盐培肥技术、华北盐碱区的有机培肥盐斑改良技术等。在滨海盐碱地,采用增施脱硫石膏、糠醛渣并结合养分综合管理技术可以有效地提高玉米产量,平均增产 35%～105%(图 12-5)。

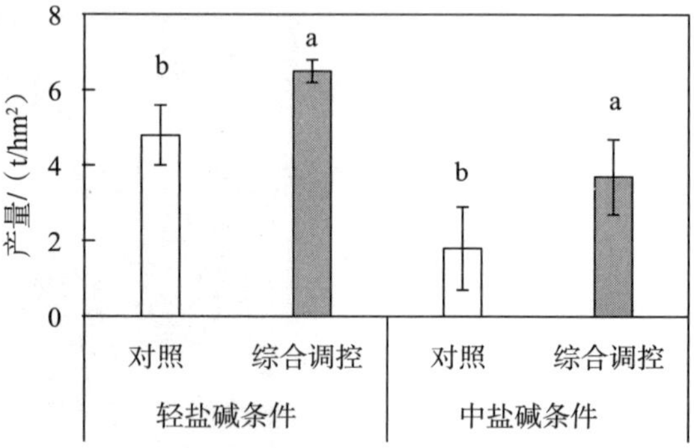

图 12-5 综合调控措施对滨海盐碱土玉米产量的影响

专栏 12-2 土壤酸化

我国耕地土壤 pH 平均为 6.82,目前,14.5%的耕地为强酸性土壤(pH 为 4.5～5.5),合计 2.93 亿亩。其中,南方地区强酸性耕地面积达 2.03 亿亩,占我国强酸性耕地总面积的 69.3%。北方地区酸化以东北和胶东半岛为主。东北区耕地平均土壤 pH 为 6.31,强酸性土壤占比 15.9%,面积达 0.71 亿亩。胶东半岛地区强酸性土壤面积为 0.18 亿亩。

土壤酸化是因为氢离子(H^+)持续输入土壤,或者土壤中交换态盐基阳离子(K^+、Ca^{2+}、Mg^{2+}和 Na^+)被淋洗,导致土壤酸缓冲能力降低、pH 不断下降的过程。因此,任何导致 H^+ 输入土壤的过程都可能导致土壤酸化。自然条件下,H^+ 主要来自碳酸和有机酸的解离;人为导致土壤酸化的过程主要包括大气酸沉降、不合理施用氮肥、频繁的作物收获等。1980s—2010s

我国农田发生大面积土壤酸化，主要农田土壤 pH 平均下降了 0.5 个单位，强酸性土壤占比增加了 34%。长期过量施用氮肥是导致我国农田土壤显著酸化的主要原因。

土壤酸化阻控包括源头阻控、酸化修复及抗酸化能力培育三个方面：源头阻控是根据酸化成因提出相应阻控措施，主要包括减少酸沉降、控制氮肥用量、减少酸性肥料的使用等；酸化修复是针对强酸性土壤，施用碱性物质等改良剂，中和土壤酸化，提升土壤 pH 的措施，主要包括施用石灰、碱性矿物等；抗酸化能力培育是指土壤增碳提质，提升土壤酸缓冲能力，主要包括施用有机肥、生物炭等改性材料等措施。对福建省平和蜜柚的研究发现采用养分综合管理蜜柚产量提高 14%～30%，果实糖酸比指标提高 14%～18%（图 12-6）。

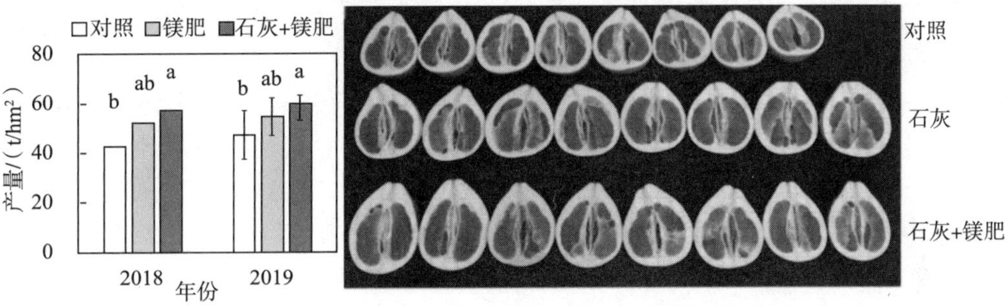

图 12-6　养分综合管理调控土壤酸化提升蜜柚产量和品质

第三节　养分资源管理与大气环境

一、大气环境的概念及现状

（一）大气环境的概念

大气环境是指生物赖以生存的空气的物理、化学和生物学特性。物理特性主要包括气温、湿度、风速、气压和降水。化学特性则主要为空气的化学组成，即氮气（N_2）、氧气（O_2）、氢气（H_2）构成空气的 99.6%，二氧化碳（CO_2）约占 0.03%，一些微量杂质及含量变化较大的气态水（H_2O）。同时，人类生产生活排放的氨（NH_3）、二氧化硫（SO_2）、一氧化碳（CO）、氮化物（NO_x）与氟化物等有害气体可改变原有空气的组成，引起大气污染，造成全球气候变化，破坏生态平衡。生物学特性指的是大气中各种复杂因素对陆地生物体（包括人类、动物和植物）的健康和生存环境的影响，包括空气质量、气象条件以及污染物等因素。

（二）大气环境的现状

大气污染是指大气中污染物质的浓度达到有害程度，以至于破坏生态系统和人类正常生存和发展，对人和动植物造成危害的现象。大气污染物指由于人类活动或自然过程排入大气的并对人和环境产生有害影响的那些物质，主要包括：二氧化硫、悬浮颗粒物、氮氧化物、挥发性有机化合物（VOCs），臭氧（O_3）、温室气体。大气污染物按照其产生形式可分为一次污染物和二次污染物，前者是指直接从污染源排放的污染物质，后者是由一次污染物在大气中经化学反应或光化学反应形成的与一次污染物的物理、化学性质完全不同的大气污染物，其毒性比一次污染物还强。最常见的二次污染物如硫酸及硫酸盐气溶胶、硝酸及硝酸盐气溶胶、O_3等。

根据《2019年大气环境气象公报》显示2019年全国空气质量稳中有进，总体表现良好，其中$PM_{2.5}$浓度明显下降；O_3浓度显著上升，成为首要污染物的超标天数超过40%；SO_2浓度大幅改善，基本与欧美国家持平；秋冬季大气污染严重，以东北地区和华北地区为主；2019年NO_2和CO年均浓度与2018年相比基本持平，PM_{10}浓度略有下降。

当前我国大气污染防治仍面临着许多难题与挑战。首先，$PM_{2.5}$浓度仍处于较高水平，2019年全国$PM_{2.5}$的24小时平均浓度达到57 $\mu g/m^3$，虽然低于我国规定的小于75 $\mu g/m^3$达标标准，但与国际标准10 $\mu g/m^3$相差甚远。其次，O_3的浓度在逐步上升，超标天数明显增加，成为仅次于$PM_{2.5}$影响优良天数的重要因素。

(三)改善大气环境的政策与国家行动

近50年来，我国生态环境保护事业取得了举世瞩目的成就，我国大气污染治理经过了漫长的发展历程，20世纪70年代以来，我国大气污染治理随着社会经济发展和生态环境保护事业发展主要经历了四个阶段。

(1)消烟除尘构建大气环境容量理论(1972—1990年)。1973年出台《工业"三废"排放试行标准》(GBJ 4—1973)规定工业废气中污染物的容许排放浓度和排放量。1982年《大气环境质量标准》(GB 3095—1982)中划分了三类环境空气功能区。1988年出台《中华人民共和国大气污染防治法》为大气治理提供了法律依据。

(2)分区管控防治酸雨和二氧化硫污染(1991—2000年)。在1992年，我国代表参加联合国环境与发展会议，积极履行约定和承诺。1996年《国务院关于环境保护若干问题的决定》提出酸雨控制区和二氧化硫污染控制区，同时修订了《大气环境质量标准》。

(3)总量控制二氧化硫排放量见顶下降(2001—2010年)。2002年《"两控区"酸雨和二氧化硫污染防治"十五"计划》将SO_2控制总量落实到各省级单位及其所属"两控区"。2006年《国民经济和社会发展第十一个五年规划纲要》将SO_2首次纳入国家的约束性指标体系。

(4)攻坚克难打赢蓝天保卫战(2011—2020年)。2011年《国民经济和社会发展第十二个五年规划纲要》将SO_2、NO_2同时纳入"十二五"约束性指标体系。2012年出台了《重点区域大气污染防治"十二五"规划》。国务院在2013年针对我国尤为突出的大气污染问题出台了《大气污染防治行动计划》(简称"大气十条")，该计划对我国京津冀、长三角和珠三角三大城市群的$PM_{2.5}$污染提出了明确的治理目标。2015年2月，农业部制定《到2020年化肥使用量零增长行动方案》，力争到2020年主要农作物化肥使用量实现零增长。2017年推出《京津冀及周边地区2017年大气污染防治工作方案》，该方案的发布对于"2+26"城市的空气具有显著的改善作用。

在2017年"大气十条"第一阶段目标全面完成的基础上，2018年颁布的《打赢蓝天保卫战三年行动计划》进一步加强以$PM_{2.5}$等典型复合大气污染物为核心的控制架构。同时，首次提出了NH_3减排行动计划，强调了通过控制农田肥料施用以及提升畜禽养殖管理等方式来提高农业资源利用效率，推进农业NH_3减排工作。

2022年，河北省人民政府在《河北省生态环境保护"十四五"规划》中明确指出：探索推动河北省大气氨排放控制，开展重点区域大气氨监测试点，探索建立大气氨规范化排放清单，推进种植业、养殖业大气氨减排等方面工作。

党的二十大提出要深入推进环境污染防治，加强污染物协同控制，基本消除重污染天气。

2023年国务院印发了《空气质量持续改善行动计划》，计划明确要求协同推进降碳、减污、扩绿、增长，以改善空气质量为核心，以降低细颗粒物($PM_{2.5}$)浓度为主线，大力推动氮氧化物和挥发性有机化合物减排，并进一步提出加强秸秆综合利用和禁烧、推广氮肥机械深施和低蛋白日粮技术等举措。

二、养分资源综合管理与大气环境的关系

养分管理与大气环境存在着密切的关系。随着人类活动加剧，尤其为满足人类食物安全的需要，环境养分的消费也在不断增加。以氮为例，由于不合理的氮素管理，大量的活性氮损失到大气中，产生了雾霾污染，气候变化等环境问题。

NH_3是大气中主要的碱性气体。它可以中和硫酸和硝酸，进而形成硫酸铵和硝酸铵气溶胶。这些二次无机气溶胶是$PM_{2.5}$(小于2.5 μm的颗粒物)的重要组成部分，占$PM_{2.5}$质量浓度的40%～57%。氧化亚氮(N_2O)作为重要的长寿命温室气体之一，其变暖潜力在100年时间尺度上是二氧化碳(CO_2)的265～298倍。1750—2019年，大气N_2O浓度增长已超过20%，从270 ppb增加到332 ppb，其中增幅最大的是过去十年。

三、改善大气环境的养分资源管理技术

(一)农田氨减排技术

大气氨主要来自种植业和畜禽养殖等农业活动排放，目前针对农田氨减排的主要技术及其减排潜力如下：

(1)优化氮肥投入。除直接减少化肥投入外，优化施肥技术还包括采用新型肥料、有机肥和无机肥配施、把握施肥关键时期、预防虫灾等方式达到减肥增效的目的。这种技术可降低生产成本、增加氮肥利用效率，但直接减少氮肥投入有可能造成粮食产量下降，因此该技术应该因地制宜，结合其他配套技术合理规划氮肥投入，兼顾粮食安全和环境保护。

(2)改良施肥方式。施肥方式是影响农田氨挥发的重要因素。结合不同地区的实际情况，针对机械配套和灌溉设施条件较好的区域，可采用深施肥以及施肥后灌溉等措施来减少氨挥发，减排效果可达到70%以上。对于水源较为匮乏地区，可通过构建水肥一体化体系实现节水—控肥—减氨的多重效果。

(3)有机肥替代。有机肥替代被认为是实现减少氨挥发、增加粮食产量的有效途径。通过将畜禽养殖粪便作为肥料施用到农田，可增强畜牧业和种植业的耦合。与传统农田施肥方式相比，全面有机肥替代可使氨排放量显著减少57.2%。

(4)氮肥增效。氮肥增效主要是通过控制或减缓氮素的释放或转化速率使之与作物的氮素需求特点相匹配，以有效减少氮损失。氮肥增效剂主要包括脲酶抑制剂和硝化抑制剂两类，而尿素水解导致的氨排放是农田氨挥发的重要形式，因此脲酶抑制剂被广泛应用于农田来延缓尿素水解，进而减少氨排放。

(二)农田氧化亚氮减排技术

硝化和反硝化是农业生态系统中土壤N_2O排放的两个关键生物地球化学过程，受人为和自然等因素控制。目前，针对农田N_2O缓解的策略主要包括提高氮肥利用效率和降低土壤硝化和反硝化速率(图12-7)。

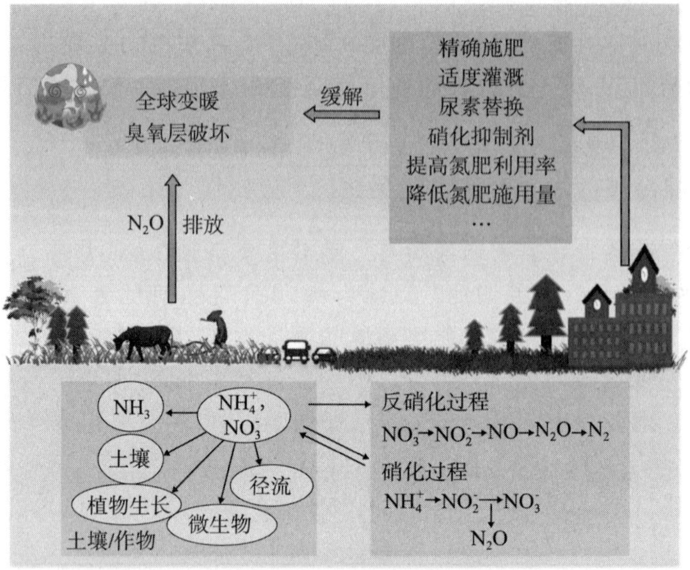

图 12-7　农田 N_2O 排放机理及缓解措施

1. 提高氮肥利用效率

提高氮肥利用效率是缓解农业 N_2O 排放的重要方式，可降低土壤中的 N_2O 直接排放，也可以减少 N_2O 间接排放。

(1)直接降低化肥使用量。在维持作物产量的前提下，根据绘制的氮输入最大降低量格网图，全球农田 N_2O 缓解潜力为 0.30(0.23～1.44)(百万 t) N_2O-N/年，相当于全球农田 N_2O 直接排放的 30%(17%～53%)，相当于减少了 144.4(百万 t)CO_2/年。对于 N_2O 排放量正在增长的地区，减少过量的化肥使用及实施更可持续的农业实践，已被证明可以提高作物产量、减少 N_2O 排放。

(2)精确施肥。精确施肥是实施精确农业的重要内容之一，是以作物生长模型、作物营养专家系统为支持，以高产、优质、环保为目的的变量处方施肥理论和技术。

2. 降低土壤硝化和反硝化速率

直接降低土壤硝化和反硝化过程中 N_2O 产生主要是指避免在有利于反硝化的条件下使用化学氮肥或创造不利于 N_2O 排放的环境条件。该措施主要如下：

(1)硝化抑制剂。硝化抑制剂是降低活性氮损失、增加作物产量和提高氮肥利用率的有效策略，也是缓解农田 N_2O 排放的主要措施。硝化抑制剂能够延缓土壤中铵态氮(NH_4^+)向硝态氮(NO_3^-)转化，增加土壤基质对 NH_4^+ 生物吸收和吸附，减少活性氮损失。基于农田大数据分析表明，硝化抑制剂能显著降低 N_2O 排放的 31%～44%。

(2)改进农田管理措施。适当的灌溉和耕作以增加土壤通气，可减少土壤中 N_2O 排放。在维持产量情境下，地面滴灌可降低农田 N_2O 排放的 14.6%。

(3)有机肥替代化肥。施用有机肥的土壤 N_2O 排放因子被估算为 0.01%～0.97%，远低于化学氮肥的 N_2O 排放因子，主要由于相对于氮肥(如尿素、碳酸氢铵和硫酸铵)，有机肥的养分释放速率较低，因此适当的有机粪肥替换化学氮肥将进一步降低农田 N_2O 排放。

第四节　养分资源管理与农业面源污染

一、农业面源污染的概念及现状

养分是保障农田生产和粮食安全的基础，但是对养分资源的管理与认知不足是形成农业面源污染的重要原因。过去 30 年间，我国长江流域可溶性无机氮磷含量增长 4～5 倍，贡献近海氮磷排放的 60%和 88%，而农业面源污染占长江水体氮磷输入的 50%以上。据估算，农业面源污染占水体氮磷污染物的 1/3，占地下水污染量将近 50%，湖泊的氮磷有一半以上来自农业面源污染。

(一)农业面源污染的概念

农业面源污染是指在农业生产和农村居民生活过程中，未经合理处置的污染物从非特定的地点，在降水(或融雪)冲刷作用下，通过地表径流和地下渗漏而汇入受纳水体并引起水体富营养化或其他形式的污染。农业面源污染主要由地表的土壤泥沙颗粒、氮磷等营养物质、秸秆农膜等固体废弃物、畜禽养殖粪便污水、农村生活污水垃圾、生产生活固体废弃物、各种大气颗粒物沉降等，在降雨和地形的共同驱动下通过地表径流、土壤侵蚀、农田排水等形式进入水体环境所造成(图 12-8)。

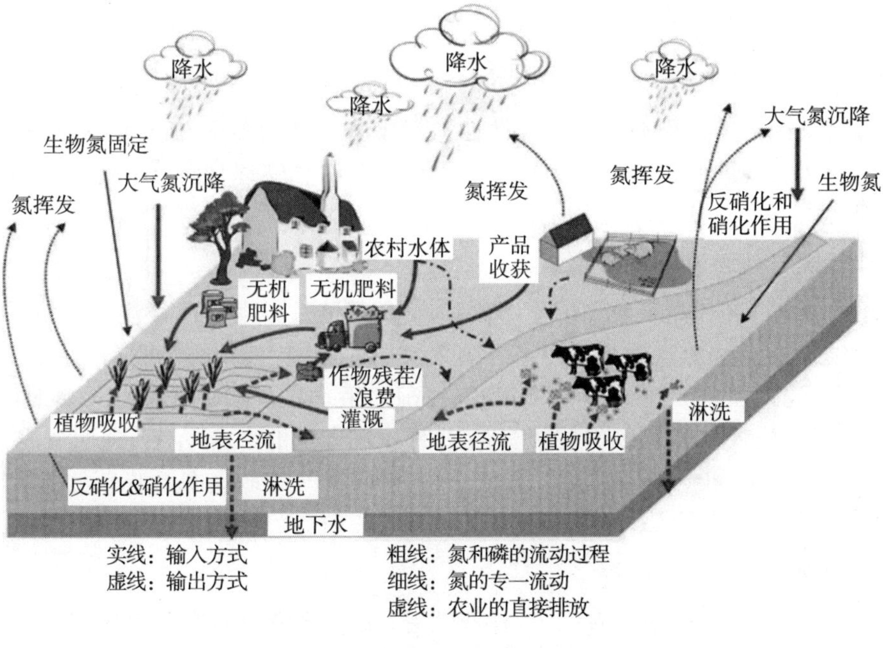

图 12-8　农业面源污染排放路径示意图

(二)农业面源污染的现状

我国农业面源污染防控取得了初步成效，但从当前我国农业面源污染总体状况来看，形势依然不容乐观。“十三五”期间，我国化肥施用总量虽然实现了一定程度的减少，但施用强度依然很高，特别是在集约化蔬菜、果树等高经济价值作物以及经济发达地区，过量施肥问题依然十分突出。化肥过度使用导致农业面源污染的势头得到初步遏制，但实现"减肥控污"还需优化施肥方式和结构，提高养分利用效率，构建绿色肥料体系，最大限度减轻肥料对环境的污染。

（三）农业面源污染的国家行动

党中央、国务院高度重视农业面源污染防治工作，习近平总书记强调，要"以钉钉子精神推进农业面源污染防治"。在过去的两个五年计划中，国家密集出台了一系列文件，开展多项国家重点研发专项行动，从政策制度和原理技术等多个角度全面推进治理农业面源污染。

"十三五"期间，农业农村部、生态环境部等国家相关部委出台了《打好农业面源污染防治攻坚战的实施意见》《重点流域农业面源污染综合治理示范工程建设规划（2016—2020年）》《农业农村污染治理攻坚战行动计划》等一系列规划和文件，坚持把绿色发展摆上突出位置，加快转变农业发展方式，打响了农业面源污染防治攻坚战，启动实施了畜禽粪污资源化利用行动、果菜茶有机肥替代化肥行动、东北地区秸秆处理行动、农膜回收行动和以长江为重点的水生生物保护行动等农业绿色发展的"五大行动"。

"十四五"时期将是加快推进农业绿色发展的重要战略机遇期。进入"十四五"以来，农业农村部以及国家发展改革委员会等相关部委密集出台了《"十四五"全国农业绿色发展规划》《农业面源污染治理与监督指导实施方案（试行）》等一系列文件，进一步明确了"十四五"至2035年农业面源污染防治的总体要求、工作目标和主要任务等，对监督指导农业面源污染治理工作进行了部署安排，并设立了"农业面源、重金属污染防控和绿色投入品研发"国家重点研发计划。

二、养分资源综合管理与面源污染的关系

农业面源污染因为其污染源的高度分散性与污染排放的时空不确定性等特征，使得从农田源头控制氮磷污染物的产生变得尤为重要。养分资源综合管理是防治农业面源污染的最佳对策。

（一）氮素管理与面源污染防控

农田施用的氮肥除被作物吸收利用外，剩余部分氮素能够以淋洗或径流等形式损失进入水体，硝态氮和铵态氮是流失氮素的主要形态。施入农田的氮肥，被作物吸收利用的仅有30%～40%，相较于技术先进国家68%的氮肥利用率，我国的平均水平明显较低。最新监测表明，以曲周县为例，化肥氮施入土壤后以气态损失的比例占施氮量的20%左右，通过径流和淋洗损失的约占10%。通过近20年连续监测，发现近30年来我国陆地生态系统大气氮沉降增加了60%，其中近2/3来自农业源。

（二）磷素管理与面源污染防控

与氮相比，磷在农田土壤中相对稳定，移动性差，施入土壤中的磷很大一部分会被吸附或固定，但土壤磷一旦超过环境临界值，损失到水体的风险就会快速增加。因此，土壤中残留的磷素过多，也可能会增加养分损失和环境污染的风险。研究表明，我国农田土壤有效磷含量从20世纪80年代初的7.4 mg/kg增加到目前超过20.7 mg/kg，果园菜地等高投入农田土壤有效磷高达70～110 mg/kg，土壤磷的累积问题已经成为面源污染最大的潜在风险。养分资源综合管理创建了磷钾恒量监控技术，实现了磷钾养分的简化管理与发挥作物生物有效性潜力的结合。

三、防控农业面源污染的养分资源管理技术

(一)化肥农药源头减量与总量控制技术

通过以根层养分调控为核心的氮肥总量控制、分期调控，磷钾恒量监控，中微量元素因缺补缺等技术，将养分供应与作物的需求在数量上一致、时间上同步、空间上耦合；应用以根层养分调控为核心的土壤—作物系统综合管理的理论模型与技术体系，在大幅度增产的同时维持氮肥的投入，从而大幅度提高氮肥效率、降低环境代价。

(二)绿色投入品创制与应用技术

在当前国家化肥农药用量已经出现负增长的情况下，需要创新农业绿色投入品及其精准使用技术，加强低排放、低残留、智能化新型绿色肥料和农药产品的研发，强化机械化、智能化、精准化养分综合管理技术的创新，强化大数据技术、人工智能技术在农业面源污染治理中的应用。

向肥料中添加功能性物质，如硝化或脲酶抑制剂等，可以抑制土壤硝化速率或脲酶活性，延缓土壤中氮肥的转化与损失。添加硝化抑制剂可使三大粮食作物产量、氮肥利用率分别提高 10.2%和 19.4%，使 NO_3^- 淋洗显著降低 35%～52%；添加脲酶抑制剂显著提高三大粮食作物产量 11.1%，显著提高氮肥利用率 17.2%。

第五节　养分资源管理与气候变化

一、气候变化对中国农业的挑战

(一)气候变化特征

气候变化是指气候平均状态统计学意义上的巨大改变或者持续较长一段时间(典型的为 30 年或更长)的气候变动，主要包括平均气温和平均降水量等气候平均值和极端天气事件等气候离差的显著变化(IPCC,2021)。2022 年，IPCC 发布的第六次评估报告指出，2001—2020 年全球地表温度比工业革命时期(1850—1900 年)上升了 0.99℃，其中 1971—2020 年是全球过去两千年以来最暖的 50 年，且温度上升速率最大。中国气候变暖与全球变暖有相当的一致性，呈现明显的暖干化趋势。1960—2018 年，中国年平均温度显著上升，平均每 10 年增温 0.28 ℃，高于全球同期温度上升速率。

专栏 12-3

IPCC 是指政府间气候变化专门委员会，全称为 Intergovernmental Panel on Climate Change。IPCC 由世界气象组织(WMO)和联合国环境规划署(UNEP)于 1988 年成立，旨在为决策者定期提供针对气候变化的科学基础、其影响和未来风险的评估、以及适应和减缓报告。自 1988 年成立以来，IPCC 推出 6 次评估报告，分别为 1990 年、1995 年、2001 年、2007 年、2013—2014 年和 2019—2022 年；14 份特别报告，分别为 1997 年、1999 年、2000 年、2005 年、2011 年和 2018—2019 年；12 份方法学报告(1996—2020 年)。

(二)气候变化对作物的影响

1. 气候变暖对作物的影响

气候变暖影响作物分布和作物产量。温度升高导致我国一年两熟和一年三熟种植北界北移,且未来一年三熟可种植区显著扩大。气温升高导致作物生长速度加快,缩短作物的生长进程,影响作物光合作用等生理过程,最终导致作物产量降低。全球气温每升高 1 ℃,小麦、水稻、玉米和大豆将分别减产 6.0%、3.2%、7.4%和 3.1%。同时,由于 CO_2 浓度升高有利于作物的光合作用,未来作物产量受气温升高和 CO_2 浓度升高综合影响,一定程度上减缓温度升高带来的产量损失。

2. 温室气体排放对作物的影响

作为人类面临的重要环境问题之一,农田土壤是农业温室气体的主要来源,包括土壤有机质经微生物在土壤中分解后产生 CO_2 等温室气体排放;长期淹水农田,经微生物发酵产生 CH_4;土壤的硝化与反硝化产生 N_2O。温室气体浓度升高加剧温室效应,不仅导致全球气候变暖对作物产生间接影响,还直接影响作物的生长发育。臭氧(O_3)作为一种高氧化性气体对大气环境和生态系统产生负面影响。随着我国 O_3 污染范围不断扩大、程度加重,其强氧化性和强植物毒性所造成作物减产问题也越来越受到人们的重视。O_3 浓度增加引起作物伤害导致产量下降,当前 O_3 浓度导致对中国作物产量危害严重,小麦、水稻和玉米减产约 33%、23%和 9%。

(三)农业温室气体减排

农业是温室气体排放的主要排放源之一,据 IPCC 估算,农业温室气体约占全球总排放的 20%。农业生产过程中温室气体主要是农膜、农业机械和农业灌溉所产生的 CO_2 及焚烧农业秸秆排放的 CO_2、反刍动物和动物粪便释放的 CH_4、化肥施用,以及土壤释放的 N_2O 和稻田释放的 CH_4 等。农业对 CH_4 和 N_2O 的贡献占人类活动总贡献量的 50%和 84%。水稻种植和氮肥施用分别是 CH_4 和 N_2O 的重要排放来源,而我国水稻种植面积和总产量均居世界第一,各种作物氮肥用量高,因此我国农业生产面临巨大减排压力与挑战。

(四)水土资源短缺对农业的威胁

水资源危机已被联合国和世界银行等国际机构列为威胁全球食物安全和农业发展的最大影响因素。中国作为水资源严重短缺的农业大国,加之城镇化与工业化的进程,非农用水挤占农业用水的趋势日趋明显,农业供水量呈下降态势,这进一步加剧了水资源对粮食生产的制约。据统计,农业用水占总用水量比例已从 1949 年的 97%降低到 2020 年的 78%,未来随着工业化和市场化进程的加速及生态保护用水需求的不断增加,农业用水比例到 2050 年将下降到 40%以下。此外,水土资源的质量恶化也威胁着农业生产,过去以经济增长为主要发展目标的工业化已导致水土污染的日益恶化,同时,以不断增加化肥与农药投入来保障粮食安全和稳定农业生产的措施也付出了极高的环境代价。

二、养分资源管理与气候变化

温室气体中,N_2O 和 CH_4 是农业生产排放的主要温室气体,而农业 CO_2 排放较低。由于 CO_2 对气候变化的增温潜势较小,N_2O 与 CH_4 是农业中引起气候变化的主要因素。养分管理

主要作用于 N_2O 和 CH_4 产生的主要过程，从而影响气候变化。

(一)肥料施用与温室气体排放

土壤温室气体排放主要与氮肥的长期过量施入有关。过量的氮肥投入导致土壤氮素含量增加、损失增加。土壤氮素损失的主要途径之一是硝化与反硝化作用，土壤氮素经硝化和反硝化作用后以 N_2 和 N_2O 形式释放。当施氮量超过作物需求时，N_2O 排放量呈指数型增长。有机肥的施用也会影响土壤温室气体排放。有机肥的施用主要通过增加土壤中有机碳、改变土壤的 C/N、影响土壤呼吸速率、增强土壤微生物活性等途径影响农田土壤温室气体的排放量。

土壤中 CH_4 由微生物在厌氧环境下产生，是厌氧条件下产甲烷菌作用于甲烷基质的结果。土壤有机物、根系分泌物、死亡的土壤动物及微生物、施入的有机肥等有机物在厌氧细菌的作用下逐步降解为有机酸、醇、CO_2 等小分子化合物，产甲烷菌使这些小分子化合物转化为 CH_4。土壤中 CH_4 的排放是由 CH_4 产生和氧化的差值决定。稻田 CH_4 是农田 CH_4 排放的主要来源。在典型红壤双季稻田中，采用新鲜稻草与化肥配施、新鲜牛粪与化肥配施的 CH_4 全年累计排放量分别是采用菌渣与化肥配施、采用沼渣与化肥配施的 2.44 倍和 2.45 倍。

(二)养分管理与气候变化共同作用于农田系统的碳固存

气候变化与养分管理影响土壤碳氮循环，CO_2 浓度升高增加了土壤有机碳输入，升温促进土壤呼吸增加和有机质矿化，气候变化背景下两者变化引起土壤碳库变化，但 CO_2 浓度升高，碳输入增加，用于土壤有机质积累，土壤养分有效性降低，施用外源氮肥可抵消养分有效性降低影响。土壤碳固存主要驱动力是通过作物生长的土壤碳输入，这受到养分有效性的强烈控制，高氮条件下 CO_2 浓度升高产生的肥效作用使作物生物量增加同时土壤碳含量增加，而低氮条件下生物量增加减少且对土壤碳没有显著影响，合理的养分管理是提高农田固碳、增强农田碳汇功能途径。相较仅施用化肥，增施有机肥可增加土壤碳固存，将农田生态系统由碳源转为碳汇。此外，养分管理结合秸秆还田、保护性耕作等管理措施可进一步改善土壤水分、调节土壤温度，从而提高作物产量并减少温室气体排放。

三、适应和减缓气候变化的养分资源综合管理技术与策略

养分资源综合管理是提高养分利用效率、减少农田生态系统的碳排放、实现维持作物产量的同时增强农田生态系统固碳功能的重要途径，可有效适应与减缓气候变化。

(一)因地制宜的农田养分管理

根据不同养分资源特征及土壤养分和肥料效应的时空变异规律，采用相应的养分管理模式是因地制宜农田养分资源管理的核心。根据不同土壤和气候条件下养分的主要损失规律，确定施肥量、施肥时期、施肥方法和肥料类型。并将推荐施肥与高产栽培以及水肥一体化技术有机耦合，充分发挥作物产量潜力，优化根层养分供应。平衡土壤养分供给，避免不合理和过量的肥料投入导致的温室气体排放。

(二)根际调控技术

根际调控可调节根－土之间的相互关系、改善作物营养，提高养分利用效率。例如，通过禾本科与禾本科、豆科作物与禾本科作物间作或套作改善作物氮、磷、铁等营养状况，通过生理酸碱性肥料提高养分利用效率等。根际调控技术改善作物养分吸收利用的环境，提高作物的养分资源利用效率，减少养分的损失。如豆科植物与谷类作物间作具有增加产量稳定性、单位

面积产量、减少对农用化学品的需求，同时刺激生物多样等潜在优势，间作通过提高土壤氮利用效率，可将全球范围内的化肥需求减少约 26%，支持可持续种植系统发展。

(三)挖掘环境养分资源潜力

养分资源综合管理考虑大气沉降、灌溉用水、生物固氮以及种子或秧苗等带入的养分。氮和硫为两种最重要的环境养分。其中，氮通过大气氮沉降等输入土壤。由于人类对粮食和能源需求持续增加所引起的大气活性氮排放加剧，全球大气氮沉降已经由 1860 年的 3.10×10^{7} t/年增加到 20 世纪 90 年代中期的 1.03×10^{8} t/年，并将于 2050 年进一步增加到 1.95×10^{8} t/年，我国进入农田的环境氮养分达 7.00×10^{6} t/年，接近全国氮肥用量的 1/4。充分挖掘来自环境的养分资源，可减少农田生态系统人为肥料投入，减少由此产生的温室气体排放。

(四)挖掘作物高效利用养分的基因潜力

除施肥和常规栽培管理措施外，利用养分高效品种提高养分资源利用效率也是养分资源综合管理途径之一。充分挖掘不同基因型作物种质资源养分高效的遗传潜力，选育养分吸收能力强、利用效率高的新品种，这对降低作物生产中肥料投入，保护优良种质资源，改善环境，节约能源，协调经济效益、社会效益和生态效益等都将起到积极的推动作用。

复习思考题

1. 化肥施用如何影响粮食产量和品质？在粮食增产提质中起到了什么作用？
2. 什么是土壤健康？提升土壤健康的养分资源管理技术有哪些？
3. 什么是气候变化？气候变化对作物有哪些影响？
4. 适应和减缓气候变化的养分资源管理技术有哪些？
5. 如何实现养分资源管理与农业可持续发展？

第十三章

养分资源管理与作物品质及人类健康

◇ 教学目标

1. 了解我国农业生产中与养分管理有关的作物品质问题。
2. 掌握养分资源管理调控作物品质的基本途径和技术。
3. 了解养分管理对人体营养健康的影响。
4. 思考如何通过养分管理改善人体营养健康状况。

第一节　养分资源管理与作物品质

作物品质是指人类所需作物目标产品的质量，主要指作物收获物的质量，可分为 7 类，即外观品质、食味品质、安全品质、营养品质、保健品质、储藏品质和加工品质(图 13-1)。改善作物品质对于改善人类营养状况、提高农产品的市场竞争力、提高加工后产品的质量及加工企业的效益水平，提高农民收入，改善人类生活质量都有着非常重要的意义。

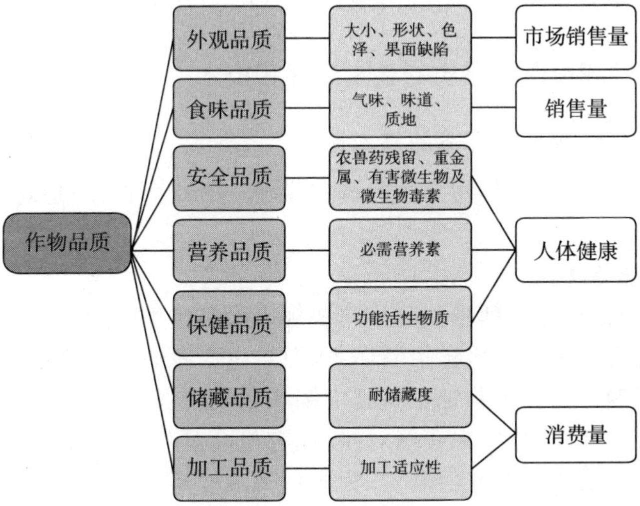

图 13-1　作物品质分类

一、与养分资源管理有关的作物品质问题

作物品质的改善一方面依赖于优良作物品种的选育；另一方面依赖于作物生长环境的改

善及栽培技术的革新。养分管理是作物生产的重要环节，不仅在提高作物产量上有着重要的作用，而且还在改善作物品质中发挥着重要作用。

农业生产中有关养分管理的作物品质问题表现出以下特点：一是因养分投入不平衡产生的作物品质问题在局部地区和部分作物上长期、突出地存在，其中以过量施肥导致的品质问题最为普遍。以小麦为例，适当增施氮肥可改善小麦的加工品质，但过量施氮肥时不仅会降低小麦产量，还会降低小麦的加工品质、营养品质和食味品质（图 13-2）。二是主要作物品质问题与养分管理不当而引起的土壤质量变化相关联，如过量施氮肥导致的土壤酸化会提高某些重金属的活性，降低农产品的安全品质。三是作物品质问题的产生与片面追求高产的养分管理模式密切相关，例如施用肥料在消除某种或某几种产量形成的限制性因子、增加作物产量的同时，会因“稀释”效应而减小作物产品中某些微量元素的含量。

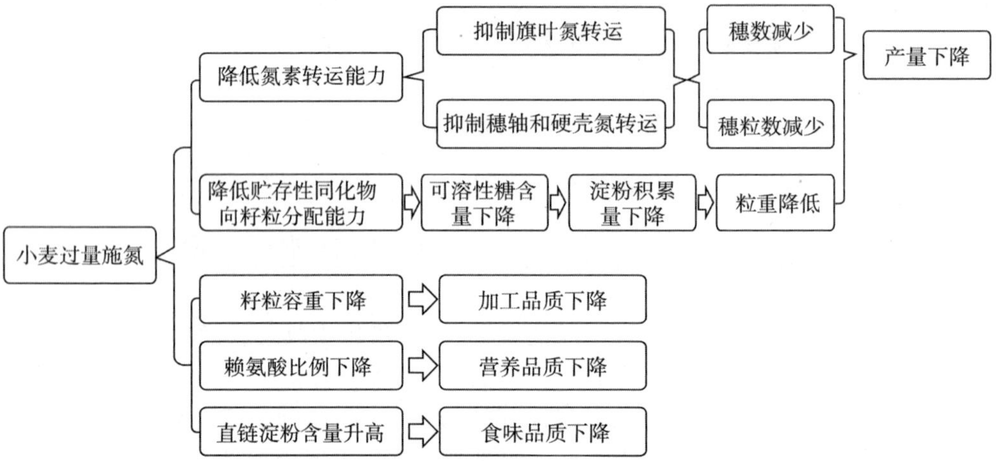

图 13-2　过量施用氮肥对小麦产量和品质的影响（Zörb 等，2018）

二、养分资源管理调控作物品质的基本途径和技术

（一）养分资源管理调控作物品质的基本途径

根据养分管理的特点，其对作物品质的调控途径一般有两种，一是政策、法规和经济途径，二是技术途径。

1. 政策、法规和经济途径

美国、欧盟通过制定养分管理相关政策与法规来限制作物生产中的氮肥用量，欧盟通过建立严格的农产品品质量尤其是安全质量控制体系，引导生产者的养分管理行为，避免养分管理不当而导致作物品质问题。我国也制定了磷肥中镉含量的有关规定，还出台了一系列肥料重金属含量的限制性标准。此外，近年来我国对绿色、有机食品生产相关认证及其标准的制定，尤其是相关养分管理办法及登记制度的制定，为农民采取合理的养分管理措施改善作物品质起到了一定的引导作用。

2. 技术途径

作物品质的形成受到品种（内因）和作物生长环境（外因）的共同影响，因此，改善作物品质也主要有两个途径：一是在充分了解作物品质形成生理代谢过程的基础上，改造其代谢过程并选育出优良品种，从而达到改善作物品质的目的，例如在了解 β-胡萝卜生物代谢和铁吸收转运等的基础上可通过基因改良手段，培育出比普通大米的 β-胡萝卜素和铁含量高很多倍的新品种大米。二是通过栽培等手段，改变作物赖以生存的土壤等环境条件，采取适当的养分资源综合管理技术，使其符合优质产品生长的要求。

(二)养分资源管理调控作物品质的基本技术

1. 养分供应数量调控

养分供应数量对大多数作物主要品质指标的影响表现出以下规律：①当养分供应量由“缺乏”转为“适量”时，一般可改善作物的品质；②“适量”往往有一定的范围，在此范围内，增加养分供应量对品质的影响不大；③当养分供应量由“适量”到“过量”(奢侈消耗)时，一般会使作物品质变差。

养分供应量对作物不同品质指标的影响有较大差异。这种现象包括两种类型：一是改变养分供应数量在改善作物某些品质性状的同时，不利于另外一些品质性状的改善。二是改变养分供应数量虽然对不同品质性状均有改善作用，但改善的程度不同，在某些品质性状最优的养分供应量下，另一些品质性状往往并不是最优。例如，菠菜干物质、糖、矿质养分和维生素 C 含量最大时的需氮量及蛋白质质量最佳时的需氮量要小于胡萝卜素和维生素 B_1 含量最大时的需氮量，而硝酸盐、草酸和游离氨基酸含量则随氮肥用量的增加而直线增加(图 13-3)。

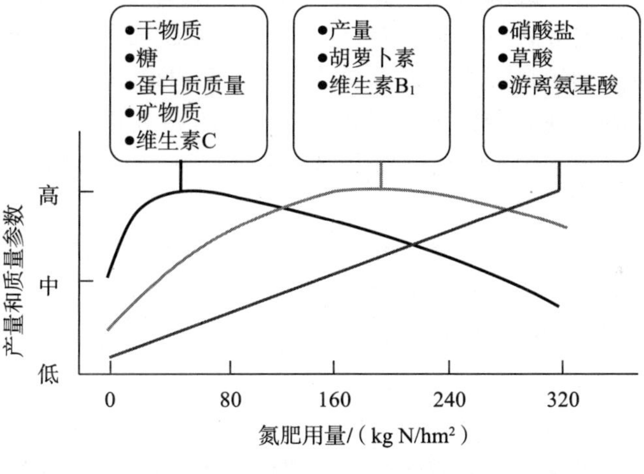

图 13-3　氮素营养对菠菜各品质指标影响的示意图

2. 养分形态及养分资源种类

同一养分的不同种类养分资源，因其主要养分在形态、含量、物理化学性质、副成分组成与含量等方面有差异，其对作物生长、体内物质合成及品质的影响也有较大差异。以氮素为例，其主要包括铵态氮、硝态氮、酰胺态氮和小分子氨基酸等有机态氮形态，在营养液栽培条件下供应不同形态氮素对作物生长和品质影响的差异较大，在土壤生长条件下不同形态氮素对作物生长和品质影响的差异在短期内则通常不明显。在相同用量条件下，硝态氮比铵态氮更能增加蔬菜硝酸盐和钙的含量。

3. 养分管理方法

(1)改变养分供应时期。改变养分供应时期可影响作物对养分的吸收和作物体内养分浓度，进而影响相关品质指标。例如，在苹果生产上，秋施基肥相较于其他施肥时期更有利于改善果树产量和品质，改变施氮时期比改变氮肥用量对苹果品质的影响更大。

(2)改变养分在作物生育期的分配比例。在相同养分供应量条件下,改变养分在不同生育期的分配状况会对作物生长产生显著影响,最终影响到诸多品质指标。例如,氮肥用量和施肥次数相同条件下,增加后期追肥中氮的比例可增加小麦籽粒的蛋白质含量。

(3)改变养分供应方法。施肥方法可影响肥料养分的有效性及作物对养分的吸收和利用状况。例如,在保证作物产量、节约肥料前提下,采用滴灌施肥方法比常规水肥管理方法能更有效减少氮素投入过多对蔬菜等作物品质的不利影响。利用根系输液方法比土施铁肥改善果树铁营养的效果更好。

4.不同种类养分的配合

不同养分种类对同一品质性状的影响主要表现在两个方面,即协同作用或拮抗作用。发挥不同养分间协同作用可有效改善作物品质。例如,在施钾肥的基础上再施氮肥和在施氮肥基础上再施钾肥,均可增加茶叶的氨基酸含量。在施氮肥基础上增施硫肥及在施硫肥基础上增施氮肥均可进一步增加玉米籽粒的蛋白质含量。

5.养分管理与其他栽培管理措施有机结合

作物产量和品质受土壤环境、大气环境、品种及人为调控措施等多方面因素影响,了解这些因素与养分管理及作物品质关系,再运用养分资源综合管理技术实现诸因素的最佳组合,才能为作物生长创造良好条件,实现高产、优质和环境友好的目标。

(1)土壤管理。土壤养分含量有较大差异,作物品质最优时的肥料养分需要量也有较大变化,可根据土壤养分含量确定合理肥料养分供应量;土壤 pH 变化影响土壤养分的有效性,间接影响作物的产量和品质,在养分管理中需将土壤 pH 的调节和养分管理方法综合考虑。例如,我国山东胶东苹果园因土壤 pH 过低而生理性病害严重,在常规养分管理的基础上施用石灰可有效预防病害。

(2)综合环境因素。综合环境因素对养分管理调控作物品质的作用有较大影响。典型的例子是保护地蔬菜与露地蔬菜品质的差异。尽管保护地肥料的用量远大于露地,但因露地光照条件好、风速大、CO_2交换快、根系吸收水分和养分的能力强,生产的蔬菜风味及营养品质往往好于保护地。在养分管理中应针对作物生长的不同环境采取不同策略,消除不利于发挥养分管理调控作用的其他限制性环境因素。

(3)栽培措施。栽培措施可显著影响养分管理在改善作物品质中的作用。例如,水果生产中采用套袋等农艺措施在改善果实色泽、减小果实裂果率、预防果锈、洁净果面、增加单果重量的同时,会减小果实钙和镁等元素的含量。我国不同地区作物生产的环境条件千差万别,采用的栽培措施也多种多样。在不同地区实施作物养分管理措施时,必须充分考虑这些因素的影响,以利于充分发挥养分管理在改善作物品质中的积极作用。

第二节　养分资源管理与人体营养

一、我国居民营养素摄入现状

随着社会经济、食物生产消费模式、生活方式等的变化,我国居民能量营养素摄入状况发生了巨大的改变。根据中国疾病预防控制中心营养与健康所于 2021 年发布的 2015—2017 年中国居民营养与健康状况监测数据,我国居民平均每标准人日能量摄入量为 2007.4 kcal

(1 kcal＝4.186 kJ)，呈现逐渐下降的趋势；蛋白质、脂肪和碳水化合物三大宏量营养素的摄入基本充足，其中，蛋白质平均摄入量为 60.4 g，脂肪的摄入量为 79.1 g；碳水化合物平均摄入水平为 266.7 g。膳食纤维摄入量为 10.4 g；膳食钙的摄入量为 356.3 mg，中国有 97.2%的居民存在摄入不足的风险，大部分人群膳食钙摄入量在推荐摄入量的一半以下，城市居民摄入情况好于农村居民；此外，一半以上的儿童及老年人存在维生素 A 缺乏，严重威胁我国儿童和老年人的健康，75.9%的居民存在视黄醇当量摄入不足风险，68.9%的居民存在维生素 C 摄入不足风险。中国居民每人每日摄入铁 21.0 mg、锌 10.3 mg、硒 41.6 μg、钠 6 046.0 mg，其中铁和锌的摄入量城乡差异不明显，城市居民硒的摄入量高于农村居民，农村居民钠的摄入量则高于城市。此外，在婴幼儿童人群中还存在碘、硒、维生素 B_1、B_2、叶酸、维生素 D 等缺乏的情况，在老年人群中存在锌、硒、维生素 B_1、维生素 B_2 等缺乏的情况。

国务院新闻办公室发布的《中国居民营养与慢性病状况报告(2020 年)》指出，我国慢性病患者基数不断扩大，死亡比例也不断增加，这与居民的不良生活方式和不合理膳食行为密不可分。营养素的摄入状况对人体营养健康有重要影响，其中宏量营养素摄入过量与微量营养素摄入不足是较为严峻的问题之一，给人体健康带来极大的麻烦。宏量营养素摄入过量会导致超重和肥胖，进而引发心脑血管等慢性病，而某些微量营养素长期摄入不足，会使人体由最佳组织水平逐渐变为亚健康状态、身体机制功能受损、发生非特定性功能缺陷最终导致临床疾病(图 13-4)。

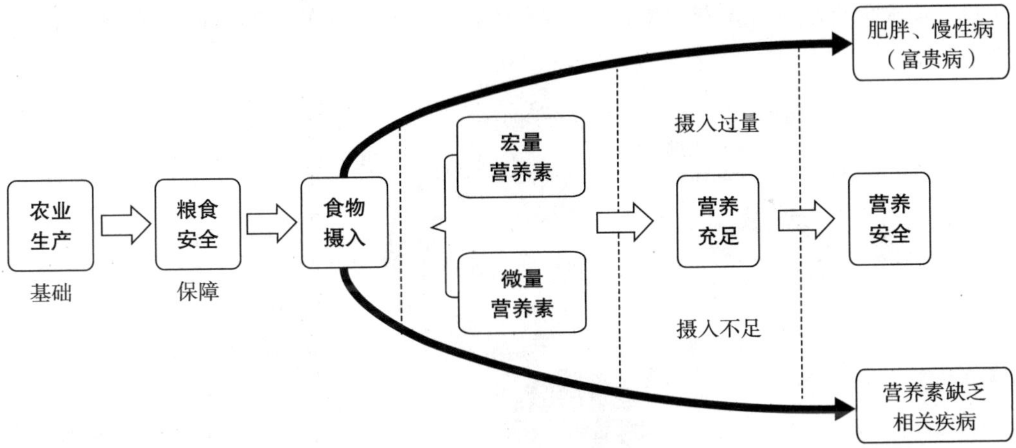

图 13-4　农业生产与人体营养健康

营养均衡的膳食供应是确保人类健康的重要因素，至少有 49 种营养素是满足人体正常代谢所必需的，任一种必需营养素缺乏时，都会导致代谢障碍、健康不良、儿童发育受阻、引发疾病等。营养素来源主要分为动物性产品和作物产品两类，其中作物产品主要维持生命活动所需的蛋白质、氨基酸、淀粉、脂肪、糖、矿物质和维生素等(图 13-5)，特别是针对素食者及动物性食物消费量较少的低收入居民。此外，作物还提供了部分功能活性物质，如黄酮类化合物、花青素、类胡萝卜素、甾醇类、苷类、生物碱等作物代谢成分都具有很强的保健功能。

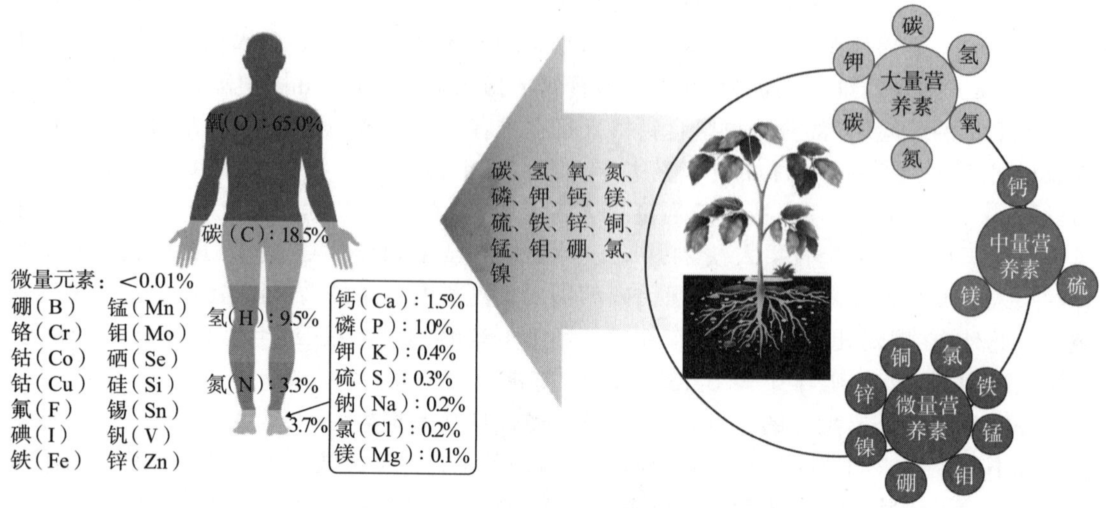

图 13-5 作物营养与人体营养的关系

二、养分管理与食物能量供应

碳(C)、氢(H)、氧(O)、氮(N)、磷(P)是构成作物有机体结构物质的基本元素,它们形成的蛋白质、脂肪、碳水化合物等宏量营养素,是维持人体正常生命活动的重要能量来源(图 13-6)。

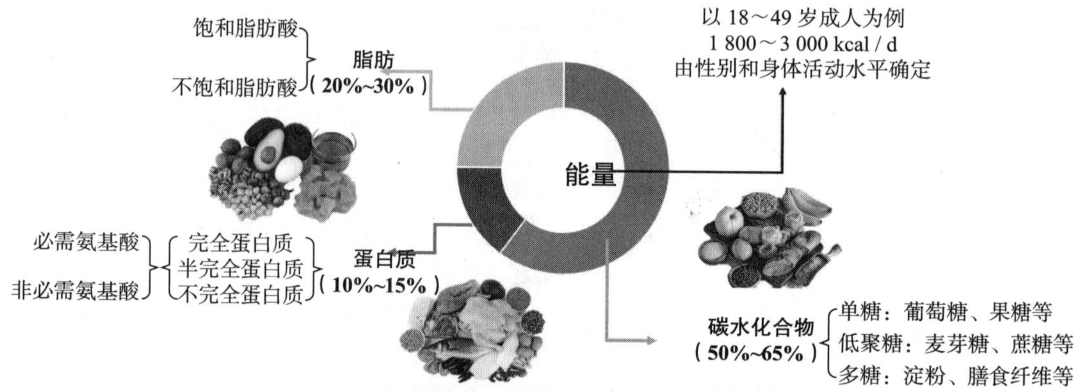

图 13-6 食物提供能量来源及中国居民膳食营养素参考摄入量

作物蛋白质被人体摄入后,必须经过肠胃道消化,分解成氨基酸才能被吸收利用,因此人体营养健康对蛋白质的需要实际就是对氨基酸的需要。作物蛋白质的营养价值取决于所含氨基酸的种类和数量,只有在氨基酸数量和种类上都能满足人体需要,才可被机体利用合成蛋白质。营养学上将氨基酸分为必需氨基酸和非必需氨基酸两类,依据氨基酸的组成将蛋白质可分为完全蛋白质、半完全蛋白质和不完全蛋白质三类。一些研究已经证明作物中的蛋白质含量及各组分比例受氮肥施用的影响。黄土高原的一项长期定位试验显示,调整氮磷及有机肥的配施,不但能使小麦籽粒蛋白和总氨基酸含量分别提高 45.2%～52.3%和 51.6%～80.1%,且必需氨基酸/总氨基酸和必需氨基酸/非必需氨基酸更接近 WHO/FAO 的标准。

淀粉是植物主要的碳水化合物之一,是重要的能量贮存形式,存在于果实、种子、块根、块茎中。养分适量供应是淀粉合成的必需条件。人体对淀粉的消化始于口腔，主要发生在小肠，经消化酶水解为单糖而被吸收利用。营养学上依据淀粉消化程度和速度可分为快速消化淀粉、缓慢消化淀粉和抗性淀粉。快速消化淀粉能迅速在小肠中被消化吸收，血糖应答指数(GI)高，易引发糖尿病和肥胖症等慢性病；缓慢消化淀粉被认为是健康淀粉，在小肠内被缓慢消化，持续低生产葡萄糖，GI低，在糖尿病治疗、食品饱腹摄食方面具有重要意义；而抗性淀粉无法被小肠中的淀粉酶水解，进入大肠后，由结肠微生物菌群发酵，提高结肠免疫力等，对人体健康有利。这些消化特性与直链淀粉含量直接相关，通常低直链淀粉含量食物消化较快具有较高GI，而高直链淀粉食物消化较慢，GI值较低。研究发现改变氮素供应水平将对小麦和玉米籽粒中不同淀粉组分的含量及比例有较大影响。

三、养分管理与食物微量元素供应

植物和人类正常的生命活动均需要适当数量和比例的微量元素以维持正常生长机能。世界卫生组织(WHO)在2005年提出"隐性饥饿"的概念，即指机体由于营养不平衡或者缺乏某种维生素或人体必需微量元素，同时又存在其他营养成分摄入过度而产生隐蔽性营养需求的饥饿症状。世界卫生组织公布已经发现铁、碘、铜、锌、锰、钴、钼、硒、铬、镍、锡、硅、矾和氟是人体必需的14种微量元素，下面以铁、锌、硒3种微量元素为例分别介绍养分管理与隐性饥饿的联系。

生物强化是通过植物育种、转基因技术或农艺措施来提高作物中维生素和矿质营养素含量技术手段。土壤养分管理是生物强化的重要农学措施，通过在主粮作物种植过程中添加微量元素肥料达到籽粒生物强化的目的。

四、养分管理与食物中其他有益物质

除了宏量营养素和矿物质元素，作物还能积累一些对人体营养健康有益处的生物活性物质，如类胡萝卜素、多酚类化合物(如黄酮类化合物和花青素)、甾醇类、苷类、生物碱等(图13-7)。

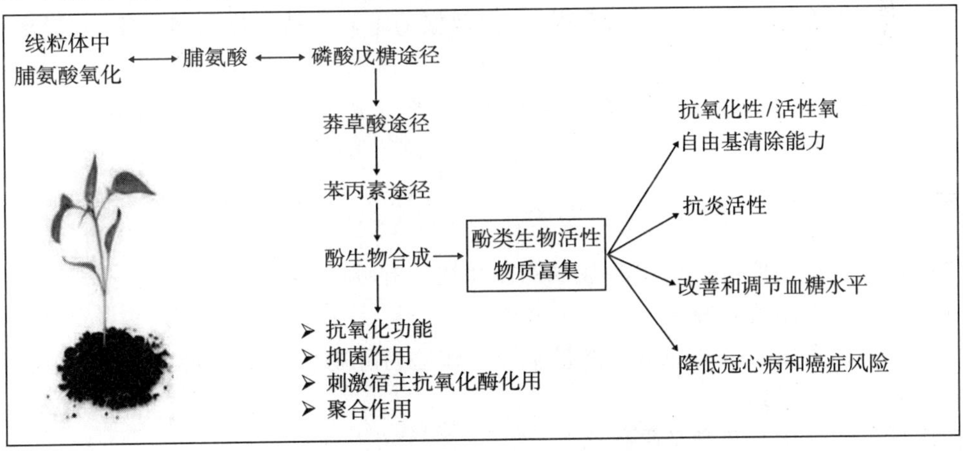

图13-7 植物生物活性物质积累对人体营养健康的益处

类胡萝卜素作为人体必需营养素维生素A的前体物质，具有重要生理功能，人体自身无法合成，只能依赖饮食供给。类胡萝卜素在作物中合成受内因、外因等多种因素影响，其中，光照、温度、激素、营养以及发育信号等环境因素的影响很大。研究表明通过养分管理可增加作物体内类胡萝卜素的含量。

花青素是自然界广泛存在于植物中的天然水溶性色素，属于类黄酮类化合物，其经糖基化、酰基化和甲基化修饰而产生不同类型。花青素具有重要的营养价值，有利于人体健康，包括抗氧化活性，抗肿瘤和抗突变能力，改善糖尿病和心脏病的不利影响等。有研究显示，通过合理施用土壤调节剂加复合肥可有效提高紫色马铃薯总花青素含量。

黄酮类化合物是植物与环境协同进化过程中产生的一类防御物质，具有抵抗病虫害、防止紫外线灼伤、吸引昆虫授粉等功能。同时，这类化合物在人体内也具有抗菌、消炎、保肝、抗病毒、保护心血管等诸多生理功效，是治疗心血管疾病、抗衰老、美容药物等重要成分。研究表明，合理的养分管理措施可提高黄酮类化合物在作物中的积累。

五、养分管理与食物重金属

我国耕地土壤污染面积广，污染情况复杂，农产品重金属超标问题已经关系到国计民生。重金属经过食物链的生物放大作用，在较高级生物体内成千上万倍地富集起来，与人体内的蛋白质及各种酶发生强烈相互作用而使它们失去活性，或在某些器官中积蓄起来造成慢性中毒。镉(Cd)是具有极高生物毒性且人体健康非必需的重金属元素。我国成年男子膳食镉日摄入量为 75.6 μg，超过世界卫生组织规定的 57～71 μg，远高于的世界人均日摄入量的 14 μg。镉进入人体内主要蓄积于肾脏，其次为肝、胰、主动脉、心、肺等。

通过农田养分资源综合管理，包括施肥、水分管理、间作等农艺措施改变土壤重金属的形态或植物有效性，抑制作物对重金属的吸收，减少重金属在食物链中的积累和传播，从而降低重金属对人体健康的潜在危害。

六、食物链角度的养分管理策略

从整个食物链角度来制定养分管理策略，要全面考虑所有潜在的养分来源，减少相应排放和损失，同时从废物和其他未充分利用的资源中增加养分回收和再循环。因此，可采取六项关键举措，即实施以可持续为驱动的政策与管理模式、大数据为基础的精准作物养分管理、提高养分资源回收与循环、发展营养导向型农业、增加养分回收和再循环、开发环境代价低的新型肥料以及加快整个食物系统的创新，以期实现社会经济、环境与营养健康可持续发展的多重目标。

复习思考题

1. 养分资源管理调控作物品质的基本途径和技术有哪些？
2. 养分管理与人体营养健康有什么关系？
3. 维持人体正常生命活动的重要能量来源有哪些营养物质？哪种元素是影响植物中蛋白质积累的关键因素？
4. 什么是生物强化？其意义是什么？
5. 哪些农田养分资源管理方式可以影响植物对重金属的吸收？

第十四章

区域养分资源管理理论与策略

◇ **教学目标**

1. 了解区域养分资源管理的基本理论。

2. 了解区域养分资源管理途径和技术。

第一节　区域养分流动特征及调控

一、养分流动的概念

养分在各个库或亚库之间的迁移称为养分流动。养分的流动包括库之间流动和库内部(亚库之间)流动,有些是自然流动,有些是人类驱动的流动。养分流动的特征与所研究的体系有关,一个体系可以包括一个库或多个库。

总体上,养分流动具有几大特征:①养分流动的方向具有多向性;②养分流量,就是某个途径养分流动的数量,与养分管理有关;③养分流动的驱动力,包括自然因素和人为因素两大类;④养分流动遵循质量守恒定律,即物质不灭原理。

二、农牧系统养分流动特征及调控

(一)农牧系统养分流动特征

20 世纪末以前,我国农业生产方式依然是以家庭为基本单位的传统小农经济模式,每家每户独立经营自己的土地,同时养殖方式也是农户散养制。养殖过程中带来的畜禽粪尿大部分会回田以肥沃土地,农牧系统养分循环基本平衡。随着我国人口增加、社会经济发展和食物结构的改善,人们对畜产品的需求大幅度增加,集约化畜牧业飞速发展,单位耕地畜禽养殖数量远远高于其他国家和地区。然而,畜禽粪尿管理滞后、处理方式不当、循环利用养分意识不强,使得畜禽粪尿还田率相对较低。目前中国农牧系统养分流动特征是过度依赖化肥养分投入提高粮食和饲料产量,进而支持集约化畜牧业发展。

(二)农牧系统养分流动调控

区域农牧系统养分流动调控的目标是在提高动植物生产养分效率的同时,通过农牧规模的协调,尽可能实现养分的循环,减少养分的损失。

养分流动调控既要在空间上合理配置氮素资源,也要考虑化学氮肥和粪尿氮素的投入,并兼顾来源于环境的氮素投入，注重农业和畜牧生产系统的耦合，以最小的环境代价生产更多的农牧产品。在未来农牧生产中，减少畜禽生产系统氮素的直接排放，加大畜禽粪尿和秸秆循环利用力度，优化作物生产系统氮素管理措施和提高氮素利用效率，是实现农牧生产和生态环境的平衡发展的有效措施。

三、食物链系统养分流动特征及调控

（一）食物链系统养分流动特征

马林等(2018)提出养分从“土壤—作物—畜牧”向“家庭”的流动呈金字塔状，其形状极大影响了系统的生产力、养分效率和环境效应，并提出了食物链养分流动金字塔理论。“土壤—作物—畜牧”位于食物养分金字塔底层(图14-1)，支撑顶层“家庭”消费，决定了系统养分通量，是养分调控的核心。同时利用“土壤—作物—畜牧—家庭—环境”食物链养分流动模型(图14-2)揭示了区域尺度食物链系统氮、磷利用效率和损失的空间分异特征。研究表明氮、磷高环境排放区域集中在华北平原、长江三角洲和珠江三角洲等都市圈及其周边主要农牧业生产区，其主要原因是农田化肥过量施用和农牧系统分离的生产体系导致的大量粪尿养分未被循环利用。

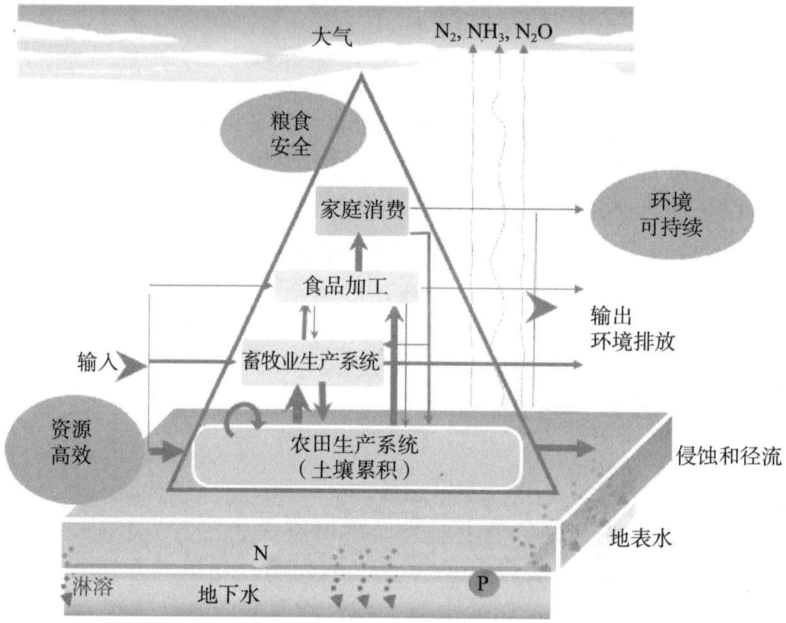

图14-1 食物链养分流动金字塔结构模型图

（二）食物链系统养分流动调控的内涵

食物链系统即土壤—作物—畜牧—家庭—环境系统(图14-2)。定量食物链系统养分行为，是关乎国家粮食安全、资源高效、环境友好的重要的科学命题和挑战。

食物链养分流动调控的依据是养分特征和养分流动规律。养分特征决定了养分在食物链的行为，也决定了养分的作用；养分种类、养分所处的区域、养分所在的环节等不同，养分表现的特征也不同，应该采取的养分管理策略必然有差异。养分流动规律反映了养分去向和养分

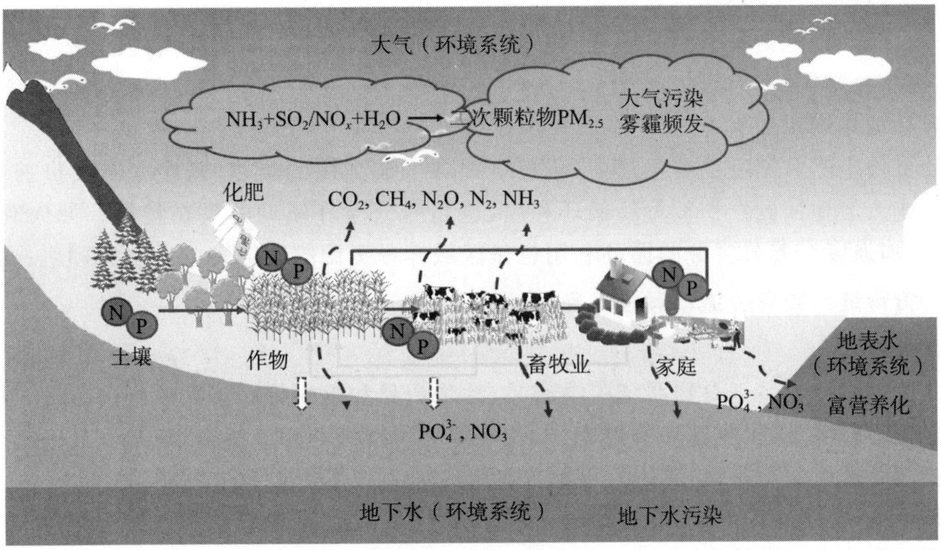

图 14-2　土壤—作物—畜牧—家庭—环境系统(即食物链系统)

的流量，也决定了养分的效率和效应，直接关系到食物链系统的几个目标。因此，食物链养分流动调控策略就是要建立在摸清该体系养分特征和养分流动规律基础之上。

(三)食物链系统养分流动调控的对象与目标

食物链内养分流动调控对象，涉及矿产资源利用、化肥生产、种植业生产、畜牧业生产、家庭消费、环境消纳等环节，养分资源综合管理也必然涉及这些环节。而且任何一个养分资源综合管理策略，既可以仅仅涉及某一环节，也可以涉及其中几个环节甚至整个流动链条，这取决于管理目标的要求。

食物链养分流动调控是一种多目标管理，其中重要的目标有 3 个：①保证人们的食物和营养需求；②提高养分效率，减少养分资源消耗；③减少养分向环境释放，实现环境友好。

(四)食物链系统养分流动调控的原则

1. 养分适量流存原理

养分是生命元素，又是重要的环境污染因素，具有利害两方面的双重作用；而养分在农田、畜牧、家庭和环境等单元中的存量和流量决定了利害作用的倾向；保持养分在各个单元的分配和单元间的适宜流量和存量是实现整个系统可持续性的基础，也是区域养分资源综合管理的基本原理之一。

2. 养分实体管理原理

养分借助化肥、有机肥、食物、粪尿等实体进行横向、纵向和循环流动，而实体性质直接关系到养分流动的状况和效应，也决定着养分利害作用的倾向。区域养分资源的管理就是实体物质的管理，人们通过管理这些实体自觉或不自觉地管理着养分。养分实体的优化管理就是区域养分资源综合管理的基本原则之一。

3. 养分时空变异原则

养分资源具有时空变异的特征，在不同空间和时间尺度表现不同的特征。区域养分资源综合管理就要充分考虑养分资源的这种特征，制定相应的管理策略。

4. 养分综合调控原则

养分综合调控是政策、资本、服务、技术、产品、知识、工程 7 种调控措施的综合；多种资源的综合；多个亚系统的综合。

5. 养分循环利用原则

在动植物生产和家庭消费过程中，会产生许多未被利用的废物，其中含有大量养分，它们可以自动或人为地回到农田被重新循环利用，这是养分循环流动的重要特征。如何利用养分这一特征，加强废弃养分资源的循环利用也是区域养分资源综合管理的基本原理之一。

（五）食物链系统养分流动调控途径

1. 投入控制

养分投入不但关系到食物系统植物产品、动物产品和食物等必需品的产出数量，也关系到氮、磷、农药的环境排放、生态环境效应，以及资源的可持续利用。所以，控制养分、农药、地膜、饲料添加剂等投入数量是调控区域/流域农业和食物系统养分的重要原则。

2. 循环增效

在控制养分投入的情况下，提高养分循环效率是进一步增加产品产量、减少氮磷等资源环境排放、提高养分利用效率的重要途径。所以，循环增效应作为调控区域/流域农业和食物系统养分的基本原则。

3. 综合挖潜

在控制投入、加强循环、限制排放等多种约束下，如何进一步提高产品产量和质量是满足食物安全的重要挑战。通过系统综合管理，挖掘系统自身潜力，能够同时实现高产高效和环保的协调。

4. 融合增值

做好全产业链融合设计，需要建立全链条资源环境保护和利益分配的市场驱动和政策调控机制。这种良性机制也是区域/流域农业和食物系统养分调控的重要原则。

5. 减排环保

食物生产和消费过程中，不合理的资源投入和粗放管理，对大气、水体和土壤等造成了严重的污染问题。因此，控制并减少污染物排放、保护生态环境是区域/流域农业和食物系统养分调控必须遵循的原则。

6. 优膳减压

食物需求是食物系统运行的重要驱动力，其微小变化会对生产端产生巨大影响。膳食结构的调整对食物系统的环境效应存在显著影响，不同食物具有不同的环境代价。因此，优化膳食结构，减少高环境代价食物的食用，将大幅度降低农业面临的食物安全和环境压力。

7. 机制保障

养分调控仅靠传统农业现有的政策措施是不完备的，需要创新政策、组织、市场、推广等机制，来保障区域/流域农业和食物系统养分调控的实现。

8. 区域落地

食物链养分调控是要整个食物系统实现多目标协调，因而需要在区域真正落地。因为食物系统包括动植物生产、加工、销售和消费等多个环节和多个产业，需要在适宜的空间尺度内来全面落实，县域是调控区域/流域农业和食物系统养分的最佳单元。

第二节　区域养分资源管理技术与途径

一、种养循环养分管理技术

(一)原理

1. 农牧养分循环的最大化

随着畜牧业生产由农户散养向集约化养殖发展,动物粪尿养分回田的难度增加,养分循环的比例逐年下降,养分的损失大幅度增加了。因此,制定区域农牧结合养分管理技术时要尽可能实现动物粪尿养分循环的最大化。

2. 农田养分容纳数量的有限性

目前,畜禽粪便等资源的处理方式仍然是作为粪肥资源还田,农田作为畜禽粪便消纳场所,其容量既取决于土壤的质地肥力,又受作物收获时籽粒和稻秆吸收量等多种因素的影响,单位耕地面积对畜禽粪便的消纳容量有限,区域畜禽养殖业的发展应该符合该地区的土壤环境承载力,并且饲养密度不应超过该地区耕地资源的最大承载能力。因此,区域农牧结合养分管理技术在实现动物粪尿循环利用最大化的同时,还应关注农田容纳养分数量的有限性。

3. 畜牧养分损失的最小化

在畜牧业生产体系中,各个环节都存在着养分损失。例如在畜舍、粪尿收集和储存过程、粪尿处理等环节均会有养分的损失,特别是在一些养殖规模比较大的养殖场,粪尿处理能力有限,存在粪尿直接堆放和排放环境的问题,造成了严重的环境影响。因此,制定区域农牧结合养分管理技术时要尽可能采取各种措施,减少养分的损失。

(二)技术内容

区域农牧结合养分管理技术涉及整个农牧养分流动过程,各个节点均可采取措施,进行养分管理(图 14-3)。

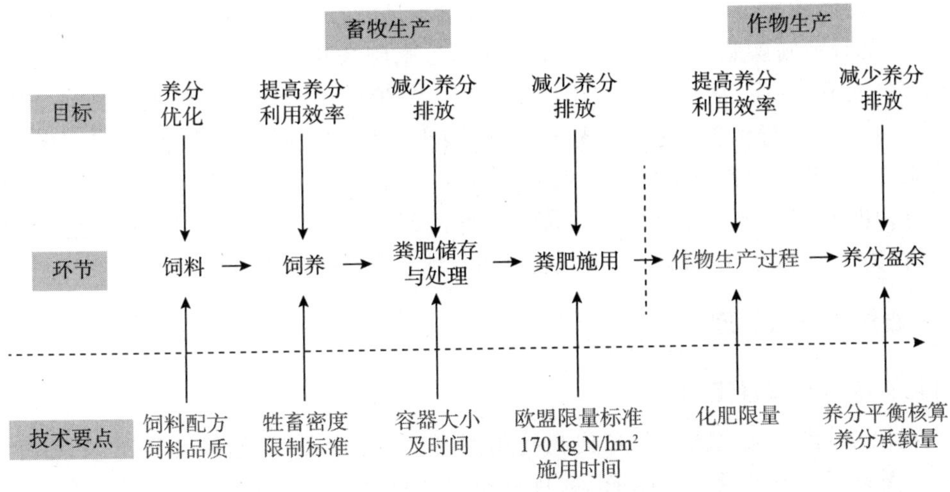

图 14-3　区域农牧结合养分管理技术目标与要点

1. 饲料养分管理技术

动物生产体系养分管理技术的着眼点和植物体系类似，也需要从三方面考虑，一是养分输入的管理，包括饲料养分含量、组成、配比，饲料供应时间等；二是动物生长发育过程的调节，如品种的选择、畜舍的构成、养殖方式等措施；三是养分输出的控制，如减少粪尿养分损失的技术、粪尿储存技术、粪尿处理技术等。这些技术已经引起人们的重视，如改进饲料配方，用氨基酸替代蛋白质，每减1%粗蛋白质可以减少动物氮排放9%；采用阶段饲喂，拟合养分需求，氮和磷排放减少6%～15%；植酸酶的应用可以减少25%～50%磷排放。

2. 农牧生产规模匹配技术

改变动物生产结构、调整动物生产规模以及调节动物生产的分布等政策都会影响到区域养分流动。①不同畜禽品种养分效率差异很大，猪养殖中氮、磷效率分别为34.45%、12.48%；家禽养殖中氮、磷效率分别为28.33%、7.54%；肉牛养殖中氮、磷效率分别为4.46%、1.69%；羊养殖中氮、磷效率分别为3.79%、0.81%。②我国传统的动物饲养模式是农户散养，由于经济效益和疾病防疫等原因，集约化养殖单元也从专业化养殖户发展到村、镇、县等，在规模日益扩大的集约化养殖过程中，应该协调动物生产结构并配套相应的粪尿养分管理措施，才能减缓养分向环境的排放损失。一些国家从保护环境的角度出台了一些政策，如德国就控制养殖规模在每公顷不能超过2个动物生命单位(LU,500 kg)。

3. 动物粪尿储存与处理技术

动物粪尿养分管理是动物生产体系养分管理政策制定的重要着眼点。动物粪肥首先需要用物理、化学或生物方法对畜禽粪便进行处理，使其杀灭病原菌、虫卵和杂草虫子，达到充分腐熟。其次，畜禽粪便收集应遵循节水减排原则，宜采用干清粪、固液分离、雨污分离等措施。固体粪肥的发酵处理采用自然堆沤方式时，其堆体温度应维持50 ℃以上的时间不少于7 d，或45 ℃以上的时间不少于14 d，宜采用秸秆、腐熟堆肥等进行覆盖。而液体粪便宜采用物理、化学或生物等单一或组合技术进行稳定化处理，且自然存贮时间不应少于4个月。

4. 农田动物粪肥施用技术

粪肥还田施用前，应分别对粪肥中全氮、全磷，以及还田地块土壤中的有效氮、有效磷等指标进行测定。固体粪肥施用以磷为限量依据，氮素不足时补施氮肥；液体粪肥施用以氮为限量依据，磷素不足时补施磷肥。另外，固体粪肥宜作为基肥施用，液体粪肥可作为基肥或追肥施用，采用管灌、滴灌、沟灌、注射式深施等技术施用。露地施用时应避开雨天，施入农田后，应在24 h内翻耕入土或进行覆盖，不应裸露于地表，减少粪肥在土壤表面停留时间。还可通过注射式等施肥方式，将液体粪肥施用于土壤表面以下3～35 cm。值得注意的是，不同作物种类、同一种类作物的不同品种对养分的需要量及其比例、养分的需要时期、对肥料的忍耐程度等均不同，因此在施肥时应充分考虑作物的需肥规律，制定合理的施肥方案。

二、化肥养分资源管理

(一)化肥减量与限量定额

21世纪以来，我国从化肥行业和化肥施用两方面“双管齐下”推进化肥减量，基本形成了化肥减量政策框架。在化肥施用方面，我国坚持分类施策，引导农户合理施肥。第一，针对化肥减量技术在小农户中推广难的问题，一方面要继续加大对新型农业经营主体开展农业社会化服务，尤其是面向小农户提供服务的支持力度；另一方面，要结合不同地区农业资源禀赋、农村劳动力转移、农业生产不同作业环节等条件动态变化的特点，因地制宜探索出不同条件约束下带动小农户采纳化肥减量技术的模式和经验。第二，严格落实以绿色生态为导向的农业补贴制度，一方面要继续加大耕地地力保护补贴政策宣传；另一方面要尝试利用“互联网＋大数据”来降低补贴发放过程中的监督、筛查和核查等交易成本，逐步落实农业绿色补贴与耕地地力保护行为相挂钩，从而推动小农户化肥减量增效。

科学制定适应实际的化肥限量标准是推动科学施肥的关键。化肥定额制，主要是通过制定主要作物化肥投入定额标准，综合采取免费测土、科学配方、合理替代、精准施肥等措施，达到减少农田化肥投入、保障耕地综合产能、优化生态环境质量的目标。

(二)化肥与有机肥配施

单施无机肥，特别是逐年增施化肥，给农业生产和物质循环带来了许多不利因素，不能适应现代持续农业发展的要求；同样，单施有机肥也有一定的弊端，只能维持固有的封闭式的物质循环，不能使作物产量明显提高，很难满足人口增长对农产品的需求，也很难适应现代化农业对施肥技术和肥料品种的需求。有机肥与化肥配施可以给土壤微生物提供充足碳源，改善土壤供氮特性，增加土壤有机质和速效养分含量。与单施化肥相比，连续进行化肥与生物有机肥配施，可显著提高土壤肥力，增加作物产量，同时改善作物品质。

(三)“大配方、小调整”区域配肥

该技术(图 14-4)是在归纳区域作物生产体系与种植制度特点及土壤养分供应特点等共性规律的基础上，根据养分资源综合管理相关技术原理确定区域氮、磷、钾及中微肥的适宜用量、比例以及相应的施肥技术，并结合工艺与市场研发区域配方肥料作为技术载体，同时配套相应的施肥技术和农化服务，实现区域高产、优质、资源高效和环境保护的目的；在区域大配方的基础上，针对部分区域或田块，还可根据产量水平、气候/土壤条件、作物长势、土壤测试和植株营养诊断等调整用量或配施一定的单质肥料，“小调整”是为实现更精确的养分管理。该理论与技术思路的要点是：①根据不同养分资源的特征确定不同的管理策略；②根据不同作物的特点采用不同的配肥思路；③根据区域作物生产条件与土壤供应特点进行分区管理；④小调整作为补充以实现田块精确调控。

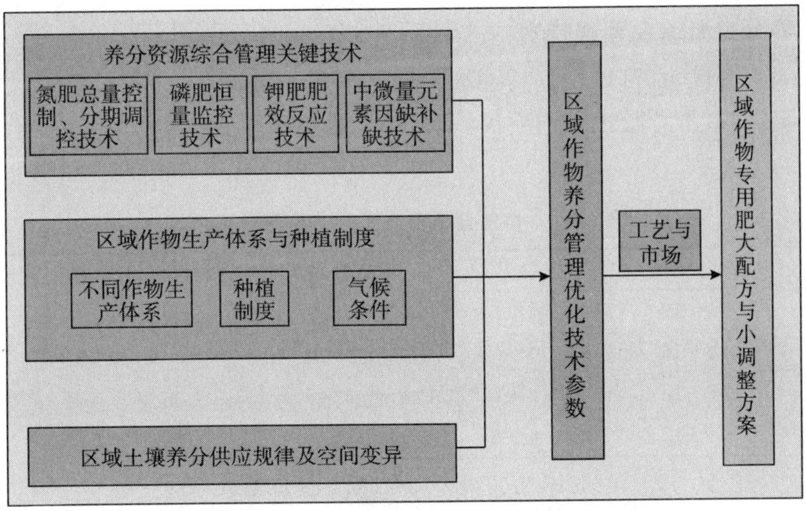

图 14-4 “大配方、小调整”区域配肥理论与技术模式图

三、区域农田养分管理

一个区域的农田作物生产是多个田块的集合，其养分管理的效果受各个田块具体管理状况的影响。按照精准农业的思想，基于作物和资源环境的时空差异性，应该广泛应用现代科学技术、现代工业提供的生产资料和科学管理方法进行社会化农业。但考虑到我国目前农业生产经营现状和可操作性，在区域层次农田养分的管理上，可以采取分区管理的策略。

(一)分区原则

对于一个区域，如乡(镇)、县(市)、省(自治区、直辖市)或国家，种植的每种作物均可根据土壤类型、土壤质地、土壤测试数据、气象资料、种植结构、作物需肥规律等因素划分为几个养分管理类型区。同一类型区，可以采取相对一致的养分资源综合管理技术。如 2005 年开始的全国测土配方施肥项目中，就以县为单位，每县划分为几个类型区进行区域配方推荐和配方肥生产。

(二)分区控制施肥量

区域控制施肥量需要运用各种调控措施去实现(图 14-5)。简单说，就是运用宏观政策和市场供需原则等调控肥料的投入总量或通过技术推广服务等方式调控单位面积用量，从而使各种作物肥料投入达到合理高效。

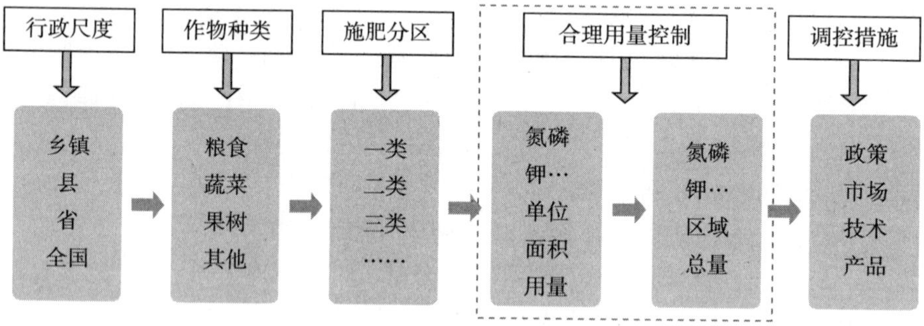

图 14-5　总量控制的区域合理施肥量的调控原理

(三)分区养分资源综合管理技术

对于任何一个分区，都可以根据其土壤、作物、气候和其他生产条件做出农田养分资源综合管理技术方案，同时推荐给区域内农民。表 14-1 是安徽省临泉县小麦测土配方施肥分区表(姚殿立，2012)。

表 14-1　临泉县小麦测土配方施肥分区表　kg/亩

地力等级	施总纯氮	施总 P_2O_5	施总 K_2O	基肥配方	追纯氮量
一级地	15～18	4～6	5～7	22-10-10	4～6
二级地	13～16	3～5	4～6	20-8-10	4～5
三级地	12～16	3～5	4～6	20-8-8	4～5
四级地	14～17	4～6	5～6	21-9-10	4～6

四、农村和农场养分资源管理

(一)运用生态系统物质循环原理协调内部养分的分配

生态户是最近几年迅速发展起来的一种庭院生态农业模式,广大农民自觉或不自觉地运用生态经济学原理,利用房前屋后的空闲庭院进行“水陆空”立体经营,把居住环境和生产环境有机地结合起来,以求充分利用土地资源和光能资源。农户经营过程中养分资源的投入是其保证经济收益的最重要的手段,因此,养分流在农户生态系统中有着核心的地位,养分的物质属性又决定了养分的高效利用蕴含在生态户高效率的物质流动循环之中(图 14-6)。

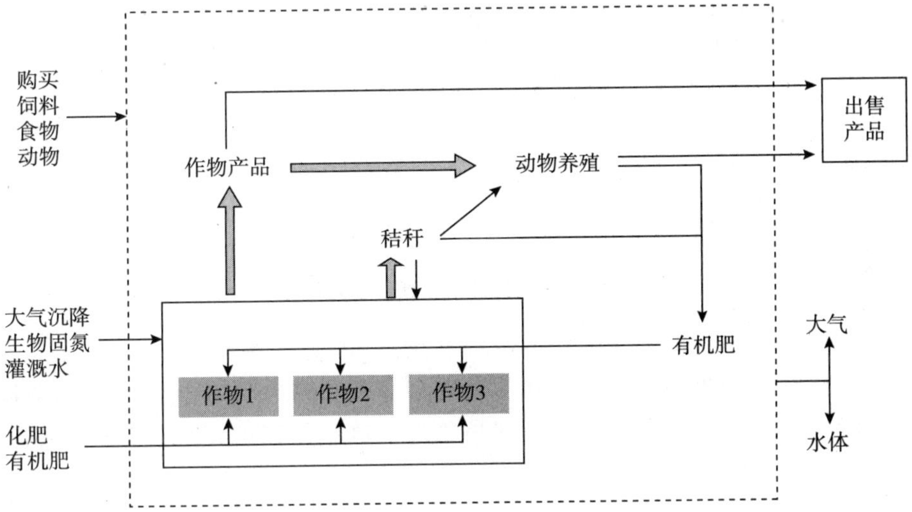

图 14-6 农户养分流动示意图

(二)在合理的养分输入基础上增加农户养分的内部循环

生态农业模式的结构是决定其功能的关键。良好的结构不仅能确保要素之间能量流、物质流、资金流的畅通,而且具有较高的转化率,既能充分利用自然资源,又能确保资源的持续利用,使得整个系统实现高产、稳产、低消耗和低成本。养分蕴含在物质中的属性决定了系统养分流与物质流的协同性,系统养分流的合理程度反映了系统结构的高效程度,也反映了系统功能效益的发挥程度。自然资源条件和社会资源条件完全相同的村级生态系统,通过调节其养分流的结构和密度,可以更好地发挥系统的功能,达到经济、社会和环境协调发展。

(三)合理规划农牧生产结构并制订合理的养分管理计划

农场养分资源综合管理主要依据养分的流动与循环原理(图 14-7),目标是充分利用农场内部的养分资源,提高资源效率,减少其对环境的不利影响。农场养分资源综合管理计划一般包括以下几方面。①用农场和田块图表标明面积、作物、土壤和水体分布。②明确本单位期望获得的作物产量、生产田块历史产量、土壤信息等。③明确对本单位生产田块有效养分资源的评估(养分资源的评估至少包括:土壤 pH、氮、磷、钾测试结果;准备施入的粪肥、废水、厩肥的养分分析;轮作中豆科植物贡献的养分估计;其他较大的养分资源如灌溉水中养分的状况)。④明确对本单位田块的环境风险评价,严格控制低洼地、浅表土、高渗漏潜力土壤,接近地表水的土壤,高侵蚀土壤和浅潜水层土壤上的施肥量。⑤明确本单位根据目标产量确定的作物养分需要量，根据限制养分的概念确定养分资源的综合利用方案。⑥明确本单位肥料养分施用的时间、方法、数量，为获得理想产量提供需要的养分量、减少向环境的损失、尽可能避免在冻土、淋洗或径流大的季节施用。⑦明确本单位肥料养分施用设备的矫正和操作步骤。

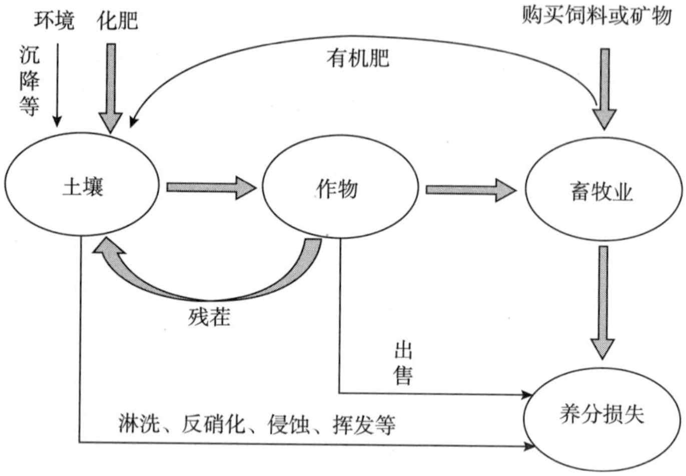

图 14-7　农场养分流动模式图

养分资源综合管理计划重点要解决养分的利用技术，要点是确定获得理想产量所需投入的养分量，改进养分施用的时间，用农艺措施来提高养分利用效率；当应用非商品肥料时，要确定其养分价值和有效养分量；同时，明确豆科植物对土壤中氮素的贡献；尽量应用土壤植株测试技术。

五、区域养分资源综合管理

我国的国情决定了我们的养分管理目标不仅是环境友好，更重要的是通过规划生产来解决粮食安全和可持续发展问题。因此，以协调食物生产，资源限制和环境友好为模型的驱动力；以养分资源在“资源—土壤—植物—动物—人类—环境”的流动为链条；用物质流动与循环的方法，构建食物链养分流动模型成为区域和国家尺度高产高效养分管理研究和政府制定养分管理政策法规的重要技术。

（一）食物链各环节养分综合减排技术

1. 两端源头控制技术

该技术是指在降低食物链金字塔模型顶端的家庭消费和减少底端的农业生产中养分的投入。在食物链金字塔模型中，家庭消费子系统是食物链的顶端，而作物和畜禽生产子系统则组成金字塔的底端。降低家庭食物的消费量将显著降低对食物链底端的作物和畜禽生产需求，降低整个系统的养分输入。而食物链系统的主要养分是经由食物链底端的作物和畜禽生产子系统输入，控制该阶段的养分投入量并提高养分利用效率将有效降低系统的新养分输入。

2. 直接减排技术

直接减排技术即降低不可避免损失的养分量。养分在食物链各个环节流动时，不可避免地会发生损失，导致养分移出食物链系统进入环境，如肥料的氮素的挥发和淋洗损失，畜禽粪尿在圈舍、储藏、加工和施用时的损失。但是这些损失可以通过采用减排技术而显著降低，如脲酶抑制剂、硝化抑制剂、粪尿酸化、覆盖储藏、厌氧堆肥和注射施用。通过在食物链关键环节以及整个生产链条采用减排技术，可以显著降低养分损失。

(二)区域养分资源综合管理途径

1.充分了解养分资源的时空变异特征，有针对性地调节养分供应状况

养分资源的时空变异特征主要表现为养分资源总量的变异。其时间变异主要表现于养分元素各形态间不断地进行着动态的转化，可供植物利用的养分资源量也随着时间的变化而变化。因此，生产中既要考虑当季作物需求养分的时间变异特点，又要考虑当季作物的养分残留对后季作物的影响。

2.养分资源的宏观管理与微域调节相结合

在宏观管理方面，要针对全国大的农业生态区域研究采取各自适宜的施肥措施，综合利用所有的自然和人造植物养分资源，通过有机肥和化肥的投入、土壤保护、固氮、植物品种改良和农学措施等综合运用，协调农业生态系统中养分的投入与产出平衡、调节养分循环与利用强度，实现养分资源高效利用，使生产、生态、环境和经济效益协调发展。

3.土壤—作物系统养分管理、畜禽粪尿资源化利用和农牧结合

土壤—作物系统养分管理、畜禽粪尿资源化利用和农牧结合是大幅度减少化肥需求和氮磷环境排放的关键途径。马林研究团队定量了中国在2030年人口达到高峰时，膳食结构改变对口粮和饲料粮需求的影响，证明了土壤—作物系统综合管理技术实现80%，可以满足三大粮食作物的需求，同时减少养分环境排放30%和提高养分利用效率30%～50%。以生猪生产为例，情景分析的结果表明，如果不做任何改变，2030年生猪养殖体系氮和磷环境排放较2010年将分别增加25%和55%。

4.优化食物营养结构，降低养分需求和资源环境压力

近年来，我国居民的膳食结构正在逐步从“吃饱求生存”向“吃好求健康”的方向发展。但同时也存在诸多问题，特别是传统的以植物食品为主的饮食模式逐渐为西方以动物食品为主的模式所代替，动物食品需求数量大幅度增加，不仅影响人民的身体健康，还带来巨大的养分需求压力和资源环境问题。因此，应该合理规划营养需求，优化食物链系统养分流量，减少不必要的养分浪费。同时，要加强营养教育，鼓励人民追求合理的膳食结构，以免增加食物需求压力、影响身体健康，并带来更严重的环境压力。

5.加强区域养分流动规律与调控研究，以提供政策依据和技术支持

第一，需要深入研究国家尺度食物链体系养分流动规律及其驱动机制，探讨食物链养分优化管理策略及其政策法规调控措施，从宏观上通过食物结构、农牧业结构、城乡结构等的优化，调整作物生产—动物生产—家庭消费的养分关系，改变养分流动数量和模式，减少养分向环境排放。

第二，研究阐明区域或流域等尺度农田、畜牧和家庭亚系统养分流动和循环规律及其调控策略，为进一步调整农田种植结构、畜禽品种结构、家庭膳食结构，优化各亚系统养分流动以及促进养分循环提供依据。

第三，深入研究和发展农田、畜牧和家庭亚系统以提高系统养分资源利用效率为核心的养分资源综合管理技术，特别是加强动植物高产条件下养分高效利用和管理技术的创新，为实现生产和环境协调的目标提供技术支撑。

此外，要开展国家、区域或流域等不同尺度食物链体系养分流动模型研究，建立养分资源

综合管理决策支持系统，为制定养分管理政策和法规提供支持。

复习思考题

1. 区域养分流动特征是什么？调控途径是什么？
2. 不同系统养分资源管理技术是什么？
3. 区域养分综合管理技术途径是什么？

参考文献

[1] 陈清，卢树昌. 果类蔬菜养分管理[M]. 北京：中国农业大学出版社，2015.

[2] 陈新平，张福锁. 小麦-玉米轮作体系养分资源综合管理理论与实践[M]. 北京：中国农业大学出版社，2006.

[3] 程智慧. 蔬菜栽培学各论[M]. 北京：科学出版社，2010.

[4] 何萍，徐新朋，周卫，等. 肥料养分推荐原理及应用[M]. 北京：科学出版社，2021.

[5] 胡霭堂. 植物营养学：下册[M]. 2 版. 北京：中国农业大学出版社，2003.

[6] 胡立勇，丁艳锋. 作物栽培学 [M] . 北京：高等教育出版社，2008.

[7] 黄绍文，唐继伟，李春花，等. 我国蔬菜化肥减施潜力与科学施用对策[J]. 植物营养与肥料学报，2017，23(6)：1480-1493.

[8] 冀宏杰，张怀志，张维理，等. 我国农田土壤钾平衡研究进展与展望[J]. 中国生态农业学报，2017，25(6)：920-930.

[9] 江丽华，刘兆辉，张文君，等. 氮素对大葱产量影响和氮素供应目标值的研究[J]. 植物营养与肥料学报，2007，13(5)：890-896.

[10] 姜远茂，张宏彦，张福锁. 北方落叶果树养分资源综合管理理论与实践[M]. 北京：中国农业大学出版社，2007.

[11] 李比希. 农耕与历史[G]. 北京农业大学资料汇编，1981.

[12] 李仁岗. 肥料效应函数[M]. 北京：农业出版社，1987.

[13] 李书田，艾超，何萍，等. 我国主要蔬菜的养分吸收和需求特征[J]. 中国蔬菜，2022(1)：41 - 48.

[14] 刘铮. 微量元素的农业化学[M]. 北京，北京农业出版社，1991.

[15] 鲁如坤. 土壤-植物营养学原理和施肥 [M] . 北京：化学工业出版社，1998.

[16] 陆景陵. 植物营养学：上册[M]. 北京：中国农业大学出版社，2003.

[17] 马林，柏兆海，张福锁，等. 中国农牧系统养分管理研究的意义与重点[J]. 中国农业科学，2018，51(3)：406-416.

[18] 马林，马文奇，侯勇，等. 中国食物链养分流动与管理研究[J]. 中国生态农业学报，2018 26(10)：1494-1500.

[19] 南京农学院. 作物栽培学[M]. 上海：上海科学技术出版社，1979.

[20] 尼尔. 布雷迪(Nyle C. Brady)，雷. 韦尔(Ray R. Weil)著. 李保国，徐建明译. 土壤学与生活(原书第十四版)[M]，2019.

[21] 沈善敏. 中国土壤肥力[M]. 北京：中国农业出版社，1998.

[22] 沈兆敏，刘焕东. 柑橘营养与施肥[M]. 北京：中国农业出版社，2013.

[23] 束怀瑞，王琦瑢. 苹果学. 北京：中国农业出版社，1999.

[24] 孙爱文，张卫峰，杜芬，等. 中国钾资源及钾肥发展战略[J]. 现代化工，2009，29(9):10-14.

[25] 谭宏伟. 菠萝施肥管理[M]. 北京:中国农业大学出版社，2015.

[26] 万连步，杨力，张民. 作物营养与施肥丛书·蔬菜卷(大葱、圆葱)[M]. 山东:山东科学技术出版社，2004.

[27] 王敬国. 生物地球化学—物质循环与土壤过程[M]. 北京：中国农业科技出版社，2017.

[28] 王兴仁，曹一平，张福锁，等. 磷肥恒量监控施肥法在农业中应用探讨[J]. 植物营养与肥料学报，1995，1(3～4):59-63.

[29] 王兴仁，陈伦寿，毛达如，等. 分类回归综合法及其在区域施肥决策中的应用[J]. 土壤通报，1989，20(1)，5.

[30] 王运华. 中国农业中的硼[M]. 北京:中国农业出版社，2015.

[31] 谢建昌. 钾与中国农业[M]. 南京：河海大学出版社，2000.

[32] 邢光熹，赵旭，王慎强. 论中国农田氮素性循环[M]. 北京：科学出版社，2021.

[33] 杨林章，孙波. 中国农田生态系统养分循环与平衡及其管理[M]. 北京:科学出版社，2008.

[34] 袁可能. 植物营养元素的土壤化学[M]. 北京:科学出版社，1983.

[35] 张福锁，陈新平，陈清，等. 中国主要作物施肥指南[M]. 北京：中国农业大学出版社，2009.

[36] 张福锁，马文奇，陈新平，等. 养分资源综合管理理论与技术概论[M]. 北京:中国农业大学出版社，2006.

[37] 张福锁，申建波. 植物营养研究进展[M]. 北京:中国农业出版社，1999.

[38] 张福锁，崔振岭，陈新平. 最佳养分管理技术列单. 北京:中国农业大学出版社，2010.

[39] 张福锁，江荣风，陈新平，等. 测土配方施肥技术 [M]. 北京:中国农业大学出版社,2011.

[40] 张福锁，王激清，张卫峰，等. 中国主要粮食作物肥料利用率现状与提高途径[J]. 土壤学报，2008，45(15)：915-924.

[41] 张宏彦，刘全清，张福锁. 养分管理与作物品质[M]. 北京：中国农业大学出版社，2009.

[42] 张俊伶. 植物营养学[M]. 北京：中国农业大学出版社，2020.

[43] 郑福丽，江丽华，谭德水，等. 生姜的营养特性和优化施肥技术研究. 北方园艺，2011(16):13-16.

[44] 中华人民共和国统计局. 中国统计年鉴[M]. 北京：中国统计出版社，2020.

[45] 朱兆良，张福锁. 主要农田生态系统氮素行为与氮肥高效利用的基础研究[M]. 北京:科学出版社，2010.

[46] 朱兆良. 农田中氮肥的损失与对策[J]. 土壤与环境，2000(1)：1-6.

[47] 朱兆良，文启孝. 中国土壤氮素[M]. 南京：江苏科学技术出版社，1992.

[48] 邹春琴，陈新平，张福锁，等. 活性铁作为植物铁营养状况诊断指标的相关研究